BIOLOGIA MOLECULAR DO EXERCÍCIO:

Saúde, Treinamento e Condições Especiais

BIOLOGIA MOLECULAR DO EXERCÍCIO:
Saúde, Treinamento e Condições Especiais

José Rodrigo Pauli
Eduardo Rochete Ropelle

Sarvier, 1ª edição, 2018
Sarvier, 2ª edição, 2023

Agradecimento ao:
Centro de Pesquisa em Obesidade e
Comorbidades - CEPID - FAPESP
processo nº 2013/07607-8.

Impressão/Acabamento
Parque Gráfico da FTD Educação

sarvier

Sarvier Editora de Livros Médicos Ltda.
Rua Rita Joana de Sousa, nº 138 – Campo Belo
CEP 04601-060 – São Paulo – Brasil
Telefone (11) 5093-6966
sarvier@sarvier.com.br
www.sarvier.com.br

Dados Internacionais de Catalogação na Publicação (CIP)
(Câmara Brasileira do Livro, SP, Brasil)

Pauli, José Rodrigo
Biologia molecular do exercício : saúde, treinamento e condições especiais / José Rodrigo Pauli, Eduardo Rochete Ropelle. -- São Paulo : SARVIER, 2018.

Bibliografia.
ISBN 978-85-7378-262-2

1. Atividade física 2. Biologia molecular 3. Doenças 4. Exercícios físicos 5. Saúde – Promoção I. Ropelle, Eduardo Rochete. II. Título.

18-20542 CDD-613.71

Índices para catálogo sistemático:

1. Biologia molecular : Exercícios físicos : Promoção da saúde 613.71

BIOLOGIA MOLECULAR DO EXERCÍCIO:
Saúde, Treinamento e Condições Especiais

JOSÉ RODRIGO PAULI

Professor Livre Docente do Curso de Ciências do Esporte e docente do Programa de Pós-Graduação (Strictu Sensu) em Ciências da Nutrição e do Esporte e Metabolismo da Faculdade de Ciências Aplicadas - UNICAMP - Limeira-SP. Coordenador do Laboratório de Biologia Molecular do Exercício - FCA - UNICAMP. Pós-doutorado pela Massachusetts College of Pharmacy and Health Sciences, Boston, MA, Estados Unidos (2020). Pós-doutorado pela Faculdade de Ciências Médicas de Campinas, UNICAMP - SP (2008). Doutor em Clínica Médica modalidades Aplicada e Básico-Experimental pela Faculdade de Ciência Médicas de Campinas, UNICAMP - SP (2007). Mestre em Ciências da Motricidade pelo Instituto de Biociências da UNESP-Rio Claro (2005). Graduado em Educação Física pela Universidade Estadual Paulista Júlio de Mesquita Filho, UNESP-Rio Claro (2002). Responsável pelas disciplinas de Biologia Molecular do Exercício e Exercício Físico para Grupos Especiais na FCA - UNICAMP. É pesquisador do Instituto Nacional de Ciência e Tecnologia em obesidade e diabetes e do OCRC-Obesity and Comorbidities Research Center (CEPID/FAPESP).

EDUARDO ROCHETE ROPELLE

Professor Livre Docente da Universidade Estadual de Campinas na Faculdade de Ciências Aplicadas da UNICAMP, junto às disciplina de fisiologia do exercício e processo de envelhecimento e esporte. Graduado em Educação Física pela PUC-Campinas (2002) e concluiu mestrado (2007), doutorado (2010) e pós-doutorado (2011) na Faculdade de Ciências Médicas da UNICAMP. Em seguida realizou pós-doutorado na École Polytechnique Fédérale de Lausanne (EPFL - Suiça), no laboratório do professor Dr. Johan Auwerx. É pesquisador do Instituto Nacional de Ciência e Tecnologia em obesidade e diabetes (INCT) e do OCRC- Obesity and Comorbidities Research Center (CEPID/FAPESP). Coordenador do Laboratório de Biologia Molecular do Exercício - FCA - UNICAMP.

sarvier

COLABORADORES

ADELINO SANCHEZ RAMOS DA SILVA

Possui graduação em Licenciatura em Educação Física pela Universidade Estadual Paulista Júlio de Mesquita Filho (2002). No ano de 2007, Adelino Sanchez Ramos da Silva obteve o título de Doutor na área de Biodinâmica da Motricidade Humana na Universidade Estadual Paulista Júlio de Mesquita Filho. No final de 2008 concluiu o pós-doutorado no Laboratório de Investigação Clínica em Resistência à Insulina da Faculdade de Ciências Médias da Universidade Estadual de Campinas (UNICAMP). Atualmente é professor associado (RDIDP) da Universidade de São Paulo - Escola de Educação Física e Esporte de Ribeirão Preto (EEFERP).

AUGUSTO DUCATI LUCHESSI

Professor Doutor na Faculdade de Ciências Aplicadas - UNICAMP. *Professor Visitante no Department of Biochemistry & Molecular Biology at New Jersey Medical School - USA. (2012). Pesquisador Visitante no Department of Biochemistry & Molecular Biology at New Jersey Medical School - USA. (2009) atuando em projeto buscando a inibição da replicação do vírus HIV-1 interferindo no controle traducional de linfócitos. Pós-doutorando no ICB - USP. (2008-2009). Doutorado em Ciências (área: Fisiologia Humana) pelo Instituto de Ciências Biomédicas (ICB) - Universidade de São Paulo (USP) (2004-2007). Mestrado em Biotecnologia pelo Instituto de Química (IQ) - Unesp (1999-2001). Graduação em Farmácia e Bioquímica pela Universidade Estadual Paulista (Unesp) (1994-1998) com estágio no Departamento de Bioquímica - Instituto de Química (IQ) - UNESP atuando na área de Biologia Molecular de leveduras e no Centro de Biologia Molecular e Engenharia Genética (CBMEG) - UNICAMP atuando no desenvolvimento de Plantas Transgênicas de interesse Biotecnológico-Farmacêutico.

ALESSANDRA MEDEIROS

Bacharel em Educação Física pela Universidade de São Paulo (1997) e Doutora em Educação Física pela Universidade de São Paulo (2006). Pós-Doutorado na área de Genética Médica e Biologia Molecular realizado no Instituto do Coração (InCor-FMUSP) pela Escola de Educação Física e Esporte da Universidade de São Paulo (2009). Pós-doutorado na Universidade Norueguesa de Ciência e Tecnologia (NTNU), sob supervisão do Prof. Ulrik Wisloff (2014). É professora adjunto nível IV da Universidade Federal de São Paulo, campus Baixada Santista. É credenciada como orientadora no Programa de Pós-Graduação Interdisciplinar em Ciências da Saúde do Campus Baixada Santista, área de concentração Mecanismos Básicos e Processos Biológicos em Saúde. Atual coordenadora do Programa de Pós-Graduação Interdisciplinar em Ciências da Saúde do Campus Baixada Santista.

ALINE VILLA NOVA BACURAU

Possui graduação em Educação Física pela Universidade Cidade de São Paulo (2000), mestrado (2007) e doutorado (2013) na Escola de Educação Física e Esporte da Universidade de São Paulo, na área de Biodinâmica do Movimento Humano. Em 2014 iniciou o pós doutorado na mesma instituição. Durante o ano de 2011 realizou parte do seu doutorado (sanduíche) na Universidade Sapienza em Roma. Tem experiência na área de Educação Física, com ênfase em Fisiologia do Exercício e Biologia Molecular, atuando principalmente nos seguintes temas: treinamento físico, sistema muscular esquelético, regulação da massa muscular e insuficiência cardíaca. (Fonte: Currículo Lattes)

ALISSON LUIS DA ROCHA

Mestre em Ciências (FMRP - USP). Graduado em Educação Física e Esporte na Escola de Educação Física e Esporte de Ribeirão Preto (EEFERP - USP). Realiza pesquisas na área de Fisiologia do Exercício, nos temas de overtraining, overreaching não funcional e modelos de exercício físico.

ANA PAULA PINTO

Nutricionista formada pela Universidade de Ribeirão Preto (UNAERP) em 2013. Possui pós graduação em oncologia multidisciplinar pelo Instituto Israelita de Pesquisa e Ensino – Albert Einstein e pós graduação em nutrição aplicada as doenças renais pela Universidade Federal Paulista (UNIFESP). Mestre pela Faculdade de Medicina de Ribeirão Preto – USP pelo departamento de Reabilitação e Desempenho Funcional (2017). Atualmente é aluna de doutorado pela Faculdade de Medicina de Ribeirão Preto – USP pelo departamento de Reabilitação e Desempenho Funcional. Tem experiência na área de Nutrição, com ênfase em patologia (Fonte: Currículo Lattes)

ANDREA MACULANO ESTEVES

Graduação em Educação Física (1999) e especialização em Esportes Adaptados (2000) pela Universidade Federal de Uberlândia (2000). Mestrado em Psicobiologia (2003), doutorado em Ciências (2007) e pós doutorado (2011) pela Universidade Federal de São Paulo. Atualmente é professora da Universidade Estadual de Campinas (UNICAMP) na Faculdade de Ciências Aplicadas (FCA) e credenciada nos cursos de pós-graduação:1) Ciências da Nutrição e do Esporte e Metabolismo na mesma instituição e 2) programa da FEF/UNICAMP na área de concentração Atividade Física Adaptada. É coordenadora do Laboratório de Sono e Exercício Físico (LASEF/FCA/UNICAMP) e tem experiência em pesquisa (básica e clínica), docência e extensão na área de aspectos psicobiológicos, com ênfase em Educação Física, atuando principalmente nos seguintes temas: educação física adaptada, sono, distúrbios do sono, exercício físico e trabalho em turno. É membro pesquisador da Academia Paralímpica Brasileira (APB).

ANGELINA ZANESCO

Possui graduação em Enfermagem pela Universidade Estadual de Campinas (1981), mestrado em Farmacologia pela Universidade Federal de São Paulo (1991) e doutorado em Ciências Biológicas (Fisiologia) pela Universidade Estadual de Campinas (1996) e Lousiana State University Medical Center, New orlenas, LA. Pós douotorado no Imperial College London (2001) no National Heart and Lung Institute. Estágio no exterior no Center for Cardiovascular Research na Ohio State University, OH. Atualmente é professor titular em Fisiologia pela Universidade Estadual Paulista Júlio de Mesquita Filho. Tem experiência na área de Fisiologia e Farmacologia. Possui duas linhas de pesquisa: 1. Modelos experimentais em diferentes estados patologicos: como obesidade, hipertensão arterial, dislipidemias e diabetes mellitus usando tecido isolado; e 2. Pesquisa envolvendo seres humanos: avaliando as diferenças entre os sexos e etnias sobre os sistema cardiovascular. Foi coordenadora de Programa de Pós-Graduação (2004 a 2009) e Coordenadora do Convênio Dinter/UNESP/UEPB/UFPB (2007/2011). Editora Executiva da Life Sciences, Elsevier. Editora-Chefe do Motriz: Journal of Physical Education. Comitê cientifico da Sociedade Brasileira de Hipertensão 2017/2020.

ANGÉLICA ROSSI SARTORI CINTRA

Fisioterapeuta pela Universidade de Alfenas- UNIFENAS (2002), Especialista em Reabilitação em Traumatologia ósteo-articular pelo Centro Universitário Claretiano- CEUCLAR (2003), Mestre em Fisioterapia Traumato-ortopédica pelo Centro Universitário do Triângulo- UNITRI (2005), Doutora em Clínica Médica pela Universidade Estadual de Campinas- UNICAMP(2009). Possui experiência na áreas de Fisioterapia em Saúde da Mulher, Ortopedia e Reumatologia. Atualmente é Professora na Faculdade Anhanguera de Campinas- FAC 3 e Fisioterapeuta da Prefeitura Municipal de Valinhos.

BÁRBARA DE ALMEIDA RODRIGUES

Possui graduação pela Universidade Federal de São Paulo – UNIFESP (2011). Tem experiência na área de Educação Física, com ênfase em Educação Física Modalidade Saúde. Mestre e doutora pelo programa de pós-graduação em Ciência da Nutrição e do Esporte e Metabolismo, na Faculdade de Ciências Aplicadas da UNICAMP.

BÁRBARA DE MOURA MELLO ANTUNES

Graduada em Educação Física pela Universidade Estadual Paulista de Presidente Prudente, Mestre e Doutoranda pelo programa de Pós Graduação em Ciências da Motricidade, na Universidade Estadual Paulista (UNESP) – Campus de Rio Claro, e bolsista BEPE/FAPESP em doutorado sanduíche conduzido na Universidad de Córdoba (Espanha). Integrante do Grupo de estudo em Imunometabolismo e do Laboratório de Fisiologia Celular do Exercício (LaFICE). Linha de Pesquisa: Inflamação crônica de baixo grau, Treinamento, Imunometabolismo, Atividade Física e Saúde

CARLOS KIYOSHI KATASHIMA

Pesquisador Associado do Departamento de Clínica Médica da Faculdade de Ciências Médicas da Universidade Estadual de Campinas (UNICAMP). Graduado em Educação Física pela Escola Superior de Educação Física de Jundiaí (ESEFJ) em 2002. Possui Especialização em Exercício Físico Aplicado à Reabilitação Cardíaca e Grupos Especiais pela Universidade Gama Filho (UGF) RJ em 2008. Mestre em Clínica Médica pela Faculdade de Ciências Médicas - UNICAMP (2012). Doutor em Clínica Médica pela Faculdade de Ciências Médicas - UNICAMP (2016). Atua na área de fisiologia aplicada ao exercício e mecanismos moleculares que conectam obesidade, resistência à insulina e caquexia no câncer.

CARLA MANUELE CRISPIM NASCIMENTO

Possui graduação como Bacharel pela Universidade Estadual Paulista Júlio de Mesquita Filho, campus de Rio Claro (2006), obteve o título de Doutora pelo programa de pós-graduação em Ciências da Motricidade, na área de Biodinâmica da Motricidade tendo sido bolsista do programa de Coordenação de Aperfeiçoamento de Pessoal de Nível Superior (CAPES). Realizou estágio de aperfeiçoamento na Universidad de Vigo - Espanha na área de Atividade Física e Saúde (2012) com bolsa do Programa de Doutorado Sanduiche no Exterior pela CAPES. Atualmente desenvolve pesquisas junto ao Laboratório de Biologia do Envelhecimento (LABEN) da Universidade Federal de São Carlos (UFSCar), no departamento de Gerontologia. Atuou em projetos de extensão ligados ao Núcleo UNESP-UNATI, Atividade Física para a Terceira Idade (PROFIT), Atividade Física para para pacientes com doença de Alzheimer (PRO-CDA) e doença de Parkinson (PROPARKI). Atuou como docente com contrato temporário (substituta) na Universidade Federal de São Carlos (UFSCAR), junto ao Departamento de Gerontologia (2011). Atualmente é docente temporária no Departamento de Educação Física da UNESP (Campus de Rio Claro) e no Centro Universitário Hermínio Ometto (FHO-Uniararas).

CLAUDIO TEODORO DE SOUZA

Possui doutorado em Clínica Médica, Área de Ciências Básicas, Faculdade de Medicina da Universidade Estadual de Campinas (2005). Ganhador do primeiro Grande Prêmio Capes de Tese. Possui experiências nas áreas de fisiologia molecular e bioquímica do exercício e da Nutrição aplicadas às doenças crônico-degenerativas. Estuda a sinalização celular, antioxidantes e suplementação de nutrientes na obesidade e diabetes tipo 2. Foi coordenador do Programa de Pós-graduação em Ciências da Saúde - Unesc (conceito 6 - Capes) e é bolsista em produtividade em pesquisa 1B do CNPq. Atualmente é professor Titular-Livre do departamento de clínica médica da faculdade de medicina e professor orientador do programa de pós-graduação em Saúde - PPGS da Universidade Federal de Juiz de Fora - UFJF.

DENNYS ESPER CINTRA

Nutricionista pela Universidade de Alfenas. Mestre em Ciência da Nutrição pela Universidade Federal de Viçosa. Doutor e Pós Doutor em Clínica Médica pela Universidade Estadual de Campinas. Professor das disciplinas de Nutrigenômica, Farmacologia e Avaliação Nutricional da UNICAMP. Coordenador do Laboratório de Genômica Nutricional (LabGeN) da UNICAMP. É pesquisador do Instituto Nacional de Ciência e Tecnologia em obesidade e diabetes e do OCRC- Obesity and Comorbidities Research Center (CEPID/FAPESP). Coordenador do Centro de Estudos em Lipídios e Nutrigenômica (CELN) da UNICAMP.

ELOIZE CRISTINA CHIARREOTTO ROPELLE

Possui graduação em Educação física pela Pontifícia Universidade Católica de Campinas (2003). Mestrado e doutorado no curso de Ciências da Nutrição, do Esporte e do Metabolismo na Faculdade de Ciências Aplicadas da Universidade Estadual de Campinas (FCA/UNICAMP).

EDUARDO ROCHETE ROPELLE

Professor doutor da Universidade Estadual de Campinas na Faculdade de Ciências Aplicadas da UNICAMP, junto às disciplina de fisiologia do exercício e processo de envelhecimento e esporte. Graduado em Educação Física pela PUC-Campinas (2002) e concluiu mestrado (2007), doutorado (2010) e pós-doutorado (2011) na Faculdade de Ciências Médicas da UNICAMP. Em seguida realizou pós-doutorado na École Polytechnique Fédérale de Lausanne (EPFL – Suiça), no laboratório do professor Dr. Johan Auwerx. É pesquisador do Instituto Nacional de Ciência e Tecnologia em obesidade e diabetes e do OCRC- Obesity and Comorbidities Research Center (CEPID/FAPESP). Coordenador do Laboratório de Biologia Molecular do Exercício – FCA – UNICAMP.

FABIO SANTOS DE LIRA

Professor de Educação Física pela Faculdade de Educação Física – Universidade Presbiteriana Mackenzie, Mestre em Ciências pelo Departamento de Biologia Celular e Tecidual do Instituto de Ciências Biomédicas da Universidade de São Paulo, Doutor em Nutrição pelo Departamento de Fisiologia da Universidade Federal de São Paulo, Pós-doutorado no Departamento de Psicobiologia da Universidade Federal de São Paulo (2011-2012) e no Department of Exercise Science – Université du Québec à Montréal (UQAM) – Canadá (2017-2018). Atualmente é Professor Assistente Doutor, regime RDIDP, e Vice-Coordenador do Curso junto ao Departamento de Educação Física da Faculdade de Ciências e Tecnologia – Universidade Estadual Paulista – Campus de Presidente Prudente. Membro da International Society of Exercise and Immunology; American College of Sports Medicine; e Asian Exercise and Sport Science Association. Tem experiência na área de Educação Física, atuando principalmente nos seguintes temas: Imunometabolismo e Exercício.

FABIANO TRIGUEIRO AMORIM

Possui graduação em Educação Física pela Universidade Federal de Minas Gerais (2000), Mestrado em Treinamento Esportivo pela Universidade Federal de Minas Gerais (2003) e Doutorado em Ciência do Exercício pela University of New Mexico, EUA (2008). Tem experiência na área de Educação Física, com ênfase em Fisiologia do Exercício, atuando principalmente nos seguintes temas: exercício físico, calor, termorregulação, resistência à insulina, obesidade e proteínas de estresse térmico (HSP).

FLÁVIO DE CASTRO MAGALHÃES

Professor do Departamento de Educação Física e orientador de mestrado e doutorado pelo Programa Multicêntrico de Pós-Graduação em Ciências Fisiológicas na Universidade Federal dos Vales do Jequitinhonha e Mucuri. Graduado em Educação Física (2004) e mestre em Ciências do Esporte (2007) pela Universidade Federal de Minas Gerais e Doutor em Ciências (2011) pela Universidade de São Paulo. Sua linha de pesquisa atual está voltada para o entendimento das adaptações moleculares ao exercício no calor.

GABRIEL KEINE KUGA

Mestre pelo programa de pós graduação Ciências da Motricidade (CAPES 6), Instituto de Biociências, UNESP – Rio Claro. Graduado pela Universidade Estadual Paulista Júlio de Mesquita Filho - Campus de Bauru, no curso de Bacharelado em Educação Física (2018). Atua nas áreas de Biologia Molecular, Fisiologia Endócrino-Metabólica e Exercício Físico. Pesquisador do Laboratório de Biologia Molecular do Exercício da FCA-UNICAMP.

GUSTAVO DUARTE PIMENTEL

Graduado em Nutrição pela UNIMEP (2006), especialização-aprimoramento em Cuidados Nutricionais do Paciente e do Desportista pela Faculdade de Medicina de Botucatu, UNESP (2008), mestre em Ciências pela Pós-graduação em Nutrição da UNIFESP (2010) e doutor em Ciências na UNICAMP, com período sanduíche na Espanha (2015). Membro da European Society for Clinical Nutrition and Metabolism (ESPEN), da Society on Sarcopenia, Cachexia and Wasting Disorders (SCWD) e membro convidado da American Society for Nutrition (ASN). Atualmente é Editor Associado da Clinical Nutrition ESPEN (Qualis A1). Professor Doutor do Curso de Nutrição e orientador do mestrado em Nutrição e Saúde (Faculdade de Nutrição) e mestrado e doutorado em Ciências da Saúde (Faculdade de Medicina) da Universidade Federal de Goiás (Goiânia). Possui em experiência em fisiopatologia da nutrição, nutrição clínica e esportiva

JOSÉ ALEXANDRE CURIACOS DE ALMEIDA LEME

Possui graduação em Bacharelado em Educação Física, mestrado e doutorado em Ciências da Motricidade pela Universidade Estadual Paulista Júlio de Mesquita Filho (UNESP). Atualmente é docente no Centro Universitário Auxilium. Foi professor substituto no Depto de Educação Física na UNESP-Rio Claro (2012) e UNESP- Bauru (2014-16) e foi credenciado como docente e orientador do Programa de Pós-graduação em Ciências da Motricidade – UNESP- Rio Claro (2012-17).

JOSÉ CÉSAR ROSA NETO

Professor Doutor no departamento de Biologia Celular e do Desenvolvimento do ICB-USP. Graduado em Esporte pela Universidade de São Paulo (2005). Doutor em Ciências pela UNIFESP (2010) no departamento de Fisiologia na disciplina de Nutrição. Início do pós doutorado em 2011, no ICB-USP, em regime de dedicação exclusiva, com bolsa da FAPESP, no departamento de Fisiologia e Biofísica. Tem experiência na área de Bioquímica, metabolismo, imunologia e fisiologia. Linha de pesquisa consiste no estudo do metabolismo oxidativo sobre a atenuação da resposta inflamatória na obesidade e câncer.

JOSÉ DIEGO BOTEZELLI

Pós-Doutorando em Biologia Molecular do Exercício (UNICAMP-2014). Doutor em Ciências da Motricidade Humana, na área de Fisiologia Endócrino Metabólica (2014). Mestre em Ciências da Motricidade Humana, na área de Fisiologia Endócrino Metabólica (2009). Bacharel em Educação Física pela Universidade Estadual Paulista Julio de Mesquita Filho- UNESP Rio Claro (2007). Desenvolve pesquisa sobre o impacto do exercício físico em diversos distúrbios metabólicos. Pesquisador convidado da University of Britsh Columbia (Vancouver-CA). Membro do American College of Sports Medicine.

JOSÉ RODRIGO PAULI

Professor do Curso de Ciências do Esporte e docente do Programa de Pós-Graduação (Strictu Sensu) em Ciências da Nutrição e do Esporte e Metabolismo da Faculdade de Ciências Aplicadas – UNICAMP – Limeira-SP. Coordenador do Laboratório de Biologia Molecular do Exercício – FCA – UNICAMP. Pós-doutorado pela Faculdade de Ciência Médicas de Campinas, UNICAMP – SP (2008). Doutor em Clínica Médica modalidades Aplicada e Básico-Experimental pela Faculdade de Ciência Médicas de Campinas, UNICAMP – SP (2007). Mestre em Ciências da Motricidade pelo Instituto de Biociências da UNESP-Rio Claro (2005). Graduado em Educação Física pela Universidade Estadual Paulista Júlio de Mesquita Filho, UNESP-Rio Claro (2002). Responsável pelas disciplinas de Biologia Molecular do Exercício e Exercício Físico para Grupos Especiais na FCA-UNICAMP. É pesquisador do Instituto Nacional de Ciência e Tecnologia em obesidade e diabetes e do OCRC- Obesity and Comorbidities Research Center (CEPID/FAPESP).

LEANDRO PEREIRA DE MOURA

Atualmente é docente do Curso de Ciências do Esporte da Faculdade de Ciências Aplicadas – UNICAMP – Limeira-SP e docente dos programas de pós-graduação em Ciências da Nutrição e do Esporte e Metabolismo (UNICAMP/Limeira) e em Ciências da Motricidade (UNESP/Rio Claro). Realizou pós-doutorado pela Faculdade de Ciências Aplicadas da UNICAMP (2016) em parceria com a Escola de Saúde Pública de Harvard. Doutor em Ciências da Motricidade pelo Instituto de Biociências da UNESP-Rio Claro (2015). Realizou doutorado sanduíche na Escola de Medicina de Harvard e na Escola de Saúde Pública de Harvard (2014). Mestre em Ciências da Motricidade pelo Instituto de Biociências da UNESP-Rio Claro (2012). Graduado em Licenciatura Plena em Educação Física pela UNESP-Rio Claro (2010). Coordenador do Laboratório de Biologia Molecular do Exercício - FCA - UNICAMP.

LEANDRO FERNANDES

Possui graduação em Educação Física pela Universidade Federal de São Paulo (2009), mestrado em Psicobiologia pela Universidade Federal de São Paulo (2012) e doutorado em Psicobiologia pela Universidade Federal de São Paulo (2016). Tem experiência na área de Educação Física, com ênfase em Educação Física, atuando principalmente nos seguintes temas: Educação Física, Fisiologia do Exercício, Bioquímica do Exercício, Treinamento Físico, Biologia Molecular, Programação Materno-Fetal.

LUCAS GUIMARÃES FERREIRA

Graduado em Educação Física pela Universidade Federal do Espírito Santo e Doutor em Ciências (Fisiologia Humana) no Instituto de Ciências Biomédicas da Universidade de São Paulo. Atualmente, é docente no Centro de Educação Física e Desportos da Universidade Federal do Espírito Santo. Coordenador do Grupo de Estudos em Fisiologia Muscular e Performance Humana o do Budo Kenkyukai: Grupo de Estudos em Budo. Membro da Academia Japonesa de Budô, da International Martial Arts and Combat Sports Scientific Society (IMACSSS) e da National Strength and Conditioning Association (NSCA). Ministra as disciplinas de Bioquímica Aplicada à Educação Física, Nutrição Esportiva, Mecanismos Celulares e Moleculares do Exercício e Fundamento das Lutas.

LUCIANA SANTOS SOUZA PAULI

Instrutora de Pilates certificada pelos métodos Phipilates E.U.A. (2006), Power Pilates de New York (2007) e Criah Movimento Pilates no Solo (2015). Especialista em Preparação Física Personalizada (UniFMU-2003). Graduada em Educação Física pela Universidade Estadual Paulista Júlio de Mesquita Filho (UNESP- Rio Claro, 2002). Mestre e doutora em Ciências da Nutrição e do Esporte e Metabolismo na Faculdade de Ciências Aplicadas da Unicamp (FCA Limeira -SP) Tem experiência na área de Educação Física, com ênfase em treinamento, Pilates solo, equipamentos e acessórios, dança, ginástica, bola Suiça e biologia molecular do exercício.

MARISA PASSARELLI

Possui Doutorado em Ciências (Fisiologia Humana) pelo Instituto de Ciências Biomédicas da Universidade de São Paulo (1998) e Pós- Doutorado na Divisão de Metabolismo, Endocrinologia e Nutrição da Universidade Washington, Seattle, EUA (1999-2000). Especialista em Laboratório V da USP é, desde 2003, responsável substituta pelo Laboratório de Lípides (LIM 10) da Faculdade de Medicina da USP. Tem ampla experiência na área de Fisiologia Humana, com ênfase em Metabolismo de Lípides e Lipoproteínas no Diabete Melito e Exercício Físico. Atua na orientação de alunos de Mestrado, Doutorado, Pós-doutorado e Iniciação Científica e como revisora de diversos periódicos internacionais e nacionais. Atualmente é vice-presidente da Comissão de Pós-Graduação do Programa de Endocrinologia do HCFMUSP e membro da Comissão de Ética em Pesquisa do HCFMUSP (CAPPesq) e da Comissão de Pesquisa da FMUSP. Bolsista de Produtividade em Pesquisa - PQ2.

MÁRCIA REGINA COMINETTI

Possui Graduação em Ciências Biológicas (Licenciatura e Bacharelado) pela Universidade Federal de Santa Catarina (1993-1997) e Doutorado em Ciências, Área de Concentração: Fisiologia, pela Universidade Federal de São Carlos (2000-2004). Realizou estágio doutoral (2002) no Department of Microbiology, da University of Virginia Health System, Charlottesville, VA, USA e Pós-doutorado (2005-2006) no Institute de la Santé et de la Recherche Médicale (INSERM, Unité 553) em Paris, França. Foi contemplada com um Visiting Fellowship (2015) pela University of Nottingham, Inglaterra. Atualmente é docente Associada da Universidade Federal de São Carlos. Coordena o LABEN - Laboratório de Biologia do Envelhecimento - localizado no Departamento de Gerontologia da UFSCar. Lidera o grupo de pesquisa Biologia do Envelhecimento cadastrado no diretório de grupos de pesquisa do CNPq. É bolsista produtividade 2 do CNPq. Orienta no curso de Mestrado do Programa de Pós-Graduação em Gerontologia (PPGGERO/UFSCar) - do qual é atual coordenadora - e nos cursos de Mestrado e Doutorado do Programa Interinstitucional de Pós-Graduação em Ciências Fisiológicas (UFSCar/UNESP). Tem experiência na área de Biologia Celular e Bioquímica, com ênfase em Biologia Molecular, atuando principalmente nos seguintes temas: envelhecimento, idoso, biomarcadores para a doença de Alzheimer, fragilidade cognitiva, ADAMs, câncer e cultura de células de mamífero.

MARCO CARLOS UCHIDA

Graduado em Educação Física - UNISA, mestre em Ciências (Fisiologia Humana) - ICB - USP e doutor em Ciências (Biologia Celular e Tecidual) - ICB - USP. Atualmente professor do Departamento de Estudos da Atividade Física Adaptada (DEAFA) e Coordenador Associado da Graduação da Faculdade de Educação Física (FEF) - UNICAMP. Líder pesquisador do Grupo de Estudos e Pesquisa em Exercício Físico e Adaptações Neuromusculares (GEPEFAN-UNICAMP). Pós-doutoramento na Kyoto University Graduate School of Medicine, Department of Human Health Science, Japão. (2014-2015) Área de atuação: Treinamento de força e potência, adaptações neuromusculares.

MIRIAN KANNEBLEY FRANK

Graduada em Ciências Biológicas pela Universidade de Santo Amaro - Unisa (2010), Iniciação Científica realizada na Universidade Federal de São Paulo - Unifesp, no Departamento de Psicobiologia, com enfoque nos distúrbios do movimento no sono (2010). Curso de especialização em Atividade Física, Exercício Físico e os Aspectos Psicobiológicos pela Unifesp (2012). Mestre em Ciências da Nutrição do Esporte e Metabolismo pela Universidade Estadual de Campinas (UNICAMP) na Faculdade de Ciências Aplicadas (2015).

PRISCILA AIKAWA

Possui graduação em Fisioterapia pela Universidade Cidade de São Paulo (2003), especialista em Fisioterapia Cardiorrespiratória e Doutora em Ciências pela Faculdade de Medicina da Universidade de São Paulo (USP) pelo Departamento de Fisiopatologia Experimental. Professora Adjunta do Instituto de Ciências Biológicas da Universidade Federal do Rio Grande (FURG), R.S./Brasil.

RAFAEL CALAIS GASPAR

Atualmente é aluno de doutorado no programa Ciências da Nutrição e do Esporte e Metabolismo (FCA/Unicamp). Mestre em Ciências da Nutrição e do Esporte e Metabolismo - FCA/Unicamp (2017). Graduado em Ciências do Esporte - FCA/Unicamp (2014). Membro do Laboratório de Biologia Molecular do Exercício (LaBMEx), desenvolvendo pesquisas relacionadas ao papel do exercício físico em mecanismos moleculares na prevenção e tratamento de doenças como obesidade e diabetes. Experiência na área de Biologia Molecular, Fisiologia, Anatomia, Histologia, Exercício Físico para Grupos Especiais, Futebol e Natação.

RANIA MEKARY

Pós-doutorado no departamento de epidemiologia e nutrição na Escola de Saúde Publica de Harvard, Boston, MA. Doutorado em Ciências Nutricionais, na Universidade do Estado da Louisiana, Baton Rouge, LA. Mestrado em Nutrição e Diabetes na Universidade de Beirut, Beirut, Líbano. Mestrado em Estatística Aplicada na Universidade do Estado da Louisiana, Baton Rouge, LA. Graduação em Tecnologia de Alimentos e Nutrição, na Universidade Americana de Beirut, Beirut, Líbano. Professora da Universidade MCPHS, Boston, MA. Pesquisadora do Departamento de Nutrição e Epidemiologia da Escola de Saúde Pública de Harvard, Boston, MA e Pesquisadora Associada ao Hospital Brigham and Women's da Escola de Medicina de Harvard.

RICARDO JOSÉ GOMES

É graduado em Educação Física pela Universidade Estadual Paulista Júlio de Mesquita Filho (1999), é mestre (2002) e doutor (2005) em Biodinâmica da Motricidade Humana pela Universidade Estadual Paulista Júlio de Mesquita Filho. Atualmente é professor Adjunto IV da Unifesp (Baixada Santista) junto ao curso de Educação Física, atuando nos módulos Exercício Físico e Doenças Crônicas I; Exercício Físico e Doenças Crônicas II e Estágio Supervisionado Profissionalizante. Também atua no módulo de graduação Trabalho em Saúde, que envolve os cursos de Fisioterapia, Nutrição, Psicologia, Terapia Ocupacional e Educação Física, numa perspectiva interdisciplinar. É membro do Núcleo Docente Estruturante (NDE) desde 2013. É vinculado ao Programa de Pós Graduação Interdisciplinar em Ciências da Saúde (Unifesp) tendo como temas gerais de pesquisa o Diabetes Mellitus, resistência insulínica, prejuízos na cognição, memória e o papel do exercício físico.

RODRIGO FERREIRA DE MOURA

Professor Adjunto do Departamento de Ciências da Saúde na Universidade Federal de Lavras. Bacharelado em Educação Física pela Universidade Estadual Paulista Júlio de Mesquita Filho (2002), Mestrado (2006) e Doutorado (2010) em Ciências da Motricidade pela Universidade Estadual Paulista Júlio de Mesquita Filho, Doutorado Sanduíche na Universidade Livre de Bruxelas (2009-2010). Pós-doutorado em Fisiopatologia pela Universidade de Campinas (2010-2015). Tem experiência na área de saúde com ênfase em Metabolismo, Fisiologia endócrino metabólica e Fisiologia do exercício. Atuação principal nos seguintes temas: Obesidade, Diabetes, Exercício Físico.

RODRIGO STELLZER GASPAR

Mestre em Ciências da Nutrição, Esporte e Metabolismo pela Faculdade de Ciências Aplicadas da Unicamp. Bacharel em Ciências do Esporte pela Faculdade de Ciências Aplicadas da Unicamp. Bolsista de Iniciação Científica (2013-2014) e Mestrado (2015-2016) pela FAPESP. Membro integrante do Laboratório de Biologia Molecular do Exercício (LABMEX) da FCA. Teaching Assistant da Harvard Medical School no curso PPCR (Department of Continuing Education, entre 2014 e 2015). Senior Teaching Assistant da Harvard School of Public Health no curso PPCR (entre 2016 e 2017) . Ex-intercambista da Faculdade de Ciências da Atividade Física e Esporte da Universidade Politécnica de Madrid pelo Programa Santander de Bolsas Íbero-americanas. Bolsista de iniciação científica pelo CNPQ em 2011.

RODOLFO MARINHO

Pesquisador no Grupo de Pesquisa em Metabolismo do Câncer - Instituto de Ciências Biomédicas da Universidade de São Paulo (ICB-USP). Pós-Doutor pelo Instituto de Ciências Biomédicas da Universidade de São Paulo (ICB-USP) (2016-2017). Doutor em Ciências da Motricidade - Universidade Estadual Paulista Júlio de Mesquita Filho (UNESP) - Campus de Rio Claro (2012 - 2015). Pesquisador do Laboratório de Biologia Molecular do Exercício (LABMEX) - Faculdade de Ciências Aplicadas da UNICAMP (FCA-UNICAMP) - Campus Limeira (2012 - 2015). Mestre em Ciências - Universidade Federal de São Paulo (UNIFESP) - Campus Santos (2010 - 2012). Bacharel em Educação Física - Modalidade Saúde, pela Universidade Federal de São Paulo (UNIFESP) - Campus Santos (2006 - 2009).

THAYANA DE OLIVEIRA MICHELETTI

Graduada em Nutrição pela Faculdade de Ciências Aplicadas da UNICAMP na primeira turma do campus Limeira. Concluiu iniciação científica na Faculdade de Ciências Médicas - UNICAMP em 2011. É mestre em Clínica Médica pela Faculdade de Ciências Médicas da UNICAMP. Atualmente é doutoranda em biologia celular e do desenvolvimento na Universidade de São Paulo - USP. Sua atuação na área cientifica envolve o exercício físico e compostos nutricionais na modulação do Sistema Nervoso Central e suas implicações na fisiopatologia da obesidade e câncer

VAGNER RAMON RODRIGUES SILVA

Graduado e Licenciado em Educação Física pela Pontifícia Universidade Católica de Campinas, PUC-Campinas (2008). Especialista em Fisiologia do Exercício pela Universidade Federal de São Paulo / Escola Paulista de Medicina, UNIFESP/EPM(2010). Mestre em Ciências da Nutrição e do Esporte e Metabolismo pela Faculdade de Ciências Aplicadas, FCA/UNICAMP (2013). Doutor em Ciências da Nutrição e do Esporte e Metabolismo pela Faculdade de Ciências Aplicadas, FCA/UNICAMP (2013-2017). Doutorado sanduíche na University of Cambridge (UK) (2016-2017). Área de atuação: Fisiologia do exercício, metabolismo e biologia molecular do exercício físico.

VÂNIA D'ALMEIDA

Possui graduação em Ciências Biológicas pela Universidade Presbiteriana Mackenzie (1984), mestrado em Ciências Biológicas (Biologia Molecular) pela Universidade Federal de São Paulo (1988) e doutorado em Ciências Biológicas (Biologia Molecular) pela Universidade Federal de São Paulo (1993). Realizou pós-doutorado no Instituto de Química da Universidade de São Paulo (1993 a 1996) e Livre Docência pelo Departamento de Genética da UNIFESP (2008). Professor Associado do Departamento de Psicobiologia da Universidade Federal de São Paulo desde 2005. Atualmente é Presidente da Câmara de Graduação da Escola Paulista de Medicina, Vice-Coordenadora do Programa de Pós Graduação em Psicobiologia e Coordenadora Acadêmica da Unidade de Extensão Santo Amaro da UNIFESP/Campus São Paulo. Tem experiência nas áreas de Bioquímica e Genética, com ênfase em Metabolismo e Bioenergética, atuando principalmente nos seguintes temas: homocisteína, estresse oxidativo, epigenética, modelos animais de doenças, erros inatos de metabolismo e doenças de depósito lisossômico.

VITOR ROSETTO MUÑOZ

Graduado em Ciências do Esporte pela Faculdade de Ciências Aplicadas - UNICAMP (2016). Mestre pelo programa de Ciências da Nutrição e do Esporte e Metabolismo da FCA-UNICAMP. Realizou parte do seu mestrado na Universidade de Ohio nos Estados Unidos (2018). Doutorando pelo programa de Ciências da Nutrição e do Esporte e Metabolismo da FCA-UNICAMP. Pesquisador do Laboratório de Biologia Molecular do Exercício da FCA-UNICAMP.

WILSON MAX ALMEIDA MONTEIRO DE MORAES

Possui Graduação em Ed. Física (Licenciatura plena) pela Universidade de Fortaleza (UNIFOR); Graduação em Nutrição (Bacharelado) pela Universidade Estadual do Ceará (UECE); É especialista em Fisiologia do Exercício (UNIFOR); Mestre em Ciências (Área de concentração Biodinâmica do Movimento Humano) pela Escola de Educação Física e Esportes da Universidade de São Paulo; Doutor em Ciências (Programa Interdisciplinar em Ciências daSaúde) da Universidade Federal de São Paulo; Atualmente cursa Pós-Doutorado em Ed. Física pela Universidade Católica de Brasília (UCB).

DEDICATÓRIA

Dr. José Rodrigo Pauli dedica esta obra à
José Pauli (Pai) e Miriam Pauli (Mãe)

Dr. Eduardo R. Ropelle dedica este livro à
Odair Ropelle e Ivone Ropelle.

Os autores dedicam também esta obra ao
Sr. Luis Janeri (*in memoriam*).

AGRADECIMENTOS

Esse livro foi escrito ao longo de meses, isso só foi possível pela inspiração e pelas vivências que tivemos nessa vida, sobretudo, intensificadas por pessoas especiais que tivemos a oportunidade de conviver.

Agradecemos todo o apoio técnico prestado pela editora Sarvier para a publicação deste livro.

Aproveitamos para registrar nossa gratidão aos alunos e ex-alunos do Laboratório de Biologia Molecular do Exercício (LaBMEx) da Faculdade de Ciências Aplicadas da UNICAMP, pelo árduo trabalho prestado em prol do nosso grupo de pesquisa, e pela direta ou indireta participação na realização deste livro.

Queremos agradecer ao o Instituto Nacional de Ciência e Tecnologia (INCT) em obesidade e diabetes e ao OCRC – Obesity and Comorbidities Research Center (CEPID/FAPESP).

Por fim, mas não menos importante, os autores agradecem a dedicação e a contribuição intelectual de todos os coautores de cada capítulo desta obra, sem o esforço de vocês, essa obra não seria possível.

Dr. Eduardo R. Ropelle
Dr. José Rodrigo Pauli

PREFÁCIO

Ao Leitor,

A prática regular de exercício físico tem impacto benéfico para a saúde geral do organismo. Deve ser praticado por pessoas saudáveis tanto por lazer como para prevenir o desenvolvimento de doenças; como também, é recomendado por profissionais de saúde como método complementar de tratamento para doenças como obesidade, diabetes, hipertensão, dislipidemias, entre outras.

Entretanto, os mecanismos pelos quais o exercício exerce seus efeitos benéficos são complexos e ainda, em parte, desconhecidos. Nas últimas décadas, avanços metodológicos nas áreas de biologia molecular, genética, neurociência e fisiologia têm contribuído para a caracterização e compreensão de vários destes mecanismos, oferecendo provas cada vez mais robustas para que se incentive ao máximo a prática do exercício físico.

Dentre os diversos avanços obtidos nessa área, podemos destacar a elucidação de mecanismos que contribuem para uma comunicação entre diversos órgãos e tecidos do organismo durante a pratica do exercício físico. Esta fascinante área de estudo vem atraindo cada vez mais pesquisadores, professores e alunos de diferentes áreas da saúde, com destaque para os cientistas do esporte e profissionais de educação física. Os autores desta obra transmitem de maneira didática e ilustrativa boa parte de seus conhecimentos adquiridos por meio de suas pesquisas acerca da biologia molecular do exercício físico. Este é um livro com uma proposta inovadora, com objetivo de aprofundar conceitos classicamente consagrados pela fisiologia do exercício e que agora, podem ser minuciosamente compreendidos. Surpreenda-se com a leitura deste livro e fique por dentro das mais recentes descobertas na área da biologia molecular do exercício na área da saúde, treinamento e condições especiais.

Lício Augusto Velloso

Professor Titular da Faculdade de
Ciências Médicas da Unicamp-Campinas

CONTEÚDO

Parte 1

Descomplicando a Biologia Molecular

Parte 2

Biologia Molecular do Exercício Físico

Parte 3

Biologia Molecular do Exercício e Doenças Crônicas Degenerativas

Parte 4

Biologia Molecular do Exercício Físico e Treinamento Físico

Parte 5

Biologia Molecular do Exercício em Condições Especiais

Parte 1

DESCOMPLICANDO A BIOLOGIA MOLECULAR

1

MECANISMOS DE TRANSCRIÇÃO E TRADUÇÃO GÊNICA PARA O "NÃO-GENETICISTA"

Dennys Esper Cintra
Augusto Ducati Luchessi

OBJETIVOS DO CAPÍTULO

Este capítulo tem o objetivo de simplificar a compreensão sobre o intrincado mecanismo de síntese proteica. Por vezes o "refugo" à compreensão das ciências moleculares está justamente neste ponto, onde entender o "como" e "de onde" surge uma proteína se faz atualmente de extrema necessidade. Profissionais da saúde, em geral, partem do princípio das aplicações já descobertas sobre as funções das proteínas no organismo humano, contudo atualmente existem diversos instrumentos nas mais diversas profissões capazes de interferirem nos mecanismos de síntese de determinadas proteínas. Nesse intuito, espera-se que o leitor assimile conceitos básicos sobre a existência de uma proteína e também sobre os pontos que podem influenciar seu funcionamento.

INTRODUÇÃO

PERSPECTIVA DA HISTÓRIA RECENTE

A célula exibe mecanismos intrincados na elaboração de produtos que lhe são necessários. Compreender esses mecanismos é o desafio buscado há tempos, no intuito do homem conseguir controlar a "máquina". Este controle não surge de imediato, portanto, o conhecimento acumulado ao longo dos anos, tem se mostrado preponderante na racionalização de como as doenças ocorrem, bem como no desenvolvimento de estratégias de reversão e reparo, ou simplesmente para a sobrevivência celular/orgânica. Desde 1953, com o descobrimento da existência de um "código genético", diversas teorias e proposições foram criadas, com especulações sobre o sentido da vida e, principalmente, a forma de se manipular este "sentido da vida".

Em 2001-2003, com o desvendamento do genoma humano, diversas especulações ganharam força momentânea, com projeções para cura de doenças ou mesmo a de promessas no prolongamento da vida humana/animal. Muitos desses planos, por vezes ousados ou, também, aberrantes, caíram por terra ao se compreender quão intrincado e complexo poderiam ser estes mecanismos. Tais pesquisas eram, até então, praticamente restritas a grandes e importantes grupos de pesquisadores, que trabalhavam praticamente no âmbito da ficção científica, principalmente pelo montante de verba que recebiam de seus governos ou empresas interessadas nas futuras possibilidades. As especulações apontam para um custo que chegou a 53 bilhões de dólares o financiamento de todo o projeto. Com o avanço das tecnologias, desde meados dos anos 1990 até início de 2000, houve importante redução nos custos de reagentes, equipamentos e técnicas, que possibilitaram ao mundo, de forma geral, o investimento e aprofundamento nas investigações de ordem celular.

Com o advento da biologia molecular, cientistas do mundo todo, descentralizados do eixo euro-americano, iniciaram também suas contribuições para o avanço deste conhecimento, que pode, por vezes, parecer inóspito. Queixas comuns dos jovens cientistas se concentram na forma como esse conhecimento tem sido transmitido em suas formações de base. Nesse intuito, o propósito deste capítulo é trazer de forma simplista, as compreensões mecanísticas necessárias apenas a se compreender a temática desta obra, a qual promete reflexões profundas sobre temas inovadores como a modulação gênica induzida pela atividade física, aqui chamada de "Fisiogenômica".

DESENVOLVIMENTO TEXTUAL

PARTE 1 – DOS SINAIS INICIAIS.

Antes da compreensão factual sobre a transcrição e tradução gênica, é necessário compreender a necessidade da existência de um sinal inicial, pois uma rede de sinalizações é ativada no intuito de que um sinal efetor, potente o suficiente, migre ou mande sinais até o núcleo, no intuito de ativar tal maquinaria.

O SINAL CHEGA À CÉLULA

Tendo o sinal chegado à célula, algumas perguntas podem ser feitas, como: 1 – Qual a origem do sinal? 2 – O sinal necessita de receptor? Se sim, como se conecta em seu receptor? 3 – Depois de conectado, como ocorre a transdução do sinal ao interior da célula? 4 – Caso não necessite de receptor, o sinal entra na célula? 5 – Como o sinal entra? 6 – Se liga em receptor específico? 7 – É interiorizado junto à molécula sinalizadora? 8 – Se difunde através de canais? ou 9 – Possui alta afinidade com a membrana plasmática, se difundindo através dela? (Figura 1)

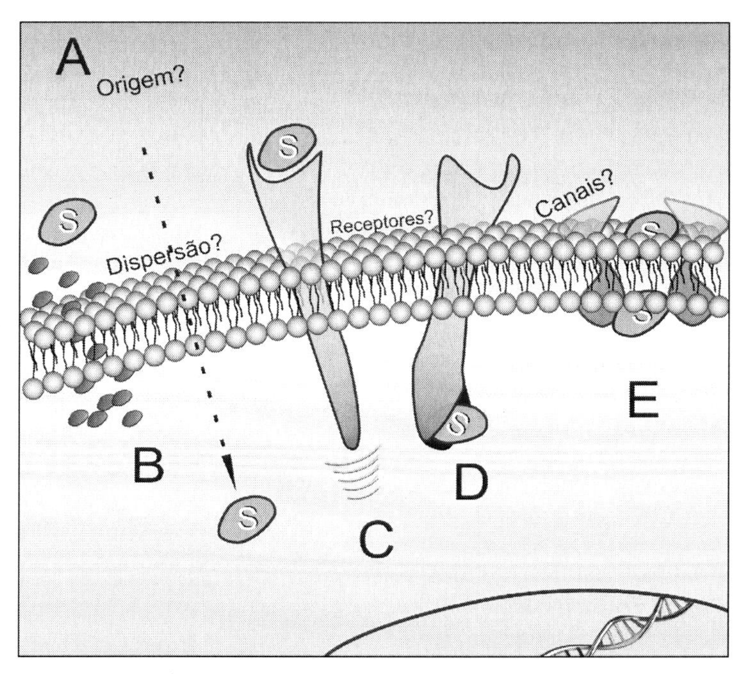

Figura 1 Transdução de Sinais. Diversas maneiras de transdução de sinais ao interior celular. **A** – Saber sobre a origem e o tipo de sinal é de extrema importância para compreender as possibilidades de interação entre a substância (S) e a célula. **B** – Uma substância pode emitir seu sinal ao interior celular se difundindo pela membrana celular; conectando-se ao receptor e emitindo seu sinal através dele (**C**); ser captada pelo receptor (**D**) ou ser captada por um canal (**E**).

As questões elencadas acima formam a primeira grande barreira a ser vencida na compreensão da sinalização celular. A maioria dessas perguntas ainda não foi respondida em relação a uma série de substâncias, mesmo que tais substâncias já sejam conhecidas a dezenas de anos. Diversos nutrientes como vitaminas, minerais, açúcares ou até mesmo hormônios, não possuem mecanismos claramente descritos em relação ao seu primeiro contato com a célula. Portanto, este é sempre o primeiro ponto a ser questionado/esclarecido quando se estuda sinalização celular.

A origem do sinal tem muito a dizer ou predizer sobre qual gene ou grupos de genes provavelmente serão ativados. Por exemplo, quando um time de futebol do Brasil é convidado a jogar num país de altitude extrema, como Equador (Quito – 2820 m) ou Bolívia (La Paz – 3640 m), a hipóxia torna-se o "sinal" necessário para que genes envolvidos com respiração, vasodilatação, entre outros, sejam ativados. O ar rarefeito se torna o responsável pela geração do sinal de hipóxia. Portanto o "sinal", neste caso, é a própria redução na disponibilidade de oxigênio. Com a redução do oxigênio disponível, genes que controlam a produção de hemoglobina, que transporta oxigênio pelo organismo, são mais expressos, no intuito de contra-regular a nova condição fisiológica à qual o organismo foi exposto.

Dentre diversos outros exemplos interessantes, um se destaca perante temática que será abordada mais à frente nos demais capítulos: a termogênese. Frente algumas estratégias de indução termogênica, naturalmente um mecanismo se apresenta cotidianamente na vida de todos os seres humanos, as variações de temperatura ambiente. Quando um indivíduo é exposto ao frio, imediatamente o controle corporal interno de regularização da temperatura é ativado. Dentre diversas estratégias que o corpo adota para se aquecer, as mais notáveis são a vasoconstrição, eriçamento de pelos e o tremor. Contudo, o organismo humano é preparado para a produção endógena de calor, através de um tecido específico, o tecido adiposo marrom. A presença elevada de mitocôndrias nesse tecido o torna especial. Mitocôndrias são encaradas como pequenas "usinas", capazes de transformar substratos em energia. Sinais que chegam às células induzem as mitocôndrias a trabalharem mais, aumentando sua capacidade oxidativa, portanto, com maior consumo energético. Nesse sentido, o resultado deste "trabalho intenso", assim como os conceitos de física primária elucidam, é a produção de calor. Sendo assim, a exposição à baixa temperatura foi o estímulo inicial para que, de alguma forma, o genoma fosse "programado" a produzir substâncias que interferissem na função mitocondrial.

Mas como o frio ou a baixa de oxigênio poderiam interferir na expressão gênica? No contexto deste livro, outra condição é capaz de aumentar ainda mais tais indagações: Se um exercício causa alterações sistêmicas diversas, poderia então a atividade física modular o padrão de expressão gênica? Condições como o frio, altitude e exercício parecem intangíveis à nossa compreensão, talvez por não se tratarem, inicialmente, de "substâncias" propriamente ditas. É muito mais simples compreender a ação de um fármaco, ingerido por via oral, sendo absorvido no intestino e chegando à corrente sanguínea. Após ser distribuída pelo organismo, a substância pode simplesmente se ligar a um receptor, e emitir sinais intracelulares, assim como questionado anteriormente (Figura 1). Neste caso, tem-se a ação direta de uma substância específica que chegou por via oral ao meio celular. Em relação aos exemplos recentemente citados, a ciência do esporte se encontra perante sua segunda grande barreira da compreensão da sinalização celular: Poderia uma atividade física controlar a expressão de genes? Como?

Antes da resolução desses inúmeros questionamentos é importante que seja compreendido a palavra "sinais". Os sinais que transitam pelo corpo, adentrando à célula ou apenas se conectando em seus receptores, nada mais são do que hormônios (testosterona, insulina, glucagon, triiodotironina), pequenos peptídeos (interleucinas, vasopressinas, histamina), nutrientes como açúcares (galactose, frutose) lipídios (ácidos graxos), vitaminas (vitamina A, D, C e etc), minerais (zinco, selênio), fragmentos de microorganismos, toxinas, ou até mesmo aminoácidos simples (glutamina, leucina etc.), dentre outros. Provavelmente o exercício, assim como o frio ou, situações que envolvam emoções (medo, estresse, felicidade etc.), produzem ou estimulam a liberação de substâncias que atuarão como consequência de sinais específicos.

NO ÂMBITO INTRACELULAR:

Citoplasma

Seja através de qualquer um desses caminhos (receptor, canais, difusão direta na membrana plasmática etc), o sinal precisa encontrar um efetor intracelular, o qual será chamado aqui de "fator de transcrição" - (FT). Um FT pode ser ativado diretamente pelo sinal que adentrou à célula ou por proteínas subjacentes ao receptor, liberadas quando o receptor é estimulado. O que é chamado aqui de "fator de transcrição", nada mais é do que uma proteína, com atividade específica de migração para o núcleo da célula. Após esta migração, o FT pode se ligar diretamente ao gene-alvo ou ativar proteínas ou complexos proteicos intranucleares que serão os responsáveis pela ativação de genes de interesse.

Núcleo

No núcleo da célula temos os genes, que são estruturas formadas por nucleotídeos, e que compõem o DNA. Neste momento é necessário compreender que o ácido desoxirribonucléico (DNA) fica intensamente enovelado dentro do núcleo, formando a estrutura cromossomal (Figura 2). Esse emaranhado armazena a informação (gene) a ser utilizada, necessitando então de diversas estratégias e etapas para que seja completamente desenovelado e, portanto,

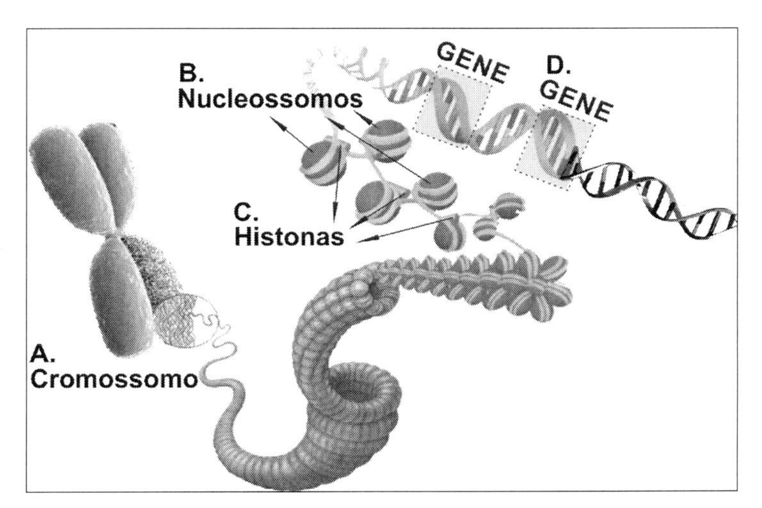

Figura 2 Estrutura do Epigenoma. **A** – Estrutura cromossômica compactada. **B** – Os nucleossomos mantém a fita de DNA organizadamente enrolada ao seu redor. **C** – As proteínas histonas mantem a fita de DNA organizada em nucleossomos. **D** – Quando as histonas são afrouxadas do nucleossomo a fita de DNA expõe a região de interesse, que aqui é chamada de gene. Lembre-se que após a finalização do processo de transcrição gênica, o DNA é novamente organizado em nucleossomos pelas histonas, e o cromossomo recompactado, voltando ao seu estado original.

possa permitir ao FT o acesso ao gene específico. A razão aparente para que o DNA se mantenha densamente enovelado deve-se ao fato de que, nesta disposição, ele possa caber melhor no pequeno espaço a que tem disponível. Uma fita de DNA, se completamente esticada, atingiria mais de 2 metros de comprimento. Já as combinações dos nucleotídeos que a compõe, formam mais de 3 bilhões de possibilidades.

EPIGENOMA

Antes de adentrar aos genes, "impregnados" no DNA, faz-se saber também sobre a existência de variados mecanismos responsáveis por manterem o DNA enovelado. Da mesma forma, para que seja desenovelado, outra diversidade de mecanismos são ativados. Desta forma, antes de uma molécula sinalizadora, assim como um FT, estar frente-a-frente ao gene, é necessário que o DNA seja descompactado e, ao final do processo, comprimido. Os mecanismos que controlam este vai-e-vem tem chamado atenção, sendo alvo de recentes pesquisas - acetilação de histonas.

Acetilação e Deacetilação de Histonas

Se os genes se encontram num emaranhado de fitas helicoidais de DNA, as quais contêm todas as informações de um organismo, certamente não deve ser fácil o acesso a tais dados. Para que o DNA possa ser acessado de forma organizada, sua estrutura em dupla hélice é mantida enovelada a pequenos arcabouços chamados de nucleossomos, que funcionam como moldes para esse correto enovelamento. Além disso, para que esta fita se mantenha presa ao nucleossomo, algumas proteínas fazem o papel de pequenas "presilhas", mantendo a fita fortemente atrelada ao nucleossomo. Essas proteínas são chamadas de histonas. Desta forma, quando um FT migra ao núcleo e se aproxima da região onde se ligará, diversas reações ocorrem a fim de que as histonas fiquem mais "frouxas" e, portanto, afrouxem também a ligação da fita de DNA ao nucleossomo, permitindo que o DNA se desenrole e que o FT tenha acesso ao local correto (Figura 3).

Ainda há mais um passo importante na explicação de como as histonas se prendem e se soltam do nucleossomo, retendo consigo o DNA. Quando o FT se aproxima da região de interesse no DNA, enzimas do tipo histonas acetilases intensificam a deposição de radicais acetil às histonas. A consequência disto é a perda da força de ligação das histonas ao nucleossomo, fazendo com que a fita de DNA se solte e que esta região seja acessível ao FT. Após a ação FT, o DNA precisa voltar ao seu estado enovelado inicial, para que a cromatina seja novamente reestruturada. Para isso, enzimas do tipo histona deacetilases removem os radicais acetil, devolvendo firmeza às ligações da histona ao nucleossomo e, consequentemente, prendendo a fita de DNA. Isso tudo funciona como se as histonas fossem âncoras que prendessem a estrutura helicoidal do DNA aos nucleossomos, mas com sua rigidez controlada pelo grau de acetilação/deacetilação das histonas. Uma região sem radicais acetil, ou seja, uma região deacetilada, pode demorar muito para ser acessada por um FT, assim como uma região rica em radicais acetil permite o fácil acesso de FT àqueles genes, daquela região.

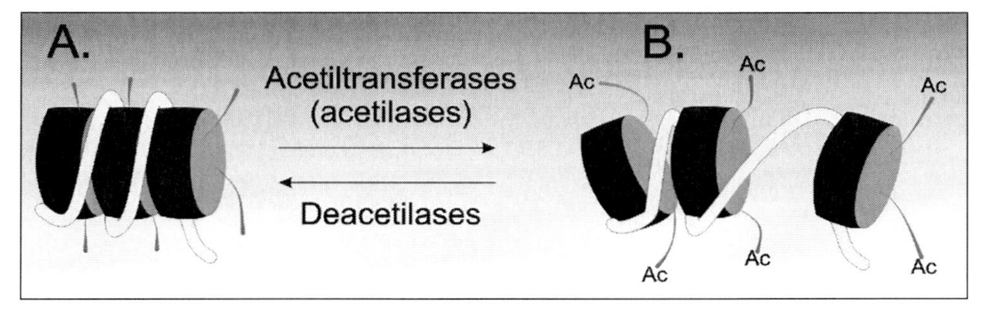

Figura 3 Acetilação de Histonas. **A** – A fita de DNA mantem-se fortemente atrelada aos nucleossomos, fixada pelas proteínas histonas. **B** – Quando as histonas recebem radicais acetil (Ac) se tornam mais frouxas e liberam a fita de DNA para que o fator de transcrição execute sua função. A acetilação é realizada por reações mediadas pelas enzimas acetiltransferases, ou simplesmente acetilases. Quando o processo encerra-se, o DNA é novamente organizado em nucleossomos, por intermédio de enzimas deacetilases, que removem os radicais acetil das histonas.

A compreensão dessas estratégias celulares permitiu aos cientistas entender que o funcionamento de certos genes pode depender do seu grau de acetilação. Isto é, muita acetilação indicaria que a região está frouxamente presa às histonas e, contrariamente, uma região hipoacetilada estaria fortemente aderida às histonas. Assim, consecutivamente, um FT poderia facilmente ativar a região mais frouxa ou praticamente não conseguir acessar uma região densamente metilada. Portanto, tem-se atualmente que, certas doenças podem ocorrer devido a alteração no grau de acetilação de um gene. Por exemplo, se uma dada proteína não é detectada nas análises bioquímicas tradicionais, erroneamente poderia se dizer que o indivíduo possui um erro inato para aquele determinado gene onde, na verdade, ele é possuidor do gene, mas não consegue expressá-lo de forma a gerar a proteína correspondente. Além disso, diversos estudos mostram que essas características podem ser herdadas.

Estudos interessantes deixam claro que modificações deste tipo podem ser realizadas durante o período de embriogênese, controlado pela alimentação materna, na fase intrauterina. Além disso, mesmo após nascido, um indivíduo pode adquirir ou alterar essas características ao longo da vida. Entretanto, muitos estudos ainda são necessários para se compreender como será possível alterar ou controlar esse processo. Ao entendimento destes fenômenos se dá o nome de epigenética, que indica o estudo da compreensão organizacional do genoma e a capacidade de herdabilidade dessas alterações (Figura 2).

Metilação de Genes

Acredita-se já ter sido possível observar pelo leitor, ao longo deste capítulo, quão complexo é o sistema de transcrição gênica, para que, ao final do processo, uma proteína seja produzida. Desta forma, apresenta-se aqui outro importante processo regulatório sobre o processo de transcrição gênica, chamado de metilação gênica.

Após a acetilação das histonas e a liberação da fita de DNA, o FT ainda não pode iniciar sua conexão ao gene, pois radicais do tipo metil encontram-se dispostos em regiões reguladoras do gene, no intuito de servirem como mais uma forma de controle de transcrição gênica. Portanto, tais radicais precisam ser removidos para que o FT possa finalmente iniciar seu trabalho. Para isso, enzimas do tipo demetilases são ativadas para a remoção dos radicais metil, que encontram-se ligados de forma primordial às ilhas CpG, ou seja, em regiões do gene ricas em citosinas (C) e guaninas (G). Essas regiões, comumente presentes na região promotora dos genes, caso esteja hipermetilada, não permite a conexão do FT para iniciação do processo. Mas caso esse processo seja executado de forma plena, a transcrição ocorre de forma natural. Findada a transcrição, radicais metil são novamente incorporados ao gene para que a intensidade da transcrição seja controlada. Este processo é controlado por enzimas metilases (Figura 4).

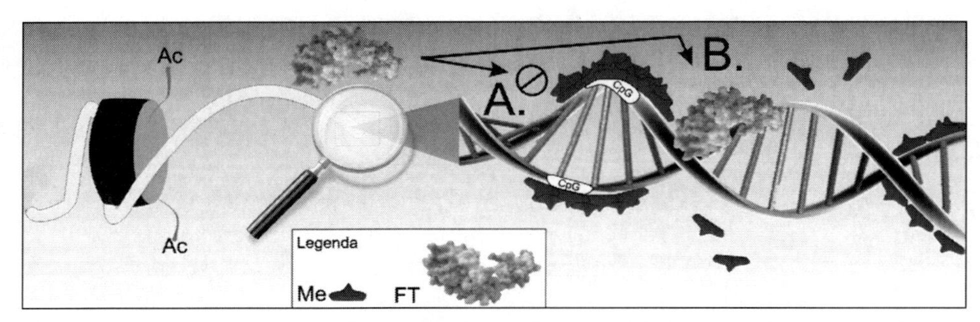

Figura 4 Metilação de Genes. Após a acetilação de histonas, o DNA torna-se frouxo no nucleossomo e a região que contem o gene de interesse fica exposta. O fator de transcrição tenta se ligar ao gene, que encontra-se envolto em radicais metil (Me). **A** – O fator de transcrição não consegue ativar o gene de interesse. **B** – Isso só será possível após ativação de enzimas com atividades de demetilases. Com o gene livre de radicais metil, o fator de transcrição se conecta e ativará o início da transcrição gênica.

Assim como descrito anteriormente, em relação aos fenômenos controladores da acetilação de histonas, a metilação de genes também pode ser controlada por fatores externos. A dieta materna durante o período gestacional, aleitamento, dietas, poluição ambiental entre outros fatores, podem contribuir para a modificação do grau de metilação de genes. Contudo, este é um fenômeno ainda carente de ampla explicação. Apesar disso, a metilação de genes tem sido considerada um dos mais importantes fatores de regulação da expressão de genes.

Apesar destes novos e interessantes desdobramentos a que as ciências genômicas tem trazido, questões muito preocupantes também surgiram. É natural a presença de radicais acetil, em graus maiores ou menores em determinadas regiões. Contudo, certos hábitos de vida parecem influenciar diretamente os locais do genoma de deposição/remoção dos radicais acetil, e também determinar o grau de deposição desses radicais, com hiper ou hipoacetilação, e hiper ou hipometilação. Desta forma, obviamente haverão alterações no padrão do comportamento genômico. Não só a dieta materna durante gestação pode interferir nessas alterações, mas também durante a lactação. Comportamentos como a prática de exercícios físicos, ingestão de bebida alcóolica, dietas hiperssódicas, hipoprotéicas, exposição à poluição e muitos outros fatores ambientais podem interferir nesses processos de regulação do padrão de expressão gênica.

Todo o genoma possui pontos de acetilação, sendo alguns mais e outros menos acetilados. Da mesma forma, todos os genes possuem graus diferenciados de metilação. Independente disto, após os intrincados mecanismos de desenovelamento terem acetilado (inserção de radicais acetil) e demetilado (remoção de radicais metil) a região-alvo através de enzimas acetilases e demetilases, o FT finalmente acessa o gene.

FRENTE-A-FRENTE AO DNA

O FT, quando ativado no citoplasma, se direciona para regiões específicas do DNA, onde seu(s) genes(s) alvo(s) se encontram. Portanto, já na região próxima de interesse, praticamente ao mesmo tempo em que o FT chega ao ambiente genômico (DNA), enzimas com funções de separarem (momentaneamente) a dupla fita do DNA surgem, chamadas de DNA helicases (Figura 5A). Essas helicases promovem a abertura da hélice do DNA, separando-o em duas fitas simples. Nesse momento ocorre a conexão direta ou indireta do fator ao gene. Quando isso se dá de forma indireta, o FT pode se ligar em proteínas ou grandes grupamentos protéicos que, então, coordenarão a ativação do gene. Para que um gene seja ativado (transcrito), o FT ou o complexo protéico ativado por este FT precisa se ligar numa região específica do gene, chamada de região promotora. Esta ligação já serve de sinal, por si só, para indicar o início da transcrição gênica. A transcrição gênica se dá, de fato, quando a enzima RNA polimerase (RNApol) reconhece o FT, identificando a região promotora, ou seja, a região onde deverá ser

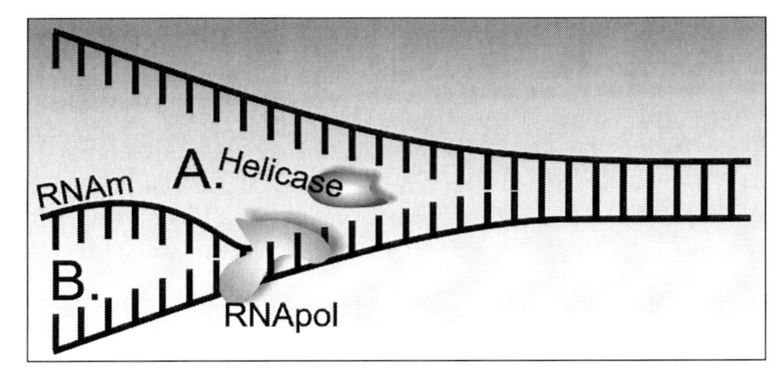

Figura 5 Início da Transcrição Gênica. **A** – Após o fator de transcrição se ligar à região promotora do gene, a enzima helicase inicia a abertura da tida de DNA, separando a dupla fita em fitas simples. **B** – A enzima RNA polimerase inicia a cópia da fita de DNA, produzindo então o RNA mensageiro (RNAm).

iniciada a transcrição (cópia). O DNA é uma estrutura que não pode ser movida/transportada do núcleo. Sendo assim, apenas cópias (RNAm) de seus fragmentos (genes) podem ser movidos. Essas cópias são chamadas de RNA mensageiro (RNAm), onde RNA é a sigla que designa o ácido ribonucleico (Figura 5B).

A RNApol inicia a cópia do gene, de forma a criar uma estrutura complementar, recíproca ao gene (RNAm), mas com sutis diferenças. Os genes são formados pelos nucleotídeos contendo as bases nitrogenadas Adenina (A), Timina (T), Guanina (G) e Citosina (C). Um gene pode apresentar, de poucas dezenas a milhares de nucleotídeos, conectados em sequência. Conforme a RNApol identifica o nucleotídeo no gene, outro nucleotídeo é oferecido, de forma correspondente (quimicamente) ao primeiro identificado. Para isso, existem algumas regras importantes onde, o nucleotídeo que se complementa quimicamente com adenina é a uracila, formando então o pareamento A:U e, da mesma forma, citosina pareia com guanina (C:G). Respeitando tais observações, a cópia do gene está pronta.

Veja como fica o RNAm oriundo de uma sequência de nucleotídeos (gene) que compõe o DNA:

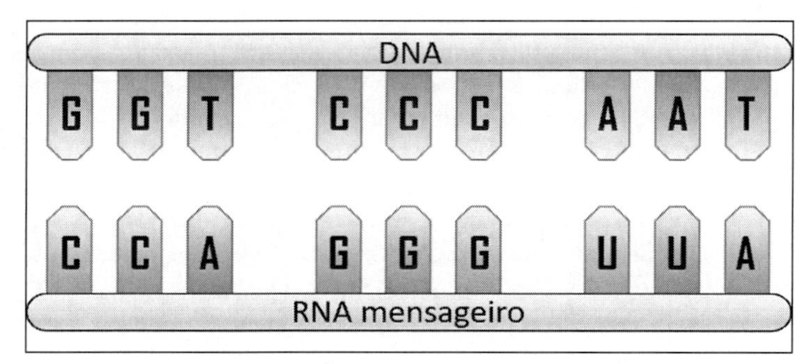

Figura 6 Figura ilustrativa da sequência de nucleotídeos compondo o DNA acima e o RNA mensageiro abaixo.

Ao terminar o processo de transcrição, o produto final será, portanto, o transcrito primário, ou seja, o RNAm. Imediatamente outros complexos enzimáticos iniciam o fechamento da dupla hélice do DNA. Consecutivamente, o gene é remetilado e a fita de DNA presa novamente ao nucleossomo pelas histonas deacetiladas. Com isso, o DNA retorna ao denso emaranhado enovelado, como anteriormente descrito.

O RNAm, recém formado, como o próprio nome diz "mensageiro", contém um código, cópia do DNA. Este código possui sequências não codificadoras, chamadas de íntrons. Até recentemente os íntrons eram tidos como "lixo celular", mas atualmente compreende-se que os íntrons são capazes de exercerem funções importantes na célula. De maneira independente, os íntrons precisam ser removidos das sequências codificadoras, chamada de éxons. A fita de RNAm sofre cortes em trechos de íntros e éxons específicos, onde os ínstrons são removidos dos éxons. Este processo recebe o nome de *splicing* (corte). Posteriormente os trechos do gene que contém os éxons são enzimaticamente reconectados. Portanto, a parte codificadora do gene está pronta para ser traduzida, contudo o núcleo celular não possui maquinaria capaz de realizar tal decodificação. Logo, o RNAm recebe em sua extremidade uma estrutura composta por metil-guanosina (CAP) que conduzirá a sequência até os ribossomos, organela responsável pela decodificação.

Veja como fica a sequência de aminoácidos após decodificação do RNAm oriundo da sequência de nucleotídeos no DNA:

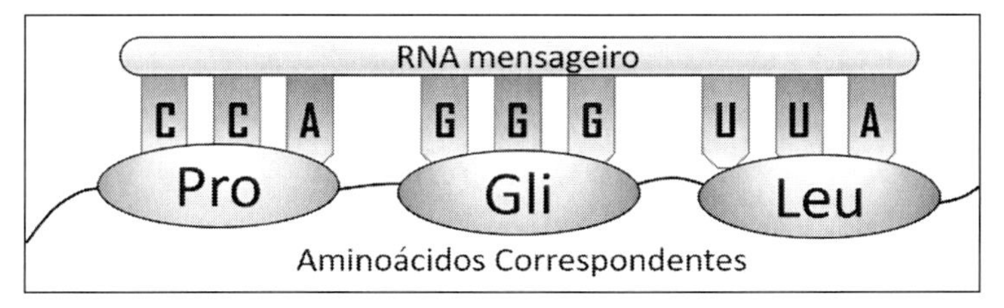

Figura 7 Sequência de aminoácidos correspondentes a sequência de nucleotídeos presente no RNA mensageiro.

DE VOLTA AO CITOPLASMA

No Interior dos Ribossomos

Os ribossomos são as estruturas responsáveis pelo processo de síntese proteica e são encontrados livres ou associados ao retículo endoplasmático, compondo o retículo endoplasmático rugoso. A proteína EIF4E é peça chave no processo de tradução, pois reconhece o CAP presente no RNAm comandando o início do processo de tradução. Nesse momento, a subunidade menor do ribossomo, denominada de 40S, é recrutada. Essa estrutura transloca ao longo do RNAm até o reconhecimento de uma trinca de nucleotídeos (AUG) que são reconhecidos como um sinal para início da síntese proteica. A trinca AUG codifica para o aminoácido metionina. Portanto, todo RNAm tem como primeiro códon o AUG e a proteína produzida apresenta a metionina como aminoácido inicial.

Assim sendo, quando a subunidade 40S reconhece o códon de iniciação (AUG), a subunidade maior do ribossomo (60S) é recrutada e passa a interagir com a subunidade 40S, formando o ribossomo propriamente dito. Neste momento, o aminoácido metionina encontra-se devidamente posicionado no ribossomo. Até esta etapa vários outros fatores controladores do início da tradução foram requeridos. A seguir, outros fatores controladores da tradução, denominados de fatores de elongação, participam do processo de translocação do ribossomo ao longo do RNAm, realizando a leitura dos demais códons. Conforme os códons são traduzidos em aminoácidos, ligações peptídicas associam um aminoácido ao outro, formando a cadeia de aminoácidos. Resumidamente, cada códon relaciona-se a um aminoácido correspondente, e a definição do aminoácido correto deve-se unicamente à trinca de nucleotídeo que compõe códon.

Importante evidenciar que a definição do aminoácido correto, ao longo da tradução, é determinada pelo pareamento do códon com uma trinca de ribonucleotídeos específicos (anticódon) presentes nas moléculas de RNAs transportadores (tRNA) aos quais os aminoácidos encontram-se associados. Em outras palavras, o RNAt identifica o códon no RNAm e apresenta um códon complementar (anticódon). Assim que a complementariedade se dá, o RNAt libera o aminoácido correspondente para formação da ligação peptídica. Destaca-se que os aminoácidos utilizados na tradução são oriundos do consumo alimentar ou do processo de degradação de proteínas e peptídeos intracelulares.

A translocação do ribossomo segue então até o reconhecimento do códon de terminação (UAA, UAG ou UGA). Neste momento, entra em ação um fator de término da tradução, o qual reconhece o códon de terminação e desestrutura todo o complexo. Como consequência, são liberados o RNAm, as subunidades ribossomais 40S e 60S, bem como a proteína produzida.

Termos como "mensagem" ou "tradução", dizem muito sobre as funções das estruturas. A mensagem, referindo-se aqui ao RNAm, trata-se da sequência de nucleotídeos copiada do DNA. Se o DNA é a estrutura que possui o "código" de todos os seres vivos, então esses códigos são organizados por genes, onde cada gene guarda o código de uma função. Esses códigos são responsáveis por produzirem substâncias essenciais para o funcionamento do organismo, ou seja, proteínas. São proteínas com funções enzimáticas, hormonais, de defesa (anticorpos), transporte, coagulantes, entre outras. O código, nada mais é do que uma sequência de nucleotídeos que, quando decodificado, indica o aminoácido correspondente. De acordo com a sequência do RNAm, a cada três nucleotídeos interpretados pelo ribossomo, um aminoácido será oferecido. Veja como fica essa correspondência, de acordo com a sequência do exemplo anterior:

De acordo com o exemplo no BOX2, a sequência "CCA", quando traduzida pelo ribossomo, codifica o aminoácido prolina (Pro), GGG – glicina (Gly) e UUA – leucina (Leu). Para que seja compreendida a forma pela qual o ribossomo consegue realizar tal feito, necessita-se antes vislumbrar, de forma simplificada, a estrutura ribossomal (BOX3).

Veja como ficam as sequências de RNAm, RNAt e de aminoácidos durante a tradução gênica:

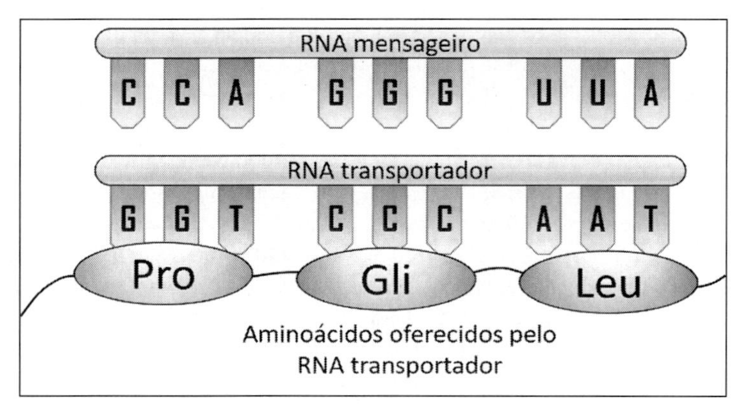

Figura 8 Sequência de nucleotídeos presentes no RNA mensageiro, no RNA transportador e os aminoácidos carreados pelo RNA transportador.

Conforme o ribossomo "desliza" pela fita de RNAm, a cada trinca, novos RNAt se encaixam e oferecem aminoácidos correspondentes, até que todo o RNAm tenha sido percorrido. Um aminoácido se liga a outro através de ligações químicas que ocorrem ainda dentro da subunidade ribossomal. Posteriormente tem-se a proteína traduzida, no entanto, ela ainda não se encontra pronta para cumprir sua função, pois está na sua conformação primária, e necessita de uma configuração tridimensional. Logo, a proteína sai do ribossomo estando num formato chamado de "estrutura primária". Necessitará então de alcançar a sua forma quaternária.

Para que a proteína seja funcional e ganhe característica quaternária, ela é moldada por outras pequenas proteínas chamadas de chaperonas, forçando a proteína a se tornar tridimensional. Portanto, após a primeira dobradura, a proteína ganha característica de estrutura secundária. Após novas dobras, terciária e finalmente quaternária. Neste momento é possível que a proteína já esteja pronta para cumprir sua função e seja direcionada ao seu local de atuação, no entanto, algumas proteínas necessitam de um "acabamento" mais especializado. Sendo assim, algumas são direcionadas para o retículo endoplasmático, e posteriormente para o complexo de golgi, onde serão transportadas em vesículas (empacotadas). Isto ocorre para proteínas que poderiam perder sua função ainda no ambiente citoplasmático ou para aquelas que ofereceriam risco de degradação da própria estrutura celular, como enzimas lipídicas (lipases) ou de degradação de citoesqueleto. Outro exemplo interessante é a insulina, a qual é inserida em vesículas e mantida no interior da célula até que estes grânulos sejam liberados para o exterior, atingindo a corrente sanguínea.

CONSIDERAÇÕES FINAIS

Os processos de transcrição e tradução são de extrema complexidade, onde tal complexidade parece ser incrementada a cada dia, com descrições novas e supreendentes dentro dos campos das ciências moleculares e genômicas. Este capítulo objetivou abordar esta temática de forma simples, evitando descrever o processo de forma minuciosa. Contudo deve-se atentar ao o fato de que documentos científicos mais aprofundados podem e devem ser consultados para que os mecanismos aqui propostos sejam abastecidos de maiores detalhamentos.

Novos e importantes mecanismos envolvendo transcrição e o controle traducional tem sido demonstrados, como os micro RNAs. Além disso, novas técnicas de interferência e edição de genes são empregadas em modelos de experimentação *in vitro* e *in vivo*, como a CRISPR CAS9, que é um sistema de combinação de enzimas capaz de inserir ou remover genes do DNA, em locais específicos de interesse. Estas e outras novidades tem aplicações diversas, desde a indústria de alimentos e cosméticos, mas principalmente para o tratamento de doenças. Contudo, tudo isso pode ser muito perigoso baseado nos interesses a que se propõe a utilização de tais técnicas. Portanto, conhecer estes mecanismos celulares de controle de produção de proteínas é útil em todos os segmentos das ciências da vida.

EXERCÍCIOS DE AUTOAVALIAÇÃO

Questão 1 – A enzima helicase tem papel fundamental para a síntese de proteínas, durante o processo de transcrição gênica. Qual sua função?

Questão 2 – Para que haja descompressão do cromossomo é preciso que enzimas atuem sobre essa estrutura. Quais enzimas participam deste processo?

Questão 3 – Qual estrutura celular é a responsável por conter a informação que é levada ao retículo endoplasmático rugoso para tradução em proteína?

Questão 4 – É possível que um indivíduo possua alteração em seu padrão de expressão gênica, mesmo sem apresentar nenhum tipo de mutação. Quais fatores podem contribuir para isso?

Questão 5 – O RNA transportador apresenta função primordial no processo de síntese proteica. Qual é este papel?

REFERÊNCIAS BIBLIOGRÁFICAS

ALBERTS, B. et al. Molecular Biology of the Cell. 2002.

LANDER, E. S. et al. Initial sequencing and analysis of the human genome. Nature, v. 409, n. 6822, p. 860–921, 15 fev. 2001.

WATSON, J. D.; CRICK, F. H. The structure of DNA. Cold Spring Harbor symposia on quantitative biology, v. 18, p. 123–31, 1953a.

WATSON, J. D.; CRICK, F. H. Molecular structure of nucleic acids; a structure for deoxyribose nucleic acid. Nature, v. 171, n. 4356, p. 737–8, 25 abr. 1953b.

Parte 2

BIOLOGIA MOLECULAR DO EXERCÍCIO FÍSICO

2

MÚSCULO ESQUELÉTICO E CAPTAÇÃO DE GLICOSE

Rodrigo Stellzer Gaspar
Rodolfo Marinho
Vitor Rosetto Muñoz
Gabriel Keine Kuga
José Rodrigo Pauli

OBJETIVOS DO CAPÍTULO

- Elucidar o funcionamento de alguns dos principais mecanismos moleculares envolvidos no processo de captação de glicose do músculo esquelético;
- Descrever a nível molecular como a via de sinalização da insulina promove a captação de glicose na musculatura esquelética na condição de repouso;
- Descrever como outras vias moleculares são capazes de promover a captação de glicose na musculatura esquelética de forma independente à ação da insulina em resposta ao exercício físico;
- Apresentar alguns dos efeitos do exercício físico agudo e crônico sobre as vias moleculares responsáveis pela captação de glicose na musculatura esquelética.

INTRODUÇÃO

Evidências da antiguidade anunciadas por Hipócrates na Grécia já indicavam que tanto a prática de atividade física como a dieta saudável eram fundamentais na promoção da saúde e prevenção de doenças. No entanto, o autor não imaginava que diversas alterações moleculares poderiam ocorrer no músculo esquelético em resposta ao exercício físico culminando com aumento da captação de glicose. O primeiro estudo que demonstrou o efeito positivo do exercício no processo de captação de glicose utilizou a mensuração da diferença arteriovenosa da glicose oriunda do músculo masseter de cavalos, comprovando a redução na quantidade de glicose neste tecido durante o processo de mastigação do feno (típico alimento de equinos) (1).

Em 1926, Lawrence evidenciou que o exercício físico seria capaz de potencializar os efeitos do hormônio insulina, possibilitando o aumento no consumo e internalização de glicose na célula muscular. Os autores observaram maior redução da glicemia em reposta a injeção prévia de insulina em indivíduos que se exercitaram em relação aos que permaneceram inativos (2). Portanto, insulina e a contração muscular possuem agonistas sobre a captação de glicose. Em seguida outros pesquisadores evidenciaram que o exercício físico de fato aumenta a taxa de utilização de glicose (3–5) tanto em animais quanto em seres humanos. Além disso, o efeito do exercício sobre a homeostase da glicose depende do tipo, duração e da intensidade do exercício realizado (6) (Coyle et al, 1987).

O aumento na captação de glicose está relacionado ao conteúdo e translocação do transportador de glicose tipo 4 (GLUT-4) para membrana do miócito (7,8). Tal efeito pode permanecer por até 48 horas após a prática do exercício físico (dependendo do volume e da intensidade), sugerindo a necessidade da prática de forma crônica para obter seus benefícios à longo prazo. Assim, após a identificação do GLUT-4, inúmeros estudos foram realizados e observaram que o exercício aumenta a captação de glicose no músculo esquelético (9–14). Cabe destacar que o conteúdo de GLUT-4 no músculo esquelético de pacientes diabéticos, por exemplo, não é significativamente menor quando comparado aos indivíduos saudáveis, contudo, a taxa de captação de glicose em respostaà insulina nesses pacientes é menor, sugerindo assim que pode haver comprometimento no transporte de glicose para a célula muscular em (15).

O uso de animais nocaute na década de 1990 ajudou a elucidar melhor a importância do GLUT4 no transporte de glicose para a musculatura. O camundongo nocaute para este transportador (GLUT-4-KO heterozigoto) apresentou alterações importantes no metabolismo da glicose e desenvolveu diabetes tipo 2. Essas alterações meabólicas foram diretamente relacionadas à menor captação de glicose pela musculatura esquelética (16). Demostrando que este tipo de transportador é de fundamental importância para captação de glicose no músculo esquelético em resposta ao estímulo com insulina.

Com a evidência de que a contração muscular estimula a captação de glicose, algumas moléculas começaram a ser propostas como sendo de fundamental importância para a captação de glicose em resposta ao esforço físico. Aqui é relevante documentar que alguns estudos foram capazes de demonstrar que a captação de glicose em resposta ao exercício acontece mesmo na ausência do hormônio insulina. Sugerindo que a contração muscular sinaliza para proteínas intracelulares e com isso permite a translocação do GLUT-4 e a captção de glicose. Isso levou o exercício para um outro patamar de importância quando o assunto é a prevenção e tratamento do diabetes. Entre as diversas proteínas envolvidas no processo de captação de glicose, algumas foram escolhidas para serem abordadas neste capítulo. Dentre elas, será destacado as proteínas que atuam na via independente a esse hormônio, como a AMPK (proteína quinase ativada por AMP), a AS160 (substrato da Akt de 160 kDa), a CaMKK (cálcio-calmodulina quinase) e o GLUT-4, além de outras biomoléculas com potencial efeito reconhecido na literatura.

Dados de um estudo epidemiológico de grande porte conduzido pelo Grupo de Pesquisa do Programa de Prevenção ao Diabetes nos Estados Unidos fortalecem tais considerações positivas acerca dos benefícios do exercício, evidenciando que mudanças no estilo de vida (dentre elas a prática de exercícios físicos de intensidade moderada por pelo menos 150 minutos semanais) e alimentação equilibrada foram mais eficazes que o tratamento com metformina na redução do risco do desenvolvimento de diabetes para pessoas que já apresentavam intolerância à glicose – estado pré-diabético (17). Tais achados, permitiram definitivamente considerar que o exercício é de extrema importância quando o objetivo é melhorar os níveis glicêmicos.

CAPTAÇÃO DE GLICOSE NO MÚSCULO ESQUELÉTICO EM REPOUSO MEDIADA POR INSULINA

A insulina é um hormônio anabólico proteico, composto por 51 aminoácidos divididos em duas cadeias: cadeia A, composta de 30 aminoácidos; e cadeia B, que apresenta 21 aminoácidos. Ela é sintetizada pelas células β pancreáticas em resposta ao aumento dos níveis circulantes de glicose e aminoácidos. Dentre suas principais funções, cabe destacar: aumento da captação de glicose (principalmente nos tecidos insulino-dependentes, como músculo esquelético e tecido adiposo); aumento da síntese de proteínas, ácidos graxos e glicogênio; inibição de processos catabólicos, como glicogenólise, lipólise e proteólise. Além desses efeitos metabólicos bem estabelecidos, a insulina também participa de outras funções orgânicas, como por exemplo, no contole da cicatrização, da função vascular, do processo respiratório, dentre outros.

A captação de glicose por meio do estímulo da insulina ocorre quando este hormônio se liga a seu receptor de membrana específico, chamado de receptor de insulina (IR), uma proteína heterotetramérica com atividade tirosina-quinase intrínseca. A partir desta ligação, o IR sofre uma alteração conformacional, desencadeando sua autofosforilação em resíduos de tirosina. Após ativado, o IR promove a fosforilação em tirosina de diversos substratos, dos quais destacamos os substratos do receptor de insulina 1 e 2 (IRS-1 e IRS-2). A fosforilação em tirosina do IRS-1 e do IRS-2 permite que eles se associem e ativem a enzima fosfatidilinositol-3--quinase (PI3K). A PI3K catalisa a fosforilação de fosfoinositídeos de membrana na posição 3 do anel de inositol, produzindo a fosfatidilinositol-3-fosfato, a fosfatidilinositol-3,4-fosfato e a fosfatidilinositol-3,4,5-fosfato. Este último produto regula a atividade da proteína quinase 1 dependente de fosfoinositídios (PDK-1). Por sua vez, a PDK-1 (proteína quinase ativa por fosfoinosítideos de membrana) ativa uma serina/treonina quinase, a proteína quinase B (ou Akt), que tem um papel chave na via de sinalização da insulina. Quando está ativada, a Akt é responsável pela ativação da AS160 (substrato da Akt de 160 Kda), que sensibiliza pequenas proteínas (denominadas TUG) ao redor do GLUT-4, que auxiliam a translocação deste transportador até a membrana plasmática, permitindo que ocorra a entrada de glicose na célula (Figura 1). Portanto, este mecanismo de captação de glicose mediado por insulina é essencial para homeostase glicêmica na condição de repouso.

Diversos estudos apontam que o comprometimento em algum ponto desta via pode diminuir a captação de glicose, desencadeando alterações fisiológicas importantes que po-

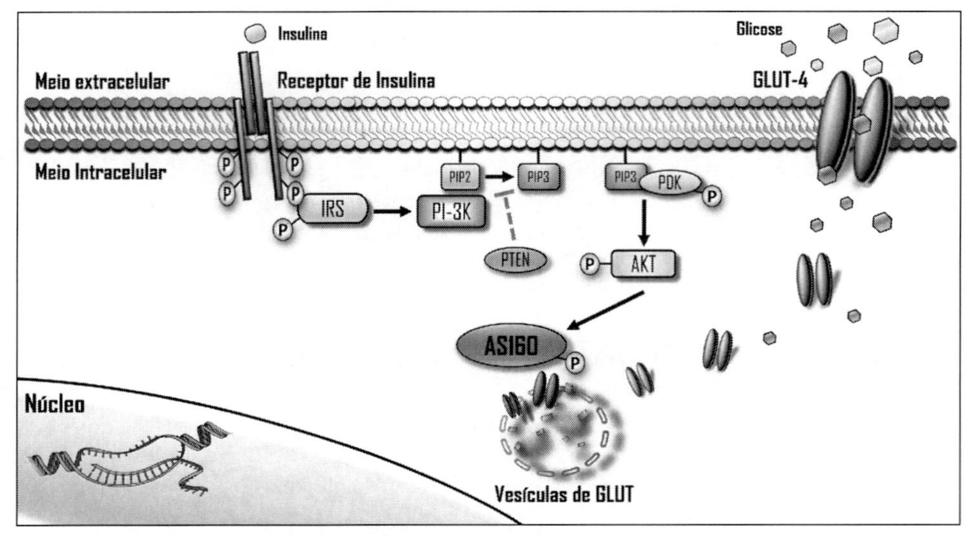

Figura 1 Mecanismo de captação de glicose mediado pela insulina. Após a sinalizar sobre o seu receptor, a insulina modula interações intracelulares através de diversas proteínas (IR/IRS/PI-3q/PDK/Akt/AS160/GLUT4) aumentando a captação de glicose para o citoplasma.

dem conduzir o organismo ao desenvolvimento de diversas doenças de cunho metabólico, como o diabetes. Entretanto, cabe destacar que existem vias independentes da insulina responsáveis pela regulação da captação de glicose, atuando de forma conjunta na regulação da homeostase glicêmica. Por exemplo, estudo que utilizou animais MIRKO (sem receptor de insulina específico na musculatura esquelética – *muscle insulin receptor knockout*) mostrou que o organismo compensa a ausência do IR através do receptor do fator de crescimento semelhante à insulina 1 (fator de crescimento similar à insulina – *insulin like growth fator 1 ou IGF-1*), não desenvolvendo diabetes severo, indicando assim, que outras vias possam fazer o papel de maneira compensatória a ausência ou prejuízos de certos sinais, atuando paralelamente (18).

Deste modo, os próximos tópicos deste capítulo irão abordar alguns dos principais mecanismos capazes de promover a captação de glicose, mesmo em condições de baixo nível de insulina circulante.

CAPTAÇÃO DE GLICOSE EM RESPOSTA AO EXERCÍCIO FÍSICO

Na musculatura esquelética, a captação de glicose depende da presença do GLUT-4 na membrana da célula, para que então exerça sua função de permitir a entrada de glicose por meio de difusão facilitada. Em condições basais, a grande maioria das moléculas de GLUT-4 se encontram armazenadas em vesículas no interior da célula, mantendo-a em um estado inativo, apenas aguardando o sinal para sua devida ativação. Durante o exercício físico ocorre um aumento no fluxo sanguíneo e no recrutamento de capilares para os músculos ativos, gerando um estímulo para a dilatação dos vasos sanguíneos responsáveis pela irrigação da musculatura ativa, visando aumentar a superfície disponível para o transporte de glicose. Durante a contração muscular, os níveis de insulina intracelular não sofrem muita alteração, ainda que estejam reduzidos a nível plasmático em decorrência do fluxo sanguíneo mais acentuado. Junto à insulina, as contrações musculares e o fluxo sanguíneo aumentado atuam em sinergismo, gerando sinais para a translocação do GLUT-4 até a membrana do sarcolema e dos túbulos-t, aumentando assim a captação de glicose pela célula (19).

A quantidade de GLUT-4 presente no sarcolema e nos túbulos-t é influenciada pela eficiência dos processos de endocitose e exocitose das vesículas que contém esta proteína em sua forma inativa. A insulina aumenta a quantidade de GLUT-4 na membrana muscular primariamente por aumentar o estímulo à exocitose, enquanto as contrações musculares (que a ativam a proteína AMPK por meio da depleção dos níveis de ATP) não só aumentam a taxa de exocitose, como também diminuem a taxa de endocitose do GLUT-4. Este fenômeno é uma das explicações para o efeito aditivo do exercício físico à ação da insulina na captação de glicose muscular, tornando o indivíduo mais sensível à insulina, ou até mesmo reduzindo a resistência à insulina de indivíduos obesos durante um curto período de tempo (20).

O exercício físico, por meio da contração muscular, é capaz de ativar uma série de proteínas, que são responsáveis por desencadear a alteração funcional e/ou estrutural de outras proteínas e, seguindo uma série de eventos em cascata, promoverem a translocação do GLUT-4 das vesículas intracelulares até a membrana do sarcolema e dos túbulos-t, permitindo a entrada de glicose na célula muscular.

O aumento da captação e do metabolismo de glicose decorrentes do exercício físico são frequentemente associados aos efeitos que uma única sessão de exercício tem nos níveis de RNAm e nos níveis absolutos de GLUT-4 dentro da musculatura exercitada (21). Juntamente com o aumento dos níveis de GLUT-4, o exercício físico é capaz de aumentar a translocação do GLUT-4 para a membrana miocelular (relacionada à maior taxa de exocitose e menor taxa de endocitose previamente discutidos), aumentando a capacidade de captação de glicose da célula muscular.

A seguir, serão apresentados alguns dos mecanismos conhecidos que participam na mediação dos sinais emitidos pela contração muscular para que ocorra a translocação do GLUT-4 das vesículas intracelulares (forma inativa) para a membrana do sarcolema e túbulos-t (forma ativa), permitindo a entrada de glicose.

CAPTAÇÃO DE GLICOSE NO MÚSCULO ESQUELÉTICO ATRAVÉS DA PROTEÍNA QUINASE DEPENDENTE DE AMP (AMPK)

Em resposta a contração muscular a demanda energética aumenta, ocasionando uma depleção dos níveis de ATP, que são rapidamente ressintetizados, visando manter o aporte energético necessário para a manutenção da intensidade no exercício realizado. Contudo, em determinado momento a célula não consegue mais ressintetizar ATP na mesma velocidade que o consome (devido à uma série de fatores, dentre eles a diminuição dos níveis da enzima creatina fosfato (CP) ou até mesmo de glicose, ocasionando um aumento na razão ADP:ATP e consequentemente, na razão AMP:ATP. Tal alteração é capaz de fosforilar a proteína LKB1 (quinase B1 do fígado – *liver kinase B1)* que fosforila e ativa a AMPK, que fosforila a proteína AS160 (conhecida por ser um ponto comum à via de sinalização de transporte de glicose dependente à via de insulina) e emite sinais para que ocorra a translocação do GLUT-4 das vesículas intracelulares até a membrana da célula muscular (22) (Figura 2). A AMPK também fosforila a HDAC5 (histona desacetilase 5), que é exportada do núcleo, favorecendo a ativação do MEF2 (fator estimulador de miócito 2) e do GEF (fator estimulador de GLUT-4), bem como a associação destes, ambos fatores de transcrição relacionados à expressão de GLUT-4 na musculatura esquelética (23). Sendo assim, além de provocar a translocação de moléculas de GLUT-4 para a membrana, a AMPK (na sua forma ativa) também é capaz de regular a geração de novas moléculas de GLUT-4 (GLUT-4 RNAm).

De maneira mais aprofundada, a ativação da AMPK em humanos em resposta ao exercício físico, ocorre em decorrência do déficit energético no interior da musculatura esquelética ativa e também estimulada pela própria contração muscular (níveis de cálcio). A ativação desta importante proteína é capaz de aumentar o consumo energético em até 100 vezes, promovendo alterações metabólicas significativas na musculatura exercitada, bem como a otimização de diversos processos envolvidos na captação de glicose e na utilização de lipídios como substrato energético. Além disso, em decorrência de sua ativação, são gerados estímulos que favorecem a biogênese mitocondrial (24).

A magnitude da ativação da AMPK é dependente da duração e da intensidade do exercício físico realizado. Sendo os exercícios mais intensos mais relacionados com a atividade aumenta-

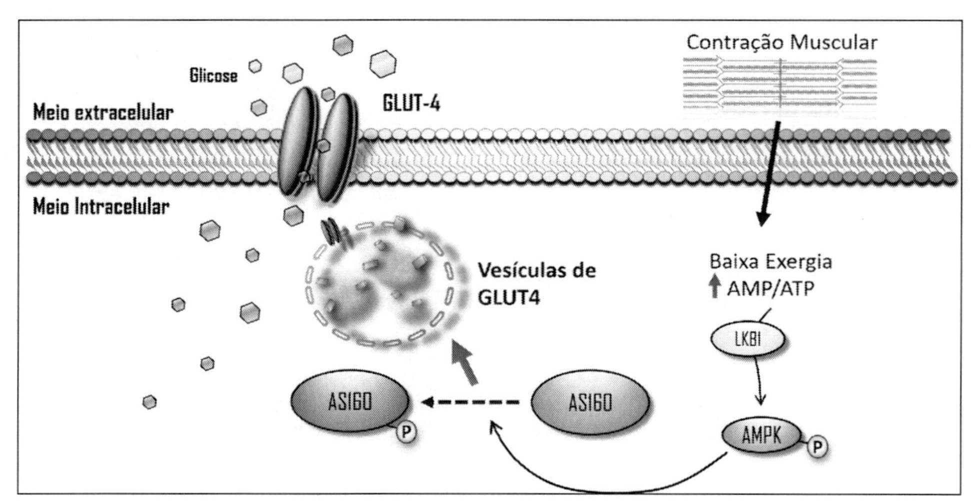

Figura 2 Estímulo para captação de glicose através da contração muscular. Uma vez em contração e com o aumento da razão AMP/ATP, ocorre a ativação por fosforilação da proteína AMPK e consequentemente o aumento da captação de glicose para o meio intracelular.

da desta biomolécula. O nível de condioncionamento físco também é outra variável que inluência a ativação desta molécula. Estudo identificou que a ativação da AMPK é reduzida conforme o indivíduo aumenta sua adaptação ao estímulo realizado (25), sendo um indicativo da melhora da capacidade oxidativa das fibras musculares e consequentemente da manutenção dos níveis energéticos celulares, sendo necessários estímulos de maior intensidade para a obtenção de respostas similares quanto à ativação da AMPK obtidas na primeira sessão de exercício.

O entendimento do papel da AMPK sobre a captação de glicose aconteceu antes mesmo dos experimentos com exercício através do uso de um composto que seria potente ativador desta molécula, o AICAR (ribonucleotídeo 5-aminoimidazole-4-carboxamide). Este composto foi capaz de promover a captação de glicose e a oxidação lipídica na musculatura esquelética (26). Experimentos com animais sugerem ainda que a ativação da AMPK na musculatura esquelética é capaz de aumentar a oxidação lipídica e aumentar a velocidade da ressíntese de glicogênio em resposta ao exercício resistido, por meio do estímulo da contração muscular *per se* e da liberação aumentada de cálcio (25). Posteriormente, foram realizados diversos experimentos com inibidores da AMPK, dentre eles o composto C, que confirmaram que a atividade desta proteína é necessária para a captação de glicose estimulada pelo AICAR (27).

A ativação da AMPK parece favorecer a captação de glicose não só por estimular a translocação do GLUT-4 até a membrana da célula muscular (por meio do processo de exocitose), como também por reduzir a velocidade do processo inverso (endocitose), sendo um estímulo complementar à contração muscular e à própria insulina, favorecendo a entrada de glicose na célula e otimizando a utilização deste substrato pelo tecido exercitado (28). Junto com estes benefícios, a AMPK parece favorecer a melhora da sensibilidade à insulina na musculatura esquelética, tendo seu papel mais relacionado à momentos durante e imediatamente após as sessões de exercício físico, contudo nem todos os resultados acerca da AMPK parecem ser tão promissores.

Um elegante estudo utilizou camundongos AMPK-MKO (não expressam AMPK na musculatura esquelética – *AMPK Muscle Knockout*), que não apresentam atividade da AMPK. Apesar destes animais apresentarem redução da capacidade de exercício e da captação de glicose estimulada pela contração muscular, isto não afetou a tolerância à glicose nem a sensibilidade à insulina nestes animais, sugerindo que a atividade da AMPK muscular não causa o desenvolvimento da resistência à insulina induzida pelo envelhecimento (29).

Tendo em vista os estudos abordados e diversos outros da literatura científica, considera-se a AMPK como um importante alvo futuro para o combate de doenças crônicas, como a obesidade e o diabetes, devido a sua ação em favorecer a captação e utilização de glicose e ao aumento da oxidação de ácidos graxos pela musculatura esquelética, tendo assim, um importante papel no controle do balanço energético do indivíduo. No entanto, é preciso certo cuidado antes de idealizar algum alvo específico como a cura de qualquer tipo de doença. Um dos maiores obstáculos para se estudar a AMPK é a definição da necessidade de sua ativação na musculatura esquelética para a ocorrência de diversos processos mediados por esta proteína, sendo difícil de mensurar se ela apenas contribui ou se ela é determinante à eles, justamente devido à diferenças observadas entre as pesquisas com modelos animais e os resultados observados nas pesquisas com seres humanos (30), além disso, é importante destacar que a AMPK possui diferentes isoformas, que são diferencialmente expressas no organismo e cada isoforma possui sua função específica.

CAPTAÇÃO DE GLICOSE NO MÚSCULO ESQUELÉTICO MEDIADA PELOS ÍONS DE CÁLCIO (CA^{2+})

A AMPK não é a única molécula envolvida no processo de captação de glicose em resposta ao exercício. Os íons cálcio tem sido apontados como importante molécula capaz de promover efeitos sobre o transporte de glicose no músculo. Estudos pioneiros utilizaram-se de cafeína e músculo sartório de sapos para demonstrar o potencial do cálcio nesse processo. Foi observado que a cafeína estimula a liberação de cálcio do retículo sarcoplasmático (sem que fosse necessária a despolarização da membrana plasmática) e que este influxo *per si* era suficiente para estimular a captação de glicose. Em seguida, estudos com músculos de ratos incubados também com cafeína, em níveis insuficientes para promover a contração muscular, também comprovaram a capacidade do Ca^{2+} em aumentar a captação de glicose.

Os mecanismos atrelados a ação do cálcio na captação de glicose foram melhor compreendidos mais adiante. Entendeu-se que a cafeína, ao estimular as bombas de íons Ca^{2+} do retículo sarcoplasmático, aumenta a demanda energética celular, aumentando o consumo de ATP. Desta forma, o aumento no gasto energético é então responsável pela ativação da AMPK, que por sua vez desencadeia processos que sinalizam para a translocação de GLUT-4 de vesículas intracelulares até a membrana plasmática, aumentando a captação de glicose. Este fenômeno demonstra que o Ca^{2+} influencia o aumento na captação glicose, porém com uma ação indireta.

O íon cálcio parece ter capacidade também de atuar sobre a molécula AMPK e este seria um outro mecanismo de ação. No músculo há proteínas quinases depententes de cálcio/calmodulina (CaMKKs), com destaque para a CaMKKβ (que possuem capacidade de fosforilar a AMPK em seu sítio ativo treonina-172). Com isto, criou-se a hipótese do Ca^{2+} ativar diretamente a AMPK via CaMKK na musculatura esquelética independentemente do aumento do consumo energético celular. Embora estes achados tenham sido importantes ainda não são totalmente conhecidos os mecanismos de ação do cálcio.

CAPTAÇÃO DE GLICOSE NO MÚSCULO ESQUELÉTICO MEDIADA POR ESPÉCIES REATIVAS DE OXIGÊNIO

O papel das ROS (espécies reativas de oxigênio) na captação de glicose em resposta à contração muscular tem sido alvo de investigação de pesquisadores no mundo todo (31). Para a análise do efeito das ROS sobre a captação de glicose é utilizado doadores ou inibidores de ROS em músculo isolado e nestas condições tem sido observado auimento e diminuição, respectivamente, do ingresso de glicose (32,33). No entanto, a observações são restritas a experimentos em células. Estudos envolvendo animais ou humanos submetidos ao exercício são necessários. Em estudo com diabéticos do tipo 1, a administração de antioxidantes naturais (por exemplo, vitamina E) logo após o exercício físico atenuou a captação de glicose. Isso indica que a presença de ROS na célula pode estar envolvido no processo de homeostase energética e portanto, na captação de glicose no músculo esquelético.

CAPTAÇÃO DE GLICOSE NO MÚSCULO ESQUELÉTICO MEDIADA PELO ÓXIDO NÍTRICO

Na literatura são descritas três isorforma das óxido nítrico sintases (NOS), sendo elas: a iNOS (óxido nítrico sintase induzível), a eNOS (óxido nítrico sintase endotelial) e a nNOS (óxido nítrico sintase neuronal). Sua produção é o resultado da conversão de L-arginina em L-citrulina. Na musculatura esquelética, existe a expressão de eNOS em baixos níveis, podendo existir expressão de iNOS em casos de doença (34). O papel do óxido nítrico (NO) é comumente relacionado à vasodilatação do endotélio, de modo a facilitar a chegada de nutrientes à musculatura ativa, bem como a remoção e transporte de metabólitos, visando sua metabolização e a manutenção da homeostase celular, porém não está restrito apenas a tais funções, como veremos adiante. Assim em resposta ao exercício o aumento do fluxo sanguíneo (força de arraste) há aumento no conteúdo de eNOS no endotélio.

A expressão da eNOS parece estar reduzida em indivíduos com diabetes tipo 2 (35). Tal redução pode estar relacionada ao aumento da iNOS (que aumenta de forma exacerbada a produção de NO, reduzindo a expressão da eNOS). Seguindo tal linha de raciocínio, baixos níveis intracelulares de NO podem participar da regulação de diversas vias de sinalização, enquanto níveis elevados podem reagir com espécies reativas de oxigênio (ROS), formando espécies reativas de nitrogênio (RNS), além de promover um desarranjo no funcionamento celular.

Sugere-se que existam diversos reguladores que atuem com certa redundância no controle da captação de glicose durante o esforço físico, como a CaMKK, ROS, a AMPK e o NO (36,37). A infusão de L-NAME (um conhecido inibidor farmacológico das NOS) na artéria femoral de humanos, durante exercício de cicloergômetro à 60% do VO2 pico (intensidade moderada), atenua substancialmente a captação de glicose em indivíduos saudáveis e em portadores de diabetes tipo 2, sem alterações no fluxo sanguíneo de membros inferiores, pressão arterial, concentrações de insulina ou glicose (38,39), indicando que deva existir um efeito das NOS sobre a captação de glicose induzida pela contração muscular. Esses achados são indicativos importantes de que a inibição da NOS atenua o aumento da captação de glicose na musculatura esquelética que ocorre durante a contração muscular, sem afetar o fluxo sanguíneo de glicose para a musculatura. Sugere-se ainda que a liberação de NO pelo estímulo da contração muscular ocorra apenas em exercícios de altas intensidades.

Em estudo com humanos, a inibição da NOS em exercício físico de baixa intensidade não afetou a captação de glicose, sendo significativa a partir de intensidades moderadas (40). Em modelo animal, o tratamento com doador de NO aumentou a captação de glicose no músculo EDL de camundongos C57BL6, e tal efeito é cessado pelo uso de inibidor de NO (37). Outros estudos indicam ainda que o NO seja capaz de mediar a translocação de GLUT-4 e a captação de glicose em adipócitos por outras vias de sinalização (41). Neste cenário, entende-se que o NO está envolvido no aumento da captação de glicose pela musculatura esquelética durante o exercício físico, sendo sugerido por alguns estudos que exista relação entre o NO e proteínas envolvidas na translocação do GLUT-4, no entanto os mecanismos ainda não foram completamente elucidados (19).

CAPTAÇÃO DE GLICOSE NO MÚSUCLO ESQUELÉTICO MEDIADA POR AUMENTO NA TEMPERATURA

Investigação em modelo animal demonstrou que o aumento da temperatura da musculatura esquelética é capaz de aumentar a captação de glicose, por meio da ativação da AMPK (que aparentemente é bem sensível às alterações na temperatura) e da Akt. Ao contrário, este efeito da temperatura sobre a captação de glicose no músuclo foi apenas parcialmente revertido quando utilizado o inibidor da AMPK, o composto C, e o inibidor da via PI3q/Akt, o Wortmannin (42). Para outros pesquisadores o aumento da captação de glicose que ocorre em decorrência do aumento da temperatura muscular é atrelado ao aumento na produção de espécies reativas de oxigênio (ROS), que além de regular a atividade das NOS (favorecendo a produção de NO), favorece a formação de RNS (devido à reação do NO com ROS, anteriormente exposta). Os mecanismos atrelados a ação das ROS e RNS e a translocação de GLUT-4 no músculo esquelético ainda não foram totalmente elucidados (43,44). Além disso, é necessário verificar se os efeitos sugeridos também ocorrem em humanos, uma vez que essas evidências foram encontradas somente em cultura de células e em modelos pré-clínicos. Isso permitirá, por exemplo, a compreensão se banhos termais (imersão em água quente), aquecimento prévio ao início da atividade física, intervenções com equipamentos que provocam aquecimento local, poderiam auxiliar na homeostase glicêmica.

CAPTAÇÃO DE GLICOSE NO MÚSCULO ESQUELÉTICO MEDIADA POR PROTEÍNAS ATIVADAS POR MITÓGENO (MAPs)

As proteínas quinase ativadas por mitógeno (MAPKs), dentre elas a ERK1, a ERK2, a p38 e a JNK, são ativadas pela contração muscular e pelo exercício físico (45), tendo como principais funções: resposta à estresse osmótico, calor e ativação de citocinas próinflamatórias, regulando diversas funções celulares como proliferação, diferenciação celular e apoptose.

Especificamente a proteína JNK (*c-Jun N-terminal kinases*) tem sido relacionada ao processo inflamatório e ao desenvolvimento da resistência à insulina (46), sendo especulado que sua ativação, durante o exercício físico, possa inibir a captação de glicose. Contudo, experimentos utilizando camundongos geneticamente modificados para não expressar a JNK mostraram que não houve mudanças na captação de glicose induzida pelo exercício físico (47).

A proteína p38MAPK também foi relacionada como responsável pelos efeitos do exercício físico na captação de glicose, uma vez que o uso de seu inibidor em roedores diminuiu a captação de glicose induzida pelo treinamento físico (30). Entretanto, outros estudos mostraram que este inibidor se liga diretamente ao GLUT-4, podendo interferir na sua atividade (48). A superexpressão da p38MAPK na musculatura esquelética de roedores reduziu o efeito do exercício físico na captação de glicose (49), porém este aumento de p38MAPK reduz a expressão de GLUT-4, não deixando claro (até então) o papel desta proteína no processo de captação de glicose. Experimentos que ativaram a p38MAPK em camundongos em repouso mostraram que a captação de glicose na musculatura esquelética aumenta (49), gerando mais dúvida acerca de seu papel neste processo, até então não sendo considerada como um dos mecanismos principais pelos quais o exercício físico modula a entrada de glicose na célula.

CITOESQUELETO DE ACTINA E CAPTAÇÃO DE GLICOSE

Acredita-se que a contração muscular *per se* emita sinais para que haja um aumento na captação de glicose, mas como? Considera-se que tal estímulo (independente dos mecanismos citados anteriormente) ocorra por meio da reorganização do citoesqueleto de actina, que ocorre durante o encurtamento/relaxamento da fibra muscular. Esta modificação posicional momentânea seria capaz de modular não só o tráfego intracelular de GLUT-4, como também a sinalização que ocorre anteriormente à sua translocação até a membrana da célula muscular (atuando em sinergismo com as outras moléculas sinalizadoras, potencializando sua ação). Tal idéia foi comprovada por experimentos utilizando miotubos e também músculo esquelético de roedores, em que a própria sinalização de insulina até a translocação do GLUT-4 depende do sinal exercido pela modificação momentânea ocorrida no citoesqueleto de actina (50,51).

Confirmando tais resultados, experimentos utilizando drogas capazes de romper os filamentos de actina mostraram que, nestas condições, tanto em células quanto no músculo esquelético de roedores, a translocação do GLUT-4 e subsequente captação de glicose pela célula após estímulo com insulina foi prejudicada (52). De maneira mais aprofundada, tais resultados estariam relacionados ao funcionamento de outra importante proteína, a Rac1, uma GTPase responsável por intermediar tal efeito estimulatório sobre as taxas de exocitose do GLUT-4, acarretando na sua liberação das vesículas intracelulares e subsequente translocação para a membrana do miócito (51).

Tal tentativa de analogia e interpretação pode ser reforçada por experimentos realizados com animais e humanos. O aumento promovido pelo exercício físico na ativação da Rac1 (por meio do aumento na sua carga de GTP), estimula a captação de glicose. De maneira contrária, a inibição farmacológica ou ablação genética da Rac1 em camundongos prejudicou o aumento da captação de glicose obtido em decorrência do exercício físico (53). Na análise de roedores com resistência à insulina tem sido observado que a sinalização de Rac1 está significativamente prejudicada no músculo esquelético (53).

A Myo1c é outra proteína que constitui o citoesqueleto e está relacionada à atividade motora e captação de glicose. A expressão de uma forma mutada desta proteína na musculatura esquelética de camundongos, demonstrou que ela está envolvida com a translocação do GLUT-4. Animais com mutação no gene da Myo1c apresentaram menor a captação de glicose em resposta ao estímulo de contração muscular, indicando então que estas proteínas relacionadas à composição do citoesqueleto regulam o efeito do exercício físico no aumento da captação de glicose pelas células musculares. Tais proteinas pelo potencial na regulação da captação de glicose podem ser alvos futuros para o tratamento da hiperglicemia (54).

AUMENTO DA CAPACIDADE OXIDATIVA DO MÚSCULO

O exercício físico também é capaz de melhorar a sensibilidade à insulina por meio do aumento da capacidade oxidativa da musculatura esquelética. De tal forma, os níveis de oxidação lipídica aumentam, juntamente com a expressão de proteínas responsáveis pela biogênese mitocondrial, que culminam no aumento do número de mitocôndrias, da capacidade oxidativa, do consumo energético e da funcionalidade de processos responsáveis pela manutenção da homeostase energética das células (55). Dentre as inúmeras proteínas que tem sua expressão e/ou atividades aumentadas pelo exercício físico e que favorecem a biogênese mitocondrial, cabe destacar a AMPK, a PGC1-α (co-ativador ativado por proliferador do peroxissoma), a PPAR-α (receptor A do proliferador ativado por peroxissoma) e o NRF-1 (fator de respiração nuclear 1) (56). Ao elevar o número de mitocôndrias, o treinamento físico permite que o organismo se torne mais apto ao consumo de energia, dificultando o acúmulo excessivo de gordura intramuscular, prevenindo o processo inflamatório e consequentemente, resistência à insulina. Além do aumento da densidade mitocondrial, o treinamento físico consegue tornar mais eficiente o processo de beta-oxidação. Ele é capaz de aumentar a atividade da AMPK, que fosforila a proteína ACC (acetil-Coa carboxilase), inativando-a. Com isso, ocorre uma redução nos níveis de Malonil Coa, que deixam de inibir a enzima Carnitina Palmitoil-Transferase 1 (CPT1), responsável pelo transporte de ácidos graxos para dentro da mitocôndria, sendo um importante evento para a oxidação de lipídios e redução de seu acúmulo em diversos tecidos (57). Portanto, o exercício físico é capaz de regular positivamente a via de sinalização da insulina e também a via de sinalização da AMPK (Figura 3) e com isso exerce importante efeito na captação de glicose e oxidação de gordura no músculo esquelético favorecendo a homeostase glicêmica do organismo..

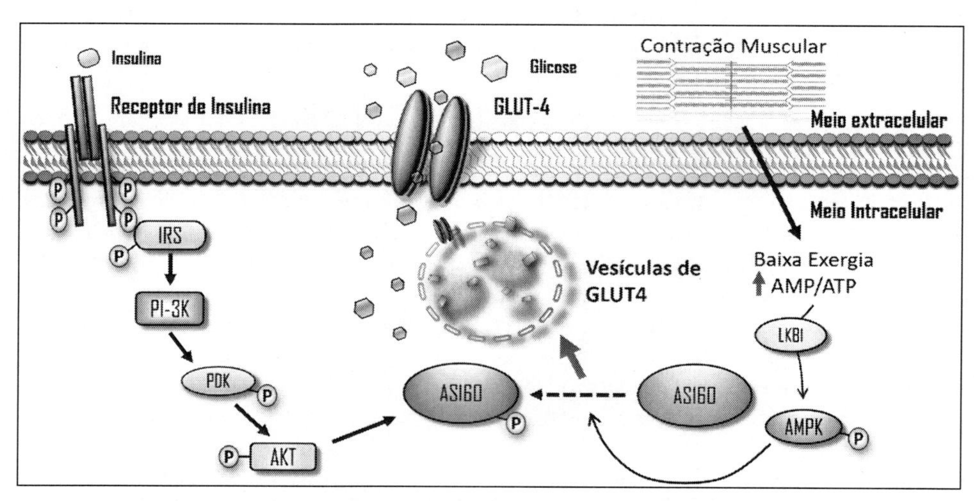

Figura 3 Desenho esquemático da captação de glicose no musculo esquelético após o estímulo de insulina e do estímulo da contração muscular, através da modulação de proteínas intracelulares envolvidas com a translocação de GLUT4 para a membrana celular.

EFEITO AGUDO DO EXERCÍCIO FÍSICO NA CAPTAÇÃO DE GLICOSE

Esta bem estabelecido que uma única sessão de exercício físico promove o aumento na captação de glicose na musculatura esquelética (58,59). A contração muscular envolve diversos mecanismos mostrados anteriormente, como a liberação de íons de cálcio, o aumento da razão AMP:ATP e ADP:ATP, a estimulação da CaMKK, a ativação da AMPK, a liberação de NO e

ROS, a variação de temperatura e o próprio estresse mecânico da contração que, de alguma forma, contribuem na ativação da AS160 e subsequente translocação do GLUT-4 por exocitose para a membrana da célula muscular (60).

Verifica-se que logo após o esforço ocorre um aumento na captação de glicose glicose (61) atrelado tanto ao aumento na expressão como na translocação de GLUT-4 no músculo esquelético. Os efeitos do exercício sobre a captação de glicose podem ser observados em períodos variáveis e que se estendem por até 48 horas (62,63). Outra via que auxilia na melhora da sensibilidade à insulina está relacionada à depleção das reservas de glicogênio na musculatura ativa, influenciando a atividade de enzimas como a glicogênio sintase e a hexoquinase no exercício (64). Embora o assunto seja discutido com mais profundidade em outros capítulos deste livro, em indivíduos que apresentam inflamação sub-clínica (com prejuízos na sinalização da insulina), o exercício físico agudo ainda tem um efeito adicional, por meio do aumento da liberação da miocina denominada interleucina-6 (IL-6), produzindo um efeito anti-inflamatório, acarretando em uma melhora transdução do sinal e sensibilidade tecidual à insulina.

Entretanto, estudos destacam que a prática frequente de exercícios físicos seria capaz de prevenir a resistência à insulina (prevenindo o desenvolvimento do diabetes tipo 2), sendo assim uma medida não-farmacêutica efetiva e de baixo custo na prevenção de tal doença (28).

EFEITO CRÔNICO DO EXERCÍCIO FÍSICO NA CAPTAÇÃO DE GLICOSE

A somatória de sessões agudas permitirá que ocorra adaptações nos mecanismos de captação de glicose no músculo de forma mais robusta do que evidenciados com apenas uma sessão de exercício. Assim a permanência em um programa de exercício especialmente supervisionado está associada com resultados satisfatórios sobre a glicemia e hemoglobina glicada em pacientes obesos e diabéticos do tipo 2. A nível molecular é obeservado melhora na transdução do sinal da insulina e no conteúdo de GLUT-4 e consequentemente na captação de glicose no músculo. Um aspecto que deve-se destacar, é que o IRS-2 tem sido apontado como de menor efeito no transporte de glicose muscular em relação ao IRS-1 na musculaturta esquelética (65). Mediante os efeitos positivos do exercício físico sobre a via de sinalização da insulina este assunto torna-se também relevante para o público com diabetes do tipo 1. Os efeitos benéficos do exercício para pacientes com diabetes do tipo 1, serão oportunamente discutidos em outros tópicos deste livro.

A proteína AMPK também se mostra com seus níveis de RNAm aumentados com o treinamento físico e participa de maneira importante durante a contração muscular para a captação de glicose. Além disso, a proteína AS160, responsável pela translocação das vesículas de GLUT-4 para a membrana celular (66), pode ser ativada pelas mudanças nos níveis de AMPK geradas pelo treinamento físico (13).

Os benefícios do exercício físico sobre o metabolismo da glicose ocorrem juntamente com a rápida adaptação muscular, com destaque para: o aumento do conteúdo de GLUT-4, a melhoria dos processos de translocação desta proteína para a membrana celular, aumento de AMPK, o estímulo à biogênese mitocondrial e à oxidação aumentada de lipídios, o favorecimento da transdução do sinal da insulina via PI3q, AS160 e outros processos que visam o metabolismo de glicose e lipídios. A tabela 1 traz um resumo de algumas das alterações moleculares que regulam positivamente as proteínas envolvidas no processo de captação de glicose em resposta ao exercício físico em humanos e roedores.

Cabe destacar que o exercício resistido vem ganhando papel importante na literatura científica pelos seus efeitos não só na melhora do metabolismo de glicose, como também no aumento da massa magra, aumento da taxa metabólica basal e muitos outros benefícios. Como adaptações importantes desse tipo de exercício, tem sido observado efeito positivo sobre proteínas cruciais envolvidas na via molecular da insulina e da AMPK no músculo esquelético. Sendo este uma alternativa de exercício também favorável quando o objetivo é melhora da homeostase glicêmica. Ademais, o recrutamento de fibras musculares e a presença do cálcio estimula a ativação da CaMKK e do GLUT-4 induzindo aumento na captação de glicose no exercício resisitido. Isto sugere que a combinação de exercícios aeróbios e resistidos são muitos bem vindos aqueles com alteração na sensibilidade à insulina e hiperglicemia.

Tabela 1 Efeitos do exercício físico sobre a captação de glicose na musculatura esquelética.

Modalidade	Modelo	Proteínas reguladas positivamente
Corrida	Roedores	IR, pIR, IRS1, pAKT, CaMKK, p38MAPK, GLUT-4
Natação	Roedores	IR, pIR, IRS1, pAKT, CaMKK, PGC-1α, SIRT-1, GLUT-4
Corrida	Humanos	pAMPK, p38MAPK, CaMKK, GLUT-4
Cicloergômetro	Humanos	IR, pIR, PI3-q, pAMPK, PGC-1α, GLUT-4
Resistido	Humanos	AKT, AMPK, GLUT-4

TREINAMENTO INTERVALADO DE ALTA INTENSIDADE (*HIGH INTENSITY INTERVAL TRAINING* – HIIT) E SEUS EFEITOS NA CAPTAÇÃO DE GLICOSE

Diferentemente dos tópicos abordados até então, que estavam mais relacionados aos mecanismos pelos quais o exercício físico e o processo de contração muscular continuada podem influenciar as taxas de captação de glicose, nesta parte será abordada brevemente como o HIIT, uma metodologia de treinamento intervalado de alta intensidade que vem sendo utilizada de forma crescente, pode influenciar na captação de glicose pela musculatura exercitada.

O HIIT é definido por alguns autores como o uso de esforços de alta intensidade (acima do limiar anaeróbio) em períodos de curta duração, seguidos de um período de descanso ativo (em baixa intensidade) ou passivo (em repouso), visando recuperar parcialmente as reservas energéticas após cada esforço (67). Tal estratégia visa não apenas diminuir a monotonia de longas sessões de treinamento aeróbio que visam aumento da capacidade aeróbia e/ou emagrecimento, como também estressar a musculatura utilizada em uma magnitude muito maior, possibilitando a realização de sessões de treinamento mais curtas, podendo ser utilizada em diversas modalidades, como corrida, natação, treinamento resistido e em ciclo ergômetros.

De forma progressiva, os intervalos de recuperação entre os esforços de alta intensidade são reduzidos, de modo que o metabolismo aeróbio contribui cada vez mais para a geração de energia, por meio da metabolização do lactato via ciclo de Cori e da ressíntese de fosfocreatina (PCr), melhorando assim a capacidade aeróbia dos indivíduos submetidos ao HIIT (68,69). Na prescrição do treinamento, sugere-se a manipulação de 9 variáveis de acordo com cada objetivo: intensidade, intervalo de recuperação, duração da sessão de treino e da recuperação entre as sessões, número de séries, duração das séries, intervalo entre as séries, intensidade de recuperação entre as séries e modalidade a ser utilizada, como corrida ou treinamento resistido (70).

Tendo em vista que muitos dos benefícios do HIIT são similares aos do treinamento de endurance, iremos então abordar quais são eles. Inicialmente, ocorre o estímulo para a biogênese mitocondrial, sendo mediado pelo aumento da atividade das enzimas Citocromo C Oxidase (COX) e Citrato Sintase (CS), além do aumento do conteúdo do fator de transcrição mitocondrial A (TFAM) e de Sirt1 (71). Em decorrência do aumento do conteúdo e da atividade mitocondrial na musculatura exercitada, existe um aumento na taxa de oxidação de lipídeos e no transporte de ácidos graxos, como benefício secundário do HIIT (72). Conforme o indivíduo se adapta ao treinamento, é observado também melhora no desempenho da atividade realizada, bem como na capacidade de tamponamento e na tolerância à acidose provocada por esforços de alta intensidade (73), além do aumento do VO2 pico, da potência máxima de exercício, diminuição da frequência cardíaca média e da ventilação em esforço, associado à menor oxidação de carboidratos e maior oxidação de gorduras durante o exercício (74).

Outros estudos acerca dos benefícios do HIIT indicam que haja um aumento nos níveis de IL-6 circulante, associado aos efeitos antiinflamatórios do exercício físico, possibilitando melhora da resistência à insulina e induzindo as adaptações musculares após o estímulo estressor do exercício (75). Mais diretamente relacionado às proteínas envolvidas na captação de glicose, sugere-se que o HIIT melhore a captação e o metabolismo muscular de glicose por meio do aumento na expressão de GLUT-4 e PGC-1α, além de aumentar a fosforilação (e consequente ativação) da AMPK, levando ao aumento da beta-oxidação, maior biogênese mitocondrial, aumento da atividade da cadeia respiratória e melhora da sensibilidade à insulina na musculatura treinada (71–76).

Em suma, o HIIT aparenta ser uma metodologia de treinamento eficaz, possibilita a realização de sessões de treino mais curtas (acessível para pessoas com pouca disponibilidade de tempo) e mais dinâmicas, abordando diversas modalidades. Até então vem sido demonstrada como segura, contudo é preciso cautela, principalmente com indivíduos portadores de alguma enfermidade ou limitação. Além disso, precisa ser observado ainda seus efeitos sistêmicos. Pode-se utilizar o HIIT como alternativa à algumas rotinas de treino, especialmente quando o objetivo estiver relacionado ao maior recrutamento de fibras musculares tipo II, ocasionando ganhos metabólicos e neuromusculares, além de servir como estímulo para a contínua readaptação do corpo frente ao treinamento físico, sem esquecer de seus benefícios quanto à melhora na sensibilidade à insulina e à captação de glicose e oxidação de ácidos graxos, principalmente quando realizada com frequência (71).

CONSIDERAÇÕES FINAIS

Diversas evidências apontam para a importância do exercício físico como estratégia para a prevenção e tratamento de diversas doenças metabólicas. Tanto o exercício físico agudo quanto o crônico aparentam ser benéficos na tolerância à glicose e na sensibilidade à insulina. A contração muscular promove a captação de glicose de forma independente à insulina, além de beneficiar sua ação, de modo a aumentar o consumo energético, a síntese de glicogênio e assim facilitar a manutenção de níveis normais de glicose circulante. Existem diversos fatores que contribuem para a melhora do controle glicêmico como benefício do exercício, dentre eles o aumento da capacidade oxidativa, o aumento de massa muscular e a melhora do sistema de captação, transporte e consumo de glicose.

Durante a realização de um exercício físico são estimuladas vias de captação de glicose independentes da insulina, dentre elas tem destaque a via da AMPK, da CaMKK e do óxido nítrico. Estes estímulos são muito importantes para a homeostase glicêmica, evidenciando o papel do exercício físico como um tratamento não farmacológico para indivíduos diabéticos. A partir de apenas uma sessão de exercício físico já são observadas mudanças importantes na maquinaria de sinalização intracelular, favorecendo o organismo para a captação e utilização de substratos energéticos (carboidratos e gorduras), em especial no músculo esquelético. Com o treinamento físico sistemático os benefícios são ampliados e tem como efeito um aumento mais robusto na sinalização da insulina e na captação de glicose no músculo esquelético.

EXERCÍCIOS DE AUTOAVALIAÇÃO

Questão 1 – Descreva como ocorre a sinalização intracelular da insulina, desde a interação da insulina com seu receptor até a translocação do GLUT-4.

Questão 2 – Como ocorre a captação de glicose no músculo esquelético em situações de baixo nível de insulina circulante, como durante a realização de um exercício físico?

Questão 3 – Sabe-se que existem diversas isoformas dos transportadores de glicose (GLUTs). Qual delas está mais expressa no músculo esquelético?

Questão 4 – Qual a proteína que está ativa tanto na via de captação de glicose dependente de insulina, quanto na via independente de insulina? Qual o papel desta proteína para que ocorra a translocação do GLUT-4 para a membrana plasmática?

Questão 5 – Sabe-se que durante a prática de exercícios físicos de longa duração um paciente diabético tipo 1 pode chegar a ter hipoglicemia caso não reduza a dose de insulina aplicada antes de iniciar o exercício. Por que isto pode acontecer? Qual via molecular está ativa durante a realização do exercício físico aumentando a captação de glicose deste indivíduo?

REFERÊNCIAS

1. Chauveau M, Kaufmann M. Experiences pour la determination du coefficient de l'activite nutritive et respiratoire des muscles en repos et en travail. C R Acad Sci. 1887;104:1126–32.
2. Lawrence RD. The Effect of Exercise on Insulin Action in Diabetes. Br Med J. BMJ Publishing Group; 1926 Apr 10;1(3406):648–50.
3. Christophe J, Mayer J. Effect of Exercise on Glucose Uptake in Rats and Men. J Appl Physiol. 1958;13(2).

4. GOLDSTEIN MS, MULLICK V, HUDDLESTUN B, LEVINE R. Action of muscular work on transfer of sugars across cell barriers; comparison with action of insulin. Am J Physiol. 1953 May;173(2):212–6.
5. Jorfeldt L, Wahren J. Human forearm muscle metabolism during exercise. V. Quantitative aspects of glucose uptake and lactate production during prolonged exercise. Scand J Clin Lab Invest. 1970 Aug;26(1):73–81.
6. Coyle EF, Hagberg JM, Hurley BF, Martin WH, Ehsani AA, Holloszy JO. Carbohydrate feeding during prolonged strenuous exercise can delay fatigue. J Appl Physiol. 1983 Jul;55(1 Pt 1):230–5.
7. Ren JM, Semenkovich CF, Gulve EA, Gao J, Holloszy JO. Exercise induces rapid increases in GLUT4 expression, glucose transport capacity, and insulin-stimulated glycogen storage in muscle. J Biol Chem. 1994 May 20;269(20):14396–401.
8. Host HH, Hansen PA, Nolte LA, Chen MM, Holloszy JO. Rapid reversal of adaptive increases in muscle GLUT-4 and glucose transport capacity after training cessation. J Appl Physiol. 1998 Mar;84(3):798–802.
9. Charron MJ, Brosius FC, Alper SL, Lodish HF. A glucose transport protein expressed predominately in insulin-responsive tissues. Proc Natl Acad Sci U S A. 1989 Apr;86(8):2535–9.
10. Luciano E, Carneiro EM, Carvalho CRO, Carvalheira JBC, Peres SB, Reis MAB, et al. Endurance training improves responsiveness to insulin and modulates insulin signal transduction through the phosphatidylinositol 3-kinase/Akt-1 pathway. Eur J Endocrinol. 2002 Jul;147(1):149–57.
11. Christ-Roberts CY, Pratipanawatr T, Pratipanawatr W, Berria R, Belfort R, Kashyap S, et al. Exercise training increases glycogen synthase activity and GLUT4 expression but not insulin signaling in overweight nondiabetic and type 2 diabetic subjects. Metabolism. 2004 Sep;53(9):1233–42.
12. O'Gorman DJ, Karlsson HKR, McQuaid S, Yousif O, Rahman Y, Gasparro D, et al. Exercise training increases insulin-stimulated glucose disposal and GLUT4 (SLC2A4) protein content in patients with type 2 diabetes. Diabetologia. 2006 Nov 9;49(12):2983–92.
13. Frøsig C, Rose AJ, Treebak JT, Kiens B, Richter EA, Wojtaszewski JFP. Effects of endurance exercise training on insulin signaling in human skeletal muscle: interactions at the level of phosphatidylinositol 3-kinase, Akt, and AS160. Diabetes. 2007 Aug;56(8):2093–102.
14. Graham T, Kahn B. Tissue-specific Alterations of Glucose Transport and Molecular Mechanisms of Intertissue Communication in Obesity and Type 2 Diabetes. Horm Metab Res. 2007 Oct;39(10):717–21.
15. Shepherd PR, Kahn BB. Glucose Transporters and Insulin Action — Implications for Insulin Resistance and Diabetes Mellitus. N Engl J Med. 1999 Jul 22;341(4):248–57.
16. Stenbit AE, Tsao TS, Li J, Burcelin R, Geenen DL, Factor SM, et al. GLUT4 heterozygous knockout mice develop muscle insulin resistance and diabetes. Nat Med. 1997 Oct;3(10):1096–101.
17. Diabetes Prevention Program Research Group. Reduction in the incidence of type 2 diabetes with lifestyle intervention or metformin. N Engl J Med. NIH Public Access; 2002 Feb 7;346(6):393–403.
18. He Z, Opland DM, Way KJ, Ueki K, Bodyak N, Kang PM, et al. Regulation of Vascular Endothelial Growth Factor Expression and Vascularization in the Myocardium by Insulin Receptor and PI3K/Akt Pathways in Insulin Resistance and Ischemia. Arterioscler Thromb Vasc Biol. 2006 Apr 1;26(4):787–93.
19. DeFronzo RA, Jacot E, Jequier E, Maeder E, Wahren J, Felber JP. The effect of insulin on the disposal of intravenous glucose. Results from indirect calorimetry and hepatic and femoral venous catheterization. Diabetes. 1981 Dec;30(12):1000–7.
20. Ploug T, Galbo H, Vinten J, Jørgensen M, Richter EA. Kinetics of glucose transport in rat muscle: effects of insulin and contractions. Am J Physiol. 1987 Jul;253(1 Pt 1):E12-20.
21. Dela F, Handberg A, Mikines KJ, Vinten J, Galbo H. GLUT 4 and insulin receptor binding and kinase activity in trained human muscle. J Physiol. Wiley-Blackwell; 1993 Sep;469:615–24.
22. Treebak JT, Glund S, Deshmukh A, Klein DK, Long YC, Jensen TE, et al. AMPK-Mediated AS160 Phosphorylation in Skeletal Muscle Is Dependent on AMPK Catalytic and Regulatory Subunits. Diabetes. 2006 Jul 1;55(7):2051–8.
23. McGee SL, Hargreaves M. EXERCISE AND SKELETAL MUSCLE GLUCOSE TRANSPORTER 4 EXPRESSION: MOLECULAR MECHANISMS. Clin Exp Pharmacol Physiol. 2006 Apr;33(4):395–9.

24. Wojtaszewski JF, Nielsen P, Hansen BF, Richter EA, Kiens B. Isoform-specific and exercise intensity-dependent activation of 5'-AMP-activated protein kinase in human skeletal muscle. J Physiol. 2000 Oct 1;528 Pt 1:221–6.
25. Coffey VG, Zhong Z, Shield A, Canny BJ, Chibalin A V., Zierath JR, et al. Early signaling responses to divergent exercise stimuli in skeletal muscle from well-trained humans. FASEB J. 2006 Jan;20(1):190–2.
26. Merrill GF, Kurth EJ, Hardie DG, Winder WW. AICA riboside increases AMP-activated protein kinase, fatty acid oxidation, and glucose uptake in rat muscle. Am J Physiol. 1997 Dec;273(6 Pt 1):E1107-12.
27. Jensen TE, Wojtaszewski JFP, Richter EA. AMP-activated protein kinase in contraction regulation of skeletal muscle metabolism: necessary and/or sufficient? Acta Physiol. 2009 May;196(1):155–74.
28. Goodyear, PhD LJ, Kahn, MD BB. EXERCISE, GLUCOSE TRANSPORT, AND INSULIN SENSITIVITY. Annu Rev Med. 1998 Feb;49(1):235–61.
29. Bujak AL, Blümer RME, Marcinko K, Fullerton MD, Kemp BE, Steinberg GR. Reduced skeletal muscle AMPK and mitochondrial markers do not promote age-induced insulin resistance. J Appl Physiol. 2014;117(2).
30. Somwar R, Perreault M, Kapur S, Taha C, Sweeney G, Ramlal T, et al. Activation of p38 mitogen-activated protein kinase alpha and beta by insulin and contraction in rat skeletal muscle: potential role in the stimulation of glucose transport. Diabetes. 2000 Nov;49(11):1794–800.
31. Reid MB. Free radicals and muscle fatigue: Of ROS, canaries, and the IOC. Free Radic Biol Med. 2008 Jan 15;44(2):169–79.
32. Jensen TE, Schjerling P, Viollet B, Wojtaszewski JFP, Richter EA. AMPK α1 Activation Is Required for Stimulation of Glucose Uptake by Twitch Contraction, but Not by H2O2, in Mouse Skeletal Muscle. Eickelberg O, editor. PLoS One. 2008 May 7;3(5):e2102.
33. Merry TL, Dywer RM, Bradley EA, Rattigan S, McConell GK. Local hindlimb antioxidant infusion does not affect muscle glucose uptake during in situ contractions in rat. J Appl Physiol. 2010 May 1;108(5):1275–83.
34. Rudnick J, Püttmann B, Tesch PA, Alkner B, Schoser BGH, Salanova M, et al. Differential expression of nitric oxide synthases (NOS 1-3) in human skeletal muscle following exercise countermeasure during 12 weeks of bed rest. FASEB J. 2004 Jun 18;18(11):1228–30.
35. Bradley SJ, Kingwell BA, Canny BJ, McConell GK. Skeletal muscle neuronal nitric oxide synthase μ protein is reduced in people with impaired glucose homeostasis and is not normalized by exercise training. Metabolism. 2007 Oct;56(10):1405–11.
36. Balon TW, Nadler JL. Evidence that nitric oxide increases glucose transport in skeletal muscle. J Appl Physiol. 1997 Jan;82(1):359–63.
37. Merry TL, Wadley GD, Stathis CG, Garnham AP, Rattigan S, Hargreaves M, et al. N-Acetylcysteine infusion does not affect glucose disposal during prolonged moderate-intensity exercise in humans. J Physiol. 2010 May 1;588(9):1623–34.
38. Kingwell BA, Formosa M, Muhlmann M, Bradley SJ, McConell GK. Nitric Oxide Synthase Inhibition Reduces Glucose Uptake During Exercise in Individuals With Type 2 Diabetes More Than in Control Subjects. Diabetes. 2002;51(8).
39. Bradley SJ, Kingwell BA, McConell GK. Nitric oxide synthase inhibition reduces leg glucose uptake but not blood flow during dynamic exercise in humans. Diabetes. 1999 Sep;48(9):1815–21.
40. Ilkka H, Bengt S, Jukka K, Sipila HT, Vesa O, Pirjo N, et al. Skeletal muscle blood flow and oxygen uptake at rest and during exercise in humans: a pet study with nitric oxide and cyclooxygenase inhibition. AJP Hear Circ Physiol. 2011 Apr 1;300(4):H1510–7.
41. Kaddai V, Gonzalez T, Bolla M, Le Marchand-Brustel Y, Cormont M. The nitric oxide-donating derivative of acetylsalicylic acid, NCX 4016, stimulates glucose transport and glucose transporters translocation in 3T3-L1 adipocytes. AJP Endocrinol Metab. 2008 Apr 22;295(1):E162–9.
42. Koshinaka K, Kawamoto E, Abe N, Toshinai K, Nakazato M, Kawanaka K. Elevation of muscle temperature stimulates muscle glucose uptake in vivo and in vitro. J Physiol Sci. 2013 Nov 9;63(6):409–18.
43. Venturini G, Colasanti M, Fioravanti E, Bianchini A, Ascenzi P. Direct Effect of Temperature on the Catalytic Activity of Nitric Oxide Synthases Types I, II, and III. Nitric Oxide. 1999 Oct;3(5):375–82.

44. Murrant CL, Reid MB. Detection of reactive oxygen and reactive nitrogen species in skeletal muscle. Microsc Res Tech. 2001 Nov 15;55(4):236–48.
45. Sakamoto K, Goodyear LJ. Invited Review: Intracellular signaling in contracting skeletal muscle. J Appl Physiol. 2002 Jul 1;93(1):369–83.
46. Vallerie SN, Hotamisligil GS. The Role of JNK Proteins in Metabolism. Sci Transl Med. 2010 Dec 1;2(60):60rv5-60rv5.
47. Witczak CA, Hirshman MF, Jessen N, Fujii N, Seifert MM, Brandauer J, et al. JNK1 deficiency does not enhance muscle glucose metabolism in lean mice. Biochem Biophys Res Commun. 2006 Dec 1;350(4):1063–8.
48. Ribé D, Yang J, Patel S, Koumanov F, Cushman SW, Holman GD. Endofacial Competitive Inhibition of Glucose Transporter-4 Intrinsic Activity by the Mitogen-Activated Protein Kinase Inhibitor SB203580. Endocrinology. 2005 Apr;146(4):1713–7.
49. Geiger PC, Wright DC, Han D-H, Holloszy JO. Activation of p38 MAP kinase enhances sensitivity of muscle glucose transport to insulin. AJP Endocrinol Metab. 2004 Dec 7;288(4):E782–8.
50. Khayat ZA, Tong P, Yaworsky K, Bloch RJ, Klip A. Insulin-induced actin filament remodeling colocalizes actin with phosphatidylinositol 3-kinase and GLUT4 in L6 myotubes. J Cell Sci. 2000 Jan;113 Pt 2:279–90.
51. Ueda S, Kitazawa S, Ishida K, Nishikawa Y, Matsui M, Matsumoto H, et al. Crucial role of the small GTPase Rac1 in insulin-stimulated translocation of glucose transporter 4 to the mouse skeletal muscle sarcolemma. FASEB J. 2010 Jul 1;24(7):2254–61.
52. Torok D. Insulin but not PDGF relies on actin remodeling and on VAMP2 for GLUT4 translocation in myoblasts. J Cell Sci. 2004 Sep 28;117(22):5447–55.
53. Sylow L, Jensen TE, Kleinert M, Mouatt JR, Maarbjerg SJ, Jeppesen J, et al. Rac1 Is a Novel Regulator of Contraction-Stimulated Glucose Uptake in Skeletal Muscle. Diabetes. 2013 Apr 1;62(4):1139–51.
54. Toyoda T, An D, Witczak CA, Koh H-J, Hirshman MF, Fujii N, et al. Myo1c Regulates Glucose Uptake in Mouse Skeletal Muscle. J Biol Chem. 2011 Feb 11;286(6):4133–40.
55. Bruce CR, Hawley JA. Improvements in insulin resistance with aerobic exercise training: a lipocentric approach. Med Sci Sports Exerc. 2004 Jul;36(7):1196–201.
56. Irrcher I, Adhihetty PJ, Joseph A-M, Ljubicic V, Hood DA. Regulation of mitochondrial biogenesis in muscle by endurance exercise. Sports Med. 2003;33(11):783–93.
57. Bruce CR, Anderson MJ, Carey AL, Newman DG, Bonen A, Kriketos AD, et al. Muscle Oxidative Capacity Is a Better Predictor of Insulin Sensitivity than Lipid Status. J Clin Endocrinol Metab. 2003 Nov;88(11):5444–51.
58. Richter EA, Nielsen JN, Jørgensen SB, Frøsig C, Birk JB, Wojtaszewski JFP. Exercise signalling to glucose transport in skeletal muscle. Proc Nutr Soc. 2004 May 5;63(2):211–6.
59. Treadway JL, James DE, Burcel E, Ruderman NB. Effect of exercise on insulin receptor binding and kinase activity in skeletal muscle. Am J Physiol. 1989 Jan;256(1 Pt 1):E138-44.
60. Jessen N, Goodyear LJ. Contraction signaling to glucose transport in skeletal muscle. J Appl Physiol. 2005 Apr 7;99(1):330–7.
61. Gulve EA, Cartee GD, Zierath JR, Corpus VM, Holloszy JO. Reversal of enhanced muscle glucose transport after exercise: roles of insulin and glucose. Am J Physiol. 1990 Nov;259(5 Pt 1):E685-91.
62. Holloszy JO. Exercise-induced increase in muscle insulin sensitivity. J Appl Physiol. 2005 Jul;99(1): 338–43.
63. Bogardus C, Thuillez P, Ravussin E, Vasquez B, Narimiga M, Azhar S. Effect of muscle glycogen depletion on in vivo insulin action in man. J Clin Invest. American Society for Clinical Investigation; 1983 Nov;72(5):1605–10.
64. Fell RD, Terblanche SE, Ivy JL, Young JC, Holloszy JO. Effect of muscle glycogen content on glucose uptake following exercise. J Appl Physiol. 1982 Feb;52(2):434–7.
65. Higaki Y, Wojtaszewski JF, Hirshman MF, Withers DJ, Towery H, White MF, et al. Insulin receptor substrate-2 is not necessary for insulin- and exercise-stimulated glucose transport in skeletal muscle. J Biol Chem. 1999 Jul 23;274(30):20791–5.

66. Bouzakri K, Zachrisson A, Al-Khalili L, Zhang BB, Koistinen HA, Krook A, et al. siRNA-based gene silencing reveals specialized roles of IRS-1/Akt2 and IRS-2/Akt1 in glucose and lipid metabolism in human skeletal muscle. Cell Metab. 2006 Jul;4(1):89–96.
67. Laursen PB, Jenkins DG. The scientific basis for high-intensity interval training: optimising training programmes and maximising performance in highly trained endurance athletes. Sports Med. 2002;32(1):53–73.
68. Linossier MT, Denis C, Dormois D, Geyssant A, Lacour JR. Ergometric and metabolic adaptation to a 5-s sprint training programme. Eur J Appl Physiol Occup Physiol. 1993;67(5):408–14.
69. MacDougall JD, Hicks AL, MacDonald JR, McKelvie RS, Green HJ, Smith KM. Muscle performance and enzymatic adaptations to sprint interval training. J Appl Physiol. 1998 Jun;84(6):2138–42.
70. Buchheit M, Laursen PB. High-Intensity Interval Training, Solutions to the Programming Puzzle. Sport Med. 2013 May 29;43(5):313–38.
71. Gibala MJ, Little JP. Just HIT it! A time-efficient exercise strategy to improve muscle insulin sensitivity. J Physiol. 2010 Sep 15;588(18):3341–2.
72. Talanian JL, Galloway SDR, Heigenhauser GJF, Bonen A, Spriet LL. Two weeks of high-intensity aerobic interval training increases the capacity for fat oxidation during exercise in women. J Appl Physiol. 2006 Dec 14;102(4):1439–47.
73. Gibala MJ, Little JP, Van Essen M, Wilkin GP, Burgomaster KA, Safdar A, et al. Short-term sprint interval versus traditional endurance training: similar initial adaptations in human skeletal muscle and exercise performance. J Physiol. 2006 Sep 15;575(3):901–11.
74. Burgomaster KA, Howarth KR, Phillips SM, Rakobowchuk M, MacDonald MJ, McGee SL, et al. Similar metabolic adaptations during exercise after low volume sprint interval and traditional endurance training in humans. J Physiol. 2008 Jan 1;586(1):151–60.
75. Leggate M, Nowell MA, Jones SA, Nimmo MA. The response of interleukin-6 and soluble interleukin-6 receptor isoforms following intermittent high intensity and continuous moderate intensity cycling. Cell Stress Chaperones. 2010 Nov 16;15(6):827–33.
76. Burgomaster KA, Heigenhauser GJF, Gibala MJ. Effect of short-term sprint interval training on human skeletal muscle carbohydrate metabolism during exercise and time-trial performance. J Appl Physiol. 2006 Jan 19;100(6):2041–7.

3

FÍGADO, PRODUÇÃO HEPÁTICA DE GLICOSE E SÍNTESE DE LIPÍDEOS

Claudio Teodoro de Souza

OBJETIVOS DO CAPÍTULO

Abordar os principais mecanismos através dos quais o exercício físico é capaz de influenciar a produção hepática de glicose (com ênfase na gliconeogênese) e contribuir com a manutenção da homeostase glicêmica do organismo nas condições normais e de resistência à insulina, diabetes e obesidade. Abordando especialmente os efeitos do exercício físico sobre as proteínas controladoras da produção hepática de glicose e lipogênese no fígado.

INTRODUÇÃO

O fígado é um órgão essencial na manutenção da homeostase da glicose sistêmica em mamíferos. O fígado pode produzir glicose através da quebra de glicogênio (glicogenólise) ou pela síntese de glicose a partir de precursores não glicídicos, como piruvato, glicerol, lactato e alanina (gliconeogênese) (1). A taxa de gliconeogênese é controlada, principalmente, pelas atividades de enzimas chaves, tais como a fosfoenolpiruvato carboxiquinase (PEPCK), frutose-1,6-bisfosfatase e glicose-6-fosfatase (G6Pase) (2,3).

O fígado desempenha um papel central no controle da homeostase metabólica, servindo como um órgão crucial para o metabolismo da glicose e dos lipídios (4). O fígado expressa inúmeras enzimas regulatórias que são ativadas ou desativadas dependendo dos níveis de glicose sanguínea (5). No jejum, a produção hepática de glicose garante o fornecimento suficiente de glicose para o sistema nervoso central e mantem os níveis plasmáticos de glicose; já no período pós prandial, o tecido hepático utiliza glicose proveniente da dieta para restaurar os seus estoques de glicogênio. Em adição, quando as concentrações de glicose estão elevadas, o fígado aumenta a síntese de lipídeos através da via lipogênica (5). Um importante hormônio envolvido neste processo metabólico é a insulina. A insulina inibe a gliconeogênese, suprimindo a expressão de PEPCK e G6Pase, enquanto o glucagon e glicocorticoides estimulam a produção hepática de glicose através da indução destes genes (6). Altos níveis de glicose induzem a secreção de insulina pelas células beta pancreáticas, o que estimula a síntese de glicogênio e a lipogênese no fígado. Além disso, a insulina também suprime a produção hepática de glicose, oxidação de gordura e cetogênese, levando ao armazenamento de gordura.

Neste capítulo serão apresentados os mecanismos moleculares envolvidos com o controle hepático da glicemia, com destaque participação de proteínas com crucial participação no processo de produção hepática de glicose, tais como a proteína *forkhead box O* (Foxo1), o co-ativador de PPARgamma 1 (PGC-1α), e o fator de transcrição nuclear do hepatócito 4 alpha (HNF-4α), entre outras. Além disso, será indicado, como o exercício físico pode participar do controle da produção hepática de glicose, que pode desempenhar papel importante no controle da glicemia em indivíduos portadores de diabetes *Mellitus* do tipo 2 (DM2). O entendimento dos mecanismos pelos quais o exercício físico regula a homeostase glicêmica é de fundamental importância aos profissionais da área de saúde para a compreensão e utilização dessa ferramenta não farmacológica na prevenção do diabetes.

REGULAÇÃO DA PRODUÇÃO HEPÁTICA DE GLICOSE

Para que haja o controle glicêmico, o fígado utiliza duas vias metabólicas: glicogenólise e gliconeogênese (7,8). A glicogenólise (degradação do glicogênio hepático realizada através da retirada sucessiva de moléculas de glicose) está mais ativa aproximadamente entre 2 a 6 horas após o período pós-prandial, por outro lado, a gliconeogênese (síntese de novas moléculas de glicose a partir de precursores não glicídicos) tem grande importância para a manutenção glicêmica durante o jejum prolongado e na realização de exercícios físicos de longa duração. Durante o jejum noturno, a gliconeogênese fornece 25-50% da produção total de glicose (9–11), enquanto o restante é suportado pela glicogenólise hepática.

Exceto por três reações, a gliconeogênese é o caminho inverso da glicólise. Os três principais precursores desta via são glicerol, aminoácidos e lactato (provenientes da lipólise do tecido adiposo, proteólise do músculo esquelético e da glicólise anaeróbia, respectivamente). A velocidade da gliconeogênese é controlada principalmente pela atividade de enzimas que atuam em reações irreversíveis da via glicolítica, a piruvato carboxilase, a fosfoenolpiruvato carboxiquinase (PEPCK), frutose 1,6 bifosfatase (FBP) e a glicose-6-fosfatase (G6Pase). A enzima piruvato carboxilase (PCB) converte o piruvato em oxaloacetato, adicionando um carbono através da adição do CO_2, enquanto que a enzima PEPCK catalisa uma reação limitante da gliconeogênese: a conversão de oxaloacetato para fosfoenolpiruvato. Por fim, frutose 1,6 bifosfatase catalisa a reação de frutose 1,6 bifosfato em frutose 6 bifosfato e a enzima G6Pase catalisa o último passo da gliconeogênese, a produção de glicose livre a partir da glicose-6-fosfato (12). Através deste mecanismo o fígado participa da manutenção da glicemia.

O glicogênio é um polímero de tamanho variável que contém resíduos de glicose unidos por ligações α-1,4 e, nos locais de ramificação, α-1,6. A formação deste polímero permite o acúmulo de glicose nas células sem aumentar a pressão osmótica dentro destas. O glicogênio encontra-se armazenado em praticamente todas as células do nosso corpo, destacando-se dois tecidos: fígado e músculo esquelético. Caracterizando-se numa reserva importante de energia para o organismo para uso quando necessário (privação de alimento ou aumento da demanda energética).

Os estoques de glicogênio são degradados através da rota metabólica conhecida por glicogenólise. A glicogenólise é controlada principalmente pela ação da enzima glicogênio fosforilase, que catalisa a transferência de resíduos de glicose localizadas nas extremidades do polímero de glicogênio para o fosfato inorgânico (Pi), formando glicose-1-fosfato (glicose-1--P). Em seguida a glicose-1-P sofre isomerização gerando glicose-6-P. Após, desramificação do glicogênio é catalisada por uma enzima desramificadora, que possui duas atividades: transferência intra-molecular de maltotriose e hidrólise da ligação α-1,6. Cabe ressaltar que esses dois eventos metabólicos (gliconeogênese e glicogenólise) são controlados transcricionalmente através dos níveis de hormônios, como a insulina, glucagon e glicocorticoides.

CONTROLE TRANSCRICIONAL DA PRODUÇÃO HEPÁTICA DA GLICOSE

A regulação das enzimas PEPCK e G6Pase envolve a atividade de vários fatores de transcrição (13). Determinados estímulos como o glucagon, glicocorticoides e o hormônio da tireoide, além dos fatores de transcrição CREB, HNF-3, fator nuclear de hepatócitos 4α (HNF-4α) e PPARα controlam a transcrição das enzimas regulatórias da gliconeogênese (14).

Em situações pós-prandiais, em que ocorre o aumento da liberação de insulina e a ligação deste hormônio ao seu receptor específico, dá-se início à uma cascata de fosforilações intracelulares, que culminam na ativação da via fosfatidilinositol-3-quinase (PI3q)/Akt (15). Para que a Akt seja fosforilada é preciso que o sinal seja transduzido no interior da célula. O processo tem início quando a insulina se liga em seu receptor, no meio extracelular. Ao se ligar ao seu receptor específico, o qual é constituído por uma proteína heterotetramérica transmembrana, que possui atividade tirosina quinase intrínseca, a insulina promove a ativação deste receptor, desencadeando sua auto-fosforilação e a fosforilação em tirosina dos substratos subsequentes ao receptor de insulina 1 e 2 (IRS-1 e IRS-2), ativando-os. A ativação dos IRS-1 e IRS-2 possibilita-os associar-se com algumas proteínas citosólicas, como a PI3q. A PI3q fosforila e ativa duas outras quinases, as proteínas quinases dependente de fosfoinositídeos 1 e 2 (PDK1 e PDK2). Por sua vez, as proteínas PDK1 e 2 promovem a fosforilação da Akt. A ativação de Akt conduz à fosforilação de um membro da família dos fatores de transcrição forkhead box sub-grupo 1 (Foxo1) em três sítios: Threonina 24, Serina 253 e Serina 316; tornando-a inativa (16).

O fator transcricional Foxo1 é abundantemente encontrado nos hepatócitos, onde age como um importante alvo para a sinalização da insulina (17). A Foxo1 pertence a uma subfamília de proteínas nucleares (18,19) e a sua atividade leva a expressão de genes envolvidos na gliconeogênese (13,18). No seu estado não fosforilado, a Foxo1 é translocada para o núcleo onde interage com sequências do DNA e conduz à transcrição de enzimas gliconeogênicas chaves, tais como PEPCK (20,21) e G6Pase (3,22). Portanto, quando presente no núcleo do hepatócito o estímulo é para que ocorra gliconeogênese. Isso acontece por exemplo na condição de jejum. Após a alimentação e com aumento na secreção de insulina Foxo1 é fosforilada e extrusa do núcleo e ocorre a cessação do processo de gliconeogênese.

Além disso, a sinalização da insulina mediada pela Akt pode modular a produção hepática de glicose através da regulação de PGC-1α (13). A PGC-1α foi inicialmente identificada através da sua interação funcional com o receptor nuclear ativado pelo proliferador do peroxissoma gamma (PPARγ) no tecido adiposo marrom, um tecido rico em mitocôndrias que realiza termogênese (23). PGC-1α interage com diversos fatores de transcrição, que levam a regulação da biogênese mitocondrial, respiração, termogênese e gliconeogênese hepática (24,25).

A atividade da PGC-1α pode ser facilmente modulada pelas moléculas da via da insulina, principalmente a Akt, que, uma vez estimulada, promove a dissociação de PGC-1α de Foxo1 (13). Além disso, a atividade de PGC-1α no fígado pode ser induzida por AMPc, glicocorticoides, baixos níveis de insulina e jejum (26). A PGC-1α afeta a gliconeogênese diretamente através da sua ligação aos fatores de transcrição HNF-4α e Foxo1 (13,26). Este processo está bastante aumentado nas situações de jejum, durante a realização de exercícios físicos de longa duração e em condições de doenças, como o diabetes (27).

A HNF-4α possui capacidade de regular a transcrição gênica das enzimas glicoquinase e G6Pase, que catalisam a primeira e a última etapa limitante da glicólise e gliconeogênese, respectivamente (28). A HNF-4α pertence à família dos fatores de transcição dos receptores hormonais esteróides/tireoidianos e foi primeiramente identificada pela sua interação com sequências regulatória *cis* de genes promotores específicos do fígado (29). Uma vez ativo, HNF-4α liga-se a homodimeros específicos do DNA e regula a expressão de genes envolvidos no metabolismo da glicose (30,31). Na presença de insulina, a Foxo1 é fosforilada e estruída do núcleo que resulta na dissociação de HNF-4α. Assim, a HNF-4α pode ativar o promotor do gene da glicoquinase. Deste modo, a sinalização da insulina altera o equilíbrio metabólico em favor da glicólise através da supressão gênica da G6Pase e ativação gênica da glicoquinase (28). E na ausência ou baixos niveis de insulina ocorre o oposto, ou seja, a fosforilação da Foxo1 é inibida possibilitando que esta proteína permaneça no núcleo e associe-se ao HNF-4α, que juntos, aumentam a transcrição de genes gliconeogênicos.

No DM2, quando o organismo apresenta resistência à insulina, há desequilíbrio na expressão e fosforilação de proteínas intracelulares que compõem e regulam a via da insulina, resultando em menor atividade da proteína Akt. A menor atividade da Akt no tecido hepático, acaba por induzir aumento na síntese de novas moléculas de glicose, o que resulta em hiperglicemia (32).

REGULAÇÃO DA SÍNTESE DE GLICOGÊNIO

No período pós-prandial, o fígado realiza aproximadamente 30% da captação da glicose ingerida (33,34), direcionando quantidade significativa para a síntese de glicogênio (35). O metabolismo do glicogênio hepático é controlado pela ação de duas enzimas chaves: glicogênio sintase e glicogênio fosforilase, ambas as quais são reguladas por fosforilação e moduladores alostéricos (36).

A glicogênese é a via metabólica pela qual o glicogênio é armazenado através da transferência de resíduos de glicose para as extremidades não redutoras do glicogênio. Esta transferência é catalisada pela glicogênio sintase que incorpora a UDP-glicose ao polímero de glicogênio. A UDP-glicose é formada a partir da catálise da glicose-1-P realizada pela enzima UDP-glicose pirofosforilase, que, por sua vez, é formada através da isomerização da glicose-6--P pela enzima hexoquinase. Por fim, a ramificação do glicogênio é realizada pela enzima ramificadora, que catalisa a transferência de um polímero com cerca de 7 resíduos de glicose para uma cadeia vizinha.

Glicogênio sintase, enzima limitante na síntese de glicogênio, é inativada por fosforilação em nove resíduos por diversas quinases, que incluem a proteína quinase A (PKA) e a glicogênio sintase quinase 3 (GSK-3) (37). O metabolismo do glicogênio pode ser regulado pela insulina, que promove a desfosforilação, e consequente ativação, da glicogênio sintase, principalmente através da proteína fosfatase 1 (PP1) (38) e inativação de PKA e GSK-3 (5). Além disso, glicogênio sintase pode ser regulada pelos níveis de glicose 6 fosfato, principal metabólito envolvido na regulação da glicogênese. Glicose 6 fosfato sinaliza alostericamente a glicogênio sintase, levando a ativação covalente da enzima através de alteração conformacional que a converte em um substrato adequado para a síntese. A ativação da glicogênio sintase pode ser determinada pela origem da glicose 6 fosfato, uma vez que somente a glicose 6 fosfato proveniente da quebra da glicose pela glicoquinase é capaz de promover de maneira eficaz a síntese de glicogênio (39).

REGULAÇÃO DA SÍNTESE DE LIPÍDEOS NO FÍGADO

A lipogênese hepática é o processo de síntese endógeno de ácidos graxos. Em seguida, ocorre a esterificação dos ácidos graxos com o glicerol, levando a formação dos triglicerídeos. Os triglicerídeos são geralmente distribuídos para outros tecidos através de lipoproteínas circulantes, tal como a VLDL (lipoproteína de muito baixa intensidade) (40,41). A síntese de ácidos graxos a partir da glicose é nutricionalmente regulada e tem sido proposto que duas moléculas desempenham um importante papel na regulação da lipogênese: acetil-CoA carboxilase (ACC) e ácido graxo sintase (FAS) (42,43). A indução da transcrição da ACC e da FAS requerem tanto a ativação da via glicolítica quanto a ação da insulina, que após a ligação ao seu receptor desencadeia uma cascata de sinalização que leva a ativação de diversos fatores de transcrição envolvidos na regulação do metabolismo lipídico, que inclui a proteína ligada ao elemento de regulação responsivo ao esterol (SREBPs). SREBPs foram descritas em 1993 como fatores de transcrição, presentes na membrana do retículo endoplasmático, responsáveis pela regulação do metabolismo de lípidos (44). Na deficiência de esterol, ocorre a clivagem proteolítica de SREBP (125 kDa), o que permite a liberação de sua forma N-terminal ativa (68 kDa). Após sua ativação, SREBP transloca-se para o núcleo e se liga ao elemento de regulação responsivo ao esterol (SRE), ativando genes envolvidos na biossíntese de colesterol, triglicerídeos, e ácidos graxos (45,46).

No fígado, três SREBPs regulam a produção de lipídeos, entre as quais destaca-se a isoforma SREBP-1c. SREBP-1c aumenta preferencialmente a transcrição de genes envolvidos na síntese de ácido graxo, entre eles a ACC, que converte acetil CoA em malonil CoA, e a FAS, que converte malonil CoA em palmitato, e a esteroil-Coa dessaturase 1 (SCD1), que adiciona insaturações a cadeia de hidrocarbonetos (45,46). SREBP-1c não apenas controla a transcrição e expressão de genes envolvidos com a lipogênese tais como ATP-citrato-liase (ACL), acetil--CoA-sintetase (ACS), ACC, FAS, SCD1, e glicerol-3 aciltransferase fosfato (GPAT) (47,48), como também regula a taxa de síntese de colesterol, fosfolipídios, triglicerídeos e os seus estoques no fígado (49). Em adição, a SREBP-1c pode estar envolvida na patogênese da resistência à insulina hepática, uma vez que seus níveis elevados são observados no fígado de animais resistentes à insulina (50,51).

Por outro lado, SREBP-1c pode ter sua atividade regulada negativamente pela proteína quinase ativada por AMP (AMPK) (52,53). Uma vez ativada, a função da AMPK é restaurar o estado energético da célula, ou seja, estimular a captação de glicose, a oxidação de gordura (54) e simultaneamente inibir a síntese de proteínas (55,56). AMPK estimula a fosforilação de SREBP-1c em serina 372, impossibilitando a sua clivagem e translocação no núcleo dos hepatócitos expostos a alta glicose, levando a redução da lipogênese e do acúmulo de lipídios. Assim, ativação hepática de AMPK protege contra a esteatose hepática e hiperlipidemia em animais resistentes à insulina.

EXERCÍCIO FÍSICO E PRODUÇÃO HEPÁTICA DE GLICOSE

É bem estabelecido que tanto o exercício agudo quanto o crônico aeróbio possuem efeitos benéficos na ação da insulina em condições de resistência à insulina (57). O exercício físico é geralmente recomendado para o tratamento de DM2, devido aos seus efeitos benéficos sobre o controle da glicemia (58). Os efeitos do exercício físico sobre a captação e produção de glicose têm implicações importantes no controle metabólico crônico e na regulação aguda da homeostase da glicose nos indivíduos diabéticos (59–61). Em situações como obesidade e diabetes, a excessiva produção hepática de glicose é o principal mecanismo envolvido na hiperglicemia de jejum. Este excesso de glicose resulta de diversas causas, que incluem aumento da glicogenólise e da gliconeogênese e diminuição da síntese de glicogênio e do fluxo glicolítico. A resistência à insulina possui um importante papel neste processo, devido a inabilidade da insulina em fosforilar o fator transcricional Foxo1, aumentando o conteúdo de PEPCK e G6Pase (62).

Muitos fatores podem contribuir com os efeitos da insulina sob a expressão de PEPCK e G6Pase, incluindo os efeitos sob a expressão e atividade das proteínas SREBP-1c, PGC-1α, Foxo1 e HNF-4α (26,28). Por outro lado, a atividade física favorece a homeostase da glicose através de diferentes mecanismos, onde destaca-se a redução da produção hepática de glicose e do acúmulo de gordura (63). A regulação da atividade transcricional da via Foxo1/HNF-4α através do exercício depende da transdução do sinal da insulina (28), levando a menor associação de Foxo1 com HNF-4α e diminuição dos níveis proteicos das enzimas PEPCK e G6Pase no fígado. Foxo1 possui papel chave no equilíbrio entre glicólise e gliconeogênese, sendo a HNF-4α um componente indispensável para manter este mecanismo. Nesta via, a insulina age no balanço metabólico a favor da glicólise por suprimir a expressão gênica de G6Pase e ativar a expressão gênica da glicoquinase (28). O fator de transcrição Foxo1 influencia negativamente ou positivamente na atividade gênica de HNF-4α, e G6Pase contém sítios de ligações tanto para Foxo1 quanto para HNF-4α; neste caso, estas moléculas agem através de seu efeito sinérgico (28). O exercício físico pode atuar através da inibição deste efeito sinérgico, através da melhora da sinalização hepática da insulina, e com isso suprimir a gliconeogênese após o exercício.

Outra molécula importante que participa deste processo é a PGC-1α. Foxo1 e HNF-4α sinergicamente ativam G6Pase e PEPCK via PGC-1α. Estudos têm demonstrado a participação do PGC-1α no controle da gliconeogênese hepática. PGC-1α pode aumentar HNF-4α mediando a transativação gênica de PEPCK e G6Pase (26,64). Por outro lado, o exercício físico agudo controla a produção hepática de glicose através da integração de uma variedade de mecanismos, como o envolvimento da SREBP-1c, molécula inibidora fisiológica da produção hepática de glicose (65,66). SREBP-1c inibe a transcrição de PEPCK por interferir na ação de HNF-4α (67).

No fígado, além do controle da gliconeogênese e glicogênese esta última através da regulação das proteínas glicogênio sintase quinase 3 (GSK3) e da glicogênio sinatse (GS), o treinamento físico afeta o metabolismo das gorduras, reduzindo o acúmulo de lipídeos hepáticos em situações de consumo de dietas ricas em gorduras (68–70). O sinal inicial para os efeitos diretos do exercício físico sobre o fígado pode ser a modulação da proteína AMPK, cuja atividade é aumentada durante e após o exercício físico, através de modulação transcricional (71). Uma vez ativada, AMPK culmina na inibição de genes que ativam a glicólise e a síntese de ácidos graxos e aumento na fosforilação de ACC (72,73). Os efeitos metabólicos da ativação da AMPK através do exercício, se devem a diminuição do conteúdo de malonil-CoA, da atividade da ACC e GPAT e ao aumento na atividade de MCD (74,75). Assim, sabe-se hoje que o fígado desempenha importante função na homeostase glicêmica e que o exercício físico é importante ao metabolismo desse tecido em situações fisiológicas ou fisiopatológicas.

CONSIDERAÇÕES FINAIS

No organismo saudável, o aumento na produção de glicose hepática na condição de jejum e sua inibição no período transitório pós-prandial, pelo aumento circulante de insulina, mantém a euglicemia. Tais respostas estão associadas à via de sinalização da insulina e a redução da atividade de enzimas gliconeogênicas chaves (PEPCK e G6Pase), culminando com rápida redução na produção hepática de glicose. Ao contrário, quando existem defeitos no sinal da insulina no fígado, a supressão sobre a via da gliconeogênese é inadequada, conduzindo a elevação da glicose tanto na condição de jejum, quanto após as refeições. Nesse processo, HNF-4α, PGC1α e o fator de transcrição Foxo1 exercem papéis fundamentais na regulação da gliconeogênese. Na ausência ou defeito na ação da insulina estas proteínas se interagem no núcleo do hepatócito induzindo a gliconeogênese e o aumento da glicemia. Por outro lado, o exercício físico tem se mostrado capaz de inibir a gliconeogênese exacerbada do diabetes através da melhora da sinalização da insulina, resultando em efeitos positivos sobre o controle glicêmico (Figura 1). Isso reforça o entendimento de que o exercício físico tem ações em diversos tecidos envolvidos com a homeostase glicêmica, incluindo o fígado.

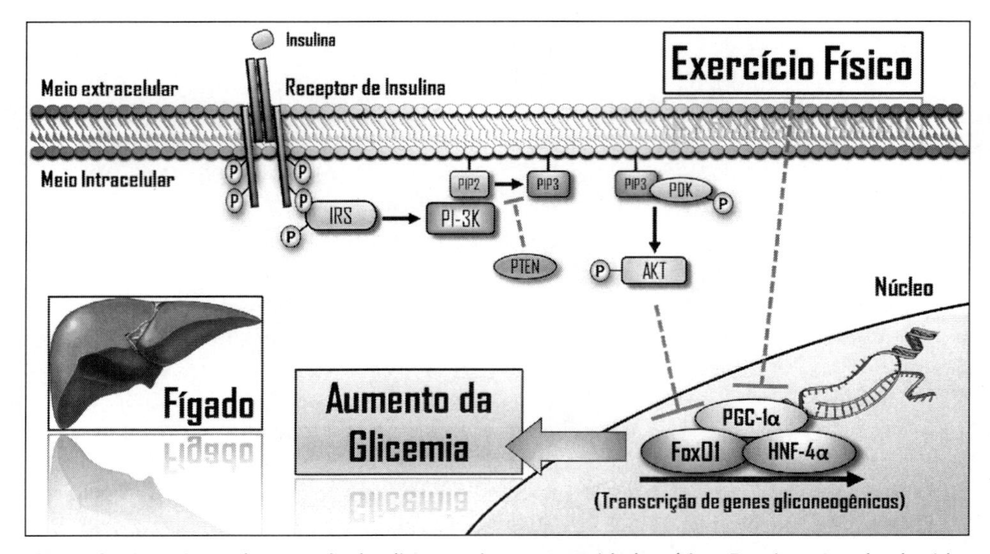

Figura 1 Mecanismo de controle da gliconeogênese no tecido hepático. Em situações de obesidade e resistência à insulina, a supressão de genes gliconeogênicos está prejudicada levando ao aumento da glicemia de jejum, por outro lado, o exercício físico é uma estratégia eficiente na modulação destes fatores de transcrição.

EXERCÍCIOS DE AUTOAVALIAÇÃO

Questão 1 – Quais são as proteínas mais importantes envolvidas no processo de gliconeogênese e glicogênese?

Questão 2 – Qual a importância da via de sinalização da insulina no processo de gliconeogênese?.

Questão 3 – Quais as proteínas envolvidas na lipogênese?.

Questão 4 – Qual o papel do exercício sobre o fígado e homeostase glicêmica?

Questão 5 – Quais são os substratos utilizados na gliconeogênese?

REFERÊNCIAS BIBLIOGRÁFICAS

1. Pilkis SJ, Granner DK. Molecular Physiology of the Regulation of Hepatic Gluconeogenesis and Glycolysis. Annu Rev Physiol. 1992 Oct;54(1):885–909.
2. Liao J, Barthel A, Nakatani K, Roth RA. Activation of protein kinase B/Akt is sufficient to repress the glucocorticoid and cAMP induction of phosphoenolpyruvate carboxykinase gene. J Biol Chem. 1998 Oct 16;273(42):27320–4.
3. Schmoll D, Walker KS, Alessi DR, Grempler R, Burchell A, Guo S, et al. Regulation of Glucose-6-phosphatase Gene Expression by Protein Kinase Bα and the Forkhead Transcription Factor FKHR. J Biol Chem. 2000 Nov 17;275(46):36324–33.

4. Laplante M, Sabatini DM. mTORC1 activates SREBP-1c and uncouples lipogenesis from gluconeogenesis. Proc Natl Acad Sci. 2010 Feb 23;107(8):3281–2.
5. Postic C, Dentin R, Girard J. Role of the liver in the control of carbohydrate and lipid homeostasis. Diabetes Metab. 2004 Nov;30(5):398–408.
6. O'Brien RM, Granner DK. Regulation of gene expression by insulin. Physiol Rev. 1996 Oct;76(4): 1109–61.
7. Nordlie RC, Foster JD, Lange AJ. REGULATION OF GLUCOSE PRODUCTION BY THE LIVER. Annu Rev Nutr. 1999 Jul;19(1):379–406.
8. Saltiel AR, Kahn CR. Insulin signalling and the regulation of glucose and lipid metabolism. Nature. 2001 Dec;414(6865):799–806.
9. Chen X, Iqbal N, Boden G. The effects of free fatty acids on gluconeogenesis and glycogenolysis in normal subjects. J Clin Invest. American Society for Clinical Investigation; 1999 Feb;103(3):365–72.
10. Bergman BC, Horning MA, Casazza GA, Wolfel EE, Butterfield GE, Brooks GA. Endurance training increases gluconeogenesis during rest and exercise in men. Am J Physiol Endocrinol Metab. 2000 Feb;278(2):E244-51.
11. Trimmer JK, Schwarz J-M, Casazza GA, Horning MA, Rodriguez N, Brooks GA. Measurement of gluconeogenesis in exercising men by mass isotopomer distribution analysis. J Appl Physiol. 2002 Jul 1;93(1):233–41.
12. Arion WJ, Lange AJ, Walls HE, Ballas LM. Evidence for the participation of independent translocation for phosphate and glucose 6-phosphate in the microsomal glucose-6-phosphatase system. Interactions of the system with orthophosphate, inorganic pyrophosphate, and carbamyl phosphate. J Biol Chem. 1980 Nov 10;255(21):10396–406.
13. Puigserver P, Rhee J, Donovan J, Walkey CJ, Yoon JC, Oriente F, et al. Insulin-regulated hepatic gluconeogenesis through FOXO1–PGC-1α interaction. Nature. 2003 May 29;423(6939):550–5.
14. Hanson RW, Reshef L. REGULATION OF PHOSPHOENOLPYRUVATE CARBOXYKINASE (GTP) GENE EXPRESSION. Annu Rev Biochem. 1997 Jun;66(1):581–611.
15. Taniguchi CM, Emanuelli B, Kahn CR. Critical nodes in signalling pathways: insights into insulin action. Nat Rev Mol Cell Biol. 2006 Feb;7(2):85–96.
16. Barthel A, Schmoll D, Krüger K-D, Bahrenberg G, Walther R, Roth RA, et al. Differential Regulation of Endogenous Glucose-6-Phosphatase and Phosphoenolpyruvate Carboxykinase Gene Expression by the Forkhead Transcription Factor FKHR in H4IIE-Hepatoma Cells. Biochem Biophys Res Commun. 2001 Jul 27;285(4):897–902.
17. Altomonte J, Richter A, Harbaran S, Suriawinata J, Nakae J, Thung SN, et al. Inhibition of Foxo1 function is associated with improved fasting glycemia in diabetic mice. Am J Physiol – Endocrinol Metab. 2003 Oct;285(4):E718–28.
18. Nakae J, Kitamura T, Silver DL, Accili D. The forkhead transcription factor Foxo1 (Fkhr) confers insulin sensitivity onto glucose-6-phosphatase expression. J Clin Invest. 2001 Nov 1;108(9):1359–67.
19. Kaestner KH, Knochel W, Martinez DE. Unified nomenclature for the winged helix/forkhead transcription factors. Genes Dev. 2000 Jan 15;14(2):142–6.
20. Yeagley D, Guo S, Unterman T, Quinn PG. Gene- and Activation-specific Mechanisms for Insulin Inhibition of Basal and Glucocorticoid-induced Insulin-like Growth Factor Binding Protein-1 and Phosphoenolpyruvate Carboxykinase Transcription. J Biol Chem. 2001 Sep 7;276(36):33705–10.
21. Wolfrum C, Asilmaz E, Luca E, Friedman JM, Stoffel M. Foxa2 regulates lipid metabolism and ketogenesis in the liver during fasting and in diabetes. Nature. 2004 Dec 23;432(7020):1027–32.
22. Li X, Monks B, Ge Q, Birnbaum MJ. Akt/PKB regulates hepatic metabolism by directly inhibiting PGC-1α transcription coactivator. Nature. 2007 Jul 21;447(7147):1012–6.
23. Puigserver P, Wu Z, Park CW, Graves R, Wright M, Spiegelman BM. A cold-inducible coactivator of nuclear receptors linked to adaptive thermogenesis. Cell. 1998 Mar 20;92(6):829–39.
24. Lin J, Handschin C, Spiegelman BM. Metabolic control through the PGC-1 family of transcription coactivators. Cell Metab. 2005 Jun;1(6):361–70.

25. Finck BN, Kelly DP. PGC-1 coactivators: inducible regulators of energy metabolism in health and disease. J Clin Invest. 2006 Mar;116(3):615–22.
26. Yoon JC, Puigserver P, Chen G, Donovan J, Wu Z, Rhee J, et al. Control of hepatic gluconeogenesis through the transcriptional coactivator PGC-1. Nature. 2001 Sep 13;413(6852):131–8.
27. Haase TN, Ringholm S, Leick L, Bienso RS, Kiilerich K, Johansen S, et al. Role of PGC-1 in exercise and fasting-induced adaptations in mouse liver. AJP Regul Integr Comp Physiol. 2011 Nov 1;301(5):R1501–9.
28. Hirota K, Sakamaki J, Ishida J, Shimamoto Y, Nishihara S, Kodama N, et al. A combination of HNF-4 and Foxo1 is required for reciprocal transcriptional regulation of glucokinase and glucose-6-phosphatase genes in response to fasting and feeding. J Biol Chem. American Society for Biochemistry and Molecular Biology; 2008 Nov 21;283(47):32432–41.
29. Sladek FM, Zhong WM, Lai E, Darnell JE. Liver-enriched transcription factor HNF-4 is a novel member of the steroid hormone receptor superfamily. Genes Dev. 1990 Dec;4(12B):2353–65.
30. Drewes T, Senkel S, Holewa B, Ryffel GU. Human hepatocyte nuclear factor 4 isoforms are encoded by distinct and differentially expressed genes. Mol Cell Biol. 1996 Mar;16(3):925–31.
31. Stoffel M, Duncan SA. The maturity-onset diabetes of the young (MODY1) transcription factor HNF4alpha regulates expression of genes required for glucose transport and metabolism. Proc Natl Acad Sci U S A. 1997 Nov 25;94(24):13209–14.
32. DeFronzo RA, Bonadonna RC, Ferrannini E. Pathogenesis of NIDDM. A balanced overview. Diabetes Care. 1992 Mar;15(3):318–68.
33. DeFronzo RA, Ferrannini E. Regulation of hepatic glucose metabolism in humans. Diabetes Metab Rev. 1987 Apr;3(2):415–59.
34. Ferrannini E, Bjorkman O, Reichard GA, Pilo A, Olsson M, Wahren J, et al. The disposal of an oral glucose load in healthy subjects. A quantitative study. Diabetes. 1985 Jun;34(6):580–8.
35. Moore MC, Cherrington AD, Cline G, Pagliassotti MJ, Jones EM, Neal DW, et al. Sources of carbon for hepatic glycogen synthesis in the conscious dog. J Clin Invest. 1991 Aug 1;88(2):578–87.
36. Ferrer JC, Favre C, Gomis RR, Fernández-Novell JM, García-Rocha M, de la Iglesia N, et al. Control of glycogen deposition. FEBS Lett. 2003 Jul 3;546(1):127–32.
37. Lawrence JC, Roach PJ. New insights into the role and mechanism of glycogen synthase activation by insulin. Diabetes. 1997 Apr;46(4):541–7.
38. Brady MJ, Nairn AC, Saltiel AR. The regulation of glycogen synthase by protein phosphatase 1 in 3T3-L1 adipocytes. Evidence for a potential role for DARPP-32 in insulin action. J Biol Chem. 1997 Nov 21;272(47):29698–703.
39. Seoane J, Trinh K, O'Doherty RM, Gómez-Foix AM, Lange AJ, Newgard CB, et al. Metabolic impact of adenovirus-mediated overexpression of the glucose-6-phosphatase catalytic subunit in hepatocytes. J Biol Chem. 1997 Oct 24;272(43):26972–7.
40. Girard J, Perdereau D, Foufelle F, Prip-Buus C, Ferré P. Regulation of lipogenic enzyme gene expression by nutrients and hormones. FASEB J. 1994 Jan;8(1):36–42.
41. Strable MS, Ntambi JM. Genetic control of de novo lipogenesis: role in diet-induced obesity. Crit Rev Biochem Mol Biol. 2010 Jun 10;45(3):199–214.
42. Towle HC, Kaytor EN, Shih H-M. REGULATION OF THE EXPRESSION OF LIPOGENIC ENZYME GENES BY CARBOHYDRATE. Annu Rev Nutr. 1997 Jul;17(1):405–33.
43. Vaulont S, Vasseur-Cognet M, Kahn A. Glucose regulation of gene transcription. J Biol Chem. American Society for Biochemistry and Molecular Biology; 2000 Oct 13;275(41):31555–8.
44. Wang X, Briggs MR, Hua X, Yokoyama C, Goldstein JL, Brown MS. Nuclear protein that binds sterol regulatory element of low density lipoprotein receptor promoter. II. Purification and characterization. J Biol Chem. 1993 Jul 5;268(19):14497–504.
45. Brown MS, Goldstein JL. The SREBP pathway: regulation of cholesterol metabolism by proteolysis of a membrane-bound transcription factor. Cell. 1997 May 2;89(3):331–40.
46. Nohturfft A, Yabe D, Goldstein JL, Brown MS, Espenshade PJ. Regulated step in cholesterol feedback localized to budding of SCAP from ER membranes. Cell. 2000 Aug 4;102(3):315–23.

47. Liang G, Yang J, Horton JD, Hammer RE, Goldstein JL, Brown MS. Diminished hepatic response to fasting/refeeding and liver X receptor agonists in mice with selective deficiency of sterol regulatory element-binding protein-1c. J Biol Chem. American Society for Biochemistry and Molecular Biology; 2002 Mar 15;277(11):9520–8.
48. Horton JD, Shah NA, Warrington JA, Anderson NN, Park SW, Brown MS, et al. Combined analysis of oligonucleotide microarray data from transgenic and knockout mice identifies direct SREBP target genes. Proc Natl Acad Sci. 2003 Oct 14;100(21):12027–32.
49. Ferré P, Foufelle F. SREBP-1c transcription factor and lipid homeostasis: clinical perspective. Horm Res. Karger Publishers; 2007;68(2):72–82.
50. Shimomura I, Matsuda M, Hammer RE, Bashmakov Y, Brown MS, Goldstein JL. Decreased IRS-2 and increased SREBP-1c lead to mixed insulin resistance and sensitivity in livers of lipodystrophic and ob/ob mice. Mol Cell. 2000 Jul;6(1):77–86.
51. Tobe K, Suzuki R, Aoyama M, Yamauchi T, Kamon J, Kubota N, et al. Increased Expression of the Sterol Regulatory Element-binding Protein-1 Gene in Insulin Receptor Substrate-2 (−/−) Mouse Liver. J Biol Chem. 2001 Oct 19;276(42):38337–40.
52. Guigas B, Taleux N, Foretz M, Detaille D, Andreelli F, Viollet B, et al. AMP-activated protein kinase-independent inhibition of hepatic mitochondrial oxidative phosphorylation by AICA riboside. Biochem J. 2007 Jun 15;404(3):499–507.
53. Li Y, Xu S, Mihaylova MM, Zheng B, Hou X, Jiang B, et al. AMPK Phosphorylates and Inhibits SREBP Activity to Attenuate Hepatic Steatosis and Atherosclerosis in Diet-Induced Insulin-Resistant Mice. Cell Metab. 2011 Apr 6;13(4):376–88.
54. Merrill GF, Kurth EJ, Hardie DG, Winder WW. AICA riboside increases AMP-activated protein kinase, fatty acid oxidation, and glucose uptake in rat muscle. Am J Physiol. 1997 Dec;273(6 Pt 1):E1107-12.
55. Bolster DR, Crozier SJ, Kimball SR, Jefferson LS. AMP-activated protein kinase suppresses protein synthesis in rat skeletal muscle through down-regulated mammalian target of rapamycin (mTOR) signaling. J Biol Chem. American Society for Biochemistry and Molecular Biology; 2002 Jul 5;277(27):23977–80.
56. Foretz M, Viollet B. Regulation of hepatic metabolism by AMPK. J Hepatol. 2011 Apr;54(4):827–9.
57. Henriksen EJ. Invited Review: Effects of acute exercise and exercise training on insulin resistance. J Appl Physiol. 2002 Aug 1;93(2):788–96.
58. Diabetes Prevention Program Research Group. Reduction in the incidence of type 2 diabetes with lifestyle intervention or metformin. N Engl J Med. NIH Public Access; 2002 Feb 7;346(6):393–403.
59. Perseghin G, Price TB, Petersen KF, Roden M, Cline GW, Gerow K, et al. Increased Glucose Transport–Phosphorylation and Muscle Glycogen Synthesis after Exercise Training in Insulin-Resistant Subjects. N Engl J Med. 1996 Oct 31;335(18):1357–62.
60. Houmard JA, Shaw CD, Hickey MS, Tanner CJ. Effect of short-term exercise training on insulin-stimulated PI 3-kinase activity in human skeletal muscle. Am J Physiol. 1999 Dec;277(6 Pt 1):E1055-60.
61. O'Gorman DJ, Karlsson HKR, McQuaid S, Yousif O, Rahman Y, Gasparro D, et al. Exercise training increases insulin-stimulated glucose disposal and GLUT4 (SLC2A4) protein content in patients with type 2 diabetes. Diabetologia. 2006 Nov 9;49(12):2983–92.
62. Barthel A, Schmoll D. Novel concepts in insulin regulation of hepatic gluconeogenesis. Am J Physiol - Endocrinol Metab. 2003 Oct;285(4):E685–92.
63. Shephard RJ, Johnson N. Effects of physical activity upon the liver. Eur J Appl Physiol. Springer Berlin Heidelberg; 2015 Jan 4;115(1):1–46.
64. Iordanidou P, Aggelidou E, Demetriades C, Hadzopoulou-Cladaras M. Distinct Amino Acid Residues May Be Involved in Coactivator and Ligand Interactions in Hepatocyte Nuclear Factor-4α. J Biol Chem. 2005 Jun 10;280(23):21810–9.
65. Bécard D, Hainault I, Azzout-Marniche D, Bertry-Coussot L, Ferré P, Foufelle F. Adenovirus-mediated overexpression of sterol regulatory element binding protein-1c mimics insulin effects on hepatic gene expression and glucose homeostasis in diabetic mice. Diabetes. 2001 Nov;50(11):2425–30.

66. Chakravarty K, Wu S-Y, Chiang C-M, Samols D, Hanson RW. SREBP-1c and Sp1 Interact to Regulate Transcription of the Gene for Phosphoenolpyruvate Carboxykinase (GTP) in the Liver. J Biol Chem. 2004 Apr 9;279(15):15385–95.
67. Yamamoto T, Shimano H, Nakagawa Y, Ide T, Yahagi N, Matsuzaka T, et al. SREBP-1 Interacts with Hepatocyte Nuclear Factor-4α and Interferes with PGC-1 Recruitment to Suppress Hepatic Gluconeogenic Genes. J Biol Chem. 2004 Mar 26;279(13):12027–35.
68. Gorski J, Oscai LB, Palmer WK. Hepatic lipid metabolism in exercise and training. Med Sci Sports Exerc. 1990 Apr;22(2):213–21.
69. Gauthier M-S, Couturier K, Latour J-G, Lavoie J-M. Concurrent exercise prevents high-fat-diet-induced macrovesicular hepatic steatosis. J Appl Physiol. 2003 Jun 1;94(6):2127–34.
70. Perseghin G, Lattuada G, De Cobelli F, Ragogna F, Ntali G, Esposito A, et al. Habitual Physical Activity Is Associated With Intrahepatic Fat Content in Humans. Diabetes Care. 2007 Mar 1;30(3):683–8.
71. Richter EA, Ruderman NB. AMPK and the biochemistry of exercise: implications for human health and disease. Biochem J. 2009 Mar 1;418(2):261–75.
72. Woods A, Azzout-Marniche D, Foretz M, Stein SC, Lemarchand P, Ferré P, et al. Characterization of the role of AMP-activated protein kinase in the regulation of glucose-activated gene expression using constitutively active and dominant negative forms of the kinase. Mol Cell Biol. 2000 Sep;20(18):6704–11.
73. Takekoshi K, Fukuhara M, Quin Z, Nissato S, Isobe K, Kawakami Y, et al. Long-term exercise stimulates adenosine monophosphate–activated protein kinase activity and subunit expression in rat visceral adipose tissue and liver. Metabolism. 2006 Aug;55(8):1122–8.
74. Park SH, Gammon SR, Knippers JD, Paulsen SR, Rubink DS, Winder WW. Phosphorylation-activity relationships of AMPK and acetyl-CoA carboxylase in muscle. J Appl Physiol. 2002 Jun 1;92(6):2475–82.
75. Rector RS, Thyfault JP, Morris RT, Laye MJ, Borengasser SJ, Booth FW, et al. Daily exercise increases hepatic fatty acid oxidation and prevents steatosis in Otsuka Long-Evans Tokushima Fatty rats. AJP Gastrointest Liver Physiol. 2008 Jan 3;294(3):G619–26.

4

TECIDO ADIPOSO, LIPOGÊNESE E LIPÓLISE

Thayana de Oliveira Micheletti
Gustavo Duarte Pimentel

OBJETIVOS DO CAPÍTULO

- Fortalecer o entendimento sobre os tecidos adiposos englobando suas funcionalidades, morfologia e fisiologia.
- Descrever os efeitos que o exercício físico exerce sobre os tecidos adiposos bem como mobilização, oxidação e fontes de ácidos graxos utilizados durante a atividade física.
- Compreender quais as intensidades e tipos de exercício que podem influenciar na mobilização de gordura e lipólise bem como as diferenças destes fatores em homens e mulheres
- Entender qual a importância do exercício físico no controle da massa adiposa e seus efeitos benéficos à saúde.

INTRODUÇÃO

O homem e outros diversos seres vivos são seres heterotróficos, ou seja, não produzem seu próprio alimento, sendo assim para se manterem ativos e poderem realizar suas tarefas de sobrevivência é necessário consumir alimentos do meio externo para obter energia. No entanto, mesmo se alimentando, ocorrem períodos de longo jejum, como por exemplo, durante o sono, no qual os estoques de energia são esgotados, deste modo, para manter as atividades celulares funcionando existe um processo de armazenamento de energia em forma de glicogênio, proteína e lipídeos. Este último pode ser estocado em maior quantidade, uma vez que por serem hidrofóbicos não usam a água como solvente, e contêm duas vezes mais energia armazenada por grama (9 kcal/g) sendo sua oxidação mais energética (1).

O tecido adiposo comumente denominado de 'gordura' é um tipo de tecido conjuntivo composto por células cheias de lipídios, chamada adipócitos. Estas células são as únicas especializadas no armazenamento de lipídeos na forma de triacilglicerol (TAG) no citoplasma sem que isso seja prejudicial à funcionalidade da célula (2). Além de atuar primariamente como grande reservatório de energia, o tecido adiposo também trabalha como isolante térmico do organismo, barreira física a traumas e secretor de fatores bioativos com importante ação na resposta imunitária, doenças vasculares e regulação do apetite (3).

Como nosso organismo trabalha com intuito de manter-se vivo, em períodos de abundância na oferta de energia o tecido adiposo promove a síntese de ácidos graxos num processo chamado lipogênese (*lipos* - graxa e *genesis* – formação), este processo permite que em situações de déficit calórico haja energia para ser oxidada durante a lipólise (*lipos* - graxa e *lise* – quebra) fornecendo substrato para outros tecidos (4).

Para que isso ocorra adequadamente o tecido adiposo sofre influência de sinais neurais, hormonais e nutricionais. Os sinais neurais são disparados pelo sistema nervoso simpático (SNS) e parassimpático. A inervação simpática está envolvida principalmente com a lipólise, onde ocorre liberação de catecolaminas na qual estimula receptores β adrenérgicos possibilitando a quebra de TAG e fornecendo à corrente sanguínea ácidos graxos livres (AGL) e glicerol. Por outro lado, o sistema nervoso parassimpático realiza função inversa, com estímulo da insulina ocorre à captação de glicose bem como de AGL favorecendo aumento dos adipócitos (5).

Os estudos das últimas décadas revolucionaram a visão que se tinha do tecido adiposo, pois além de funcionar como reservatório energético também atua como importante órgão endócrino responsável por secretar adipocinas de função hormonal que regulam o metabolismo e a homeostase energética. Além disso, acreditava-se que podia ser dividido em apenas dois tipos: tecido adiposo branco (TAB) e o marrom (TAM), no entanto evidências demonstraram que outro tipo de tecido adiposo também pode ser formado, o tecido adiposo bege. E, estes três tipos se diferem por características morfológicas de suas células, cor, localização e funções que realizam.

TECIDO ADIPOSO BRANCO

O TAB é do tipo de tecido unilocular, recebe este nome, pois os lipídios armazenados na célula adiposa se retêm em um único compartimento (lócus), como uma grande gota lipídica. Importante frisar que, quando jovem a célula contém inúmeras gotículas lipídica que se agregam formando uma única gotícula que ocupa a maior parte do adipócito maduro fazendo com que o restante do citoplasma e o núcleo sejam deslocados para a periferia da célula (6) (Figura 1A).

A massa adiposa pode variar com processos de hipertrofia (aumento de tamanho) dependendo do acúmulo de TAG no interior da célula e hiperplasia (aumento do número) resultado da atividade mitótica das células precursoras. Os lipídios ocupam cerca de 80% do peso total do tecido, sendo aproximadamente 90% ocupados por ácidos graxos como mirístico, palmítico, palmitoleico, esteárico, oleico e linoleico. O restante do peso é ocupado por água e proteínas.

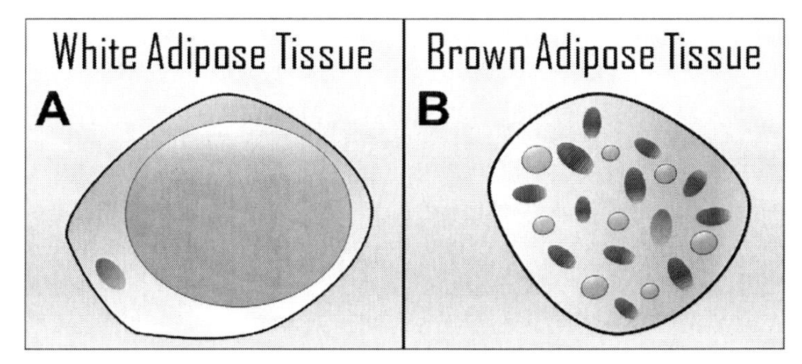

Figura 1 **A**. Representação esquemática de uma célula lipídica unilocular. A grande gotícula lipídica cercada por uma rede de filamentos. **B**. Representação esquemática de uma célula lipídica multilocular.

Macroscopicamente a cor do TAB pode variar de acordo com o consumo de carotenoides, passando de branco para amarelo quando estas substâncias lipossolúveis estão acumuladas em grande quantidade no tecido.

A distribuição de tecido adiposo é quase universal no corpo humano, no entanto em certas regiões, sua quantidade difere de acordo com o sexo. Anatomicamente pode ser dividido em tecido adiposo visceral (TAV) e tecido adiposo subcutâneo (TAS). Este último é encontrado de baixo da pele, em algumas regiões formam o "coxim de gordura" como na palma das mãos e na sola dos pés. Nos homem, o TAS se localiza abundantemente sobre os músculos como tríceps e deltoide, na região lombossacral e nas nádegas, já nas mulheres é encontrada nas glândulas mamárias, glúteos e nas regiões anterior e lateral do quadril. O TAV é representado pelos tecidos conjuntivos em torno dos órgãos tais como pericárdio, região perirrenal e órgãos abdominais (mesentério, omento e retroperitoneal). Esses depósitos abdominais são conhecidos por apresentaremmaior ação lipolítica das catecolaminas acarretando maior mobilização de AGL em comparação ao TAS.

A função mais importante do TAB é o armazenamento de energia e balanço energético, no entanto, estudos têm mostrado que o TAB também pode ser considerado um órgão endócrino, uma vez que é capaz de liberar adipocinas que desempenham importante papel no metabolismo energético, sensibilidade à insulina, doenças cardiovasculares e resposta imunológica (7).

Uma das adipocinas mais importantes com função endócrina é a leptina, produzida predominantemente pelo TAB foi descoberta em 1994 e considerada na época a possível cura da obesidade, uma vez que inibe a ingestão alimentar e estimula a taxa metabólica reduzindo o peso corporal. A leptina é liberada para circulação em proporção a quantidade de massa adiposa corporal e liga-se a receptores no hipotálamo e em outros tecidos (8). Além disso, a leptina desempenha funções no sistema periférico reduzindo a síntese e secreção de insulina, estabelecendo-se assim um eixo adipo-insular, além de participar da angiogênese, resposta imune, controle da pressão sanguínea e fertilidade (9).

Outra função endócrina desempenhada pelo TAB é no metabolismo de esteroides sexuais e glicocorticóides. Sabe-se que células adiposas estão envolvidas na conversão de esteroides, uma vez que possui enzimas e aromatases responsáveis por originar hormônios como testosterona e estradiol contribuindo de forma significativa para os níveis de esteroides sexuais femininos (sobretudo na pós menopausa) (10). Da mesma forma que ocorre com os esteróides o TAB participa da conversão de glicocorticóides como cortisona em cortisol e a enzima responsável por este processo está altamente expressa no TAV mais especificamente na região do omento. Sabe-se que a atividade desta enzima está desregulada na obesidade causando aumento na conversão destes corticóides desencadeando complicações cardiovasculares, resistência à insulina e síndrome metabólica (11).

Além da função endócrina o TAB libera adipocinas que participam na resposta imunológica, sendo as principais a interleucina 6 (IL6), o fator de necrose tumoral alfa (TNF-α), proteína quimioatrativa de monócito 1 (MCP-1) e interleucina 10 (IL10).

A IL6 é uma citocina imuno-moduladora e possui ação ambígua podendo agir de forma pró-inflamatória ou anti-inflamatória. Quando secretada pelo TAV ou pelo músculo esquelético induzido pelo exercício desempenha papel anti-inflamatório induzindo a lipólise e promovendo a captação de glicose, independentemente da modulação de catecolaminas, e ainda pode agir na melhorar da resistência à insulina no hipotálamo levando à diminuição da ingestão alimentar em animais obesos (12). Por outro lado, seus níveis estão aumentados na obesidade (sanguíneos e adiposos), sendo secretado por macrófagos e adipócitos, neste caso desempenha ação pró-inflamatória diminuindo a sensibilidade à insulina e leptina (13). No entanto, seus efeitos pró ou anti-inflamatórios também podem estar relacionados às concentrações séricas.

O TNF-α é uma citocina pró-inflamatória produzida pelo tecido adiposo agindo diretamente no adipócito interferindo em diversos processos dependentes de insulina, como a homeostase glicêmica e o metabolismo de lipídios. Esta modulação da insulina ocorre, pois o TNF-α é capaz de ativar vias clássicas de inflamação como IKK-NFkB e JNK (14). Também pode influenciar na regulação da massa de tecido adiposo, através da diminuição da diferenciação dos pré-adipocitos e induzir a apoptose e lipólise (15).

MCP-1 (também chamado CCL2) é uma proteína quimioatrativa que recruta células imunes para os locais de inflamação. Sua expressão no TAB aumenta em proporção com a adiposidade. Sendo assim, quanto maior a massa adiposa maior a infiltração de macrófagos no tecido adiposo podendo causar resistência insulina sistêmica e esteatose hepática (16).

IL-10 é uma citocina anti-inflamatória, cuja diminuição da produção tem sido associada com a desenvolvimento de diabetes tipo 2 e cujos níveis do plasma pode se correlacionar positivamente com sensibilidade à insulina (17). É expressa por macrófagos derivados de tecido adiposo e acredita-se que seus receptores podem ser encontrados no próprio adipócito (18). Além disso, pode ser produzida por células do sistema imunológico, no tecido adiposo que atua sobre os adipócitos para melhorar a sinalização da insulina, potencialmente diminuindo ainda mais o recrutamento de macrófagos.

Com função cardiovascular destaca-se a do eixo renina-angiotensina e o inibidor de ativação do plasminogênio (PAI-l).

O TAB é responsável pela produção de todos os componentes do eixo renina-angiotensina. Os adipócitos são capazes de secretar angiotensinogênio, que após sofrer algumas alterações dará origem a angiotensina II (AT-II) que possui receptores no próprio adipócito. A sua ativação promove a diferenciação do pré-adipócitos e induz a lipogênese, o que sugere um papel do eixo na regulação do metabolismo e do peso corporal. Além disso, a angiotensina II possui forte papel aterogênico, pois estimula diretamente a produção de molécula de adesão-1 e MCP 1 na parede endotelial, aumenta o metabolismo de óxido nítrico e radicais livres, a atividade plaquetária e a expressão de PAI-1. Sua elevada concentração em indivíduos obesos pode ser mais um elo entre a obesidade, hipertensão e doenças cardiovasculares (19).

O PAI-1 possui seus níveis diretamente correlacionados com a quantidade de gordura visceral. Está proteína está envolvida na resistência à insulina periférica em indivíduos obesos e é considerado fator de risco para doença cardiovascular, uma vez que é responsável pela formação de trombos e ruptura de placas aterogênicas instáveis, além de alterar o balanço fibrinolítico por meio da inibição da produção de plasmina, contribuindo na remodelação da arquitetura vascular e processo aterosclerótico (20). A sua produção é estimulada pela insulina e pelos corticoides e a sua expressão regulada pelos fatores de transcrição nucleares (PPAR), que desempenham papel na adipogênese, no metabolismo da glicose e lipídios. O aumento dos seus níveis está associado com enfarte agudo do miocárdio e trombose (21).

No metabolismo energético podemos destacar a adiponectina, resistina e visfatina, acredita-se que estas adipocinas estão envolvidas na homeostase energética.

Adiponectina, também conhecida como Acrp 30 (*adipocyte complement related protein*) ou adipQ, é uma proteína expressa exclusivamente nos adipócitos diferenciados. A sua produção depende do estado nutricional e seus níveis encontram-se diminuídos na obesidade. Ao contrário dos outros fatores secretados pelo tecido adiposo, age como fator protetor para doenças cardiovasculares e aumenta a sensibilidade à insulina. Possui ação anti-inflamatória e anti-aterogência, pois age na diminuição da expressão da molécula de adesão-1 (via redução da expressão de TNF-α e atividade da resistina), e inibição da sinalização inflamatória no tecido endotelial (22). Seus efeitos na melhora da resistência à insulina são mediados pela proteína quinase ativada por AMP (AMPK), uma vez que a AMPK é responsável pela oxidação de ácidos graxos facilitando a captação e utilização de glicose no músculo esquelético e tecido adiposo, também reduz a liberação de glicose hepática, levando ao melhor controle dos níveis séricos de glicose, ácidos graxos livres e triglicerídeos (23).

Assim como TNF–α, a resistina é uma proteína com propriedades pró-inflamatórias. Secretada por monócitos e adipócitos, promove resistência insulínica e possui potencial ação aterogênica, pois estimula a sinalização de vias inflamatórias, que por sua vez promove a síntese de outras citocinas incluindo TNF-α, MCP-1 moléculas de adesão intercelular-1 e antivascular-1 em células endoteliais vasculares. Sugerindo que desempenha importante papel na inflamação associada com a patogênese da DCV.

Por fim, recentemente foi descoberta a adipocina visfatina. Produzida primariamente pelo tecido adiposo visceral, parece desempenhar um papel importante na regulação da homeostase glicêmica, ao se ligar ao receptor de insulina, "mimetizando" a sua sinalização intracelular (24).

TECIDO ADIPOSO MARROM (TAM) E TECIDO ADIPOSO BEGE

Diferente do tecido adiposo branco o TAM é classificado como multilocular, pois ao invés de haver uma única gota lipídica como forma de armazenamento dos TAG, há diversas vesículas de diferentes tamanhos distribuídos ao longo do citoplasma (Figura 1B). Suas células são menores do que os adipócitos brancos e o citoplasma contém grandes quantidades de mitocôndrias com abundancia da enzima citocromo c oxidase que juntamente com a alta vascularização contribui para a coloração mais escurecida do tecido (25).

Em meados da década de 60, estudos demonstraram que a função primordial do TAM é na produção de calor (termogênese adaptativa) a partir da metabolização de lipídios, e assim participando ativamente na regulação da temperatura corporal em mamíferos (26). Vinte anos mais tarde, percebeu-se que sua capacidade termogênica deriva da presença de uma proteína localizada na membrana interna de suas mitocôndrias chamada proteína desacopladora 1 (UCP1) (27). Em animais, estudos determinaram que a atividade da UCP-1 contribui de maneira significativa no gasto total de energia, e sua deficiência conduz não só a falta de produção de calor, mas também ao aumento da propensão a obesidade (28).

A termogênese é controlada basicamente pelo hipotálamo, sendo o sistema nervoso simpático autônomo o principal mediador desse mecanismo através da liberação de noradrenalina (NE). No adipócito marrom maduro, a NE estimula receptores β adrenérgicos, mais especificamente β3, por conseguinte ocorre ativação da enzima adenililciclase responsável por catalisar a conversão de ATP em AMP cíclico (AMPc). A amplificação de AMPc acarreta ativação da proteína quinase A (PKA), por sua vez fosforila a lipase hormônio sensível (HSL) responsável pela quebra de triacilgliceróis em AGL. Uma vez liberados os ácidos graxos servem de substrato energético para o ciclo de Krebs onde formaram prótons que são bombeados pela cadeia respiratória até o espaço intermembranoso mitocondrial. Assim ocorre ativação da UCP-1 que promove o retorno desses prótons para matriz mitocondrial, onde a energia do gradiente eletroquímico é dissipada em forma de calor. E para compensar essa liberação de energia, a célula aumenta o consumo de oxigênio para produção de ATP (29). Recentemente, além da NE proveniente do SNS, também foi sugerido que as catecolaminas segregadas por um determinado subtipo de macrófagos pode ativar gordura marrom em animais (30). Sabe-se que a sinalização simpática é aumentada na exposição ao frio e exposições crônicas resultam na ativação e expansão do TAM (31).

Além da regulação do SNS, o TAM também pode ser modulado pelos hormônios tireóideos. O adipócito marrom apresenta grande número de receptores de T_3 e dispõe de mecanismo próprio para geração de T_3 durante a ativação simpática sem que a concentração plasmática seja afetada, estimulando a produção de calor. Além disso, podem influenciar na expressão do gene da UCP-1 (transcrição e estabilização do mRNA) bem como seu aumento na mitocôndria (32).

A presença de TAM ativa em adultos, surpreendentemente foi percebido cerca de 8 anos atrás (33). Inicialmente, acreditava-se que somente os recém-nascidos apresentavam TAM ativo, principalmente na região interescapular, área ventral do pescoço, região pélvica-inguinal, área perirrenal e em torno das glândulas supra-renais (25) e que se perdiam na fase adulta. No entanto, agora é claro que os humanos adultos ainda conservam, em algumas regiões,

TAM clássico como na região interescapular, na área ventral do pescoço e na região periadrenal, assim como em camundongos. O restante do TAM que havia em neonatos, como na área em torno dos rins, em adultos é tecido adiposo bege (25).

Este "novo" tipo de tecido adiposo chamado bege é muito curioso, pois parece ser o resultado de células do TAB assumindo algumas características do TAM, particularmente na presença de maiores quantidades de mitocôndrias acompanhadas de maior expressão de UCP-1 levando capacidade de participar da termogênese como TAM, além de serem células do tipo multilocular. E o que se sabe é que esse fenômeno de "browning" do TAB acontece após estímulo termogênico, como exposição prolongada ao frio e pode ser mimetizado por tratamento crônico com ativadores de receptores β3 adrenérgicos (34). E mesmo possuindo tantas particularidades com TAM, o adipócito bege deriva das mesmas células precursoras do TAB. Estudos de linhagens de células sugeriram que as células mesenquimais presentes nos depósitos de TAB podem se diferenciar em adipócitos beges em resposta a estímulos termogênico. O TAM deriva das mesmas células progenitoras do tecido muscular, o que faz muito sentido, pois ambas as células musculares e os adipócitos marrom têm muitas mitocôndrias capazes de liberar grandes quantidades de energia. As células musculares utilizam esta energia para a geração de moléculas de ATP para realizar a contração, em contraste, os adipócitos marrom liberam a energia em forma de calor, uma capacidade única de mamífero (35).

A descoberta deste processo de escurecimento ("browning") determinou um grande avanço na ciência quando se trata do entendimento de doenças como obesidade e desordens metabólicas associadas à obesidade, pois sabemos que TAB é um importante órgão endócrino, que mantém homeostase corporal, contudo, seu acúmulo pode causar obesidade. Curiosamente, o TAM foi visto como uma potente solução para o problema das doenças associadas à obesidade, estudos anteriores mostraram que o TAM ativado é inversamente correlacionado com o índice de massa corporal, a massa de tecido adiposo e resistência à insulina. Contudo, a transformação de TAB em TAM não é possível, porque cada tipo de tecido adiposo é derivado de uma linhagem de células progenitoras diferente. Já o tecido adiposo bege e o TAB são derivados da mesma linhagem celular. Além disso, as células beges são distribuídas por todo o corpo humano, e são altamente ativadas em resposta a uma variedade de fatores, incluindo hormônios endógenos. Portanto, a compreensão mais profunda dos mecanismos fisiológicos e moleculares que regulam o processo de "*browning*" é de suma importância e serão melhor elucidados nos próximos tópicos.

MOBILIZAÇÃO E OXIDAÇÃO DE LIPÍDIOS NO EXERCÍCIO FÍSICO

A maneira fisiológica de se obter energia a partir dos adipócitos ocorre via mobilização dos ácidos graxos derivados do tecido adiposo que atingem o tecido muscular na forma de triacilglicerol (36).

Entretanto, a reserva de triacilglicerol presente nos adipócitos é lentamente mobilizada durante o exercício físico quando este ativa uma cascata de proteínas e enzima intracelulares. Em questão de minutos o exercício físico começa a ativar a lipólise que é principalmente ativada pela fosforilação da lipase hormônio-sensível (HSL), a qual quebra as gotículas lipídicas ou de triacilglicerol em três moléculas de ácidos graxos livres e uma molécula de glicerol. Por sua vez, a liberação do glicerol pode se difundir no sangue devido a sua capacidade solúvel em água. Portanto, sua quantificação no sangue fornece uma medida direta da quantidade de triacilglicerol que foi hidrolisado durante o exercício físico ou longos estados de jejum.

Durante o repouso, os AGL hidrolisados são unidos com moléculas de glicerol ressintetizando os triacilgliceróis nos adipócitos. Entretanto, durante os exercícios de baixa intensidade a taxa de ressíntese é reduzida ao mesmo tempo em que ocorre um aumento na lipólise. Consequentemente, este processo resulta em alta taxa de AGL no sangue (37,38). Uma vez no sangue, os ácidos graxos se ligam à albumina para serem transportados via circulação para os diferentes tecidos do organismo, como o músculo, adipócitos e fígado, que por sua vez entram nas mitocôndrias para que ocorra a oxidação (39).

Estudos realizados entre as décadas de 70 a 90 revelaram que o exercício de intensidade moderada também aumenta o fluxo sanguíneo em 2 vezes no tecido adiposo e em 10 vezes no músculo esquelético favorecendo a oxidação de ácidos graxos. Assim, a quantidade de ácidos graxos liberados que são reesterificados diminui em média 50% durante a intensidade moderada porque esse aumentado fluxo sanguíneo facilita a distribuição dos ácidos graxos dos adipócitos para o funcionamento dos músculos (40–43).

Entretanto, a contribuição dos AGL para o fornecimento de energia diminui gradativamente à medida que a intensidade do exercício físico aumenta, assim a capacidade com que a gordura é oxidada ocorre proporcionalmente ao volume de consumo de O_2 (VO_2 máx.). Em outras palavras, podemos dizer que a capacidade de trabalho em torno de 45-65% do VO2 máx é considerada a mais adequada para ativar a quebra de gordura e mobilizar ácidos graxos para serem utilizados como fonte de energia.

FONTES DE ÁCIDOS GRAXOS DURANTE O EXERCÍCIO

Os triacilgliceróis provenientes do tecido muscular são considerados a principal fonte de energia para oxidação durante o exercício (44). Isto basicamente ocorre porque as mitocôndrias estão presentes em grandes quantidades neste tecido.

A quantidade de triacilglicerol intramuscular gira em torno de 2000 a 3000 kcal em um indivíduo normal. Entretanto, durante os exercícios de baixa intensidade (~30% do VO_2 máx.) é sabido que os AGL são quase que exclusivamente a única fonte de gordura usada como combustível, devido à estreita relação entre a velocidade de oxidação dos lipídios e o desaparecimento dos AGL no sangue. Por outro lado, durante os exercícios de moderada intensidade (~65% do VO_2 máx.), a quantidade de lipídios oxidados em sujeitos treinados é maior que a velocidade de desaparecimento dos AGL no sangue, fortalecendo a ideia que o processo de lipólise muscular ocorre de maneira muito eficiente durante o exercício em indivíduos fisicamente ativos e treinados (45).

Numericamente, a oxidação de triacilglicerol intramuscular é extremamente baixa durante os exercícios de intensidade ao redor de ~30% do VO_2 máx., mas durante o exercício de 65% do VO_2 máx., o triacilglicerol intramuscular contribui com quase 50% do total de gordura oxidada (Figura 2B). Entretanto, a quantidade de triacilglicerol intramuscular se reduz proporcionalmente quando a intensidade do exercício se eleva a ~85% do VO_2 máx. Assim fica claro que o triacilglicerol intramuscular fornece grande parte da fonte energética utilizada durante os exercícios de intensidade moderada (65% do VO_2máx.), porém durante o exercício intenso ocorre predomínio no uso do glicogênio muscular e a participação do triacilglicerol fica em ~25% do total de glicogênio utilizado como fonte de energia. Por outro lado, durante o exercício de intensidade extrema ou competições, a oxidação dos triacilgliceróis atua de maneira parcial para complementar a energia proporcionada pelo glicogênio muscular. Portanto, nos próximos tópicos abordaremos a influência da intensidade, tipo e modalidade do exercício sobre a lipólise.

Em relação aos estoques de gorduras proveniente dos adipócitos, sabe-se que estes estão presentes na forma de triacilgliceróis e representam uma reserva de aproximadamente 50.000 a 60.000 kcal em um individuo saudável de peso normal. Durante o exercício a quantidade total de ácidos graxos oxidada proveniente dos adipócitos é de ~25% ao passo que a intramuscular corresponde a ~50 – 75% e dos AGL ~5 – 15% (Figuras 2A e 2B). Por isso, a disponibilidade total de energia derivada dos adipócitos é superior a do tecido muscular, porém a capacidade de oxidação de ácidos graxos intramuscular é maior comparado aos adipócitos (46).

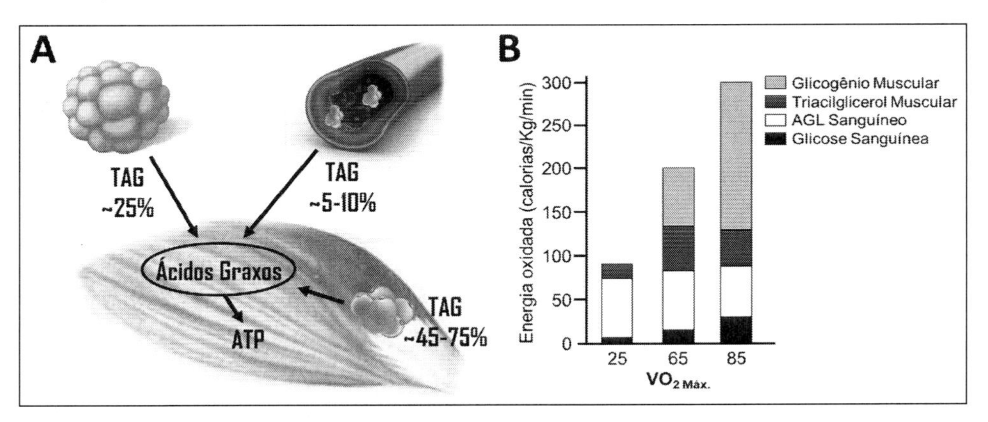

Figura 2 Contribuição de diferentes substratos energéticos durante o exercício físico.

Como citado no início do capítulo, para que a lipólise ocorra é necessária ativação do SNS e aumento de algumas catecolaminas, bem como do hormônio de crescimento (GH), cortisol e hormônio estimulador da tireóide, que estimulam a via β3 adrenérgica levando a lipólise (47–49). Molecularmente as catecolaminas são responsáveis pelo aumento na concentração intracelular do monofasto de adenosina cíclico (AMPc) na qual ativa a proteína quinase A (PKA) fosforilando e ativando a HSL. Além disso, a PKA pode fosforilar a perilipina que atua na superfície da gotícula lipídica dos adipócitos permitindo a fosforilação da HSL e consequente ativação da lipólise (49,50). Entretanto, recentemente foi demonstrado que a lipólise não é prejudicada em roedores nocautes (retrocruzamento contra o animal com genótipo de interesse) para HSL ou que tiveram sua inibição farmacológica, sugerindo assim que a lipase de triacilglicerol do tecido adiposo (ATGL) pode aumentar sua atividade mantendo a persistente ativação da lipólise (51).

INTENSIDADE E VOLUME DE ESFORÇO E LIPÓLISE

Há muitos anos sabe-se que indivíduos treinados são mais tolerantes aos exercícios de diferentes intensidades. Quando falamos da intensidade do exercício na queima de gorduras, pode-se observar que as atividades aeróbias de intensidade baixa a moderada são mais efetivas, portanto, indivíduos engajados em um programa de exercício para perda de peso corporal podem ser beneficiados. Algumas razões para isto se deve ao predomínio da via da beta-oxidação (Figura 4) e a maior expressão gênica da proteína transportadora de ácidos graxos (FAT/CD36) durante os exercícios aeróbios (52).

O exercício físico aeróbio de moderada intensidade com duração de 60 minutos ou mais, é considerado o melhor para queima de gordura (Figura 3A). Assim, essa intensidade é responsável por oxidar aproximadamente 50% dos AGL derivados dos adipócitos e ~45-50% dos ácidos graxos oxidados intramuscular. Além disso, o exercício de mais alta intensidade (~85% do VO_2 máx.) oxida cerca de 55% dos AGL derivados dos adipócitos e ~45% dos ácidos graxos derivados do tecido muscular. Em contra partida, as atividades de baixa intensidade (~25% do VO_2 máx.) pode utilizar como fonte de energia durante o exercício até 95% dos AGL provenientes dos adipócitos e menos de 5% da gordura oxidada pela ativação da beta-oxidação no tecido muscular (45) (Figura 3B). Em resumo, o exercício físico de baixa a intensidade moderada (25% a 65% VO_2 máx.) pode aumentar em 5-10 vezes a taxa de oxidação de AGL comparado a situações de repouso (48) e a duração do exercício é proporcional a quantidade de gordura oxidada (45).

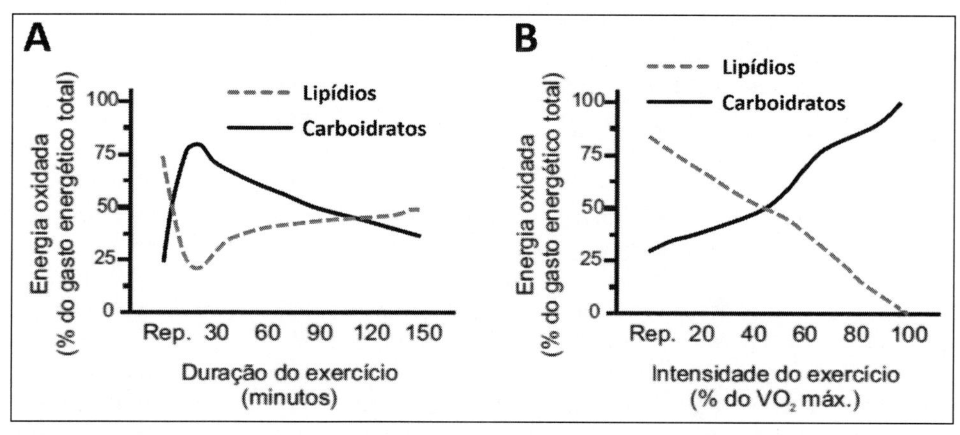

Figura 3 Duração (**A**) e intensidade (**B**) do exercício e a taxa de oxidação de ácidos graxos e glicose muscular ou sanguínea.

Por outro lado, exercícios de alta intensidade (>80% do VO_2 máx.) aumentam os níveis sanguíneos de lactato podendo reduzir a lipólise e aumentar a reesterificação dos AGL prejudicando assim o uso dos ácidos graxos como fonte de energia (53).

Portanto, a captação e mobilização de ácidos graxos durante os exercícios podem ser influenciadas pela intensidade, tipo e modalidade de exercício físico, bem como pelas reservas musculares de triacilglicerol. Além disso, a funcionabilidade das enzimas super expressadas durante os momentos de demanda energética podem influenciar essa captação e mobilização. Assim, nós próximos tópicos nós abordaremos quais são as inter-relações funcionais dos diferentes exercícios com a lipólise.

TIPO OU MODALIDADE DE EXERCÍCIO E LIPÓLISE

Assim como os exercícios físicos aeróbios, os resistidos provocam um aumento no número e tamanho das mitocôndrias presentes no músculo favorecendo maior utilização do oxigênio para metabolizar as gorduras e carboidratos como fonte energética (54). Nesse sentido, é sabido que indivíduos treinados apresentam adequada resistência ao esforço físico e menor uso do glicogênio muscular como fonte de energia quando comparado com os indivíduos sedentários. Assim, o treinamento diário e estruturado também atua maximizando a queima de gordura seja ela proveniente dos músculos como também dos adipócitos e da corrente sanguínea.

A atenuação na utilização do glicogênio é associada com o aumento na utilização da gordura. Por exemplo, durante o exercício resistido a 64% do VO_2 máx., foi encontrada diminuição da hidrólise do glicogênio muscular com aumento na oxidação dos triacilgliceróis originados dos músculos (42,55).

Para praticantes de endurance, a disponibilidade de ácidos graxos intramusculares para ser oxidado durante os minutos iniciais de exercício, reduz os níveis de triacilglicerol sanguíneo uma vez que ocorre redução da demanda pela lipólise e aumento da captação muscular. Por outro lado, quando a lipólise é ativada e a reesterificação é reduzida, pode ocorrer aumento dos triacilgliceróis plasmáticos durante os picos de alta intensidade (43).

Como citado acima, os triacilgliceróis provenientes dos músculos atuam de forma prioritária fornecendo energia durante o exercício. E durante o exercício resistido age como adaptação ao treinamento de resistência e como a utilização dos ácidos graxos musculares está associada à redução na utilização do glicogênio, ocorre melhora no desempenho.

Um estudo mostrou que o treinamento é capaz de oxidar mais de 25% gordura quando comparado com indivíduos sedentários (38). Nesse sentido, os efeitos da lipólise até três horas após o exercício é reconhecidamente maior em indivíduos treinados do que sedentários (56). Além disso, após duas horas de exercício físico, a taxa de captação de ácidos graxos é maior do que a de oxidação, sugerindo que os ácidos graxos provenientes dos adipócitos e do sangue possuem capacidade de suprir toda a demanda de ácidos graxos do músculo durante do exercício (57).

Em humanos saudáveis, foi identificado no músculo esquelético aumento da expressão de perilipina 3 após uma única sessão de exercício de endurance. Além disso, a expressão de perilipina 3 foi positivamente associada com a oxidação de palmitato (58). Portanto, sugere-se que indiretamente a oxidação de ácidos graxos no músculo após um período de treinamento pode atuar concomitantemente com a oxidação nos adipócitos favorecendo, portanto a perda de adiposidade reduzindo os níveis sanguíneos de triacilglicerol em indivíduos saudáveis e indivíduos com hipertrigliceridemia.

Em indivíduos saudáveis submetidos a dois testes repetidos em ciclo ergômetro com 60 minutos cada e divididos com intervalo de 60 minutos na intensidade de 50% da potência máxima mostrou aumento nos níveis de glicerol na segunda parte do teste quando comparada com a primeira, bem como aumento dos níveis plasmáticos de NEFA e epinefrina e mais baixos do hormônio de crescimento e insulina, sugerindo que a lipólise do tecido adiposo ocorre quando uma sessão de exercício é precedida de outra de mesma intensidade e duração, bem como atenuação da lipogênese (59).

Em resumo as atividades físicas de endurance podem induzir a lipólise e inibir a lipogênese por diversos fatores: 1) por aumento da densidade das mitocôndrias no músculo esquelético na qual melhora a capacidade para oxidação de gorduras intramuscular e nos adipócitos; 2) maior proliferação dos capilares dentro do músculo e tecido adiposo que atuam carreando os ácidos graxos para o músculo; 3) aumento de atividade enzimática da carnitinatransferase que facilita o transporte de ácidos graxos para o interior da membrana da mitocôndria; 4) ativação da lipólise por aumento da secreção hormonal de noradrenalina e epinefrina e atenuação da lipogênese pela redução da insulina; 5) maior atividade nos adipócitos da HSL e perilipina (39,45,60–63).

DIFERENÇAS NA MOBILIZAÇÃO DE GORDURA EM RESPOSTA AO EXERCÍCIO ENTRE HOMENS E MULHERES

Particularmente as mulheres possuem maior probabilidade de acumular mais tecido adiposo subcutâneo e na região ginóide (64). Nesse sentido, alguns estudos demonstram que durante a menopausa ocorre redução dos níveis de estrógeno, na qual tem sido associada com estoque de lipídios e doenças metabólicas (65,66). Assim a terapia com estradiol foi capaz de induzir ao aumento da lipólise no tecido adiposo subcutâneo de mulheres na pré-menopausa (67).

Comparando homens e mulheres, estudos observaram que mulheres oxidam mais lipídios do que homens durante o exercício. Entretanto, a taxa de lipólise e a mobilização de ácidos graxos foram significantemente elevadas após o período de recuperação do exercício em homens e não em mulheres. Assim, essa diferença entre os sexos sugere que as mulheres possuem uma reversão na quantidade de ácidos graxos oxidados no pós-exercício (68,69). Além disso, o músculo esquelético de mulheres possui maior capacidade de utilização intramuscular de triacilglicerol durante o exercício (70), o que poderia explicar as mulheres ter menor mobilização de ácidos graxos após o exercício.

Resumidamente, a utilização do substrato energético durante o exercício é influenciado por 1) intensidade, duração e tipo do exercício, 2) fatores metabólicos, tais como, padrão de recrutamento muscular, capacidade enzimática e condição energética, 3) fatores externos, tais como condições ambientais, condições nutricionais, idade e composição corporal (71,72).

MUDANÇAS FISIOLÓGICAS DO TECIDO ADIPOSO EM RESPOSTA AO EXERCÍCIO

Como reportado no início do capítulo, foi demonstrado que indivíduos obesos apresentam redução da atividade do SNS, na qual contribuem para o desenvolvimento da obesidade. Além disso, os menores níveis sanguíneos de catecolaminas em obesos podem alterar a sensibilidade dos receptores beta-adrenérgicos principalmente nos tecidos adiposos, atenuando a lipólise e aumentando os estoques de lipídios via ativação da lipogênese (73).

Interessantemente, o tecido adiposo foi visto como um importante órgão desde que o grupo de Spielgeman & Hotamisligil (1993) relataram que indivíduos obesos apresentam maior expressão da citocina pró-inflamatória TNF-α no tecido adiposo (74). Após isso, estudos foram sendo desenvolvidos na busca para entender qual a participação dos adipócitos em obesos e diabéticos. Assim, nós últimos dez anos foi descoberto que no TAB ocorre acúmulo de macrófagos, os quais são responsáveis por aumentar a secreção de proteínas inflamatórias (30,75–77).

Adicionalmente, esta inflamação crônica de baixo grau que atinge indivíduos com excesso de tecido adiposo induz localmente nos adipócitos a conversão de macrófagos alternativos de fenótipo M2 (anti-inflamatório), tais como CD206, Arginase 1 e CD301 para M1 de característica pró-inflamatória com alta expressão de moléculas como TNF-α, iNOS e NFκB, assim essa mudança para o perfil inflamatório é intimamente relacionada a resistência à insulina (18,75).

Diante destas circunstâncias, o exercício físico tem sido apontado como um dos potentes alvos terapêuticos para atenuar os macrófagos inflamatórios, citocinas e a resistência à insulina (78–82).

Nesse sentido, em humanos o treinamento de endurance com bicicleta, corrida, remo e "*cross-training*" por sete dias na semana equivalendo ao gasto de 600 kcal por dia, sendo que três ou quatro vezes na semana o treinamento foi intenso (~85% da frequência cardíaca de reserva máxima) e nos outros dias as sessões de treino foram de intensidade moderada (~65% da frequência cardíaca de reserva máxima) foi capaz de aumentar a expressão de CD163 (macrófago anti-inflamatório) nos adipócitos (Auerbach, Nordby et al. 2013). Em roedores submetidos à corrida em esteira ou natação foi encontrado aumento da conversão de macrófagos pró-inflamatórios (M1) (TNF-α, F4/80, CD11c, TLR4, MCP1, MCP2) para anti-inflamatórios (M2) (CD163, MGL1) (78,81–83).

Nesse sentido estudos também tem apontado que a fosforilação da AMPK em resíduos de treonina 172 e a secreção da IL6 muscular após o exercício físico como principais responsáveis pela melhora da captação de glicose e atenuação das moléculas inflamatórias no músculo e indiretamente no tecido adiposo (84–86).

A AMPK fosforilada ativa a oxidação de ácidos graxos no músculo e adipócitos, além de promover a translocação das moléculas de GLUT presentes no citoplasma para a membrana facilitando o transporte de glicose. Além disso, promove a redução da malonil-CoA, que por sua vez permite aumento da atividade da carnitinaaciltransferase 1, enzima responsável pela mobilização de ácidos graxos para as mitocôndrias e consequente oxidação (87). Nesse sentido, desde a década de 80 foi evidenciado que a perda de peso induzida por programas de treinamento físico provoca redução do diâmetro de célula e aumento na atividade lipolítica das células adiposas (88). Assim, estudos realizados em diabéticos tipo 2 e obesos mostraram que o exercício físico reduz os níveis de proteína C reativa, IL6, leptina e aumenta os níveis de adiponectina (89,90).

O treinamento intervalado aeróbio (corrida em esteira, 4 x 4 min a 80-90% da frequência cardíaca máxima com 3 min de intervalo de recuperação) três vezes na semana por 12 semanas seguidos por um período de destreinamento de quatro semanas foi capaz de induzir ao aumento nos níveis de adiponectina, bem como reduzir a MCP-1 e insulina (91).

Além disso, os programas de mudança do estilo de vida são capazes de induzir a expressão gênica da adiponectina no tecido adiposo subcutâneo do glúteo de homens obesos com intolerância à glicose (92). Em indivíduos praticantes de caminhada (~ três sessões por semana por 45 min ou 10.000 passos ao dia) houve aumento dos níveis de HDL-c e atenuação do PAI-1 e da atividade da LPL no tecidos adiposos abdominal e femoral (93,94).

Portanto, estes estudos indiretamente sugerem que o programa de exercício físico principalmente aeróbio, seja ele a caminhada e/ou corrida ou algum esporte pode induzir ao aumento na secreção de adiponectina, reduzir os níveis de PAI-1e citocinas inflamatórias melhorando, portanto o perfil de adipocinas secretadas pelos adipócitos.

Além da mudança benéfica do tipo de macrófagos, o exercício físico também é responsável pela alteração do TAB para bege. Recentemente, foram identificadas diversas moléculas controladoras do gasto energético. Nos últimos dois anos foi observado em roedores e humanos submetidos ao exercício físico em esteira aumento da expressão da molécula irisina (proteína contendo o domínio 5 da fibronectina do tipo 3-FNDC5) no tecido muscular. Este aumento promove a elevação de seus níveis circulantes no sangue atuando no TAB aumentando a expressão de UCP-1, no qual está diretamente associado com o aumento do gasto energético. Além disso, ambos o aumento de irisina e UCP-1 estão associados com uma atenuação dos efeitos deletérios da obesidade, tais como a melhora da sensibilidade à insulina e redução da adiposidade (95,96). Além da irisina, o fator de crescimento de fibroblasto 21 (FGF21), outra potente proteína indutora de termogênese, aumenta fortemente a produção de calor e a expressão proteica da UCP-1 no TAB (97).

Importante ressaltar que a FGF21 também pode agir na ativação da lipólise, uma vez que é capaz de modular a secreção de noradrenalina na qual tem como função estimular a fosforilação de HSL no TAB e os aumentos séricos de FGF21 podem ser aumentados tanto pelo exercício físico quanto pelo jejum (98,99).

Em 2014 também foi descrito pela primeira vez à molécula meteorina na qual pode ser induzida pelo exercício físico. A meteorina é expressa no músculo esquelético e no sangue após a prática de exercício e sua ativação potencializa o aumento do gasto energético por maior expressão da UCP-1 no TAB. Portanto, com função semelhante à irisina e o FGF21, a meteorina pode induzir a conversão do TAB para bege, processo este denominado "*browning*", pois é capaz de aumentar a expressão da UCP-1 e PGC-1α, dois potentes marcadores termogênicos. A meteorina também possui importante papel na melhora da sensibilidade à glicose, pois age no aumento das citocinas dependente de eosinófilos a IL4/IL13, que é responsável por induzir a ativação alternativa de macrófagos, além disto, estas citocinas também atuam na ativação de genes anti-inflamatórios como Arginase-1 e Mrc-1 no TAB (100).

Outro importante mecanismo benéfico induzido pelo exercício no TAB é a produção da citocina IL6 através de estímulos mecânicos musculares. A IL 6 é capaz de promover a lipólise e oxidação de ácidos graxos intramiocelular e nos adipócitos (101), além disto, um importante estudo publicado em 2014 demonstrou que a IL6 induzida pelo exercício potencializa a ativação alternativa de macrófagos (M2) via citocina IL4, inibindo portanto, a clássica ativação pró-inflamatória de macrófagos (M1). E segundo os autores isso provavelmente ocorre pela ativação secundária do eixo AMPK/PI3K/Akt na qual é implicado na conversão de macrófagos para fenótipo M2 (102) (Figura 4).

Assim, o papel dos macrófagos M2 potencializando a termogênese induzida por essas citocinas (30), bem como a ação do exercício físico sobre a expressão de proteínas anti-inflamatórias pode ocorrer via expressão dos recém descobertos marcadores termogênicos (irisina, FGF21 e meteorina), que proporcionaram nos últimos três anos uma estreita relação entre o exercício físico e TAB no aumento do gasto energético e melhora da sensibilidade à glicose e perfil inflamatório em obesos e diabéticos (Figura 4).

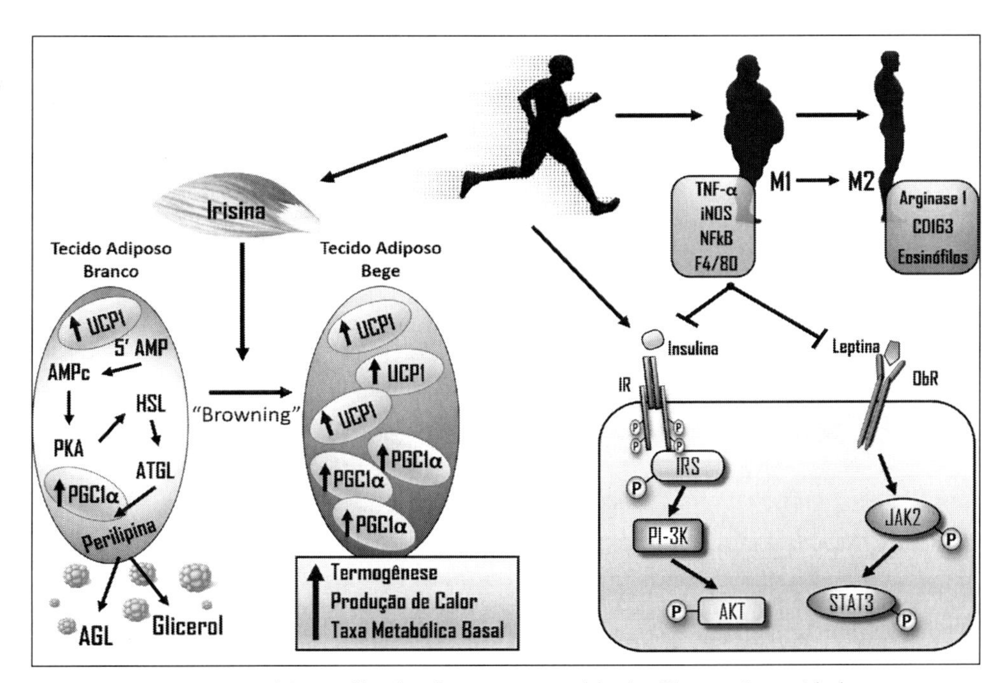

Figura 4 Sistemas energéticos utilizados durante o exercício de diferente intensidade.

CONSIDERAÇÕES FINAIS

O tecido adiposo têm ocupado lugar de destaque nas últimas décadas quando o assunto é metabolismo e gasto energético. Suas funções vão muito além da simples compreensão mais antiga de que este tecido possui crucial relevância para o estoque de energia ao organismo. Muito mais que isso, o tecido adiposo influência a função de órgãos e sistemas com ações cruciais ao metabolismo energético, secretando inúmeras adipocinas com efeitos periféricos e central. Assim o tecido adiposo é um componente de grande interesse por parte de pesquisadores, e atualmente a compressão de que o tecido adiposo branco pode adquirir características do tecido adiposo marrom tem alavancado ainda mais as pesquisas envolvendo esse tecido e suas funções metabólicas. Nesse cenário, o exercício físico se mostra uma ferramenta importante com efeitos tanto no tecido adiposo branco como marrom do organismo. Sendo que a literatura demonstra como discutido nesse capítulo um papel importante do exercício em mediar as mudanças de características do tecido adiposo branco em adquirir características do tecido adiposo marrom, através de miocinas produzidas durante o processo de contração muscular em resposta ao exercício físico.

EXERCÍCIOS DE AUTOAVALIAÇÃO

Questão 1 – Escreva resumidamente como o TAB e o TAM podem influenciar na regulação da ingestão alimentar e no gasto energético.

Questão 2 – Quais os melhores tipos/intensidade do exercício para maximizar a oxidação de ácidos graxos?

Questão 3 – Existe diferença na oxidação de ácidos graxos entre os sexos?

Questão 4 – Descreva o principal mecanismo pelo qual o exercício físico ativa a lipólise.

Questão 5 – Explique justificando e citando cinco moléculas pelos quais um programa de exercício físico pode melhorar a saúde a partir dos adipócitos.

REFERÊNCIAS

1. Fonseca-Alaniz MH, Takada J, Alonso-Vale MIC, Lima FB. Adipose tissue as an endocrine organ: from theory to practice. J Pediatr (Rio J). 2007 Nov;83(5 Suppl):S192-203.
2. Ahima RS, Flier JS. Adipose tissue as an endocrine organ. Trends Endocrinol Metab. 2000 Oct;11(8):327–32.
3. Schwartz MW, Woods SC, Porte D, Seeley RJ, Baskin DG. Central nervous system control of food intake. Nature. 2000 Apr 6;404(6778):661–71.
4. Ryu V, Bartness TJ. Short and long sympathetic-sensory feedback loops in white fat. AJP Regul Integr Comp Physiol. 2014 Jun 15;306(12):R886–900.
5. Collins S. Explanations in consultations: the combined effectiveness of doctors' and nurses' communication with patients. Med Educ. 2005 Aug;39(8):785–96.
6. Fonseca-Alaniz MH, Takada J, Alonso-Vale MIC, Lima FB. The adipose tissue as a regulatory center of the metabolism. Arq Bras Endocrinol Metabol. ABE&M; 2006 Apr;50(2):216–29.
7. Zhang W, Cline MA, Gilbert ER. Hypothalamus-adipose tissue crosstalk: neuropeptide Y and the regulation of energy metabolism. Nutr Metab (Lond). BioMed Central; 2014;11:27.
8. Könner AC, Brüning JC. Selective insulin and leptin resistance in metabolic disorders. Cell Metab. 2012;16(2):144–52.

9. Harlan SM, Guo D-F, Morgan DA, Fernandes-Santos C, Rahmouni K. Hypothalamic mTORC1 Signaling Controls Sympathetic Nerve Activity and Arterial Pressure and Mediates Leptin Effects. Cell Metab. 2013 Apr 2;17(4):599–606.
10. Prins JB. Adipose tissue as an endocrine organ. Best Pract Res Clin Endocrinol Metab. 2002 Dec;16(4): 639–51.
11. Anagnostis P, Katsiki N, Adamidou F, Athyros VG, Karagiannis A, Kita M, et al. 11beta-Hydroxysteroid dehydrogenase type 1 inhibitors: novel agents for the treatment of metabolic syndrome and obesity-related disorders? Metabolism. 2013 Jan;62(1):21–33.
12. Pedersen BK. Muscle as a Secretory Organ. In: Comprehensive Physiology. Hoboken, NJ, USA: John Wiley & Sons, Inc.; 2013. p. 1337–62.
13. Waki H, Tontonoz P. Endocrine Functions of Adipose Tissue. Annu Rev Pathol Mech Dis. 2007 Feb; 2(1):31–56.
14. Uysal KT, Wiesbrock SM, Marino MW. Protection from obesity-induced insulin resistance in mice lacking TNF-αlpha function. Nature. 1997 Oct 9;389(6651):610–4.
15. Hotamisligil GS. Inflammation and metabolic disorders. Nature. 2006 Dec 14;444(7121):860–7.
16. Kamei N, Tobe K, Suzuki R, Ohsugi M, Watanabe T, Kubota N, et al. Overexpression of Monocyte Chemoattractant Protein-1 in Adipose Tissues Causes Macrophage Recruitment and Insulin Resistance. J Biol Chem. 2006 Sep 8;281(36):26602–14.
17. Wan X, Zhu X, Wang H, Feng Y, Zhou W, Liu P, Shen W, Zhang L, Liu L, Li T, Diao D, Yang F, Zhao Q, Chen L, Ren J, Yan S, Li J, Yu C, Ju Z. PGC1α protects against hepatic steatosis and insulin resistance via enhancing IL10-mediated anti-inflammatory response. FASEB J. 2020 Aug;34(8):10751-10761.
18. Lumeng CN, Bodzin JL, Saltiel AR. Obesity induces a phenotypic switch in adipose tissue macrophage polarization. J Clin Invest. American Society for Clinical Investigation; 2007 Jan;117(1):175–84.
19. Szapary PO, Bloedon LT, Samaha FF, Duffy D, Wolfe ML, Soffer D, et al. Effects of Pioglitazone on Lipoproteins, Inflammatory Markers, and Adipokines in Nondiabetic Patients with Metabolic Syndrome. Arterioscler Thromb Vasc Biol. 2006 Jan 1;26(1):182–8.
20. Festa A, Williams K, Tracy RP, Wagenknecht LE, Haffner SM. Progression of Plasminogen Activator Inhibitor-1 and Fibrinogen Levels in Relation to Incident Type 2 Diabetes. Circulation. 2006 Apr 11; 113(14):1753–9.
21. Ma L-J, Mao S-L, Taylor KL, Kanjanabuch T, Guan Y, Zhang Y, et al. Prevention of obesity and insulin resistance in mice lacking plasminogen activator inhibitor 1. Diabetes. 2004 Feb;53(2):336–46.
22. Drevon CA. Fatty acids and expression of adipokines. Biochim Biophys Acta – Mol Basis Dis. 2005 May;1740(2):287–92.
23. Yuhki K, Kawabe J, Ushikubi F. Fat, keeping the heart healthy? Nat Med. Nature Publishing Group; 2005 Oct 1;11(10):1048–9.
24. Murphy KG, Bloom SR. Are all fats created equal? Nat Med. 2006 Jan;12(1):32–3.
25. Lidell ME, Betz MJ, Leinhard OD, Heglind M, Elander L, Slawik M, et al. Evidence for two types of brown adipose tissue in humans. Nat Med. 2013 Apr 21;19(5):631–4.
26. Aherne W, Hull D. Brown adipose tissue and heat production in the newborn infant. J Pathol Bacteriol. 1966 Jan;91(1):223–34.
27. Heaton GM, Wagenvoord RJ, Kemp A, Nicholls DG. Brown-adipose-tissue mitochondria: photoaffinity labelling of the regulatory site of energy dissipation. Eur J Biochem. 1978 Jan 16;82(2):515–21.
28. Feldmann HM, Golozoubova V, Cannon B, Nedergaard J. UCP1 Ablation Induces Obesity and Abolishes Diet-Induced Thermogenesis in Mice Exempt from Thermal Stress by Living at Thermoneutrality. Cell Metab. 2009 Feb;9(2):203–9.
29. Bachman ES, Dhillon H, Zhang C-Y, Cinti S, Bianco AC, Kobilka BK, et al. beta AR Signaling Required for Diet-Induced Thermogenesis and Obesity Resistance. Science (80-). 2002 Aug 2;297(5582):843–5.
30. Nguyen KD, Qiu Y, Cui X, Goh YPS, Mwangi J, David T, et al. Alternatively activated macrophages produce catecholamines to sustain adaptive thermogenesis. Nature. NIH Public Access; 2011 Nov 20;480(7375):104–8.

31. Klingenspor M. Cold-induced recruitment of brown adipose tissue thermogenesis. Exp Physiol. 2003 Jan;88(1):141–8.
32. Branco M, Ribeiro M, Negrão N, Bianco AC. 3,5,3'-Triiodothyronine actively stimulates UCP in brown fat under minimal sympathetic activity. Am J Physiol. 1999 Jan;276(1 Pt 1):E179-87.
33. Nedergaard J, Bengtsson T, Cannon B. Unexpected evidence for active brown adipose tissue in adult humans. AJP Endocrinol Metab. 2007 May 15;293(2):E444–52.
34. Cousin B, Cinti S, Morroni M, Raimbault S, Ricquier D, Pénicaud L, et al. Occurrence of brown adipocytes in rat white adipose tissue: molecular and morphological characterization. J Cell Sci. 1992 Dec;103 (Pt 4):931–42.
35. Park A, Kim WK, Bae K-H. Distinction of white, beige and brown adipocytes derived from mesenchymal stem cells. World J Stem Cells. 2014 Jan 26;6(1):33.
36. Jeukendrup A, Saris W, Wagenmakers A. Fat Metabolism During Exercise: A Review. Part I: Fatty Acid Mobilization and Muscle Metabolism. Int J Sports Med. 1998 May 9;19(4):231–44.
37. Romijn JA, Coyle EF, Sidossis LS, Gastaldelli A, Horowitz JF, Endert E, et al. Regulation of endogenous fat and carbohydrate metabolism in relation to exercise intensity and duration. Am J Physiol. 1993 Sep;265(3 Pt 1):E380-91.
38. Klein S, Coyle EF, Wolfe RR. Fat metabolism during low-intensity exercise in endurance-trained and untrained men. Am J Physiol. 1994 Dec;267(6 Pt 1):E934-40.
39. Turcotte LP, Kiens B, Richter EA. Saturation kinetics of palmitate uptake in perfused skeletal muscle. FEBS Lett. 1991 Feb 25;279(2):327–9.
40. Bülow J, Madsen J. Adipose tissue blood flow during prolonged, heavy exercise. Pflugers Arch. 1976 Jun 22;363(3):231–4.
41. Bülow J, Madsen J. Influence of blood flow on fatty acid mobilization form lipolytically active adipose tissue. Pflugers Arch. 1981 May;390(2):169–74.
42. Martin WH, Dalsky GP, Hurley BF, Matthews DE, Bier DM, Hagberg JM, et al. Effect of endurance training on plasma free fatty acid turnover and oxidation during exercise. Am J Physiol. 1993 Nov;265(5 Pt 1):E708-14.
43. Wolfe RR. Metabolic response to burn injury: nutritional implications. Keio J Med. 1993 Mar;42(1): 1–8.
44. Essén B, Hagenfeldt L, Kaijser L. Utilization of blood-borne and intramuscular substrates during continuous and intermittent exercise in man. J Physiol. Wiley-Blackwell; 1977 Feb;265(2):489–506.
45. Egan B, Zierath JR. Exercise Metabolism and the Molecular Regulation of Skeletal Muscle Adaptation. Cell Metab. 2013 Feb 5;17(2):162–84.
46. Somero GN. Obituary: Peter W. Hochachka (1937-2002). Comp Biochem Physiol C Toxicol Pharmacol. 2002 Dec;133(4):471–3.
47. GOODMAN HM. Permissive Effects of Hormones on Lipolysis. Endocrinology. Oxford University Press; 1970 May 1;86(5):1064–74.
48. Wolfe RR, Klein S, Carraro F, Weber JM. Role of triglyceride-fatty acid cycle in controlling fat metabolism in humans during and after exercise. Am J Physiol. 1990 Feb;258(2 Pt 1):E382-9.
49. Carey GB. Mechanisms regulating adipocyte lipolysis. Adv Exp Med Biol. 1998;441:157–70.
50. Holm C, Østerlund T, Laurell H, Contreras JA. MOLECULAR MECHANISMS REGULATING HORMONE-SENSITIVE LIPASE AND LIPOLYSIS. Annu Rev Nutr. 2000 Jul;20(1):365–93.
51. Alsted TJ, Ploug T, Prats C, Serup AK, Høeg L, Schjerling P, et al. Contraction-induced lipolysis is not impaired by inhibition of hormone-sensitive lipase in skeletal muscle. J Physiol. 2013 Oct 15;591(20): 5141–55.
52. Turcotte LP. Muscle fatty acid uptake during exercise: possible mechanisms. Exerc Sport Sci Rev. 2000 Jan;28(1):4–9.
53. Wahrenberg H, Engfeldt P, Bolinder J, Arner P. Acute adaptation in adrenergic control of lipolysis during physical exercise in humans. Am J Physiol. 1987 Oct;253(4 Pt 1):E383-90.
54. Yang HT, Ogilvie RW, Terjung RL. Training increases collateral-dependent muscle blood flow in aged rats. Am J Physiol. 1995 Mar;268(3 Pt 2):H1174-80.

55. Hurley BF, Nemeth PM, Martin WH, Hagberg JM, Dalsky GP, Holloszy JO. Muscle triglyceride utilization during exercise: effect of training. J Appl Physiol. 1986 Feb;60(2):562–7.
56. Turcotte LP, Richter EA, Kiens B. Increased plasma FFA uptake and oxidation during prolonged exercise in trained vs. untrained humans. Am J Physiol. 1992 Jun;262(6 Pt 1):E791-9.
57. Horowitz JF, Klein S. Lipid metabolism during endurance exercise. Am J Clin Nutr. 2000 Aug;72(2 Suppl):558S–63S.
58. Covington JD, Galgani JE, Moro C, LaGrange JM, Zhang Z, Rustan AC, et al. Skeletal Muscle Perilipin 3 and Coatomer Proteins Are Increased following Exercise and Are Associated with Fat Oxidation. Lobaccaro J-MA, editor. PLoS One. 2014 Mar 14;9(3):e91675.
59. Stich V, de Glisezinski I, Berlan M, Bulow J, Galitzky J, Harant I, et al. Adipose tissue lipolysis is increased during a repeated bout of aerobic exercise. J Appl Physiol. 2000 Apr;88(4):1277–83.
60. Holloszy JO. Biochemical adaptations in muscle. Effects of exercise on mitochondrial oxygen uptake and respiratory enzyme activity in skeletal muscle. J Biol Chem. 1967 May 10;242(9):2278–82.
61. Molé PA, Oscai LB, Holloszy JO. Adaptation of muscle to exercise. J Clin Invest. 1971 Nov 1;50(11): 2323–30.
62. Turcotte LP, Swenberger JR, Tucker MZ, Yee AJ. Training-induced elevation in FABP(PM) is associated with increased palmitate use in contracting muscle. J Appl Physiol. 1999 Jul;87(1):285–93.
63. Lira FS, Rosa JC, Pimentel GD, Tarini VA, Arida RM, Faloppa F, et al. Inflammation and adipose tissue: effects of progressive load training in rats. Lipids Health Dis. 2010 Oct 4;9(1):109.
64. Ley CJ, Lees B, Stevenson JC. Sex- and menopause-associated changes in body-fat distribution. Am J Clin Nutr. 1992 May;55(5):950–4.
65. Gambacciani M, Ciaponi M, Cappagli B, De Simone L, Orlandi R, Genazzani AR. Prospective evaluation of body weight and body fat distribution in early postmenopausal women with and without hormonal replacement therapy. Maturitas. 2001 Aug 25;39(2):125–32.
66. Mattiasson I, Rendell M, Törnquist C, Jeppsson S, Hulthén UL. Effects of Estrogen Replacement Therapy on Abdominal Fat Compartments as Related to Glucose and Lipid Metabolism in Early Postmenopausal Women. Horm Metab Res. 2002 Oct;34(10):583–8.
67. Gavin KM, Cooper EE, Raymer DK, Hickner RC. Estradiol effects on subcutaneous adipose tissue lipolysis in premenopausal women are adipose tissue depot specific and treatment dependent. AJP Endocrinol Metab. 2013 Jun 1;304(11):E1167–74.
68. Tarnopolsky LJ, MacDougall JD, Atkinson SA, Tarnopolsky MA, Sutton JR. Gender differences in substrate for endurance exercise. J Appl Physiol. 1990 Jan;68(1):302–8.
69. Henderson GC, Fattor JA, Horning MA, Faghihnia N, Johnson ML, Mau TL, et al. Lipolysis and fatty acid metabolism in men and women during the postexercise recovery period. J Physiol. Wiley-Blackwell; 2007 Nov 1;584(Pt 3):963–81.
70. Roepstorff C, Donsmark M, Thiele M, Vistisen B, Stewart G, Vissing K, et al. Sex differences in hormone-sensitive lipase expression, activity, and phosphorylation in skeletal muscle at rest and during exercise. AJP Endocrinol Metab. 2006 Jun 27;291(5):E1106–14.
71. Brooks GA. Mammalian fuel utilization during sustained exercise. Comp Biochem Physiol B Biochem Mol Biol. 1998 May;120(1):89–107.
72. Spriet LL, Watt MJ. Regulatory mechanisms in the interaction between carbohydrate and lipid oxidation during exercise. Acta Physiol Scand. 2003 Aug;178(4):443–52.
73. Zouhal H, Lemoine-Morel S, Mathieu M-E, Casazza GA, Jabbour G. Catecholamines and Obesity: Effects of Exercise and Training. Sport Med. 2013 Jul 24;43(7):591–600.
74. Hotamisligil GS, Shargill NS, Spiegelman BM. Adipose expression of tumor necrosis factor-alpha: direct role in obesity-linked insulin resistance. Science. 1993 Jan 1;259(5091):87–91.
75. Weisberg SP, McCann D, Desai M, Rosenbaum M, Leibel RL, Ferrante AW. Obesity is associated with macrophage accumulation in adipose tissue. J Clin Invest. 2003 Dec 15;112(12):1796–808.
76. Xu H, Barnes GT, Yang Q, Tan G, Yang D, Chou CJ, et al. Chronic inflammation in fat plays a crucial role in the development of obesity-related insulin resistance. J Clin Invest. 2003 Dec 15;112(12): 1821–30.

77. Chatzigeorgiou A, Karalis KP, Bornstein SR, Chavakis T. Lymphocytes in obesity-related adipose tissue inflammation. Diabetologia. 2012 Oct 26;55(10):2583–92.
78. Kawanishi N, Yano H, Yokogawa Y, Suzuki K. Exercise training inhibits inflammation in adipose tissue via both suppression of macrophage infiltration and acceleration of phenotypic switching from M1 to M2 macrophages in high-fat-diet-induced obese mice. Exerc Immunol Rev. 2010;16:105–18.
79. Moon HY, Kim SH, Yang YR, Song P, Yu HS, Park HG, et al. Macrophage migration inhibitory factor mediates the antidepressant actions of voluntary exercise. Proc Natl Acad Sci U S A. National Academy of Sciences; 2012 Aug 7;109(32):13094–9.
80. Auerbach P, Nordby P, Bendtsen LQ, Mehlsen JL, Basnet SK, Vestergaard H, et al. Differential effects of endurance training and weight loss on plasma adiponectin multimers and adipose tissue macrophages in younger, moderately overweight men. AJP Regul Integr Comp Physiol. 2013 Sep 1;305(5):R490–8.
81. Kawanishi N, MizokamiT, Yano H, Suzuki K. Exercise Attenuates M1 Macrophages and CD8+ T Cells in the Adipose Tissue of Obese Mice. Med Sci Sport Exerc. 2013 Sep;45(9):1684–93.
82. Oliveira AG, Araujo TG, Carvalho BM, Guadagnini D, Rocha GZ, Bagarolli RA, et al. Acute exercise induces a phenotypic switch in adipose tissue macrophage polarization in diet-induced obese rats. Obesity. 2013 Dec;21(12):2545–56.
83. Ikeda S, Tamura Y, Kakehi S, Takeno K, Kawaguchi M, Watanabe T, et al. Exercise-induced enhancement of insulin sensitivity is associated with accumulation of M2-polarized macrophages in mouse skeletal muscle. Biochem Biophys Res Commun. 2013 Nov 8;441(1):36–41.
84. Winder WW, Hardie DG. Inactivation of acetyl-CoA carboxylase and activation of AMP-activated protein kinase in muscle during exercise. Am J Physiol. 1996 Feb;270(2 Pt 1):E299-304.
85. Musi N, Fujii N, Hirshman MF, Ekberg I, Fröberg S, Ljungqvist O, et al. AMP-activated protein kinase (AMPK) is activated in muscle of subjects with type 2 diabetes during exercise. Diabetes. 2001 May;50(5):921–7.
86. Pedersen BK, Febbraio MA. Muscle as an Endocrine Organ: Focus on Muscle-Derived Interleukin-6. Physiol Rev. 2008 Oct 1;88(4):1379–406.
87. Simoneau JA, Veerkamp JH, Turcotte LP, Kelley DE. Markers of capacity to utilize fatty acids in human skeletal muscle: relation to insulin resistance and obesity and effects of weight loss. FASEB J. 1999 Nov; 13(14):2051–60.
88. Tremblay A, Després JP, Bouchard C. The effects of exercise-training on energy balance and adipose tissue morphology and metabolism. Sports Med. 2(3):223–33.
89. Akbarpour M. The effect of aerobic training on serum adiponectin and leptin levels and inflammatory markers of coronary heart disease in obese men. Biol Sport. 2013 Jan 21;30(1):21–7.
90. Hayashino Y, Jackson JL, Hirata T, Fukumori N, Nakamura F, Fukuhara S, et al. Effects of exercise on C-reactive protein, inflammatory cytokine and adipokine in patients with type 2 diabetes: A meta-analysis of randomized controlled trials. Metabolism. 2014 Mar;63(3):431–40.
91. Nikseresht M, Sadeghifard N, Agha-Alinejad H, Ebrahim K. Inflammatory Markers and Adipocytokine Responses to Exercise Training and Detraining in Men Who Are Obese. J Strength Cond Res. 2014 Dec;28(12):3399–410.
92. Moghadasi M, Mohebbi H, Rahmani-Nia F, Hassan-Nia S, Noroozi H. Effects of short-term lifestyle activity modification on adiponectin mRNA expression and plasma concentrations. Eur J Sport Sci. 2013 Jul;13(4):378–85.
93. Araiza P, Hewes H, Gashetewa C, Vella CA, Burge MR. Efficacy of a pedometer-based physical activity program on parameters of diabetes control in type 2 diabetes mellitus. Metabolism. 2006 Oct;55(10):1382–7.
94. Tessier S, Riesco É, Lacaille M, Pérusse F, Weisnagel J, Doré J, et al. Impact of Walking on Adipose Tissue Lipoprotein Lipase Activity and Expression in Pre- and Postmenopausal Women. Obes Facts. 2010 Jun;3(3):5–5.
95. Boström P, Wu J, Jedrychowski MP, Korde A, Ye L, Lo JC, et al. A PGC1-α-dependent myokine that drives brown-fat-like development of white fat and thermogenesis. Nature. 2012 Jan 11;481(7382):463–8.

96. Lee P, Brychta RJ, Linderman J, Smith S, Chen KY, Celi FS. Mild Cold Exposure Modulates Fibroblast Growth Factor 21 (FGF21) Diurnal Rhythm in Humans: Relationship between FGF21 Levels, Lipolysis, and Cold-Induced Thermogenesis. J Clin Endocrinol Metab. 2013 Jan;98(1):E98–102.
97. Lee P, Linderman JD, Smith S, Brychta RJ, Wang J, Idelson C, et al. Irisin and FGF21 Are Cold-Induced Endocrine Activators of Brown Fat Function in Humans. Cell Metab. 2014 Feb 4;19(2):302–9.
98. Virtanen KA. BAT Thermogenesis: Linking Shivering to Exercise. Cell Metab. Elsevier; 2014 Mar 4; 19(3):352–4.
99. Kim KH, Kim SH, Min Y-K, Yang H-M, Lee J-B, Lee M-S. Acute Exercise Induces FGF21 Expression in Mice and in Healthy Humans. Moro C, editor. PLoS One. 2013 May 7;8(5):e63517.
100. Rao RR, Long JZ, White JP, Svensson KJ, Lou J, Lokurkar I, et al. Meteorin-like Is a Hormone that Regulates Immune-Adipose Interactions to Increase Beige Fat Thermogenesis. Cell. 2014 Jun 5;157(6): 1279–91.
101. Pedersen BK, Febbraio MA. Interleukin-6 does/does not have a beneficial role in insulin sensitivity and glucose homeostasis. J Appl Physiol. 2007 Oct 26;102(2):814–6.
102. Mauer J, Chaurasia B, Goldau J, Vogt MC, Ruud J, Nguyen KD, et al. Signaling by IL-6 promotes alternative activation of macrophages to limit endotoxemia and obesity-associated resistance to insulin. Nat Immunol. 2014 Mar 30;15(5):423–30.

5

HIPERTROFIA CARDÍACA

Wilson Max Almeida Monteiro de Moraes
Alessandra Medeiros

OBJETIVOS DO CAPÍTULO

- Definir hipertrofia cardíaca fisiológica e patológica.
- Entender as principais alterações que ocorrem na estrutura cardíaca, bem como algumas vias moleculares responsáveis por tais alterações.
- Conhecer os efeitos do treinamento físico nas alterações cardíacas provenientes dos exercícios aeróbio e de força.

INTRODUÇÃO

O termo "hipertrofia cardíaca" pode ser entendido como uma resposta celular ao estresse biomecânico imposto ao miocárdio por uma variedade de estímulos. Esses estímulos podem ser patológicos, tais como hipertensão arterial, infarto do miocárdio e algumas mutações de proteínas contráteis ou fisiológico, ou seja, o exercício físico. O primeiro tipo de hipertrofia citado, ou seja, promovido por algum estímulo patológico pode ser também denominado de **hipertrofia cardíaca patológica**. Porém, a hipertrofia cardíaca causada pelo exercício físico é denominada de **hipertrofia cardíaca fisiológica**. O "tipo" de hipertrofia cardíaca, quanto à natureza dos seus estímulos é clinicamente relevante porque enquanto a hipertrofia patológica é tipicamente associada com a perda de cardiomiócitos através de morte celular (apoptose e necrose), por aumento de tecido fibroso e disfunção cardíaca, aumentando o risco de arritmias e morte súbita, a hipertrofia fisiológica está associada com estrutura e função cardíaca preservada ou até melhorada (1). O termo "coração do atleta" ilustra bem as alterações ocorridas após longos períodos de treinamento físico, que culminam em melhora da função cardíaca, uma das adaptações mais intrigantes promovidas pelo exercício físico. No presente capítulo apresentaremos os principais efeitos do treinamento físico na estrutura cardíaca, abordando alguns dos seus efeitos sobre fatores que influenciam a hipertrofia cardíaca.

HIPERTROFIA CARDÍACA E TREINAMENTO FÍSICO

A hipertrofia cardíaca representa bem a variedade de alterações morfológicas, resultantes do treinamento físico sistemático, com o propósito de ajustar a capacidade do sistema cardiovascular em fornecer oxigênio aos músculos e melhorar a função do coração como "bomba". A oferta de sangue, determinada pelo débito cardíaco (DC) pode ser influenciada por essas alterações e são observadas em repouso e durante o exercício (Figura 1).

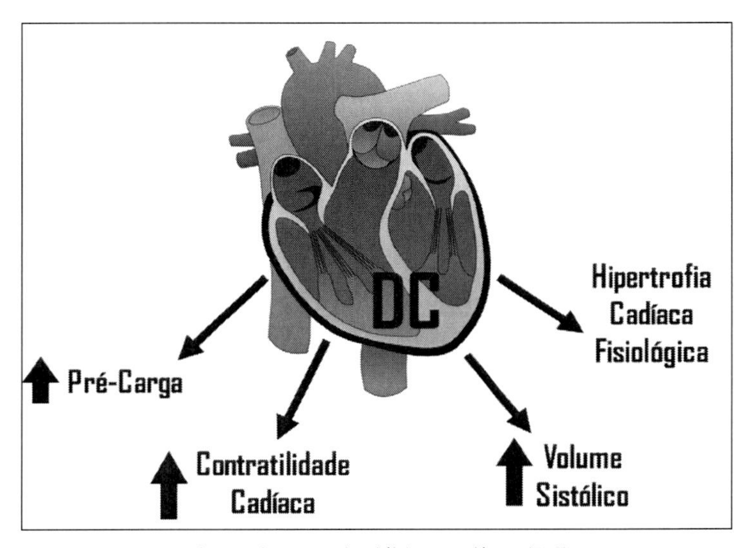

Figura 1 Fatores determinantes do débito cardíaco (DC).

Exercício físico, de uma forma geral, pode ser classificado como aeróbio, que são primariamente as atividades que possuem forte componente isotônico ou dinâmico, como correr, nadar, pedalar, etc. e estático, que de uma forma generalizada, são aquelas atividades exercidas através do treino de força, com alguns componentes isométricos.

As adaptações ocorridas com o treinamento físico dependem do tipo de atividade em virtude dos ajustes hemodinâmicos ocorridos serem dependentes do tempo, da frequência e intensidade do treino. A hipertrofia cardíaca, uma das adaptações mais relevantes induzidas pelo treinamento, é um mecanismo fisiológico compensatório, caracterizado principalmente pelo aumento do comprimento e diâmetro dos cardiomiócitos, responsável pela manutenção da tensão na parede ventricular em níveis fisiológicos (2).

Exercícios com maior componente dinâmico aumentam o fluxo de sangue venoso para o coração, promovendo aumento da pré-carga devido ao aumento do retorno venoso durante as sessões de exercício, o que gera um elevado pico de tensão diastólica, levando a um crescimento dos cardiomiócitos e resultando em hipertrofia cardíaca excêntrica. Neste tipo de hipertrofia, ocorre uma adição de novos sarcômeros "em série" e aumento em seu comprimento pelo aumento no número das miofibrilas, como uma tentativa de "normalizar" o estresse na parede do miocárdio e gerando um aumento da cavidade do ventrículo esquerdo (3) (Hashimoto 2011) (Figura 2).

Por outro lado, nos exercícios com maior componente estático, ocorre um aumento importante da pós-carga, devido ao aumento da resistência vascular periférica ocasionado pela contração muscular, a qual ocasiona uma oclusão mecânica dos vasos. Esse aumento da pós-carga gera um elevado pico de tensão sistólica, o que por sua vez estimula o crescimento dos cardiomiócitos, só que com a adição de novos sarcômeros "em paralelo", aumentando a espessura da parede do ventrículo esquerdo de forma compensatória (2) (Figura 2).

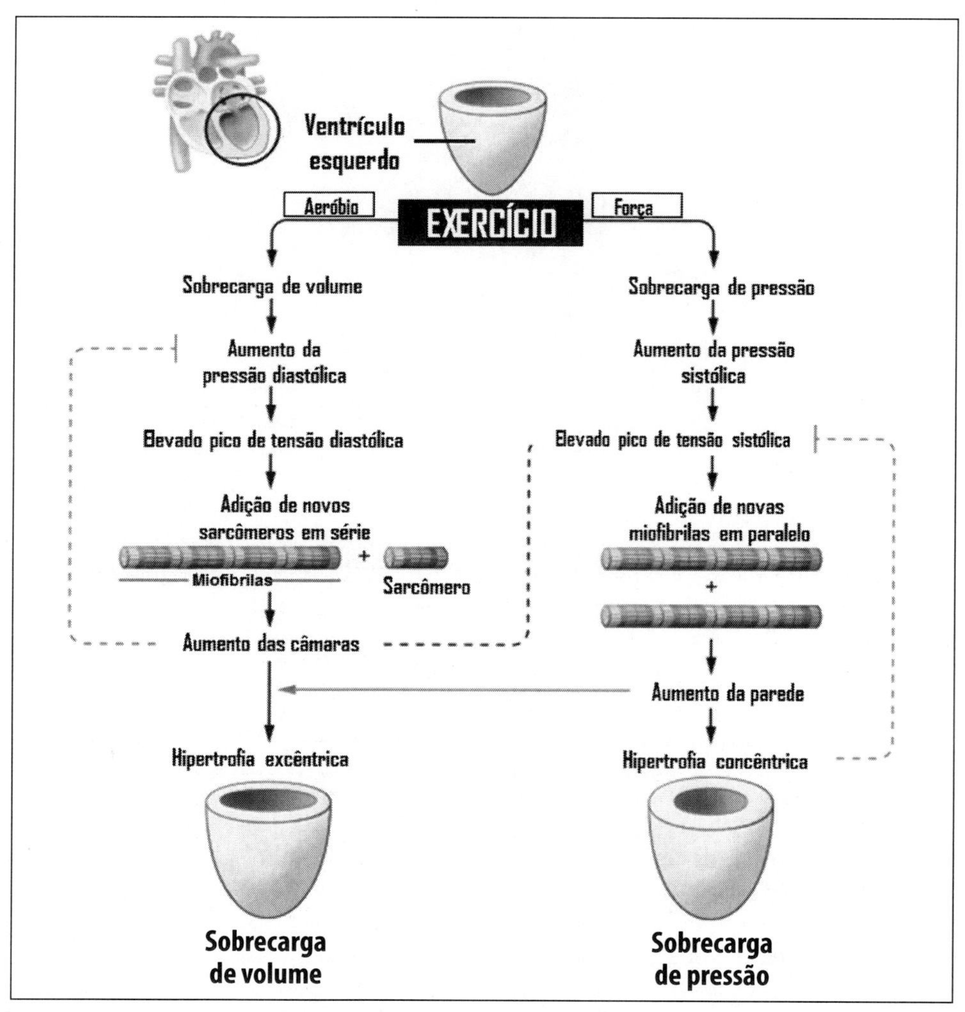

Figura 2 Estímulos promovidos pelos diferentes tipos de exercício físico e hipertrofia cardíaca.

Portanto, a relação entre a parede ventricular e o raio do ventrículo praticamente não se altera, já que praticamente todos os exercícios apresentam componentes estáticos e dinâmicos.

Dessa forma, são observadas diferentes adaptações morfológicas em atletas treinados em exercícios de *endurance* e em atletas treinados em força (4), mais precisamente, a hipertrofia ocorre para ajustar à carga de trabalho imposta ao ventrículo com intuito de manter o mais constante possível a relação entre a pressão sistólica da cavidade e a razão da espessura da parede com o raio ventricular. Estas alterações são determinadas pela lei de Laplace (Figura 3), que consiste em:

$T = (P * r)/2e$, onde o ventrículo é considerado uma "esfera", sendo a tensão na parede (T) diretamente proporcional a pressão na parede (P) e ao raio do ventrículo (r) e inversamente proporcional a espessura da parede multiplicada por 2.

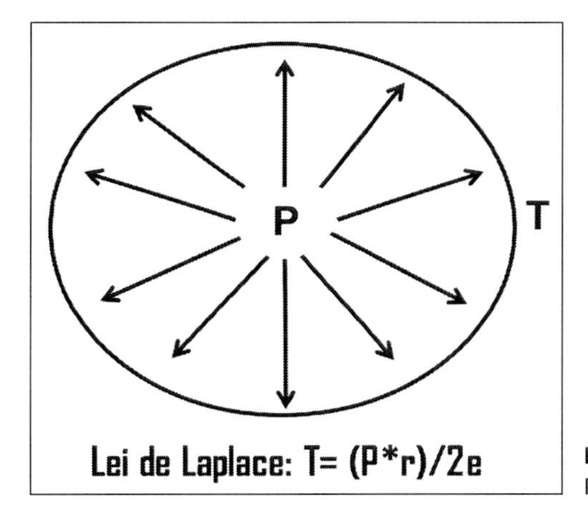

Figura 3 Lei de Laplace. Sendo T: tensão, P: pressão na parede e r= raio do ventrículo.

No entanto, como a grande maioria dos esportes praticados apresenta tanto componentes estáticos como dinâmicos, a hipertrofia cardíaca observada na grande maioria dos atletas acaba sendo uma combinação de hipertrofia excêntrica com concêntrica, onde a relação entre a parede ventricular e o raio do ventrículo praticamente não se altera.

HIPERTROFIA CARDÍACA FISIOLÓGICA VERSUS PATOLÓGICA

Nas últimas três décadas, o tratamento de algumas doenças que reconhecidamente promovem hipertrofia cardíaca evoluiu bastante promovendo mudanças significativas na melhora da qualidade de vida e no prognóstico de pacientes. Isso é sustentado por ensaios clínicos que utilizaram certas drogas, como inibidores do sistema renina-angiotensina, demonstrando que a estabilização ou atenuação da hipertrofia cardíaca reduziam o risco de desfechos adversos como progressão para insuficiência cardíaca e morte (5). Nesse sentido, é necessária a identificação e melhor compreensão de eventos moleculares, para, eventualmente desenvolver estratégias capazes de prevenir e reverter o fenótipo hipertrófico patológico e otimizar a hipertrofia fisiológica. Várias vias de sinalização estão envolvidas nas respostas cardíacas aos estímulos hipertróficos, fazendo delas potenciais "alvos terapêuticos". Portanto, para um melhor êxito, é necessário o conhecimento das alterações moleculares associadas a essas mudanças, com intuito de direcionar as terapias farmacológicas e não farmacológicas e integrá-las a alvos mais específicos.

Durante estímulos patológicos e mutações de algumas proteínas contráteis, a hipertrofia ventricular esquerda é frequentemente observada, sendo esse processo de mudança na geometria cardíaca, capaz de atenuar o quadro de disfunção contrátil miocárdica e, restabelecer o débito cardíaco e a perfusão tecidual, mais amplamente denominado de remodelamento cardíaco. Entretanto, na presença sustentada de estímulos patológicos, a hipertrofia cardíaca excede os valores fisiológicos acarretando diminuição da cavidade ventricular e consequente redução do volume de sangue ejetado em cada sístole, contribuindo, então, para o agravamento da hipertrofia patológica, gerando uma resposta que se denomina de "mal adaptativa" (6).

Microscopicamente, ocorre um aumento da área dos cardiomiócitos remanescentes, aumento em síntese proteica e desarranjo dos sarcômeros associado a profundas alterações nas vias de sinalização celulares cardíacas em resposta à exposição continuada das células cardíacas a fatores neuro-humorais notadamente, os sistemas renina-angiotensina-aldosterona e sistema nervoso simpático. Essas alterações são acompanhadas por mudanças na expressão de proteínas contráteis no ventrículo como α-actina esquelética, que normalmente são expressas apenas na fase fetal em humanos, mas voltam a ser reexpressas em maior grau em fase adulta na presença de hipertrofia patológica, bem como aumento em cadeia pesada de miosina (β-MHC) e o peptídeo natriurético atrial (7).

Além da hipertrofia sem ganho de função cardíaca, as doenças promovem alterações que não são reversíveis, o que difere daquelas provenientes do treinamento físico, cujas adaptações são comumente perdidas com poucos meses de destreinamento (princípio da reversibilidade biológica do treinamento). Dessa forma, uma conduta interessante quando há dúvidas sobre qual tipo de hipertrofia o indivíduo apresenta é a realização de um período de dois à três meses sem a prática de exercícios físicos (interrupção do treinamento) e uma reavaliação cardiovascular, o que permitirá observar as alterações morfofuncionais e consequentemente diagnóstico mais confiável.

Outro aspecto interessante a respeito das diferenças apresentadas entre a hipertrofia fisiológica versus patológica é que as vias celulares envolvidas são diferentes. Dentre as vias celulares envolvidas na hipertrofia cardíaca fisiológica, destaca-se a via da fosfatidilinositol 3-quinase (PI3K/AKT/mTOR) (Figura 4). Ativada pela ligação de fatores de crescimento, como o fator de crescimento semelhante à insulina (IGF-I) e por receptores tirosina quinase específicos presentes na membrana celular do cardiomiócito. Animais com ausência do receptor de IGF-1, quando submetidos ao treinamento de natação, não apresentaram hipertrofia cardíaca, confirmando a participação do receptor de IGF-1 na hipertrofia cardíaca induzida pelo treinamento (8). Nesse processo, há a estimulação da proteína fosfatidilinositol 3-quinase (PI3K), que hidrolisa o fosfatidilinositol 4,5-bifosfato, formando inositol 1,4,5-trifosfato. A ativação da PI3K resulta no recrutamento da PKD1 (proteína quinase D) e consequente fosforilação/ativação da proteína quinase B ou AKT. Em estado de hiperativação, a AKT ativa a mTOR (*mammalian target of rapamycin*), que por sua vez fosforila outra proteína, denominada de $p70^{S6K}$ (p70 ribosomal protein S6 kina-

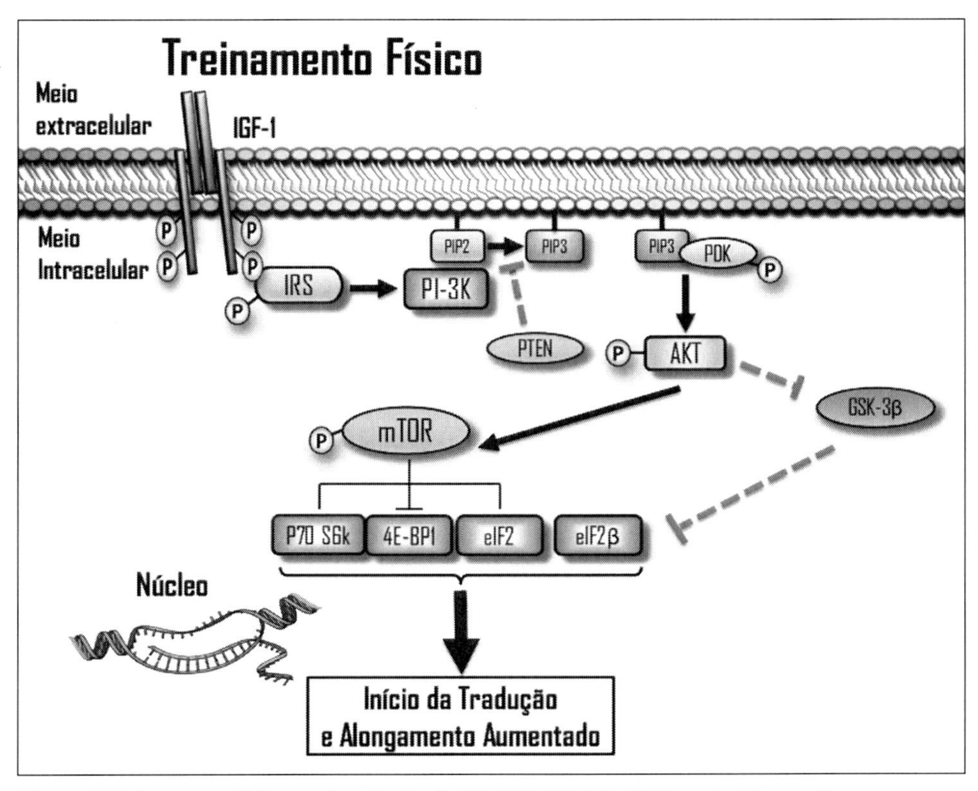

Figura 4 Treinamento físico e ativação da via IGF-I/PI3K/AKT/mTOR no tecido cardíaco.

se 1), que ativa a tradução de proteínas envolvidas no aparato de síntese protéica. Além disso, a hiperativação de AKT leva à fosforilação de GSK3β (glicogênio sintase quinase-3β), inibindo a sua atividade (9). Uma inibição da GSK-3β fosforilada leva a redução na fosforilação da eIF2B (*eukaryotic Initiation Factor* 2), que se liga ao GTP e ao met-tRNAi, formando o complexo eIF2--GTP-met-tRNAi. Parte desse complexo liga-se a subunidade ribossomal 40S, formando o complexo pré-iniciador 43S que se liga com a subunidade ribossomal 60S. Para que esse complexo reconheça e possa se ligar ao RNAm, é necessária a atuação de outro complexo, denominado de eIF4F (*eukaryotic Initiation Factor* 2), formado pelas proteínas: eIF4A, eIF4B, eIF4G e eIF4E. O complexo eIF4F liga o complexo 43S com a subunidade ribossomal 60S, estabelecendo a unidade 80S e, dessa forma, procedendo o processo de tradução de uma proteína (10).

O treinamento físico é capaz de ativar a AKT em cardiomiócitos, mais especificamente a subforma AKT 1. Quando fosforilada e ativada pela AKT, a proteína mTOR participa do processo de hipertrofia cardíaca. Dessa forma, podemos considerar que a via PI3K/Akt/mTOR tem grande importância para o desenvolvimento da hipertrofia cardíaca fisiológica envolvida no treinamento físico.

Outro fator que tem sido atribuído ao desenvolvimento da hipertrofia cardíaca fisiológica é a participação do receptor AT_1, localizado na membrana celular e acoplado a proteína G (Gq). A ativação desse receptor ocorre provavelmente por estiramento mecânico, uma vez que a angiotensina II (Ang II), maior ativador desse receptor, cardíaca e circulante não se alteram com hipertrofia induzida por protocolo de treinamento físico de força em animais (11,12) ou de natação (3).

Outro aspecto que tem sido bastante abordado atualmente é a participação de microRNAs (miRNAs), que são pequenos RNAs, não codificadores de proteínas, com cerca de 20 a 22 nucleotídeos, resultantes da clivagem de um RNA maior podendo também degradar o mRNA alvo, atuando desta forma na repressão da expressão gênica. Um estudo mostrou que a hipertrofia cardíaca fisiológica induzida por treinamento físico de natação para ratos alterava a expressão de miRNAs que modulam o sistema renina-angiotensina (13). Apesar de não estar bem elucidado quais miRNAs estão envolvidos em hipertrofia fisiológica e patológica especificamente, correlações negativas entre a expressão dos miRNAs 27 (miR-27a e 27b) e uma correlação positiva entre a expressão de miR-143 em corações de ratos treinados sugere fortemente que uma diminuição na miR-143 possa regular positivamente genes cardioprotetores, enquanto um aumento na expressão de miR-27 seja inibitório da enzima conversora de angiotensina II (14).

Outro estudo demonstrou que ratas quando submetidas a treinamento intenso de natação, tinham a expressão de miR-1, miR-133a, e 133b reprimidas, como observado na hipertrofia cardíaca patológica e a expressão de miR-29c aumentado e correlacionado com a diminuição do colágeno I e colágeno III, indicando que o aumento da expressão de miR-29c e redução da expressão gênica de colágeno no coração estão associados com o treinamento aeróbio de alta intensidade (15). Além dos miRNAs 27, 29, 133 os miRNAs 21, 92, 210, 126, 1, 499, 208 também tem demonstrado efeitos biológicos no coração adulto (16).

Portanto, a hipertrofia fisiológica observada em indivíduos saudáveis treinados decorre, em parte, da ativação hormonal e mecânica de receptores, dentre eles tirosina quinases, presentes na membrana celular do cardiomiócito. Essa ativação acarreta no acionamento da via intracelular que culminam no aumento da síntese protéica. Além disso, discutimos neste subtópico que o treinamento físico aeróbio é capaz de expressar alguns miRNAs capazes de modular sinais celulares no tecido cardíaco e melhorar a função ventricular.

CONSIDERAÇÕES FINAIS

A hipertrofia cardíaca proveniente do treinamento físico é parte integrante dos efeitos benéficos do exercício físico, no entanto, e diferentemente da hipertrofia cardíaca patológica, não promove perda de função cardíaca, sendo dessa forma, importante alvo preventivo e terapêutico. Apesar de reconhecidos os mecanismos hemodinâmicos envolvidos nos processos hipertróficos que ocorrem através dos exercícios dinâmicos e de força na estrutura cardíaca, os mecanismos celulares envolvidos nas alterações observadas nos diferentes tipos de hipertrofia ainda carecem de informações e que podem, em um futuro próximo, nos levar a uma terapia mais direcionada e otimizada utilizando estratégias farmacológicas e não farmacológicas como o exercício físico.

EXERCÍCIOS DE AUTO-AVALIAÇÃO

Questão 1 – O que é hipertrofia cardíaca?

Questão 2 – Quais as principais diferenças entre hipertrofia cardíaca fisiológica e patológica?

Questão 3 – Um atleta foi diagnosticado com hipertrofia cardíaca, mas não se sabe se esta é fisiológica e/ou patológica. Se você fosse o médico responsável pela avaliação, como faria para diagnosticar esse atleta?

Questão 4 – Exercícios aeróbios e de força estimulam a hipertrofia cardíaca de forma similar? Explique hipertrofia cardíaca concêntrica e excêntrica e os mecanismos hemodinâmicos envolvidos.

Questão 5 – Quais são os possíveis mecanismos moleculares envolvidos no processo de hipertrofia cardíaca fisiológica, ou seja, promovida pelo exercício físico?

REFERÊNCIAS

1. Grossman W, Paulus WJ. Myocardial stress and hypertrophy: a complex interface between biophysics and cardiac remodeling. J Clin Invest. 2013 Sep 3;123(9):3701–3.
2. McMullen JR, Jennings GL. DIFFERENCES BETWEEN PATHOLOGICAL AND PHYSIOLOGICAL CARDIAC HYPERTROPHY: NOVEL THERAPEUTIC STRATEGIES TO TREAT HEART FAILURE. Clin Exp Pharmacol Physiol. 2007 Feb 23;34(4):255–62.
3. Hashimoto NY, Fernandes T, Paula Ú, Soci R, Menezes De Oliveira E. Determinantes Moleculares da Hipertrofia Cardíaca Induzida por Diferentes Volumes de Treinamento Aeróbio. Rev Bras Cardiol. 2011; 24(3):153–62.
4. Pelliccia A, Culasso F, Di Paolo FM, Maron BJ. Physiologic left ventricular cavity dilatation in elite athletes. Ann Intern Med. 1999 Jan 5;130(1):23–31.
5. Mathew J, Sleight P, Lonn E, Johnstone D, Pogue J, Yi Q, et al. Reduction of cardiovascular risk by regression of electrocardiographic markers of left ventricular hypertrophy by the angiotensin-converting enzyme inhibitor ramipril. Circulation. 2001 Oct 2;104(14):1615–21.
6. Opie LH. Controversies in cardiology. Lancet. 2006 Jan 7;367(9504):13–4.
7. Donaldson C, Palmer BM, Zile M, Maughan DW, Ikonomidis JS, Granzier H, et al. Myosin cross-bridge dynamics in patients with hypertension and concentric left ventricular remodeling. Circ Heart Fail. NIH Public Access; 2012 Nov;5(6):803–11.
8. Kemi OJ, Ceci M, Wisloff U, Grimaldi S, Gallo P, Smith GL, et al. Activation or inactivation of cardiac Akt/mTOR signaling diverges physiological from pathological hypertrophy. J Cell Physiol. 2008 Feb;214(2):316–21.
9. Cross DAE, Alessi DR, Cohen P, Andjelkovich M, Hemmings BA. Inhibition of glycogen synthase kinase-3 by insulin mediated by protein kinase B. Nature. 1995 Dec 28;378(6559):785–9.
10. Wang X, Proud CG. The mTOR Pathway in the Control of Protein Synthesis. Physiology. 2006 Oct 1; 21(5):362–9.
11. Barauna VG, Magalhaes FC, Krieger JE, Oliveira EM. AT1 receptor participates in the cardiac hypertrophy induced by resistance training in rats. AJP Regul Integr Comp Physiol. 2008 Jun 11;295(2):R381–7.
12. Melo SFS, Amadeu MA, Magalhães F de C, Fernandes T, Carmo EC do, Barretti DLM, et al. Exercício de força ativa a via AKT/mTor pelo receptor de angiotensina II tipo I no músculo cardíaco de ratos. Rev Bras Educ Física e Esporte. Escola de Educação Física e Esporte da Universidade de São Paulo; 2011 Sep;25(3):377–85.

13. Fernandes T, Hashimoto NY, Magalhaes FC, Fernandes FB, Casarini DE, Carmona AK, et al. Aerobic Exercise Training-Induced Left Ventricular Hypertrophy Involves Regulatory MicroRNAs, Decreased Angiotensin-Converting Enzyme-Angiotensin II, and Synergistic Regulation of Angiotensin-Converting Enzyme 2-Angiotensin (1-7). Hypertension. 2011 Aug 1;58(2):182–9.
14. Goyal R, Goyal D, Leitzke A, Gheorghe CP, Longo LD. Brain Renin-Angiotensin System: Fetal Epigenetic Programming by Maternal Protein Restriction During Pregnancy. Reprod Sci. 2010 Mar 18;17(3): 227–38.
15. Soci UPR, Fernandes T, Hashimoto NY, Mota GF, Amadeu MA, Rosa KT, et al. MicroRNAs 29 are involved in the improvement of ventricular compliance promoted by aerobic exercise training in rats. Physiol Genomics. 2011 Jun 15;43(11):665–73.
16. Fernandes-Silva MM, Carvalho VO, Guimarães GV, Bacal F, Bocchi EA. Physical exercise and microRNAs: new frontiers in heart failure. Arq Bras Cardiol. 2012 May;98(5):459–66.

6

SISTEMA NERVOSO CENTRAL, REGULAÇÃO DA FOME E TERMOGÊNESE

José Rodrigo Pauli
Carlos Kyoshi Katashima
Vagner Ramon Rodrigues Silva
Bárbara de Almeida Rodrigues
Eduardo Rochete Ropelle

OBJETIVOS DO CAPÍTULO

Este capítulo tem como objetivo apresentar os principais achados sobre o efeito do exercício físico sobre o processo de regulação da fome e termogênese na condição de obesidade. Nas últimas décadas grande avanço tem sido obtido na compreensão do papel do exercício em participar da regulação da fome em condições de disfunções hipotalâmicas como o que acontece no excesso de massa adiposa. Tal compreensão, permitirá uma ação mais efetiva e segura quando se trata de prescrição de exercício físico com objetivo de emagrecimento em indivíduos obesos.

INTRODUÇÃO

Quando se trata do controle da fome e termogênese no organismo humano, é de fundamental importância o entendimento do funcionamento de uma região específica no sistema nervoso central (SNC) denominada hipotálamo. O hipotálamo é uma pequena estrutura localizada no diencéfalo abaixo do tálamo e imediatamente acima da hipófise e desempenha um fino controle de diversas funções orgânicas, incluindo: controle da temperatura corporal, controle da termogênese, controle dipsogênico (comportamento da sede), controle da ingestão alimentar, controle da pressão arterial, comportamento emocional, ciclo sono/vigília, diurese, ritmos circadianos da secreção de alguns hormônios pela hipófise, dentre outras funções.

Estudos realizados na década de 1950 demonstraram que lesões no núcleo hipotalâmico ventromedial de roedores induziam aumento da ingestão alimentar e ganho de peso; enquanto estímulos no núcleo hipotalâmico lateral induziriam anorexia severa e drástica redução do peso corporal (1). Esses achados foram determinantes na caracterização do hipotálamo como estrutura chave para o controle da homeostase energética em mamíferos. O hipotálamo possui a capacidade de captar e integrar diversos sinais advindos do metabolismo periférico, em especial, mais não exclusivamente, sinais hormonais e nutricionais. Esses sinais indicam ao hipotálamo o "status" energético do organismo. Após o recebimento desses sinais núcleos hipotalâmicos são estimulados a iniciar sinais orexigênicos (aumento da fome) ou anorexigênicos (redução da fome). Os sinais orexigênicos e anorexigênicos são estimulados em núcleos hipotalâmicos específicos, através de circuitos neurais altamente integrados (2).

O neuropeptídeo Y (NPY) é um dos principais neuropeptídios orexigênicos e está amplamente expresso em todo o SNC, especificamente em neurônios do hipotálamo na região do núcleo arqueado (ARC). Este neuropeptídio promove importante papel na regulação da homeostase energética induzindo o balanço energético positivo e consequentemente o aumento da ingestão alimentar. Este fato é decorrente da sua peculiaridade de ação: o NPY promove a redução de gordura marrom (reconhecidamente termogênica), portanto, do gasto de energia, e induz o aumento de enzimas lipogênicas no tecido adiposo branco, promovendo aumento da gordura corporal (3). Outro importante neurotransmissor orexigênico presente principalmente no núcleo ARC é o peptídeo relacionado ao gene agouti (AgRP, do inglês – gene *agouti-related peptide*). Esse neuropeptídeo é co-expresso com o neuropeptídeo Y (NPY) e favorece a redução do metabolismo e do gasto energético.

Paralelamente, dentre os neuropeptídeos anorexigênicos, destaca-se a *Pró-opiomelanocortina* (POMC) e o (CART) (do inglês – *cocaine and amphetamine-regulated transcript*) também localizados no núcleo ARC. A expressão dos genes POMC e CART promovem saciedade e aumento do gasto energético, além de regular de forma negativa a atividade de NPY e AgRP.

A regulação da homeostase no sistema nervoso central, para a manutenção da homeostase energética, é um processo extremamente complexo e requer a participação de diversos mecanismos moleculares. O sucesso dessa regulação depende da capacidade do cérebro captar e integrar uma extensa rede de sinais de acordo com o estado nutricional do indivíduo, ajustando o controle da ingestão alimentar, o gasto energético e o metabolismo. Neste capítulo, abordaremos especificamente o papel de dois hormônios no controle da ingestão alimentar, a insulina e a leptina, em seguida, entenderemos os efeitos do exercício físico no controle da ingestão alimentar.

O HIPOTÁLAMO NO CONTROLE DA FOME E DA TERMOGÊNESE: O PAPEL DA INSULINA E DA LEPTINA

O controle da fome e da homeostase energética mediadas pelo hipotálamo ocorre devido à presença de neurônios específicos localizados em diferentes núcleos hipotalâmicos. A leptina (principal hormônio adipostático) e a insulina têm, por característica, formarem cascatas de sinalizações apropriadas, as quais disparam sinais neuronais controlando a homeostase energética. Cada um destes hormônios será abordado separadamente (**leptina e insulina**) devido a sua importância nos mecanismos de controle da fome e do gasto energético.

LEPTINA

Um dos principais avanços na atualidade no controle do peso corporal foi revelado com a descoberta do hormônio leptina e sua ação no sistema nervoso central. A leptina (do grego *leptos*, magro) foi descrita em 1994 por Yiying Zhang e colaboradores na *universidade Rockefeller University/Howard Hughes Medical Institute* em Nova York (4). Esse hormônio é um polipetídeo produzido principalmente no tecido adiposo branco e pouco menos no epitélio gástrico e placenta e guarda relação proporcional direta à massa adiposa corporal. Sua secreção se dá de forma inversa ao eixo ACTH-cortisol, tendo uma diminuição ao amanhecer e aumento durante a tarde (5,6).

A sinalização da leptina depende de sua ligação a um receptor de membrana. Há seis receptores de leptina divididos em diferentes classes (longas e curtas). Dentre os receptores de leptina destaca-se o receptor ObR (forma longa), por ser o único que possui característica e função de transmitir sinais, através de proteínas mediadoras intracelulares de ação da leptina.

Os receptores Ob-Rb estão expressos em grande quantidade nos núcleos hipotalâmicos, especificamente nos núcleos arqueados, paraventricular, ventromedial e dorsomedial e são responsáveis pela manutenção da homeostase energética (7).

A ligação da leptina a seu receptor promove recrutamento de uma proteína chamada *Janus quinase-2* (Jak-2), que por sua vez é capaz de se auto-fosforilar e fosforilar o receptor de leptina em alguns resíduos de tirosina. A fosforilação e ativação do ObR e da Jak2 resulta na fosforilação em tirosina do fator de transcrição STAT3 (*Signal transducers activators of transcription*). A STAT3, por sua vez, é translocada para o núcleo da célula regulando a expressão gênica, em particular a expressão de neurotransmissores anorexigênicos, capazes de reduzir a ingestão aumentar e aumentar o gasto energético (8).

A administração de leptina em camundongos resultou na diminuição da ingestão alimentar, perda de gordura, controle dos índices glicêmicos e aumento do gasto energético através da ativação da atividade simpática no tecido adiposo marrom (9).

Indivíduos com deficiência no gene da leptina, e consequentemente na produção desse hormônio, possuem como características aumento expressivo da massa corporal, adiposidade e dislipidemia. Na grande maioria dos casos de obesidade observa-se níveis séricos de leptina extremamente elevados. Apesar do tratamento com administração de leptina ser capaz de reduzir a adiposidade corporal em indivíduos obesos hiperleptinêmicos, não se observa alterações metabólicas significativas, além disso efeitos colaterais são comuns.

INSULINA

A insulina é um hormônio anabólico essencial para a diferenciação, crescimento celular e homeostase da glicose. Este hormônio é secretado pelas células betas do pâncreas nas ilhotas pancreáticas de *Langerhans* em reposta a altos níveis circulantes de glicose e aminoácidos após as refeições.

A produção de insulina é dependente da quantidade de energia armazenada, por exemplo, a medida em que há aumento da energia através da ingestão de carboidratos, há aumento na produção e secreção de insulina. Este hormônio é responsável pelo armazenamento de substâncias energéticas em excesso, sejam elas carboidratos, proteínas ou gorduras. Esse armazenamento pode ser feito através de glicogênio hepático (fígado), dos músculos ou do tecido adiposo.

Assim como a leptina, a insulina depende de receptores de membrana para sua transdução de sinais, tanto para os tecidos periféricos quanto para o sistema nervoso central. A insulina é dependente da ativação de seu receptor, IR (*Insulin Receptor*), o qual possui atividade tirosina-quinase.

Há descrito na literatura dez substratos do receptor de insulina, sendo que apenas quatro desses, são da família dos substratos do receptor de insulina IRS (White, 1998). Diferentemente da leptina, a insulina vem sendo estudada há muito mais tempo, a maioria dos estudos mostra a interação do IR em tecidos periféricos, porém, não há diferença estrutural em receptores periféricos comparados aos do receptores encontrados no sistema nervoso central (10,11).

Uma vez fosforilado, o IR recruta e fosforila seus substratos (Insulin Receptors Substrates, IRSs) em resíduos de tirosina, em especial o IRS1 e o IRS2. Os IRSs, uma vez fosforilados, são responsáveis por ativar a enzima *fosfatidilinositol 3-quinase* (PI3K) e a *Protein kinase B* (Akt), desencadeando a transdução do sinal da insulina, aumentando a frequência dos disparos de neurotransmissores responsáveis pelo controle da fome e da termogênese (8).

A Akt quando fosforilada em resposta à insulina, tem como função fosforilar retirar o fator de transcrição denominado Foxo1 do núcleo do neurônio, tornando esse fator de transcrição inativo. A proteína Foxo1 (*forkhead box*), além de desempenhar funções como: proliferação celular e apoptose é também um fator de transcrição determinante para promoção de genes orexigênicos (NPY e AgRP) e inibição da termogênese (8). Nesse contexto a sinalização da insulina em neurônios hipotalâmicos promove a fosforilação e inibição da Foxo1, e consequentemente a redução de sinais orexigênicos.

Estudos em modelos experimentais demonstraram que roedores estimulados com insulina via intracerebroventricular (ICV), (procedimento que permite que a insulina atinja especificamente regiões de núcleos hipotalâmicos responsáveis pelo controle da fome), observa-se que a insulina possui um efeito rápido sobre o controle da fome, que perdura por até cerca de 12 horas, cuja redução da ingestão é de cerca de 30 a 40%. Já o tratamento com leptina intracerebroventricular, possui efeito mais tardio e potente comparado ao efeito da insulina, reduzindo a ingestão em aproximadamente 50% e com efeito por até 24 horas.

Nota-se, portanto, que tanto a leptina como a insulina utilizam no hipotálamo vias de sinalização específicas e ambas desempenham funções anorexigênicas e termogênicas (Figura 1). Fica evidente que o controle destas duas vias é imprescindível para o controle da homeostase energética. Contudo, distúrbios intracelulares nas sinalizações desses hormônios em neurônios hipotalâmicos parecem ser determinantes para o desequilíbrio da homeostase energética, contribuindo diretamente para o desenvolvimento do fenótipo de obesidade.

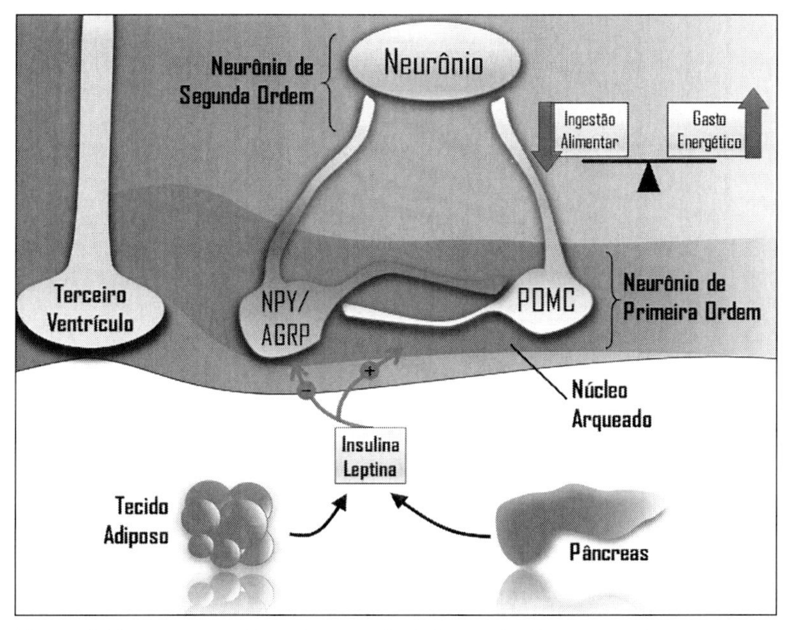

Figura 1 Visão esquemática do controle da ingestão alimentar e do gasto energético mediados pela insulina e leptina no hipotálamo.

DISTÚRBIOS HIPOTALÂMICOS NOS SINAIS DA INSULINA E LEPTINA

A obesidade está associada com o desequilíbrio entre a ingestão alimentar e o gasto energético, ambas as condições estão sob controle de neurotransmissores específicos hipotalâmicos, os quais respondem a sinais anorexigênicos por intermédio dos hormônios insulina e leptina. Dietas ricas em gordura são capazes de reduzir drasticamente a capacidade da insulina e da leptina em controlar os sinais de saciedade. Acredita-se que o processo inflamatório seja o principal *link* entre a obesidade e a resistência à insulina e leptina em neurônios hipotalâmicos.

Um estudo experimental demonstrou que o tratamento com 16 semanas de dieta hiperlipídica foi suficiente para provocar inflamação hipotalâmica de baixo grau em ratos, aumentando a massa corporal, a ingestão alimentar e reduzindo o gasto energético. Esses achados foram associados com o aumento da expressão de proteínas inflamatórias como TNF-α *(Tumor necrosis fator alpha)* e citocinas inflamatórias como IL-6 *(interleukin 6)* e ativação da JNK *(C-Jun N-terminal kinases)* e do NFkB *(factor nuclear-kB)*. A dieta rica em gordura saturada causou deficiência na via de sinalização anorexigênica estimulada pela insulina (12).

Atualmente, existem diversas evidências conectando a inflamação de baixo grau presente no hipotálamo ao aumento da ingestão alimentar, do peso corporal e à deficiência do gasto energético. Zhang e colaboradores demonstraram que a dieta hiperlipídica resultou em aumento da ativação da via inflamatória IKK/NFkB e induziu o estresse de retículo endoplasmático em neurônios hipotalâmicos de camundongos. Tanto a inflamação como o estresse de retículo foram responsáveis por diminuir a ação da insulina e da leptina no hipotálamo (13), gerando assim o fenômeno conhecido como resistência à insulina e leptina (Figura 2).

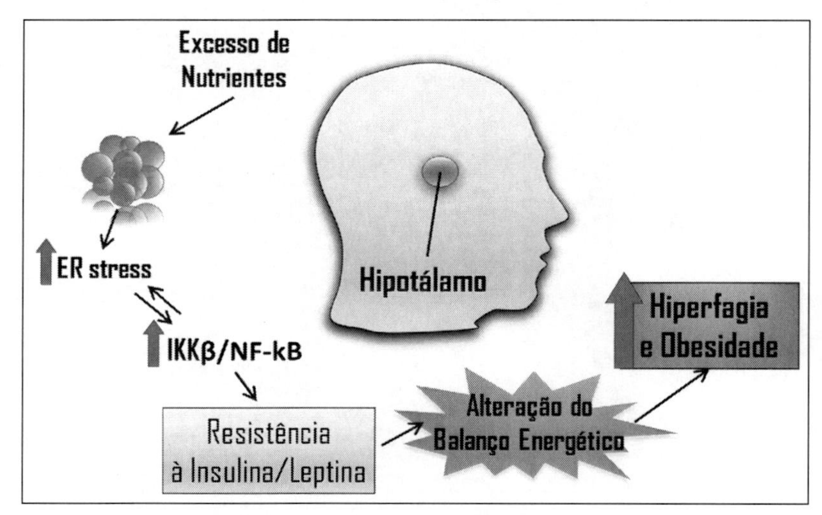

Figura 2 Modelo esquemático demonstrando como o excesso de nutrientes, em particular a gordura saturada, pode gerar o aumento do estresse de retículo e da inflamamação no hipotálamo, contribuindo para a resistência à insulina e leptina.

Desse modo, estratégias terapêuticas com o objetivo de reverter o processo inflamatório e consequentemente a resistência hipotalâmica à insulina e à leptina podem ser consideradas promissoras no combate à obesidade. Neste sentido, muitos estudos passaram a investigar os efeitos do exercício físico no controle da resistência hipotalâmica à insulina e à leptina e no controle da ingestão alimentar.

O PAPEL DO EXERCÍCIO FÍSICO NO CONTROLE DA INGESTÃO ALIMENTAR

O exercício físico é entendido como uma excelente estratégia terapêutica não-farmacológica responsável por controlar o equilíbrio do balanço energético. Seu efeito não se restringe apenas ao seu gasto energético induzido, evidências mais atuais mostram que o exercício físico também pode modular a ingestão alimentar. Acredita-se que o exercício seja eficaz para gerar um déficit de energia de curto prazo e que os indivíduos tendem, ao menos, a não compensar a energia gasta durante o exercício nas horas subsequentes ao esforço (14).

Há mais de 50 anos, a relação entre o gasto energético promovido pelo exercício e a ingestão alimentar tem sido foco de investigação de pesquisadores interessados em compreender melhor o balanço energético. Atualmente sabe-se que após a realização aguda e crônica de exercícios físicos, ocorrem ajustes compensatórios no organismo que visam controlar, o gasto energético, a saciedade e o apetite (15).

Postula-se que a prática de exercício físico seja capaz de modular a ingestão alimentar através de mecanismos distintos, dentre eles: a modificação dos níveis dos hormônios envolvidos no controle da ingestão alimentar, aumento da ação anorexigênicas desses hormônios no hipotálamo e em condições especiais, através da redução do processo inflamatório hipotalâmico.

Alguns estudos sugerem que o exercício físico seja capaz de reduzir os níveis séricos de hormônios envolvidos no aumento do apetite, com destaque para a grelina, peptídeo YY (PYY), e *glucagon-like peptide* 1 (GLP-1), reduzindo assim o consumo alimentar em humanos (16–18)

Em modelos experimentais, diversos estudos demonstraram que o exercício físico aumenta a sensibilidade à insulina e à leptina no hipotálamo, reduzindo assim o consumo alimentar (19,20). O exercício físico mostra-se capaz de restaurar a sinalização de insulina em roedores obesos por aumentar a fosforilação das proteínas IRS-1, IRS-2, e da Akt no hipotálamo.

Observa-se também que animais obesos quando submetidos a sessões de exercícios aeróbios de corrida em esteira de intensidade moderada tiveram redução significativa da adiposidade. Apesar da redução das concentrações plasmáticas de leptina, não houve aumento da ingestão alimentar como forma compensatória. Foi observada no núcleo ventromedial do hipotálamo destes animais a redução da expressão do neuropeptídeo NPY, sugerindo que o exercício físico seja capaz de modular a ingestão alimentar e o gasto energético através de circuitos neuronais (21).

Laing e colaboradores demonstraram que 12 semanas de exercício voluntário foram capazes de aumentar a sensibilidade à insulina e leptina no hipotálamo de camundongos obesos. Esses resultados foram acompanhados de aumento da expressão de POMC e redução da adiposidade (22). Outro interessante estudo evidenciou que o treinamento aeróbio pode mimetizar os efeitos da leptina, aumentando a fosforilação da Jak2 e da STAT3 no hipotálamo de ratos, mesmo na presença de baixos níveis séricos de leptina (23).

EFEITO DO EXERCÍCIO FÍSICO AGUDO NA INGESTÃO ALIMENTAR EM HUMANOS

É sabido que as mudanças na regulação do apetite podem resultar de alterações em diferentes níveis: a longo prazo, (hormônios leptina e insulina); sinais intemediários de pós-absorção, associados com a oxidação de macronutrientes (glicose e ácidos graxos livres); e sinais de saciedade de curto prazo, produzidos pelo trato gastrointestinal em resposta à alimentação (colecistoquinina, GLP-1 e PYY). Atualmente têm-se abordado o efeito do exercício físico sobre o gasto energético e/ou a ingestão de alimentos, deixando claro a capacidade do exercício em gerar um déficit energético negativo de curto prazo.

Embora as técnicas de investigações atuais não permitam avaliar agudamente a sensibilidade aos homônios anorexigênicos e termogênicos especificamente em células hipotalâmicas, os estudos em seres humanos tentam ao menos correlacionar os níveis séricos de hormônios como insulina, leptina, grelina, PYY e GLP-1, com o comportamento alimentar em resposta ao exercício físico agudo.

Estudos envolvendo indivíduos com massa corporal normal indicam que o exercício físico agudo não aumenta o consumo alimentar mesmo em intensidades elevadas e que é, portanto, capaz de induzir um balanço energético negativo à curto prazo (24). Além disso, o exercício físico pode aumentar a liberação de hormonios da saciedade, tal como polipeptídeo YY (PYY) e glucagon-like peptide 1 (GLP-1) em indivíduos com peso normal (17,18).

A intensidade do exercício pode impactar diretamente sobre o controle do apetite. Os estudos que avaliaram exercício físico aeróbio de intensidade moderada (40%-60% VO2max) e de alta intensidade (maior que 60% VO2max) mostram uma influência maior do exercício realizado em alta intensidade sobre o apetite (25,26). Observou-se que homens com massa corporal normal exercitados (cicloergômetro, 50 ou 75% do VO2 máx) apresentaram aumento nos níveis plasmáticos de PYY e GLP-1, com redução da ingestão de energia absoluta (25). Porém o maior aumento de PYY e supressão significativa da fome foi observado no protocolo de maior intensidade.

Da mesma forma, Deighton e colaboradores (2013) observaram o aumento nas concentrações de PYY nos exercícios em cicloergômetro, realizado de forma intermitente de alta intesidade (85,8% VO2max) em comparação com moderada intensidade (59,5% VO2max) em homens saudáveis. Os exercícios físicos de alta e moderada intensidade foram pareados por gasto de energia e, portanto, a supressão do apetite foi mais significativa no exercício de alta intensidade (26). Sugere-se que o exercício físico de alta intensidade para indivíduos saudáveis, levaria não só a uma maior supressão de sinais orexigênicos, mas também a uma maior liberação de sinais de saciedade (PYY).

Apesar de poucos estudos terem sido realizados com indivíduos obesos, é notável que exercícios realizados entre 50% á 65% do VO2 máx aumentam níveis séricos de hormônios anorexigênicos. Em um estudo de Ueda e colaboradores mostrou-se que 1 hora de exercício em cicloergômetro à 50% do VO2 máx aumenta níveis séricos de PYY e GLP-1 em indivíduos obesos, evidenciando que esses sinais de saciedade podem desempenhar, em curto prazo, a regulação do apetite e da homeostase energética (25).

O mesmo foi mostrado por um elegante estudo de Martins e colaboradores (2007) com indivíduos obesos praticando exercício de duração de 1 hora, em cicloergômetro à 65% da frequência cardíaca máxima (18). Esse estudo evidenciou um aumento significativo dos níveis de hormônios anorexigênicos e subsequente redução da fome por um período de 2h após o esforço, sem contudo, haver aumento de fatores orexigênicos, como a grelina (18).

Adicionalmente, adolescentes obesos reduziram significativamente a ingestão alimentar durante o almoço e jantar depois de uma única sessão em cicloergômetro de alta intensidade (70% VO2 máx.), ao passo que as sensações de apetite e o padrão da ingestão alimentar foram mantidas nos indivíduos não exercitados (27).

Embora na literatura nem todos os estudos tenham observado mudança no padrão da ingestão alimentar em resposta ao exercício físico agudo, um estudo de meta analise envolvendo os principais artigos científicos sobre essa temática, reuniu dados de cerca de 1000 indivíduos e chegou a conclusão que agudamente, o exercício físico per se é capaz de reduzir a ingestão alimentar em seres humanos (28).

EFEITO DO EXERCÍCIO FÍSICO CRÔNICO NA INGESTÃO ALIMENTAR EM HUMANOS

Atualmente, um número restrito de estudos investigaram a influência do exercício físico crônico sobre o apetite e os hormônios reguladores da fome. Estes estudos examinaram o efeito do treinamento físico em indivíduos sedentários e/ou indivíduos com sobrepeso/obesidade. Foi observado que os efeitos do treinamento físico sobre o apetite pode ser diferente no grupo sedentário em relação aos indivíduos treinados com exercícios de moderada ou de alta intensidade.

As evidências sobre o impacto do exercício físico crônico sobre o nível plasmático de peptídeos relacionados à saciedade também é controverso e relativamente escasso, particularmente na população obesa.

O estudo de Matins 2010, avaliou o impacto a médio prazo de um programa de exercícios físico em jejum e pós-prandial nos níveis plasmáticos de grelina total (orexigênico) e nos peptídeos GLP-1 e PYY (anorexigênicos) em indivíduos sedentários com sobrepeso/obesidade. Doze semanas de exercício induziu uma mudança na massa corporal de 3.5 kg e um aumento nos níveis plasmáticos de grelina e na sensação subjetiva da fome, provocando também um aumento na liberação pós-prandial de GLP-1. Concluindo que a redução de gordura induzida pelo exercício físico pode aumentar a vontade de comer, como mostrado pelo aumento dos níveis de grelina, mas também, podem melhorar a saciedade ocorrida por um aumento na libertação pós-prandial final de GLP-1 (16).

Entretanto, o exercício físico parece equilibrar esta resposta aumentada de neuropeptídeos orexigênicos por melhorar a resposta à saciedade de uma refeição e a sensibilidade do sistema de controle do apetite.

Tem sido demonstrado que as concentrações de PYY aumentam dentro de minutos após a ingestão de uma refeição, com pico em aproximadamente 60 minutos, e permanecem elevados até 6h (29). Outros resultados sugerem que o exercício físico a longo prazo aumenta PYY total de jejum em adolescentes com excesso de peso.

Outro importante efeito do exercício cronico é o seu efeito anti-inflamatório. Um elevado conjunto de evidências mostra que cronicamente diferentes tipos e intensidades de exercício físico reduzem diversos marcadores inflamatórios séricos e teciduais em humanos (30,31). Estudos envolvendo modelos experimentais e seres humanos indicam que o treinamento físico reduz o processo inflamatório em diferentes regiões do cérebro (32). Embora ainda não seja possível afirmar, acredita-se que esse efeito anti-inflamatório também ocorra em núcleos hipotalâmicos de invividuos obesos exercitados cronicamente, reestabelecendo os sinais de saciedade, contudo estudos adicionais são necessários para avaliar esse processo.

A literatura ainda é ambígua sobre a forma de interpretação de como o apetite é influenciado pelo tipo, duração e intensidade de exercício em humanos. Além disso, as características dos sujeitos (por exemplo, gordura corporal, nível de condicionamento físico, idade ou sexo) diferem e podem contribuir ainda mais para as discrepâncias de dados na literatura.

ENTENDENDO O EFEITO ANTI-INFLAMATÓRIO DO EXERCÍCIO FÍSICO NO TECIDO HIPOTALÂMICO

As citocinas e possuem diversas funções metabólicas e endócrinas. A citocina IL-6 é uma molécula de sinalização intracelular tradicionalmente associada com o controle e a coordenação de respostas imunes, sendo primeiramente secretada por macrófagos e linfócitos em resposta a uma infecção. Foi demonstrado que esta citocina também é produzida e liberada pelo músculo esquelético (daí o nome "miocina") em resposta ao exercício físico, podendo ter ações pró e anti-inflamatórias, dependendo da concentração e as circunstâncias do tecido-alvo.

A contração muscular produzida a partir do exercício físico, induz a expressão do mRNA da IL-6 e sua transcrição. Durante o exercício físico esta miocina é liberada em grandes quantidades para a circulação, podendo exercer influências no metabolismo e modificar a produção de outras citocinas em tecidos e órgãos. De forma interessante, camundongos nocaute para IL-6 desenvolvem obesidade de forma prematura, demonstrando a importância dessa molécula no controle da homeostase energética (33).

Estudos recentes demonstram que a IL-6 pode acessar o sistema nervoso central, uma vez que elevados níveis dessa molécula podem ser detectados no fluido cerebrospinal de indivíduos obesos (2,34). Adicionalmente, estudos demonstraram que além de ser produzida pelo músculo em contração, a IL-6 pode ser produzida dentro do próprio sistema nervoso central em resposta ao exercício físico. Nybo e colaboradores observaram que após duas séries de exercício aeróbio em cicloergômetro, os níveis cerebrais de IL-6 aumentaram em indivíduos saudáveis (35). Resultados semelhantes também foram encontrados em estudos envolvendo animais experimentais. Pereira e colaboradores observaram elevados níveis proteicos de IL-6 no tecido hipotalâmico de camundongos exercitados (36). Matsumoto sugere que o aumento dos níveis hipotalâmicos de IL-6 seja decorrente de uma retroalimentação positiva gerada pelo aumento periférico dos níveis dessa citocina. Os autores injetaram o recombinante da IL-6 via intraperitoneal em ratos e observaram aumento do conteúdo proteico de IL-6 no hipotálamo (37). No entanto, como poderíamos entender o efeito anti-inflamatório da IL-6?

Um extenso acumulado de evidências sugere que a IL-6 pode, especificamente através do exercício físico, induzir uma resposta anti-inflamatória sistêmica subsequente ao término do exercício (30). Essa resposta anti-inflamatória ocorre através do aumento do antagonista do receptor de IL-1, aumento do receptor solúvel de TNF-α e principalmente através do aumento da expressão da IL-10. A IL-10 possui capacidade de inibir a fosforilação e atividade do complexo IKK e ainda inibir a ligação do fator Kb ao DNA (38). Esse mecanismo anti-inflamatório gerado pelo eixo IL-6/IL-10 poderia contribuir para o aumento da sensibilidade à insulina e à leptina em neurônios hipotalâmicos, reestabelecendo os sinais anorexigênicos e termogênicos e finalmente contribuindo para a manutenção do fenótipo magro. Embora alguns estudos experimentais e em seres humanos tenham demonstrado a eficácia do eixo IL-6/IL-10 no controle da homeostase energética (34,39), mais estudos são necessários para ampliar o conhecimento acerca desse mecanismo.

CONSIDERAÇÕES FINAIS

O sistema nervoso central angaria informações do status nutricional e governa a liberação de múltiplos sinais metabólicos, tais como insulina e leptina para manutenção da homeostase energética. O controle da ingestão alimentar e do gasto energético são estreitamente controlados pelos hormônios insulina e leptina no hipotálamo, através de ações anorexígenas. Com o aumento da ingestão alimentar e do processo inflamatório sistêmico, o sistema nervoso central ativa respostas inflamatórias induzindo resistência à insulina e leptina e consequentemente alterações no balanço energético. Alguns fatores reguladores do apetite podem ser modificados pelo exercício físico e isso pode ajudar a explicar a melhora observada no controle do apetite à curto prazo e talvez à longo prazo. A principal constatação é que uma única sessão de exercício de intensidade moderada para uma condição de obesidade induz a uma diminuição do consumo alimentar diário. O menor consumo de energia após o exercício físico pode ser atribuído a uma maior produção de neuropeptídeos anorexigênicos, sugerindo que podem ocorrer alterações na sensibilidade aos hormônios insulina e leptina no sistema nervoso central. Finalmente, exploramos como a resposta anti-inflamatória mediada pelo eixo IL-6/IL-10, pode ser entendido como um importante mecanismo do controle da homeostase energética em resposta ao exercício.

EXERCÍCIOS DE AUTOAVALIAÇÃO

Questão 1 - Quais funções biológicas são controladas pelo hipotálamo?

Questão 2 - Descreva como a insulina e a leptina controlam a ingestão alimentar e o gasto energético.

Questão 3 - Através de quais mecanismos a inflamação de baixo grau promove distúrbios hipotalâmicos?

Questão 4 - Quais os efeitos do exercício físico agudo sobre a ingestão alimentar?

Questão 5 - Quais os efeitos do exercício físico crônico sobre a ingestão alimentar?

REFERÊNCIAS BIBLIOGRÁFICAS

1. HERVEY GR. The effects of lesions in the hypothalamus in parabiotic rats. J Physiol. Wiley-Blackwell; 1959 Mar 3;145(2):336–52.
2. van de Sande-Lee S, Velloso LA. [Hypothalamic dysfunction in obesity]. Arq Bras Endocrinol Metabol. 2012 Aug;56(6):341–50.
3. Shutter JR, Graham M, Kinsey AC, Scully S, Lüthy R, Stark KL. Hypothalamic expression of ART, a novel gene related to agouti, is up-regulated in obese and diabetic mutant mice. Genes Dev. 1997 Mar 1;11(5):593–602.
4. Zhang Y, Proenca R, Maffei M, Barone M, Leopold L, Friedman JM. Positional cloning of the mouse obese gene and its human homologue. Nature. 1994 Dec;372(6505):425–32.
5. Masuzaki H, Ogawa Y, Sagawa N, Hosoda K, Matsumoto T, Mise H, et al. Nonadipose tissue production of leptin: leptin as a novel placenta-derived hormone in humans. Nat Med. 1997 Sep;3(9):1029–33.
6. Licinio J, Mantzoros C, Negrão AB, Cizza G, Wong ML, Bongiorno PB, et al. Human leptin levels are pulsatile and inversely related to pituitary-adrenal function. Nat Med. 1997 May;3(5):575–9.
7. Mercer JG, Hoggard N, Williams LM, Lawrence CB, Hannah LT, Trayhurn P. Localization of leptin receptor mRNA and the long form splice variant (Ob-Rb) in mouse hypothalamus and adjacent brain regions by in situ hybridization. FEBS Lett. 1996 Jun 3;387(2–3):113–6.
8. Schwartz MW, Woods SC, Porte D, Seeley RJ, Baskin DG. Central nervous system control of food intake. Nature. 2000 Apr 6;404(6778):661–71.

9. Tartaglia LA. The leptin receptor. J Biol Chem. 1997 Mar 7;272(10):6093–6.
10. Saltiel AR, Kahn CR. Insulin signalling and the regulation of glucose and lipid metabolism. Nature [Internet]. 2001 Dec 13 [cited 2017 Nov 8];414(6865):799–806. Available from: http://www.nature.com/doifinder/10.1038/414799a
11. Kasuga M, Karlsson FA, Kahn CR. Insulin stimulates the phosphorylation of the 95,000-dalton subunit of its own receptor. Science. 1982 Jan 8;215(4529):185–7.
12. De Souza CT, Araujo EP, Bordin S, Ashimine R, Zollner RL, Boschero AC, et al. Consumption of a fat-rich diet activates a proinflammatory response and induces insulin resistance in the hypothalamus. Endocrinology. 2005 Oct;146(10):4192–9.
13. Zhang X, Zhang G, Zhang H, Karin M, Bai H, Cai D. Hypothalamic IKKβ/NF-κB and ER Stress Link Overnutrition to Energy Imbalance and Obesity. Cell. 2008 Oct 3;135(1):61–73.
14. Thompson DA, Wolfe LA, Eikelboom R. Acute effects of exercise intensity on appetite in young men. Med Sci Sports Exerc. 1988 Jun;20(3):222–7.
15. Broom DR, Batterham RL, King JA, Stensel DJ. Influence of resistance and aerobic exercise on hunger, circulating levels of acylated ghrelin, and peptide YY in healthy males. Am J Physiol Regul Integr Comp Physiol. 2009 Jan;296(1):R29-35.
16. Martins C, Kulseng B, King NA, Holst JJ, Blundell JE. The Effects of Exercise-Induced Weight Loss on Appetite-Related Peptides and Motivation to Eat. J Clin Endocrinol Metab. 2010 Apr;95(4):1609–16.
17. Martins C, Morgan LM, Bloom SR, Robertson MD. Effects of exercise on gut peptides, energy intake and appetite. J Endocrinol. 2007 May;193(2):251–8.
18. Martins C, Truby H, Morgan LM. Short-term appetite control in response to a 6-week exercise programme in sedentary volunteers. Br J Nutr. 2007 Oct 29;98(4):834–42.
19. Patterson CM, Bouret SG, Dunn-Meynell AA, Levin BE. Three weeks of postweaning exercise in DIO rats produces prolonged increases in central leptin sensitivity and signaling. Am J Physiol Regul Integr Comp Physiol. 2009 Mar;296(3):R537-48.
20. Rodrigues BDA, Pauli LSS, De Souza CT, DA Silva ASR, Cintra DEC, Marinho R, et al. Acute Exercise Decreases Tribbles Homolog 3 Protein Levels in the Hypothalamus of Obese Rats. Med Sci Sport Exerc. 2015 Aug;47(8):1613–23.
21. Bi S, Scott KA, Hyun J, Ladenheim EE, Moran TH. Running Wheel Activity Prevents Hyperphagia and Obesity in Otsuka Long-Evans Tokushima Fatty Rats: Role of Hypothalamic Signaling. Endocrinology. 2005 Apr;146(4):1676–85.
22. Laing BT, Do K, Matsubara T, Wert DW, Avery MJ, Langdon EM, et al. Voluntary exercise improves hypothalamic and metabolic function in obese mice. J Endocrinol. 2016 May;229(2):109–22.
23. Zhao J, Tian Y, Xu J, Liu D, Wang X, Zhao B. Endurance exercise is a leptin signaling mimetic in hypothalamus of Wistar rats. Lipids Health Dis. 2011 Dec 2;10(1):225.
24. Martins C, Morgan L, Truby H. A review of the effects of exercise on appetite regulation: an obesity perspective. Int J Obes. 2008 Sep 8;32(9):1337–47.
25. Ueda S, Yoshikawa T, Katsura Y, Usui T, Nakao H, Fujimoto S. Changes in gut hormone levels and negative energy balance during aerobic exercise in obese young males. J Endocrinol. 2009 Apr;201(1):151–9.
26. Deighton K, Barry R, Connon CE, Stensel DJ. Appetite, gut hormone and energy intake responses to low volume sprint interval and traditional endurance exercise. Eur J Appl Physiol. 2013 May 31; 113(5):1147–56.
27. Thivel D, Isacco L, Taillardat M, Rousset S, Boirie Y, Morio B, et al. Gender effect on exercise-induced energy intake modification among obese adolescents. Appetite. 2011 Jun;56(3):658–61.
28. Schubert MM, Desbrow B, Sabapathy S, Leveritt M. Acute exercise and subsequent energy intake. A meta-analysis. Appetite. 2013 Apr;63:92–104.
29. Adrian TE, Ferri GL, Bacarese-Hamilton AJ, Fuessl HS, Polak JM, Bloom SR. Human distribution and release of a putative new gut hormone, peptide YY. Gastroenterology. 1985 Nov;89(5):1070–7.
30. Pedersen BK, Steensberg A, Schjerling P. Muscle-derived interleukin-6: possible biological effects. J Physiol. 2001 Oct 15;536(Pt 2):329–37.
31. Pedersen BK. Muscles and their myokines. J Exp Biol. 2011 Jan;214(Pt 2):337–46.

32. Stranahan AM, Martin B, Maudsley S. Anti-inflammatory effects of physical activity in relationship to improved cognitive status in humans and mouse models of Alzheimer's disease. Curr Alzheimer Res. 2012 Jan;9(1):86–92.
33. Wallenius V, Wallenius K, Ahrén B, Rudling M, Carlsten H, Dickson SL, et al. Interleukin-6-deficient mice develop mature-onset obesity. Nat Med. 2002 Jan 1;8(1):75–9.
34. van de Sande-Lee S, Pereira FRS, Cintra DE, Fernandes PT, Cardoso AR, Garlipp CR, et al. Partial reversibility of hypothalamic dysfunction and changes in brain activity after body mass reduction in obese subjects. Diabetes. 2011 Jun;60(6):1699–704.
35. Nybo L, Nielsen B, Pedersen BK, Møller K, Secher NH. Interleukin-6 release from the human brain during prolonged exercise. J Physiol. 2002 Aug 1;542(Pt 3):991–5.
36. Pereira BC, da Rocha AL, Pauli JR, Ropelle ER, de Souza CT, Cintra DE, et al. Excessive eccentric exercise leads to transitory hypothalamic inflammation, which may contribute to the low body weight gain and food intake in overtrained mice. Neuroscience. 2015 Dec 17;311:231–42.
37. Matsumoto T, Komori T, Yamamoto M, Shimada Y, Nakagawa M, Shiroyama T, et al. Prior Intraperitoneal Injection of Rat Recombinant IL-6 Increases Hypothalamic IL-6 Contents in Subsequent Forced Swim Stressor in Rats. Neuropsychobiology. 2006;54(3):186–94.
38. Schottelius AJ, Mayo MW, Sartor RB, Baldwin AS. Interleukin-10 signaling blocks inhibitor of kappaB kinase activity and nuclear factor kappaB DNA binding. J Biol Chem. 1999 Nov 5;274(45):31868–74.
39. Ropelle ER, da Silva ASR, Cintra DE, de Moura LP, Teixeira AM, Pauli JR. Physical Exercise: A Versatile Anti-Inflammatory Tool Involved in the Control of Hypothalamic Satiety Signaling. Exerc Immunol Rev. 2021;27:7-23.

7

IMUNOMETABOLISMO

Barbara de Moura Mello Antunes
José Cesar Rosa Neto
Fábio Santos Lira

OBJETIVOS DO CAPÍTULO

- Apresentar a origem do termo e os componentes que envolvem a mais recente linha de pesquisa e estudos intitulada IMUNOMETABOLISMO;
- Conhecer, do básico ao avançado, a interação entre o sistema imunológico e o metabolismo humano em diferentes contextos abordando o envolvimento destes dois mecanismos na saúde e nas principais doenças do século XXI;
- Compreender as contribuições do exercício físico na resposta imunometabólica por meio da participação de mediadores chaves como citocinas e fatores de transcrição gênica.

INTRODUÇÃO

Imunometabolismo é um campo emergente de investigação que visa o compreendimento da interação entre sistema imunológico e metabolismo humano em diferentes contextos, principalmente no campo da saúde, sobre os efeitos de doenças inflamatórias crônicas, como Obesidade, Diabetes, Dislipidemia, Aterosclerose dentre outras, e como o exercício físico pode atuar como uma importante intervenção não farmacológica nesse contexto.

Na presença de alterações metabólicas, como na inflamação asséptica, característica predominante nas doenças crônicas, as células que compõem o sistema imunológico são mobilizadas, por meio de proteínas quiomiotáticas e proteínas sinalizadoras (citocinas), a fim de reestabelecer a homeostase local e sistêmica. Entretanto, por muitas vezes, em resposta a uma progressão da doença e a presença de hábitos cotidianos não saudáveis, os mecanismos de defesa do organismo não atuam de forma eficiente para a recuperação do sistema lesionado favorecendo a instalação de uma inflamação sistêmica caracterizada como um processo crônico inflamatório de baixo grau.

A desregulação da resposta imunológica leva a um processo de perpetuação do processo inflamatório nas doenças crônicas não degenerativas, o que causa a manutenção de concentrações elevadas de citocinas pró-inflamatórias que geram além do processo inflamatório crônico, alterações profundas na *homeostasia* corpórea. A resposta imunológica se dá por um ajuste fino entre os mediadores inflamatórios (como TNF-α, IL-1β, IL-2, PGE2), e anti-inflamatórios (IL-10, IL-4, ácido araquidônico e resolvinas resolvinas) (1).

Em contrapartida, o exercício físico pode (e deve) ser utilizado como uma potente ferramenta para a prevenção e tratamento de alterações metabólicas por sua capacidade e característica anti-inflamatória atuando de forma positiva e benéfica para o corpo humano.

A PONTE ENTRE IMUNOLOGIA E METABOLISMO

O QUE É IMUNOMETABOLISMO?

A sobrevivência e o estado de saúde do ser humano são assegurados pela interação constante, e essencial, entre defesa contra corpos estranhos ao nosso organismo e processos metabólicos.

O sistema imunológico é constituído por células denominadas de leucócitos, especialistas em reconhecer estruturas e substâncias nocivas ao organismo e desenvolver uma resposta efetora, seja destruição ou inativação, a fim de recuperar a homeostase corporal. Os leucócitos são classificados de acordo com a sua função imunológica e morfologia, e são subdivididos entre neutrófilos, eosinófilos, basófilos, monócitos/macrófagos e linfócitos, sendo estas células mobilizadas de acordo com a necessidade e a origem dos antígenos.

Todo processo estressor ao nosso organismo, leva a uma resposta imunológica com o intuito de defender o nosso organismo, seja essa uma injuria provocada por invasão de patógenos (infecção) ou por lesão tecidual (inflamação). Durante a resposta imune ocorrem mudanças significantes no metabolismo celular. No entanto, em alguns quadros de doenças metabólicas, visualizamos o agente estressor como alterações metabólicas como excesso de gordura e carboidrato na circulação e em diferentes tecidos que geram ativação das células imunológicas. A partir destas relações deu-se o termo imunometabolismo, que pode ser definido como uma interação direta e constante, ou seja um *crosstalk,* entre o sistema imunológico e a atuação do metabolismo celular.

Nesse sentido, o exercício físico tem um papel fundamental na regulação do imunometabolismo, já que ele é um importante indutor de alterações metabólicas, já que durante a execução do exercício, há um aumento da demanda energética do nosso organismo, além de alterações hormonais para que haja a compensação desse fenômeno, com aumento do suprimento energético para as células musculares.

Nesse sentido, um dos primeiros estudos que observaram a interação entre o sistema imunológico e o metabolismo durante exercício foi realizado em 1970, por Bjorn Ahlborg e Gunvor Ahlborg (2). Os autores relacionam a leucocitose (aumento de células imunológicas na circulação sanguínea) durante exercício com o aumento da resposta adrenérgica (2). De fato, o aumento adrenérgico decorre do estímulo simpático, estimulando a produção de catecolaminas, hormônios responsáveis, dentre várias funções, estimular a mobilização de substratos energéticos, principalmente ácidos graxos, disponibilizando-os para a musculatura esquelética em contração, que leva também a uma modulação imunológica aumentando o número de células imunológicas na corrente sanguínea. É importante ressaltar que as células imunológicas são produzidas na medula óssea e dependendo da necessidade do organismo são enviadas para a circulação.

A área de imunometabolismo é um campo emergente e em ascensão sendo explorado em diversos estudos, mas principalmente nas pesquisas que circundam os temas de obesidade, inflamação crônica de baixo grau e co-morbidades associadas ao acúmulo excessivo de gordura.

INTERAÇÃO ENTRE CÉLULAS IMUNOLÓGICAS, CITOCINAS E METABOLISMO.

Já sabemos que há uma comunicação direta entre sistema imunológico e metabolismo, e como estes fatores interagem entre si, mas **COMO** ocorre a "comunicação" entre estes sistemas? E para responder está pergunta precisamos conhecer as **citocinas** que são proteínas de atuação autócrina, parácrina e endócrina.

Inicialmente, durante a década de 70, as citocinas eram denominadas de linfocinas por acreditar que essas proteínas eram produzidas apenas por linfócitos, posteriormente foi renomeada para monocina, após verificar que os monócitos e macrófagos também possuíam a capacidade de produção e secreção, e ao identificar que outras estruturas celulares e tecidos podem sintetizar estas proteínas adotou-se a nomenclatura citocina.

As citocinas são proteínas sinalizadoras ou imuno-moduladoras que regulam as funções e atividades de diversas células corporais ou da própria célula progenitora, sendo sintetizadas principalmente por linfócitos, monócitos e macrófagos, ou seja, essas proteínas são a "linguagem de comunicação" que recebe e envia estímulos para os mais diversos tecidos e órgãos. Em linhas gerais, cada citocina apresenta uma forma de atuação específica e origina-se de estruturas distintas, entretanto é importante sabermos que o mecanismo de ação assemelha-se entre elas e, normalmente, há atuação conjunta de diferentes citocinas em uma mesma situação onde a síntese de uma citocina pode influenciar a produção e a resposta de outras.

Para que a citocina possa atuar sobre células ou estruturas celulares, as proteínas sinalizadoras ligam-se ao seu receptor de membrana específico e ativam uma cascata de reações de acordo com o estímulo oferecido e as condições orgânicas. Por exemplo, uma única citocina pode desempenhar funções distintas (atuação pleiotrópica) mediante uma situação de esforço extenuante, inflamação crônica de baixo grau, septicemia ou em condições normais e saudáveis.

RELAÇÃO ENTRE INFLAMAÇÃO E DOENÇAS METABÓLICAS

O processo inflamatório, ou inflamação, é conceituado como uma resposta orgânica e fisiológica a uma infecção ou lesão tecidual onde há aumento do fluxo sanguíneo, aumento da permeabilidade capilar e migração das células dos vasos sanguíneos, prioritariamente de células do sistema imunológico para a região lesionada.

Os processos inflamatórios podem ocorrer de formas distintas e apresentar manifestações corporais bem específicas, como por exemplo, quando cortamos o dedo provocamos uma lesão tecidual que vem acompanhada de sinais e sintomas clássicos da inflamação que são calor, rubor, tumor e dor em virtude do aumento do fluxo sanguíneo, células do sistema imunológico e substâncias químicas produzidas pelo corpo a fim de reparar o dano. Entretanto, não são todos os processos inflamatórios que apresentam sinais e sintomas clássicos e aparentes, doenças crônicas não transmissíveis e alterações metabólicas, como obesidade, resistência à insulina, DM2 e entre outras, apresentam um quadro inflamatório, sendo caracterizada como uma inflamação crônica de baixo grau (3).

Mediante a instalação e desenvolvimento de doenças metabólicas, e consequentemente os processos inflamatórios que circundam estes distúrbios, há um desbalanço entre produção e secreção de citocinas anti e pró-inflamatórias, ou seja, um desequilíbrio entre substâncias protetoras e substâncias que favorecem a inflamação de baixo grau, além de observar uma elevada atividade das células do sistema imunológico, principalmente de monócitos, macrófagos e linfócitos. Na inflamação crônica de baixo grau verifica-se elevadas concentrações circulantes de citocinas pró inflamatórias, tais como fator de necrose tumoral alfa (TNF-α), interleucina 6 (IL-6), proteína C reativa (PCR) e redução das citocinas anti-inflamatórias, como adiponectina, interleucina 10 (IL-10) e receptor antagonista de interleucina 1 (IL-1ra).

De forma resumida, a figura 1 (abaixo), ilustra a interação entre sistema imunológico e metabolismo para melhor compreensão dos mecanismos.

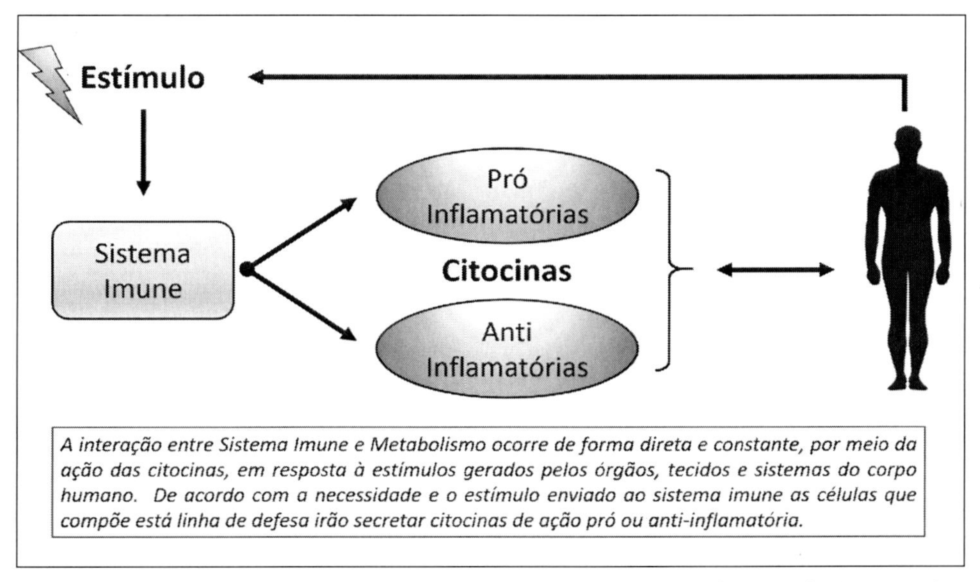

Figura 1 Desenho esquemático ilustrando o papel do Sistema Imune após um estímulo na mediação do processo inflamatório através de citocinas.

IMUNOMETABOLISMO E DOENÇAS METABÓLICAS

Obesidade

A obesidade é uma das principais doenças do século XXI e que possui fortes impactos na saúde pública mundial, estando diretamente associada com a instalação e desenvolvimento de outras doenças metabólicas. Para melhor compreensão dos impactos do excesso de gordura corporal e os mecanismos que compõe o processo inflamatório da obesidade é fundamental saber a gênese do caos.

A obesidade pode ser desenvolvida em resposta a fatores endógenos, como alterações hormonais e genéticas, mas principalmente por fatores exógenos, tais como a inatividade física e dieta hipercalórica, sendo os fatores ambientais a principal causa do desenvolvimento da doença na população mundial. A soma dos fatores, inatividade física e dieta hipercalórica, favorece um estado de balanço energético positivo, ou seja, há um maior consumo energético por meio da alimentação em relação à quantidade de energia gasta por meio de atividades físicas, culminando no aumento excessivo do tecido adiposo.

Morfologicamente o tecido adiposo branco pode ser subdividido em dois tipos clássicos, subcutâneo e visceral, onde cada um deles possui características bem especificas e atuam metabolicamente de formas distintas. O tecido adiposo subcutâneo localiza-se abaixo da pele e está intimamente relacionado com a proteção de choques mecânicos, isolamento térmico e apresenta pouca vascularização. O acúmulo de gordura no tecido adiposo subcutâneo não provoca alterações impactantes na resposta imunometabólica do organismo quando comparado com o tecido adiposo visceral. O tecido adiposo visceral, como a própria nomenclatura sugere, localiza-se próximo das vísceras e órgãos vitais, sendo considerado mais ativo em relação ao subcutâneo por ser mais sensível a lipólise, e consequentemente, liberando mais ácidos graxos livres na veia porta, além disso, este tecido é altamente vascularizado. Em decorrência destas características, e por secretar altas concentrações de citocinas pró e anti-inflamatórias, o tecido adiposo visceral é o que mais associa-se com a inflamação crônica de baixo grau na obesidade.

O aumento excessivo do tecido adiposo em indivíduos adultos, principalmente do tecido adiposo visceral, ocorre prioritariamente pela hipertrofia das células adiposas (adipócitos) e este aumento dimensional dos adipócitos é o grande responsável por exercer uma compreensão dos vasos sanguíneos impedindo a nutrição e a oxigenação da região causando um estado de hipóxia local. Frente ao quadro de hipóxia, os adipócitos e pré adipócitos são estimulados a produzir substâncias lipolíticas, tais como TNF-α, e fator de crescimento endotelial vascular (VEGF) para a regeneração e desenvolvimento de novos vasos sanguíneos a fim de reestabelecer a homeostase da região.

Entretanto, se o balanço energético positivo é perpetuado, as substâncias produzidas pelo próprio tecido não conseguem resolver os danos locais, fazendo-se necessária a mobilização de células imunes, principalmente monócitos que quando infiltrados ativam-se em macrófagos, para defender o tecido por meio de mais secreção de TNF-α e IL-6. Em linhas gerais, adipócitos, pré-adipócitos e células imunes estão produzido citocinas a fim de estimular lipólise e regenerar o tecido adiposo, entretanto na obesidade este ciclo se perpetua de forma viciosa e deletéria culminando na instalação da inflamação crônica de baixo grau, que pode extravasar para o sistema, favorecendo assim, a instalação de outras doenças metabólicas.

Com as diversas tentativas de reduzir o tecido adiposo, por meio da lipólise, e em decorrência da dieta hipercalórica, elevadas quantidades de ácidos graxos são liberadas para a corrente sanguínea, entretanto estes lipídeos podem retroalimentar o processo inflamatório da obesidade, pois são capazes de estimular vias de sinalização inflamatória em diferentes tecidos, ocasionando no aumento da produção de citocinas pró-inflamatórias, agora, em âmbito sistêmico.

Os ácidos graxos livres saturados, os principais ácidos graxos disponíveis na dieta ocidental, carreados pela albumina na corrente sanguínea, são capazes de se ligarem aos seus receptores de membrana TLR-4, da família *Toll Like Receptor,* e ativar um fator de transcrição capaz de regular e promover a resposta inflamatória, denominada de fator nuclear *kappa* B (NF-kB), que encontra-se inativa por uma proteína inibitória I*k*B. A via I*k*B/NF-κB é ativada após a fosforilação das subunidades do complexo I *kappa* kinase (I*k*K) e degradação da I*k*B, por ubiquitinação e degradação no proteassoma, viabilizando a dissociação do complexo I*k*B/NF-κB, liberando o NF-κB para o núcleo celular onde ocorrerá a transcrição gênica para a produção de mediadores inflamatórios, tais como TNF-α, IL-6, iNOS, Cox2 (3).

Concomitantemente, a ingestão exacerbada de lipídeos provenientes da dieta, principalmente ácidos graxos saturados, pode estressar a microbiota intestinal, resultando na hipersecreção e extravasamento de endotoxina ou lipopolissacarideos (LPS) para a corrente sanguínea, expondo várias células e tecidos a ativação das vias inflamatórias de forma semelhante aos ácidos graxos, se acoplando no receptor TLR-4 e estimulando a cascata de reações inflamatórias.

Diabetes e Resistência à Insulina

A Diabetes *Mellitus* (DM) é uma doença crônica caracterizada pelas elevadas concentrações séricas de glicose em resposta a uma deficiência das células pancreáticas em produzir insulina ou resistência dos tecidos à atuação deste hormônio. Clinicamente está doença pode ser subdividida em quatro classificações, sendo a DM tipo 1 (onde há destruição autoimune das células secretoras de insulina), DM tipo 2 (onde há produção insuficiente de insulina em um estado de resistência à insulina), DM gestacional (intolerância à glicose durante a gravidez) e DM ocasionadas por alterações genéticas ou doenças pancreáticas.

Dentre todos os tipos de diabetes, a DM tipo 2 é a mais frequente na população mundial e por esta razão focaremos nos mecanismos que circundam este distúrbio, entretanto para que possamos compreender as alterações desta doença metabólica e os processos inflamatórios precisamos, inicialmente, entender as bases moleculares da sinalização da insulina e os mecanismos de resistência à insulina.

A insulina é um hormônio anabólico, produzida nas células *betas* do pâncreas, tendo como função a facilitação na captação de glicose por diferentes tecidos insulinodependentes através da comunicação com seu receptor de membrana, denominado de receptor de insulina (IR), ativando uma cascata de reações que culmina na translocação do GLUT-4 para a membrana plasmática e introdução da glicose no meio intracelular. A diminuição da efetividade de atuação da insulina é definida como resistência à insulina que é uma alteração antecedente à instalação da DM tipo 2 e que possui íntima relação com a obesidade.

A resistência à insulina está associada com fatores como sedentarismo, hiperglicemia, obesidade, hiperlipidemia e pré-disposição genética afetando a sensibilidade e a captação de glicose em locais como músculo estriado esquelético e tecido adiposo. Diversos estudos afirmam que a obesidade é uma das principais doenças causadoras da resistência à insulina, entretanto sabe-se que os nutrientes isoladamente, principalmente o consumo de dietas hiperlipídica e ricas em gordura saturada, são capazes de induzir a inflamação e a resistência à insulina por meio de uma hipersecreção de citocinas pró-inflamatórias.

Quando tratamos da resistência à insulina associada à presença da obesidade o principal elo entre estes distúrbios é a concentração excessiva de substâncias pró-inflamatória, principalmente de TNF-α, que estimula reações favoráveis à inflamação local e sistêmica. A cascata de reação ativada pelo TNF-α pode estimular duas vias de sinalização distintas que irão propiciar a inflamação, por meio de transcrição gênica de genes pró-inflamatórios, ou a resistência à insulina, por meio da fosforilação em serina dos substratos dos receptores de insulina tipo 1 e 2 (IRS-1 e IRS-2), ou ambos.

O TNF-α atua através de sua ligação ao seu receptor de membrana (TNFr) que ativa proteínas de base, como fator associado ao receptor de TNF (TRAF-2) e TRAF associada ao domínio de morte (TRAdd) que estimula a atividade de proteínas quinases intermediárias, como I*kappa* kinase beta (IKKβ) e c-jun N-terminal quinase (JNK). Estas proteínas quinases intermediárias podem atuar na fosforilação dos IR e IRS-1 em serina 307 e não em tirosina, como é observado em condições normais na sinalização da insulina, fazendo com que gradativamente os receptores de insulina diminuam a efetividade na transdução do estímulo sinalizador e translocação do GLUT-4 para a membrana instalando o quadro de resistência à insulina (3).

Além do supracitado, com os efeitos diretos nos IR, IRS-1 e instalação da resistência à insulina, a ativação da proteína IKKβ promove o desacoplamento do complexo I*k*B/NF-κB liberando o NF-κB para translocar até o núcleo celular e ativar a transcrição gênica para proteínas e citocinas pró- inflamatórias como interleucinas 1β e 6 (IL-1β e IL-6), e TNF-α retroalimentando o ciclo vicioso da inflamação e da resistência à insulina.

Adicionalmente a atuação do TNF-α, os ácidos graxos livres provenientes da lipólise na obesidade ou ingestão excessiva na dieta potencializam o quadro inflamatório e a resistência à insulina por meio de sua cascata de sinalizações, via TLR-4, que culmina na translocação do NF-κB para o núcleo celular com transcrição de genes inflamatórios e, concomitantemente, fosforilação em serina 307 dos IRS-1 e menor ativação das vias de insulina resultando em menor recrutamento de glicose estimulada pela insulina. Ou seja, além da instalação da resistência à insulina acompanhada pela inflamação, há uma janela aberta para o desenvolvimento da DM tipo 2 em virtude de maiores concentrações séricas de glicose que não serão captadas de forma eficiente para utilização em resposta à resistência à ação da insulina.

Dislipidemia e Aterosclerose

A dislipidemia, ou hiperlipidemia, é um desbalanço nas concentrações circulantes de lipídeos no sangue, observando um aumento sérico principalmente colesterol, triacilglicerol e ácidos graxos saturados, e relaciona-se intimamente com a instalação e desenvolvimento de doenças cardiovasculares, como a aterosclerose. Como mencionado nos tópicos anteriores, já sabemos que os ácidos graxos livres na corrente sanguínea atuam sobre os receptores TLR-4 ativando vias de sinalização por meio do NF-kB com expressão gênica para substâncias pró-inflamatórias.

O colesterol tem origem endógena, proveniente do fígado, e exógena, proveniente da alimentação, e pode ser representando principalmente pelas frações que lhe compõe sendo intituladas de lipoproteínas podendo ser classificadas para caráter didático em lipoproteínas de muita baixa densidade (VLDL), baixa densidade (LDL) e alta densidade (HDL). A distinção entre as lipoproteínas ocorre prioritariamente em decorrência do conteúdo interno, ou seja, a VLDL é rica em triacilglicerol e colesterol e, após distribuir o seu conteúdo de triacilglicerol para os tecidos, há um "esvaziamento" da partícula originando a LDL, uma lipoproteína rica em colesterol e que também abastecerá os tecidos, já a HDL faz o caminho inverso, ela remove o excesso de colesterol dos tecidos e da corrente sanguínea, e direcionando esse colesterol para o fígado para ser metabolizado e/ou excretado.

A VLDL e a LDL são as principais lipoproteínas que estão em constante interação com os tecidos do nosso corpo, principalmente o tecido adiposo e o músculo esquelético, e as células imunológicas, em especial com monócitos. No tecido adiposo há formação de estoques de lipídeos, ou seja, *pools* de triacilglicerol e no músculo esquelético ocorre, prioritariamente, a oxidação para a atividade celular e mitocondrial. É fundamental sabermos que em condições normais as lipoproteínas são essenciais para a homeostase corporal, entretanto em quadros de doenças, como na dislipidemia, o excesso de lipoproteínas, principalmente na partícula de LDL, é deletério ao nosso organismo.

O acúmulo excessivo de colesterol presente na partícula de LDL no plasma pode ocorrer em decorrência a uma dieta inadequada e rica em gordura, da síntese endógena ou até mesmo pela diminuição da atividade catabólica do fígado sobre esta lipoproteína, sendo mais comuns as alterações desta lipoproteína por meio da dieta. Quando há aumento nas concentrações de colesterol na partícula de LDL, essas partículas são decantadas nas artérias e vasos sanguíneos e geram um estresse físico com consequente oxidação e formação de LDL oxidado (LDL-ox), seja pela elevada quantidade e permeabilidade de colesterol da LDL ou por meio de alterações metabólicas que culminam no estresse oxidativo.

A LDL-ox é uma partícula citotóxica, e resulta em lesões nas paredes dos vasos, e mediante a estes danos vasculares faz-se necessária à remoção desta partícula, sendo recrutados monócitos para exercer esta missão, já que a LDL-ox é uma partícula quimiotática para monócitos. Este processo de eliminação do LDL-ox pode potencializar o processo inflamatório estimulando a migração de monócitos para a região lesionada, com diferenciação celular para macrófago, com o objetivo de fagocitar esta partícula citotóxica, entretanto o macrófago não consegue ser efetivo na destruição do corpo estranho e transforma-se em células espumosas que favorecem o desenvolvimento das placas de ateroma que compõe a aterosclerose.

É fundamental que tenhamos claro em nossos conhecimentos que a mobilização de monócitos na resposta inflamatória é protetora, e por meio da fagocitose dos macrófagos removeria as LDL-ox, solucionando e restaurando as lesões ocasionadas por estas partículas nos vasos e artérias. No entanto, esta célula do sistema imunológico apresenta um papel dúbio favorecendo paradoxalmente o processo aterosclerótico diminuindo substancialmente a luz do vaso e favorecendo a obstrução do fluxo sanguíneo, e a redução do aporte de oxigênio e nutrientes para os tecidos.

Adicionalmente, a atividade dos monócitos, com a finalidade inicial de fagocitar as partículas de LDL-ox, a resposta inflamatória no processo aterosclerótico também pode ocorrer mediante o estímulo de LDL em excesso na corrente sanguínea, ativando enzimas NADPH oxidase que são capazes de produzir ânions de superóxidos que, somado a diminuição da biodisponibilidade de óxido nítrico, dão origem as espécies reativas de oxigênio, que estimulam maior translocação do NF-kB para o núcleo celular e transcrição gênica de citocinas pró-inflamatórias e moléculas de adesão.

As principais citocinas envolvidas na resposta inflamatória e na aterosclerose são as interleucinas 1β, 6 e 8 (IL-1β, IL-6 e IL-8) e o TNF-α, além de uma quimiocina denomina de proteína quimiotática de monócitos (MCP-1) que é responsável pela atração de monócitos e ativa a produção de IL-6. O processo de produção de citocinas pró-inflamatórias e moléculas de adesão amplificam o processo inflamatório local e sistêmico envolvendo diferentes sistemas do nosso corpo, como o sistema de coagulação, fibrinolítico e as plaquetas a fim de reestabelecer a homeostase corporal.

As vias de sinalização que compõe as principais alterações metabólicas em âmbito celular estão representadas na figura 2 sumarizando os eventos moleculares que podem ocorrer concomitantemente ou de forma isolada.

Adicionalmente, o processo de retroalimentação da inflamação, via interação dos produtos da transcrição gênica entre diferentes células e tecidos/órgãos, são elucidados na figura 3.

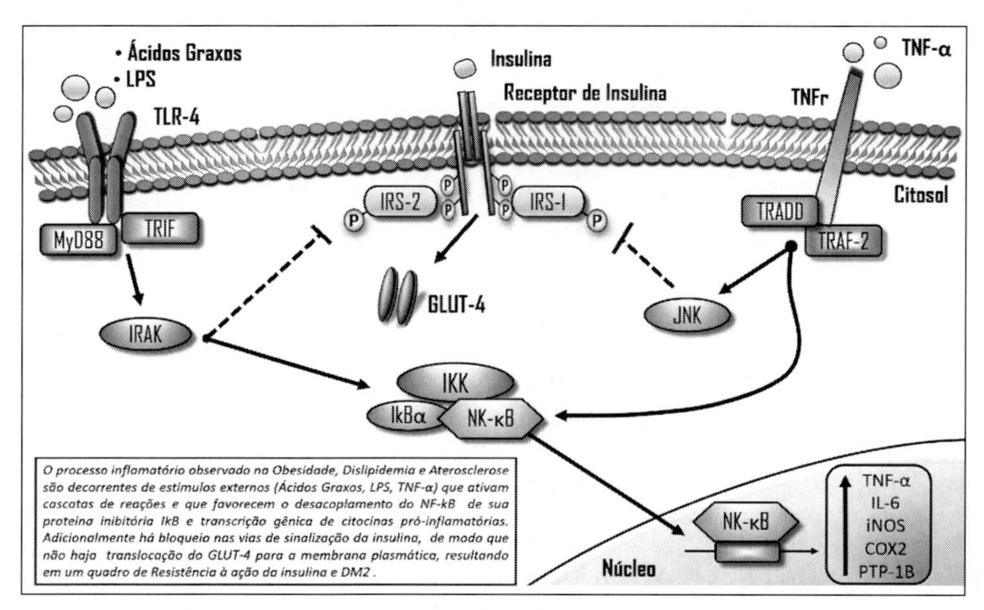

Figura 2 Interação entre a via de sinalização inflamatória em resposta ao LPS e TNF-α no controle das proteínas envolvidas com a via de sinalização da insulina

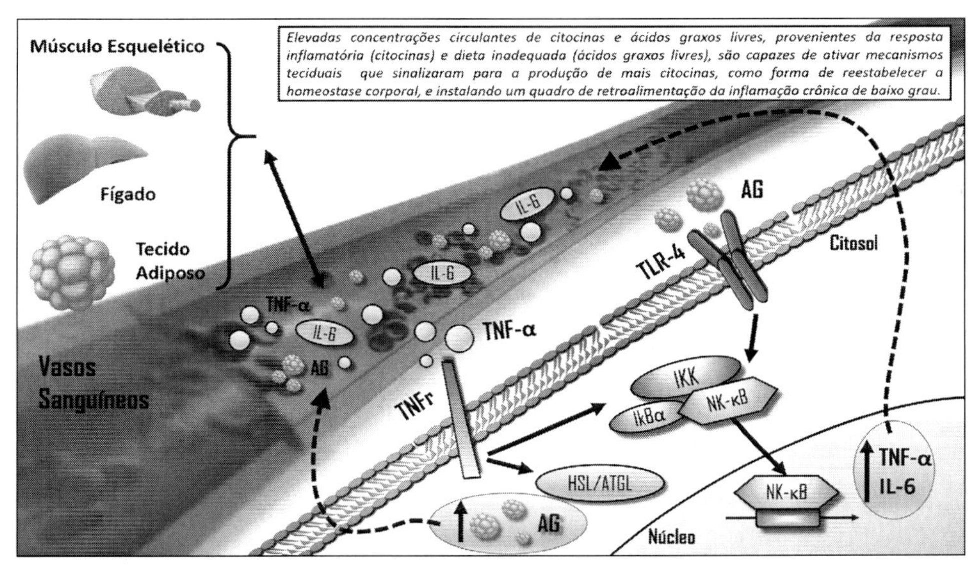

Figura 3 Ilustração da secreção de citocinas inflamatórias e ácidos graxos circulantes na corrente sanguínea, podendo modular as vias metabólicas de outros tecidos periféricos.

EFEITOS DO EXERCÍCIO FÍSICO SOBRE AS ALTERAÇÕES IMUNOMETABÓLICAS

Já está bem estabelecido que o estilo de vida sedentário somado aos hábitos alimentares inadequados contribui diretamente para a instalação e desenvolvimento de diversas doenças crônicas, bem como, alterações de moléculas pró-inflamatórias no plasma em resposta ao quadro inflamatório destes distúrbios metabólicos. Por outro lado, a prática regular de atividade física é recomendada como potente e interessante ferramenta para o tratamento e prevenção destas doenças em virtude de seus efeitos anti-inflamatórios, entretanto a grande pergunta que fica no ar: **POR QUE** e **COMO** o exercício físico é capaz de atuar e ser uma atividade anti-inflamatória? E é isso que iremos compreender melhor a partir de agora.

O efeito anti-inflamatório do exercício físico foi descoberto quando pesquisadores observaram que havia interação entre o exercício e o sistema imunológico, e posteriormente identificaram que o músculo esquelético quando em contração era capaz de produzir citocinas e peptídeo com efeitos autócrinos, parácrinos e endócrinos, reconhecidas atualmente como miocinas, e que essas miocinas poderiam contribuir para uma melhora da composição corporal e, consequentemente, atuar como um fator de proteção para o organismo humano. A primeira miocina a ser descoberta foi a IL-6 no ano de 2000, e atualmente sabe-se que outras interleucinas e peptídeos são produzidos pelo músculo, como por exemplo, interleucinas 8, 10 e 18 (IL-8, IL-10 e IL-18) (4,5).

A IL-6 proveniente da contração das fibras musculares atua de forma distinta nos tecidos e órgãos, observando que no próprio músculo esquelético ela efetua efeitos aditivos na captação de glicose (via ativação de PI3-K e AKT), no fígado controla enzimas responsáveis pela gliconeogênese hepática, no tecido adiposo estimula a oxidação lipídica (via STAT3 e AMPK) e que no sistema nervoso central controla neuropeptídios relacionados ao controle da ingestão alimentar.

Mas agora uma dúvida pode surgir em nossas cabeças, afinal, a IL-6 é pró ou anti-inflamatória? No começo do capítulo mencionamos que as citocinas são pleiotrópicas e agora veremos que a versatilidade de atuação depende diretamente do estímulo e da origem do estímulo. Uma mesma citocina pode atuar de formas distintas, como no caso da IL-6, e o que irá diferenciar a sua atuação é a sua origem e o ambiente que está estimulando esta produção e secreção, ou seja, a IL-6 atua de forma pró-inflamatória quando sua produção e secreção são provenientes de células imunológicas, como os macrófagos, em quadros de septicemia ou inflamação, e também pode desempenhar papel anti-inflamatório quando é produzida e secretada pelas fibras musculares em contração em resposta ao exercício físico, e ao estimular a produção de outras citocinas anti-inflamatórias como a IL-10 e IL-1ra.

Estudos apontam que diferentes tipos de exercícios físicos contribuem para o aumento plasmático de IL-6, entretanto a quantidade de produção desta citocina está intimamente relacionada com a quantidade de grupos musculares envolvidos na execução da atividade, ou seja, em exercícios onde há mobilização de diversos grupos musculares, como por exemplo, na corrida, há maiores produções da citocina quando comparado com exercícios excêntricos ou ciclismo. Em adição ao tipo de exercício, a duração e a intensidade do estímulo e da contração muscular são fundamentais para a secreção de IL-6 verificando uma correlação positiva entre os fatores tempo/intensidade de exercício e concentração plasmática, onde 51% da variação plasmática desta citocina podem ser explicadas pelo fator duração e intensidade.

Além do tipo de exercício físico, duração e intensidade do esforço, o nível de condicionamento físico atua como um fator importante para a ação anti-inflamatória da IL-6 em combinação aos estoques de glicogênio. O condicionamento físico é capaz de propiciar diversas adaptações e melhoras metabólicas, sendo uma delas o aumento dos estoques de glicogênio, que é um composto importante na eficácia de atuação da IL-6, observando que indivíduos treinados apresentam uma menor produção de IL-6, entretanto a efetividade da ação desta citocina é facilitada em virtude dos elevados estoques de glicogênio, bem como, em indivíduos não treinados há elevadas produções desta citocina em virtude de baixos estoques de glicogênio.

Concomitantemente ao aumento na produção de citocinas anti-inflamatórias durante e após o exercício físico, atualmente investiga-se as contribuições de fatores de transcrição gênica, estimulados pelo exercício, na resposta anti-inflamatória e em efeitos benéficos da atividade física, com intensas pesquisas nos receptores ativados por proliferador de peroxissomo (PPAR) a partir de 1990.

O PPAR é um fator de transcrição gênica da família de receptores nucleares que regula a expressão gênica de diversas proteínas, principalmente de proteínas relacionadas com o metabolismo de lipídeos e lipoproteína, homeostase glicêmica, proliferação celular e inflamação, e apresenta-se sob as isoformas alfa (PPAR-α), beta (PPAR-β) e gama (PPAR-y). As isoformas de PPAR são encontradas em tecidos específicos, verificando que maiores quantidades de PPAR-α são encontradas no fígado, bem como, PPAR-γ no tecido adiposo e PPAR-β e PPAR-α no músculo esquelético.

Para que haja atuação deste fator de transcrição o mesmo necessita estar formado como um heterodímero, ou seja, ele é dependente da conexão com o receptor do ácido 9-cis retinóico (RXR) e com co-fatores, tanto ativadores como repressores, tais como proteína co-ativadoras PGC-1α e SRC-1. Após a formação do heterodímero, o PPAR transloca para o núcleo celular, onde se ligará a sítios específicos de atuação, e promoverá a transcrição gênica para diferentes substâncias, como por exemplo, para a produção de adiponectina no caso do PPAR-γ. Em resposta ao exercício físico, o PPAR pode ser acionado pela proteína quinase ativada por AMP (AMPK) que é um complexo proteíco responsável em elevar a oxidação de lipídeos, estimulando a expressão gênica de proteínas lipolíticas e redução da expressão de genes lipogênicos via PPAR.

Com mencionado no começo do capítulo, a produção e secreção de algumas citocinas anti-inflamatória, como por exemplo a IL-6 mediada pelo exercício físico, é resultante de da execução de exercícios predominantemente aeróbio, com maior recrutamento de grupos musculares, de alto volume e duração para obtenção de uma eficiente resposta imuno-metabólica, entretanto as atuações de fatores de transcrição, como o PPAR, neste mesmo contexto ainda é incipiente. Para melhor entendimento dos fatores de transcrição, diversas pesquisas visam compreender quais as melhores condições e modelos de treinamento são capazes de propiciar as resposta anti-inflamatória e anti-aterogênica atribuídas ao exercício físico.

O caminho para a determinação da melhor intensidade, volume e duração de treinamento para a ativação do PPAR está relacionado com quais modelos de treinamento são capazes de ativar a AMPK partindo da premissa que este complexo proteico intermedia a atividade do fator de transcrição. A ativação da AMPK é decorrente de estresses que interfiram na produção de ATP quanto àqueles que elevam o consumo de ATP (6), como observado na contração muscular durante o exercício físico, e alguns estudos apontam comparações entre exercícios resistido e aeróbio e os mesmos observaram que há maior fosforilação e atividade deste complexo proteico nos exercícios aeróbios, podendo-se sugerir que, indiretamente ou diretamente, o PPAR apresentará maior sinalização neste modelo de treinamento. Esta linha de pensamento pode estar correta ao observar na literatura cientifica que a maioria dos estudos que investigam a ativação do PPAR pelo exercício físico são conduzidos com exercícios aeróbios (7).

Com relação à intensidade e volume de esforço sobre o PPAR, estudos recentes têm proposto que exercícios aeróbio de baixa intensidade já são capazes de resultar na ativação deste fator de transcrição culminando em uma maior expressão de citocinas anti-inflamatórias e auxiliando diretamente no transporte reverso do colesterol. Adicionalmente acredita-se que este modelo de periodização ao ativar o PPAR há polarização de macrófagos M2 (de característica e atuação anti-inflamatória) com supressão de vias inflamatórias. Com relação ao condicionamento físico, ainda não há informações substanciosas, entretanto, um estudo recente e pioneiro conduzido por Philp e colaboradores (2013) com ratos observou que a adaptação do musculo esquelético, por meio dos estoques de glicogênio e a sua depleção durante o exercício físico, regula a atividade do PPAR no músculo, bem como esta associado com a sensibilidade da AMPK (8).

Frente ao exposto acima, compreender a interação entre o sistema imunológico, especialmente a resposta inflamatória, e o metabolismo energético em diferentes condições (doenças ou exercício físico), nos fornece informações para explorar a ciência em benefício da melhora da qualidade de vida da população, e melhorar os diferentes tratamentos e programas de prevenção de doenças e promoção da saúde, bem como na melhora do desempenho físico.

CONSIDERAÇÕES FINAIS

- O sistema imunológico é responsável por defender o organismo por meio de uma resposta inflamatória mediada pelas citocinas objetivando o reestabelecimento da homeostase corporal. Uma resposta imune ocorre em virtude de estímulos do metabolismo, assim como, alterações no sistema imune reflete na atuação metabólica. Este "*crosstalk*" entre os sistemas é reconhecido como IMUNOMETABOLISMO e pode ser modificado mediante dieta, exercício físico e doenças;
- As citocinas são proteínas imuno-moduladoras responsáveis por intermediar a comunicação entre sistema imunológico e vias metabólicas em diferentes contextos. Em linhas gerais podem ser classificadas como anti-inflamatória e/ou pró-inflamatória, entretanto, a melhor classificação para estas proteínas é de ação pleiotrófica onde a sua atuação depende diretamente do estímulo e origem de produção;
- Obesidade, Diabetes *Mellitus* tipo 2, Resistência à insulina, Dislipidemia e Aterosclerose apresentam processos inflamatórios bem definidos que resultam em um agravamento da própria doença e favorece o desenvolvimento de co-morbidades associadas à alteração metabólica. A resposta inflamatória pode ser mediada por citocinas, ácidos graxos e endotoxina culminando em uma cascata de reações que ativará fatores de transcrição gênica, como o NF-kB, e a expressão de genes pró inflamatórios, além de dificultar a atividade de vias de sinalização fundamentais para o metabolismo humano;
- A prática regular de exercício físico é uma potente ferramenta para o tratamento de diversas alterações metabólicas em virtude de seu poder anti-inflamatório e anti-aterogênico. Um dos principais mecanismos envolvido nos efeitos benéficos do exercício físico é a produção de citocinas anti-inflamatórias, provenientes dos estímulos gerados pela contração muscular, e a ativação de proteínas e fatores de transcrição gênica, como o PPAR e AMPK, que elevam a resposta anti-inflamatória.

EXERCÍCIOS DE AUTOAVALIAÇÃO

Questão 1 – Explique a interação entre sistema imunológico e metabolismo elucidando as vias de comunicação por meio das citocinas.

Questão 2 – O que são citocinas anti-inflamatórias e pró-inflamatórias? Dê exemplos.

Questão 3 – Diversas citocinas, como a IL-6 e TNF-α, possuem atuação pleiotrófica no metabolismo humano. Elucide as diferentes ações de uma mesma citocina.

Questão 4 – Comente, de forma sucinta, os principais fatores envolvidos nas vias de sinalização da resposta inflamatória em indivíduos classificados como: ***obeso, diabético e dislipidêmico.***

Questão 5 – O exercício físico é reconhecido vastamente na literatura por seus efeitos benéficos sobre diversos tecidos e sistemas. Explique, com as suas palavras, o papel anti-inflamatório do exercício físico.

REFERÊNCIAS BIBLIOGRÁFICAS

1. Abbas A, Lichtman A, Pober J. Citocinas. In: Imunologia celular e molecular. 2nd ed. Rio de Janeiro: Revinter; 1998.
2. Ahlborg B, Ahlborg G. Exercise leukocytosis with and without beta-adrenergic blockade. Acta Med Scand. 1970 Apr;187(4):241–6.
3. Cintra D, Ropelle E, Pauli J. Obesidade e diabetes: Fisiopatologia e sinalização celular. 1ed ed. São Paulo: Sarvier; 2011.
4. Pedersen BK, Febbraio MA. Muscle as an Endocrine Organ: Focus on Muscle-Derived Interleukin-6. Physiol Rev. 2008 Oct 1;88(4):1379–406.
5. Pedersen BK. Exercise-induced myokines and their role in chronic diseases. Brain Behav Immun. 2011 Jul;25(5):811–6.
6. Hardie DG. Minireview: The AMP-Activated Protein Kinase Cascade: The Key Sensor of Cellular Energy Status. Endocrinology. 2003 Dec;144(12):5179–83.
7. Yakeu G, Butcher L, Isa S, Webb R, Roberts AW, Thomas AW, et al. Low-intensity exercise enhances expression of markers of alternative activation in circulating leukocytes: Roles of PPARγ and Th2 cytokines. Atherosclerosis. 2010 Oct;212(2):668–73.
8. Philp A, MacKenzie MG, Belew MY, Towler MC, Corstorphine A, Papalamprou A, et al. Glycogen Content Regulates Peroxisome Proliferator Activated Receptor-∂ (PPAR-∂) Activity in Rat Skeletal Muscle. Bassaganya-Riera J, editor. PLoS One. Public Library of Science; 2013 Oct 17;8(10):e77200.

8

EPIGENÉTICA

Leandro Fernandes
Vânia D'Almeida

OBJETIVOS DO CAPÍTULO

- Conhecer o que é epigenética
- Entender suas funções e mecanismos relacionados, assim como sua relação com o exercício físico, abordando principalmente:
- Metilação do DNA
- Modificações de histonas
- Evidenciar a relação do meio ambiente com a epigenética e o exercício físico.
- Compreender as relações entre epigenética e desempenho físico.

INTRODUÇÃO

Durante a evolução humana, atividade física tem sido considerada uma vantagem para sobrevivência. Notavelmente, embora seja bem estabelecido que a prática de atividade física ou de exercício regular desencadeie uma série de modificações na função de vários sistemas fisiológicos, diminuindo o risco de doenças metabólicas e melhorando o curso de pacientes com diabetes do tipo 2 (DM2) e obesidade, por exemplo, muitas pessoas ainda vivem uma vida sedentária (1). Alterar essa tendência provavelmente irá produzir um impacto na saúde pública. Portanto, é essencial compreender, descrever e divulgar melhor como o exercício físico altera mecanismos moleculares e, consequentemente, melhora a saúde de uma forma geral.

Nesse sentido, recentemente, o efeito do exercício físico em melhorar a saúde de pacientes com doenças crônicas foi atribuído a alterações epigenéticas que são induzidas pelo exercício, alterando, assim, a expressão de vários genes (2). Epigenética compreende, em geral, alterações que ocorrem sobre o DNA ou na estrutura da cromatina que podem influenciar a transcrição de vários genes sem modificar sua estrutura primária (sequência de nucleotideos) (3) (Figura 1).

De fato, um grande número de pesquisas tem demonstrado que o exercício altera a expressão dos genes que afetam o metabolismo da glicose (4) e de lipídeos (5), bem como a função mitocondrial (6). O exercício físico também altera a expressão de genes relacionados à massa muscular, tais como, fatores de transcrição (5), fatores de regulação miogênica e miocinas (7). O efeito dessas modificações induzidas pelo exercício na expressão gênica pode contribuir para a melhora do perfil metabólico e cardiorrespiratório e no aumento da aptidão física, por exemplo.

Se por um lado já foi demonstrado que o exercício pode atuar modulando a expressão gênica, dados recentes sugerem ainda, que fatores ambientais podem modificar os genes por meio de modificações epigenéticas (8), e dessa forma pode modificar a resposta de uma pessoa ao exercício.

Corroborando os achados em seres humanos, estudos em roedores têm demonstrado por meio da manipulação da expressão de genes alvos relacionados ao exercício, respostas diferentes destes genes (9,10) permitindo identificar as relações entre genes e resposta ao exercício. Curiosamente, fatores hereditários, tais como polimorfismos de nucleotídeo único (SNPs) podem modular a resposta ao exercício e assim os benefícios à saúde (11) (para revisão ver [11]).

Assim é de suma importância entender o papel da genética, bem como a relação bidirecional exercício físico e epigenética, a fim de possibilitar estratégias para melhora da saúde geral. Nesse sentido, será discutido nesse capítulo principalmente as modificações epigenéticas que ocorrem no músculo esquelético (principal tecido envolvido na prática de exercícios) após uma sessão aguda de exercício físico ou treinamento.

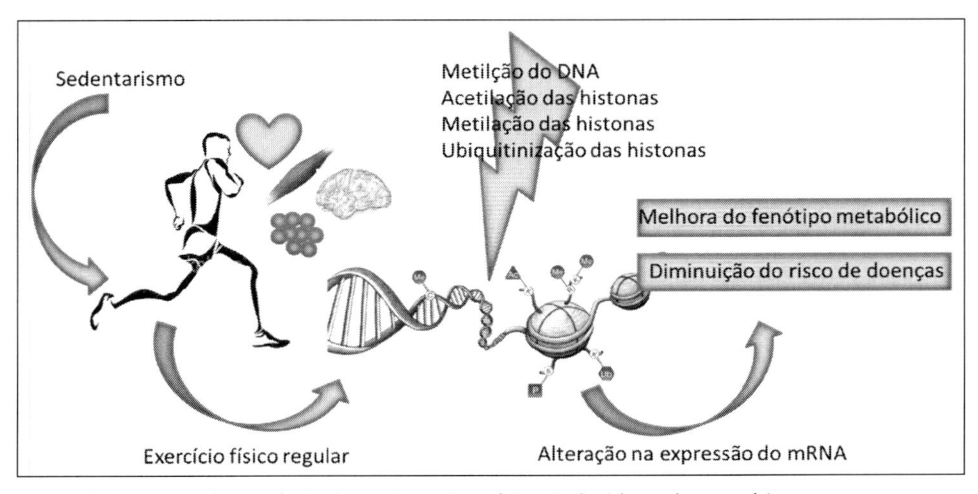

Figura 1 Esquema de possíveis alterações epigenéticas induzidas pelo exercício.

O QUE É EPIGENÉTICA

Epigenética foi primeiramente definida como uma complexa interação entre o genoma e fatores ambientais que regiam a diferenciação e desenvolvimento das células e órgãos. Atualmente, este termo refere-se a características hereditárias que não são consequência de modificações na seqüência de bases do DNA. Essas características são o resultado de modificações na regulação da expressão gênica modificando a acessibilidade ao DNA ou à estrutura da cromatina (12). Uma vez que modificações epigenéticas estão presentes elas podem ser estáveis e herdadas (13,14). As modificações epigenéticas mais comuns, e que podem ser induzidas pelo exercício, são metilação do DNA, modificações em histonas (metilação, acetilação, ubiquitinação) e expressão dos diferentes tipos de RNA não codificantes (ncRNA) ou de micro RNAs (miRNAs).

METILAÇÃO DO DNA

A metilação do DNA é o marcador epigenético mais extensivamente estudado e está envolvida numa variedade de processos biológicos. Em células diferenciadas de mamíferos, a metilação do DNA ocorre principalmente em citosinas seguidas de guaninas (sítios CpGs), as quais são assimetricamente distribuídos em regiões com poucos CGs e em regiões ricas em CGs, denominadas "ilhas CpGs". Estima-se que as ilhas CpGs estejam presentes em cerca de 50 a 70% de todos os promotores de genes humanos, enquanto as regiões com poucos CGs geralmente são localizadas em porções intergênicas e intrônicas (15).

A nutrição exerce papel importante na disponibilidade de grupamentos metila e, consequentemente, no controle da expressão gênica. A metionina obtida por meio da dieta é convertida em homocisteína (fluxo metionina-homocisteína) mediante duas reações sucessivas: na primeira, catalisada pela enzima metionina adenosiltransferase, é produzido um metabólito intermediário, a S-adenosil-metionina (SAM); na segunda, a SAM sofre desmetilação por ação de metiltransferases e se converte em S-adenosil-homocisteína, que logo é hidrolisada a homocisteína e adenosina, pela enzima S-adenosil-homocisteína hidrolase (16). Nesta rota, grupos metila são disponibilizados, entre outros fins, para metilação de DNA e proteínas (17). Embora a S-adenosil-metionina seja um co-substrato envolvido em transferências dos grupamentos metila (o que pode limitar as reações), as DNA metil transferases (DNMTs), incluindo DNMT1, DNMT2, DNMT3a e DNMT3b são as responsáveis pela adição destes grupos ao DNA. A DNMT1, também conhecida como enzima de manutenção, reconhece preferencialmente substratos de DNA que se apresentam metilados em apenas uma fita (DNA hemi-metilado), possibilitando que, durante a replicação, ocorra a propagação do padrão de metilação às fitas recém-sintetizadas. Assim, esta enzima garante a manutenção da metilação pós-replicação por produzir dinucleotídeos CpGs simetricamente metilados na dupla fita de DNA (18). A DNMT2 possui um domínio catalítico sem atividade de DNMT em humanos e, consequentemente, não apresenta capacidade de metilação. A DNMT3a e DNMT3b, também conhecidas como enzimas de metilação *de novo*, metilam com igual eficiência o DNA hemi-metilado e o não metilado, *in vitro* e *in vivo*, são altamente expressas em células tronco embrionárias e, são encontrados em níveis relativamente baixos nos tecidos somáticos adultos (18). Estas enzimas atuam no processo de metilação *de novo*, adicionando grupos metila em locais do DNA em que não existe metilação, mesmo na fita oposta. O padrão de metilação resultante da ação da DNMT3 é estabelecido durante a embriogênese.

Para que ocorra a expressão gênica a maquinaria transcricional requer contato com a citosina para que ocorra sua ligação com a dupla hélice do DNA. No entanto, quando ocorre a metilação das regiões CpGs a interação com o DNA se torna desfavorecida. Isso ocorre devido à inibição direta da ligação dos fatores de transcrição em sequências específicas do DNA geralmente ricas em CpGs, onde se encontram os sítios de reconhecimento e ligação destes fatores (19). Nesse sentido, o aumento da metilação de DNA tem sido associado com a diminuição da expressão gênica uma vez que ela pode reprimir a ligação desses fatores de transcrição nas regiões promotoras e atrair co-repressores transcrionais e histonas deacetilases (HDACs) (20). Essas modificações resultam em uma estrutura de cromatina densa, mais compactada e, consequentemente, genes inativos.

MODIFICAÇÃO DE HISTONAS

Histonas são proteínas essenciais constituintes da cromatina e que tem como umas das funções facilitar o empacotamento do DNA nos nucleossomos. Em humanos, as histonas podem ser divididas em 5 principais classes: (H1, H2A, H2B, H3 e H4), todas essas possuem caudas, as quais sofrem uma variedade de modificações pós-traducionais, incluindo a acetilação, metilação, fosforilação e ubiquitinação, que levam a alterações na estrutura da cromatina com consequências para a expressão gênica (21). Essas alterações podem ocorrer em diversos aminoácidos, mais o principal estudado atualmente é a lisina. Os efeitos que podem ocorrer na transcrição gênica são diversos de acordo com a modificação e o aminoácido envolvido. Essas alterações diversificadas podem incluir o silenciamento ou a ativação da transcrição gênica (20).

EPIGENÉTICA E EXERCÍCIO

Há milhões de anos a seleção natural moldou o músculo esquelético em um tecido altamente maleável, de modo favorável à sobrevivência da espécie. Atualmente o número de pesquisas que buscam investigar os mecanismos moleculares favoráveis a adaptações ao exercício têm crescido. Dessa forma, hoje se sabe que apenas uma sessão de exercício físico ativa sinais moleculares que permitem que o tecido muscular se adapte, estando mais apto a exposições futuras a outros estímulos. O grau e especificidade destes sinais são controlados pela natureza, intensidade e volume do exercício. Por exemplo, musculação - promove aumento da força muscular; caminhadas - aumenta a capacidade de resistência.

O acúmulo de sessões de exercício (treinamento) integra as respostas adaptativas de cada sessão de treinamento, melhorando gradualmente a função muscular global. Por outro lado, a interrupção do treinamento (destreinamento), leva à perda parcial ou completa das adaptações adquiridas ao longo do tempo. Nos próximos tópicos serão discutidos como o sedentarismo, exercício físico agudo e crônico podem influenciar o controle epigenético.

Mecanismo Geral de Atuação do Exercício no Controle Epigenético

A característica comum entre os diferentes tipos de exercício, seja ele de baixa ou alta intensidade, resistido ou aeróbio é a contração muscular que ocorre de forma coordenada. As respostas adjacentes são orquestradas por eventos intracelulares que culminam na modulação da expressão gênica envolvida em inúmeras funções (metabolismo glicolítico ou oxidativo, função mitocondrial, sinalização hormonal, entre outras) (13,22) (Figura 2).

O metabolismo do cálcio é um evento importante para que haja a contração muscular e o fluxo de cálcio do retículo endoplasmático para o citosol é um estímulo comum para que isso ocorra. Nesse sentido, dependendo do tipo de exercício (intensidade, volume), os eventos intracelulares irão variar fazendo com que haja respostas de controle epigenético especificas. Por exemplo, a musculação é associada com um maior fluxo de cálcio quando comparado à caminhada. O aumento no fluxo de cálcio, por sua vez, leva à ativação de proteínas dependentes de cálcio, tais como as proteínas quinases dependentes de calmodulina (CaMKs) (23). Na sequência dos acontecimentos intracelulares induzidos pela contração muscular inúmeros fatores de transcrição, coativadores e potenciadores são recrutados para as regiões promotoras dos genes envolvidos na adaptação da resposta ao exercício. Exercícios de longa duração ativam as CaMKs que, por sua vez, podem modular a ação do fator de crescimento do miócito 2 (MEF2) (24), um fator de transcrição chave envolvido na transformação de fibras rápidas (glicolíticas) em fibras lentas (oxidativas) (24). Além disso, uma série de co-ativadores e fatores de transcrição estão aumentados, regulando a expressão de vários outros genes, dentre os quais podemos destacar: ativador proteico 1 (AP-1) e fator nuclear kappa B (NFkB) que aumentam a expressão do gene mitocondrial superóxido dismutase (MnSOD); o co-ativador do receptor gama ativado por proliferador de peroxissomo (PGC)-1α e PGC-1β; receptor ativado por proliferador de peroxissomo (PPAR) (25) e receptores relacionados a receptor de estrogênio (ERR) (26), que regulam uma variedade de genes envolvidos na biogênese e função mitocondrial (27). Embora estes co-ativadores e fatores de transcrição desempenhem papéis-chave no controle da expressão gênica, outros mecanismos de regulação do acesso ao DNA também estão envolvidos.

Dentre esses mecanismos podemos mencionar a alteração da oxigenação tecidual local. A principal via de transdução de sinal sensível à pressão parcial de oxigênio intracelular (PiO_2) é regulada pelo fator induzido por hipóxia (HIF), um fator de transcrição heterodimérico composto por duas subunidades, HIF-1α e HIF-1β. Em condições de normóxia enzimas prolil-hidroxilases (PHD) promovem a hidroxilação de resíduos de prolina e também acetilação de lisinas nas histonas de genes alvo. Os resíduos de prolina hidroxilados são reconhecidos pelo fator de Von Hippel-Lindau (pVHL), que facilita a degradação do HIF-1α por meio da via ubiquitina-proteassomo (28). Durante condições de reduzida PiO_2, como por exemplo o exercício, a atividade das enzimas hidroxilases (PHD) é inibida, o que permite a estabilização de HIF-1α, que se transloca para o núcleo de modo a formar um complexo ativo com o HIF-1β. A ativação do complexo HIF-1α/HIF-1β induz a transcrição de genes alvo que participam na eritropoiese, angiogenêse, glicólise e no metabolismo energético (29).

Outro mecanismo que pode contribuir na diversidade das alterações epigenéticas induzidas pelo exercício ocorre por meio da proteína quinase ativada por AMP (AMPK), uma quinase serina/treonina que modula o metabolismo celular agudo por meio da fosforilação de enzimas metabólicas e, em longo prazo, por meio da regulação da transcrição. Dada a taxa de *turnover* de ATP durante o exercício, AMPK atua como um transdutor de sinal para que adaptações metabólicas ocorram devidas ao estado de energia celular alterado. Dessa forma, o exercício agudo aumenta a fosforilação da AMPK e a atividade enzimática de uma forma dependente da intensidade (30). O exercício crônico altera a expressão de genes metabólicos e induz biogênese mitocondrial, parcialmente devido à ligação de fatores de transcrição, tais como MEF e HDAC induzidos pela AMPK (31).

Outros estímulos também estão envolvidos na regulação da expressão gênica no exercício. O balanço redox que ocorre durante o metabolismo celular já foi descrito por participar na regulação da expressão gênica. O NAD+ transfere os elétrons produzidos durante a glicólise e o ciclo de Krebs, para o oxigênio. Esta transferência de elétrons libera uma grande quantidade de energia livre, que é conservada, principalmente, na forma de ATP. A regulação das sirtuínas (SIRT), família de proteínas deacetilases é dependente de NAD+ (32). A atividade deacetilase da SIRT1 (citoplasmática e nuclear) e SIRT3 (mitocondrial) é sensível às elevações de [NAD+] e a razão NAD+/NADH. Atividade de SIRT aumentada está associada a adaptações favoráveis no metabolismo do músculo esquelético, incluindo melhor função mitocondrial e desempenho esportivo (33). Nesse sentido, durante o exercício em virtude das elevações de [NAD+] e a razão NAD+/NADH ocorre a desacetilação de reguladores da transcrição (34) e enzimas mitocondriais (35), o que leva a adaptações na expressão gênica e metabolismo celular (36).

O próprio estresse mecânico, que ocorre durante a contração muscular na aplicação de tensão (força) através de um músculo ativo é capaz de modular a expressão gênica de alvos envolvidos na síntese proteica. O crescimento muscular (hipertrofia) ocorre como consequência de elevadas cargas de resistência mecânica mediada pela ativação da síntese de proteínas musculares esqueléticas (MPS) consequente à ativação do alvo da rapamicina em mamíferos (mTOR), proteína ribossômica S6K ($p70^{S6K}$) e seus alvos (37).

Exercício Agudo

Vários mecanismos epigenéticos estão envolvidos na expressão gênica induzida pelo exercício agudo. Uma sessão aguda de exercício em ciclo-ergômetro promove a acetilação da lisina 36 da histona 3 (H3K36), o que atenua a interação das histonas com o DNA (38). Além disso, foi demonstrado que ocorre a fosforilação das HDAC4 e HDAC5, que são translocadas a partir do núcleo para o citoplasma. Ambos os mecanismos permitem o relaxamento da cromatina favorecendo a transcrição de genes específicos no músculo (39). Mais especificamente, CaMK e AMPK, os quais estão aumentados durante uma sessão aguda de exercício, demonstraram fosforilar as HDAC, permitindo o acesso de fatores de transcrição a promotores, como por exemplo o MEF2 que, por sua vez, inicia a transcrição de genes sensíveis ao exercício incluindo miogenina, creatina quinase muscular (MCK) e transportador de glicose 4 (GLUT-4) (39,40).

Efeitos da metilação do DNA após uma sessão aguda de exercício também já têm sido demonstrados. A metilação de promotores de genes responsivos ao exercício é remodelada

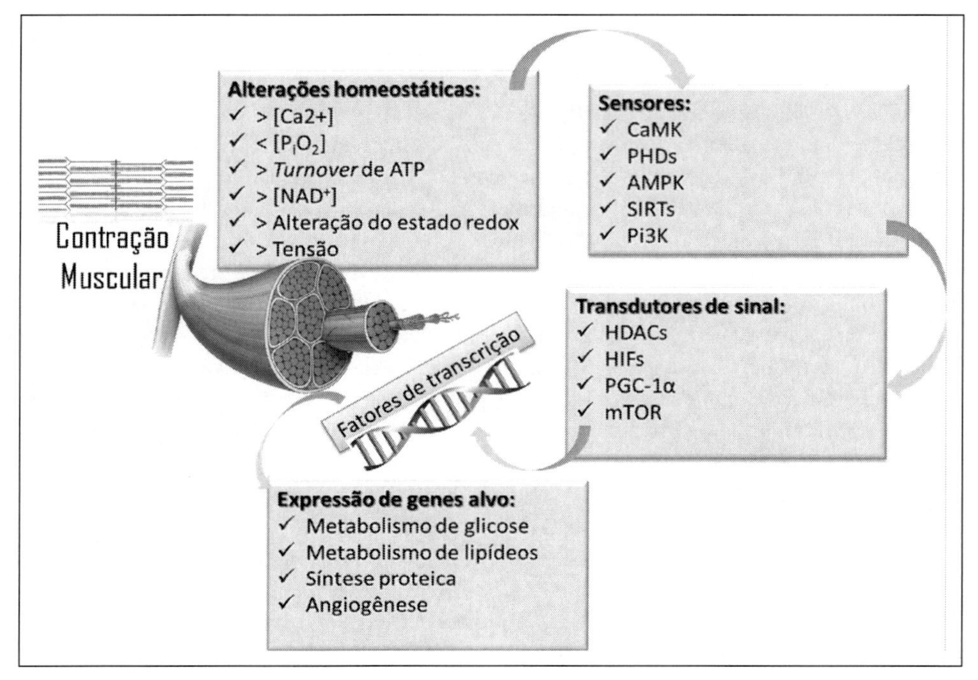

Figura 2 Esquema da sequência de eventos que ocorre a partir da contração muscular.

no músculo esquelético após sessão única de exercício intenso (2). Em músculos de humanos e camundongos, a metilação dos promotores do fator de transcrição mitocondrial (TFAM), piruvato desidrogenase quinase isoforma 4 (PDK4), PGC-1α e MEF2A foi diminuída após uma sessão aguda de exercício, sugerindo ativação destes genes (2).

A participação do cálcio na hipometilação que ocorre nesses genes também foi avaliada. Os autores utilizaram miotubos primários de humanos *in vitro* e verificaram que a liberação de cálcio é necessária, mas não suficiente para que ocorra hipometilação do DNA no músculo esquelético. Dessa forma, há outros mecanismos além da liberação de cálcio responsáveis por essa hipometilação. O consumo de ATP pelas células musculares altera a relação AMP/ATP levando à ativação da AMPK. Além disso, o aumento do metabolismo oxidativo para a produção de ATP gera alterações no estado redox, que já foram descritas por induzir modificações epigenéticas.

Estado redox alterado induzido pelo exercício é modulado por constituintes do metabolismo de um carbono, principalmente a S-adenosilmetionina (SAM), que é o principal doador de grupamento metila para a metilação do DNA. Assim, por meio da modulação da disponibilidade de dadores de metila, o balanço redox alterado pode ser outro processo que junto ao cálcio, controla a dinâmica de metilação induzida pelo exercício.

Exercício Crônico

Embora cada sessão de exercício seja necessária para que haja adaptação, praticar apenas uma sessão de exercício não é suficiente para causar modificações fenotípicas musculares. A sessão de exercício causa um rápido e transiente aumento na expressão gênica durante a recuperação (têm seu pico entre 3-12 h e perduram até 24 horas após a cessação do exercício) (2). Esse aumento na expressão irá depender do gene e também da intensidade do exercício.

As alterações fenotípicas induzidas pelo treinamento são consequência da repetição de sessões de exercícios. Nesse sentido, a superposição de séries repetidas de exercícios resulta em acúmulo gradual de respostas proteicas em decorrência de repetidos e intermitentes aumentos na expressão gênica. Assim, a adaptação de longo prazo (treinamento) é devida aos efeitos cumulativos de cada exercício agudo, levando o individuo a adquirir um novo limiar funcional.

Dessa forma, estudos têm encontrado que o treinamento físico também altera a metilação do DNA de forma crônica. Em um estudo que avaliou a metilação global em diferentes idades e fez uma associação com o nível de atividade física os autores encontraram um aumento na metilação global em indivíduos mais ativos comparados aos menos ativos (41). Um grupo de pesquisadores suecos realizou um estudo com homens saudáveis sedentários, que foram submetidos a um programa de exercício duas vezes por semana durante 6 meses. Foi realizada uma biópsia de tecido muscular e adiposo antes da intervenção e 48 horas após a última sessão de treino (42,43). Os autores avaliaram o perfil de metilação do DNA de genes envolvidos em diversas vias metabólicas e observaram modificação na metilação de 2817 e 7663 genes no músculo esquelético e no tecido adiposo, respectivamente. Além disso, enquanto cerca de três quartos dos genes identificados mostrou diminuição da metilação de DNA no músculo esquelético (42), a maioria dos genes mostrou aumento da metilação no tecido adiposo, em resposta ao exercício (43), o que sugere que a epigenética pode ter efeitos diferentes nos tecidos, e ainda, que pode existir uma comunicação entre os tecidos.

Sedentarismo e Epigenética

Hábitos de vida (exposição a fatores ambientais), tais como alimentação, fumo, álcool, poluição e sedentarismo durante as fases do desenvolvimento, ou até mesmo na vida adulta, têm contribuído para o aumento das doenças metabólicas.

Recentemente, diversos autores têm demonstrado como mecanismos epigenéticos podem estar envolvidos de forma importante nessas doenças. Nesse sentido, verificou-se que o músculo esquelético estriado é rico em HDACs da classe IIa (39), que por sua vez está envolvida na regulação da expressão gênica muscular, controlando, por exemplo, o tipo de fibra muscular expressa (24). As HDACs IIa reprimem a atividade de MEF2 ao deacetilar a porção N-terminal das histonas, o que resulta em condensação da cromatina (24). Este mecanismo inibe a atividade de transcrição de MEF2, porém sem afetar a afinidade de MEF2 pelo DNA. Os genes reprimidos por HDAC IIa via MEF2 incluem PGC-1α, hexocinase II, ATP sintase B, e carnitina palmitoil 1 (25). Estes genes são metabolicamente relevantes, porque regulam a função mitocondrial e a utilização de substratos.

A ligação entre a modificação da histona e metabolismo se tornou evidente a partir da observação de que a perda de função da histona desmetilase (JHDM2A) resultou em obesidade e diminuiu a expressão de genes metabolicamente relevantes em roedores, incluindo o PPARα e a proteína desacopladora 1 (UCP1) (44). As modificações em histonas também fornecem um elo molecular entre um estilo de vida sedentário e o desenvolvimento de DM2. As caudas de histonas do gene transportador de glicose GLUT4 fica desacetilada e a cromatina compactada quando ocorre a interação entre MEF2 com HDAC5 durante a inatividade física (45). Dessa forma ocorre a diminuição da expressão de GLUT4 o que contribui para a patogênese do DM2.

Após uma única sessão de exercício a transcrição de MEF2 aumenta, possivelmente devido a uma hipometilação do DNA (2). Dessa forma, o MEF2 pode interagir com PGC-1α e histonas acetil-transferases (HAT) para promover a acetilação de caudas de histona do GLUT4, que por fim ativa a transcrição deste gene (45).

CONSIDERAÇÕES FINAIS

Muitos estudos têm mostrado dados alarmantes sobre o aumento na prevalência de doenças crônicas. Por outro lado, nesse capítulo foi demonstrado o papel do exercício físico modulando respostas epigenéticas que favorecem a melhora em uma série parâmetros metabólicos. Nesse sentido, é de suma importância que sejam evidenciados esses mecanismos a fim de criar estratégias na promoção, prevenção e tratamento dessas doenças, sendo o exercício físico um importante aliado tanto para estratégias preventivas como terapêuticas. Vale ressaltar que embora muitos estudos tenham evidenciado o papel do exercício no controle da expressão gênica no tecido muscular, é preciso mencionar que existem estudos mostrando os efeitos do exercício físico no controle epigenético em outras tecidos e sistemas, incluindo o sistema nervoso central, cardiovascular e o tecido adiposo.

EXERCÍCIOS DE AUTOAVALIAÇÃO

Questão 1 – Que tipo de mecanismo epigenético já foi relacionado à prática de exercícios físicos?

Questão 2 – Descreva 2 mecanismos pelos quais o cálcio participa do controle da expressão gênica durante o exercício físico

Questão 3 – Muitas vezes encontramos no cenário esportivo, filhos de atletas que tem ótimo desempenho, assim como seus pais. Qual a contribuição da genética nesse aspecto?

Questão 4 – Discuta o papel de fatores de transcrição no controle da DM2 ou da obesidade pelo exercício físico.

Questão 5 – Considerando os conceitos abordados neste capítulo, qual seria a melhor estratégia para estimular/promover a prática da atividade física?

REFERÊNCIAS BIBLIOGRÁFICAS

1. Chen L, Magliano DJ, Zimmet PZ. The worldwide epidemiology of type 2 diabetes mellitus—present and future perspectives. Nat Rev Endocrinol. 2011 Nov 8;8(4):228–36.
2. Barrès R, Yan J, Egan B, Treebak JT, Rasmussen M, Fritz T, et al. Acute Exercise Remodels Promoter Methylation in Human Skeletal Muscle. Cell Metab. 2012 Mar 7;15(3):405–11.
3. Eccleston A, DeWitt N, Gunter C, Marte B, Nath D. Epigenetics. Nature. Nature Publishing Group; 2007 May 24;447(7143):395–395.
4. Christensen B, Nellemann B, Larsen MS, Thams L, Sieljacks P, Vestergaard PF, et al. Whole body metabolic effects of prolonged endurance training in combination with erythropoietin treatment in humans: a randomized placebo controlled trial. AJP Endocrinol Metab. 2013 Oct 1;305(7):E879–89.
5. Jeppesen J, Jordy AB, Sjøberg KA, Füllekrug J, Stahl A, Nybo L, et al. Enhanced Fatty Acid Oxidation and FATP4 Protein Expression after Endurance Exercise Training in Human Skeletal Muscle. Alquier T, editor. PLoS One. 2012 Jan 3;7(1):e29391.
6. van Tienen FHJ, Praet SFE, de Feyter HM, van den Broek NM, Lindsey PJ, Schoonderwoerd KGC, et al. Physical activity is the key determinant of skeletal muscle mitochondrial function in type 2 diabetes. J Clin Endocrinol Metab. 2012 Sep;97(9):3261–9.
7. Besse-Patin A, Montastier E, Vinel C, Castan-Laurell I, Louche K, Dray C, et al. Effect of endurance training on skeletal muscle myokine expression in obese men: identification of apelin as a novel myokine. Int J Obes. 2014 May 27;38(5):707–13.
8. Sandovici I, Smith NH, Nitert MD, Ackers-Johnson M, Uribe-Lewis S, Ito Y, et al. Maternal diet and aging alter the epigenetic control of a promoter-enhancer interaction at the Hnf4a gene in rat pancreatic islets. Proc Natl Acad Sci. 2011 Mar 29;108(13):5449–54.
9. Guasch E, Benito B, Qi X, Cifelli C, Naud P, Shi Y, et al. Atrial Fibrillation Promotion by Endurance Exercise. J Am Coll Cardiol. 2013 Jul 2;62(1):68–77.
10. Irimia JM, Meyer CM, Peper CL, Zhai L, Bock CB, Previs SF, et al. Impaired Glucose Tolerance and Predisposition to the Fasted State in Liver Glycogen Synthase Knock-out Mice. J Biol Chem. 2010 Apr 23;285(17):12851–61.
11. Pérusse L, Rankinen T, Hagberg JM, Loos RJF, Roth SM, Sarzynski MA, et al. Advances in Exercise, Fitness, and Performance Genomics in 2012. Med Sci Sport Exerc. 2013 May;45(5):824–31.
12. Handy DE, Castro R, Loscalzo J. Epigenetic Modifications: Basic Mechanisms and Role in Cardiovascular Disease. Circulation. 2011 May 17;123(19):2145–56.
13. Coffey VG, Hawley JA. The molecular bases of training adaptation. Sports Med. 2007;37(9):737–63.
14. Koch CM, Andrews RM, Flicek P, Dillon SC, Karaoz U, Clelland GK, et al. The landscape of histone modifications across 1% of the human genome in five human cell lines. Genome Res. 2007 Jun 1;17(6): 691–707.
15. Saxonov S, Berg P, Brutlag DL. A genome-wide analysis of CpG dinucleotides in the human genome distinguishes two distinct classes of promoters. Proc Natl Acad Sci. 2006 Jan 31;103(5):1412–7.
16. Alemán G, Tovar AR, Torres N. Metabolismo de la homocisteína y riesgo de enfermedades cardiovasculares: Importancia del estado nutricio en ácido fólico, vitaminas B6 y B12. Rev invest clín. Instituto Nacional de la nutrición; 2001;53(2):141–51.
17. Young L, Rees W, Sinclair K. Programming in the pre-implantation embryo. In: Langley-Evans S, editor. Fetal nutrition and adult disease : programming of chronic disease through fetal exposure to undernutrition. CABI Pub. in association with the Nutrition Society; 2004. p. 433.
18. Bird A. DNA methylation patterns and epigenetic memory. Genes Dev. 2002 Jan 1;16(1):6–21.
19. Robertson AK, Geiman TM, Sankpal UT, Hager GL, Robertson KD. Effects of chromatin structure on the enzymatic and DNA binding functions of DNA methyltransferases DNMT1 and Dnmt3a in vitro. Biochem Biophys Res Commun. 2004 Sep 10;322(1):110–8.
20. Li B, Carey M, Workman JL. The Role of Chromatin during Transcription. Cell. 2007 Feb 23;128(4): 707–19.

21. Kouzarides T. Chromatin Modifications and Their Function. Cell. 2007 Feb 23;128(4):693–705.
22. Egan B, Zierath JR. Exercise Metabolism and the Molecular Regulation of Skeletal Muscle Adaptation. Cell Metab. 2013 Feb 5;17(2):162–84.
23. Flück M, Waxham MN, Hamilton MT, Booth FW. Skeletal muscle Ca(2+)-independent kinase activity increases during either hypertrophy or running. J Appl Physiol. 2000 Jan;88(1):352–8.
24. Wu H, Rothermel B, Kanatous S, Rosenberg P, Naya FJ, Shelton JM, et al. Activation of MEF2 by muscle activity is mediated through a calcineurin-dependent pathway. EMBO J. European Molecular Biology Organization; 2001 Nov 15;20(22):6414–23.
25. Czubryt MP, McAnally J, Fishman GI, Olson EN. Regulation of peroxisome proliferator-activated receptor coactivator 1 (PGC-1) and mitochondrial function by MEF2 and HDAC5. Proc Natl Acad Sci. 2003 Feb 18;100(4):1711–6.
26. Schreiber SN, Emter R, Hock MB, Knutti D, Cardenas J, Podvinec M, et al. The estrogen-related receptor (ERR) functions in PPAR coactivator 1 (PGC-1)-induced mitochondrial biogenesis. Proc Natl Acad Sci. 2004 Apr 27;101(17):6472–7.
27. Kelly DP, Scarpulla RC. Transcriptional regulatory circuits controlling mitochondrial biogenesis and function. Genes Dev. 2004 Feb 15;18(4):357–68.
28. Maxwell PH, Wiesener MS, Chang G-W, Clifford SC, Vaux EC, Cockman ME, et al. The tumour suppressor protein VHL targets hypoxia-inducible factors for oxygen-dependent proteolysis. Nature. 1999 May 20;399(6733):271–5.
29. Schmutz S, Däpp C, Wittwer M, Vogt M, Hoppeler H, Flück M. Endurance training modulates the muscular transcriptome response to acute exercise. Pflügers Arch – Eur J Physiol. 2006 Feb 14;451(5):678–87.
30. Egan B, Carson BP, Garcia-Roves PM, Chibalin A V, Sarsfield FM, Barron N, et al. Exercise intensity-dependent regulation of peroxisome proliferator-activated receptor coactivator-1 mRNA abundance is associated with differential activation of upstream signalling kinases in human skeletal muscle. J Physiol. Wiley-Blackwell; 2010 May 15;588(Pt 10):1779–90.
31. McGee SL, van Denderen BJW, Howlett KF, Mollica J, Schertzer JD, Kemp BE, et al. AMP-Activated Protein Kinase Regulates GLUT4 Transcription by Phosphorylating Histone Deacetylase 5. Diabetes. 2008 Apr 1;57(4):860–7.
32. Schwer B, Verdin E. Conserved Metabolic Regulatory Functions of Sirtuins. Cell Metab. 2008 Feb;7(2):104–12.
33. Gerhart-Hines Z, Rodgers JT, Bare O, Lerin C, Kim S-H, Mostoslavsky R, et al. Metabolic control of muscle mitochondrial function and fatty acid oxidation through SIRT1/PGC-1α. EMBO J. 2007 Apr 4;26(7):1913–23.
34. Nemoto S, Fergusson MM, Finkel T. SIRT1 Functionally Interacts with the Metabolic Regulator and Transcriptional Coactivator PGC-1α. J Biol Chem. 2005 Apr 22;280(16):16456–60.
35. Hirschey MD, Shimazu T, Goetzman E, Jing E, Schwer B, Lombard DB, et al. SIRT3 regulates mitochondrial fatty-acid oxidation by reversible enzyme deacetylation. Nature. 2010 Mar 4;464(7285):121–5.
36. Cantó C, Gerhart-Hines Z, Feige JN, Lagouge M, Noriega L, Milne JC, et al. AMPK regulates energy expenditure by modulating NAD+ metabolism and SIRT1 activity. Nature. 2009 Apr 23;458(7241):1056–60.
37. Bodine SC, Stitt TN, Gonzalez M, Kline WO, Stover GL, Bauerlein R, et al. Akt/mTOR pathway is a crucial regulator of skeletal muscle hypertrophy and can prevent muscle atrophy in vivo. Nat Cell Biol. 2001 Nov 1;3(11):1014–9.
38. McGee SL, Fairlie E, Garnham AP, Hargreaves M. Exercise-induced histone modifications in human skeletal muscle. J Physiol. 2009 Dec 15;587(24):5951–8.
39. McKinsey TA, Zhang C-L, Lu J, Olson EN. Signal-dependent nuclear export of a histone deacetylase regulates muscledifferentiation. Nature, Publ online 02 Novemb 2000; | doi101038/35040593. Nature Publishing Group; 2000 Nov 2;408(6808):106.
40. Smith JAH, Kohn TA, Chetty AK, Ojuka EO. CaMK activation during exercise is required for histone hyperacetylation and MEF2A binding at the MEF2 site on the Glut4 gene. AJP Endocrinol Metab. 2008 Jun 24;295(3):E698–704.

41. White AJ, Sandler DP, Bolick SCE, Xu Z, Taylor JA, DeRoo LA. Recreational and household physical activity at different time points and DNA global methylation. Eur J Cancer. 2013 Jun;49(9):2199–206.
42. Nitert MD, Dayeh T, Volkov P, Elgzyri T, Hall E, Nilsson E, et al. Impact of an Exercise Intervention on DNA Methylation in Skeletal Muscle From First-Degree Relatives of Patients With Type 2 Diabetes. Diabetes. 2012 Dec 1;61(12):3322–32.
43. Rönn T, Volkov P, Davegårdh C, Dayeh T, Hall E, Olsson AH, et al. A Six Months Exercise Intervention Influences the Genome-wide DNA Methylation Pattern in Human Adipose Tissue. Greally JM, editor. PLoS Genet. 2013 Jun 27;9(6):e1003572.
44. Tateishi K, Okada Y, Kallin EM, Zhang Y. Role of Jhdm2a in regulating metabolic gene expression and obesity resistance. Nature. 2009 Apr 9;458(7239):757–61.
45. McGee SL, Hargreaves M. Exercise and skeletal muscle glucose transporter 4 expression: molecular mechanisms. Clin Exp Pharmacol Physiol. 2006 Apr;33(4):395–9.

Parte 3

BIOLOGIA MOLECULAR DO EXERCÍCIO E DOENÇAS CRÔNICAS DEGENERATIVAS

9

DIABETES *MELLITUS* DO TIPO 1

Ricardo José Gomes
Gabriel Keine Kuga
Rodrigo Moura

OBJETIVOS DO CAPÍTULO

O objetivo deste capítulo é apresentar os principais aspectos moleculares do Diabetes *Mellitus* tipo 1 (DM1) e as possibilidades de tratamento farmacológico e não farmacológico. A princípio o DM1 é caracterizado por níveis altos de glicose no sangue resultante da deficiência completa ou quase que completa da produção de insulina em decorrência de uma resposta autoimune do organismo e falência das células beta pancreática. As possíveis causas dessa resposta auto-imune e o desenvolvimento das complicações do DM1 são abordadas ao longo do capítulo. Na sequência são citados os principais sintomas e como é realizado o diagnóstico. Por fim são discutidas as intervenções farmacológicas e não farmacológicas (com destaque para o exercício físico) para controle da doença.

INTRODUÇÃO

O Diabetes *Mellitus* tipo 1 (DM1) é uma doença crônica que tem como característica principal uma importante redução da produção pancreática de insulina que produz hiperglicemia. Na maior parte dos casos sua origem é autoimune e está associada à fatores genéticos e ambientais. As alterações metabólicas e moleculares provocadas pela doença geram distúrbios em vários tecidos, como o nervoso, cardiovascular, renal, ósseo, entre outros. O tratamento padrão é realizado por meio da administração exógena de insulina. Além do tratamento farmacológico, se recomenda adequações alimentares e a prática regular de exercícios físicos. Os exercícios aeróbios, resistidos e combinados são indicados pois colaboram com a redução das doses diárias de insulina e também minimizam os riscos de comorbidades. Os pacientes com Diabetes *Mellitus* tipo 1 praticantes de exercícios físicos regulares precisam ajustar as doses de insulina bem como adequar a dieta de acordo com protocolo de treinamento empregado. Sabe-se que o exercício físico ativa vias intracelulares independente da via de sinalização da insulina que favorece a captação de glicose. Dentre as proteínas ativadas tem-se a proteína quinase ativa por AMP (AMPK) que atua sobre o conteúdo de GLUT-4 no músculo esquelético aumentando sua translocação e captação de glicose. Além disso, o exercício físico propicia melhora da aptidão funcional permitindo uma vida fisicamente mais ativa, com autonomia e independência nas atividades de trabalho e de tempo livre. Portanto, o tratamento mais eficiente para o DM1 exige a presença de uma equipe multiprofissional que possa planejar e acompanhar a estratégia de intervenção do paciente.

CARACTERIZAÇÃO DO DM1

O DM1 é uma doença caracterizada pela falência das células beta do pâncreas, resultando em significativa redução da produção pancreática de insulina (hipoinsulinemia). Em decorrência disso, ocorre alteração do metabolismo dos carboidratos com consequente hiperglicemia. O Diabetes *Mellitus* tipo 1 representa de 5% à 10% do total de casos de diabetes, estando relacionado principalmente à destruição autoimune seletiva das células-beta pancreáticas. O DM autoimune é classificado como DM1A, que representa a maioria dos casos de DM1. Há subtipos de DM1 de menor prevalência, tais como o DM1 idiopático (DM1B) e o DM1 do tipo LADA (diabetes autoimune latente do adulto). No DM1B (idiopático) não há evidencias de autoimunidade anti-células beta pancreáticas e os mecanismos de destruição celular não são ainda totalmente conhecidos. Sabe-se que a maioria desses pacientes é de origem africana ou asiática. Por outro lado, no DM1 tipo LADA, existe uma destruição autoimune das células β, mas ela é muito mais lenta (quando comparada ao DM1A) e ocorre geralmente em indivíduos com idade superior a 30 anos. Há ainda formas raras de diabetes, tais como o DM1 fulminante, diabetes mitocondrial, diabetes MODY (Maturity Onset Diabetes of the Young), entre outras (1,2).

No DM1A, o grau de destruição das células beta pancreáticas é variável, podendo ser rápido e intenso em crianças e adolescentes, resultando na necessidade precoce e permanente do tratamento com insulina exógena. Seu desenvolvimento pode também ser lento em alguns casos, principalmente em adultos, que podem manter a função residual das células beta pancreáticas por até alguns anos após o diagnóstico.

O DM1A compreende 90% dos casos de diabetes da infância e 5% a 10% daqueles de início na idade adulta. Predomina na raça branca, porém sua incidência é variável entre populações e áreas geográficas, refletindo diferentes genes de suscetibilidade e fatores ambientais desencadeantes. As maiores taxas de incidência mundial (superiores a 35/100.000/ano) ocorrem na Finlândia e na Sardenha (Itália), seguidas por populações caucasianas na Europa e na América do Norte, de incidência moderada (cerca de 10-20/100.000/ano). Finalmente, os países asiáticos e a grande maioria dos países da América do Sul apresentam as menores taxas mundiais (inferiores a 5/100.000/ano). No Brasil, a incidência é de 8/100.000/ano. É importante ressaltar que a incidência anual de DM1A tem aumentado na população mais jovem, principalmente em faixas etárias inferiores aos quatro anos de idade, sugerindo a existência de um fator ambiental atuante (3,4).

MECANISMO DE DESENVOLVIMENTO DO DM1A

Aspectos Autoimunes

O DM1A tem início quando ocorre um desequilíbrio nos mecanismos de tolerância aos antígenos próprios do organismo (autotolerância), resultando na inflamação das ilhotas pancreáticas (insulite), associada à infiltração inflamatória de linfócitos T e B, macrófagos e células dendríticas (células apresentadoras de antígenos-APCs). A tarefa de exibir os antígenos dos microorganismos invasores aos linfócitos é executada por proteínas especializadas, os antígenos leucocitários humanos (HLA), codificados por um sistema altamente poligênico e polimórfico designado complexo principal de histocompatibilidade (MHC), que regula a autotolerância do organismo. As moléculas do MHC são chamadas antígenos leucocitários humanos (HLA - do inglês Human Leucocyte Antigens), pelo fato desses antígenos serem expressos nos leucócitos humanos. Genes incluídos na nomenclatura HLA estão envolvidos na apresentação do antígeno aos linfócitos T e células Natural Killer (NK). São herdados em blocos ou séries chamados haplótipos e expressos em cada indivíduo. Influenciam na rejeição a transplantes clínicos, suscetibilidade à doenças infecciosas e predisposição a um amplo espectro de doenças crônicas não infecciosas.

As causas da perda da autotolerância do organismo nas doenças autoimunes, tais como o DM1A, podem ser intrínsecas, isto é, dependentes de características do próprio indivíduo, ou extrínsecas. Fatores genéticos responsáveis por codificar moléculas de histocompatibilidade, bem como fatores hormonais são considerados fatores intrínsecos. Fatores ambientais como infecções bacterianas e virais, exposição à agentes físicos e químicos, pesticidas e drogas são exemplos de causas extrínsecas.

A defesa contra os microorganismos é mediada pelas reações iniciais da imunidade inata e pelas respostas mais tardias da imunidade adquirida. A imunidade inata (natural ou nativa) consiste de mecanismos que existem antes da infecção e que são capazes de gerar respostas rápidas aos microorganismos, reagindo essencialmente do mesmo modo a qualquer tipo de infecção. Em contraste com a imunidade inata, os mecanismos de defesa adquirida (ou específica) são estimulados pela exposição a agentes infecciosos específicos e aumentam grandemente a capacidade defensiva a cada exposição sucessiva a um microorganismo em particular. Os componentes da imunidade adquirida são os linfócitos e seus produtos. Existem dois tipos de respostas imunes adquiridas, designadas imunidade humoral e imunidade celular, que são mediadas por diferentes componentes do sistema imune. A imunidade humoral é mediada por anticorpos, produzidos por linfócitos ou células B, sendo o principal mecanismo de defesa contra microorganismos extracelulares e suas toxinas. A imunidade celular é mediada por linfócitos ou células T e promove defesa contra microorganismos intracelulares, que ficam inacessíveis aos anticorpos circulantes, destruindo-os ou provocando a lise das células infectadas. Os linfócitos T são divididos em subpopulações funcionalmente distintas que reconhecem e respondem apenas a antígenos peptídicos associados à superfície da célula - os linfócitos T auxiliares (CD4+) e os linfócitos T citotóxicos (CTLs ou citolíticos - CD8+).

Sabe-se que as células T-CD4 ativadas (CD4+) agem no processo da insulite, determinando reações inflamatórias e secreção de citocinas, especialmente interleucina 1 (IL-1), interferon γ (IFN-γ) e fator de necrose tumoral alfa (TNF-α), culminando com a morte das células--beta do pâncreas (imunidade celular). As células T CD4+ também funcionam como células auxiliares ativadoras das células T-CD8 e linfócitos B produtores de autoanticorpos (imunidade humoral). O período de autoimunidade ativa, conhecido como pré-diabético assintomático ou fase subclínica, precede o diabetes e pode ter duração de vários anos, sendo evidenciado pela presença de autoanticorpos contra antígenos das células-beta e pela perda progressiva da capacidade secretora de insulina. Ao diagnóstico do DM1A, restam geralmente apenas 10% das células beta e, com o passar do tempo, estas se tornam ausentes (Figura 1). As demais células das ilhotas pancreáticas não são atingidas, e persistem produzindo glucagon (células-alfa) e somatostatina (células delta). A secreção de glucagon aumenta pela perda do efeito supressor da insulina e gera um desequilíbrio ainda maior no metabolismo dos carboidratos. A deficiência de insulina pode ainda causar certa atrofia do pâncreas exócrino e redução das enzimas pancreáticas (4,5).

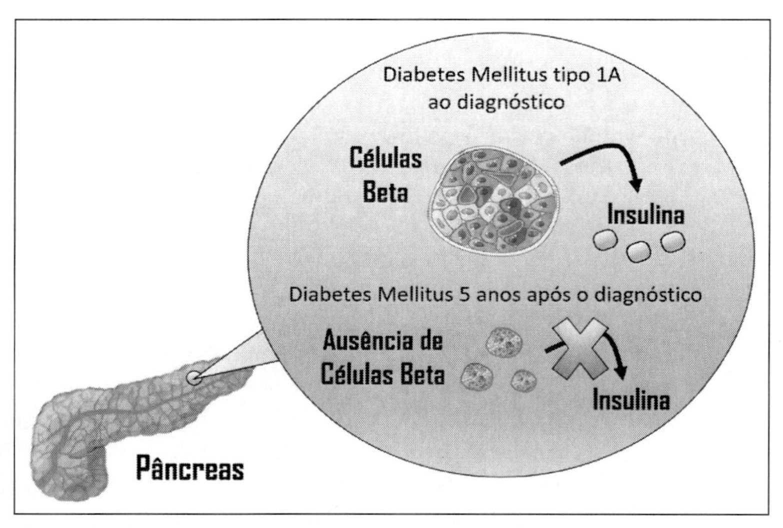

Figura 1 Destruição das células beta no DM1A. Observa-se que no curso da doença as células betas são destruídas pela reação autoimune que gera ao longo do tempo ausência total da produção do hormônio

O antígeno específico da célula-beta, alvo inicial do sistema imune, não está definido, mas os autoanticorpos contra vários componentes das células beta, presentes no soro de pacientes diabéticos recém-diagnosticados, e de indivíduos que posteriormente desenvolvem a doença, são importantes marcadores da progressão dela. Além da perda da tolerância pelas células T, há também perda da tolerância pelas células B, que expressam imunoglobulinas auto-reativas. A presença de autoanticorpos contra vários tecidos no DM1A pode ser resultado dessas alterações. Os marcadores humorais mais freqüentes da agressão imune são os anticorpos anti-

-insulina (IAA), anti-ilhotas de Langerhans citoplasmático (ICA), anti-enzima descarboxilase do ácido glutâmico 65 (anti-GAD-65) e anti-proteína de membrana com homologia às tirosinofosfatases ou anti-antígeno 2 do insulinoma (anti-IA2). Tais autoanticorpos podem ser mensurados e identificam o processo autoimune associado à destruição de células beta. Normalmente, um ou mais destes autoanticorpos estão presentes em 85 a 90% dos indivíduos, quando a hiperglicemia de jejum é inicialmente detectada (6).

Embora os autoanticorpos das ilhotas sejam altamente indicativos de diabetes, acredita-se que seja improvável que eles realmente causem a doença, uma vez que é possível encontrá-los sem a presença do DM1 em várias pessoas. Com base nas características da insulite, a maioria dos pesquisadores acredita que células TCD4 e TCD8 auto-reativas sejam diretamente responsáveis pela morte das células beta. A predominância de linfócitos TCD8+ na insulite sustenta a hipótese de que provavelmente as células beta são lesadas em uma reação citotóxica mediada por essas células. Parece provável que linfócitos TCD4 que reconhecem auto-antígenos das ilhotas, como insulina, GAD65, IA-2, entre outros, sejam ativados nos linfonodos locais e estimulem as células TCD8 citotóxicas, que reconhecem alvos relacionados nas células beta e se deslocam para as ilhotas iniciando o processo destrutivo.

A autoimunidade do DM1 pode ser desencadeada por um processo conhecido como mimetismo molecular (Figura 2). Em tal processo, um antígeno externo, por exemplo, um vírus, provoca uma resposta imune normal em qualquer parte do corpo. Se este antígeno tiver confor-

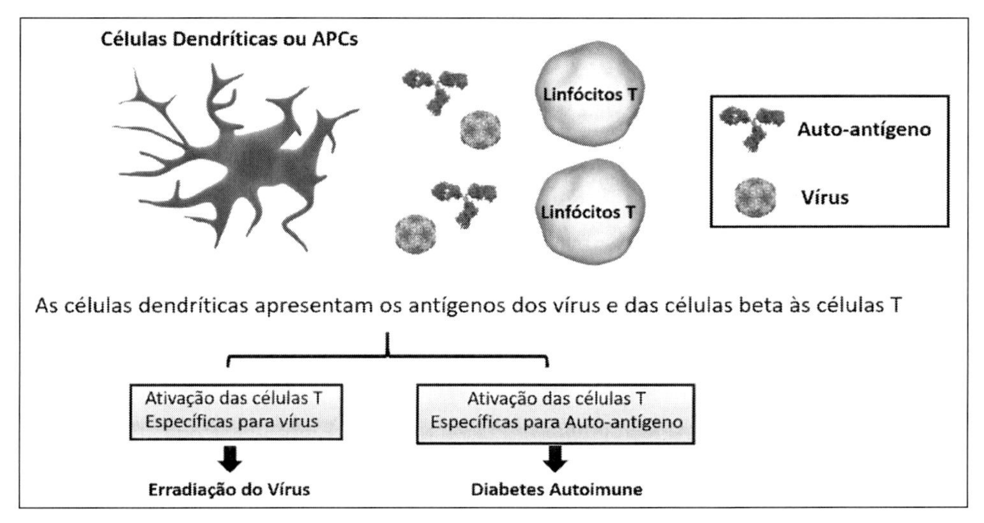

Figura 2 Modelo simplificado de destruição autoimune das células beta. Após uma infecção viral do pâncreas, as células apresentadoras de antígenos (células dendríticas, ou APCs) fagocitam vírus e apresentam os peptídeos virais aos linfócitos T (CD4+) pelos antígenos HLA de classe II. São secretadas então citocinas (IL-1. IL-2. IFN-γ, TNF-α e β) que estimulam os efeitos citotóxicos dos linfócitos TCD8+. O mecanismo autoimune conhecido por mimetismo molecular refere-se à resposta imune contra uma proteína viral que, compartilhando peptídeos comuns às células beta, e poderia resultar em destruição citotóxica das ilhotas pancreáticas.

mação similar ou for quimicamente semelhante a um componente das células beta (e houver suscetibilidade genética), o antígeno poderia também estimular um ataque contra as células pancreáticas, o que levaria ao quadro de DM1A. A perda ou falha da autotolerância pode resultar de seleção ou regulação anormal dos linfócitos auto-reativos e por anormalidades no modo pelo qual os antígenos impróprios são apresentados ao sistema imune. Essa falha, caracterizada por expansão clonal de linfócitos auto-reativos e produção de autoanticorpos contra antígenos autólogos de tecidos corporais normais, conduz a doenças autoimunes. A autoimunidade pode resultar de anormalidades primárias das células T, das células B ou de ambas (4).

Aspectos Genéticos do DM1A:

A alta incidência familiar do DM1, particularmente entre parentes de primeiro grau, bem como, a maior concordância para o aparecimento da doença entre gêmeos monozigóticos, em relação aos dizigóticos, indica que os fatores genéticos têm grande importância na patogenia do DM1 (7). Os genes do maior complexo de histocompatibilidade (MHC) conferem maior risco relativo para desenvolver DM1A. Na região do sistema antígeno leucocitário humano (HLA), localizada no complexo principal de histocompatibilidade, situa-se em uma região do braço curto do cromossomo 6, e constitui o principal lócus de suscetibilidade para DM1A, denominado IDDM1 (40% a 50% de risco genético para DM tipo 1). A associação de moléculas MHC de classe II com diabetes autoimune tem sido analisada extensivamente. Existem múltiplos alelos HLA-DQ que vêm sendo correlacionados hierarquicamente com a susceptibilidade a DM. Essa hierarquia de associação é influenciada pela heterogeneidade e idade da população testada. Pacientes que iniciam a doença mais jovens têm uma maior contribuição genética na patogênese da doença. Determinadas combinações de alelos do HLA estão associadas à susceptibilidade ou resistência ao DM1. As regiões HLA-DR e -DQ são associadas com o DM1 em todos os grupos étnicos estudados, principalmente os alelos HLA-DQB1*0302 e/ou -DQB1*020 (8). Porém, a susceptibilidade ao desenvolvimento do DM1 é mais relacionada a determinados haplotipos HLA de classe II específicos ao invés de alelos isolados. Em caucasianos, o maior risco de desenvolver a doença está relacionado ao genótipo HLA-DR3--DQA1*0501-DQB1*0201/DR4-DQA1*0301-DQB1*0302 e a associação negativa mais forte está relacionada ao genótipo HLA-DRB1*1501-DQA1*0102-DQB1*0602 (4). Cerca de 30% da população geral apresenta algum grau de predisposição genética, mas apenas 0,5% desenvolve o DM1A (9,10).

A região MHC, altamente polimórfica, compreende genes agrupados em classe I (teloméricos) e classe II (centroméricos), separados pelos genes classe III. As moléculas de classe I e II estão envolvidas com a apresentação de peptídeos patogênicos aos linfócitos T e a resposta imune adaptativa. Na região classe II estão também localizados genes que codificam diversas proteínas citosólicas, associadas ao transporte e ao processamento de antígenos (TAP1 e TAP2). Já a região classe III é responsável por proteínas importantes na resposta imune, como a proteína do choque térmico (HSP70), de complemento (C2 e C4) e o fator de necrose tumoral (TNF) (4).

O DM1 autoimune (DM1A) tem se tornado uma das doenças poligênicas mais estudadas. À medida que as pesquisas avançam, vários genes têm sido implicados à suscetibilidade dessa doença. Desta forma, sabe-se que há uma forte associação entre HLA e o DM1A. Além disso, outros genes, tais como CTLA4 (cytotoxic T-lymphocyte-associated protein 4), IFIH1 (interferon induced with helicase C domain 1), ITPR3 (inositol 1,4,5-triphosphate receptor 3), receptor da IL-2 e PTPN22 (protein tyrosine phosphatase, nonreceptor type 22), têm sido implicados à predisposição genética do DM1A.

No Brasil, um país constituído por grande miscigenação entre caucasianos europeus, índios nativos e negros africanos, a base genética do DM1 tem sido pouco estudada. Alves et. al (2006) verificaram que a susceptibilidade imunogenética para o DM1 em brasileiros foi associada com os alelos HLA-DRB1*03, -DRB1*04, -DQB1*0201, -DQB1*0302 e a proteção com os alelos -DQB1*0602 e -DQB1*0301 e os antígenos -DR2 e -DR7 (11).

Todos os fatores genéticos conhecidos até o momento poderiam ser responsáveis por no máximo 65% a 70% dos casos de DM1A e não explicam o aumento de sua incidência nas últimas décadas. Esses dados sugerem a importância de fatores ambientais no processo patogênico da doença (2,4,12).

Fatores Ambientais ou de Gatilho para o DM1A:

Diversos agentes ambientais podem estar envolvidos no desenvolvimento da reposta autoimune do DM1A. Tais fatores são denominados "gatilhos" para o início da doença, porém ainda não há um consenso sobre quais fatores seriam mais importantes para o desenvolvimento do DM1A. Vários agentes etiológicos têm sido apontados como desencadeantes da autoimunidade para DM1A. Estudos indicam que as viroses, especialmente aquelas relacionadas ao vírus Coxsackie B (enterovirus que vive no sistema digestivo) e o citomegalovirus (família do herpesvírus) poderiam representar um fator ambiental relevante. Há inda outros vírus implicados na doença, como o da varicela, da rubéola e do sarampo.

Antígenos de alguns patógenos têm determinantes que fazem reação cruzada com antígenos próprios do organismo, e uma resposta imune contra esses determinantes podem levar a uma reposta autoimune. Por exemplo, uma infecção viral no pâncreas pode liberar células lesadas ou ainda as células dendríticas locais podem ser ativadas pelas células lesadas e pelo vírus agressor. As células dendríticas levam amostras do tecido inflamado até o linfonodo local, processam e apresentam os antígenos (vírus e células beta) às células T. Como conseqüência, as células T são ativadas para erradicar o vírus e acabam destruindo também as células beta. O lento processo de lesão das células beta é instalado e quando o paciente descobre o DM1A o vírus já foi erradicado a muito tempo. Por exemplo, vírus incubados no pâncreas, tais como os enterovírus e o vírus da caxumba, podem afetar diretamente as células produtoras de insulina. Infecções das ilhotas pancreáticas poderiam então revelar autoepítopos (menor porção de antígeno com potencial de gerar a resposta imune) normalmente expressos nas células beta, mas inacessível ao sistema imune pela barreira endotelial. Os vírus podem, também, desencadear o processo autoimune pela modulação do processamento antigênico (isto é, indução de proteases celulares) revelando epítopos ocultos, os quais poderiam, por sua vez, tornarem-se alvo das células T circulantes. Estes mecanismos poderiam ser responsáveis pelo desencadeamento da autoimunidade celular a outros antígenos das células beta. As células beta infectadas tornar-se-iam, então, suscetíveis ao ataque pelos linfócitos T citotóxicos e macrófagos.

São investigados também diferentes componentes da dieta, como o leite materno, o leite de vaca (albumina bovina), as carnes defumadas e os embutidos (nitrosaminas), a água com alto teor de nitrato (efeito tóxico), a idade de introdução de alimentos sólidos na dieta infantil, entre outros. Alterações do sono, alto estresse psicológico, algumas vacinas, e influências climáticas também têm sido citados pelos pesquisadores como possíveis fatores de gatilho para doença, porém muitos estudos são ainda inconclusivos. Além disso, células linfóides podem não ser expostas à alguns antígenos próprios durante sua diferenciação, porque elas devem ser antígenos de desenvolvimento tardio ou podem estar confinadas em órgãos especializados (ex. testículos, cérebro, olho, etc). A liberação de antígenos desses órgãos resultantes de traumas ou cirurgias poderiam levar à estimulação de uma resposta autoimune e consequente desenvolvimento do DM1A (13–15).

TRATAMENTO NÃO FARMACOLÓGICO: EXERCÍCIO E DM1

Neste capítulo, não será descrito as abordagens farmacológicas, sobretudo o uso de insulina exógena que constitui-se no principal tratamento para o indivíduo com DM1. Será dado ênfase ao papel do exercício físico como estratégica de tratamento da doença. Uma abordagem multidisciplinar com controle nutricional e prática regular de atividades físicas, permite alcançar diminuição dos sintomas do DM1 e dos riscos de doenças associadas. Uma meta análise com cerca de 48 estudos clínicos envolvendo atividade física e DM1 concluiu que o exercício melhora o condicionamento físico, a função vascular endotelial e o perfil lipídico, além de diminuir a dosagem de insulina exógena requerida (16) (Figura 3).

Indivíduos diabéticos apresentam menor condicionamento físico e resistência em contrações isométricas. A taxa máxima de síntese de ATP nas mitocôndrias do músculo esquelético é reduzida no DM1. Entretanto, ainda é questionável o quanto essa redução na capacidade mitocondrial poderia interferir na função aeróbia. Estima-se que durante o exercício, a quantidade de mitocôndrias presentes no músculo esquelético de diabéticos ainda seria capaz de aumentar em até 150 vezes a captação de oxigênio por kg de tecido. As diferenças de condicionamento aeróbio são, na maioria das vezes, devidas ao estilo de vida adotado, do que propriamente por influência da doença. Atletas com DM1 não apresentam diferenças na capacidade aeróbia em comparação com seus pares não-diabéticos. Quando há limitações para se atingir os benefícios aeróbios do treinamento, isso se deve na maioria das vezes à difusão de O_2 prejudicada no pulmão, função cardíaca ou aporte sanguíneo prejudicado no músculo (17). Contudo, o paciente diabético consegue alcançar a maioria dos benefícios que o treinamento físico pode gerar em não diabéticos, inclusive desempenho de alto nível em competições de diferentes esportes.

Sabe-se que a contração muscular é capaz de aumentar a captação de glicose pelo músculo esquelético por mecanismos dependentes e independentes de insulina. A fosforilação da proteína ativada por AMP (AMPK) promove a translocação de GLUT4 para a membrana celular e é um dos mecanismos independentes de captação de glicose (18). Além disso, sabe-se que uma sessão de exercício físico já é capaz de aumentar a transcrição do transportador de glicose GLUT-4 e que apenas algumas semanas de exercício produzem um aumento subs-

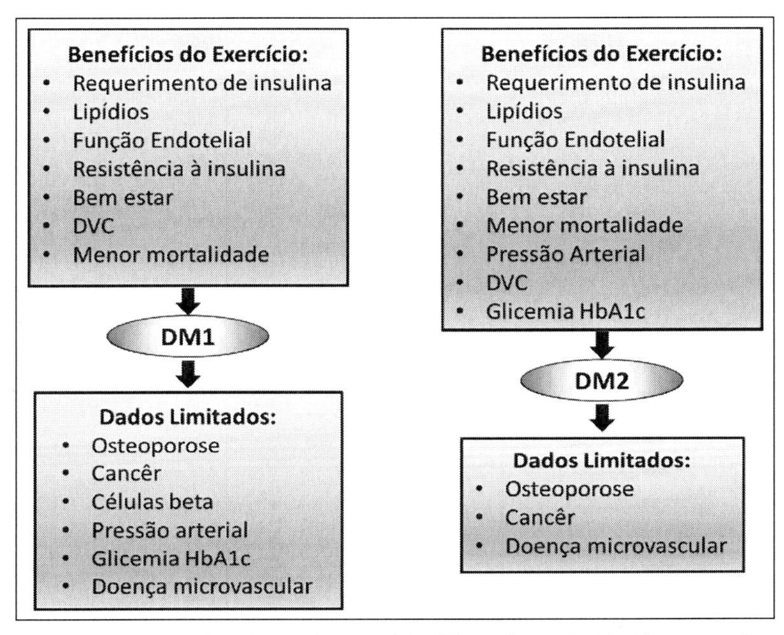

Figura 3 Resumo dos efeitos do exercício físico sobre o DM1. Alguns resultados são comprovados por diversos estudos sistematizados, mas outros parâmetros ainda necessitam de estudos adicionais (adaptado e modificado de Chimen et al., 2012). DVC; doença vascular cerebral.

tancial na expressão de GLUT4 no músculo esquelético. O aumento de GLUT4 e sua translocação para a membrana celular promovem captação de glicose pelas células, diminuindo assim sua concentração extracelular (17). Tais mecanismos moleculares envolvidos na homeostase da glicose em resposta ao exercício físico foram abordados em outros capítulos deste livro e que devem ser lidos para melhor compreensão dos mecanismos envolvidos. Uma questão ainda controversa na literatura é o controle glicêmico aferido pelo método da hemoglobina glicada. Alguns estudos demonstraram redução da HbA1c, enquanto outros apontam manutenção ou até mesmo aumento desse percentual. Paradoxalmente, observa-se na maioria dos estudos redução da aplicação de insulina exógena, e menores valores de glicose durante o auto monitoramento (16,19–21).

Programas de treinamento aeróbio promoveram redução de colesterol e diminuição da circunferência de cintura, melhorando a função endotelial, pressão arterial e reduzindo a mortalidade de pacientes com DM1. A função cardiovascular é melhorada pelo treinamento físico, não apenas pela melhora vascular e do perfil lipídico, mas também em função do aumento de proteínas associadas a sobrevida dos cardiomiócitos. Um estudo com modelo animal, mostrou que o diabetes tipo 1 reduziu várias proteínas relacionadas à sobrevida dos cardiomiócitos, tais como IGF-1R (receptor do fator de crescimento semelhante à insulina 1) e AKT, além de aumentar uma enzima chave da apoptose celular (caspase-3). O exercício físico moderado recuperou IGF-1R, AKT e reduziu caspase-3, reduzindo a apoptose das células (22).

O treinamento resistido com pesos, também oferece uma série de benefícios para a saúde. Na última década esse tipo de exercício deixou de ser visto apenas como modalidade para competição de levantamento de pesos e fisiculturismo. Hoje é comprovadamente uma ótima abordagem para ganho de força, condicionamento físico e saúde para a população em geral. Essa modalidade permite manutenção da massa muscular, força e aumento da independência de pessoas idosas. Dentre os benefícios do treinamento resistido pode-se citar o aumento do gasto energético de repouso, da densidade mineral óssea, melhora da sensibilidade à insulina e do perfil lipídico. Os estudos com programas de treinamento combinado são em menor número na literatura, mas também se reporta melhoras em fatores de risco cardiovascular. Um treinamento de oito meses constituído de 15 minutos de ciclismo seguidos de 15 minutos de exercício resistido promoveu diminuição da pressão arterial, frequência cardíaca e melhoras na condução nervosa de adultos jovens DM1 (23).

Os exercícios resistidos com 8 a 10 repetições e intervalos em torno de 2 minutos provocam menores quedas na glicemia em comparação com os exercícios aeróbios (23). Por outro lado, cargas de treinamento elevadas que provoquem alta atividade adrenérgica provavelmente aumentem a glicemia. Esse aspecto é importante em treinamentos combinados nos quais o exercício aeróbio e resistido são realizados no mesmo dia (24). Em estudos com protocolos de treinamento combinado no mesmo dia (treinamento concorrente) foi observado que a ordem de execução pode interferir na glicemia. Quanto mais intenso o exercício resistido mais alta será a resposta adrenérgica, o que ao contrário dos exercício aeróbios, promove um aumento da glicemia (25). Quando os exercícios resistidos são executados no início da sessão, os eventos de hipoglicemia durante a sessão ou posteriormente são mais escassos, muito provavelmente pelo efeito compensatório do exercício aeróbio em reduzir o aumento prévio da glicemia (24). Entretanto, pessoas iniciando um programa de exercícios devem estar atentas aos níveis glicêmicos nas próximas 12 a 24 horas após a sessão de treinamento e efetuar ajustes necessários na ingestão de carboidratos e doses de insulina.

Uma limitação ainda presente no estudo do DM1, é que poucos trabalhos avaliaram os efeitos do exercício físico sobre as respostas moleculares nesta população. Mesmo em modelos animais, a maioria dos estudos que investigou os efeitos do exercício sobre aspectos moleculares usou animais tipo 2 ou saudáveis. Além disso, vários trabalhos com DM1 apresentam amostra reduzida, curto tempo de treinamento ou falta de padronização dos protocolos, restando poucos estudos adequados nesta linha de pesquisa. Em animais diabéticos tipo 1 induzidos pela droga Aloxana (ALX), observa-se uma redução significativa da glicemia por meio de exercícios aeróbios de intensidade moderada. Além disso, tem sido observado neste tipo de modelo de diabetes redução dos triglicerídeos e aumento das concentrações hepáticas de glicogênio (26,27). Em ratos diabéticos tipo 1 induzidos por estreptozotocina (STZ) foi demonstrado que a doença produz atrofia muscular, o que também ocorre em pacientes com DM1. Esta atrofia pode ser gerada pelo aumento da proteólise e pela redução da capacidade de reparação protéica muscular. A origem fundamental está no aumento de citocinas próinflamatórias, sobre tudo pelo aumento da IL-6 muscular, TNF-αlfa e IL1β. O treinamento resistido parece reduzir a atrofia em organismos diabéticos tipo 1, justamente por modular tais citocinas, reduzindo IL-6 no músculo e aumentando as concentrações séricas e musculares de IL-15 (28).

Outro aspecto relevante é que os organismos diabéticos tipo 1 podem apresentar certo grau de resistência à insulina (hepática e muscular) pelo aumento de citocinas próinflamatórias, o que pode comprometer a captação de glicose e aumentar os requerimentos de insulina ao longo do tempo. Os exercícios aeróbios, resistidos ou combinados tem efeitos na redução da resistência à insulina em animais com DM1. Além disso, há aumento da expressão do GLUT-4 muscular no DM1, mas a magnitude do aumento é dependente do tipo e intensidade do exercício (29). Desta forma, mais estudos são necessários para que se possa compreender melhor o papel do exercício no controle do DM1.

Apesar dos benefícios à saúde proporcionados aos diabéticos pelo exercício regular, de intensidade moderada a vigorosa, a maioria dos jovens com DM1 não segue essa recomendação. Considerando que os níveis de atividade física e aptidão cardiorrespiratória tendem a diminuir com a idade, incentivar e oferecer oportunidades para a prática de uma exercícios desde a infância poderá promover a manutenção de um estilo de vida ativo até a vida adulta e assim melhorar os níveis de glicemia de jejum e a sensibilidade à insulina em crianças e adolescentes que apresentam DM1 (30).

Exercício e Reposta Autoimune

Alterações metabólicas e hormonais promovidas pelo exercício físico são capazes de modular consideravelmente o sistema imunológico. O efeito agudo do exercício é uma resposta próinflamatória de curta duração, seguida de um efeito antiinflamatório de longa duração. As catecolaminas, hormônio do crescimento (GH) e as citocinas pró- e anti-inflamatórias incluem-se entre os principais mediadores dessa modulação. Diferentes formas de exercício aeróbio induzem aumento das citocinas antiinflamatórias IL-1ra (receptor antagonista de IL-1), IL-4 (Interleucina 4) e IL-10 (Interleucina 10). Por outro lado, a produção de citocinas próinflamatórias é regulada para baixo (31).

O músculo esquelético em exercício produz algumas citocinas e peptídeos, chamados de miocinas, que são liberados na circulação e provavelmente os mediadores da maioria dos efeitos benéficos promovidos pelo exercício. A miocina mais bem estudada até o momento é a interleucina 6 (IL-6). Em exercício a IL-6 liberada na circulação aumenta exponencialmente. A IL-6 pode atuar de forma pró-inflamatória quando liberada pelas células T e macrófagos. Porém, quando produzida pelas células musculares seus efeitos anti-inflamatórios incluem inibição das citocinas inflamatórias fator de necrose tumoral α (TNF-α) e interleucina-1β (IL-1β), além da ativação de IL-1ra e IL-10 (31,32). Tais aspectos podem colaborar com a redução da resistência à insulina que pode ocorrer com o descontrole metabólico do DM1.

O diabetes também é acompanhado por aumento da formação de radicais livres e diminuição da capacidade anti-oxidante, o que leva à dano celular. Existem fontes mitocondriais e não mitocondriais para a produção de espécies reativas de oxigênio (ROS), as quais aceleram o dano celular induzido pela hiperglicemia (32).

O aumento da concentração de glicose provoca na mitocondria uma abundância de doadores de eletrons no ciclo de Krebs, um estado que provoca aumento de superóxido e espécies de nitrogênio. Esses elementos também ativam as vias da proteína kinase C (PKC) e produtos finais de glicação avançada (AGE). A via da PKC ativada provoca aumento da expressão gênica da endotelina, fator de crescimento endotelial, fator de crescimento transformador-β, inibidor do ativador de plasminogênio-1, NAD(P)H oxidases e também o fator nuclear pró-inflamatório NF-κB. Já a via AGE pode provocar dano celular através da modificação de proteínas envolvidas na regulação transcricional; alteração das proteínas extracelulares laminina e fibronectina, e ainda, através da modificação de algumas proteínas sanguíneas, provocando uma ligação delas com os receptores AGE presentes em macrófagos, essa ligação promove o aumento da produção de citocinas pró-inflamatórias. Fontes não mitocondriais de ROS incluem NAD(P)H oxidase, xantina oxidase, eNOS desacoplada, lipoxigenase, ciclooxigenase e enzimas citocromo P450 (32).

O treinamento físico promove aumento da capacidade anti-oxidante em vários tecidos. Provavelmente, esse é um efeito em resposta ao pequeno aumento de ROS durante o trabalho muscular. Isso promove adaptações específicas como a atividade de enzimas de reparação ao dano celular e aumento da resistência ao estresse oxidativo. O exercício promove redução na peroxidação lipídica e aumento da expressão de manganês superóxido dismutase MnSOD efeitos benéficos no controle do diabetes mediante o exercício físico (32). Todas essas alterações são importantes para o controle de disfunções provocadas pelo diabetes tipo 1.

Exercício e Células Beta

Uma importante questão no tratamento do diabetes é a manutenção da massa residual de células beta. Foi demonstrado que pacientes diabéticos que realizavam atividade física regular, antes, durante e após o início da doença, apresentavam percentuais mais baixos de Hb A1c e menor demanda de insulina exógena (33). Embora nem todos os estudos com pacientes DM1 tenham conseguido demonstrar redução do percentual de HbA1c, é possível observar redução na demanda por insulina exógena. Estudos com modelos animais demonstraram que o exercício não é capaz de alterar o número ou tamanho das ilhotas pancreáticas remanescentes. Da mesma forma, não são observadas mudanças nos percentuais de células alpha, beta e delta que compõem cada ilhota. Porém, em contraposição à redução provocada pelo diabetes no conteúdo de insulina em cada célula beta, o exercício aeróbio mostrou-se capaz de reverter essa redução (33).

O aumento do conteúdo de insulina por célula beta se traduz em maior liberação de insulina em resposta à estímulo com glicose, mas embora esse aumento seja significativo localmente, ainda não é suficiente para garantir sozinho o controle glicêmico adequado.

Um possível mecanismo também envolvido na melhora da função pancreática é o aumento de peptídeo similar ao glucagon (GLP-1) promovido pela circulação aumentada de IL-6 durante o exercício. Foi demonstrado que GLP-1 promove uma sinalização que sob o estímulo posterior de uma refeição ou carga de glicose aumenta a secreção de insulina pelas células beta (33).

Em humanos portadores de DM2 ou pré-diabetes foi demonstrado que apenas uma semana de exercício aeróbio a 70% do VO2 max promoveu aumento de até 27% na função das células beta. Estudos similares ainda não foram concluídos em pacientes DM1, mas em associação aos efeitos anti-inflamatórios do exercício pode-se observar redução de apoptose das células beta, um importante mecanismo para manutenção da massa e número de células beta (17,34).

Exercício e Hipoglicemia

A hipoglicemia durante a prática de exercícios normalmente ocorre pelo excesso de insulina exógena pré-exercício, pela relação inadequada de insulina/glucagon ou pelo aumento da sensibilidade à insulina. Durante o exercício, os músculos esqueléticos captam maiores quantidade de glicose para gerar energia, o que diminui a glicemia e aumenta o risco de hipoglicemia. Os pacientes com DM tipo 1 que desejam realizar atividades físicas regulares devem ser submetidos à anamnese, exame físico e exames laboratoriais, objetivando-se avaliar seu controle metabólico e diagnosticar a presença ou não de complicações crônicas da doença (35).

Antes de iniciar o exercício físico, a glicemia deve ser avaliada e se for inferior à 100 mg/dl devem ser corrigida pela ingestão de carboidratos (15 a 30 g) (36)(36). Contudo, alguns autores sugerem que este limiar seja aumentado para 120 mg/dl, na tentativa de redução do risco de hipoglicemia (36). A hipoglicemia pode ocorrer durante, imediatamente depois, ou muitas horas após o exercício, e pode ser evitada. Isto requer que o paciente tenha um conhecimento adequado das suas respostas metabólicas e hormonais. Nos pacientes com DM tipo 1, deve ser dada ênfase aos ajustes de doses de insulina, para que estes indivíduos possam participar com segurança de programas de exercícios e atividades físicas.

Rabasa-Lhoret et al. (2001) avaliaram a redução apropriada da dose de insulina ultra-rápida (lispro) pré-prandial (de 25 a 100%) para exercícios realizados em diferentes intensidades (25, 50, e 75% VO2 máximo) e durações (30 e 60 minutos) no período pós-prandial em pacientes com DM tipo 1 (37). Estes autores demonstraram que a utilização da dose habitual previamente à prática de exercícios, em todas as intensidades, estava associada a risco aumentado de hipoglicemia. Eles sugerem redução de 50% da dose de insulina lispro pré-prandial para exercícios aeróbios por 60 minutos a 25% do VO2 máximo (leve); de 50 a 75% para exercícios por 30 a 60 minutos a 50% do VO2 máximo (moderado) e de 75% para exercícios por 30 minutos a 75% do VO2 máximo. Estes ajustes de doses reduziram em 75% a incidência de hipoglicemia induzida pelo exercício e promoveram discretas alterações na glicemia, ao final da sessão de exercícios, quando comparadas com a glicemia inicial.

Em exercícios prolongados de intensidade leve a moderada recomenda-se a ingestão de carboidratos durante (10–15 g a cada 30 minutos) e, ou também, após a sessão para evitar a hipoglicemia, quando não há redução das doses de insulina. Outras recomendações úteis para evitar a hipoglicemia, além da redução da dose de insulina, automonitoramento da glicemia antes, durante e após as sessões de exercício e ingestão de carboidratos, são que o indivíduo com diabetes se exercite com um parceiro, e tenha conhecimento dos sintomas tanto da hipoglicemia, quanto da hiperglicemia, sabendo como proceder nessas (37,38). Outro aspecto relevante é que o exercício aeróbio de intensidade moderada intercalado com períodos de alta intensidade reduz a ocorrência de hipoglicemia. Da mesma forma, a associação de exercícios aeróbios e resistidos também pode colaborar com a redução da hipoglicemia durante o exercício (24,39).

A participação em esportes é possível e segura tanto para crianças, quanto para adolescentes com DM1. Contudo, sugere-se cautela em seguir as recomendações vigentes sobre a redução das doses de insulina de ação rápida por causa dos diferentes tipos de insulina disponíveis no mercado. Além disso, por haver poucos estudos controlados, randomizados e duplo-cegos na população pediátrica, a adequação da dose de insulina deve ser individualizada e discutida com todos os profissionais que cuidam do diabético (30,40).

Uma dica relevante é avaliar a glicemia em dois momentos antes do início do exercício físico. Com a análise da glicemia no primeiro momento (representando o tempo 0) e depois num segundo momento (10-15 minutos após) para avaliar se a glicemia diminui ou aumenta. Essa informação associada com o tipo e horário de insulina utilizado podem evitar episódios de hipoglicemia. Assim indivíduo que faz uso de insulina regular (que tem pico de ação entre 1 e 2 horas) e faz aplicação desta as 16:00 h com horário previsto para iniciar a atividade física as 18:00 h numa situação de 110 mg/dL (tempo 0) 100 mg/dL (tempo 15) apresenta maior chance de ter hipoglicemia. Tal fato deve-se ao efeito agonista promovido pelo exercício físico e insulina no momento da atividade física. Ademais, nessa condição a glicemia deve ser avaliada após o exercício físico a fim de evitar hipoglicemia noturna.

Cuidados e Limitações durante a Prática de Exercícios para DM1:

Todos os tipos de atividade física, incluindo atividades de lazer, esportes de recreação, de competição profissional, podem ser executados por pessoas com DM1, uma vez que os benefícios sobre o controle da doença superam os riscos. Contudo, é fundamental ressaltar alguns aspectos que devem ser considerados quando se pensa em exercícios para diabéticos tipo 1. Um teste ergométrico é recomendado para todos os indivíduos com DM tipo 1 sedentários com risco de eventos coronarianos maior ou igual a 10% em 10 anos. Em pacientes com neuropatia periférica, alguns cuidados devem ser tomados como, por exemplo, o uso de sapatos adequados, ter cuidados com a higiene dos pés e avaliá-los frequentemente. Para portadores de neuropatia autonômica, evitar exercício em ambientes muito quentes ou frios e exercícios que mudem muito rapidamente de posição ou que elevem muito a pressão arterial. Como a neuropatia autonômica associa-se fortemente com a doença cardiovascular, sua presença indica avaliação cardiológica antes do início de um programa de exercícios físicos (38,41). Pacientes com DM tipo 1 e retinopatia proliferativa ou não-proliferativa grave devem evitar exercícios aeróbios vigorosos ou exercícios resistidos, pelo risco de desencadearem hemorragia vítrea ou descolamento de retina. A presença de microalbuminúria e nefropatia diabética estabelecida não é contra-indicação para a prática de exercícios físicos (35,36,42).

É recomendado em indivíduos com DM e hipertensão arterial concomitante, um controle restrito da PA. A pressão arterial sistólica deverá ser mantida abaixo de 130 mmHg e a pressão arterial diastólica menor do que 80 mmHg. A hipertensão moderada a grave (sistólica 160 mmHg ou diastólica 100 mmHg) deve ser controlada antes do início de programa de exercícios físicos (64,67). O exercício aumenta agudamente a excreção urinária de albumina, porém o efeito em longo prazo de um programa de treinamento físico sobre a excreção urinária de albumina em pacientes com e sem DM não é conhecido. Poucos estudos clínicos na literatura incluíram indivíduos com nefropatia diabética submetidos a treinamento físico; entretanto, o que tem sido observado é que a restrição ao exercício físico não é uma prática benéfica (36,38).

Mesmo com a possibilidade de realização de todos os esportes pelo indivíduo com diabetes, alguns são pouco estimulados e necessitam de um acompanhamento muito especializado, tais como automobilismo, mergulhos, escaladas, pára-quedismo, entre outros (38,42).

CONSIDERAÇÕES FINAIS

No momento não há consenso sobre a possibilidade de prevenção do diabetes *mellitus* tipo1. Os avanços no transplante de pâncreas ou de células beta ainda não conseguiram trazer a cura efetiva da doença. Entretanto, o uso de insulina e o monitoramento glicêmico aliados à hábitos saudáveis, principalmente alimentação balanceada e exercício regular, permitem ao indivíduo diabético desfrutar excelente qualidade de vida e a evitar as comorbidades associadas à doença. Mais estudos são necessários para que se compreenda melhor as relações entre exercícios físicos e controle glicêmico no DM1.

EXERCÍCIO DE AUTOAVALIAÇÃO

Questão 1 - Quais são as causas do Diabetes Melittus tipo 1A?

Questão 2 - Qual a importância do Glut-4 para a captação de glicose no DM1.

Questão 3 - Qual a diferença da IL-6 produzida pelas células T e macrófagos em comparação com a IL-6 produzida pela contração muscular?

Questão 4 - Quais são as principais estratégias não farmacológicas de tratamento do DM1?

Questão 5 - Quais são os cuidados necessários durante a prática de exercícios para o paciente com DM1?

Questão 6 - Quais são os mecanismos moleculares atrelados ao exercício físico que favorecem a homeostase glicêmica?

REFERENCIAS BIBLIOGRÁFICAS

1. Liu E, Eisenbarth GS. Type 1A diabetes mellitus-associated autoimmunity. Endocrinol Metab Clin North Am. 2002 Jun;31(2):391–410, vii–viii.
2. Dib SA, Tschiedel B, Nery M. Diabetes melito tipo 1: pesquisa à clínica. Arq Bras Endocrinol Metabol. ABE&M; 2008 Mar;52(2):143–5.
3. American Diabetes Association. Diagnosis and classification of diabetes mellitus. Diabetes Care. 2007 Jan;30 Suppl 1:S42-7.
4. Silva MER da, Mory D, Davini E. Marcadores genéticos e auto-imunes do diabetes melito tipo 1: da teoria para a prática. Arq Bras Endocrinol Metabol. ABE&M; 2008 Mar;52(2):166–80.
5. Jahromi MM, Eisenbarth GS. Cellular and molecular pathogenesis of type 1A diabetes. Cell Mol Life Sci. 2007 Apr 13;64(7–8):865–72.

6. Pihoker C, Gilliam LK, Hampe CS, Lernmark A. Autoantibodies in diabetes. Diabetes. 2005 Dec;54 Suppl 2:S52-61.
7. Onengut-Gumuscu S, Concannon P. Mapping genes for autoimmunity in humans: type 1 diabetes as a model. Immunol Rev. 2002 Dec;190:182–94.
8. Mosaad YM, Auf FA, Metwally SS, Elsharkawy AA, El-Hawary AK, Hassan RH, et al. HLA-DQB1* alleles and genetic susceptibility to type 1 diabetes mellitus. World J Diabetes. Baishideng Publishing Group Inc; 2012 Aug 15;3(8):149–55.
9. Kelly MA, Rayner ML, Mijovic CH, Barnett AH. Molecular aspects of type 1 diabetes. Mol Pathol. BMJ Publishing Group; 2003 Feb;56(1):1–10.
10. Kantárová D, Buc M. Genetic susceptibility to type 1 diabetes mellitus in humans. Physiol Res. 2007;56(3):255–66.
11. Alves C, Meyer I, Vieira N, Toralles MBP, LeMaire D. Distribuição e freqüência de alelos e haplotipos HLA em brasileiros com diabetes melito tipo 1. Arq Bras Endocrinol Metabol. 2006 Jun;50(3):436–44.
12. Fernandes APM, Pace AE, Zanetti ML, Foss MC, Donadi EA. Fatores imunogenéticos associados ao diabetes mellitus do tipo 1. Rev Lat Am Enfermagem. Escola de Enfermagem de Ribeirão Preto/Universidade de São Paulo; 2005 Oct;13(5):743–9.
13. Kostraba JN, Dorman JS, LaPorte RE, Scott FW, Steenkiste AR, Gloninger M, et al. Early infant diet and risk of IDDM in blacks and whites. A matched case-control study. Diabetes Care. 1992 May;15(5):626–31.
14. Soltész G, Jeges S, Dahlquist G. Non-genetic risk determinants for type 1 (insulin-dependent) diabetes mellitus in childhood. Hungarian Childhood Diabetes Epidemiology Study Group. Acta Paediatr. 1994 Jul;83(7):730–5.
15. Piłaciński S, Zozulińska-Ziółkiewicz DA. Influence of lifestyle on the course of type 1 diabetes mellitus. Arch Med Sci. Termedia Publishing; 2014 Feb 24;10(1):124–34.
16. Chimen M, Kennedy A, Nirantharakumar K, Pang TT, Andrews R, Narendran P. What are the health benefits of physical activity in type 1 diabetes mellitus? A literature review. Diabetologia. 2012 Mar 22;55(3):542–51.
17. Stehno-Bittel L. Organ-based response to exercise in type 1 diabetes. ISRN Endocrinol. Hindawi Limited; 2012;2012:318194.
18. Strasser B, Pesta D. Resistance training for diabetes prevention and therapy: experimental findings and molecular mechanisms. Biomed Res Int. Hindawi; 2013 Dec 22;2013:805217.
19. Durak EP, Jovanovic-Peterson L, Peterson CM. Randomized crossover study of effect of resistance training on glycemic control, muscular strength, and cholesterol in type I diabetic men. Diabetes Care. 1990 Oct;13(10):1039–43.
20. Perry TL, Mann JI, Lewis-Barned NJ, Duncan AW, Waldron MA, Thompson C. Lifestyle intervention in people with insulin-dependent diabetes mellitus (IDDM). Eur J Clin Nutr. 1997 Nov;51(11):757–63.
21. Ligtenberg PC, Blans M, Hoekstra JB, van der Tweel I, Erkelens DW. No effect of long-term physical activity on the glycemic control in type 1 diabetes patients: a cross-sectional study. Neth J Med. 1999 Aug;55(2):59–63.
22. Cheng S-M, Ho T-J, Yang A-L, Chen I-J, Kao C-L, Wu F-N, et al. Exercise training enhances cardiac IGFI-R/PI3K/Akt and Bcl-2 family associated pro-survival pathways in streptozotocin-induced diabetic rats. Int J Cardiol. 2013 Jul 31;167(2):478–85.
23. Sigal RJ, Armstrong MJ, Colby P, Kenny GP, Plotnikoff RC, Reichert SM, et al. Physical Activity and Diabetes. Can J Diabetes. 2013 Apr;37:S40–4.
24. Yardley JE, Kenny GP, Perkins BA, Riddell MC, Balaa N, Malcolm J, et al. Resistance Versus Aerobic Exercise: Acute effects on glycemia in type 1 diabetes. Diabetes Care. 2013 Mar 1;36(3):537–42.
25. Kraemer WJ, Ratamess NA. Hormonal responses and adaptations to resistance exercise and training. Sports Med. 2005;35(4):339–61.
26. Gomes RJ, Caetano FH, de Mello MAR, Luciano E. Effects of chronic exercise on growth factors in diabetic rats. J Exerc Physiol online. 2005;8(2):16–23.
27. Leme JACA, Silveira RF, Gomes RJ, Moura RF, Sibuya CA, Mello MAR, et al. Long-term physical training increases liver IGF-I in diabetic rats. Growth Horm IGF Res. 2009 Jun;19(3):262–6.

28. Molanouri Shamsi M, Hassan ZH, Gharakhanlou R, Quinn LS, Azadmanesh K, Baghersad L, et al. Expression of interleukin-15 and inflammatory cytokines in skeletal muscles of STZ-induced diabetic rats: effect of resistance exercise training. Endocrine. 2014 May 6;46(1):60–9.
29. Hall KE, McDonald MW, Grisé KN, Campos OA, Noble EG, Melling CWJ. The role of resistance and aerobic exercise training on insulin sensitivity measures in STZ-induced Type 1 diabetic rodents. Metabolism. 2013 Oct;62(10):1485–94.
30. Miculis CP, Mascarenhas LP, Boguszewski MCS, Campos W de. Atividade física na criança com diabetes tipo 1. J Pediatr (Rio J). Sociedade Brasileira de Pediatria; 2010 Aug;86(4):271–8.
31. da Silva Krause M, de Bittencourt PIH. Type 1 diabetes: can exercise impair the autoimmune event? TheL-arginine/glutamine coupling hypothesis. Cell Biochem Funct. 2008 Jun;26(4):406–33.
32. Golbidi S, Mesdaghinia A, Laher I. Exercise in the Metabolic Syndrome. Oxid Med Cell Longev. Hindawi; 2012 Jul 5;2012:1–13.
33. Martínez-Ramonde T, Alonso N, Cordido F, Cervelló E, Cañizares A, Martínez-Peinado P, et al. Importance of Exercise in the Control of Metabolic and Inflammatory Parameters at the Moment of Onset in Type 1 Diabetic Subjects. Exp Clin Endocrinol Diabetes. 2014 May 5;122(6):334–40.
34. Bloem CJ, Chang AM. Short-Term Exercise Improves β-Cell Function and Insulin Resistance in Older People with Impaired Glucose Tolerance. J Clin Endocrinol Metab. 2008 Feb;93(2):387–92.
35. De Angelis K, Pureza DY da, Flores LJF, Rodrigues B, Melo KFS, Schaan BD, et al. Efeitos fisiológicos do treinamento físico em pacientes portadores de diabetes tipo 1. Arq Bras Endocrinol Metabol. 2006 Dec;50(6):1005–13.
36. American Diabetes Association. Standards of medical care in diabetes--2006. Diabetes Care. 2006 Jan;29 Suppl 1:S4-42.
37. Rabasa-Lhoret R, Bourque J, Ducros F, Chiasson JL. Guidelines for premeal insulin dose reduction for postprandial exercise of different intensities and durations in type 1 diabetic subjects treated intensively with a basal-bolus insulin regimen (ultralente-lispro). Diabetes Care. 2001 Apr;24(4):625–30.
38. Colberg SR. Use of Clinical Practice Recommendations for Exercise by Individuals With Type 1 Diabetes. Diabetes Educ. 2000 Mar 4;26(2):265–71.
39. Andrade R, Laitano O, Meyer F. Efeito da hidratação com carboidratos na resposta glicêmica de diabéticos tipo 1 durante o exercício. Rev Bras Med do Esporte. 2005 Feb;11(1):61–5.
40. Diabetes Research in Children Network (DirecNet) Study Group, Tsalikian E, Kollman C, Tamborlane WB, Beck RW, Fiallo-Scharer R, et al. Prevention of Hypoglycemia During Exercise in Children With Type 1 Diabetes by Suspending Basal Insulin. Diabetes Care. 2006 Oct 1;29(10):2200–4.
41. Boulton AJM, Vinik AI, Arezzo JC, Bril V, Feldman EL, Freeman R, et al. Diabetic neuropathies: a statement by the American Diabetes Association. Diabetes Care. 2005 Apr;28(4):956–62.
42. Silverstein J, Klingensmith G, Copeland K, Plotnick L, Kaufman F, Laffel L, et al. Care of children and adolescents with type 1 diabetes: a statement of the American Diabetes Association. Diabetes Care. 2005 Jan;28(1):186–212.

10

DIABETES *MELLITUS* DO TIPO 2

José Rodrigo Pauli
Eduardo Rochete Ropelle
Vitor Rosetto Muñoz
Dennys Esper Cintra
Luciana Santos Souza Pauli
Leandro Pereira de Moura

OBJETIVOS DO CAPÍTULO

- Saber definir o que é Diabetes *Mellitus* do tipo 2 e os riscos associados à saúde.
- Entender os fatores envolvidos na etiofisiopatologia do diabetes tipo 2.
- Conhecer os mecanismos moleculares envolvidos no desenvolvimento de resistência à insulina (condição que antecede o diabetes).
- Identificar o processo inflamatório de baixo grau como mecanismo chave no desenvolvimento de resistência à insulina e do diabetes do tipo 2.
- Compreender os efeitos do exercício físico sobre os mecanismos de resistência à insulina e consequentemente preventivo sobre o diabetes tipo 2.

INTRODUÇÃO

Há diversos tipos de manifestação do diabetes, bem como sua gênese é multifatorial. No entanto, independentemente da forma da doença, o grau de severidade do diabetes e dos distúrbios associados estão relacionados aos níveis de ação ou produção de insulina. O diabetes *mellitus* do tipo 2 (DM tipo 2) representa aproximadamente 90% de todos os casos de diabetes. Portanto, seu entendimento se torna muito importante. O desenvolvimento desta forma de diabetes está atrelado a alterações na sensibilidade à insulina, um hormônio com múltiplas funções importantes e crucial para a homeostase glicêmica. Essa condição de resistência à insulina, considerada também como uma fase que antecede o diabetes do tipo 2, está tipicamente presente nos indivíduos obesos (1).

Por outro lado, o exercício físico têm sido uma ferramenta de grande importância em prevenir a resistência à insulina e tratar o DM tipo 2. A participação em programas de treinamento físico aeróbio, resistido ou de maneira combinada tem sido capaz de prover nos indivíduos melhoras significativas na glicemia, hemoglobina glicada e saúde metabólica em geral. Além disso, o exercício é efetivo na melhora da aptidão funcional, permitindo autonomia e independência nas atividades do cotidiano das pessoas.

O efeito terapêutico do exercício físico não acontece somente no tecido diretamente envolvido com a prática (músculo esquelético), mas se estende aos demais tecidos do organismo, tais como: adiposo, fígado, hipotálamo, pâncreas e segundo evidências mais recentes até a microbiota (2–4). Neste capítulo serão revisados os principais mecanismos responsáveis pelo desenvolvimento de resistência à insulina, buscando especialmente sobre a ótica molecular oferecer para aos profissionais da área da saúde novos saberes a respeito do DM tipo 2 e dos efeitos do exercício físico sobre essa doença, sempre com intuito de prover novas possibilidades de intervenção e preservação da vida.

OBESIDADE COMO FATOR DE RISCO PARA O DM TIPO 2

Claramente foi demonstrado em muitos trabalhos que o excesso de massa adiposa corporal está atrelado com o desenvolvimento de resistência à insulina (1,5). Em adição que a resistência à insulina tem intima relação com o sistema imune. Pessoas obesas possuem níveis elevados de citocinas pró-inflamatórias no plasma como interleucina-1β e 6 (IL-1beta e IL-6), fator de necrose tumoral alfa (TNF-α), interferon-gama (IFN-γ), sendo estas provenientes do sistema imune inato e atuam de maneira nociva na via de sinalização da insulina. Tal fato, também é observado em modelos animais, especialmente em roedores obesos. As principais células do sistema imune que irão atuar na manutenção da inflamação de baixo grau são: macrófago, mastócitos, natural killer, eosinófilo, uma subpopulação das células T, as *T Regulation Cells* (TREGs) e o complexo inflamassoma.

Três importantes publicações deram destaque a participação dos macrófagos no desenvolvimento da resistência à insulina e consequente aumento da obesidade (6–8). Os macrófagos são a maior fonte de citocinas pró-inflamatória no organismo. Eles podem ser encontrados em duas formas, os macrófagos do tipo M1 e os do tipo M2. Os macrófagos do tipo M2 são considerados anti-inflamatórios por secretarem proteínas IL-4 e IL-10, por outro lado a ativação de macrófagos M1 faz com que potentes citocinas pró-inflamatórias sejam sintetizadas, tais como: TNF-α e IL-12. Em animais obesos e diabéticos, a inibição da integrina CD11c, que é expressa em macrófagos e responsável por secretar proteínas pró-inflamatórias, resultou na redução de marcadores inflamatórios e consequente aumento da sensibilidade à insulina periférica e hepática (9). Indivíduos obesos e com DM tipo 2 após reduzirem o volume de tecido adiposo concomitantemente tiveram redução do nível de macrófagos e aumento na sensibilidade à insulina. Ao contrário, quando houve ganho de peso, através do aumento do volume de tecido adiposo, ocorreu aumento das concentrações de macrófagos e consequentemente menor sensibilidade à insulina (5).

Os mastócitos, são células globulosas, com citoplasma repleto de grânulos basófilos contendo diversas substâncias que atuam no desencadeamento do processo inflamatório, por produzirem diversas substâncias com características pró-inflamatória, como IL-6 e IFN-γ. Em estudo realizado com animais, a inibição dos mastócitos em animais obesos e diabéticos, resultou na melhora no quadro de obesidade e também na sensibilidade à insulina (10). Em 2012, Divoux e colaboradores mostraram que em tecido adiposo da região visceral e subcutânea de indivíduos obesos há maior acúmulo de mastócitos e nível de marcadores inflamatórios e fibróticos (11).

As células *natural killers* não destroem os microorganismos patogénicos diretamente, tendo uma função mais relacionada com a destruição de células infectadas ou que possam ser cancerígenas. Não são consideradas células fagocíticas e destroem as outras células através de mecanismos semelhantes aos usados pelas células T CD8+ (T Citotóxicas), através da degranulação e libertação de enzimas que ativam os mecanismos de apoptose da célula atacada. São quimicamente caracterizadas pela presença de CD56 e ausência de CD3, Sua principal atuação na inflamação é por sintetizar proteínas pró-inflamatórias como IL-4 e IL-13 e também por sintetizar IFN-γ, que é uma importante citocina ativadora de macrófagos M1 que também irão sintetizar mais proteínas pró-inflamatórias, contribuindo com a resistência à insulina. Em modelo animal, a deficiência de NK promoveu redução do nível de IFN-γ e consequente melhora na sensibilidade à insulina (12). Outro estudo mostrou que a inibição das *natural killers* promoveu redução da infiltração de macrófagos no tecido adiposo visceral melhorando a sensibilidade à insulina (13). Avaliando diferentes tecidos adiposos de humanos, O'Rourke e colaboradores mostraram que o aumento do nível de NK e também elevação do nível de IFN-γ de indivíduos obesos é maior no tecido adiposo da região visceral em comparação ao tecido adiposo da região subcutânea (14).

Os eosinófilos podem ser ativados por citocinas derivadas de células T e por citocinas derivadas de monócitos e macrófagos, eles irão atuar no equilíbrio inflamatório da célula. Por atuar na homeostase inflamatória da célula, os eosinófilos produzem tanto proteínas pró-inflamatórias bem como anti-inflamatórias. Para atuar como agente inflamatório, os eosinófilos secretam TNF-α e IL-6 ou para atuar como anti-inflamatório, podem secretar IL-4 e IL-13. Utilizando modelo animal, Wu e colaboradores mostraram que animais deficientes em eosinófilos apresentam maior adiposidade, resistência à insulina e intolerância à glicose. Porém, quando estes animais recebem tratamento para recompor a sua população de eosinófilo eles reduzem seu volume de tecido adiposo e simultaneamente aumentam a sensibilidade à insulina e tolerância à glicose (15).

As células regulatórias T (TREG), é uma subpopulação de linfócitos T que colabora principalmente com o processo antiinflamatório por sintetizar IL-10 e IL-33 e reprimir a ativação do sistema imune. Estas células também são responsáveis pela identificação de doenças autoimune e portanto, quando há falha neste mecanismo ocorre aumento destas doenças. Estas células expressam constitutivamente três proteínas de superfície CD25, CTLA4 e a principal Foxp3. Animais obesos apresentam redução de TREGs e quando ocorre a deleção dessas células no organismo ocorre também o aumento da produção de proteínas pró-inflamatória

(IL-6 e TNF-α) e portanto aumento da resistência à insulina. Entretanto, a transferência destas células para animais com deleção de TREGs promove alterações reversas, tais como: redução dos níveis inflamatório e melhora da sensibilidade à insulina (16,17).

O complexo inflamassoma atua no processo inflamatório por maturar e secretar proteínas pró-inflamatórias, como: IL-1β e IL-18. Em 2011, o complexo inflamassoma foi proposto como via chave no desenvolvimento da resistência à insulina e obesidade (18). Sua principal via de ativação é através do NRLP3 que recruta e ativa pró-caspase 1 que cliva e matura IL-1β e IL-18. Portanto, atente a essa informação, pois isso significa que algumas citocinas secretadas pelo tecido adiposo, como a IL-1β, para exercerem suas ações precisam ser ativadas pelo inflamassoma. Em animais, a deleção do NRLP3 causou melhora na sensibilidade à insulina e à tolerância à glicose (18). Ainda, foi mostrado que a restrição calórica ou a prática de exercício físico em animais obesos, promovem redução do nível de NRLP3 e que quando houve redução de NRLP3 houve simultaneamente redução de IL-18 e IFN-γ (19). Em humanos, foi visto que o estado energético controla a ativação da NRLP3, pois indivíduos em jejum apresentam menor ativação do NRLP3 e que 3 horas após a realimentação ocorre maior elevação da atividade deste receptor, promovendo elevação dos níveis de IL-1β e fosforilação do Ikβ-α e consequente aumento da inflamação (20).

Embora o mecanismo de inflamassoma se mostre relevante na ativação de algumas citocinas, mais estudos serão necessário para melhor compreender este fenômeno. Com o conhecimento atual entende-se que a regulação desse sistema seja importante para controlar o tônus inflamatório, uma vez que a inibição dele resulta em menor atividade de citocinas, como por exemplo da IL-1β. Assim, talvez num futuro próximo intervenções capazes de inibir o sistema inflamassoma tenha sucesso em diminuir o tônus inflamatório e consequentemente a resistência à insulina na obesidade.

Ademais, através de técnicas de imagem tem sido possível identificar que o tecido adiposo hipertrofiado apresenta aumento na infiltração de macrófagos do tipo M1. Com o início da obesidade a secreção de níveis baixos de TNF-α pelo tecido adiposo estimulam os pré-adipócitos a produzir a proteína 1 quimiotática de monócitos (MCP-1), um quimioatraente específico para monócitos e macrófagos. Se houver um número suficiente de macrófagos ativados dentro do tecido adiposo na obesidade, eles podem participar do recrutamento tanto de mais macrófagos quanto da produção de citocinas inflamatórias. O desfecho final deste estado inflamatório de baixo grau é o desenvolvimento do quadro de resistência à insulina. A seguir serão abordados os principais mecanismos de resistência à insulina atualmente conhecidos e associados com o excesso de gordura corporal.

MECANISMOS MOLECULARES DE RESISTÊNCIA À INSULINA ATRELADOS AO ACÚMULO EXCESSIVO DE GORDURA

Na condição de obesidade, foi observado que as células adiposas secretam inúmeras adipocinas com efeito sistêmico e sobre a sinalização da insulina. As biomoléculas advindas dos adipócitos hipertrofiados e de macrófagos infiltrados de efeito pró-inflamatório têm ações negativas na via de sinalização da insulina. No mais, as adipocinas de efeito positivo, por exemplo, adiponectina tem sua expressão reduzida nesta condição. Embora tais distúrbios tenham sido constatados já nessa época, o motivo pelo qual o tecido adiposo causava prejuízo na sinalização da insulina não era conhecido (21–23).

Um marco nesta área aconteceu a partir de estudos na área de imunometabolismo. Isso ocorreu no ano de 1993 com a descoberta de que o tecido adiposo secreta uma citocina classicamente presentes em células do sistema imune (macrófagos e linfócitos), o TNF-α. Uma vez produzido o TNF-α liga-se ao seu receptor de membrana (rTNF-α) e desencadeia a ativação de serinas quinases no citoplasma das células. Hotamisligil e colaboradores mostraram que indivíduos obesos apresentavam maior conteúdo de TNF-α no tecido adiposo em comparação com indivíduos magros (24). Além disso, ele demonstrou que quando esta citocina foi silenciada ocorreu melhora na sensibilidade à insulina em indivíduos obesos (25). A partir destes estudos iniciou um intenso período de busca sobre os mecanismos moleculares atrelados aos prejuízos na transdução do sinal da insulina. Nesse contexto, um dos primeiros mecanismos de resistência à insulina descoberto foi o de fosforilação em serina 307 do receptor e dos substratos do receptor de insulina induzido por moléculas serinas quinase. Este seria um dos mecanismos atrelados a resistência à insulina e que estaria relacionado a prejuízos na transdução do sinal da insulina nas células do organismo.

Mecanismo de Resistência à Insulina Induzido por Serinas Quinase

O TNF-α proveniente dos adipócitos tem a capacidade de prejudicar a sinalização da insulina, através de seu efeito em causar a fosforilação do substrato do receptor de insulina 1 (IRS-1) em resíduos de serina 307. Esta fosforilação pode impedir a interação do IRS-1 com a subunidade beta do receptor de insulina (IR), e prejudicar o sinal da insulina. Consistente com estes resultados, camundongos mutantes que não expressam TNF-α ou os receptores desta citocina (rTNF-α) são protegidos da resistência à insulina quando expostos a uma dieta rica em gordura (HOTAMISLIGIL, 1999; UYSAL et al., 1997).

Porém, é muito bem aceito que o processo inflamatório induzido por obesidade provoca a ativação de outras proteínas intermediárias à via de sinalização do TNF-α, como as quinases IkKβ (Ikappa Kinase beta) e JNK (c-Jun amino-terminal kinase), também identificadas como capazes de fosforilarem o IRS-1 em serina 307. Além do efeito direto sobre o IRS-1, a proteína IkKβ promove a dissociação do complexo Ikβ-a/NF-kB no citoplasma, e permite que este fator de transcrição NF-kB migre até o núcleo da célula, onde ativa os genes responsáveis pela transcrição de diversas proteínas, entre elas, citocinas pró-inflamatórias como as interleucinas-1β e 6 (IL-1β e IL-6), óxido nítrico sintase induzível (iNOS), proteína tirosina fosfatase 1β e o próprio TNF-α, todos estes de efeitos negativos sobre a via de sinalização da insulina. Em resumo, a degradação da molécula Ikβ-a pelo IKK, por sua vez, convertem o NF-kβ em sua forma inativa para sua forma ativa (28). A interrupção ou inibição farmacológica do IkKβ em roedores foi capaz de atenuar a resistência à insulina induzida por obesidade, o que permitiu investigadores a identificar essa proteína como um contribuinte para resistência à insulina e um potencial alvo terapêutico.

A JNK é outra serina quinase de ação relevante em inibir a transdução do sinal da insulina. Esta proteína é ativada por diversos estímulos, como estresse metabólico, endotoxemia (toxinas encontradas na parede celular bacteriana, que são liberadas quando a célula desintegra-se no sangue), lipopolissacarídio (LPS) componente da parede celular das bactéias gram-negativas, ácidos graxos. A atividade serina quinase da JNK é capaz de maneira similar ao IKK de fosforilar em serina 307 os substratos do receptor de insulina (IRS-1 e IRS-2), comprometendo a fosforilação em tirosina o que contribui para a resistência à insulina. Camundongos com mutação para JNK exibem menor adiposidade, aumento na sensibilidade à insulina, e aumento na capacidade de sinalização do receptor de insulina, mesmo quando é ofertada dieta rica em gordura (29). Estas observações sugerem que a via da JNK é também um importante mecanismo da resistência à insulina na obesidade. Ainda, a JNK após ser ativada pode ativar a proteína ativadora-1 (AP-1), que é um fator de transcrição que pode estimular a síntese de proteínas pró-inflamatórias (30).

Contudo, cabe destacar que estudos mais recentes questionam que a fosforilação em serina 307 do IRS1 seja um marcador de resistência à insulina em camundongos, como anteriormente mencionado. Esse assunto continua em amplo debate na literatura e estudos futuros são necessários para esclarecer o assunto. A figura 1 traz um esquema ilustrativo dos mecanismos de ação das serinas quinases em induzir resistência à insulina.

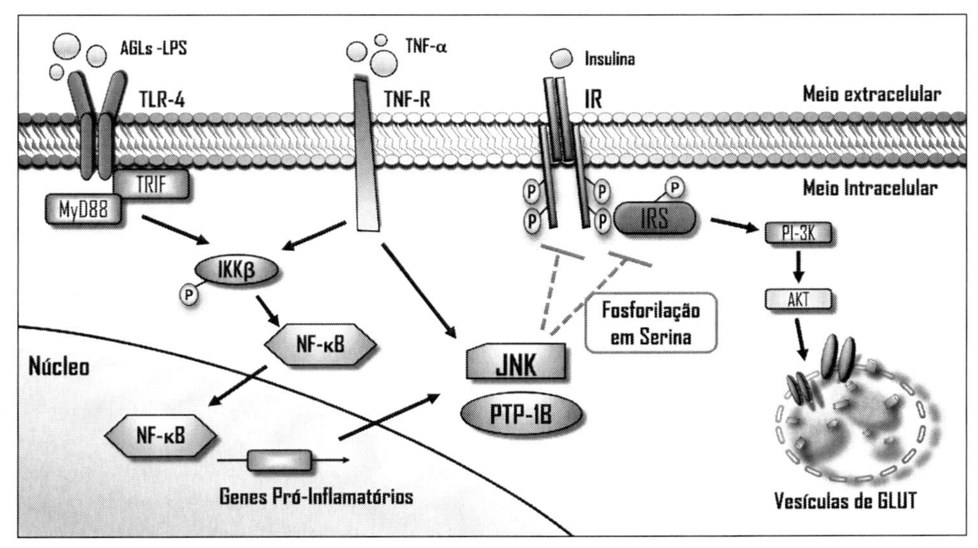

Figura 1 Via de sinalização intracelular envolvendo a atividade das proteínas serinas quinases na regulação da via de sinalização da insulina. Sinais provenientes do adipócito ou da alimentação rica em gordura saturada (biomarcadores como AGL, LPS e TNF-alfa) convergem para vias de sinalização inflamatória, incluindo a quinase IKKbeta e JNK no citoplasma das células. Estas proteínas induzem a fosforilação do substrato do receptor de insulina em resíduos de Serina 307, prejudicando a transdução do sinal do hormônio. Além disso, essa via leva a ativação e produção de outros mediadores inflamatórios por meio da transcrição gênica. A ativação do IKK provoca a migração do NF-kB para o núcleo promovendo a transcrição de genes de proteínas pró-inflamatórias (por exemplo, PTP1B, TNF-alfa, entre outras) de efeito negativo na via de sinalização da insulina. IR, receptor de insulina; IRS, substrato do receptor de insulina; JNK, C-Jun quinase N-terminal; TLR-4, *toll like* receptor; AGL, ácidos graxos livres; LPS, lipopolissacarídeo; GLUT, transportador de glicose; P, fosfato; PI3K, fosfatilinositol 3-quinase; PTP1B, proteína tirosina fosfatase 1B; IKK, Ikappa Kinase; NF-kB, fator nuclear Kappa B; TNF-alfa, fator de necrose tumoral alfa; TNF-R, receptor do TNF.

Mecanismo de Resistência à Insulina Induzido por SOCS3

A secreção de interleucina-6 (IL-6) pelo adipócito e dos seus níveis circulantes estão atrelados com resistência à insulina na obesidade. Ao se ligar ao receptor homodímero IL-6Ra/gp130Rb, a IL-6 dispara a fosforilação e ativação das proteínas JAK2/STAT3 (Janus kinase 2/fatores de transcrição ativados por serinas quinases 3). A proteína STAT-3 pode ir para o núcleo e induzir a expressão gênica de SOCS3 (proteína supressora da sinalização de citocinas). As proteínas SOCS3 são capazes de se associar fisicamente em proteínas fosforiladas em tirosina, como o receptor de insulina. A ligação de SOCS3 com o IRS-1 culmina na redução da associação IRS-1 com o IR e desta forma interfere negativamente na transdução do sinal da insulina impedindo a cascata de sinalização intracelular desse hormônio. Em animais obesos foi observado melhora na sensibilidade à insulina e tolerância à glicose após deleção da SOCS3 (31). Em humanos, foi observada alta correlação entre obesidade e níveis de SOCS3 sérica e também com outras proteínas pro-inflamatórias o que pode colaborar com o aumento da resistência à insulina (28). A SOCS3 pode também inibir a via da leptina e participar da desregulação do balanço energético. Isso acontece pois a SOCS3 pode se ligar a molécula JAK2 e impedir a transdução do sinal da leptina no hipotálamo (o centro regular da fome).

Mecanismo de Resistência à Insulina Induzido por Fosfatases

Outras proteínas tem efeito em regular o sinal da insulina através de suas ações de desfoforilação. As atividades de proteínas quinases e fosfatases são minuciosamente reguladas *in vivo* de maneira que modificações na atividade dessas enzimas podem proporcionar consequências graves, que incluem dentre os distúrbios DM tipo 2. A PTP1B (proteína tirosina fosfatase 1B) é indicada como principal proteína tirosina fosfatase implicada na regulação da ação da insulina e leptina. PTP1B é expressa em diferentes tecidos sensíveis à insulina e diferentes estudos em cultura de células e em roedores, indicam que essa enzima se associa ao receptor de insulina (IR) e aos substratos do receptor de insulina 1 e 2 (IRS-1 e IRS-2) ou a *Janus Kinase 2* (JAK2) promovendo a desfosforilação dessas proteínas atenuando o sinal da insulina e da leptina (32,33). Esses sinais inibitórios da PTP1B em direção à sinalização da insulina ou da leptina resultam em prejuízos nos diferentes efeitos biológicos desses hormônios de maneira tecido específico.

A via da leptina tem como principal função o metabolismo de lipídeos em tecidos não adiposos, como: fígado e músculo. Quando se deleta a PTP1B destes tecidos ocorre acúmulo de lipídeos e aumento de ceramidas tecidual, comprometendo as funções da via de sinalização da insulina pela lipotoxicidade e causando apoptose (lipoapoptose) (34,35). Animais nocaute da PTP1B apresentam alta sensibilidade à insulina em decorrência do aumento da fosforilação do receptor de insulina. Estudos seja com animais (36,37) ou em humanos verifica-se que o aumento da adiposidade está associado com maior atividade da PTP1B e alterações metabólicas (38). Portanto, a PTP1B participa do desenvolvimento da resistência à insulina e leptina que pode levar ao DM tipo 2. A figura 2, traz uma resumo do mecanismo de ação das proteínas fosfatases e da SOCS3 em induzir resistência à insulina e leptina.

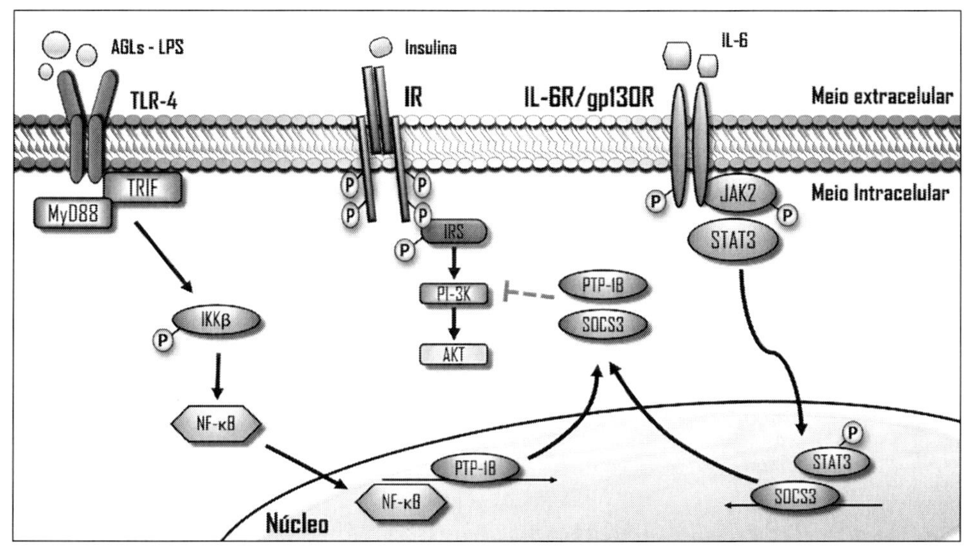

Figura 2 Ação de proteínas fosfatases (PTP-1B, SOCS3) na atenuação da sinalização intracelular de proteínas envolvidas com a via de sinalização da insulina. A circulação de IL-6 proveniente dos adipócitos hipertrofiados na obesidade e a ligação ao seu receptor de membrana IL-6Ra/gp130Rb induz a ativação de moléculas inflamatórias associadas com resistência à insulina. A IL-6 ativa as moléculas JAK2/STAT3. Em seguida a proteína STAT-3 pode ir para o núcleo e induzir a expressão gênica de SOCS3 que são capazes de se associar fisicamente em proteínas fosforiladas em tirosina, como o receptor de insulina. A ligação de SOCS3 com o IRS-1 culmina na redução da associação IRS-1 com o IR e desta forma interfere negativamente na transdução do sinal da insulina. JAK-2, Janus kinase 2; STAT3, fatores de transcrição ativados por serinas quinases 3; SOCS3, proteína supressora da sinalização de citocinas. IR, receptor e insulina; IRS, substrato do receptor de insulina; PI-3K, fosfatilinositol 3-quinse; TLR-4, *toll like* receptor; AGL, ácidos graxos livres; LPS, lipopolissacarídeo; IL-6, interleucina-6; IL-6R, receptor de interleucina-6.

Mecanismo de Resistência à Insulina Induzido por TRB3

Mais recentemente outras biomoléculas foram descritas como capazes de atenuar o sinal da insulina. Isso explica a dificuldade na ação terapêutica quando se trata de resistência à insulina. A TRB3 (homólogo de mamífero de drosófila 3), tem efeito supressor sobre a atividade da Akt, predominantemente em condições de jejum e diabetes. Esta proteína exerce efeitos na regulação da sinalização de insulina, uma vez que se liga diretamente a proteína Serina/Treonina quinase Akt (Thr308 e Ser473), regiões críticas para a ativação desta proteína que é essencial na sinalização da insulina. A proteína TRB3 tem ação de inibir a fosforilação da Akt, impedindo as atividades estimuladas pela insulina. Estudos demonstraram que o aumento de TRB3 na obesidade está associado com prejuízos na sinalização da insulina em músculo esquelético e fígado de roedores (39,40). Portanto, a TRB3 surge como um importante alvo de estudos por desempenhar um papel de destaque na regulação do sinal da insulina através da inibição da fosforilação da Akt.

Animais com superexpressão de TRB3 no fígado resultou na redução dos estoques de glicogênio, aumento da produção hepática de glicose e tolerância à glicose prejudicada (41). Por outro lado, quando a TRB3 no fígado de animais foi silenciada, o quadro reverso foi encontrado, como: aumento do conteúdo de glicogênio, redução do gliconeogênese e melhora da tolerância à glicose (42). Em células hepáticas de humanos, foi observado que após estímulo com palmitato houve elevação do nível de TRB3, assim como sua associação com Akt e consequentemente menor fosforilação da Akt no resíduo Ser473 (41). Portanto, a TRB3 se torna um potencial alvo terapêutico contra o diabetes. As ações da TRB3 e os efeitos sobre a sinalização da insulina em outros tecidos precisa ser melhor investigado.

Mecanismo de Resistência à Insulina Induzido por MKP-3

Dentre as proteínas participantes do processo de resistência à insulina, a MAPK fosfatase-3 (MKP-3) está aumentada na condição de obesidade a qual exerce efeito negativo sobre o sinal da insulina, desfosforilando a proteína distal a via denominada Foxo1 (fator de transcrição da família *forkhead* BOX 1). Animais obesos apresentaram aumento na expressão de MKP-3 que foi acompanhado por aumento na desfosforilação da Foxo1 e consequentemente sua maior atividade nuclear em células de tecido hepático. Como resultado os animais obesos apresentaram maior produção hepática de glicose e hiperglicemia quando comparados aos controles magros (43). Haja vista que a Foxo1 no fígado participa da transcrição das enzimas gliconeogências como a fosfoenolpiruvato carboxiqunase (PEPCK) e a Glicose-6-fosfatase (G6Pase). Na ausência do sinal da insulina o fartor de transcrição Foxo1 não é fosforilado pela Akt e permance no núcleo transcrevendo estas duas enzimas que são partes fundamentais da via de gliconeogênese no fígado. Isso demonstrou que a MKP-3 tem participação efetiva no declínio do sinal da insulina e seu papel em outros tecidos deve ser investigado. Quando roedores foram tratados com glicocorticoides também se observou aumento nos níveis de MKP-3 e menor fosforilação de Foxo1, consequentemente aumento na expressão de PEPCK e G6Pase e da produção hepática de glicose (44).

Experimentos com deleção desta proteína mostraram ser capazes de inibir a gliconeogênese e reduzir a hiperglicemia de roedores (45). Embora seja necessários estudos adicionais para melhor entender o papel desta proteína, não se descarta a possibilidade de esta ser alvo de estratégias terapêuticas no futuro para combater o diabetes.

Mecanismo de Resistência à Insulina Induzido por S-nitrosação

O fenômeno da S-Nitrosação é outro mecanismo de resistência à insulina descrito na literatura. Estudos demonstraram aumento da expressão da iNOS em músculo de roedores obesos (46,47). Esse aumento da expressão da enzima óxido nítrico sintase induzível (iNOS) em modelos experimentais de obesidade também foi caracterizado em humanos e sugere que esta é outra via da resposta imune inata que está ativada na condição de excessivo acúmulo de tecido adiposo podendo ter participação na gênese da resistência à insulina (48).

Além de suas ações bem conhecidas de promover vasodilatação, por sua ação no endotélio das artérias, o óxido nítrico (NO) tem também papel fundamental como sinalizador intracelular, controlando várias funções da célula. O NO produzido pela enzima óxido nítrico sintase (NOS) é um importante sinalizador intracelular capaz de modificar a função proteica por diversos mecanismos em etapas pós-transcricionais, incluindo nitrosilação, nitração e S-nitrosação. A S-nitrosação ocorre pela adição de um grupamento NO ao radical tiol (S–H) de um resíduo de cisteína, formando um nitrosotiol (S–NO) com repercussões negaticvas ou poistivas ao organismo (49).

Nesse contexto, o fenômeno da S-nitrosação vem sendo intensamente valorizado como um importante mecanismo de resistência à insulina. A elevação intracelular de NO pela iNOS na obesidade é diretamente proporcional ao aumento da S-nitrosação das proteínas que compõem a sinalização da insulina. Durante o processo de S-nitrosação das proteínas IR/IRS -1/Akt, nota-se redução importante das funções biológicas da insulina no músculo esquelético. A S--nitrosação observada nas moléculas da via da insulina é responsável por reduzir a fosforilação em tirosina do IR e do IRS-1 e da fosforilação em serina da Akt, sendo determinante para o desenvolvimento da resistência à insulina no músculo. Como o músculo é um tecido crucial para a captação de glicose observa-se nesta condição elevações na glicemia circulante.

Em vários modelos de obesidade tanto em ratos (Zucker) como em camundongos (*ob/ob*) ou roedores alimentados com dieta rica em gordura foi observado elevação do nível de iNOS no tecido muscular destes animais (46,49). A elevação os níveis de iNOS foi associado com o mecanismo de S-nitrosação do IR, IRS-1 e Akt no músculo esquelético e diminuição na sensibilidade à insulina e concentração mais elevada de glicose sérica. Em contrapartida, camundongos geneticamente modificados, que não expressam a iNOS, mesmo quando expostos a dieta rica em gordura não desenvolvem obesidade e alterações na sensibilidade à insulina. Em conjunto postula-se que o aumento de iNOS e da S-nitrosação de proteínas relacionadas a transdução do sinal da insulina na obesidade é um mecanismo potencial envolvido na gênese da resistência à insulina e DM tipo 2. Tal mecanismo também é sugerido em humanos, pacientes diabéticos com nívels elvados de iNOS no músculo esquelético possuem elevação de TNF-α e hemoglobina glicada (48). A figura 3, ilustra o mecanismo de S-nitrosação e resistência à insulina.

Além de diferentes mediadores inflamatórios provenientes do tecido adiposo, tem sido observado a participação de outras organelas intracelulares na indução de resistência à insulina. Com papel de destaque na indução de resistência à insulina o retículo endoplasmático tem sido alvo de investigação.

Mecanismo de Resistência à Insulina Induzido por Estresse de Retículo Endoplasmático

O estresse de retículo endoplasmático (RE estresse) constitui-se em outro mecanismo bastante estudado atualmente na gênese da resistência à insulina. Esta organela tem função central na biossíntese de gorduras e proteínas. No RE as proteínas assumem sua conformação e oligomerizam-se. No entanto, em condições de estresse elevado, como aumento na temperatura, distúrbios metabólicos (como diabetes), obesidade, câncer, a homeostase funcional do RE é

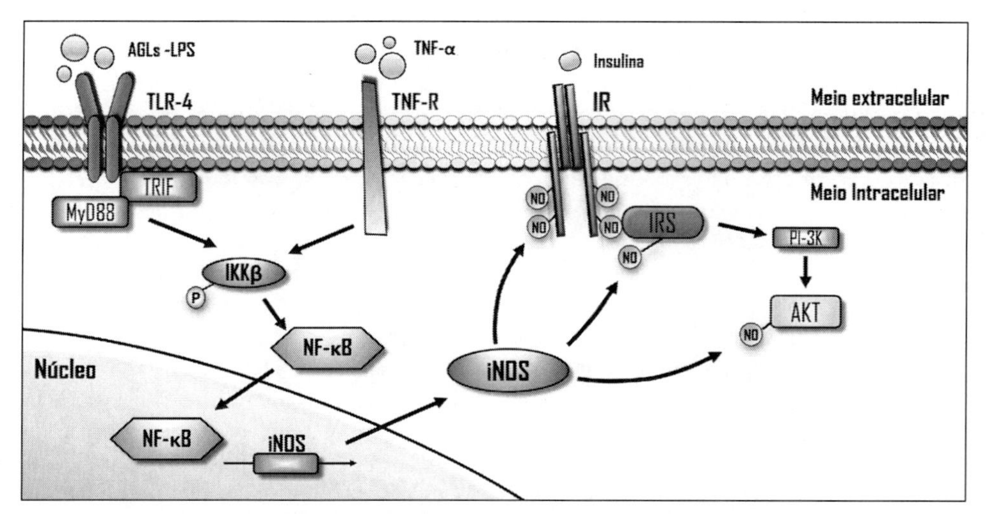

Figura 3 Mecanismo de S-Nitrosação de proteínas envolvidas na via de sinalização da insulina. A produção de NO pela enzima iNOS na condição de obesidade provoca a S-nitrosação de proteínas chaves da via de sinalização da insulina (IR, IRS e Akt) prejudicando a transdução do sinal da insulina nas células. NO, óxido nítrico; iNOS, enzima óxido nítrico síntase induzível; IR, receptor de insulina; IRS, substrato do receptor de insulina; PI3K, fosfatilinositol 3-quinase; TLR-4, *toll like* receptor; AGL, ácidos graxos livres; LPS, lipopolissacarideo; NF-kB, fator de transcrição nuclear Kappa B; TNF-alfa, fator de necrose tumoral alfa; TNF-R, receptor de TNF.

interrompida, e ocorre o acúmulo de proteínas mal formadas no interior desta organela. Nessa situação, as células acometidas ativam um complexo sistema de sinalização conhecido na literatura como resposta a proteínas mal enoveladas (UPR, do inglês: *Unfolded Protein Response*). Não é ainda totalmente estabelecido o que acontece antes, se é a inflamação ou se é o RE estresse.

Entende-se que após o início da inflamação, uma série de RNA mensageiros são acionados a fim de darem origem as proteínas inflamatórias. A maquinaria celular começa a funcionar de forma excessiva e pode entrar em colapso, por não conseguir produzir todo o excedente proteico a que foi submetida. A célula, prejudicada por este excesso, produz proteínas com erros, chamadas de "mal formadas ou incorretamente enoveladas". Capaz de perceber estas intercorrências o RE dispara o processo de estresse de retículo. Em geral, a resposta pra isso costuma ser a redução no processo transcricional, para recuperação dos mecanismos de tradução e síntese proteica. Portanto, a inflamação está associada ao estresse de RE e a produção de proteínas mal-formadas, também muito evidentes no processo de desenvolvimento de obesidade e DM tipo 2.

Este processo é reversível e considerado de estrema importância no intuito de prevenir a formação inadequada de proteínas no organismo. Caso esta estratégia evolutiva fracasse, alguns mecanismos iniciais de defesa são acionados, tais como: redução da taxa de tradução proteica, aumento da síntese de proteínas que colaboram com a formação e enovelamento de outras proteínas como as *foldases* e chaperonas e também ocorre a ativação de um sistema de degradação associado ao retículo endoplasmático. Estes três mecanismos iniciais são acionados no intuito de reduzir riscos de erros na formação das novas proteínas. Já que proteínas produzidas em formatos inadequados podem ser letais a célula e ao organismo.

Em condições as quais estes processos disparados não sejam eficazes em equilibrar o estresse desta organela, mecanismos de morte celular são ativados. As principais proteínas já desvendadas e responsivas ao estresse de RE são: IRE-1 (*inositol-requiring enzyme-1*), PERK (*PKR-like endoplasmatic-reticulum kinase*) e ATF-6 (*activating transcription fator 6*). As vias da IRE-1 e ATF-6 irão atuar mais precisamente na síntese de chaperonas e *foldases* e na síntese de proteínas do sistema de degradação associadas ao retículo endoplasmático, cabe as proteínas IRE-1 e a PERK atuarem na autofagia e apoptose. A PERK irá atuar em reduzir a carga de tradução do retículo e elevar a síntese de chaperonas e *foldases*. Importante no processo metabólico. Então, onde está a participação deste sistema no processo de resistência à insulina? Sabe-se atualmente, que a IRE-1 também irá ativar as proteínas intracelulares relacionadas a inflamação, JNK e IKK (previamente apresentadas neste capítulo) e dar início ao processo de transcrição de proteínas pró-inflamatórias assim como inibir diretamente a atividade da via de sinalização da insulina. Uma vez ativada Ikk e JNK o desfecho final já conhecemos que é de prejuízo na sinalização da insulina pelo mecanismo de fosforilação em serina do IR e IRS-1.

Componentes da UPR desencadeiam também a ativação da JNK e do complexo IkB-α/NF-kB, exacerbando os efeitos inflamatórios da dieta hiperlipídica e da obesidade. A ativação da JNK pela IRE-1 envolve o fator 2 associado ao receptor de TNF-α (TRAF2, do inglês: *TNF-receptor-associated fator 2*). O complexo IKK/NFkB pode ser ativado tanto por IRE-1, que interage com IKK por meio do TRAF2, quanto pela ativação da PERK, que leva à degradação do IkB-α, facilitando a atividade do NFkB (50). Consequentemente a ativação destas proteínas estão associadas com o quadro inflamatório de baixo grau característico do DM tipo 2. A figura 4, ilustra o mecanismo de estresse de retículo endoplasmáico e a resistência à insulina.

Mediante o exposto até aqui, cabe aqui documentar que todos os mecanismos apresentados tem seu grau de importância. A participação da ativação destes fatores tem importância seja para restaurar a homeostase energética ou celular, como para desligar o sinal da insulina e com isso prevenir, por exemplo, episódios de hipoglicemia. O grande problema é que quando há indução contínua de uma delas, como acontece no estado de obesidade, o sinal da insulina permanece invariavelmente inibido, e o efeito disso é resistência à insulina, hiperinsulinemia e hiperglicemia.

Nesse sentido, parece claro, que diversos fatores atuando conjuntamente ou de forma independente, podem regular negativamente a ação da insulina, agindo tanto no receptor quanto em moléculas pós-receptor deste hormônio. Além disso, deve-se considerar que a obesidade corresponde a uma condição inflamatória de baixo grau que promove a produção de fatores pró inflamatórios envolvidos no desenvolvimento e na permanência da resistência à insulina. Contudo, o sinal disparador para o início do processo inflamatório de baixo grau não depende necessariamente do desenvolvimento de obesidade. O sinal deflagrador pode acontecer em res-

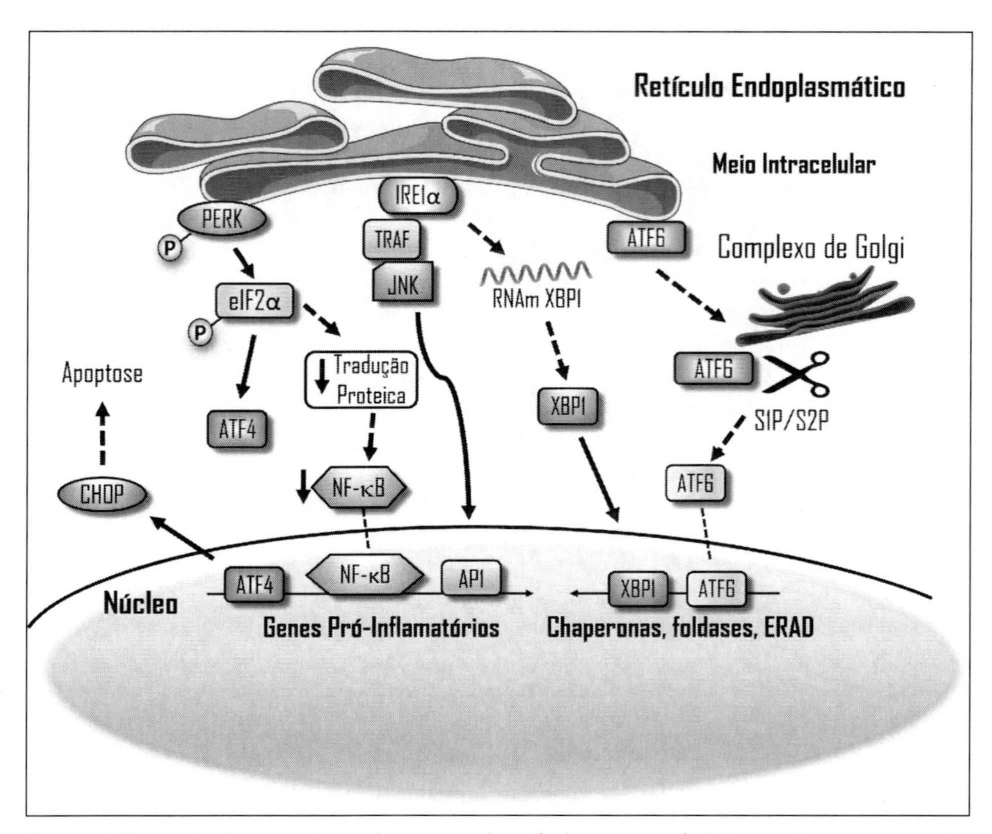

Figura 4 Ilustração do mecanismo de estresse de retículo com possíveis interações em outras vias metabólicas através de genes pró-inflamatórios, chaperonas e *foldases*. O mecanismo de estresse de retículo aumenta a expressão e ativação das proteínas eIF2alfa e PERK que ativam a via do NF-kB desencadeando o processo inflamatório e o prejuízo nas vias da insulina em células do organismo. Já a IRE1alfa está associado com a transcrição de chaperonas e foldases que são importantes moléculas no processo de controle da formação de proteínas mal formadas na célula. NF-kB, fator nuclear Kappa B; eiF2alfa, fator de iniciação eucariótico 2; PERK, proteína cinase tipo PKR residente no retículo endoplasmático; CHOP, proteínas homologas a C/EBP; ATF-4, activating transcription factor 4; ATF-6, activating transcription factor 6; XBP1, membro da familia CREB/ATF de fatores de transcrição. JNK, C-Jun quinase N-terminal.

posta a ingestão de lipídeos ou seja mediante uma refeição, e, portanto muito antes do acúmulo de gordura acontecer devido a participação dos receptores de membrana denominados *Toll Like Receptors* (TLRs). Antes de falar do *Toll* é preciso destacar e considerar que frente a inúmeras vias de indução de resistência à insulina que intervenções que se utlizam de múltiplos agentes (exercício, dieta, fármaco, terapias psicológicas), etc. tem maior chance de sucesso.

Mecanismo de Resistência à Insulina Induzido por *Toll Like Receptors*

A participação dos receptores do tipo *Toll* na indução da inflamação foi um marco importante para o entendimento da gênese da obesidade. Descobertos inicialmente em Drosófilas, o receptor de membrana denominado *Toll-Like-Receptor* (TLR), faz parte de uma família de receptores, sendo até o momento conhecido ao menos uma dezena de diferentes formas. O TLR-4 e TLR-2 têm sido os mais estudados e desempenham uma conexão importante entre o sistema imune inato e o sistema metabólico. Evolutivamente preservados, esses receptores sensíveis a patógenos desempenham importante atividade pró-inflamatória (51). O TLR-4 reconhece a fração lipídica da molécula de lipopolissacarideo (LPS) presente na parede celular da bactéria Gram negativa e inicia sua cascata de sinalização intracelular. Os ácidos graxos componentes dessa fração lipídica são dois principais, os ácidos graxos láurico (C12:0) e mirístico (C14:0). Como ação protetora ao organismo, os TLRs reconhecem o componente lipíco do LPS (C12:0 e C14:0), interpretam a presença de microorganismos e disparam resposta específica para tal (52). Portanto, o TLR é de fundamental importância no reconhecimento do agente invasor para disparar uma resposta de proteção.

Sabidamente, estes ácidos graxos estão também presentes na alimentação (amplamente difundidos na natureza, em alimentos como óleo de coco, carnes, chocolates, manteiga, leites e derivados, entre outros), consequentemente a ativação desses receptores do sistema imune por constituintes dietéticos deflagra a ativação do sistema imune, com robusta atividade pró-inflamatória (53). Portanto, o consumo exagerado de gorduras da sociedade moderna culminou na elevação da ingestão desse tipo de ácido graxo, os quais acabaram por criar uma interferência ou desordem para o sistema imune, que reconhece ácidos graxos ingeridos pela dieta, como componentes de invasores microbianos, simulando um processo pseudo-infeccioso. Proteínas pró-inflamatórias geradas à partir disso podem interferir negativamente com as vias moleculares da insulina e de outros hormônios. Portanto, tanto nutrientes ligantes dos receptores TLRs quanto moléculas inflamatórias como o fator de necrose tumoral alfa (TNF-α) e interleucina 1 beta (IL-1β) se ligam em seus receptores de membrana celular correspondentes e ativa-os, transpondo estes sinais para agregados proteicos integrados à base intracelular dos respectivos receptores.

Assim sendo, a ingestão elevada de gordura na dieta pode aumentar a expressão e a atividade desses receptores, mesmo na ausência de patógenos, e disparar um sinal intracelular inflamatório capaz de interferir na cascata de sinalização da insulina, resultando em resistência à insulina. O TLR4 ativado induz a ativação das serinas quinases como JNK e IKK que intereferem na sinalização da insulina como previamente demonstrado neste capítulo. A resisência á insulina, por exemplo, ocorrendo no hipotálamo, induz hiperfagia e isso favorece o aumento de peso corporal. Portanto, a inflamação é antecedente ao aumento de massa adiposa e desenvolvimento de obesidade. A comprovação desta hipótese ocorreu em um estudo que demonstrou que camundongos com mutação genética do TLR4 utilizam melhor a glicose, apresentam menor depósito de gordura e não desenvolvem resistência à insulina mesmo quando submetidos a uma dieta rica em gordura (54). Esses achados experimentais foram posteriormente comprovados em seres humanos com resistência à insulina e em pacientes com diabetes do tipo 2, que apresentaram elevados níveis proteicos de TLR4 em amostras de tecido muscular (55). Então, vem a pergunta do porquê não se desenvolve e utiliza um fármaco de ação específica contra o TLR-4 para tratar obesidade? O problema aqui é que quando o TLR4 é deletado o organismo fica imunosuprimido por ser um importante receptor capaz de conhecer patógenos, o que compromete a sobrevivência.

No entanto, como conectar os sinais inflamatórios à resistência à insulina? é conhecido que tanto o TNF-α como os ácidos graxos, ao se ligarem a seus respectivos receptores de membrana (TLR4), culminam na ativação de duas moléculas cruciais para o desenvolvimento da resistência à insulina que é a JNK e o IkK (Ikappa kinase), também conhecido como IKK. Estes ao induzirem a fosforilação em serina 307 do receptor e susbstratos do receptor de insulina (IR e IRSs), interrompem a transdução do sinal da insulina. Ainda, em humanos portadores do diabetes tipo 2, a presença de mutação do TLR os predispunham a infecções mais potentes, contudo, são muito responsivos aos tratamentos dietéticos, atividade física ou drogas antidiabéticas (56). A figura 1, ilustra a via de ativação do TLR-4 e das proteínas subjacentes que participam da gênese da resistência à insulina. Não obstante, outro fator importante e envolvido na gênese da resistência à insulina é a presença e acúmulo de ácidos graxos livres na célula. Em especial, o acúmulo de gordura intarcelular no músculo esquelético e no fígado prejudica a sinalização da insulina nestes tecidos e colabora com o estado de resistência à insulina e alterações metabólicas.

Resistência à Insulina Induzida por Lipotoxicidade

Outro aspecto que se mostra importante para o desenvolvimento de resistência à insulina é a localidade do tecido adiposo. A massa adiposa visceral comparada a gordura subcutânea parece ser mais sensível aos efeitos lipolíticos das catecolaminas e menos sensíveis aos efeitos antilipolítico da insulina. O aumento do fluxo de ácidos graxos provenientes das células adiposas intra-abdominais no sistema porta-hepático pode inibir a liberação de insulina por mecanismos não totalmente conhecidos. Além disso, níveis mais elevados de AGLs circulantes e no meio intracelular são capazes de exercer efeitos sistêmicos sobre a sensibilidade à insulina, referidos como "lipotoxicidade". O papel das gorduras nas disfunções metabólicas tem sido extensamente considerado, porém o potencial delas no processo inflamatório da obesidade é um conceito recente.

A presença de elevados níveis de AGLs circulantes está associada a uma menor fosforilação em sítios específicos e à menor ativação de proteínas-chave da via da insulina (IRSs/PI3q). Evidências científicas apontam uma relação direta entre AGLs e resistência à insulina, que pode ser decorrente do acúmulo de triacilgliceróis e metabólitos derivados de ácidos graxos (diacilglicerol, acetil-CoA e ceramidas) no músculo e no fígado (57,58). O aumento desses metabólitos provenientes da oxidação das gorduras no músculo é capaz de provocar a ativação da proteína PKC (proteína quinase C) e/ou da IkKβ e JNK, e também de causar fosforilação em serina do receptor de insulina (IR) e de seus substratos (IRSs) em resíduos de serina 307, sendo estes importantes mecanismos que explicam a relação entre acúmulo de gordura tecidual e resistência à insulina. Ações como o exercício físico que aumentam a capacidade do músculo em oxidar gordura e diminuir a presenção destes metabólitos estão associados com aumento na sensibilidade à insulina.

Tal conhecimento adquirido nas últimas décadas sobre os mecanismos intracelulares de resistência à insulina tem permitido avanços consideráveis a respeito da fisiopatogenia do diabetes do tipo 2, mas não suficiente para obtenção de uma intervenção capaz de curar ou prevenir por completo a doença. Como estratégia ainda valorosa e especialmente preventiva se tem a atividade física regular e especialmente o exercício físico supervisionado.

EXERCÍCIO FÍSICO COMO ESTRATATÉGIA FUNDAMENTAL DE COMBATE A RESISTÊNCIA À INSULINA E PREVENÇÃO DO DIABETES

O exercício físico é capaz de melhorar a ação da insulina, principalmente no músculo esquelético. Acredita-se que boa parte dos efeitos do exercício no aumento da sensibilidade à insulina seja decorrente da chamada "resposta anti-inflamatória" observada nas horas que sucedem à atividade física. É importante destacar que a melhora da sensibilidade à insulina bem como a resposta anti-inflamatória promovida pelo músculo em contração podem ser observadas após uma única sessão de exercício, sem nenhuma alteração da massa corporal, mais precisamente do volume do tecido adiposo (59,60). Esses dados sugerem que os efeitos do exercício sobre a sensibilidade à insulina seja um efeito direto e não apenas secundário à redução da adiposidade.

Os efeitos antiinflamatórios do exercício físico foram estudados em modelos experimentais e em humanos através da injeção de baixas doses de endotoxina (*Escherichia coli*), em indivíduos saudáveis na condição de repouso e pré-exercitados. Foi observado que os voluntários que permaneceram em repouso houve aumento em duas a três vezes nos níveis circulantes de TNF-α. Em direção contrária, quando os indivíduos realizaram previamente 3 horas de exercício de endurance em cicloergômetro e em seguida receberam a infusão da endotoxina, o aumento dos níveis de TNF-α foi menor (61). Através deste estudo foi possível identificar que uma sessão aguda de exercício físico aeróbio foi capaz de proteger esses indivíduos da inflamação induzida pela endotoxina, assinalando o efeito anti-inflamatório do exercício físico.

O efeito anti-inflamatório mediado pelo exercício teria relação com a ação de uma "miocina" produzida pela contração muscular, a interleucina-6 (IL-6). Esta é uma molécula de ação "controversa". Embora seja conhecida como uma citocina pró-inflamatória, sabe-se que em determinadas situações a IL-6 assume papel anti-inflamatória, controlando a expressão de proteínas anti-inflamatórias como a interleucina-10 (IL-10), o antagonista do receptor de interleucina-1 (IL-1ra) e o receptor solúvel de TNF (TNFsr). Isso ocorre quando ela é advinda do músculo esquelético em resposta ao exercício e não do tecido adiposo hipertrofiado da obesidade. Nesse contexto ela age como uma biomolécula anti-inflamatória.

A premissa de que a IL-6 seja responsável pela resposta anti-inflamatória ocorreu após a observação de que o pico de liberação de IL-6 durante o exercício precede a resposta anti-inflamatória. Os níveis séricos dessa citocina são diretamente proporcionais à intensidade e ao volume do exercício praticado. Foi observado que em corredores maratonistas de elite há aumento dos níveis da IL -6 em valores expressivos (acima de 100 vezes) ao final da prova (62). Além dos exercícios de predominância aeróbia, sabe-se que a contração muscular promovida por exercícios resistidos também é capaz de aumentar as concentrações séricas de IL-6 (63).

Este aumento da IL-6 é transitório, tendo seus níveis normalizados pouco tempo após a atividade física (1 a 3 horas após). Quando se analisa a secreção de IL-6 em resposta ao exercício crônico, verifica-se que a secreção de IL-6 tende a ser menor em resposta à adaptação ao treinamento. Em atletas esquiadores de elite, observou-se que a concentração a nível basal de IL-6 eram menores durante o período de treinamento, quando comparado ao período pré-treinamento (64).

Além da IL-6, a atividade física pode modular diversas outras citocinas, dentre elas destacam-se a interleucina-8 (IL-8), a interleucina-10 (IL-10) e a interleucina-15 (IL-15), cada uma com efeito biológico específico. Em indivíduos obesos ou portadores de DM tipo 2, a IL-6 parece desempenhar papel importante, auxiliando o transporte de glicose no músculo e aumentando a lipólise no tecido adiposo (65). No tecido muscular, o aumento da expressão da IL-6 leva à ativação da proteína quinase ativada por AMP (AMPK), contribuindo para o aumento da captação de glicose de maneira independente do sinal da insulina (66). Como descrito no segundo capítulo desse livro, a AMPK é uma molécula de papel importante na captação e glicose e oxidação de gordura.

O aumento de IL-10 parece estar atrelado aos níveis de IL-6 produzidas pelo músculo esquelético. A IL-10 possui a capacidade de atenuar a sinalização inflamatória por meio de um mecanismo de *feedback* negativo, inibindo a atividade do IKK, resposta essa que, por sua vez, consecutivamente impede a migração do NF-kB para o núcleo e sua ligação no sítio específico do DNA, reduzindo a propagação do sinal pró-inflamatório. Contrariamente, a atenuação da IL-6 através do anticorpo anti-IL-6 gerou aumento dos níveis de TNF-α. Resultados similares foram observados em camundongos que não expressam IL-6 (67). Coletivamente, esses dados apontam que a IL-6 tem papel importante na resposta anti-inflamatória e, consequentemente, na homeostase da glicose. A figura 5, ilustra o efeito anti-inflamatório do exercício físico.

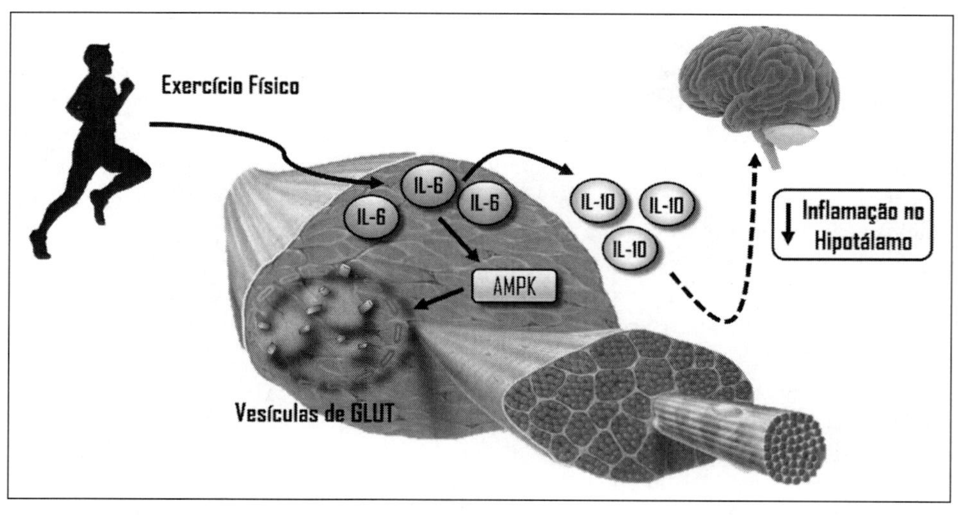

Figura 5 Esquema da ação do exercício físico sobre o processo inflamatório no controle da homeostase glicêmica através do aumento dos níveis de IL-10 circulantes.

Em estudos que realizaram treinamento físico em longo prazo observaram redução significativa de proteína pró-inflamatórias como a proteína C-reativa, TNF-α e IL-6 (PCR) (68). Esses e outros resultados sugerem que tanto uma única sessão de exercício físico como o exercício crônico apresentam capacidade de suprimir a inflamação sistêmica de baixo grau e, dessa forma, contribuir para a melhora da sensibilidade à insulina.

No entanto, é importante destacar que a melhora da sensibilidade observada após um longo período de treinamento físico não deve ser entendida somente como efeito direto do exercício, mas também devido às alterações da composição corporal promovida pelo treinamento, principalmente pela redução da gordura corporal, caracterizando assim como um efeito secundário ao treinamento. Cabe destacar que os efeitos anti-inflamatórios da IL-6 também são observados em outros tecidos como fígado e hipotálamo (67,69). Essas ações em conjunto em diversos tecidos acabam por contribuir na homeostase glicêmica.

Efeito do Exercício Físico sobre o Mecanismo de Ativação de Proteínas com Atividade Serina Quinase

Estudos têm mostrado que o exercício físico é capaz de modular proteínas quinases como a JNK e o IKK. Trabalho realizado com roedores obesos com resistência à insulina evidenciou que 16 horas após uma única sessão de exercício físico moderado de natação ocorreu redução da fosforilação da JNK no músculo gastrocnêmio (70,71). Tal tentativa de analogia e interpretação pode ser reforçada em estudo feito com humanos. Voluntários submetidos à sessão única de exercício em cicloergômetro e esteira durante 90 minutos com intensidade leve a moderada (65% de VO2 máximo) apresentaram redução de aproximadamente 60% da fosforilação da JNK no músculo esquelético (72). Esse fenômeno também foi verificado em humanos portadores do DM tipo 2, quando submetidos a oito semanas de exercício aeróbio com duração de 45 minutos por sessão à 70% do VO2 máximo. As análises do músculo esquelético obtidos através de biopsias revelaram que a expressão de IkBα foram restauradas após o período de treinamento, demonstrando que o exercício de forma tanto aguda quanto crônica é capaz de atenuar a via IKK/NF-kB no músculo esquelético durante o estado de resistência à insulina (72).

Efeitos do Exercício Físico sobre a PTP1B

Encontra-se algumas evidências de que o exercício físico tem papel determinante no controle da atividade da PTP1B no músculo esquelético. Em pesquisas com uso de animais experimentais de obesidade, foi encontrado redução na expressão da atividade da PTP1B no tecido muscular após exercício físico aeróbio de natação de baixa intensidade. Acompanhando a redução na atividade da PTP11B verificou-se aumento na fosforilação em tirosina do IR no músculo dos animais exercitados (70). Quando se trata de estudos com seres humanos o número é reduzido. Um estudo mostrou que o exercício físico melhora a fosforilação da Akt e o IRS-1 sem redução nos níveis de PTP1B em indivíduos saudáveis (73). Embora pareçam consistentes, esses dados ainda não foram investigados em pacientes com resistência à insulina e necessitam de novos estudos.

Efeitos do Exercício Físico sobre o Mecanismo de S-nitrosação

Estudos demonstram que o exercício físico é capaz de reduzir a expressão da iNOS e S-nitrosação de proteínas da via de sinalização da insulina (59,74). Roedores obesos apresentam menor conteúdo proteico de iNOS nas horas subsequentes ao exercício físico de intensidade moderada. Esse resultado foi acompanhado por menor S-nitrosação do IR, do IRS-1 e da Akt, restabelecendo a sensibilidade à insulina na musculatura esquelética (59). Além disso, a AMPK parece ser a principal proteína responsável por inibir a S-nitrosação no músculo após a atividade física, pois a ativação da AMPK reduz a produção exacerbada de NO mediada pela iNOS (75).

É fundamental enfatizar, no entanto, que a atividade física induz à síntese das isoformas neuronal e endotelial da enzima óxido nítrico sintase (nNOS e eNOS), respectivamente. Contudo, é preciso compreender que o efeito do NO na sensibilidade à insulina é dose-dependente e varia também de acordo com a enzima geradora de NO, que é expressa em diferentes sítios. Por exemplo, o aumento da síntese de NO pela eNOS promovida pelo exercício físico aumenta a captação de glicose. Essa observação foi comprovada em estudos que investigaram moléculas capazes de aumentarem a captação de glicose no músculo (76). Além disso, vale destacar que a iNOS não é expressa constitutivamente no músculo esquelético, e sim induzidas em diferentes doenças associadas ao processo inflamatório como obesidade, diabetes, artrite reumatoide, dentre outras.

Efeitos do Exercício Físico sobre o Mecanismo de Resistência à Inuslina Induzido por *Toll Like Receptores*

Estudos realizados nos últimos 20 anos têm observado que o exercício físico exerce efeitos sobre os TLRs (77–79). Foi demonstrado que o exercício físico pode controlar a expressão desses receptores de membrana diminuindo o processo inflamatório associado a obesidade. Um programa realizado por indivíduos obesos durante 12 semanas, constituído de exercício que combinou exercício físico aeróbio e resistido proporcionou redução significativa da expressão do TLR-4 no músculo esquelético (80). Respostas supressivas sobre o TLR4 foi também encontrado em mulheres idosas inseridas em um programa de atividade física composto por exercícios resistidos. A expressão do TLR-4 foi significativamente reduzida 2 horas após o término do esforço físico (81). Esses dados sugerem que o exercício físico executado de forma regular reduza a inflamação subclínica e melhora a sensibilidade à insulina, por meio da inibição da expressão de receptores da família dos TLRs, principalmente pela inibição dos TLR-4 e da via IKK/NF-kB. Outro possível efeito do exercício em reduzir a inflamação induzida pelo TLR envolve a mudança de fluxo sanguíneo durante o exercício físico. Não se descarta a possibilidade de que o fluxo direcionado ao músculo em contração diminua o fluxo na região do trato gastrointestinal e consequentemente isso resulte em menor absorção de LPS por esse sistema resultando em menor ativação do TLR nos diversos tecidos do corpo.

Efeitos do Exercício Físico no Estresse de Retículo Endoplasmático

Poucos estudos na literatura têm buscado verificar o papel do exercício físico no mecanismo de resistência à insulina associado ao estresse de retículo endoplasmático. Os efeitos do exercício sobre este mecanismo ainda não é claro. Como também não tem sido documentado com clareza se esse é um mecanismo presente no músculo esquelético. No entanto, foi observado que animais obesos submetidos a um programa de treinamento físico apresentaram maior expressão de PERK e IRE1-a no músculo sóleo quando comparado aos animais obesos sedentários e magros. No entanto, de maneira compensatória foi observado aumento de chaperona BiP, afim de contra regular o mecanismo. Atrelado ao aumento do estresse de retículo verifica-se aumento dos níveis de PGC-1α (coativador 1 alfa do receptor ativado por proliferador de peroxissoma) no músculo esquelético (82). Partindo dessa premissa, vemos na literatura que esse aumento de marcadores de estresse aumentou no quadríceps de camundongos exercitados e que a PGC-1α tem importante papel na adaptação perante ao exercício, pois tal cofator de transcrição se associa com ATF6 resultando no aumento da expressão de proteínas da resposta UPR (83). Segue ainda sem se saber muito ao certo qual seria o papel do estresse de retículo no músculo esquelético. Desse modo, mais estudos devem ser realizados nos próximos anos com intuito de melhor entender esse mecanismo em resposta ao exercício físico.

Efeitos do Exercício Físico sobre a TRB3

No tecido muscular o papel da TRB3 ainda é muito pouco conhecido. Koh (2006) e Koh e colaboradores (2013) observaram em células de tecido muscular (C2C12) que da mesma maneira como a TRB3 causa redução da atividade da insulina no fígado este efeito nocivo também é encontrado nas células do tecido muscular e quando se deletou a TRB3 destas células o efeito reverso foi encontrado (40,84). Adiante, Ding e colaboradores mostraram o papel do exercício físico em modular o nível de TRB3 no tecido muscular de animais magros (85). Diferentemente do esperado, os autores observaram que após 4 semanas alojados em gaiolas com roda de atividade espontânea o nível de TRB3 no tecido muscular aumentou em resposta ao exercício para estes animais que não são resistentes à insulina. Ainda, os autores mostraram que animais que superexpressam a TRB3 no tecido muscular apresentaram maior capacidade aeróbia durante o teste incremental em esteira, sugerindo à TRB3 como uma importante mediadora positiva de alterações que colaboram com a resistência durante os exercício de endurance. Dentre essas alterações, os autores dão destaque para a alteração do tipo de fibra muscular mediada pela TRB3, onde animais que superexpressam TRB3 apresentaram maior quantidade de fibras oxidativas (que são mais resistentes a fatiga) quando comparado ao seu controle sedentário devido ao aumento da atividade do PPAR-α que eleva a expressão de miR208b e miR499 e assim contribuindo para o aumento da alteração do tipo de fibra muscular, o mesmo foi evidenciado por outro estudo quando avaliaram o tecido muscular cardíaco.

Em relação a sinalização da insulina, uma vez que os animais não eram resistentes à insulina não houve alteração da propagação do sinal da insulina em resposta a elevação do nível de TRB3 (85,86). Assim sendo, estudos futuros são necessários para desvendar o papel da TRB3 no tecido muscular de animais resistentes à insulina e assim comprovar sua atuação na sinalização da insulina neste tecido.

Efeitos do Exercício Físico sobre a Lipotoxicidade

Na condição de resistência à insulina ocorre uma aumento da lipólise e da concentração de ácidos graxos livres na circulação. Como previamente descrito o aumento dos AGLs pode induzir resistência à insulina através da ativação de proteínas serinas quinase (exemplos: PKC – proteína quinase C, IKK-β, JNK). O aumento de gordura em indivíduos obesos também é observado nos tecidos, como o músculo esquelético. E este acúmulo de triacilglicerol está associado com a indução de resistência à insulina. Paradoxalmente, atletas de endurance também apresentam maiores concentrações de triacilgliceróis no tecido muscular, no entanto não apresentam os mesmos efeitos deletérios sobre a sensibilidade à insulina. Esse fenômeno pode ser atribuído ao processo conhecido como adaptação ao treinamento físico que, por sua vez, promove aumento da biogênese mitocondrial e consequentemente maior capacidade oxidativa, uma vez que esses ácidos graxos podem servir como combustível energético durante as atividades físicas de longa duração, preservando ao máximo os estoques de glicogênio muscular. Em atletas, além do aumento de mitocôndrias, ocorre um aumento no potencial oxidativo e de transporte de ácidos graxos para ser oxidado na mitocôndria. Dessa forma, embora o acúmulo de ácidos graxos esteja relacionado com a resistência à insulina, alguns aspectos devem ser ressaltados. Essa adaptação envolve proteínas como a AMPK, Acetil CoA Carboxilase ACC), Carnita Palmitoiltransferase 1 (CPT1), Sirtuinas (SIRT1) e PGC-1α envolvidas no processo de biogênese mitocondrial e capacidade oxidativa.

O acúmumo de triacilglicerol intramuscular (IMTG) não está diretamente relacionado com resistência á insulina. Segundo os estudos o acúmulo dos metabólitos tais como diacilglicerol (DAG) e a ceramida, desempenham papel fundamental na resistência à insulina no músculo (87,88). De ações importantes na definição do tipo de ácido graxo intracelular, as enzimas glicerol-3-fosfato (mGPAT) e a diacilglicerol-aciltransferase (DGAT), envolvidas em etapas crucias na síntese de triacilglicerol (TG) tem sido estudadas. Condições de aumento do conteúdo de mGPAT ou DGAT ocorre aumento nos níveis de TG intracelular (89). Além disso, em resposta ao aumento da expressão de DGAT-1 foi verificado diminuição significativa do acúmulo de DAG em fibroblastos pulmonares. (90). A enzima DGAT-1 utiliza o DAG e as moléculas de Acetil-CoA para aumentar a síntese de triacilglicerol e com isso reduz os níveis de DAG e ceramida no meio intracelular.

O exercício tem papel relevante em reduzir os níveis de DAG e ceramidas e aumentar os níveis de TGIM por ter ações sobre as enzimas mGPAT e de DGAT-1 no músculo esquelético. Indivíduos resistentes à insulina submetidos a uma única sessão de exercício físico aeróbio com duração de 90 minutos com intensidade de 65% do VO2 máximo foi capaz de aumentar os níveis de mGPAT e de DGAT-1 no músculo esquelético (72). Tais resultados foram acompanhados por aumentos do TG intramuscular e diminuição do acúmulo de DAG e da resistência à insulina. Esses e outros achados suportam a hipótese de que o exercício físico modula seletivamente o metabolismo dos ácidos graxos no músculo esquelético, contribuindo para a redução da resistência (72,91). Além disso, o exercício físico leva a um aumento na sinalização das proteínas AMPK, ACC, CPT1, SIRT1 e PGC-1α e portanto, na capacidade oxidativa do músculo esquelético.

Após o entendimento dos inúmeros efeitos e benefícios relacionados a realização do exercício físico, a inclusão de exercícios na rotina diária de vida se torna essencial na prevenção ou no tratamento da obesidade e do DM tipo 2. No entanto, um estilo de vida em que a inatividade física prevalece é maior a chance de desenvolver doenças metabólicas e suas complicações. Consequentemente aqueles que desenvolvem a doença, se mal controlados, irão desenvolver as complicações agudas e crônicas do diabetes (como hiperglicemia, retinopatia, neuropatia periférica e autonômica, nefropatia, hipertensão, insuficiência cardíaca, etc).

CONSIDERAÇÕES FINAIS

Como pôde ser visto, os novos achados científicos sinalizam claramente que o exercício físico pode atuar por diferentes mecanismos intracelulares, sendo uma ferramenta importante na melhora da transdução do sinal da insulina em organismos saudáveis ou com resistência à insulina. O exercício físico é capaz de modular proteínas inflamatórias de efeito negativo a sinalização da insulina como a JNK, IKK, TRB-3, TLR-4, iNOS entre outras, promovendo uma melhora na homeostase glicêmica. No entanto, se faz necessários estudos adicionais, uma vez que a duração e a magnitude dos efeitos na sinalização da insulina são variáveis, dependendo do tipo, da duração, da intensidade de exercício e do modelo de obesidade induzida. Não se pode ainda descartar que a melhora observada pode estar associada a mudanças hemodinâmicas induzidas pelo exercício. Por exemplo, sabe-se que em resposta ao exercício há diminuição da atividade simpática e aumento do fluxo sanguíneo muscular no período após o exercício. Ademais, a força de cisalhamento provocado pela força de arraste que o sangue induz na parede das artérias quando em atividade física, aumenta os níveis de óxido nítrico no endotélio provocando vasodilatação (92). Tal adaptação favorece a chegada da insulina e da glicose até o tecido. Adaptações ao treinamento de força podem acarretar em aumento da área transversa do músculo ampliando a área para ligação da insulina ao receptor e da captação de glicose através do GLUT-4. Apesar da necessidade de se definirem muitas outras etapas da ação do exercício em vias de sinalização intracelular, todas essas descobertas abrem novas perspectivas para a compreensão do efeito do exercício sobre a captação de glicose. Além disso, definitivamente inclui o exercício físico como uma estratégia fundamental de combate a resistência à insulina e ao diabetes tipo 2.

EXERCÍCIOS DE AUTOAVALIAÇÃO

Questão 1 – Quais são as células do sistema imunológico envolvidas com a manutenção do processo inflamatório de baixo-grau presente na obesidade? Explique a atuação de cada uma dessas células neste processo.

Questão 2 – Como ocorre a ativação das proteínas serinas-quinases (IKK e JNK)? Descreva o papel dessas proteínas no mecanismo de resistência à insulina.

Questão 3 – Além do mecanismo controlado por proteínas serinas-quinases, envolvidos com a resistência à insulina, cite mais outras três vias de sinalização relacionadas ao fenômeno de resistência á insulina. Em seguida, explique-os.

Questão 4 – Como o exercício físico é capaz de atuar sobre o processo inflamatório e de resistência à insulina?

Questão 5 – Os efeitos do exercício físico sobre a resistência à insulina e processo inflamatório acontece tanto em estímulos agudos quanto crônicos? Explique as diferenças dos efeitos de uma única sessão de esforço e do exercício realizado regularmente.

REFERÊNCIAS BIBLIOGRÁFICAS

1. Gregor MF, Hotamisligil GS. Inflammatory mechanisms in obesity. Annu Rev Immunol. 2011;29(1):415–45.
2. Lancaster GI, Febbraio MA. The immunomodulating role of exercise in metabolic disease. Trends Immunol. Elsevier Ltd; 2014;35:262–9.
3. O'Sullivan O, Cronin O, Clarke SF, Murphy EF, Molloy MG, Shanahan F, et al. Exercise and the microbiota. Gut Microbes. 2015;6(2):131–6.
4. Campbell SC, Wisniewski PJ, Noji M, McGuinness LR, Häggblom MM, Lightfoot SA, et al. The Effect of Diet and Exercise on Intestinal Integrity and Microbial Diversity in Mice. PLoS One. 2016;11(3):e0150502.
5. Koppaka S, Kehlenbrink S, Carey M, Li W, Sanchez E, Lee DE, et al. Reduced adipose tissue macrophage content is associated with improved insulin sensitivity in thiazolidinedione-treated diabetic humans. Diabetes. 2013;62(6):1843–54.
6. Weisberg SP, McCann D, Desai M, Rosenbaum M, Leibel RL, Ferrante AW. Obesity is associated with macrophage accumulation in adipose tissue. J Clin Invest. 2003 Dec 15;112(12):1796–808.
7. Xu H, Barnes GT, Yang Q, Tan G, Yang D, Chou CJ, et al. Chronic inflammation in fat plays a crucial role in the development of obesity-related insulin resistance. J Clin Invest. 2003 Dec 15;112(12):1821–30.
8. Lumeng CN, DeYoung SM, Saltiel AR. Macrophages block insulin action in adipocytes by altering expression of signaling and glucose transport proteins. Am J Physiol Endocrinol Metab. 2007;292(1):E166–74.
9. Patsouris D, Li PP, Thapar D, Chapman J, Olefsky JM, Neels JG. Ablation of CD11c-Positive Cells Normalizes Insulin Sensitivity in Obese Insulin Resistant Animals. Cell Metab. 2008;8(4):301–9.
10. Liu J, Divoux A, Sun J, Zhang J, Clément K, Glickman JN, et al. Genetic deficiency and pharmacological stabilization of mast cells reduce diet-induced obesity and diabetes in mice. Nat Med. 2009;15(8):940–5.
11. Divoux A, Moutel S, Poitou C, Lacasa D, Veyrie N, Aissat A, et al. Mast cells in human adipose tissue: Link with morbid obesity, inflammatory status, and diabetes. J Clin Endocrinol Metab. 2012;97(9):1677–85.
12. Wensveen FM, Jelenčić V, Valentić S, Šestan M, Wensveen TT, Theurich S, et al. NK cells link obesity-induced adipose stress to inflammation and insulin resistance. Nat Immunol. 2015;16(4):376–85.
13. O'Rourke RW, Meyer KA, Neeley CK, Gaston GD, Sekhri P, Szumowski M, et al. Systemic NK cell ablation attenuates intra-abdominal adipose tissue macrophage infiltration in murine obesity. Obesity. 2014;22(10):2109–14.
14. O'Rourke R, Metcalf M, White A, Madala A, Winters B, Maizlin I, et al. Depot-specific differences in inflammatory mediators and a role for NK cells and IFN-g in inflammation in human adipose tissue. Int J Obes. 2009;33(9):978–90.
15. Wu D, AB M, HE L, RR R-G, HA J, JK B, et al. Eosinophils sustain adipose alternatively activated macrophages associated with glucose homeostasis. Science (80-). 2011;332:243–247.
16. Winer S, Chan Y, Paltser G, Truong D, Tsui H, Dorfman R, et al. Normalization of Obesity-Associated Insulin Resistance through Immunotherapy: CD4+ T Cells Control Glucose Homeostasis. Nat Med. 2009;15(8):921–9.

17. Feuerer M, Herrero L, Cipolletta D, Naaz A, Wong J, Nayer A, et al. Lean, but not obese, fat is enriched for a unique population of regulatory T cells that affect metabolic parameters. Nat Med. 2009;15(8): 930–9.
18. Stienstra R, van Diepen JA, Tack CJ, Zaki MH, van de Veerdonk FL, Perera D, et al. Inflammasome is a central player in the induction of obesity and insulin resistance. Pnas. 2011;108(37):15324–9.
19. Vandanmagsar B, Youm Y-H, Ravussin A, Galgani JE, Stadler K, Mynatt RL, et al. The NLRP3 inflammasome instigates obesity-induced inflammation and insulin resistance. Nat Med. 2011;17(2):179–88.
20. Traba J, Kwarteng-siaw M, Okoli TC, Li J, Huffstutler RD, Bray A, et al. Fasting and refeeding differentially regulate NLRP3 inflammasome activation in human subjects. J Clin Invest. 2015;125(12): 4592–600.
21. Rabinowitz D, Zierler K. Forearm Metabolism in Obesity and Its Response To Intra- Sistance and Evidence for Adaptive. J Clin Invest. 1962;41(12):2173–81.
22. Wigand JP, Blackard WG. Downregulation of insulin receptors in obese man. Diabetes. 1979;28(4): 287–91.
23. Le-Marchand-Brustel Y, Grémeaux T, Ballotti R, Obberghen E Van. Insulin receptor tyrosine kinase is defective in skeletal muscle of insulin-resistant obese mice. Nature. 1985;315:676–9.
24. Hotamisligil GS, Shargill NS, Spiegelman BM, Shargill S, Spiegelman BM. Adipose expression of tumor necrosis factor-alpha: direct role in obesity-linked insulin resistance. Science. 1993;259(5091):87–91.
25. Hotamisligil GS. Mechanisms of TNF-alpha-induced insulin resistance. Exp Clin Endocrinol Diabetes. 1999;107(2):119–25.
26. Uysal KT, Wiesbrock SM, Marino MW. Protection from obesity-induced insulin resistance in mice lacking TNF-alpha function. Nature. 1997 Oct 9;389(6651):610–4.
27. Hotamisligil GS. The role of TNFalpha and TNF receptors in obesity and insulin resistance. J Intern Med. 1999;245(6):621–5.
28. Ghanim H, Aljada A, Daoud N, Deopurkar R, Chaudhuri A, Dandona P. Role of inflammatory mediators in the suppression of insulin receptor phosphorylation in circulating mononuclear cells of obese subjects. Diabetologia. 2007;50(2):278–85.
29. Hirosumi J, Tuncman G, Chang L, Görgün CZ, Uysal KT, Maeda K, et al. A central role for JNK in obesity and insulin resistance. Nature. 2002 Nov 21;420(6913):333–6.
30. Westwick J, Weitzel C, Minden A, Karin M, Brenner DA. Tumor necrosis factor a stimulates AP-1 through prolonged activation of the c-jun kinase. J Biol Chem. 1994;269(42):26396–401.
31. Jorgensen SB, O'Neill HM, Sylow L, Honeyman J, Hewitt KA, Palanivel R, et al. Deletion of skeletal muscle SOCS3 prevents insulin resistance in obesity. Diabetes. 2013;62(1):56–64.
32. Elchebly M, Payette P, Michaliszyn E, Cromlish W, Collins S, Loy a L, et al. Increased insulin sensitivity and obesity resistance in mice lacking the protein tyrosine phosphatase-1B gene. Science. 1999; 283(5407):1544–8.
33. Goldstein BJ, Bittner-Kowalczyk A, White MF, Harbeck M. Tyrosine Dephosphorylation and Deactivation of Insulin Receptor Substrate-1 by Protein-tyrosine Phosphatase 1B. J Biol Chem. 2000;275(6): 4283–9.
34. Shimabukuro M, Higa M, Zhou Y, Wang M, Newgard CB, Unger RH. Lipoapoptosis in Beta-cells of Obese Prediabetic fa/fa Rats. J Biol Chem. 1998;273(49):32487–90.
35. Unger RH. Lipotoxic Diseases. Annu Rev Med. 2002;53:319–36.
36. Zabolotny JM, Bence-Hanulec KK, Stricker-Krongrad A, Haj F, Wang Y, Minokoshi Y, et al. PTP1B regulates leptin signal transduction in vivo. Dev Cell. 2002;2(4):489–95.
37. Cheng A, Uetani N, Simoncic PD, Chaubey VP, Lee-Loy A, McGlade CJ, et al. Attenuation of leptin action and regulation of obesity by protein tyrosine phosphatase 1B. Dev Cell. 2002;2(4):497–503.
38. Ahmad F, Considine R V., Bauer TL, Ohannesian JP, Marco CC, Goldstein BJ. Improved sensitivity to insulin in obese subjects following weight loss is accompanied by reduced protein-tyrosine phosphatases in adipose tissue. Metabolism. 1997;46(10):1140–5.
39. Du K, Herzig S, Kulkarni RN, Montminy M. TRB3 : A tribbles Homolog That Inhibits Akt/PKB Activation by insulin in Liver. Science (80-). 2003;300(June):1574–8.

40. Koh H-J, Arnolds DE, Fujii N, Tran TT, Rogers MJ, Jessen N, et al. Skeletal muscle-selective knockout of LKB1 increases insulin sensitivity, improves glucose homeostasis, and decreases TRB3. Mol Cell Biol. 2006;26(22):8217–27.
41. Yan W, Wang Y, Xiao Y, Wen J, Wu J, Du L, et al. Palmitate Induces TRB3 Expression and Promotes Apoptosis in Human Liver Cells. Cell Physiol Biochem. 2014;33(3):823–34.
42. Du K, Herzig S, Kulkarni RN, Montminy M. TRB3: a tribbles homolog that inhibits Akt/PKB activation by insulin in liver. Science. 2003;300(2003):1574–7.
43. Wu Z, Jiao P, Huang X, Feng B, Feng Y, Yang S, et al. MAPK phosphatase-3 promotes hepatic gluconeogenesis through dephosphorylation of forkhead box O1 in mice. J Clin Invest. 2010 Nov;120(11): 3901–11.
44. Feng B, He Q, Xu H. FOXO1-dependent up-regulation of MAP kinase phosphatase 3 (MKP-3) mediates glucocorticoid-induced hepatic lipid accumulation in mice. Mol Cell Endocrinol. NIH Public Access; 2014 Aug 5;393(1–2):46–55.
45. Feng B, Jiao P, Helou Y, Li Y, He Q, Walters MS, et al. Mitogen-Activated Protein Kinase Phosphatase 3 (MKP-3)-Deficient Mice Are Resistant to Diet-Induced Obesity. Diabetes. 2014 Sep 1;63(9):2924–34.
46. Fujimoto M, Shimizu N, Kunii K, Martyn JAJ, Ueki K, Kaneki M. A role for iNOS in fasting hyperglycemia and impaired insulin signaling in the liver of obese diabetic mice. Diabetes. 2005;54(5):1340–8.
47. Perreault M, Marette a. Targeted disruption of inducible nitric oxide synthase protects against obesity-linked insulin resistance in muscle. Nat Med. 2001;7(10):1138–43.
48. Torres SH, De Sanctis JB, de L Briceño M, Hernández N, Finol HJ, Sanctis JB De, et al. Inflammation and nitric oxide production in skeletal muscle of type 2 diabetic patients. J Endocrinol. 2004;181(3):419–27.
49. Carvalho-filho M a, Ueno M, Hirabara SM, Seabra AB, Carvalheira BC, Oliveira MG De, et al. S-nitrosation of the insulin receptor, insulin receptor substrate 1, and protein kinase B/Akt: a novel mechanism of insulin resistance. Diabetes. 2005;54(April):959–67.
50. Cnop M, Foufelle F, Velloso LA. Endoplasmic reticulum stress, obesity and diabetes. Trends Mol Med. 2012 Jan;18(1):59–68.
51. Jialal I, Kaur H, Devaraj S. Toll-like receptor status in obesity and metabolic syndrome: a translational perspective. J Clin Endocrinol Metab. 2014;99(1):39–48.
52. Milanski M, Degasperi G, Coope A, Morari J, Denis R, Cintra DE, et al. Saturated fatty acids produce an inflammatory response predominantly through the activation of TLR4 signaling in hypothalamus: implications for the pathogenesis of obesity. J Neurosci. 2009;29(2):359–70.
53. Cintra DE, Ropelle ER, Moraes JC, Pauli JR, Morari J, de Souza CT, et al. Unsaturated fatty acids revert diet-induced hypothalamic inflammation in obesity. PLoS One. 2012;7(1).
54. Shi H, Kokoeva M V, Inouye K, Tzameli I, Yin H, Flier JS. TLR4 links innate immunity and fatty acid – induced insulin resistance. J Clin Invest. 2006;116(11):3015–25.
55. Reyna SM, Ghosh S, Tantiwong P, Meka CSRM, Eagan P, Jenkinson CP, et al. Elevated toll-like receptor 4 expression and signaling in muscle from insulin-resistant subjects. Diabetes. 2008;57(October):2595–602.
56. Bagarolli R a., Saad MJ a, Saad STO. Toll-like receptor 4 and inducible nitric oxide synthase gene polymorphisms are associated with Type 2 diabetes. J Diabetes Complications. Elsevier Inc.; 2010;24(3): 192–8.
57. Erion DM, Shulman GI. Diacylglycerol-mediated insulin resistance. Nat Publ Gr. Nature Publishing Group; 2010;16(4):400–2.
58. Schmitz-Peiffer C, Biden TJ. Protein kinase C function in muscle, liver, and beta-cells and its therapeutic implications for type 2 diabetes. Diabetes. 2008;57(7):1774–83.
59. Pauli JR, Ropelle ER, Cintra DE, Carvalho-Filho MA, Moraes JC, De Souza CT, et al. Acute physical exercise reverses S-nitrosation of the insulin receptor, insulin receptor substrate 1 and protein kinase B/Akt in diet-induced obese Wistar rats. J Physiol. 2008;586(2):659–71.
60. Wojtaszewski JFP, Richter EA. Effects of acute exercise and training on insulin action and sensitivity: focus on molecular mechanisms in muscle. Essays Biochem. 2006;42:31–46.
61. Starkie R, Ostrowski SR, Jauffred S, Febbraio M, Pedersen BK. Exercise and IL-6 infusion inhibit endotoxin-induced TNF-alpha production in humans. FASEB J. 2003;17(Il):884–6.

62. Ostrowski K, Rohde T, Zacho M, Asp S, Pedersen BK. Evidence that interleukin-6 is produced in human skeletal muscle during prolonged running. J Physiol. 1998;508 (Pt 3:949–53.
63. Calle MC, Fernandez ML. Effects of resistance training on the inflammatory response. Nutr Res Pract. 2010;4(4):259–69.
64. Ronsen O, Holm K, Staff H, Opstad PK, Pedersen BK, Bahr R. No effect of seasonal variation in training load on immuno-endocrine responses to acute exhaustive exercise. Scand J Med Sci Sports. 2001; 11(3):141–8.
65. Glund S, Deshmukh A, Long YC, Moller T, Koistinen H a, Caidahl K, et al. Interleukin-6 Directly Increases Glucose Metabolism in Resting Human Skeletal Muscle. Diabetes. 2007;56(June):1630–7.
66. Kelly M, Gauthier M, Saha AK, Ruderman NB. Activation of AMP-Activated Protein Kinase by Interleukin-6 in Rat Skeletal Muscle. Diabetes. 2009;58(September):1953–60.
67. Ropelle ER, da Silva ASR, Cintra DE, de Moura LP, Teixeira AM, Pauli JR. Physical Exercise: A Versatile Anti-Inflammatory Tool Involved in the Control of Hypothalamic Satiety Signaling. Exerc Immunol Rev. 2021;27:7-23.
68. Kasapis C, Thompson PD. The effects of physical activity on serum C-reactive protein and inflammatory markers: A systematic review. J Am Coll Cardiol. 2005;45(10):1563–9.
69. Pedersen BK, Febbraio M a. Muscles, exercise and obesity: skeletal muscle as a secretory organ. Nat Rev Endocrinol. Nature Publishing Group; 2012;8(8):457–65.
70. Ropelle ER, Pauli JR, Prada PO, de Souza CT, Picardi PK, Faria MC, et al. Reversal of diet-induced insulin resistance with a single bout of exercise in the rat: the role of PTP1B and IRS-1 serine phosphorylation. J Physiol. 2006 Dec;577(Pt 3):997–1007.
71. Ropelle ER, da Silva ASR, Cintra DE, de Moura LP, Teixeira AM, Pauli JR. Physical Exercise: A Versatile Anti-Inflammatory Tool Involved in the Control of Hypothalamic Satiety Signaling. Exerc Immunol Rev. 2021;27:7-23.
72. Schenk S, Horowitz JF. Acute exercise increases triglyceride synthesis in skeletal muscle and prevents fatty acid – induced insulin resistance. J Clin Invest. 2007;117(6):18–20.
73. Wadley GD, Konstantopoulos N, Macaulay L, Howlett KF, Garnham A, Hargreaves M, et al. Increased insulin-stimulated Akt pSer [473] and cytosolic SHP2 protein abundance in human skeletal muscle following acute exercise and short-term training. J Appl Physiol. American Physiological Society; 2007 Apr;102(4):1624–31.
74. Tsuzuki T, Shinozaki S, Nakamoto H, Kaneki M, Goto S, Shimokado K, Kobayashi H, Naito H. Voluntary Exercise Can Ameliorate Insulin Resistance by Reducing iNOS-Mediated S-Nitrosylation of Akt in the Liver in Obese Rats. PLoS One. 2015 Jul 14;10(7):e0132029.
75. Pilon G, Dallaire P, Marette A. Inhibition of inducible nitric-oxide synthase by activators of AMP-activated protein kinase: A new mechanism of action of insulin-sensitizing drugs. J Biol Chem. 2004;279(20): 20767–74.
76. Balon TW, Nadler JL. Evidence that nitric oxide increases glucose transport in skeletal muscle. J Appl Physiol. 1997 Jan;82(1):359–63.
77. Lancaster GI, Khan Q, Drysdale P, Wallace F, Jeukendrup AE, Drayson MT, et al. The physiological regulation of toll-like receptor expression and function in humans. J Physiol. 2005;563(Pt 3):945–55.
78. Ma Y, He M, Qiang L. Exercise therapy downregulates the overexpression of TLR4, TLR2, MyD88 and NF-??B after cerebral ischemia in rats. Int J Mol Sci. 2013;14(2):3718–33.
79. Robinson E, Durrer C, Simtchouk S, Jung ME, Bourne JE, Voth E, et al. Short-term high-intensity interval and moderate-intensity continuous training reduce leukocyte TLR4 in inactive adults at elevated risk of type 2 diabetes. J Appl Physiol. 2015;(July):jap.00334.2015.
80. Stewart LK, Flynn MG, Campbell WW, Craig BA, Robinson JP, McFarlin BK, et al. Influence of exercise training and age on CD14+ cell-surface expression of toll-like receptor 2 and 4. Brain Behav Immun. 2005;19(5):389–97.
81. McFarlin BK, Flynn MG, Campbell WW, Stewart LK, Timmerman KL. TLR4 is lower in resistance-trained older women and related to inflammatory cytokines. Med Sci Sports Exerc. 2004;36(11): 1876–83.

82. Deldicque L, Cani PD, Delzenne NM, Baar K, Francaux M. Endurance training in mice increases the unfolded protein response induced by a high-fat diet. J Physiol Biochem. 2013;69(2):215–25.
83. Wu J, Ruas JL, Estall JL, Rasbach KA, Choi JH, Ye L, et al. The unfolded protein response mediates adaptation to exercise in skeletal muscle through a PGC-1??/ATF6?? complex. Cell Metab. 2011;13(2):160–9.
84. Koh H-J, Toyoda T, Didesch MM, Lee M-Y, Sleeman MW, Kulkarni RN, et al. Tribbles 3 mediates endoplasmic reticulum stress-induced insulin resistance in skeletal muscle. Nat Commun. Nature Publishing Group; 2013;4(May):1871.
85. Ding A, Lessard SJ, Toyoda T, Lee M-Y, Koh H-J, Qi L, et al. Overexpression of TRB3 in muscle alters muscle fiber type and improves exercise capacity in mice. Am J Physiol Regul Integr Comp Physiol. 2014; 306(12):R925-33.
86. Avery J, Etzion S, Debosch BJ, Jin X, Lupu TS, Beitinjaneh B, et al. TRB3 function in cardiac endoplasmic reticulum stress. Circ Res. 2010;106(9):1516–23.
87. Amati F, Dub JJ, Alvarez-Carnero E, Edreira MM, Chomentowski P, Coen PM, et al. Skeletal muscle triglycerides, diacylglycerols, and ceramides in insulin resistance: Another paradox in endurance-trained athletes? Diabetes. 2011;60(10):2588–97.
88. Sitnick MT, Basantani MK, Cai L, Schoiswohl G, Yazbeck CF, Distefano G, et al. Skeletal muscle triacylglycerol hydrolysis does not influence metabolic complications of obesity. Diabetes. 2013;62(10):3350–61.
89. Roorda BD, Hesselink MKC, Schaart G, Moonen-Kornips E, Martínez-Martínez P, Losen M, et al. DGAT1 overexpression in muscle by in vivo DNA electroporation increases intramyocellular lipid content. J Lipid Res. 2005;46(2):230–6.
90. Bagnato C, Igal RA. Overexpression of Diacylglycerol Acyltransferase-1 Reduces Phospholipid Synthesis, Proliferation, and Invasiveness in Simian Virus 40-transformed Human Lung Fibroblasts. J Biol Chem. 2003;278(52):52203–11.
91. Liu L, Zhang Y, Chen N, Shi X, Tsang B, Yu Y-H. Upregulation of myocellular DGAT1 augments triglyceride synthesis in skeletal muscle and protects against fat-induced insulin resistance. J Clin Invest. 2007;117(6):1679–89.
92. Niebauer J, Cooke JP. Cardiovascular effects of exercise: role of endothelial shear stress. J Am Coll Cardiol. 1996;28(7):1652–60.

11

OBESIDADE

José Rodrigo Pauli
Eloize Cristina Chiarreotto Ropelle
Vitor Rosetto Muñoz
Eduardo Rochete Ropelle

OBJETIVOS DO CAPÍTULO

- Entender o exercício físico como estratégia terapêutica na prevenção e tratamento da obesidade.
- Compreender os principais efeitos fisiológicos do exercício físico sobre a obesidade.
- Entender os principais efeitos moleculares do exercício físico sobre a obesidade.
- Entender o efeito anti-inflamatório do exercício físico.
- Discutir o limite da fronteira do conhecimento da biologia molecular do exercício físico na prevenção e tratamento da obesidade.

INTRODUÇÃO

A obesidade é considerada um grave problema de saúde pública mundial, com expressivas consequências negativas à saúde do ser humano. Dados do Ministério da Saúde mostram que aproximadamente a metade da população brasileira apresenta valores considerados anormais do Índice de Massa Corporal (IMC). Essa constatação é preocupante uma vez que obesidade possui estreita relação com doenças como diabetes, doenças cardiovasculares, alguns tipos de câncer entre outras. Caracterizada pelo excesso de gordura corporal, a obesidade ainda é uma doença sem uma linha terapêutica medicamentosa consistente, uma vez que os medicamentos recentemente propostos ainda apresentam resultados pouco satisfatórios no controle do peso corporal ou ainda promovem efeitos colaterais importantes que inviabilizam o tratamento. Neste sentido, estratégias terapêuticas não farmacológicas como a dietoterapia e programas de exercícios físicos específicos, ainda são consideradas os principais contribuintes para a prevenção e para o tratamento da obesidade.

Desde as décadas de 1960 e 1970 sabe-se que o exercício físico é eficiente para a indução do balanço energético negativo, utilização de ácidos graxos e glicose como combustível energético e um "acelerador" do metabolismo basal, contribuindo assim para a manutenção ou redução da massa corporal, em especial a massa adiposa. Esses conceitos ainda são atuais e frequentemente utilizados como norteadores por especialistas que usam o exercício como recurso terapêutico para prevenção e tratamento da obesidade. No entanto nas últimas duas décadas o conhecimento a cerca dos benefícios do exercício físico para pacientes obesos avançou, e boa parte desse avanço deve-se ao desenvolvimento científico e tecnológico. As novas técnicas de biologia molecular estão abrindo uma nova perspectiva para o entendimento das ações do exercício físico sobre o organismo humano, iniciando assim uma nova era para esta área do conhecimento.

Neste capítulo teremos por objetivo discutir alguns efeitos do exercício físico sobre a obesidade na perspectiva da biologia molecular do exercício, sempre procurando integrar esses novos conhecimentos de âmbito celular aos conceitos fisiológicos que são classicamente mais bem estabelecidos.

EFEITOS DO EXERCÍCIO FÍSICO SOBRE O GASTO ENERGÉTICO

Dois fenômenos podem contribuir abruptamente para a indução do balanço energético negativo e redução do peso corporal em resposta ao exercício. O primeiro deles é a utilização de glicose e principalmente de ácidos graxos como substratos energéticos. A mobilização de moléculas altamente energéticas como os triacilgliceróis a partir do tecido adiposo, o transporte dos derivados dessas moléculas mediado pela albumina e a subsequente oxidação dos ácidos graxos nas células musculares durante o exercício físico aeróbio moderado de longa duração, é talvez, o mais importante contribuinte para a indução do balanço energético negativo. Cronicamente, a utilização desse sistema de mobilização e oxidação de gordura podem modificar significativamente a composição corporal e reverter o fenótipo de obesidade.

Estima-se que a mobilização da gordura corporal durante exercícios aeróbios de média e longa duração possua estreita relação com o quociente respiratório (QR). Este quociente é caracterizado pela razão entre o gás carbônico (CO_2) produzido e o oxigênio (O_2) consumido pelo organismo. Sabidamente, a oxidação de carboidratos é elevada durante exercícios de alta intensidade, gerando assim valores de QR próximos a 1,0, uma vez que a produção de CO_2 advindo da oxidação da glicose é maior quando comparado à oxidação de outros substratos energéticos. Por outro lado, valores de QR próximos a 0,8 são encontrados em indivíduos submetidos a exercícios aeróbios leve a moderado, refletindo a mobilização de fontes energéticas mistas, ou seja, tanto carboidratos como ácidos graxos, com predominância de utilização do segundo substrato energético. Na tabela 1 são demonstrados os valores de QR relativos à participação de carboidratos e gordura como fonte energética. É possível notar que à medida que os valores de QR aumentam, aumentam também a participação dos carboidratos como contribuinte energético. Em poucas palavras, podemos entender que exercícios físicos menos intensos poderiam manter os valores de QR mais baixos, entre 0,75 e 0,8, favorecendo um predomínio da utilização de gordura como substrato energético durante o exercício.

Tabela 1 Participação dos carboidratos e da gordura em função do QR.

QR	% Kcal carboidrato	% Kcal gordura
0,71	0	100
0,75	15,6	84,4
0,80	33,4	66,6
0,85	50,7	49,3
0,90	67,5	32,5
0,95	84,0	16,0
1,0	100	0

Embora esse seja um acontecimento fisiológico bem conhecido e que explica satisfatoriamente os efeitos do exercício físico sobre o aumento do gasto energético e a perda de peso, acredita-se que outros mecanismos fisiológicos e moleculares possam contribuir para o balanço energético negativo, não sendo necessariamente ativados durante, mas sim após a sessão de exercício físico.

Este segundo mecanismo responsável pelo balanço energético negativo em resposta ao exercício físico é um processo conhecido como excesso de consumo de oxigênio pós-exercício (EPOC). De maneira simplificada, o EPOC caracteriza-se pelo consumo de oxigênio aumentado após o término da sessão de exercício em relação ao período pré-exercício (Figura 1).

Após a execução de uma sessão de exercícios, aeróbio ou resistido, a taxa metabólica do organismo permanece elevada em relação aos valores pré-exercício. Esse efeito pode durar de alguns minutos até aproximadamente 15 horas após o fim da sessão de treino, ao passo que a magnitude do EPOC irá depender do volume e/ou da intensidade do exercício realizado. Cabe

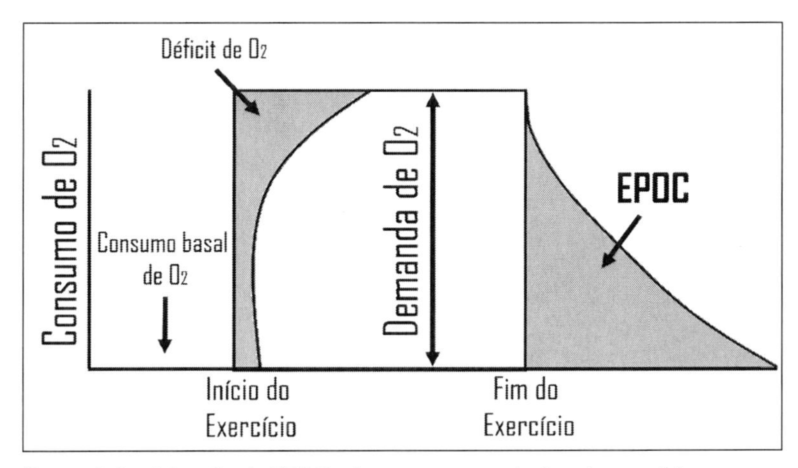

Figura 1 Participação do EPOC sobre o consumo de O_2 pós-exercício.

destacar que o consumo de oxigênio possui relação direta com o gasto energético. Um grande acumulado de evidências aponta que o EPOC ocorra em virtude de alguns ajustes orgânicos, a saber:

- Ressíntese de ATP e creatina fosfato (CP);
- Remoção de metabólitos como o lactato;
- Reparo tecidual em virtude das microlesões (processo inflamatório);
- Síntese proteica;
- Ressíntese de glicogênio
- Secreção de hormônios como cortisol, GH, T3;
- Aumento da atividade mitocondrial;
- Aumento da atividade simpática;
- Aumento da frequência cardíaca;
- Aumento da temperatura corporal.

Mediante o exposto, não é surpreendente observar que neste período pós-treino o principal substrato energético utilizado para a manutenção de todas essas respostas orgânicas, é a gordura. Estudos demonstram que o exercício físico resistido possui maior capacidade de acionar o mecanismo de consumo de oxigênio pós-exercício, principalmente os exercícios que envolvem grandes grupos musculares.

É importante destacar que tanto a intensidade como a duração do exercício realizado irão determinar não apenas o predomínio do substrato energético utilizado durante o esforço, mas também a magnitude do EPOC após o treinamento. A figura 2 a seguir demonstra a relação da intensidade e duração do exercício sobre a indução do EPOC (Figura 2).

Em relação ao EPOC, sabe-se que este é um importante fator para o gasto energético que se inicia imediatamente após a sessão de treinamento. O EPOC possui relação diretamente

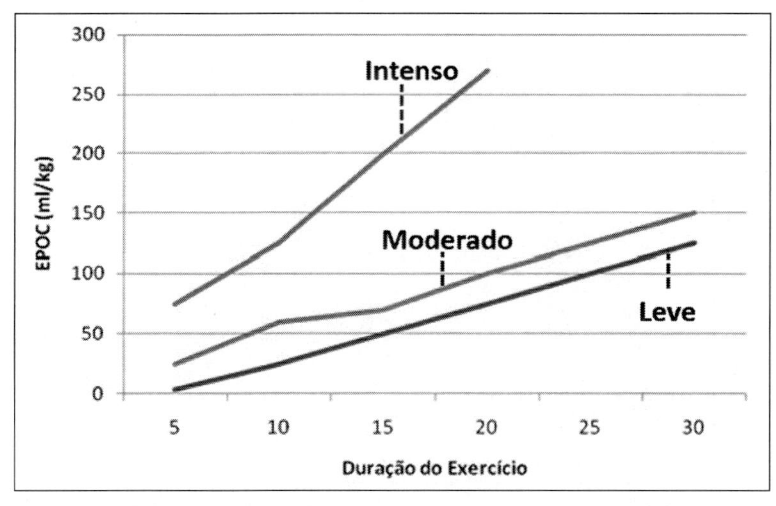

Figura 2 Relação da intensidade e duração do exercício sobre o EPOC.

proporcional tanto ao volume e principalmente à intensidade do treinamento. Em um estudo de Thornton e Potteiger (1), os autores compararam o EPOC em dois grupos de indivíduos que realizaram treinamento resistido com intensidades diferentes. O primeiro grupo realizou 2 séries de 8 repetições com intensidade correspondente a 85% de 8 repetições máximas (baixo volume e alta intensidade). O segundo grupo realizou 2 séries de 15 repetições com intensidade correspondente a 45% de 8 repetições máximas (volume mais alto e baixa intensidade). O consumo de oxigênio medido imediatamente após a sessão de treinamento mostrou que o grupo que realizou exercício de intensidade mais alta apresentou maior gasto energético em repouso quando comparado ao grupo que realizou o protocolo de exercício de baixa intensidade, como demonstra a Figura 3.

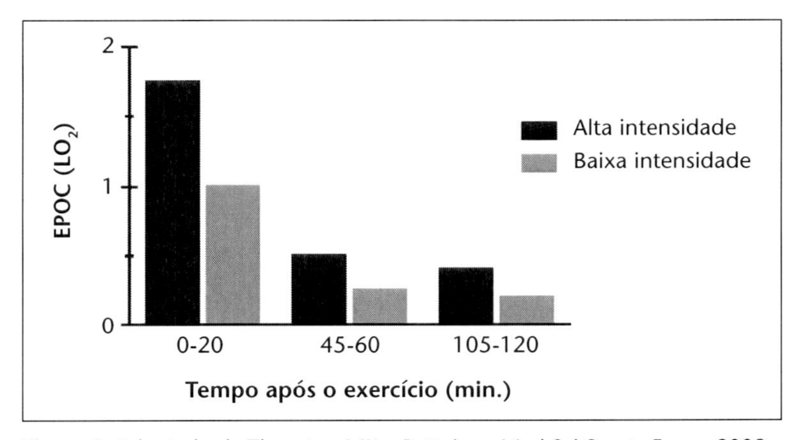

Figura 3 Adaptado de Thornton MK e Potteiger. Med Sci Sports Exerc. 2002.

Embora agudamente tanto a mobilização de gordura durante o exercício como a indução do EPOC não impactem significativamente sobre o peso corporal, cronicamente esses mecanismos são importantes contribuintes para a modificação da composição corporal em indivíduos com sobrepeso e obesidade

Os efeitos do exercício físico sobre o gasto energético são relativamente bem documentados na literatura, no entanto a explicação exata do mecanismo pelo qual o exercício estimula o aumento do gasto energético ainda não é completamente conhecida. Recentemente um estudo identificou que um hormônio denominado Irisina pode ser responsável ao menos em parte pelo aumento do gasto energético em resposta ao exercício. Boström e colegas identificaram que o exercício físico estimula a clivagem de uma proteína da membrana muscular chamada FNDC5. A clivagem e secreção desta molécula dá origem a um fator circulante com característica de um hormônio, denominado Irisina. A Irisina por sua vez é responsável por atuar em células do tecido adiposo estimulando a conversão dos adipócitos em tecido adiposo marrom (fenômeno conhecido como "Browning"). A conversão do tecido adiposo branco em tecido adiposo marrom mediado pela Irisina favorece o aumento do gasto energético através do elevado nível da proteína desacopladora mitocondrial UCP1, altamente expressa no tecido adiposo marrom. A figura 4 demonstra a produção de FNDC5, convertido em Irisina. Esta por sua vez, liga-se à célula do tecido adiposo branco para ativação de vias intracelulares relacionadas ao "browning" (Figura 4).

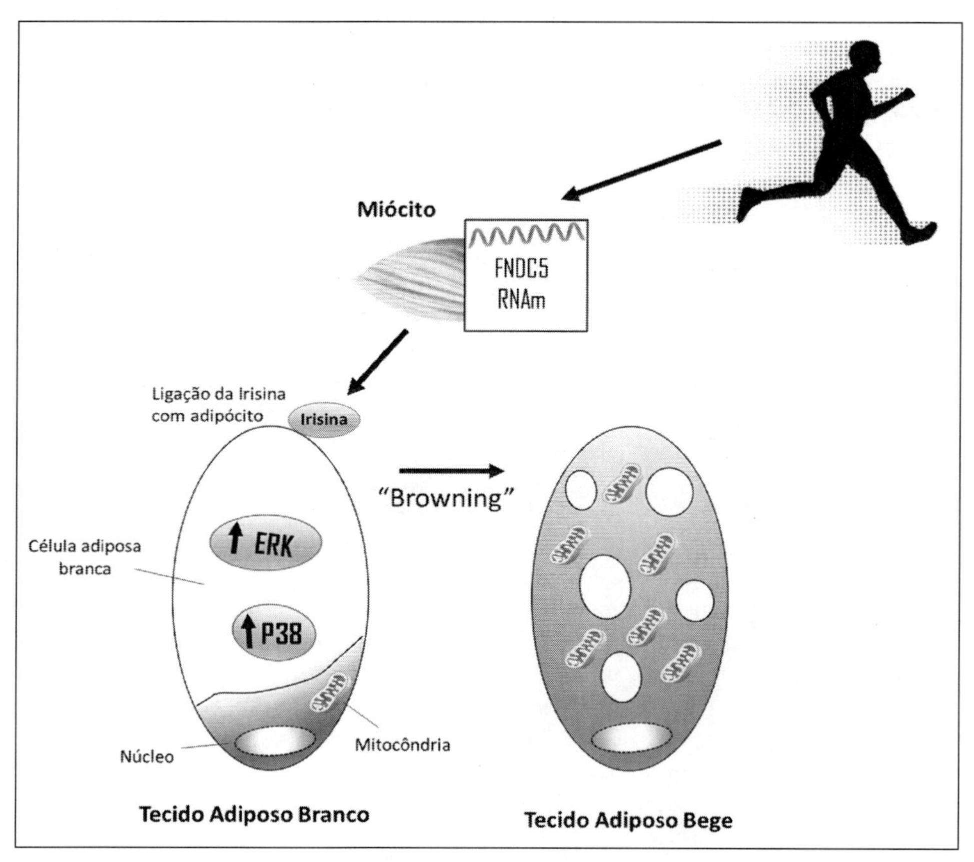

Figura 4 Conversão do tecido adiposo branco em tecido adiposo marrom através da Irisina.

Estudo envolvendo indivíduos saudáveis comparou os efeitos do exercício resistido (8 exercícios realizados em 3 a 4 séries de 12 repetições a 65% de 1RM), do exercício aeróbio (60 minutos a 65% do VO2 máx. em cicloergômetro) e do exercício combinado (30 minutos do protocolo aeróbio e 30 minutos do protocolo resistido) sobre a produção de Irisina. Após uma hora do término dos protocolos de exercício, os autores encontraram aumento dos níveis séricos de Irisina apenas no grupo que realizou o protocolo de exercício resistido. Após 6 horas de exercício os níveis de Irisina estavam ligeiramente mais altos no grupo que realizou o exercício resistido (2). Esses dados sugerem, que o exercício resistido poderia ser mais efetivo em relação a produção endógena de Irisina, aumentando assim o gasto energético pós exercício. Embora nenhum estudo tenha avaliado especificamente a participação da Irisina sobre o EPOC, é possível que este hormônio esteja efetivamente envolvido nos processos de gasto energético pós-exercício.

EFEITOS DO EXERCÍCIO FÍSICO SOBRE A BIOGÊNESE MITOCONDRIAL.

Um efeito importante do exercício físico que contribui significativamente para o aumento da oxidação da gordura e consequentemente pode promover redução da adiposidade e da massa corporal, é o aumento da atividade e da quantidade de mitocôndrias na musculatura esquelética.

No final da década dos anos 80 e no início da década dos anos 90 diversos estudos passaram a identificar adaptações positivas das mitocôndrias em resposta ao exercício físico, aumentando a capacidade de trabalho dessas organelas em relação a oxidação de gordura para produção de energia (3,4). Atribui-se ao estresse metabólico gerado pelo exercício físico, o principal componente para que ocorram as adaptações musculares em direção a biogênese mitocondrial. Exercícios aeróbios de intensidade moderada e exercícios resistidos de resistência muscular localizada, são os principais tipos de exercício que induzem aumento da função, do tamanho e da quantidade das mitocôndrias, predominantemente nas fibras musculares oxidativas (tipo I). Essas adaptações são importantes pois aumentam a capacidade oxidativa das células musculares, contribuindo particularmente com a oxidação de ácidos graxos no meio intramuscular.

Diversos estudos demonstraram alterações significativas do metabolismo da glicose e do metabolismo de gordura na musculatura esquelética de pacientes obesos e diabéticos tipo II, estando estas alterações intimamente relacionadas a disfunção mitocondrial (5,6). Foram encontradas alterações importantes da morfologia mitocondrial (7), da qualidade mitocondrial (8) da função mitocondrial (9), e maior produção de espécies reativas de oxigênio (ROS) e de emissão subprodutos lipídicos (5) no músculo de pacientes obesos e diabéticos tipo II.

Essas alterações e disfunções das mitocôndrias musculares, podem ao menos em parte, serem corrigidas em resposta ao exercício físico. Um estudo demonstrou correlação positiva entre o aumento da oxidação de ácidos graxos e proteínas do complexo I em resposta ao exercício físico aeróbio durante 8 semanas em indivíduos obesos. Esses dados também foram acompanhados da redução do conteúdo de triglicerídeos intramuscular (10). Adicionalmente, um extenso acumulado de evidências demonstra efeitos positivos sobre a morfologia, sobre a função e sobre a quantidade de mitocôndrias em resposta ao exercício físico (11).

No âmbito da biologia molecular do exercício, essas adaptações ocorridas nas mitocôndrias em resposta ao exercício parecem ser decorrentes da ativação da proteína quinase ativada por AMP, a AMPK. A depleção energética induzida pela contração muscular estimula a ativação da AMPK através da fosforilação em treonina desta enzima. A ativação da AMPK no músculo esquelético, além de estimular a captação de glicose, aumenta a oxidação de ácidos graxos e a biogênese mitocondrial (Figura 5). Mais especificamente em relação ao metabolismo mitocondrial, a AMPK é considerada molécula chave no controle da biogênese mitocondrial. A AMPK quando ativada, aumenta os níveis intracelulares de NAD+, esse aumento estimula uma deacetilase dependente de NAD+ chamada SIRT1. A SIRT1 por sua vez promove deacetilação e ativação de um de seus principais substratos, um cofator de transcrição denominado PGC-1α. Postula-se que o eixo SIRT1/PGC-1α esteja diretamente relacionado à biogênese mitocondrial no músculo esquelético, uma vez que a superexpressão isolada de cada uma dessas moléculas promove aumento da função e da biogênese mitocondrial em células musculares (12,13). De maneira interessante, o exercício físico promove o aumento da biogênese mitocondrial na musculatura esquelética através do eixo AMPK/SIRT1/PGC-1 α(14), sendo esta uma importante adaptação promovida pelo exercício crônico que contribui diretamente para a oxidação de ácidos graxos.

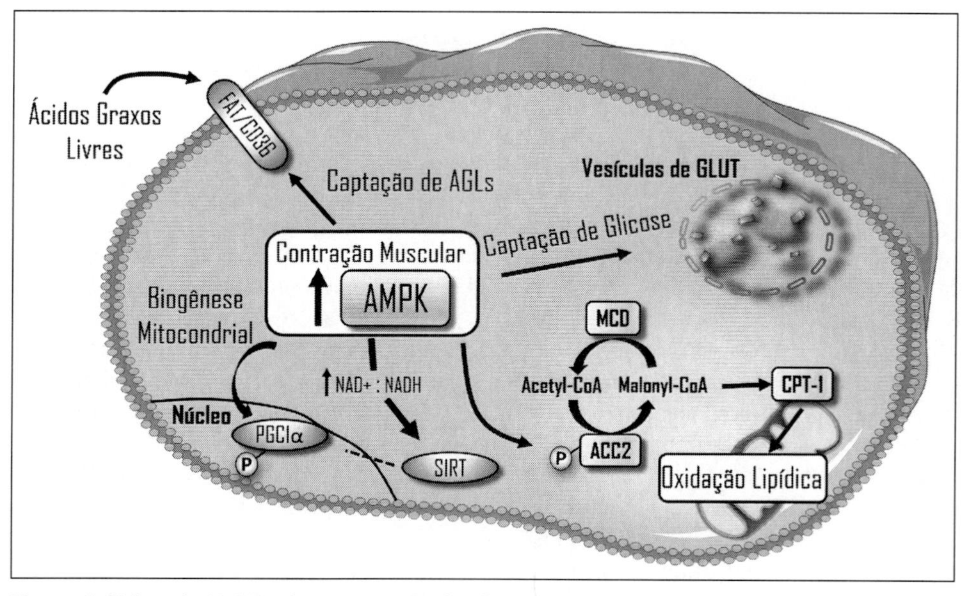

Figura 5 Efeitos da AMPK sobre a captação de glicose, biogênese mitocondrial e oxidação de ácidos graxos (AG).

Portanto, nota-se que a ativação da AMPK em resposta ao exercício físico é fundamental para o controle do metabolismo das células musculares, em especial do metabolismo glicídico e lipídico. A ativação da AMPK ocorre pelo aumento da razão AMP/ATP gerada pela quebra do ATP induzida pela contração muscular. Desta forma, a AMPK pode ser considerada um importante sensor energético intracelular. Acredita-se que o aumento da captação de glicose e o aumento da função e da biogênese mitocondrial no músculo, estimulados pela ativação da AMPK, sejam mecanismos para que a célula possa restabelecer o déficit energético gerado pelo exercício físico.

De maneira interessante, capacidade de ativação e fosforilação da AMPK na musculatura esquelética estimulada pelo exercício físico é preservada em indivíduos obesos e com diabetes tipo II (15). Sendo assim, esses pacientes podem normalmente ser beneficiados pelos efeitos metabólicos agudos da AMPK como a captação de glicose, bem como pelos efeitos crônicos como a biogênese mitocondrial e redução do conteúdo de triglicérides intramuscular. No entanto, alguns autores sugerem que a fosforilação da AMPK não sofre alteração no musculo esquelético em modelo experimental de envelhecimento, sugerindo um possível mecanismo de resistência à ativação da AMPK no músculo de idosos (16). Porém tanto a confirmação como a elucidação desse possível mecanismo ainda necessita de novos estudos.

EFEITOS DO EXERCÍCIO FÍSICO NO CONTROLE DA INGESTÃO ALIMENTAR

Além de proporcionar aumento considerável sobre o gasto energético e aumento da oxidação de ácidos graxos, postula-se que o exercício físico também contribui para a redução do fenótipo de obesidade modulando negativamente o apetite através da estimulação de sinais anorexigênicos. Um estudo de meta analise envolvendo cerca de 1000 indivíduos apontou que agudamente, o exercício físico per se é capaz de reduzir a ingestão alimentar (17). Thivel e colegas observaram que em adolescentes obesos, a intensidade de exercício parece ser determinante na indução das respostas anorexigênica induzida pelo exercício, ao passo que o protocolo de exercício físico aeróbio agudo de alta intensidade (75% do VO2 max.) promoveu redução da ingestão alimentar, enquanto o exercício aeróbio de baixa intensidade (45% d VO2 max.) não modificou o padrão alimentar (18).

Acredita-se que muitos dos efeitos do exercício sobre a ingestão alimentar e sobre o gasto energético tenham início em regiões específicas do sistema nervoso central. Mas como o exercício físico poderia estimular o cérebro para aumentar a termogênese e reduzir a ingestão alimentar? A resposta para essa pergunta ainda não é completamente conhecida, contudo, estudos recentes sugerem que fatores circulantes como a leptina, a insulina, a Interleucina-6 (IL-6), o BDNF dentre outras biomoléculas circulantes, possuem a capacidade de atravessar a barreira hematoencefálica e estimular potentes sinais anorexigênicos e pró-termogênicos estimulando o balanço energético negativo. Atualmente, sabe-se que o exercício físico pode, em parte, aumentar o gasto energético potencializando a ações dessas substâncias no sistema nervoso central, em especial em uma região conhecida como hipotálamo, estrutura do cérebro responsável pelo controle de diversas funções orgânicas, incluindo o controle do balanço energético.

Alguns estudos sugerem que o exercício aeróbio prolongado e de baixa intensidade pode estimular os sinais anorexigênicos e termogênicos mediados pela insulina e pela leptina em hipotálamo de ratos, favorecendo ao balanço energético negativo, resultando em redução do peso corporal. Cabe destacar que, embora o exercício não aumente os níveis circulantes de insulina e leptina, as vias de sinalização desses hormônios em núcleos hipotalâmicos específicos tornam-se mais sensíveis, tanto em roedores magros, como em modelos de obesidade induzida por dieta.

Recentemente, a IL-6 vem sendo investigada por suas ações no sistema nervoso central em resposta ao exercício. A IL-6, embora seja classicamente definida como uma molécula pró-inflamatória, esta parece desempenhar funções específicas em diversos tecidos quando sintetizada e secretada pelo músculo em resposta ao exercício físico, como por exemplo; aumentar a lipólise no tecido adiposo, estimular a oxidação de ácidos graxos no músculo, estimular a quebra de glicogênio no fígado, melhorar a função das células beta no pâncreas (19) e mais recentemente, a IL-6 vem recebendo destaque por suas ações no sistema nervoso central em resposta ao exercício.

Em um estudo envolvendo seres humanos Nybo e colaboradores demonstraram através da mensuração da diferença arterio-venosa, que os níveis de IL-6 no sistema nervoso central aumentaram significativamente em resposta a sessão aguda de exercício em cicloergômetro com intensidade aproximada de 60% do VO2máx. durante 60 minutos (20). Esses dados são intrigantes uma vez que as ações da IL-6 no hipotálamo são pró-termogênicas (21). Experimentos realizados em modelos experimentais de obesidade demonstraram elevados níveis de IL-6 no hipotálamo de ratos obesos após o exercício físico aeróbio. De forma interessante, os receptores de IL-6 foram encontrados em grande quantidade em neurônios hipotalâmicos que controlam a saciedade e a termogênese (22). Adicionalmente, a IL-6 foi determinante para potencializar os efeitos anorexigênicos da insulina e da leptina no hipotálamo, contribuindo para a redução da ingestão alimentar e do peso corporal (22).

É importante ressaltar que tanto os estudos em modelos experimentais como os estudos envolvendo os seres humanos que avaliaram o efeito do exercício físico sobre o consumo alimentar apontaram efeitos anorexigênicos claros em resposta ao exercício físico agudo, no entanto, o efeito crônico do exercício sobre o consumo alimentar parece não acompanhar o mesmo padrão, ou seja, cronicamente os efeitos anorexigênicos do exercício podem não ser observados.

EFEITO ANTI-INFLAMATÓRIO DO EXERCÍCIO FÍSICO

Talvez um dos grandes problemas da obesidade seja o estado de inflamatório crônico e sub-clínico que possui estreita relação com o desenvolvimento de diversas doenças e anormalidades como a resistência à insulina, como detalhado previamente em outros capítulos deste livro. Neste sentido, diversos estudos passaram a tentar elucidar os efeitos do exercício físico sobre o perfil inflamatório em pacientes obesos. De maneira geral, estudos demonstraram que tanto o treinamento aeróbio como o treinamento resistido, promovem redução significativa dos níveis séricos de marcadores inflamatórios em obesos como o fator de necrose tumoral alfa (TNF-α), IL-6, IL1β e proteína C reativa (PCR). Esses efeito anti-inflamatório, foi por muito tempo associado a redução do tecido adiposo promovido pelo exercício físico e subsequentemente resultando em redução do perfil inflamatório, uma vez que a origem da inflamação observada em pacientes obesos se dá no tecido adiposo. Contudo, estudos recentes demonstraram que mesmo não havendo redução da adiposidade corporal, o exercício físico agudo pode alterar o perfil inflamatório em pacientes diabéticos (23).

Uma das explicações para esse processo pode estar na modificação do perfil dos macrófagos no tecido adiposo, que passariam do estágio M1 (ativado) para o estágio M2 (desativado) em resposta ao exercício. Um estudo envolvendo ratos obesos observou menor atividade macrofágica no tecido adiposo após sessão única de exercício físico agudo, sem alteração da quantidade de macrófagos ou da quantidade de gordura corporal. Paralelamente, foi observada redução significativa de marcadores inflamatórios sistêmicos. Esses achados sugerem que o efeito inflamatório do exercício físico pode estar na alteração da atividade de macrófagos presentes no tecido adiposo, sem a necessidade da redução da gordura corporal (24).

Outra possível explicação para o efeito anti-inflamatório observado após a realização do exercício físico é o aumento da produção de moléculas com atividade anti-inflamatória pós-exercício, como a IL-10, o receptor solúvel do TNF-α (sTNF-R), o antagonista do receptor de IL1β (IL1ra). Um conjunto de estudos demonstrou haver uma relação direta entre os níveis dessas moléculas anti-inflamatórias e a produção de IL-6 muscular. A síntese e secreção de IL-6 durante o exercício físico é acompanhada do aumento dos níveis séricos de IL-10, sTNF-R e IL1ra (Figura 6). A ação sistêmica dessas moléculas anti-inflamatórias poderia contribuir, ainda que maneira transitória, para a melhora do quadro inflamatório e suas consequências, dentre elas, a melhora da sensibilidade à insulina em diversos tecidos orgânicos como na musculatura esquelética, no tecido hepático e no tecido adiposo, recuperando e ação biológica da insulina nestes tecidos.

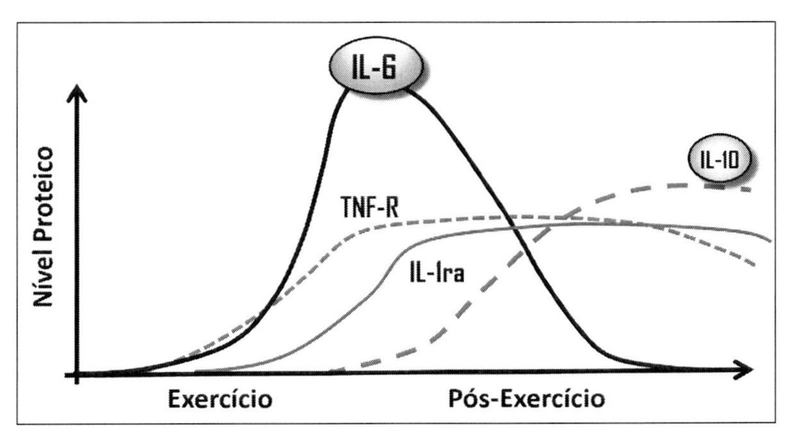

Figura 6 Produção de IL-6 e citocinas anti-inflamatória estimulada pelo exercício.

Além de estimular a expressão de proteínas anti-inflamatórias, a IL-6 produzida durante o exercício promove efeitos distintos sobre o organismo e contribui diretamente para o aumento do gasto energético a partir do sistema nervoso central, aumento da lipólise no tecido adiposo, aumento da glicogenólise hepática, melhora da sensibilidade a insulina e redução das placas de ateroma no endotélio vascular. O mecanismo de produção de IL-6 pelo músculo em contração ainda não está totalmente elucidado, contudo, alguns estudos sugerem que o estresse muscular gerado pelo exercício físico ativa uma proteína responsável por detectar o estresse celular, a saber: a c-Jun N-terminal kinase (JNK). A fosforilação da JNK promovida pelo estresse mecânico oriundo da contração do músculo resulta na ativação do fator de transcrição AP-1. Este por sua vez liga-se ao promotor no gene da IL-6, aumentando assim a transcrição de IL-6 a partir das fibras musculares (25) (Figura 7).

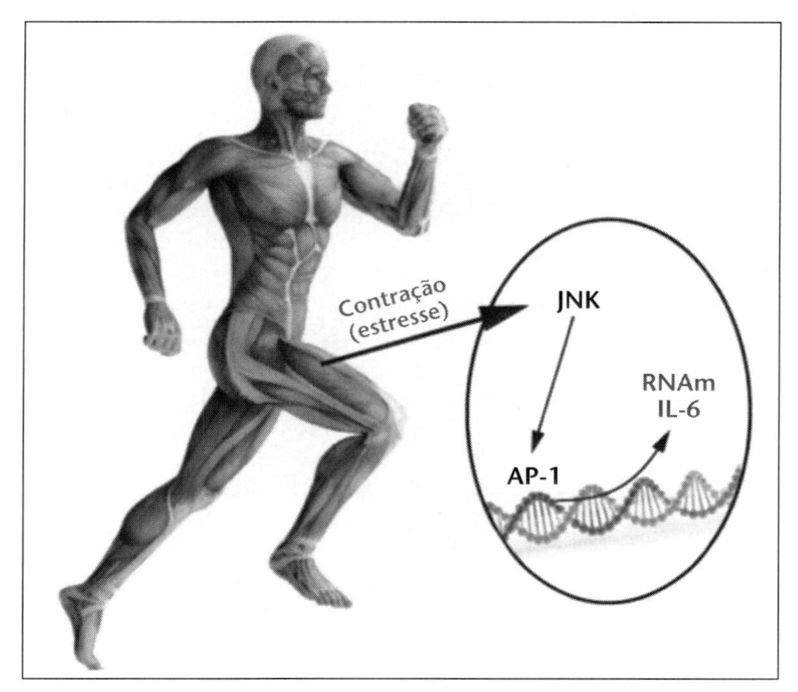

Figura 7 Efeito do estresse sobre a produção de IL-6 através da ativação da JNK.

CONSIDERAÇÕES FINAIS

A epidemia de obesidade se tornou um dos problemas mais complexos da saúde pública no planeta. A obesidade é o resultado de uma complexa interação entre fatores genéticos e ambientais, parecendo, neste momento, não haver prevalência de um sobre outro. Entre inúmeros fatores, sedentarismo e mudança no hábito alimentar, com aumento na ingestão de gordura, estão envolvidos no aumento de ocorrência de doenças metabólicas como a obesidade. A maior consequência metabólica da dieta rica em gordura é que a ação da insulina e leptina e os mecanismos regulatórios da massa corporal são prejudicados através do efeito lipotóxico. Em adição, sabe-se hoje que obesidade e resistência à insulina e leptina estão associadas à inflamação sistêmica de baixo grau.

Entretanto, enquanto grande número de pesquisas é direcionado aos efeitos de uma reação inflamatória sobre o metabolismo energético, o fator desencadeante relacionado à inflamação e a síndrome metabólica induzida pelo modelo ocidental de padrão alimentar permanece sem ser determinado. Todas estas descobertas abrem novos caminhos para o entendimento das bases moleculares envolvidas com acréscimo de massa adiposa corporal, e podem guiar o desenvolvimento de elementos promissores à prevenção e ao tratamento da obesidade e co-morbidades.

Apesar de incontestáveis avanços na compreensão da gênese da obesidade e na abertura de diversas avenidas exploratórias sobre diversas terapias, o estado da atual da arte aponta para uma doença absolutamente fora de controle. Não há estratégias cirúrgicas ou drogas que garantam a manutenção do peso perdido. O re-ganho de peso pós-cirurgia bariátrica é um fenômeno ainda sem explicação clara. Medicamentos controladores da fome apresentam efeitos colaterais que os desencorajam, assim como drogas modernas e propostas futuras apresentam custos impraticáveis. Desta forma, parece não haver outra estratégia que não a mudança de hábitos. A ciência tem descido ao mais profundo meandro celular e, a cada vez que emerge, traz a resposta de que a dieta saudável e o exercício físico são insuperáveis.

Contudo, embora seja necessário elucidar outros mecanismos ainda obscuros, sem dúvida o avanço na área foi enorme nos últimos anos e novas pesquisas deverão trazer ainda mais esclarecimentos dessa fascinante área de estudo, sempre com intuito maior, de preservar a vida humana.

EXERCÍCIOS DE AUTOAVALIAÇÃO

Questão 1 - Explique a importância do EPOC no controle do peso corporal.

Questão 2 - Como o exercício físico promove a mudança do perfil do tecido adiposo branco.

Questão 3 - Explique a importância da ativação da AMPK pelo exercício físico no contexto da obesidade.

Questão 4 - Qual a importância da IL-6 produzida pelo exercício físico no contexto da obesidade.

Questão 5 - Comente sobre o efeito anti-inflamatório do exercício físico.

REFERÊNCIAS BIBLIOGRÁFICAS

1. Thornton MK, Potteiger JA. Effects of resistance exercise bouts of different intensities but equal work on EPOC. Med Sci Sports Exerc. 2002 Apr;34(4):715-22.
2. Tsuchiya Y, Ando D, Takamatsu K, Goto K. Resistance exercise induces a greater irisin response than endurance exercise. Metabolism. 2015 Sep;64(9):1042-50.
3. Willis WT, Jackman MR. Mitochondrial function during heavy exercise. Med Sci Sports Exerc. 1994 Nov;26(11):1347-53.
4. Gollnick PD. Metabolic regulation in skeletal muscle: influence of endurance training as exerted by mitochondrial protein concentration. Acta Physiol Scand Suppl. 1986 Jan;556:53-66.
5. Anderson EJ, Lustig ME, Boyle KE, Woodlief TL, Kane DA, Lin C-T, et al. Mitochondrial H2O2 emission and cellular redox state link excess fat intake to insulin resistance in both rodents and humans. J Clin Invest. 2009 Mar;119(3):573-81.
6. Koves TR, Ussher JR, Noland RC, Slentz D, Mosedale M, Ilkayeva O, et al. Mitochondrial overload and incomplete fatty acid oxidation contribute to skeletal muscle insulin resistance. Cell Metab. 2008 Jan;7(1):45-56.
7. Kelley DE, He J, Menshikova E V, Ritov VB. Dysfunction of mitochondria in human skeletal muscle in type 2 diabetes. Diabetes. 2002 Oct;51(10):2944-50.

8. Laker RC, Xu P, Ryall KA, Sujkowski A, Kenwood BM, Chain KH, et al. A novel MitoTimer reporter gene for mitochondrial content, structure, stress, and damage in vivo. J Biol Chem. 2014 Apr;289(17): 12005–15.
9. Yokota T, Kinugawa S, Hirabayashi K, Matsushima S, Inoue N, Ohta Y, et al. Oxidative stress in skeletal muscle impairs mitochondrial respiration and limits exercise capacity in type 2 diabetic mice. Am J Physiol Heart Circ Physiol. 2009 Sep;297(3):H1069-77.
10. Louche K, Badin P-M, Montastier E, Laurens C, Bourlier V, de Glisezinski I, et al. Endurance exercise training up-regulates lipolytic proteins and reduces triglyceride content in skeletal muscle of obese subjects. J Clin Endocrinol Metab. 2013 Dec;98(12):4863–71.
11. Marcinko K, Steinberg GR. The role of AMPK in controlling metabolism and mitochondrial biogenesis during exercise. Exp Physiol. 2014 Dec;99(12):1581–5.
12. Chalkiadaki A, Igarashi M, Nasamu AS, Knezevic J, Guarente L. Muscle-specific SIRT1 gain-of-function increases slow-twitch fibers and ameliorates pathophysiology in a mouse model of duchenne muscular dystrophy. PLoS Genet. 2014 Jul;10(7):e1004490.
13. Nikolić N, Rhedin M, Rustan AC, Storlien L, Thoresen GH, Strömstedt M. Overexpression of PGC-1α increases fatty acid oxidative capacity of human skeletal muscle cells. Biochem Res Int. 2012 Jan;2012: 714074.
14. Gurd BJ. Deacetylation of PGC-1α by SIRT1: importance for skeletal muscle function and exercise-induced mitochondrial biogenesis. Appl Physiol Nutr Metab = Physiol Appl Nutr métabolisme. 2011 Oct; 36(5):589–97.
15. Musi N, Fujii N, Hirshman MF, Ekberg I, Fröberg S, Ljungqvist O, et al. AMP-activated protein kinase (AMPK) is activated in muscle of subjects with type 2 diabetes during exercise. Diabetes. 2001 May;50(5): 921–7.
16. Reznick RM, Zong H, Li J, Morino K, Moore IK, Yu HJ, et al. Aging-associated reductions in AMP-activated protein kinase activity and mitochondrial biogenesis. Cell Metab. 2007 Feb;5(2):151–6.
17. Schubert MM, Desbrow B, Sabapathy S, Leveritt M. Acute exercise and subsequent energy intake. A meta-analysis. Appetite. 2013 Apr;63:92–104.
18. Thivel D, Isacco L, Montaurier C, Boirie Y, Duché P, Morio B. The 24-h energy intake of obese adolescents is spontaneously reduced after intensive exercise: a randomized controlled trial in calorimetric chambers. PLoS One. 2012 Jan;7(1):e29840.
19. Paula FMM, Leite NC, Vanzela EC, Kurauti MA, Freitas-Dias R, Carneiro EM, et al. Exercise increases pancreatic β-cell viability in a model of type 1 diabetes through IL-6 signaling. FASEB J. 2015 May; 29(5):1805–16.
20. Nybo L, Nielsen B, Pedersen BK, Møller K, Secher NH. Interleukin-6 release from the human brain during prolonged exercise. J Physiol. 2002 Aug 1;542(Pt 3):991–5.
21. Wallenius V, Wallenius K, Ahrén B, Rudling M, Carlsten H, Dickson SL, et al. Interleukin-6-deficient mice develop mature-onset obesity. Nat Med. 2002 Jan 1;8(1):75–9.
22. Ropelle ER, da Silva ASR, Cintra DE, de Moura LP, Teixeira AM, Pauli JR. Physical Exercise: A Versatile Anti-Inflammatory Tool Involved in the Control of Hypothalamic Satiety Signaling. Exerc Immunol Rev. 2021;27:7-23.
23. Sriwijitkamol A, Christ-Roberts C, Berria R, Eagan P, Pratipanawatr T, DeFronzo RA, et al. Reduced skeletal muscle inhibitor of kappaB beta content is associated with insulin resistance in subjects with type 2 diabetes: reversal by exercise training. Diabetes. 2006 Mar;55(3):760–7.
24. Oliveira AG, Araujo TG, Carvalho BM, Guadagnini D, Rocha GZ, Bagarolli RA, et al. Acute exercise induces a phenotypic switch in adipose tissue macrophage polarization in diet-induced obese rats. Obesity. 2013 Dec;21(12):2545–56.
25. Whitham M, Chan MHS, Pal M, Matthews VB, Prelovsek O, Lunke S, et al. Contraction-induced interleukin-6 gene transcription in skeletal muscle is regulated by c-Jun terminal kinase/activator protein-1. J Biol Chem. 2012 Mar;287(14):10771–9.

12

RISCO CARDIOMETABÓLICO

Leandro Pereira de Moura
José Diego Botezelli
Rania Mekary

OBJETIVOS DO CAPÍTULO

- Descrever a história, fatores e o papel da obesidade no risco cardiometabólico;
- Abordar as prevenções do riscocardiometabólico;
- Quais os tratamentos para o riscocardiometabólico;
- Exercício Físico atuando em parâmetros moleculares e fisiológicos como uma potente ferramenta de prevenção e tratamento do riscocardiometabólico.

INTRODUÇÃO

Hipócrates postulou no século V a.C. que "O caminhar é a melhor medicina do homem". Vamos assumir agora que o "fundador" da medicina Ocidental não possuía o conhecimento científico atual sobre as alterações fisiológicas e moleculares presentes nas mais variadas desordens metabólicas. Suas contribuições para a ciência médica foram baseadas em achados observacionais ambientas e anatômicos. Desde esta data longínqua muito se postulou sobre o papel do exercício físico em diversas desordens metabólicas. Riscocardiometabólico (RCM) é um conjunto de fatores intimamente ligado ao sedentarismo, que colabora para o desenvolvimento do diabetes tipo 2 (DM2) e de doença cardiovascular. Para um melhor entendimento do RCM, primeiro faz-se necessário o entendimento do termo síndrome metabólica (SM). A SM é caracterizada por um conjunto de comorbidades que colaboram para o aparecimento de doenças cardiovasculares (1). Os primeiros dados relacionados à SM surgiram em 1922, associada com variáveis antropométricas (obesidade), metabólicas (alteração do metabolismo da glicose) e hemodinâmicas (hipertensão). Síndrome em grego (syndrome) significa reunião/

união, assim em 1988, Reaven propôs conceitos sobre essa união de anormalidades metabólicas, constituindo assim uma síndrome. O autor define que a resistência à insulina aliada a dois ou mais fatores de risco (hiperglicemia, HAS, HDL baixo e hipertriglicérides) culminaria no desenvolvimento de diabetes e doenças cardiovasculares. Para esta síndrome, Reaven a nomeou de síndrome X ou síndrome de resistência à insulina. Quando se compara a SM com o RCM podemos perceber que a SM compõe o RCM, ou seja, o conceito de RCM surge como uma definição mais ampla (2).

Isso fez com que cardiologistas e endocrinologistas se unissem para o melhor entendimento de doenças cardiovasculares e diabetes. O termo riscocardiometabólico surgiu nos últimos anos para unir disfunções decorrentes da obesidade e diabetes no sistema cardiovascular, pode-se dizer que o RCM é uma extensão da SM. A epidemiologia vem estudando a doença cardiovascular aterosclerótica (DCA) e sua associação com fatores de risco encontrados com maior frequência em um mesmo indivíduo, após analisarem algumas associações de fatores de risco com DCA foi visto que a associação que mais se correlacionava entre com o DCA era a SM. Através da biologia molecular, cientistas procuram desvendar as vias metabólicas comprometidas pelos diversos fatores de risco. Este conhecimento adquirido durante as últimas décadas traz à tona novas abordagens para o tratamento e prevenção das diversas comorbidades que consistem o RCM.

FATORES DE RISCO PARA O RCM

Importante salientar que existem duas famílias de fatores de risco para o RCM, os modificáveis e os não modificáveis. Os fatores não modificáveis são características da própria pessoa, as quais não podem ser modificadas ao longo da vida. Já os fatores modificáveis são de extrema importância, pois como o próprio nome diz, eles são modificáveis e, portanto, podem ser alvo de uma abordagem direcionada.

HIPERTENSÃO ARTERIAL

A hipertensão arterial sistêmica (HAS) é um importante fator de risco para doenças cérebro-vasculares, doenças isquêmicas do coração (3) e para a carga global de doenças em homens e mulheres de todas as idades (4). Este transtorno se enquadra como um fator de risco modificável, pois através de medicamentos, alimentação e exercício físico podemos alterá-lo. Mesmo podendo modifica-la, a HAS é responsável por 13% das mortes no mundo se enquadrando como a principal causa de óbito prevenível no mundo (3).

A HAS é definida como uma síndrome caracterizada pela presença de níveis tensionais elevados associados a alterações metabólicas, hormonais e a fenômenos tróficos, como hipertrofia cardíaca e vascular. A HAS é um exemplo de doença complexa onde vários genes acometidos interagem com diversos fatores ambientais para gerar tal fenótipo, caracterizado pela elevação da pressão arterial a níveis superiores a 140 mmHg de pressão sistólica e 90 mmHg de diastólica, em pelo menos duas aferições subsequentes, obtidas em dias diferentes ou em condições de repouso e ambiente tranquilo. Quase sempre, acompanham esses achados de forma progressiva, lesões nos vasos sanguíneos com consequentes alterações de órgãos alvos como cérebro, coração, rins e retina.

O aumento da tensão nas artérias é consequência do mau funcionamento entre os sistemas que controlam a pressão nos vasos – sistemas de constrição e vasoconstrição. O sistema vasoconstritor é compreendido pelo sistema renina angiotensia, endotelinas e pelo sistema nervoso central simpático, já o sistema vasodilatador é compreendido pela via óxido nítrico sintase, peptídeo natri-urético atrial e prostaciclinas (5).

Gupta demonstra que a hipertrofia ventricular esquerda é um problema comum entre os hipertensos sem tratamento, elevando o risco para arritmias cardíacas ventriculares, morte por infarto do miocárdio e morte súbita, sendo também, o principal fator de risco para acidente vascular encefálico e hemorrágico, podendo ser significativamente reduzido através de tratamento (6).

RESISTENCIA À INSULINA E HIPERGLICEMIA

O processo de captação e utilização da glicose pelo organismo possui um ajuste extremamente fino e complexo. Dá-se o nome de glicemia à concentração de glicose no sangue. A hiperglicemia crônica é uma doença que vem aumentando em todo o mundo e é o principal risco para o desenvolvimento das consequências relacionadas ao diabetes. Uma vez não tratada, o diabetes pode trazer vários transtornos ao organismo, desde complicações a falência de órgãos.

Durante o estado alimentado, o principal agente do transporte de glicose para o interior das células é a insulina. Este mecanismo é iniciado a partir da ligação da insulina ao seu receptor (Receptor de Insulina - IR). Esta ligação desencadeia a fosforilação dos substratos do receptor de insulina (Substrato do Receptor de Insulina 1 e 2 – IRS-1 e IRS-2) em resíduos de tirosina[612,632]. Estes substratos fosforilados e ativos criam sítios de ligação para outra proteína, denominada fosfatidilinositol-3 quinase (PI3K). A PI3k por sua vez desencadeia a conversão de fosfatidilinositol 4,5bifosfato (PiP2) em fosfatidilinositol 3,4,5 trifosfato (PiP3). Este segundo mensageiro (PiP3) ativa a PDK (Proteína Quinase Dependente de Fosfoiniositidio) que literalmente fosforila e "arrasta" a proteína quinase B (Akt/PKB). A ativação da Akt leva a subsequente ativação do complexo mTOR1c e da fosforilação da proteína AS160. A proteína AS160 serve como uma amarra dos transportadores de glicose dependentes de insulina – 4 (GLUT-4) a membrana perinuclear. Ao ser fosforilada, a AS160 se desliga destes transportadores e permite que os mesmos sejam translocados a membrana celular onde realizam o processo de captação de glicose. Todo este processo atua na regulação da glicemia.

O excesso de lipídeos circulantes, a presença de fatores pró-inflamatórios e diversas outras manifestações ainda não conhecidas podem levar a alterações na funcionalidade do receptor de insulina. Em indivíduos com função reduzida desse receptor, parte da fosforilação do IRS-1 ocorre em seu resíduo serina[307]. A fosforilação neste resíduo interrompe o sinal da insulina e não ativa a translocação dos GLUT-4. Com isto, ocorre um aumento transiente na glicemia e a manutenção deste quadro pode levar a hiperglicemia. Uma vez que os níveis de glicose circulantes desencadeiam a secreção de insulina, isto pode tornar-se um ciclo vicioso onde cada vez mais o indivíduo necessita de quantidades elevadas de insulina para seu correto funcionamento. A este fenômeno dá-se o nome de resistência à insulina.

A deficiência de insulina, aumento dos níveis dos hormônios contra-regulatórios (cortisol, glucagon, GH e catecolaminas) e a resistência periférica à insulina leva à hiperglicemia, desidratação, cetose e desbalanço eletrolítico gerando um quadro de ceto-acidose (7). Uma vez que diabéticos tem aumento de lipólise e redução de lipogênese, há o aumento de ácidos graxos na circulação que são convertidos em cetonas: β-hidroxibutirato e acetoacetato, podendo causar a cetose diabética que pode levar a morte.

Outra importante consequência da hiperglicemia crônica são os produtos finais da glicação avançada os AGES, do inglês, Advanced Glycated End-Products (8). Os AGEs constituem grande variedade de substâncias formadas a partir de interações amino carbonilo, de natureza não-enzimática, entre açúcares redutores ou lipídeos oxidados e proteínas, aminofosfolipídeos ou ácidos nucléicos (9) e são responsáveis por parte dos danos celulares e teciduais encontrados no diabetes. Os AGEs se ligam a receptores específicos RAGE (Receptor for AGE) e geram um aumento na produção de espécies reativas de oxigênio que por sua vez, danificam micro e macro estruturas celulares e desencadeiam inflamação pela ativação de fatores de transcrição específicos (NF-κB, AP1, STAT e EGR1) (10,11) (Figura 1).

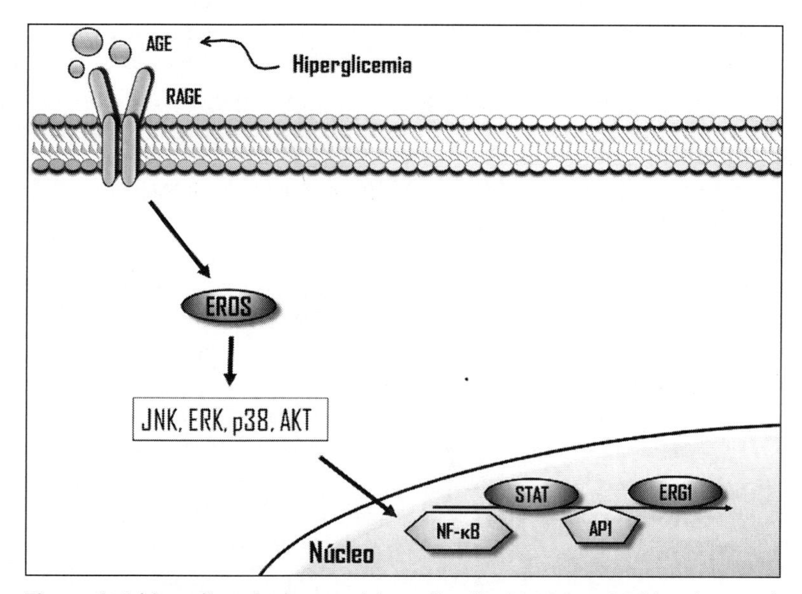

Figura 1 A hiperglicemia desencadeia a glicosilação não enzimática de proteínas, aminofosfolipideos ou ácidos nucleicos gerando o aparecimento de produtos finais de glicação avançacas (AGEs). Os AGEs se ligam a receptores específicos e desencadeiam a produção de espécies reativas de oxigênio que contribuem para o aumento do dano celular e ativação de fatores inflamatórios.

SEDENTARISMO

Está muito bem estabelecido que o mundo tem ficado mais inativo, os níveis de atividade física têm diminuído e isso tem levado ao aumento do RCM (12). O exercício físico possui um poder dose-resposta frente aos indicadores de saúde, um tempo curto de exercício físico por dia pode colaborar com a saúde do indivíduo (13). Hábitos sedentários, tem sido associado com todas as causas e mortalidade por doenças cardiovasculares (14,15), diabetes (16) e piora em vários fatores de risco da saúde cardiometabólica (17).

Na série de artigos publicados no periódico Lancet, Hallal e colaboradores apontaram que 5,3 milhões de mortes ocorrem no mundo devido a inatividade física. Nesta extensa avaliação de dados epidemiológicos mundiais, os autores apresentaram dados alarmantes sobre o sedentarismo no mundo e seu impacto na qualidade de vida e economia (18).

TABAGISMO

A nicotina é a principal causa da dependência do tabaco. É encontrada em todos os derivados do tabaco (charuto, cachimbo, cigarro de palha, cigarros comuns, etc.). Esta substância é psicoativa, isto é, produz a sensação de prazer, o que pode induzir ao abuso e à dependência. Ao ser ingerida, produz alterações no cérebro, modificando assim o estado emocional e comportamental do indivíduo, da mesma forma como ocorre com a cocaína, heroína e o álcool. O uso desta substância leva a inúmeras consequências, como: doenças no trato respiratório, impotência sexual masculina, complicações na gravidez, aneurismas, úlcera, trombo vascular, entre outras. Apesar dos inúmeros malefícios do tabagismo, esta prática ainda apresenta relação direta com sedentarismo (19,20).

DISLIPIDEMIA

A dislipidemia é caracterizada por um desbalanço entre as lipoproteínas (VLDL, LDL, IDL e HDL) e gorduras (triglicérides e colesterol) presentes no plasma (Figura 2). Este desbalanço contribui para formação de placas ateromatosas contribuindo assim para o desenvolvimento da aterosclerose. Essas alterações no perfil lipídico estão intimamente relacionadas a resistência à insulina e ao processo de desenvolvimento da aterosclerose (21). A lipoproteína de baixa densidade (HDL-colesterol), quando em excesso na corrente sanguínea, penetra no espaço subendotelial e então é oxidada por radicais livres (LDLox). Esta oxidação causa danos ao tecido por ativação do sistema imune. Os macrófagos presentes na camada íntima das artérias fagocitam os LDLox, por não terem mecanismos de feedback negativo, assim eles fagocitam os LDLox de maneira incontrolada formando as "células esponjosas" (foam cells). As células esponjosas secretam fatores e toxinas que causam hipertrofia e hiperplasia da musculatura lisa, além de causar danos no tecido endotelial que estimula o recrutamento de mais monócitos à camada íntima, os quais se diferenciam em macrófagos e fagocitam tanto os macrófagos em apoptose quanto as LDLox perpetuando o ambiente inflamatório e formam os centros necróticos da placa de ateroma. Adicionalmente a síntese de óxido nítrico é prejudicado induzindo um processo de agregação de plaquetas causando redução da luz do vaso sanguíneo e consequentemente redução da oferta de oxigênio para os demais tecidos. Uma vez instalada e não tratada este processo tende a evoluir para estágios mais graves com aumento do centro necrótico na placa de ateroma mais instável, onde a luz do vaso continua reduzindo, e com grandes chances de rompimento o que pode fazer com alguns tecidos sejam comprometidos por isquemia (22).

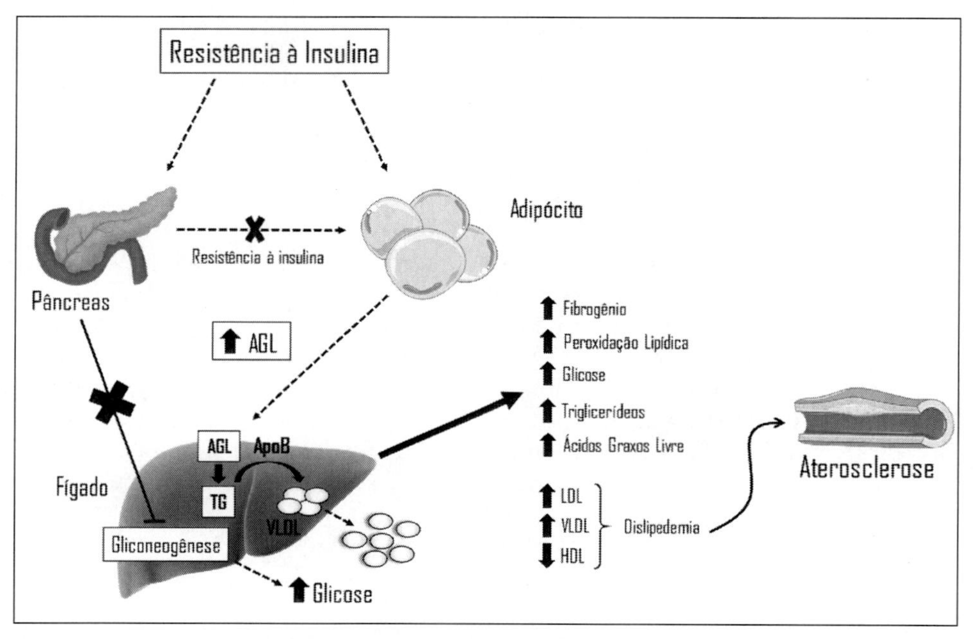

Figura 2 A resistência à insulina está intimamente relacionada a dislipidemia. A diminuição da sensibilidade à insulina no fígado desencadeia a gliconeogênese hepática e no tecido adiposo e a liberação de ácidos graxos livres na corrente sanguínea. Os ácidos graxos livres são convertidos a triglicerídeos e moléculas de VLDL que são então secretados para a corrente sanguínea. Este influxo excessivo de lipídeos e glicose contribui para a formação do processo aterosclerótico.

OBESIDADE E INFLAMAÇÃO

Os diversos estudos que direcionaram as pesquisas em doenças crônicas não transmissíveis (DCNTs) iniciaram-se investigando o sobrepeso e obesidade. A revolução higienista e o combate e agentes infecciosos aumentou a expectativa de vida média mundial em aproximadamente 30 anos.

Das alterações relatadas até aqui, o ganho de peso e a obesidade acometem a maior parcela da população mundial. Estima-se que 52.4% dos brasileiros possuem excesso de peso corporal e que este número chega a mais de um bilhão e meio de pessoas em todo o mundo. Como discutido anteriormente, a obesidade e o sobrepeso são componentes do RCM além influenciam diretamente no aparecimento das desordens metabólicas descritas até o momento. Não é de se espantar que o exercício físico por proporcionar um aumento no gasto energético diário é considerado ferramenta chave no combate ao excesso de massa corporal. Desde o início do século diversos estudos apontam que as mais variadas formas de exercício físico não só contribuem para o dispêndio energético diário como regulam a ingestão alimentar e a distribuição de gorduras corporais no organismo.

Um fator chave que ao mesmo tempo é causa/efeito da obesidade é a inflamação. A inflamação encontrada em indivíduos com excesso de tecido adiposo é de nível leve e subclínica, porem desencadeia alterações sistêmicas importantíssimas que afetam as vias de obtenção e produção de energia do organismo.

O processo de inflamação ativa cascatas importantes do metabolismo celular que alteram drasticamente o meio de comunicação intra e extracelular. Citocinas (TNF-a, INF-y, Interleucinas), ácidos graxos, produtos avançados de glicação (AGE) e lipopolissacarídeos (LPS) são os principais ativadores das cascatas inflamatórias. Através de receptores específicos localizados na membrana celular ou citoplasma estas moléculas ativam a transcrição de genes que alteram o metabolismo celular e em alguns casos, perpetuam o sinal inflamatório.

Os marcadores que sinalizam a inflamação são divididos em grupos: citocinas pró-inflamatórias; citocinas antiinflamatórias; adipocinas; quimiocinas; marcadores de inflamação derivados de hepatócitos; marcadores de consequência da inflamação; e enzimas (23). A inflamação subclínica é associada a obesidade e a vários RCM (24), assim sendo sugere-se que a gordura visceral é o principal órgão na instalação da perpetuação do quadro inflamatório e que a partir desta inflamação crônica subclínica o risco de mortalidade aumenta significativamente (25).

As principais vias de inflamação celular envolvem o receptor toll-like 4 (TLR4), os receptores de interleucina, o fator nuclear KB, as quinases reguladas por sinais extracelulares (ERKs) e a proteína quinase N-terminal c (JNK). Durante a obesidade a ativação destas vias leva a uma resposta crônica e subclínica que exacerba quadro de resistência à insulina, das dislipidemias e contribui para a manutenção do sinal inflamatório.

Lipídeos provenientes da degradação dos estoques do tecido adiposo hipertrofiado ou de dietas ricas em gorduras e açucares se ligam ao complexo TLR4-MD2 (receptor transmembrana). Uma vez ativo, ele interage com a proteína adaptadora Myd88 que então recruta e fosforila a proteína IRAK (quinase-4 associada ao receptor de interleucina 1) que então se liga a proteína TRAF-6 (fator do receptor associado ao TNF 6) que leva a ativação das vias do NF-κB e JNK. Estes fatores de transcrição ativam a produção de proteínas que bloqueiam o sinal da insulina em tecidos metabolicamente ativos (TRB-3, MKP-3, PTB1B, PTEN, SHIP, etc.) ou, em células do sistema imune, desencadeiam a formação de novas interleucinas retroalimentando o sistema e induzindo a um ciclo vicioso.

Todo este cenário pode ser findado através da autofagia celular. Durante este processo, a célula lança mão de proteínas específicas que promovem o clearence de proteínas das cascatas inflamatórias interrompendo o sinal e bloqueando a retroalimentação do sistema. Infelizmente, este mecanismo encontra-se reduzido na presença da obesidade impedindo a regulação fina do sistema.

Assim, faz-se necessário o estudo dos mecanismos que levam à essa disfunção para prevenção e tratamento de suas comorbidades associadas.

IMPACTO DO RCM NO MUNDO

Os diversos fatores apresentados até agora podem ser agrupados de uma forma bem característica na epidemiologia. As desordens que compõe o RCM não possuem um vetor ou agente infeccioso de transmissão, sendo assim consideradas doenças crônicas não transmissíveis (DCNT). As DCNTs emergem a partir de características particulares da sociedade moderna. O termo meme (criado por Richard Dawkins no ano de 1976) (26) cabe aqui de maneira perfeita para descrever o "método de transmissão" das DCNTs. Meme é um termo criado a partir da junção da palavra grega μιμέομαι (mimema, que traduz-se em imitação) e gene. Nada mais é, que uma unidade de informação que se multiplica de cérebro em cérebro através da informação e se replica cultural e socialmente sem estar atrelado a componentes biológicos próprios.

Nas últimas décadas a memética (ciência de estudo dos memes) e a genética vem se completando nos estudos epidemiológicos das DCNTs. Genes econômicos (Thrifty genes) preservados durante a evolução vem se associam a memes da sociedade moderna (comportamentos de risco como: inatividade física, tabagismo, alimentação desbalanceada, entre outros) desencadeando a crise das DCNTs que testemunhamos nos dias de hoje.

No ano de 2005, uma análise da Organização Mundial da Saúde (OMS) (27) apontou que 60% de todas as mortes do mundo foram causadas por DCNTs em especial, doenças cardiovasculares, câncer, insuficiência respiratória e diabetes. Estes números estão sendo recenseados e novos dados serão publicados no ano de 2015. Atualmente, pesquisadores vêm traçando estratégias para a contenção e possível redução do quadro. Na série de artigos publicados no Lancet em 2012, intitulada Series on Physical Activity (18,28–30), diversos estudos mostraram que aproximadamente 10% de todas as mortes por DCNTs são provenientes da inatividade física. Esta, impacta em todos os marcadores do RCM e contribui para o aparecimento de outras comorbidades que influenciam na qualidade e expectativa da população mundial. Assim, faz-se necessário compreendermos o impacto dos diversos efeitos do exercício físico no RCM e doenças associadas.

IMPACTO DO EXERCÍCIO FÍSICO NO RCM.

Hipertensão, Dislipidemias e Aterosclerose

A Hipertensão acometeu 7,1 milhões de vidas no ano de 2005, sendo considerada a desordem com maior carga de doença naquele ano. O papel do exercício físico para indivíduos hipertensos vem sendo bastante estudado. Sabe-se que a prática de exercício físico tanto agudo como crônico e com duração e intensidade adequada exerce efeito hipotensor pós exercício, que consiste na redução da pressão arterial após o exercício físico para valores inferiores àqueles medidos antes do exercício. Estudos mostram que uma única sessão de exercício físico em intensidade moderada e com alto volume causa redução na pressão arterial após a prática (31). No entanto, quando se avalia os efeitos crônicos do exercício físico na redução da pressão arterial, é necessário cautela para afirmar a interferência direta desta prática na redução da pressão arterial, pois o exercício físico promove alterações no metabolismo que indiretamente podem influenciar na pressão arterial, como por exemplo redução do volume de tecido adiposo da inflamação e na sinalização do óxido nítrico endotelial.

Utilizando animais espontaneamente hipertensos (modelo SHR – spontaneously hypertensive rats) (32), mostraram que o treinamento físico reduziu a frequência cardíaca de repouso. e este resultado foi encontrado principalmente em decorrência da redução do tônus simpático, que é responsável pela constrição dos vasos sanguíneos em até 50%. Ainda, os autores compararam diferentes intensidades de exercício físico (50 e 85% do VO2máx), eles observaram que o treinamento físico quando realizado a 85% não apresentou melhoras no tônus simpático, mas quando realizado a 50% foi possível observar redução no tônus simpático sem alterar o tônus vagal. Ainda, fazendo uso de ratos espontaneamente hipertensos que apresentam redução na sensibilidade dos barorreceptores (33). Silva e colaboradores mostram que o exercício físico restaura a sensibilidade do reflexo dos barorreceptores. Este mecanismo é considerado um dos mais importantes mecanismos responsáveis pela hipertensão, pois controla o batimento-a-batimento da pressão arterial, atuando no ajuste fino da frequência cardíaca e tônus simpático vascular momento-a-momento. Neste estudo, Silva et al. (33), mostraram que uma sessão de exercício físico (30min a 50%VO2máx) modulou de forma significativa a sensibilidade dos barorreceptores em até 45% e que após 12 semanas de treinamento físico os animais SHR praticamente reverteram a redução da sensibilidade dos barorreceptores. Indo de encontro com estes resultados, recentemente, Goessler e colaboradores (34) fazendo uso de animais que desenvolvem hipertensão através do inibidor da NO sintase, a L-nitro-arginina-metil-éster (L-NAME), mostraram que animais submetidos a um protocolo de exercício de intensidade leve composto por 20 sessões de natação, 1h/sessão 1 sessão/dia e sem a utilização de sobrecarga, apresentam melhora significativa tanto na morfologia cardíaca bem como na pressão arterial, por apresentarem redução nos valores de pressão arterial diastólica, sistólica e médica.

Em humanos, a prática de exercício físico de forma crônica além de gerar alterações metabólicas que podem inferir indiretamente na PA, pode também apresentar efeitos cumulativo entre as sessões fazendo com que ocorra redução na pressão arterial diastólica em até 5,2mmHg e na pressão arterial sistólica em até 8,3mmHg (31,35,36) avaliando uma população de indivíduos idosos e hipertensos submetidos a dois protocolos de exercícios físico agudo, exercício contínuo realizado por 42min em esteira ergométrica na intensidade do limiar anaeróbio ventilatório e exercício intervalado realizado na intensidade do limiar de compensação respiratória na fase ativa por 4min e na fase de recuperação o exercício foi realizado a 40% do VO2máx por 2min (7 repetições = 42min). Os autores mostraram que exercício físico contínuo e intervalado promovem a redução da hipertensão pós-exercício, com redução de PAS, PAD, PAM e DP ao longo das 20 horas subsequentes à atividade. Ainda, o exercício intervalado gera maior magnitude de redução da hipertensão pós-exercício e menor sobrecarga cardiovascular.

A redução da pressão arterial após o exercício físico é encontrada em dois períodos, sendo inicialmente uma resposta aguda ao exercício e também ao longo de 24 ou 48 horas após a realização da prática. Evidências sugerem que o mecanismo pelo qual o exercício físico promove redução na pressão arterial pós exercício pode ser através das alterações periféricas no volume sanguíneo, na atividade do sistema nervoso simpático, nos níveis plasmáticos de prostaglandinas, na adrenalina e noradrenalina, na atividade do sistema renina angiotensina, na termoregulação, na vasopressina, na liberação de histamina e nos outros fatores relaxantes derivados do endotélio (37,38). A nível central, os principais mecanismos envolvidos na redução da hipertensão pós exercício envolvem ajustes do barorreflexo e inibição da atividade simpática no sistema nervoso central (38). Ainda, apesar de toda mecanística supracitada, um outro efeito decorrente da prática de exercício físico se deve ao aumento do fluxo sanguíneo e isso faz com que ocorra elevação da pressão na parede vascular, este estresse gerado na parede do vaso é tido como um potente estímulo para geração de óxido nítrico, o qual é bastante conhecido como um importante vasodilatador (39,40).

Dislipidemia, também conhecida como hiperlipidemia ou hiperlipoproteinemia, é um distúrbio decorrente do desequilíbrio nos níveis de lipídeos no sangue. Este desajuste no equilíbrio de lipídeos sanguíneo é gerado pelo aumento dos colesteróis de baixa densidade (LDL-c e VLDL-c) e redução do colesterol de alta densidade (HDL-c) (padronizar os LDL citados acima), promovendo influência direta nos níveis de colesterol total, que é uma das principais substâncias envolvidas na gênese da aterosclerose. Neste sentido, entender como o exercício físico age como importante agente no controle tanto da dislipidemia, bem como do controle do colesterol e consequentemente na aterosclerose faz-se de extrema importância.

Fazendo uso de animais nocautes para ApoE, animais que manifestam hipercolesterolemia e consequentemente aumento de placas ateromatosas, Cesar e colaboradores (41) mostraram que o exercício físico é capaz de reduzir os níveis de trialcilglicerol e VLDL. Pynn et al. mostraram que o exercício promove redução de LDLox nos macrófagos e reduz o crescimento da camada íntima (42). Dessa maneira, fica evidenciado que o exercício físico por controlar a dislipidemia, reduzindo triacilglicerol, VLDL-c e LDL-c, reduz a incidência de aterosclerose.

Estudos mostram que a prática de exercício físico promove importantes alterações nos níveis de gordura plasmática culminando no melhor ajuste de gordura e lipoproteínas para o organismo. Chan e colaboradores (43) mostraram que o exercício físico gera redução de 5-15% nos níveis de LDL-c e de colesteróis que não sejam HDL, reduz de 10-20% os níveis de apolipoproteina B (ApoB), de 10-25% os níveis de triacilglicerol e eleva em 5-10% o nível de HDL. Por outro lado, baixo nível de exercício físico está diretamente associado ao aumento do nível de triacilglicerol (44), alguns autores sugerem que o exercício reduz o nível de triacilglicerol devido ao fato desta prática reduzir o nível de do colesterol de muito baixa densidade (VLDL-c) (45,46). O importante papel do exercício no metabolismo dos lipídeos plasmáticos se deve a alteração da composição corporal, melhora do perfil inflamatório e aumento da atividade da lipase lipoproteica que atuam na redução dos colesteróis de baixa densidade. No entanto, poucos estudos mostram o efeito do exercício no nível de HDL, mas é sabido que esta prática eleva o nível de HDL-c por reduzir a degradação da apoliproteina A-1 que é o principal componente do HDL-c e concomitantemente sua maior secreção, culminando no aumento do nível de HDL-c (47).

Portanto, pode-se concluir que o exercício físico contribui de maneira significativa para redução da pressão arterial, principalmente pelo sistema de geração de NO a partir do estresse causado pelo aumento do fluxo sanguíneo nas paredes vasculares. Adiante, o exercício também colabora para a no controle da dislipidemia por reduzir níveis de triglicerídeos, VLD-c, LDL-c não oxidado e oxidado e levando nível de HDL por aprimorar o metabolismo da ApoA-1. Consequentemente, após equilibrar o perfil lipídico plasmático, o exercício físico promove redução do progresso da aterosclerose.

Diabetes: O Papel do Exercício Físico no Metabolismo da Glicose e Sensibilidade à Insulina

Diabetes é uma doença caracterizada pelo aumento significativo da glicemia em jejum que, quando não diagnosticada ou tratada pode levar o indivíduo a óbito. Assim, métodos preventivos e/ou terapêuticos se fazem necessários para controlar sua incidência ou progressão. Neste sentido, a prática regular de exercício físico vem sendo bastante utilizada como uma ferramenta não farmacológica no combate a diabetes.

As primeiras evidências mostrando que a contração muscular provoca captação de glicose foram observadas no século 19 e somente na década de 80 foi mostrado que o exercício físico colabora com a sensibilidade à insulina em tecidos periféricos (48). Um dos primeiros estudos onde foi comprovado que o exercício pode realizar captação de glicose independente de insulina foi realizado por Jorgen Wojtaszewski e Laurie Goodyear em 1999, neste estudo os autores deleteram o receptor de insulina, localizado na membrana celular e então observaram que mesmo sem este receptor, animais que foram submetidos ao protocolo de exercício promoveram maior captação de glicose quando comparados ao seu controle inativo (49). Adiante, em 2002 Luciano e colaboradores mostraram que o efeito da captação de glicose independentemente da ação insulínica, se devia ao aumento da fosforilação do IRS-1 em resíduos de tirosina após o exercício. Porém, ainda não está totalmente elucidado na literatura o modo como ocorre esta modulação intracelular para que ocorra o aumento da atividade da via de sinalização da insulina sem a ação do hormônio e sim somente em resposta ao exercício físico (50).

Outra via molecular envolvida no aumento da captação de glicose após a realização de exercício físico é a via da AMPK (Figura 3). Durante a atividade do músculo esquelético ocorre depleção energética intracelular e isso faz com que vias alternativas de translocação do GLUT4 sejam ativadas. O aumento da razão AMP:ATP desencadeia a ativação da proteína quinase-5 ativada, a AMPK. Este sinalizador energético dispara alterações celulares que visam a obtenção de energia e a redução do gasto energético (inibição de síntese proteica). Após ativada, a AMPK ativa diretamente uma proteína que é conhecida como sendo substrato da Akt a qual possui peso molecular de 160KDa, portanto à ela foi dado o nome de AS160 (Akt substrate 160), uma vez ativada a AS160 desencadeia diretamente a fosforilação da Akt e a partir disso aumentando a translocação do GLUT4 para periferia (51).

Ainda, outra via responsável pelo aumento da captação de glicose sem a ação da insulina é a via ativada pelo complexo proteico composto por Cálcio e Calmodulina que também pode fosforilar diretamente a AS160. Exercícios supramáximos e exercícios resistidos geram respostas moleculares mais lentas e duradouras. A produção de força durante períodos curtos e repetidos desencadeia alterações celulares ainda pouco conhecidas. Em suma, a ativação do complexo proteico Cálcio/Calmodulina desencadeia também, a ativação de fatores de transcrição para a síntese proteica.

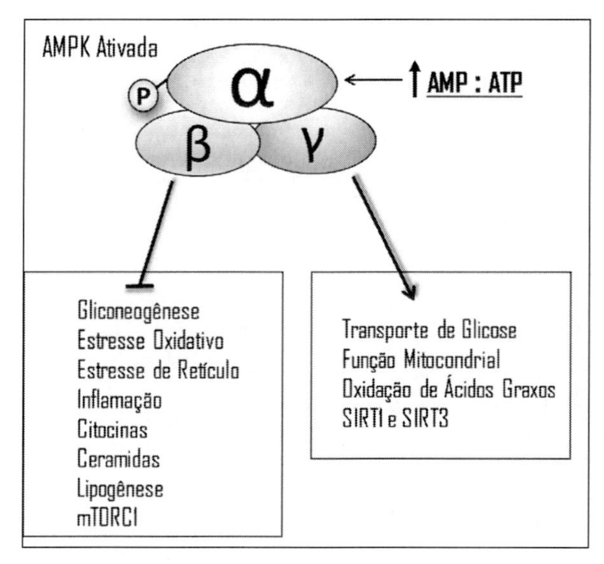

Figura 3 Efeitos da ativação da AMPK. Durante sua ativação, processos de ressíntese de ATP e diminuição do gasto energético são ativados. A AMPK ainda possui outras funções como o bloqueio da síntese de proteínas inflamatórias, resposta ao estresse oxidativo e ativação da autofagia celular.

Além disso, o exercício de força também aumenta a fosforilação da Akt e consequente ativação do complexo mTORc1 e fosforilação da AS160 que juntos também ativam a translocação dos transportadores de glicose para a membrana celular (Figura 4). Este importante mecanismo também gera respostas de incremento de força e hipertrofia muscular.

Mesmo desempenhando papéis antagônicos (degradação e síntese) a AMPK e o complexo mTORC1 ainda são considerados os principais mecanismos pelo qual o exercício físico atua. Os incrementos encontrados na captação de glicose, na taxa metabólica basal, na oxidação de ácidos graxos e na síntese de proteínas além da redução da inflamação e do estresse oxidativo são de extrema importância na prevenção e tratamento dos fatores de risco associados ao RCM.

Todo este arcabouço metabólico modulado para elevar a captação de glicose sem a utilização da insulina, se deve ao fato de que durante a contração muscular há depleção de energia (sob forma de ATP) e, portanto, esta demanda energética na célula deve ser compensada por um mecanismo extremamente eficiente e rápido de transporte de nutrientes para o seu interior. Mas durante a prática de exercício físico a secreção de insulina é bastante reduzida o que faz com que o organismo inicie vias alternativas para ativar a via de sinalização da insulina independente de seu principal agonista.

Portanto o melhor entendimento dessas vias que geram adaptações provenientes da contração muscular na captação de glicose e sensibilidade à insulina é de suma importância. A homeostase glicêmica é resultante do fino ajuste de dois importantes órgãos periféricos: o músculo e fígado. O músculo se faz importante por ser responsável pela captação de grande volume de glicose disponível a partir da translocação do GLUT4 que é desencadeada a partir da fosforilação da Akt, por outro lado a importância do fígado se deve ao fato de este órgão ser responsável pela liberação de glicose para a circulação (gliconeogênese) que também é

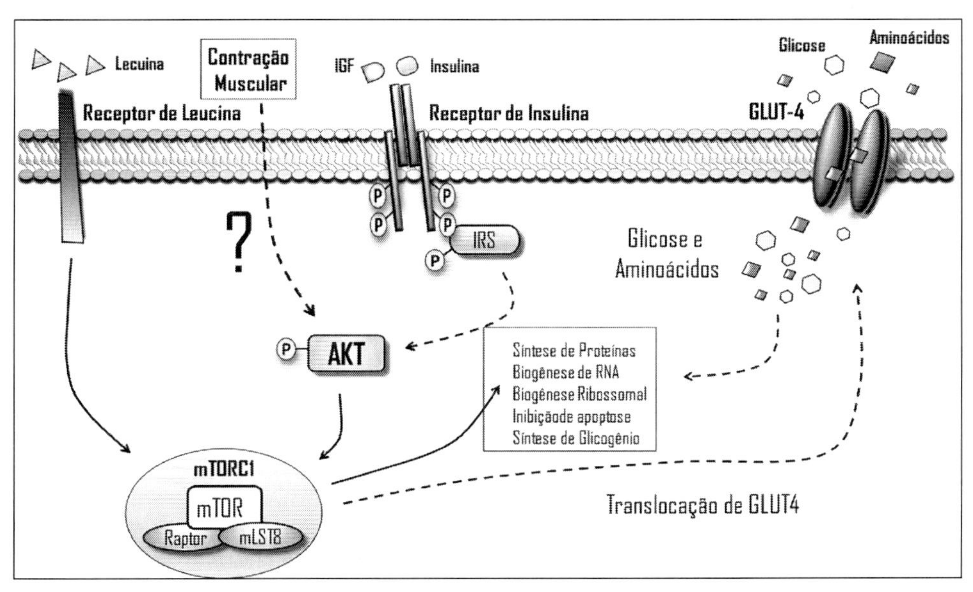

Figura 4 Papel da ativação do complexo mTORC1 na captação de glicose, aminoácidos e na síntese de proteínas. Ainda não se sabe se a contração muscular durante o exercício resistido desempenha papel direto na ativação do complexo mTORC1, ou se sua ação é através de outras proteínas ainda desconhecidas.

desencadeada a partir da fosforilação da Akt que irá gerar estímulo para síntese de proteínas gliconeogênicas como glicose 6 fosfatase, fosfoenolpiruvato carboxiquinase e piruvato carboxilase. Assim sendo, enquanto o fígado é responsável por liberar a glicose o músculo é responsável pela sua captação, tornando-os assim de grande importância na homeostase glicêmica a partir da fosforilação da Akt. O exercício físico seria capaz de aumentar a fosforilação da Akt é em decorrência da maior interação entre Akt e uma proteína de adaptação chamada APPL1, que inibe a interação da Akt com a TRB3 (52,53)(54,53), proteína que quando se associa à Akt inibe sua fosforilação (52).

Corroborando os achados em animais, humanos quando submetidos a diferentes protocolos de exercício físico apresentam aumento na captação de glicose. Nielsen em 2002 (55), mostrou que após 20min de exercício na intensidade de 80% do Vo2máx ocorreu aumento da atividade da AMPK e da fosforilação da subunidade da αAMPKThr172. Frøsig et al. submeteram homens saudáveis para realizar exercício força na cadeira extensora em somente uma das pernas por 3 semanas (56). Quinze horas após o protocolo de treinamento, foi realizado o clamp euglicêmico o qual teve 2 horas de duração. Os autores observaram que a perna a qual foi submetida ao esforço apresentou maiores níveis de Akt1/2, AS160 e GLUT4 e maior fosforilação de Aktthr308, AktSer473, GSK3-αSer21, GSK3-βSer9 e AS160 10 e 120min após o clamp euglicêmico e redução na fosforilação da enzima glicogênio sintase 120min após o clamp (56).

Avaliando protocolo de exercício de endurance, Sriwijitkamol e colaboradores, avaliaram tecido muscular de humanos e mostraram que 30 minutos após uma única sessão de exercício físico (cicloergômetro) realizado por 40 minutos a 55% do VO2máx não houve aumento na fosforilação da AMPK, porém observou-se aumento tanto na fosforilação Ser79 da Acetyl-CoA carboxylase (ACC) bem como na fosforilação da AS160, ambas proteínas fosforiladas pela AMPK. O aumento da fosforilação da AS160 ocorreu em todos os resíduos (Ser341, Ser588, Thr642, Ser704 e Ser751) o que culminou no aumento da fosforilação da Akt nos resíduos Thr308 and Ser473 e consequente redução da fosforilação da glicogênio sintase no resíduo Ser641 (57).

Avaliando sujeitos obesos diabéticos ou não diabéticos, Vind e colaboradores (58) mostraram que estes indivíduos, após serem submetidos a 10 semanas de treinamento físico (cicloergômetro) por 20-35min por semana realizado na intensidade de 65% do VO2máx, apresentaram elevação nos níveis e fosforilação da αAMPK, o que culminou no aumento dos níveis e fosforilação da AS160 nos resíduos da (Ser318, Ser341, Ser588, Thr642 e Ser751) e que por sua vez, culminou na elevação dos níveis de Akt1/2 total e fosforilação nos resíduos Ser473 e Thr308. Assim, após elevação dos níveis e atividade da Akt, os autores também mostraram que o treinamento físico elevou os níveis de GLUT4 no interior da célula de sujeitos obesos diabéticos ou não diabéticos. Ainda, no mesmo trabalho foi observado elevação dos níveis de glicogênio sintase e sua atividade, reduzindo sua fosforilação nos resíduos Ser640 e Ser7 + Ser10 o que contribui para o aumento da síntese de glicogênio.

Estas diferentes capacidades físicas (endurance e força) culminam em diferentes respostas moleculares e portanto podem ou devem ser trabalhadas em conjunto em um plano de treinamento físico para a obtenção de melhores respostas na captação de glicose em resposta à insulina (59,60).

Obesidade e Inflamação

Diversos estudos da biologia molecular vêm elucidando o mecanismo de ação do exercício físico na inflamação subclínica induzida por dieta ou outros fatores. O processo inflamatório é importante para a resposta a agentes infecciosos e na recuperação e regeneração de estruturas comprometidas por danos pontuais ou crônicos, contudo, como citado no início do capítulo, cronicamente ele influencia no modus operandi celular e desencadeia entre diversas outras coisas a resistência à insulina.

O exercício físico, por sua vez, possui mecanismos de atuação distintos que regulam a inflamação e suas desordens associadas. Após uma sessão de esforço, as células musculares liberam interleucinas específicas chamadas de interleucina-6. Estas pequenas proteínas desencadeiam um papel importantíssimo no bloqueio da ativação da resposta inflamatória induzida pelo NF-κB. Ropelle et al. (61) demonstraram que o efeito do exercício físico não se restringe a periferia, podendo impedir a ativação de cascatas inflamatórias induzidas por dieta hiperlipídica em neurônios hipotalâmicos essenciais no controle da ingestão alimentar e termogênese. Este melhor controle de ingestão alimentar tem papel crucial na redução do peso corporal e do tecido adiposo.

Como destacado anteriormente neste capítulo, o excesso de gorduras circulantes e o tecido adiposo hipertrofiado são responsáveis por alterações deletérias no sistema cardiovascular e contribuem para a perpetuação da inflamação. O gasto energético adicional proporcionado pela contração muscular voluntária induz a oxidação de gorduras consequente redução do tecido adiposo. Esta redução per se, diminui a biodisponibilidade destes lipídeos atuando de forma importante no controle das doenças associadas ao RCM.

Além disto, estudos mais recentes, apontam que o exercício físico induz a autofagia em diversas células do organismo. Esta remoção de proteínas que prejudicam o metabolismo e renovação de proteínas chave para o funcionamento ótimo da célula é extremamente importante para a manutenção de uma célula em plenas condições de funcionamento e remoção.

VIAS MOLECULARES DO EXERCÍCIO FÍSICO NO RCM

Diversos estudos vêm sendo conduzidos com o intuito de elucidar as alterações moleculares desencadeadas pelo exercício físico. Conforme exposto em capítulos prévios deste livro, inúmeras são as proteínas envolvidas na sinalização celular. Em linhas gerais apresentaremos na Tabela 1 o papel do exercício físico de endurance e resistido em fatores que contribuem para o desenvolvimento do RCM.

CONSIDERAÇÕES FINAIS

Dentre as DCNTs as maiores causas de mortalidade estão relacionadas a problemas metabólicos que afetam principalmente o sistema cardiovascular. O exercício físico age em vias intrínsecas ao metabolismo gerando respostas ótimas no controle de todos os componentes do RCM e desordens associadas, tornando-se uma importante arma no combate a morbidades e mortalidade em geral.

QUESTÕES DE AUTOAVALIAÇÃO

Questão 1 – O que é risco cardiometabólico?

Questão 2 – Quais principais efeitos do exercício físico contra o risco cardiometabólico?

Questão 3 – Cite 3 mecanismos moleculares atrelados ao efeito do exercício físico de efeito positivo ao risco cardiometabólico.

Questão 4 – Quais as vantagens e desvantagens do exercício aeróbio e resistido nos fatores relacionados ao risco cardiometabólico?

Questão 5 – O que é resistência à insulina?

Tabela 1 Principais alterações relacionadas ao RCM desencadeadas pelo exercício resistido e de endurance. Adaptado de Strasser B (62).

Variável	Exercício Resistido	Exercício de Endurance
Músculo Esquelético		
Força Muscular	↑↑↑	**
Biogênese Mitocondrial	↑	↑↑
Conteúdo de GLUT4	↑↑	↑
Composição Corporal		
Massa Corporal Livre de Gordura	↑↑	**
Percentual de Gordura	↓↓	↓↓
Gordura Visceral	↓↔	↓
Metabolismo da Glicose		
Hemoglobina Glicada	↓↓	↓↓
Sensibilidade à Insulina	↑↑	↑↑
Lipídios e Lipoproteínas		
Colesterol HDL	↑↔	↑
Colesterol LDL	↓↔	↔
Triglicerídeos	↓↔	↓↓
Apolipoproteina B	↓	↓
Inflamação		
Adiponectina	↑↔	↑
Leptina	↓↔	↓↔
Interleucina-6	↓↔	↓↔
TNF-α	↓↔	↓↔
Proteina C Reativa	↓↓	↓↔
Taxa Metabólica Basal	↑↑	↑

REFERÊNCIAS BIBLIOGRÁFICAS

1. Soc Bras cardiol. I diretriz brasileira de prevenção cardiovascular. Arq Bras Cardiol. 2013;101(6, supp 2):1–63.
2. Reaven GM. Why Syndrome X? From Harold Himsworth to the insulin resistance syndrome. Cell Metab. 2005 Jan;1(1):9–14.
3. WHO | Noncommunicable diseases country profiles 2011. World Health Organization;
4. Lim SS, Vos T, Flaxman AD, Danaei G, Shibuya K, Adair-Rohani H, et al. A comparative risk assessment of burden of disease and injury attributable to 67 risk factors and risk factor clusters in 21 regions, 1990–2010: a systematic analysis for the Global Burden of Disease Study 2010. Lancet. Elsevier; 2012 Dec;380(9859):2224–60.

5. Zago AS, Zanesco A. Óxido nítrico, doenças cardiovasculares e exercício físico. Arq Bras Cardiol. Arquivos Brasileiros de Cardiologia; 2006 Dec;87(6):e264–70.
6. Gupta S, Das B, Sen S. Cardiac hypertrophy: mechanisms and therapeutic opportunities. Antioxid Redox Signal. 2007 Jun;9(6):623–52.
7. Kitabchi AE, Umpierrez GE, Miles JM, Fisher JN. Hyperglycemic crises in adult patients with diabetes. Diabetes Care. 2009 Jul;32(7):1335–43.
8. Huebschmann AG, Regensteiner JG, Vlassara H, Reusch JEB. Diabetes and Advanced Glycoxidation End Products. Diabetes Care. 2006 Jun 1;29(6):1420–32.
9. Monnier VM. Intervention against the Maillard reaction in vivo. Arch Biochem Biophys. 2003 Nov; 419(1):1–15.
10. Singh DK, Winocour P, Farrington K. Oxidative stress in early diabetic nephropathy: fueling the fire. Nat Rev Endocrinol. 2011 Mar;7(3):176–84.
11. Peppa M, Uribarri J, Vlassara H. Glucose, Advanced Glycation End Products, and Diabetes Complications: What Is New and What Works. Clin Diabetes. 2003 Oct;21(4):186–7.
12. Janssen I, Leblanc AG. Systematic review of the health benefits of physical activity and fitness in school-aged children and youth. Int J Behav Nutr Phys Act. 2010;7:40.
13. Andersen LB, Harro M, Sardinha LB, Froberg K, Ekelund U, Brage S, et al. Physical activity and clustered cardiovascular risk in children: a cross-sectional study (The European Youth Heart Study). Lancet (London, England). 2006 Jul;368(9532):299–304.
14. Matthews CE, George SM, Moore SC, Bowles HR, Blair A, Park Y, et al. Amount of time spent in sedentary behaviors and cause-specific mortality in US adults. Am J Clin Nutr. 2012 Feb;95(2):437–45.
15. van der Ploeg HP, Chey T, Korda RJ, Banks E, Bauman A. Sitting time and all-cause mortality risk in 222 497 Australian adults. Arch Intern Med. 2012 Mar;172(6):494–500.
16. Hu FB. Sedentary lifestyle and risk of obesity and type 2 diabetes. Lipids. 2003 Feb;38(2):103–8.
17. Hansen ALS, Wijndaele K, Owen N, Magliano DJ, Thorp AA, Shaw JE, et al. Adverse associations of increases in television viewing time with 5-year changes in glucose homoeostasis markers: the AusDiab study. Diabet Med. 2012 Jul;29(7):918–25.
18. Hallal PC, Andersen LB, Bull FC, Guthold R, Haskell W, Ekelund U, et al. Global physical activity levels: Surveillance progress, pitfalls, and prospects. Lancet. Elsevier Ltd; 2012;380(9838):247–57.
19. Holmen TL, Barrett-Connor E, Clausen J, Holmen J, Bjermer L. Physical exercise, sports, and lung function in smoking versus nonsmoking adolescents. Eur Respir J. 2002 Jan;19(1):8–15.
20. Patterson F, Lerman C, Kaufmann VG, Neuner GA, Audrain-McGovern J. Cigarette smoking practices among American college students: review and future directions. J Am Coll Health. Jan;52(5): 203–10.
21. Narverud I, Retterstøl K, Iversen PO, Halvorsen B, Ueland T, Ulven SM, et al. Markers of atherosclerotic development in children with familial hypercholesterolemia: a literature review. Atherosclerosis. 2014 Aug;235(2):299–309.
22. Johnson JL. Emerging regulators of vascular smooth muscle cell function in the development and progression of atherosclerosis. Cardiovasc Res. 2014 Sep;103(4):452–60.
23. Wu JT, Wu LL. Linking inflammation and atherogenesis: Soluble markers identified for the detection of risk factors and for early risk assessment. Clin Chim Acta. 2006 Apr;366(1–2):74–80.
24. Cox AJ, West NP, Cripps AW. Obesity, inflammation, and the gut microbiota. lancet Diabetes Endocrinol. 2015 Mar;3(3):207–15.
25. Karelis AD, Rabasa-Lhoret R. Obesity: Can inflammatory status define metabolic health? Nat Rev Endocrinol. 2013 Dec;9(12):694–5.
26. Dawkins R. O gene Egoista. Sao Paulo: Companhia das Letras; 2007. 544 p.
27. WHO | Preventing chronic diseases: a vital investment. World Health Organization. World Health Organization; 2014.
28. Malta DC, Barbosa da Silva J. Policies to promote physical activity in Brazil. Lancet (London, England). 2012 Jul;380(9838):195–6.

29. Heath GW, Parra DC, Sarmiento OL, Andersen LB, Owen N, Goenka S, et al. Evidence-based intervention in physical activity: lessons from around the world. Lancet (London, England). 2012 Jul; 380(9838):272–81.
30. Pratt M, Sarmiento OL, Montes F, Ogilvie D, Marcus BH, Perez LG, et al. The implications of megatrends in information and communication technology and transportation for changes in global physical activity. Lancet (London, England). 2012 Jul;380(9838):282–93.
31. Anunciação PG, Polito MD. Hipotensão pós-exercício em indivíduos hipertensos: uma revisão. Arq Bras Cardiol. Arquivos Brasileiros de Cardiologia; 2011 May;96(5):425–6.
32. Gava NS, Véras-Silva AS, Negrão CE, Krieger EM. Low-intensity exercise training attenuates cardiac beta-adrenergic tone during exercise in spontaneously hypertensive rats. Hypertension. 1995 Dec;26(6 Pt 2):1129–33.
33. Silva GJ, Brum PC, Negrão CE, Krieger EM. Acute and chronic effects of exercise on baroreflexes in spontaneously hypertensive rats. Hypertension. 1997 Sep;30(3 Pt 2):714–9.
34. Goessler KF, Martins-Pinge MC, Cunhada N V., Karlen-Amarante M, Polito MD. Efeitos do treinamento f??sico sobre a press??o arterial, frequ??ncia card??aca e morfologia card??aca de ratos hipertensos. Med. 2015;48(1):87–98.
35. Casonatto J, Polito MD. Hipotensão pós-exercício aeróbio: uma revisão sistemática. Rev Bras Med do Esporte. Sociedade Brasileira de Medicina do Exercício e do Esporte; 2009 Apr;15(2):151–7.
36. Carvalho RST de, Pires CMR, Junqueira GC, Freitas D, Marchi-Alves LM. Hypotensive response magnitude and duration in hypertensives: continuous and interval exercise. Arq Bras Cardiol. Arquivos Brasileiros de Cardiologia; 2015 Mar;104(3):234–41.
37. Maron BJ. Hypertrophic Cardiomyopathy. JAMA. American Medical Association; 2002 Mar;287(10): 1308–20.
38. Chen C-Y, Bonham AC. Postexercise hypotension: central mechanisms. Exerc Sport Sci Rev. 2010 Jul; 38(3):122–7.
39. Zanesco A, Antunes E. Effects of exercise training on the cardiovascular system: pharmacological approaches. Pharmacol Ther. 2007 Jun;114(3):307–17.
40. Francis SH, Busch JL, Corbin JD, Sibley D. cGMP-dependent protein kinases and cGMP phosphodiesterases in nitric oxide and cGMP action. Pharmacol Rev. 2010 Sep;62(3):525–63.
41. Cesar L, Suarez SV, Adi J, Adi N, Vazquez-Padron R, Yu H, et al. An essential role for diet in exercise-mediated protection against dyslipidemia, inflammation and atherosclerosis in ApoE-/- mice. PLoS One. 2011;6(2).
42. Pynn M, Schäfer K, Konstantinides S, Halle M. Exercise training reduces neointimal growth and stabilizes vascular lesions developing after injury in apolipoprotein e-deficient mice. Circulation. 2004 Jan;109(3):386–92.
43. Chan DC, Gan SK, Wong ATY, Barrett PHR, Watts GF. Association between skeletal muscle fat content and very-low-density lipoprotein-apolipoprotein B-100 transport in obesity: effect of weight loss. Diabetes Obes Metab. 2014 Oct;16(10):994–1000.
44. Couillard C, Després JP, Lamarche B, Bergeron J, Gagnon J, Leon AS, et al. Effects of endurance exercise training on plasma HDL cholesterol levels depend on levels of triglycerides: evidence from men of the Health, Risk Factors, Exercise Training and Genetics (HERITAGE) Family Study. Arterioscler Thromb Vasc Biol. 2001 Jul;21(7):1226–32.
45. Magkos F, Wright DC, Patterson BW, Mohammed BS, Mittendorfer B. Lipid metabolism response to a single, prolonged bout of endurance exercise in healthy young men. Am J Physiol Endocrinol Metab. 2006 Feb;290(2):E355-62.
46. Sondergaard E, Rahbek I, Sørensen LP, Christiansen JS, Gormsen LC, Jensen MD, et al. Effects of exercise on VLDL-triglyceride oxidation and turnover. Am J Physiol Endocrinol Metab. 2011 May;300(5): E939-44.
47. Thompson PD, Yurgalevitch SM, Flynn MM, Zmuda JM, Spannaus-Martin D, Saritelli A, et al. Effect of prolonged exercise training without weight loss on high-density lipoprotein metabolism in overweight men. Metabolism. 1997 Feb;46(2):217–23.

48. Mondon CE, Dolkas CB, Reaven GM. Site of enhanced insulin sensitivity in exercise-trained rats at rest. Am J Physiol. 1980 Sep;239(3):E169-77.
49. Wojtaszewski JF, Higaki Y, Hirshman MF, Michael MD, Dufresne SD, Kahn CR, et al. Exercise modulates postreceptor insulin signaling and glucose transport in muscle-specific insulin receptor knockout mice. J Clin Invest. 1999 Nov 1;104(9):1257–64.
50. Luciano E, Carneiro EM, Carvalho CRO, Carvalheira JBC, Peres SB, Reis MAB, et al. Endurance training improves responsiveness to insulin and modulates insulin signal transduction through the phosphatidylinositol 3-kinase/Akt-1 pathway. Eur J Endocrinol. 2002 Jul;147(1):149–57.
51. Randhawa VK, Ishikura S, Talior-Volodarsky I, Cheng AWP, Patel N, Hartwig JH, et al. GLUT4 vesicle recruitment and fusion are differentially regulated by Rac, AS160, and Rab8A in muscle cells. J Biol Chem. 2008 Oct;283(40):27208–19.
52. Cheng KKY, Iglesias MA, Lam KSL, Wang Y, Sweeney G, Zhu W, et al. APPL1 Potentiates Insulin-Mediated Inhibition of Hepatic Glucose Production and Alleviates Diabetes via Akt Activation in Mice. Cell Metab. 2009 May;9(5):417–27.
53. Kido K, Ato S, Yokokawa T, Sato K, Fujita S. Resistance training recovers attenuated APPL1 expression and improves insulin-induced Akt signal activation in skeletal muscle of type 2 diabetic rats. Am J Physiol Endocrinol Metab. 2018 Jun 314(6):E564-E571.
54. Nielsen JN, Wojtaszewski JFP, Haller RG, Hardie DG, Kemp BE, Richter EA, et al. Role of 5'AMP-activated protein kinase in glycogen synthase activity and glucose utilization: insights from patients with McArdle's disease. J Physiol. 2002 Jun;541(Pt 3):979–89.
55. Frøsig C, Rose AJ, Treebak JT, Kiens B, Richter EA, Wojtaszewski JFP. Effects of endurance exercise training on insulin signaling in human skeletal muscle: interactions at the level of phosphatidylinositol 3-kinase, Akt, and AS160. Diabetes. 2007 Aug;56(8):2093–102.
56. Sriwijitkamol A, Coletta DK, Wajcberg E, Balbontin GB, Reyna SM, Barrientes J, et al. Effect of acute exercise on AMPK signaling in skeletal muscle of subjects with type 2 diabetes: a time-course and dose-response study. Diabetes. 2007 Mar;56(3):836–48.
57. Vind BF, Pehmøller C, Treebak JT, Birk JB, Hey-Mogensen M, Beck-Nielsen H, et al. Impaired insulin-induced site-specific phosphorylation of TBC1 domain family, member 4 (TBC1D4) in skeletal muscle of type 2 diabetes patients is restored by endurance exercise-training. Diabetologia. 2011 Jan; 54(1):157–67.
58. Botezelli JD, Cambri LT, Ghezzi AC, Dalia RA, M Scariot PP, Ribeiro C, et al. Different exercise protocols improve metabolic syndrome markers, tissue triglycerides content and antioxidant status in rats. Diabetol Metab Syndr. 2011 Jan;3:35.
59. Ribeiro C, Cambri LT, Dalia RA, de Araújo MB, Botezelli JD, da Silva Sponton AC, et al. Effects of physical training with different intensities of effort on lipid metabolism in rats submitted to the neonatal application of alloxan. Lipids Health Dis. 2012;11:138.
60. Ropelle ER, da Silva ASR, Cintra DE, de Moura LP, Teixeira AM, Pauli JR. Physical Exercise: A Versatile Anti-Inflammatory Tool Involved in the Control of Hypothalamic Satiety Signaling. Exerc Immunol Rev. 2021;27:7-23.
61. Strasser B. Physical activity in obesity and metabolic syndrome. Ann N Y Acad Sci. 2013 Apr;1281(1): 141–59.

13

INSUFICIÊNCIA CARDÍACA

Alessandra Medeiros
Wilson Max Almeida Monteiro de Moraes

OBJETIVOS DO CAPÍTULO

- Conceituar insuficiência cardíaca (IC).
- Entender as principais alterações centrais e periféricas que ocorrem no paciente com IC, bem como as bases moleculares de tais alterações.
- Conhecer os efeitos do treinamento físico nas alterações centrais e periféricas do paciente com IC, bem como as bases moleculares de tais efeitos.

INTRODUÇÃO

A insuficiência cardíaca (IC) crônica é a via final comum da maior parte das doenças cardiovasculares, dentre elas, as diferentes cardiopatias. A IC é considerada uma síndrome clínica complexa que apresenta alta prevalência e mau prognóstico (1). Caracteriza-se por retenção hídrica, fadiga precoce, dispneia e, portanto, grande limitação aos esforços físicos, o que repercute consideravelmente na autonomia e qualidade de vida do indivíduo (2). Além disso, o paciente com IC apresenta hiperatividade simpática, o que inicialmente é benéfico, já que contribui para a manutenção do débito cardíaco nas fases iniciais da doença, no entanto, a longo prazo contribui para o dano no tecido miocárdico e a deterioração progressiva da função cardíaca (3).

Apesar de o termo IC indicar um problema central, ou seja, na função cardíaca, além do coração diversos outros sistemas são acometidos na IC. De fato, além de alterações hemodinâmicas, metabólicas e na função e estrutura cardíacas, diversas alterações periféricas, tais como alterações intrínsecas na musculatura esquelética são comumente observadas no paciente com IC e contribuem para a progressão da doença (4).

O tratamento medicamentoso da IC tem efeitos principalmente centrais, apresentando pouco impacto na periferia. Por outro lado, o treinamento físico apresenta além dos efeitos hemodinâmicos e na atividade nervosa simpática, importantes efeitos na musculatura esquelética e na função endotelial, sendo, por esse motivo, considerado um coadjuvante no tratamento da IC. De fato, estudos realizados a partir da década de 80 têm demonstrado que o treinamento físico é seguro e sobretudo eficaz por promover melhoras na capacidade funcional, na tolerância aos esforços e na qualidade de vida dos pacientes, sendo, portanto, considerado uma conduta importante no tratamento da IC (5).

Dessa forma, o presente capítulo pretende apresentar as principais alterações centrais e periféricas observadas no paciente com IC e os respectivos mecanismos moleculares, bem como os efeitos do treinamento físico em tais alterações.

ALTERAÇÕES CENTRAIS OBSERVADAS NA INSUFICIÊNCIA CARDÍACA: MECANISMOS MOLECULARES

FUNÇÃO CARDÍACA

A IC é uma síndrome clínica, que pode ser definida como incapacidade do coração em propiciar suprimento adequado de sangue para os tecidos (6). Essa incapacidade cardíaca está associada à ativação de mecanismos compensatórios, cujo objetivo é manter o débito cardíaco, para que o suprimento sanguíneo seja mantido. No entanto, apesar desses mecanismos compensatórios serem benéficos nas fases iniciais da doença, eles contribuem para a progressão do processo de deterioração da função cardíaca (7), tornando-se um ciclo vicioso.

Nesse sentido, o aumento da atividade do sistema nervoso simpático pode ser considerado um dos principais mecanismos compensatórios ativados nos estágios iniciais da IC. Com a diminuição do suprimento sanguíneo ocasionada pela falência cardíaca, ocorre um aumento compensatório da atividade do sistema nervoso simpático (8), aumentando a frequência cardíaca, a contratilidade miocárdica e ativando o sistema renina-angiotensina-aldosterona, contribuindo, portanto, para a manutenção do débito cardíaco nas fases iniciais da doença. No entanto, a elevação contínua da atividade simpática contribui para o dano no tecido miocárdico e deterioração ainda maior da função cardíaca, além do aumento no consumo de oxigênio pelo miocárdio e da maior ocorrência de arritmias (3). De fato, a atividade nervosa simpática apresenta relação direta com a severidade e o prognóstico da IC (9).

Essas alterações funcionais observadas no coração do paciente com IC são acompanhadas de alterações na sinalização do Ca^{2+} intracelular. Sabidamente, para que ocorra tanto a contração quanto o relaxamento, seja do músculo esquelético ou do músculo cardíaco, é fundamental que haja manutenção da homeostasia do Ca^{2+} intracelular. Essa homeostasia é controlada por uma cascata de sinalização que inicia-se com a ativação simpática.

Primeiramente ocorre entrada de Ca^{2+} na célula cardíaca, principalmente via canais para Ca^{2+} voltagem dependentes (tipo L), os quais estão presentes no sarcolema da célula. O Ca^{2+} que entra na célula induz a liberação de Ca^{2+} pelos canais para rianodina (RYR), presentes no retículo sarcoplasmático. Por usa vez, a noradrenalina liberada durante a ativação simpática ativa os receptores β-adrenérgicos, ativando a proteína quinase A (PKA), que por sua vez fosforila os RYR, aumentando a probabilidade de abertura dos mesmos e, consequentemente, aumentando a liberação de Ca^{2+} do retículo sarcoplasmático (10). Com isso ocorre um aumento significante no conteúdo de Ca^{2+} citosólico permitindo que a contração ocorra de forma eficaz.

Após a contração, para que o relaxamento ocorra de forma efetiva, o Ca^{2+} precisa ser retirado do citosol. Existem basicamente dois caminhos que esse Ca^{2+} pode percorrer, ou seja, voltar para dentro do retículo sarcoplasmático ou sair da célula cardíaca. O retorno para o retículo sarcoplasmático é o mais importante, já que manter um conteúdo significante de Ca^{2+} no retículo sarcoplasmático é fundamental para as contrações subsequentes (sístoles). Quem faz essa recaptação do Ca^{2+} para dentro do retículo sarcoplasmático é uma Ca^{2+}-ATPase do retículo sarcoplasmático denominada de SERCA2a. A atividade da SERCA2a é controlada pelo fosfolambam (PLN), proteína que encontra-se sob controle da PKA e da proteína quinase dependente de Ca^{2+}-calmodulina (CaMKII). O PLN quando defosforilado inibe a atividade da SERCA2a diminuindo sua afinidade por Ca^{2+} e, consequentemente, inibindo a recaptação do mesmo para dentro do retículo. No entanto, quando o PLN é fosforilado pela PKA no resíduo de serina 16 e/ou pela CaMKII no resíduo de treonina 17, deixa de inibir a SERCA2a, liberando a recaptação de Ca^{2+}.

Para que o processo de relaxamento ocorra a contento, o Ca^{2+} que não retorna para o retículo sarcoplasmático precisa ser retirado da célula. A principal proteína responsável por essa função é o trocador Na^{+}/Ca^{2+}, o qual retira o Ca^{2+} da célula mediante a entrada do Na^{+} (11).

Portanto, a expressão e a função dessas diferentes proteínas cardíacas são fundamentais para o processo de excitação-contração e de relaxamento do cardiomiócito. Diversos trabalhos têm demonstrado que o coração do paciente com IC apresenta alterações importantes nesse sentido, o que contribui para a diminuição da contratilidade e/ou do relaxamento cardíacos. No miocárdio de pacientes com IC, por exemplo, há diminuição da atividade e expressão da SERCA2a, o que resulta em uma menor recaptação de Ca^{2+} citosólico para o retículo sarcoplasmático, prejudicando, portanto, o relaxamento miocárdico (12). Outra alteração que tem sido observada no coração de pacientes com IC é o aumento da expressão ou diminuição da fosforilação do PLN (Kiss et al 1995). Além disso, alguns trabalhos na literatura têm demonstrado que a expressão do trocador Na^{+}/Ca^{2+} está aumentada na IC, tanto em animais experimentais (11), como em humanos (13), o que contribui para a diminuição do conteúdo citosólico de Ca^{2+}, e, consequentemente, prejudica as contrações subsequentes.

Alterações na liberação de Ca^{2+} também têm sido observadas no cardiomiócito de pacientes com IC. O aumento da atividade simpática observado na IC contribui para a hiperfosforilação dos RYR, aumentando o vazamento de Ca^{2+} durante a diástole (10).

REMODELAMENTO CARDÍACO

Outro mecanismo adaptativo do coração frente a incapacidade de manutenção do débito cardíaco que ocorre na IC é a hipertrofia cardíaca, caracterizada, principalmente, pelo aumento da massa ventricular esquerda. Esse aumento da massa cardíaca tem como objetivo a manutenção da contratilidade cardíaca e da pressão ventricular e a esse processo de adaptação da geometria cardíaca frente as novas necessidades denomina-se remodelamento cardíaco.

No entanto, com a estimulação crônica dos sistemas simpático e renina angiotensina-aldosterona que ocorre na IC, a hipertrofia cardíaca acaba sendo exagerada, ultrapassando os limites fisiológicos e provocando diminuição da cavidade do ventrículo esquerdo, o que contribui para a diminuição do débito cardíaco e agravamento do quadro.

Alguns mecanismos moleculares têm sido implicados nesse remodelamento cardíaco patológico observado na IC. A angiotensina II (AngII), por exemplo, que encontra-se em concentrações aumentadas no paciente com IC devido a ativação do sistema renina angiotensina-aldosterona, exerce ação direta no remodelamento ventricular (14). A AngII ativa os receptores AT1, o qual estimula a hidrólise do fosfatidilinositol 4,5-bifosfato (IP2) em inositol 1,4,5-trifosfato (IP3) e diacilglicerol (DAG). O DAG estimula diferentes isoformas de proteína quinase C (PKC) e a via das quinases ativadas por fatores mitóticos (MAPKs). Essas vias estimulam a ativação dos fatores de transcrição que acabam por promover hipertrofia do cardiomiócito e ativação da proliferação de fibroblastos. O IP3, por sua vez, liga-se aos receptores de IP3 presentes no retículo sarcoplasmático, regulando a saída de Ca^{2+} do retículo sarcoplasmático para o citosol do cardiomiócito. Como apresentado no tópico anterior, a liberação de Ca^{2+} é importante para a contração, no entanto, quando em excesso, o Ca^{2+} ativa vias de sinalização intracelular envolvidas no remodelamento cardíaco patológico como, por exemplo, a via calmodulina quinase e a via calcineurina/NFAT.

A calcineurina é uma fosfatase ativada por Ca^{2+} que promove ativação e translocação do fator nuclear de célula-T ativada (NFAT) para o núcleo, regulando a expressão de genes envolvidos na hipertrofia cardíaca patológica. De fato, já foi demonstrado que animais transgênicos que expressam calcineurina ativada ou hiper-expressam a isoforma NFATc3 desenvolvem hipertrofia cardíaca acompanhada de disfunção ventricula (15).

Um resumo das principais alterações centrais observadas na IC pode ser visualizado na Figura 1.

ADAPTAÇÕES CARDÍACAS AO TREINAMENTO FÍSICO AERÓBIO NA INSUFICIÊNCIA CARDÍACA

Função Cardíaca

São inúmeros os trabalhos encontrados na literatura que apontam para os benefícios do treinamento físico na IC. Pode-se citar melhora do consumo pico de oxigênio, da classe funcional e, consequentemente, da qualidade de vida de pacientes com IC (16). Além disso, observa-se redução da atividade nervosa simpática no paciente com IC que realiza treinamento físico aeróbio (17), o que, por si só, já justificaria a recomendação do treinamento físico para o tratamento da IC, visto que a hiperatividade simpática é um preditor independente de mortalidade (18).

Além de reduzir a atividade nervosa simpática para o coração, o treinamento físico aumenta o tônus vagal (19), promovendo, portanto, um melhor balanço simpático-vagal, contribuindo para a diminuição da incidência de arritmias e, consequentemente, de morte súbita no paciente com IC.

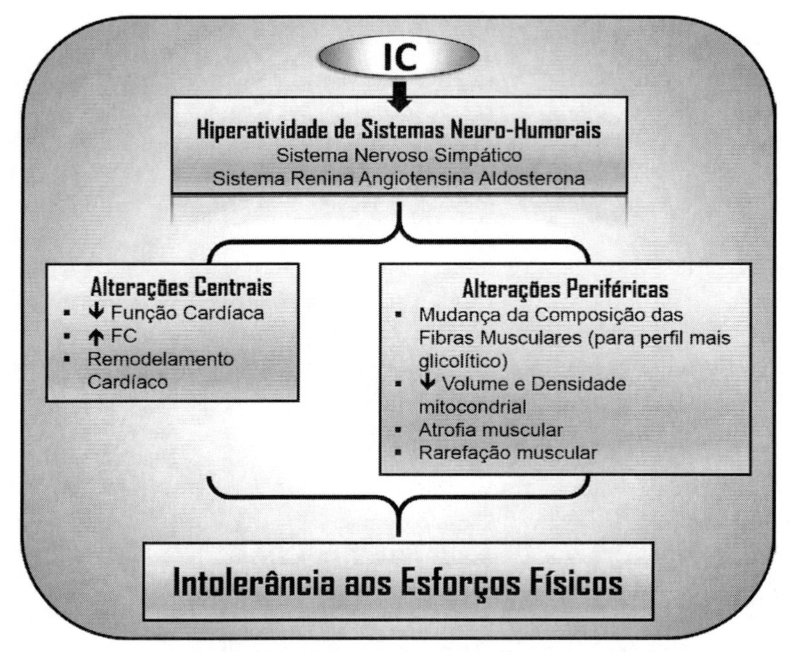

Figura 1 Esquema demonstrando as principais alterações centrais e periféricas observadas no paciente com insuficiência cardíaca (IC). FC = frequência cardíaca.

Com relação a função cardíaca, alguns trabalhos observaram melhora do volume sistólico e, consequentemente do débito cardíaco em pacientes com IC que realizaram treinamento físico (20). Para o estudo dos mecanismos moleculares envolvidos na melhora da função cardíaca pelo treinamento físico é necessário a realização de procedimentos extremamente invasivos, o que inviabiliza o estudo do efeito do treinamento físico em pacientes. Portanto, os modelos experimentais de IC são de extrema importância para esse fim. São vários os modelos animais de IC encontrados na literatura, dentre eles pode-se citar animais geneticamente manipulados, infartados ou com taquicardia induzida por implante de marcapasso.

Em estudo publicado em 2007, utilizamos um modelo de IC para estudar os efeitos do treinamento físico aeróbio na função cardíaca. Esse modelo consistia em camundongos com IC induzida por hiperatividade simpática, os quais apresentam aos 7 meses de idade, redução da contratilidade cardíaca, a qual é acompanhada por alterações no fluxo citosólico de Ca^{2+}, decorrentes de alterações na expressão de algumas proteínas cardíacas. Foram observadas redução significante na expressão protéica de SERCA2a e aumento nas expressões do trocador Na^{+}/Ca^{2+} e do fosfolambam fosforilado no resíduo de treonina 17 (21). Os animais que foram submetidos a 8 semanas de treinamento físico aeróbio em esteira rolante apresentaram melhora da contratilidade cardíaca e do fluxo de Ca^{2+}, as quais estavam associadas a um aumento na expressão de SERCA2a e do fosfolambam fosforilado no resíduo de serina 16 e a diminuição na expressão do Na^+/Ca^{2+}. Tais alterações contribuem para a melhora da recaptação de Ca^{2+} durante a diástole, melhorando o relaxamento cardíaco, mas também contribuem para a melhora da contratilidade, por restabelecer os estoques de Ca^{2+} no retículo sarcoplasmático, contribuindo para as sístoles subsequentes (21). Portanto, seja em pacientes com IC ou em modelos experimentais de IC, os benefícios do treinamento físico são evidentes.

Remodelamento Cardíaco

A hipertrofia cardíaca é um mecanismo adaptativo do coração frente a diferentes estímulos, sejam eles patológicos, como no caso da IC, ou fisiológicos, como no caso do treinamento físico. Nesse sentido, o tipo de treinamento físico influencia no tipo de hipertrofia cardíaca. O treinamento físico aeróbio, por exemplo, promove uma hipertrofia cardíaca do tipo excêntrica, ou seja, com aumento da massa cardíaca, da cavidade ventricular esquerda, da espessura do septo intraventricular e da parede posterior do ventrículo esquerdo, acarretando na melhora da função cardíaca. Essas alterações estruturais benéficas que ocorrem no coração constituem o remodelamento cardíaco fisiológico.

As vias de sinalização intracelular envolvidas no remodelamento cardíaco fisiológico são diferentes das vias de sinalização intracelular envolvidas no remodelamento cardíaco patológico (22). Dentre as vias intracelulares envolvidas no remodelamento cardíaco fisiológico, a via da fosfatidilinositol 3-quinase (PI3K) merece destaque. De forma sucinta, fatores de crescimento, como o fator de crescimento semelhante à insulina (IGF-I) ligam-se a receptores tirosina quinase específicos presentes na membrana celular do cardiomiócito, ativando, dessa forma, a PI3K, a qual, por sua vez, hidrolisa o IP2, transformando-o em IP3, além de ativar outras vias de sinalização presentes na membrana celular. A ativação da PI3K promove o recrutamento da proteína quinase D (PKD1) e consequente fosforilação da proteína quinase B (Akt). A Akt, quando é fosforilada, torna-se ativada e fosforila diversos substratos, como mTOR e GSK3β, por exemplo, estimulando diretamente o processo de síntese protéica cardíaca. Esse tipo de hipertrofia é acompanhado de melhora da função cardíaca e, por esse motivo, é denominado de hipertrofia cardíaca fisiológica.

Dessa forma, para verificar se o treinamento físico aeróbio teria efeito no remodelamento cardíaco observado na IC, nosso grupo desenvolveu alguns trabalhos utilizando o mesmo modelo citado anteriormente, ou seja, camundongos com IC induzida por hiperatividade simpática. Em um dos estudos observou-se que o treinamento físico aeróbio foi capaz de reverter a hipertrofia cardíaca patológica observada nos camundongos com IC, promovendo melhora da função cardíaca e da tolerância ao esforço físico (23). A reversão do remodelamento cardíaco decorreu da menor ativação do sistema renina-angiotensina cardíaco já que o treinamento físico foi capaz de reduzir os níveis de AngII no tecido cardíaco dos animais com IC (23). Além disso, o treinamento físico foi capaz de desativar a via calcineurina/NFAT, resultando em menor translocação do NFAT para o núcleo e diminuição dos níveis do fator de transcrição GATA4 nuclear, o que resulta na inibição da transcrição e menor síntese protéica. Por outro lado, verificamos que a via celular PI3K/Akt/mTOR não teve participação na reversão do remodelamento cardíaco patológico observado nos animais com IC treinados (24).

Portanto, o treinamento físico aeróbio é capaz de desativar as vias celulares envolvidas no remodelamento cardíaco patológico, revertendo, pelo menos em parte, a hipertrofia ventricular observada na IC, e melhorando a função ventricular.

Os principais efeitos centrais do treinamento físico aeróbio estão esquematizados na Figura 2.

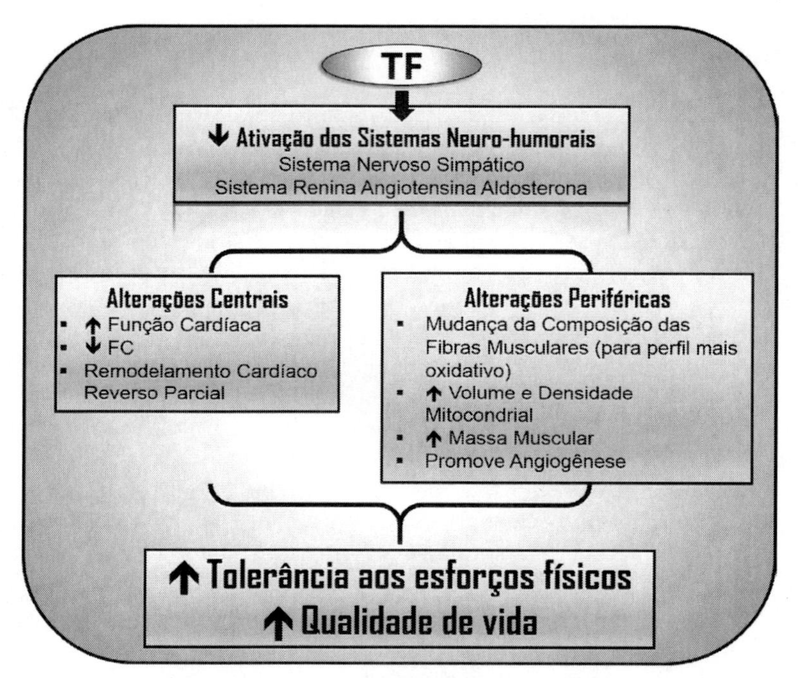

Figura 2 Esquema dos principais efeitos centrais e periféricos observados no paciente com insuficiência cardíaca que realiza treinamento físico aeróbio (TF).

ALTERAÇÕES PERIFÉRICAS OBSERVADAS NA INSUFICIÊNCIA CARDÍACA

A musculatura esquelética compreende um sistema com mais de 600 músculos, constituindo o maior tecido com capacidade de mobilização de proteínas do corpo e representando, normalmente, cerca de 40% da massa corporal e 50% da proteína corporal total, provendo importantes funções como movimento, força, respiração, balanço postural e temperatura corporal (25). É um tecido com bastante plasticidade, capaz de responder a uma grande variedade de estímulos, das mais diversas naturezas. Assim, é razoável que na presença de doenças como a IC, sejam observadas características distintas nas fibras musculares que aquelas observadas em uma situação não patológica. Essas alterações envolvem tanto mudanças metabólicas como estruturais (26) e são denominadas de miopatia esquelética na IC.

Com relação às alterações metabólicas, foi observado que pacientes portadores de IC apresentavam níveis de lactato aumentados mais precocemente que indivíduos controles sem IC perante esforços físicos (27) e maior razão fosfocreatina/ATP, evidenciando ressíntese de ATP prejudicada após exercício físico (28). Além disso, há redução da atividade de enzimas envolvidas no metabolismo oxidativo como succinato desidrogenase, citrato sintase (29), β-hidroxiacildesidrogenase (30) e citocromo c oxidase (27). Opasich e colaboradores observaram que pacientes com IC depletavam mais glicogênio muscular e fosfato de creatina com concomitante aumento de piruvato kinase, enzima envolvida no metabolismo anaeróbio que indivíduos controles sem IC, após um período de repouso (31). Essas reduzidas concentrações de glicogênio muscular podem exacerbar a dependência de metabolismo energético muscular por substratos alternativos como aminoácidos, o que pode ser observado mesmo durante atividades físicas da vida diária na IC (32). Portanto, essas alterações demonstram que na IC, há um acionamento do metabolismo anaeróbio de maneira precoce.

Dentre as alterações estruturais, observa-se que as fibras musculares sofrem transição de um fenótipo mais oxidativo para um fenótipo mais glicolítico, havendo uma redução na porcentagem de fibras do tipo I (lentas, oxidativas e resistentes a fadiga) e aumento das fibras do tipo IIb (rápidas, glicolíticas e menos resistentes a fadiga) (33) bem como um quadro de rarefação vascular (34) e volume e densidade mitocondrial reduzidos (27).

Outra alteração importante observada na IC é a atrofia muscular, que é a perda não-intencional de pelo menos 5% da massa muscular total e é caracterizada por diminuição no conteúdo protéico, redução no diâmetro das fibras, diminuição da força e menor resistência à fadiga (35). Em quadros mais avançados da IC, a perda de massa muscular pode culminar em um quadro de caquexia. Cerca de 20% dos pacientes com IC apresentam caquexia, a qual, por ser oriunda da IC é denominada caquexia cardíaca (36). A caquexia cardíaca contribui para o mau prognóstico da síndrome (36) e, por esse motivo, constitui um importante alvo para o tratamento da IC (37).

O controle da massa muscular é realizado através de um equilíbrio dinâmico entre proteínas que são constantemente sintetizadas e degradadas. A relação entre os processos catabólicos e anabólicos é conhecida como balanço protéico. Na atrofia muscular, esse equilíbrio é alterado, resultando em um balanço protéico negativo, ou seja, uma redução da síntese, aumento da degradação ou ambos. Na IC, os pacientes apresentam tanto uma redução na síntese protéica como um aumento da degradação (38).

Uma das vias de sinalização ativadas que envolvem a regulação da massa muscular é a cascata de sinalização PI3K/Akt/mTOR. Essa via regula o crescimento celular por meio da regulação da transcrição, do aumento da eficiência de tradução, da organização do citoesqueleto e degradação de proteína no músculo esquelético. Como já explicado anteriormente, a fosforilação e ativação da Akt ocorrem em resposta a diferentes fatores de crescimento como o IGF-I e insulina por meio do receptor de tirosina quinase. De forma simplificada, depois de ligado ao receptor, o IGF-I ativa a PI3K que fosforila Akt, a qual ativa mTOR, que por sua vez, regula a miogênese e o crescimento muscular. A diminuição da ativação dessa via pode estar implicada na atrofia muscular observada na IC, já que foram observadas reduções significantes nas concentrações de IGF-I em animais com IC (39).

Além de alteração na ativação da via de síntese protéica são observadas alterações nas vias de degradação protéica na IC. O catabolismo protéico da musculatura esquelética pode ocorrer por meio de três sistemas de degradação protéica: sistema proteolítico dependente de Ca^{2+} (calpaínas), sistema proteolítico lisossomal/autofágico e sistema proteolítico dependente de ATP (ubiquitina proteassoma). As calpaínas estão envolvidas no desarranjo miofibrilar disponibilizando essas proteínas para a ubiquitinação por meio da quebra do complexo actomiosina (40). As proteases lisossomais degradam proteínas de membrana, incluindo receptores, ligantes, canais e transportadores (41). E o sistema ubiquitina-proteassoma recebe substratos dos outros sistemas, podendo ser ativado diretamente por reguladores da atrofia muscular, tais como NF-κB (nuclear factor kappa B), geração de espécies reativas de oxigênio e FOXO (forkhead box O) (42). Portanto, o sistema ubiquitina proteassoma tem papel fundamental na degradação protéica.

De fato, o importante papel do sistema ubiquitina proteassoma na doença humana tem se tornado cada vez mais aparente, pois sua desregulação leva à inadequada degradação de proteínas específicas, devido a condições catabólicas, podendo culminar em consequências patológicas. O processo de ubiquitinação requer diversas atividades enzimáticas, envolvendo proteínas específicas (E3 ligases) que ativam a transferência de cadeias poliubiquitinadas às proteínas-alvo, levando, eventualmente, a formação de um complexo que é reconhecido e degradado pelo complexo proteassoma 26S. Dentre as E3 ligases destacam-se a MURF1 (muscle ring finger 1) e atrogin/MAFbox (muscle atrophy F-box). A expressão bem como atividade dessas E3 ligases são consideradas chaves na modulação da atividade do proteassoma. De fato, o envolvimento das E3 ligases MURF1 e atrogin na atrofia muscular em resposta a várias condições catabólicas como jejum, diabetes, câncer, envelhecimento e IC já foi demonstrado (43–45).

Estudo realizado pelo nosso grupo, com aquele mesmo modelo de IC por hiperatividade simpática em camundongos citado anteriormente, demonstrou um aumento da ativação do sistema ubiquitina proteassoma associado a um aumento da expressão dos níveis de RNAm de atrogin no músculo plantar desses animais (44). Além disso, nesse mesmo estudo foi demonstrado que a atividade do sistema ubiquitina proteassoma estava aumentada também em pacientes com IC (44).

Apesar de o sistema ubiquitina proteassoma ser considerado o principal sistema de catabolismo protéico, trabalho recente publicado em 2014 demonstrou que ratos com IC devido a um infarto agudo do miocárdio apresentam atrofia tanto no músculo sóleo quanto no músculo plantar, mas apenas o músculo plantar apresenta aumento da expressão de genes relacionados à autofagia (GABARAPL1, ATG7, BNIP3, CTSL1 e LAMP2) (46). Além disso, o músculo plantar apresentou aumento da atividade da catepsina L e dos níveis protéicos de BNIP3 e Fis1, sugerindo que a regulação da sinalização induzida por autofagia na IC ocorre apenas no músculo plantar e, portanto, o sistema proteolítico lisossomal/autofágico é diferencialmente regulado nos músculos atrofiados, e essa regulação depende dos diferentes tipos de fibras e das características metabólicas das mesmas (46).

Além dos sistemas ubiquitina proteassoma e lisossomal-autofágico, o aumento da morte celular por apoptose parece ser, em parte, responsável pela perda de massa muscular em portadores de IC (47). O aumento da apoptose pode ocorrer devido ao fato de células musculares serem menos aptas a resistir a condições adversas presentes no organismo de indivíduos portadores de IC (26). Além disso, a apoptose pode estar associada a um desequilíbrio entre a concentração de citocinas pró-inflamatórias (ex. TNF-α e interleucina-1) capazes de aumentar o catabolismo e de citocinas anti-inflamatórias (interleucina-6) capazes de evitar o aumento do catabolismo, fato esse que ocorre no paciente com IC (47).

Importante destacar que a hiperatividade simpática, o desequilíbrio na razão entre cortisol e dehidroepiandrosterona, as concentrações elevadas de hormônio do crescimento (hGH), bem como resistência aos seus efeitos (37,48) observadas no paciente com IC podem não apenas contribuir para os eventos de morte celular, mas também desempenham importante papel no estabelecimento do desequilíbrio entre as vias de degradação e síntese protéica, favorecendo o catabolismo protéico, e por sua vez a atrofia muscular.

Um resumo das principais alterações periféricas observadas na IC pode ser visualizado na Figura 1.

ADAPTAÇÕES MÚSCULO ESQUELÉTICAS AO TREINAMENTO FÍSICO AERÓBIO NA INSUFICIÊNCIA CARDÍACA

Atualmente, o treinamento físico aeróbio vem sendo apontado como uma estratégia não medicamentosa importante no tratamento da IC demonstrando potenciais benefícios que se traduzem em melhora significativa na tolerância ao exercício, no alívio parcial dos sintomas de dispneia e fadiga, distúrbios do sono, melhora na classe funcional, na qualidade de vida, além de redução da frequência de internações hospitalares (5,49).

Na musculatura esquelética, o treinamento físico tem se mostrado capaz de aumentar a capacidade oxidativa muscular e a densidade mitocondrial (5). Também tem sido demonstrada reduzida depleção de fosfocreatina e aumento dos níveis de ADP durante o exercício, além de aumento da ressíntese de fosfocreatina, após o exercício (50). Outros investigadores observaram aumentos significativos na atividade enzimática de citrato sintase (51) angiogênesse (52) e reversão da razão entre fibras do tipo I/fibras do tipo II (27).

Além disso, o treinamento físico aeróbio também é capaz de reduzir o estresse oxidativo no músculo esquelético, diminuindo a taxa de oxidação de biomoléculas e prevenindo as alterações morfofuncionais em pacientes com IC (53). A diminuição nos níveis de marcadores inflamatórios como TNF-α, interleucina-6, interleucina-β e enzima óxido nítrico sintase induzível (iNOS) tem sido apontada como responsável por essas alterações, já que são estímulos importantes para a produção exacerbada de espécies reativas de oxigênio (53). Além de melhorar o perfil inflamatório, o treinamento físico tem importante efeito antioxidante em pacientes com IC, principalmente por aumentar a expressão gênica e a atividade de enzimas eliminadoras de espécies reativas de oxigênio, como a catalase, a superóxido dismutase e a glutationa peroxidase (54).

O tecido muscular esquelético é capaz de responder ao aumento de demanda mecânica, que tem sido considerado o mais eficiente estímulo para a resposta hipertrófica (55). Quando expostos ao aumento de tensão ativa, tal como ocorre na contração muscular, com realização de trabalho pelo recrutamento do aparato contrátil, formam-se novos sarcômeros "em paralelo", ao que se denomina de hipertrofia radial (56), mas também pode responder com novos sarcômeros "em série" no caso de aplicação de tensão passiva, como ocorre com estiramento prolongado, chamada de hipertrofia longitudinal (57).

Consistente com o seu papel no aumento da síntese protéica muscular, a via da mTOR é fundamental para o crescimento do músculo esquelético, frente à demanda mecânica, seja ela proveniente de tensão ativa (58), bem como de tensão passiva (59). De fato, vários estudos têm demonstrado o efeito do treinamento físico sobre o aumento na expressão local de IGF-I em portadores de IC (48,60,61). Importante lembrar que o IGF-I é um dos fatores de crescimento ativadores da via da mTOR.

Além de atuar nas vias de hipertrofia muscular, o treinamento físico aeróbio apresenta importante efeito na principal via de catabolismo muscular. Cunha e colaboradores demonstraram recentemente que o treinamento físico aeróbio foi capaz de diminuir a atividade do sistema ubiquitina proteassoma tanto em modelo animal de IC como em pacientes com IC, normalizando para níveis dos respectivos controles (44). Esses resultados são de extrema importância, pois apesar de reconhecermos que o treinamento físico resistido é mais eficiente do ponto de vista de gerar hipertrofia, os potenciais efeitos adversos do aumento da pós carga durante a fase de levantamento de massa limitam suas aplicações em programas de reabilitação, necessitando serem executados em baixa intensidade, por medida de segurança e apenas como complemento do treinamento físico aeróbio.

Os principais efeitos do treinamento físico aeróbio na musculatura esquelética estão esquematizados na Figura 2.

CONSIDERAÇÕES FINAIS

A IC é uma síndrome clínica complexa caracterizada por diversas alterações centrais e periféricas, as quais podem ser explicadas por diferentes mecanismos moleculares. O treinamento físico aeróbio tem se mostrado como uma excelente terapia não-medicamentosa capaz de reverter a maior parte das alterações observadas no paciente com IC, promovendo melhora da qualidade de vida e da sobrevida desses pacientes.

O conhecimento dos mecanismos moleculares envolvidos nas alterações observadas no paciente com IC, bem como nos efeitos benéficos do treinamento físico aeróbio na IC são de extrema importância já que poderão contribuir para a adoção/criação de estratégias terapêuticas que possam maximizar os efeitos do tratamento para o portador de IC.

EXERCÍCIOS DE AUTOAVALIAÇÃO

Questão 1 – O que é IC e quais as principais alterações observadas no paciente com IC?

Questão 2 – Explique sucintamente como ocorrem os processos de aumento e diminuição do Ca_{2+} citosólico durante os momentos de sístole e diástole.

Questão 3 – Quais são os possíveis mecanismos moleculares envolvidos no remodelamento cardíaco observado na IC e qual o efeito do treinamento físico aeróbio nesses mecanismos?

Questão 4 – O que é caquexia cardíaca?

Questão 5 – Explique os mecanismos envolvidos na atrofia muscular observada na IC e os efeitos do treinamento físico aeróbio nesses mecanismos.

REFERÊNCIAS BIBLIOGRÁFICAS

1. Opie LH. The neuroendocrinology of congestive heart failure. Cardiovasc J S Afr. 13(4):171–8.
2. Wilson JR, Hanamanthu S, Chomsky DB, Davis SF. Relationship between exertional symptoms and functional capacity in patients with heart failure. J Am Coll Cardiol. 1999 Jun;33(7):1943–7.
3. Stein KM, Karagounis LA, Anderson JL, Kligfield P, Lerman BB. Fractal clustering of ventricular ectopy correlates with sympathetic tone preceding ectopic beats. Circulation. 1995 Feb 1;91(3):722–7.
4. Coats AJ, Clark AL, Piepoli M, Volterrani M, Poole-Wilson PA. Symptoms and quality of life in heart failure: the muscle hypothesis. Br Heart J. BMJ Publishing Group; 1994 Aug;72(2 Suppl):S36-9.
5. Belardinelli R, Georgiou D, Scocco V, Barstow TJ, Purcaro A. Low intensity exercise training in patients with chronic heart failure. J Am Coll Cardiol. 1995 Oct;26(4):975–82.
6. Marks AR. A guide for the perplexed: towards an understanding of the molecular basis of heart failure. Circulation. 2003 Mar 25;107(11):1456–9.
7. Brede M, Wiesmann F, Jahns R, Hadamek K, Arnolt C, Neubauer S, et al. Feedback inhibition of catecholamine release by two different alpha2-adrenoceptor subtypes prevents progression of heart failure. Circulation. 2002 Nov 5;106(19):2491–6.
8. Kaye DM, Lambert GW, Lefkovits J, Morris M, Jennings G, Esler MD. Neurochemical evidence of cardiac sympathetic activation and increased central nervous system norepinephrine turnover in severe congestive heart failure. J Am Coll Cardiol. 1994 Mar 1;23(3):570–8.
9. Negrão CE, Rondon MUPB, Tinucci T, Alves MJN, Roveda F, Braga AMW, et al. Abnormal neurovascular control during exercise is linked to heart failure severity. Am J Physiol Circ Physiol. 2001 Mar;280(3):H1286–92.
10. Bers DM, Eisner DA, Valdivia HH. Sarcoplasmic Reticulum Ca2+ and Heart Failure: Roles of Diastolic Leak and Ca2+ Transport. Circ Res. 2003 Sep 19;93(6):487–90.
11. Lu L, Mei DF, Gu A-G, Wang S, Lentzner B, Gutstein DE, et al. Exercise training normalizes altered calcium-handling proteins during development of heart failure. J Appl Physiol. 2002 Apr;92(4):1524–30.
12. Hajjar RJ, Müller FU, Schmitz W, Schnabel P, Böhm M. Molecular aspects of adrenergic signal transduction in cardiac failure. J Mol Med (Berl). 1998 Oct;76(11):747–55.
13. Sullivan MJ, Knight JD, Higginbotham MB, Cobb FR. Relation between central and peripheral hemodynamics during exercise in patients with chronic heart failure. Muscle blood flow is reduced with maintenance of arterial perfusion pressure. Circulation. 1989 Oct;80(4):769–81.
14. Tikellis C, Bernardi S, Burns WC. Angiotensin-converting enzyme 2 is a key modulator of the renin–angiotensin system in cardiovascular and renal disease. Curr Opin Nephrol Hypertens. 2011 Jan;20(1):62–8.
15. Molkentin JD, Lu JR, Antos CL, Markham B, Richardson J, Robbins J, et al. A calcineurin-dependent transcriptional pathway for cardiac hypertrophy. Cell. 1998 Apr 17;93(2):215–28.
16. Jónsdóttir S, Andersen KK, Sigurðsson AF, Sigurðsson SB. The effect of physical training in chronic heart failure. Eur J Heart Fail. 2006 Jan;8(1):97–101.
17. Roveda F, Middlekauff HR, Rondon MUPB, Reis SF, Souza M, Nastari L, et al. The effects of exercise training on sympathetic neural activation in advanced heart failure: a randomized controlled trial. J Am Coll Cardiol. 2003 Sep 3;42(5):854–60.

18. Santos AC, Alves MJNN, Rondon MUPB, Barretto ACP, Middlekauff HR, Negrão CE. Sympathetic activation restrains endothelium-mediated muscle vasodilatation in heart failure patients. Am J Physiol Circ Physiol. 2005 Aug;289(2):H593–9.
19. Adamopoulos S, Ponikowski P, Cerquetani E, Piepoli M, Rosano G, Sleight P, et al. Circadian pattern of heart rate variability in chronic heart failure patients. Effects of physical training. Eur Heart J. 1995 Oct;16(10):1380–6.
20. Freimark D, Adler Y, Feinberg MS, Regev T, Rotstein Z, Eldar M, et al. Impact of left ventricular filling properties on the benefit of exercise training in patients with advanced chronic heart failure secondary to ischemic or nonischemic cardiomyopathy. Am J Cardiol. 2005 Jan 1;95(1):136–40.
21. Rolim NPL, Medeiros A, Rosa KT, Mattos KC, Irigoyen MC, Krieger EM, et al. Exercise training improves the net balance of cardiac Ca^{2+} handling protein expression in heart failure. Physiol Genomics. 2007 May 11;29(3):246–52.
22. Kemi OJ, Ceci M, Wisloff U, Grimaldi S, Gallo P, Smith GL, et al. Activation or inactivation of cardiac Akt/mTOR signaling diverges physiological from pathological hypertrophy. J Cell Physiol. 2008 Feb;214(2):316–21.
23. Pereira MG, Ferreira JCB, Bueno CR, Mattos KC, Rosa KT, Irigoyen MC, et al. Exercise training reduces cardiac angiotensin II levels and prevents cardiac dysfunction in a genetic model of sympathetic hyperactivity-induced heart failure in mice. Eur J Appl Physiol. 2009 Apr 6;105(6):843–50.
24. Oliveira RSF, Ferreira JCB, Gomes ERM, Paixão NA, Rolim NPL, Medeiros A, et al. Cardiac anti-remodelling effect of aerobic training is associated with a reduction in the calcineurin/NFAT signalling pathway in heart failure mice. J Physiol. 2009 Aug 1;587(15):3899–910.
25. Lenk K, Schuler G, Adams V. Skeletal muscle wasting in cachexia and sarcopenia: molecular pathophysiology and impact of exercise training. J Cachexia Sarcopenia Muscle. Wiley-Blackwell; 2010 Sep; 1(1):9–21.
26. Lunde PK, Sjaastad I, Schiotz Thorud H-M, Sejersted OM. Skeletal muscle disorders in heart failure. Acta Physiol Scand. 2001 Mar;171(3):277–94.
27. Hambrecht R, Fiehn E, Yu J, Niebauer J, Weigl C, Hilbrich L, et al. Effects of endurance training on mitochondrial ultrastructure and fiber type distribution in skeletal muscle of patients with stable chronic heart failure. J Am Coll Cardiol. 1997 Apr;29(5):1067–73.
28. Massie B, Conway M, Yonge R, Frostick S, Ledingham J, Sleight P, et al. Skeletal muscle metabolism in patients with congestive heart failure: relation to clinical severity and blood flow. Circulation. 1987 Nov;76(5):1009–19.
29. Mettauer B, Zoll J, Sanchez H, Lampert E, Ribera F, Veksler V, et al. Oxidative capacity of skeletal muscle in heart failure patients versus sedentary or active control subjects. J Am Coll Cardiol. 2001 Oct; 38(4):947–54.
30. Katz SD, Bleiberg B, Wexler J, Bhargava K, Steinberg JJ, LeJemtel TH. Lactate turnover at rest and during submaximal exercise in patients with heart failure. J Appl Physiol. 1993 Nov;75(5):1974–9.
31. Opasich C, Aquilani R, Dossena M, Foppa P, Catapano M, Pagani S, et al. Biochemical analysis of muscle biopsy in overnight fasting patients with severe chronic heart failure. Eur Heart J. 1996 Nov;17(11):1686–93.
32. Aquilani R, Opasich C, Dossena M, Iadarola P, Gualco A, Arcidiaco P, et al. Increased skeletal muscle amino acid release with light exercise in deconditioned patients with heart failure. J Am Coll Cardiol. 2005 Jan 4;45(1):158–60.
33. Keteyian SJ, Duscha BD, Brawner CA, Green HJ, Marks CR., Schachat FH, et al. Differential effects of exercise training in men and women with chronic heart failure. Am Heart J. 2003 May;145(5):912–8.
34. Scarpelli M, Belardinelli R, Tulli D, Provinciali L. Quantitative analysis of changes occurring in muscle vastus lateralis in patients with heart failure after low-intensity training. Anal Quant Cytol Histol. 1999 Oct;21(5):374–80.
35. Jackman RW, Kandarian SC. The molecular basis of skeletal muscle atrophy. Am J Physiol Physiol. 2004 Oct;287(4):C834–43.

36. Morley JE, Thomas DR, Wilson M-MG. Cachexia: pathophysiology and clinical relevance. Am J Clin Nutr. 2006 Jun 1;83(4):735–43.
37. Anker SD, Ponikowski P, Varney S, Chua TP, Clark AL, Webb-Peploe KM, et al. Wasting as independent risk factor for mortality in chronic heart failure. Lancet. 1997 Apr 12;349(9058):1050–3.
38. Toth MJ, LeWinter MM, Ades PA, Matthews DE. Impaired muscle protein anabolic response to insulin and amino acids in heart failure patients: relationship with markers of immune activation. Clin Sci (Lond). NIH Public Access; 2010 Aug 17;119(11):467–76.
39. Hambrecht R, Schulze PC, Gielen S, Linke A, Möbius-Winkler S, Yu J, et al. Reduction of insulin-like growth factor-I expression in the skeletal muscle of noncachectic patients with chronic heart failure. J Am Coll Cardiol. 2002 Apr 3;39(7):1175–81.
40. Kandarian SC, Jackman RW. Intracellular signaling during skeletal muscle atrophy. Muscle Nerve. 2006 Feb;33(2):155–65.
41. John Mayer R. The meteoric rise of regulated intracellular proteolysis. Nat Rev Mol Cell Biol. 2000 Nov 1;1(2):145–8.
42. Minotti JR, Christoph I, Oka R, Weiner MW, Wells L, Massie BM. Impaired skeletal muscle function in patients with congestive heart failure. Relationship to systemic exercise performance. J Clin Invest. 1991 Dec 1;88(6):2077–82.
43. Clavel S, Coldefy A-S, Kurkdjian E, Salles J, Margaritis I, Derijard B. Atrophy-related ubiquitin ligases, atrogin-1 and MuRF1 are up-regulated in aged rat Tibialis Anterior muscle. Mech Ageing Dev. 2006 Oct;127(10):794–801.
44. Cunha TF, Bacurau AVN, Moreira JBN, Paixão NA, Campos JC, Ferreira JCB, et al. Exercise Training Prevents Oxidative Stress and Ubiquitin-Proteasome System Overactivity and Reverse Skeletal Muscle Atrophy in Heart Failure. Musaro A, editor. PLoS One. 2012 Aug 3;7(8):e41701.
45. Lecker SH, Jagoe RT, Gilbert A, Gomes M, Baracos V, Bailey J, et al. Multiple types of skeletal muscle atrophy involve a common program of changes in gene expression. FASEB J. 2004 Jan;18(1):39–51.
46. Jannig PR, Moreira JBN, Bechara LRG, Bozi LHM, Bacurau A V, Monteiro AWA, et al. Autophagy signaling in skeletal muscle of infarcted rats. PLoS One. Public Library of Science; 2014;9(1):e85820.
47. Libera LD, Zennaro R, Sandri M, Ambrosio GB, Vescovo G. Apoptosis and atrophy in rat slow skeletal muscles in chronic heart failure. Am J Physiol. 1999 Nov;277(5 Pt 1):C982-6.
48. Schulze PC, Gielen S, Schuler G, Hambrecht R. Chronic heart failure and skeletal muscle catabolism: effects of exercise training. Int J Cardiol. 2002 Sep;85(1):141–9.
49. Davies EJ, Moxham T, Rees K, Singh S, Coats AJS, Ebrahim S, et al. Exercise training for systolic heart failure: Cochrane systematic review and meta-analysis. Eur J Heart Fail. 2010 Jul;12(7):706–15.
50. Adamopoulos S, Coats AJ, Brunotte F, Arnolda L, Meyer T, Thompson CH, et al. Physical training improves skeletal muscle metabolism in patients with chronic heart failure. J Am Coll Cardiol. 1993 Apr;21(5):1101–6.
51. Tyni-Lenné R, Gordon A, Jansson E, Bermann G, Sylvén C. Skeletal muscle endurance training improves peripheral oxidative capacity, exercise tolerance, and health-related quality of life in women with chronic congestive heart failure secondary to either ischemic cardiomyopathy or idiopathic dilated cardiomyopathy. Am J Cardiol. 1997 Oct 15;80(8):1025–9.
52. Gustafsson T, Bodin K, Sylvén C, Gordon A, Tyni-Lenné R, Jansson E. Increased expression of VEGF following exercise training in patients with heart failure. Eur J Clin Invest. 2001 Apr;31(4):362–6.
53. Gielen S, Adams V, Möbius-Winkler S, Linke A, Erbs S, Yu J, et al. Anti-inflammatory effects of exercise training in the skeletal muscle of patients with chronic heart failure. J Am Coll Cardiol. 2003 Sep 3;42(5):861–8.
54. Ennezat P V, Malendowicz SL, Testa M, Colombo PC, Cohen-Solal A, Evans T, et al. Physical training in patients with chronic heart failure enhances the expression of genes encoding antioxidative enzymes. J Am Coll Cardiol. 2001 Jul;38(1):194–8.
55. Miyazaki M, Esser KA. Cellular mechanisms regulating protein synthesis and skeletal muscle hypertrophy in animals. J Appl Physiol. 2009 Apr;106(4):1367–73.

56. Adams GR, Cheng DC, Haddad F, Baldwin KM. Skeletal muscle hypertrophy in response to isometric, lengthening, and shortening training bouts of equivalent duration. J Appl Physiol. 2004 May;96(5):1613–8.
57. Goldspink G, Williams P, Simpson H. Gene expression in response to muscle stretch. Clin Orthop Relat Res. 2002 Oct;(403 Suppl):S146-52.
58. Bodine SC, Stitt TN, Gonzalez M, Kline WO, Stover GL, Bauerlein R, et al. Akt/mTOR pathway is a crucial regulator of skeletal muscle hypertrophy and can prevent muscle atrophy in vivo. Nat Cell Biol. 2001 Nov 1;3(11):1014–9.
59. Aoki MS, Miyabara EH, Soares AG, Saito ET, Moriscot AS. mTOR pathway inhibition attenuates skeletal muscle growth induced by stretching. Cell Tissue Res. 2006 Apr 12;324(1):149–56.
60. Hambrecht R, Schulze PC, Gielen S, Linke A, Möbius-Winkler S, Erbs S, et al. Effects of exercise training on insulin-like growth factor-I expression in the skeletal muscle of non-cachectic patients with chronic heart failure. Eur J Cardiovasc Prev Rehabil. 2005 Aug;12(4):401–6.
61. Hellsten Y, Hansson H-A, Johnson L, Frandsen U, Sjodin B. Increased expression of xanthine oxidase and insulin-like growth factor I (IGF-I) immunoreactivity in skeletal muscle after strenuous exercise in humans. Acta Physiol Scand. 1996 Jun;157(2):191–7.

14

HIPERTENSÃO ARTERIAL

Angelina Zanesco

OBJETIVOS DO CAPÍTULO

A hipertensão arterial tem sido exaustivamente estudada, porém o controle dos níveis pressóricos ainda é um desafio na atualidade. Portanto, esse capítulo tem por objetivos abordar:

a) Os mecanismos reguladores da pressão arterial e os possíveis fatores etiológicos da hipertensão arterial
b) As pesquisas feitas na área de cardiovascular e a evolução das diferentes abordagens no controle da hipertensão arterial em seres humanos, incluindo o exercício físico.

INTRODUÇÃO

A hipertensão arterial é considerada um dos principais fatores de risco para a mortalidade em todo o mundo, segundo a Organização mundial de Saúde. Sua etiologia é multifatorial e poligênica e envolve diversos mecanismos em sua patogênese, como fatores neurais e humorais, tornando seu controle uma tarefa dificil para todos os profissionais de saúde. Diversos grupos de medicamentos existem para o controle de pressão arterial, porém a melhor abordagem ainda são as medidas preventivas envolvendo o controle do peso coporal, a prática de atividade física ou exercício físico e a ingestão de uma dieta equilibrada. Todos esses fatores podem, de maneira significativa, reduzir os efeitos da herança genética sobre a prevalência da hipertensão arterial, e assim evitar o aparecimento dessa importante doença crônico-degenerativa ou também chamada não-transmissível. Com relação aos efeitos benéficos do exercício físico, tanto nos aspectos preventivos quanto terapêuticos, um grande número de estudos de meta-análise recomenda que cinco dias por semana, durante 30 minutos na intensidade moderada são extremamente benéficos no controle de pressão arterial, que podem ser exercícios aeróbios ou combinados (aeróbio + resistido). Cabe ainda enfatizar que os exercícios físicos devem ser prescritos por profissionais de educação física dentro de uma equipe multiprofissional de saúde.

ETIOLOGIA, SINAIS E SINTOMAS E CLASSIFICAÇÃO DOS NÍVEIS PRESSÓRICOS

Está bem estabelecido que o seu tratamento e/ou sua prevenção da hipertensão arterial diminui significativamente o risco de acidente vascular cerebral, doença arterial coronariana, aneurismas e insuficiência cardíaca congestiva. Apresenta etiologia complexa considerada uma doença de etiologia multifatorial e poligênica. Entre estes, os fatores ambientais que são considerados fatores de risco para o desenvolvimento da hipertensão arterial podemos destacar: a alta ingestão de sal (mais que 5 g/dia), o consumo excessivo de álcool, consumo de dieta hiperlipídica, baixa ingestão de frutas e verduras, sedentarismo e alto nível de stress. Além disso, algumas desordens metabólicas são consideradas fatores de risco para o desenvolvimento de hipertensão arterial como a obesidade, o diabetes *mellitus* e as dislipidemias. O envelhecimento também acarreta maior prevalência de hipertensão arterial, principalmente sobre a pressão arterial sistólica.

Com relação à contribuição dos fatores genéticos para o desenvolvimento da hipertensão arterial, diversos genes tem sido avaliados e acredita-se que cerca de 12 genes contribuem para a gênese da hipertensão arterial, cuja influência parecem obedecer aos princípios da genética Mendeliana (dominante e recessivo). De maneira interessante, esse grupo de 12 genes está relacionado a apenas duas vias de sinalização: excreção renal de sódio e metabolismo dos hormônios esteróides envolvendo a ativação do receptor de mineralocorticóide. Além dos diferentes genes envolvidos na gênese da hipertensão arterial, a presença de polimorfismo em um único nucletídeo (SNP) no material genético tem sido alvo de recentes pesquisas na tentativa de encontrar associação entre hipertensão arterial e as centenas de SNP distribuídos nos diferentes genes do genoma humano. No entanto, o poder estastístico dessas associações considerando o pequeno número amostral das populações estudadas, não permitem ainda ter resultados conclusivos com relação a presença de polimorfismo e o desenvolvimento de hipertensão arterial. Por outro lado, sabe-se de dados observacionais, avaliando famílias e gêmeos que a influência genética no desenvolvimento da hipertensão arterial varia em torno de 30 a 68%. Além disso, indivíduos que possuem familares com hipertensão arterial apresentam maior risco para o seu desenvolvimento, de cerca de 4 vezes, quando comparados à população geral (1).

Com relação a sintomatologia, a hipertensão arterial é uma doença assintomática na maioria dos casos. Alguns individuos podem apresentar sintomas como cefaléia, tontura, dores no peito, palpitações e sangramento nasal.

Na Tabela 1, podemos ver os valores que permitem classificar os indivíduos adultos acima de 18 anos, de acordo com os níveis de pressão arterial.

EPIDEMIOLOGIA DA HIPERTENSÃO ARTERIAL

Em termos mundiais, cerca de 40% dos adultos acima de 25 anos possuem hipertensão arterial. O número de pessoas com hipertensão arterial passou de 600 milhões em 1980 para 1 bilhão em 2008, sendo esta responsável por aproximadamente 7,1 milhões de óbitos por ano. Desses hipertensos, cerca de 50% estão entre a faixa etária de 60 e 69 anos e 3⁄4 destes, acima de 70

Tabela 1 Valores de pressão sistólica e diastólica em diferentes níveis.

Classificação	Pressão Sistólica (mmHg)	Pressão Diastólica (mmHg)
Ótima	< 120	< 180
Normal	< 130	< 85
Limítrofe	130-139	85-89
Hipertensão		
Estágio 1 (leve) 140-159	90-99	
Estágio 2 (moderada)	160-179	100-109
Estágio 3 (grave)	> 180	> 110
Sistólica isolada	> 140	< 90

anos. É considerada um dos principais fatores de risco de morbidade e mortalidade cardiovascular, representando alto custo social, uma vez que é responsável por cerca de 40% dos casos de aposentadoria precoce e absenteísmo no trabalho. A prevalência global de hipertensão arterial entre homens (26,6%) e mulheres (26,1%) mostra que sexo não é um fator de risco para hipertensão. Com relação a etnia, a hipertensão é mais prevalente em mulheres afrodescendentes com de risco de hipertensão de até 130% em relação às mulheres brancas. Os negros também apresentam uma diferença de resposta aos fármacos, reagindo melhor ao tratamento com diuréticos e bloqueadores dos canais de cálcio e não tão satisfatoriamente aos bloqueadores beta-adrenérgicos ou aos inibidores da enzima de conversão da angiotensina. A prevalência de hipertensão arterial na África é cerca de 46% enquanto que a menor prevalência é encontrada nas Américas, cerca de 35%. A maior prevalência de hipertensão arterial em países com menor renda per capita deve-se às deficiências do sistema de saúde existentes nesses países, onde a maioria dos indivíduos com hipertensão arterial não são diagnosticados ou o controle do tratamento não é seguido pelo sistema de saúde. O aumento na prevalência da hipertensão arterial apesar das pesquisas nessa área, pode ser atribuido a diversos fatores, entre eles: crescimento da população, maior expectativa de vida, melhor diagnóstico e piora no estilo de vida (dieta hipercalórica, uso excessivo de de álcool, sedentarismo, obesidade e maior exposição a situações de estresse).

Em termos gerais, as doenças cardiovasculares apresentam ainda a maior parcela de contingente humano afetado, cerca de 51%, enquanto que doenças como cancer e diabetes apresentam prevalência de 21 e 6%, respectivamente. Na américa do Sul, a prevalência de doenças cardiovasculares é de 33 a 43%, e particularmente, em relação à hipertensão arterial a prevalência varia em torno de 30 a 45% (2).

MECANISMOS ENVOLVIDOS NA GÊNESE DA HIPERTENSÃO ARTERIAL

A hipertensão arterial pode ser classificada em hipertensão essencial ou hipertensão primária e hipertensão secundária. A hipertensão essencial responde por mais de 95% dos casos de hipertensão arterial e não possui uma causa conhecida, já a secundária resulta de uma causa identificável, como problemas renais, coartação da aorta, hiperaldosteronismo primário, síndrome de Cushing e feocromocitoma, entre outras. O produto do débito cardíaco e resistência periférica total determina os níveis da pressão arterial, e estes são controlados por mecanismos centrais e humorais estando diretamente associados à gênese da hipertensão arterial.

Sistema Nervoso Autônomo

O sistema nervoso autônomo (simpático e parassimpático) associado aos barorreceptores, quimiorreceptores e mecanorreceptores fazem parte da regulação neural da pressão arterial, controlando o débito cardíaco e também o volume e fluxo de sangue entre o coração e o vasos sanguíneos. As respostas do sistema simpático e do parassimpático permitem ajustes do débito cardíaco e da resistência vascular periférica, contribuindo para a estabilização, manutenção da pressão arterial durante diferentes situações fisiológicas. Por outro lado, o desbalanço entre os sistemas simpáticos e parassimpáticos (disautonomia) é um dos principais mecanismos envolvidos na gênese da hipertensão arterial. Evidências mostram que os níveis séricos de noradrenalina são maiores em indivíduos hipertensos quando comparados aos normotensos, principalmente jovens, nos quais a hiperatividade simpática parece ter um papel central no desenvolvimento da hipertensão arterial. Além disso, foi demonstrado que indivíduos normotensos com histórico familiar de hipertensão arterial apresentam níveis plasmáticos elevados de noradrenalina e adrenalina, durante estimulação da atividade simpática.

Estudos usando a técnica de microneurografia, técnica para estudo da regulação cardiovascular pelo sistema nervoso simpático em humanos através da quantificação do número, bem como da amplitude de impulsos por minuto em músculo esquelético (peroneiro e tibial são os locais preferidos para a inserção dos eletrodos), tem mostrado elevação da atividade simpática tanto em individuos hipertensos, como normotensos com histórico familiar de hipertensão e mesmo aqueles que apresentam a síndrome do jaleco branco apresentam hiperatividade simpática, o que determina importante achado clínico para o desenvolvimento de hipertensão arterial no futuro. Além da hiperatividade simpática em hipertensos, estudos em modelos animais mostram menor atividade parasimpática. Avaliações da variabilidade de frequencia cardíaca e da pressão arterial nos domínios do tempo e da frequencia, denominada análise expectral, mostraram redução das ondas de baixa frequencia, que reflete a modulação vagal sobre o nodo sinoatrial. Assim, tanto as funções do sistema nervoso simpático quanto as do parasimpático estão alteradas em individuos que tem risco de desenvolver a hipertensão arterial, antes mesmo destes apresentarem anormalidades nos valores de pressão arterial sistólica e diastólica. Assim, o aumento da atividade simpática é um importante preditor para o desenvolvimento da hipertensão arterial como mortalidade cardiovascular, tanto para aqueles que possuem histórico familiar quanto para aqueles que apresentam fatores de risco já destacados anteriormente. Uma questão importante na participação do sistema nervoso simpático na hipertensão arterial é, se o aumento da atividade simpática é o fator determinante para o desenvolvimento da hipertensão arterial ou reflete as alterações estruturais das paredes dos vasos e do coração (hipertrofia cardíaca), já presentes em alguns estados hipertensivos. Embora a hiperatividade simpática apareça nas fases iniciais da hipertensão arterial, ainda não é claro se alterações estruturais do sistema cardiovascular anteriores determinam o desbalanço autonômico ou vice-versa. De maneira interessante, pacientes tratados com diferentes antihipertensivos como beta bloqueadores, bloqueadores do sistema renina--angiotensina e de receptores de mineralocorticóides apresentam redução da atividade simpática e melhora da atividade cardíaca vagal quando comparados a pacientes hipertensos não tratados. No entanto, essa atividade autonômica não é restaurada aos mesmos níveis de um individuo normotenso. De fato, pacientes hipertensos com pressão controlada ainda apresentam hiperatividade simpática e redução da atividade parassimpática. Esses dados mostram a complexidade do controle da pressão arterial, bem como a dificuldade em controlar as alterações neurais presentes em pacientes hipertensos (3).

Sistema Renina-Angiotensina-Aldosterona

O sistema renina-angiotensina aldosterona (SRAA) é um complexo sistema hormonal associado ao controle da pressão arterial, bem como à manutenção da homeostasia hidroeletrolítica do organismo (Figura 1). Classicamente, o principal componente biologicamente ativo do SRAA é a angiotensina II (Ang II), que desempenha papel regulatório fundamental devido à sua ação vasoconstritora como também na liberação de aldosterona. A visão clássica desse sistema dá-se pela produção do angiotensinogênio pelo fígado, sendo liberado para a circulação, onde é encontrado em altas concentrações. Na circulação, o angiotensinogênio sofre ação da renina, uma enzima glicoproteolítica de origem renal, que é armazenada de forma inativa (denominada pró-renina) nas células justaglomerulares dos rins. Após sintetizadas e liberadas para a circulação, a renina promove a clivagem do segmento N-terminal do angiotensinogênio, produzindo um decapeptídeo chamado de angiotensina I (Ang I). A Ang I é clivada pela enzima conversora de angiotensina (ECA) formando a Ang II, essa reação ocorre quase que exclusivamente nos pequenos vasos dos pulmões. A Ang II promove elevação de pressão arterial ativando vários sistema orgânicos, entre eles: a ativação do sistema simpático, vasoconstricção arteriolar, aumento da contratilidade cardíaca, e aumento da retenção de sódio e água pelos túbulos renais, via liberação da aldosterona. Os efeitos da Ang II são mediados por dois tipos distintos de receptores: AT_1 e AT_2, sendo que a maior interação desse peptídeo dá-se pela via dos receptores AT_1, acarretando as ação acima descritas. A interação da Ang II com o receptor AT_2, apresenta efeito antagônico à ação do acoplamento Ang II/receptor AT_1, resultando na formação de NO, e consequente vasodilatação (4). A concentração sistêmica de Ang II é em torno de 50-100 pM/L.

Sabe-se, atualmente, que o rim possui todos os elementos do SRA e que ocorre formação intrarenal de Ang II, sob a ação da ECA, que se encontra em grande quantidade no epitélio dos túbulos renais, principalmente nos túbulos proximais. No sistema renal, a concentração de Ang II é cerca de 50 a 100 vezes maior (3-5 nM) do que àquela encontrada na circulação. Assim, a Ang II, produzida localmente, exerce efeitos parácrinos importantes no sistema renal, e acredita-se que promova nas células vizinhas os efeitos patogênicos envolvidos na gênese e/ou manutenção da hipertensão arterial, entre eles: inflamação, proliferação cellular, apoptose, bem como regula formação de outras substâncias bioativas que poderia contribuir para a injúria tecidual (5). A Ang II pode também atuar diretamente nos túbulos coletores acarretando maior concentração de urina. Todos esses efeitos em conjunto demonstram a importância do sistema renina-angiotensina/aldosterona na gênese da hipertensão arterial.

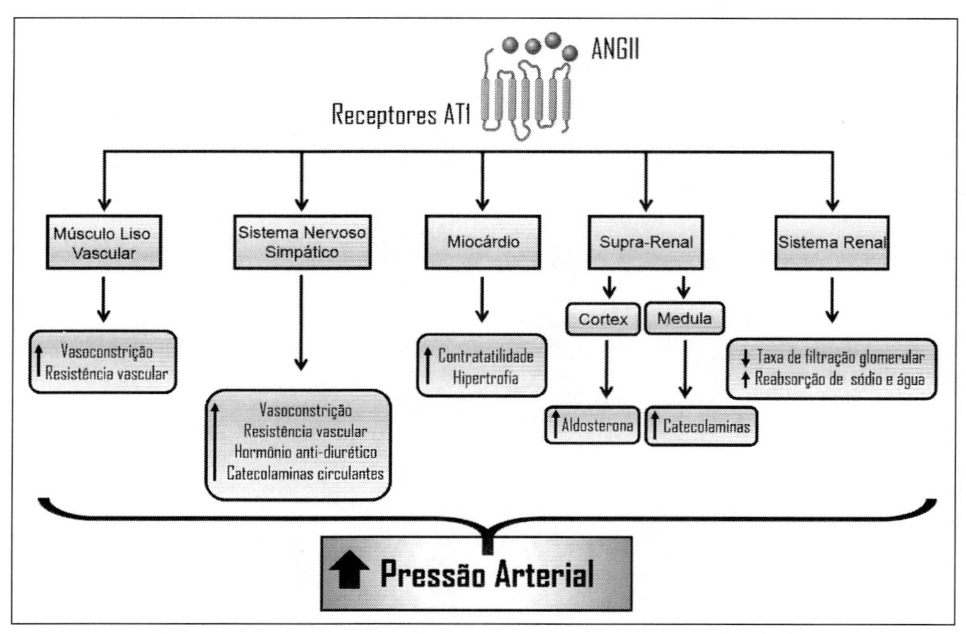

Figura 1 Ações biológicas da interação ANG II e os receptores do subtipo AT1 e AT2 dentro do sistema renina-angiotensina aldosterona clássico. ANGI: angiotensina I; ANGII: angiotensina II; ECA: enzima conversora de angiotensina.

Mais recentemente, outros peptídeos gerados dentro do SRRA foram descritos como biologicamente ativos e essa descoberta modificou substancialmente a via clássica do sistema (Figura 2). Entre os peptideos ativos podemos destacar a angiotensina-(1-12) e a angiotensina-(1-7) [Ang-(1-7)]. A angiotensina-(1-12) é um peptideo formado a partir do angiotensinogenio, mas por via independente da ação da renina, cuja enzima ainda não foi identificada. A descoberta da enzima conversora de angiotensina 2 (ECA2) mudou um homólogo da ECA, mudou todo o conceito do SRAA. A ECA2 é responsável pela formação do heptapeptídeo ANG-(1-7) a partir da clivagem do último aminoácido (fenilalanina) da Ang II. Embora a diferença entre ANG-(1-7) e ANG II seja apenas um peptideo, ANG-(1-7) possui efeitos opostos à ANG II e tem sido caracterizado como um peptide com ação contra-regulatoria ao papel da ANG II, mediando efeitos como vasodilatação, inibição da proliferação da musculatura lisa vascular bem como de fluidos e eletrólitos (6). A ANG-(1-7) pode também se originar de outras vias, como da ANG I e angiotensina-(1-12) por atuação de outras enzimas como a

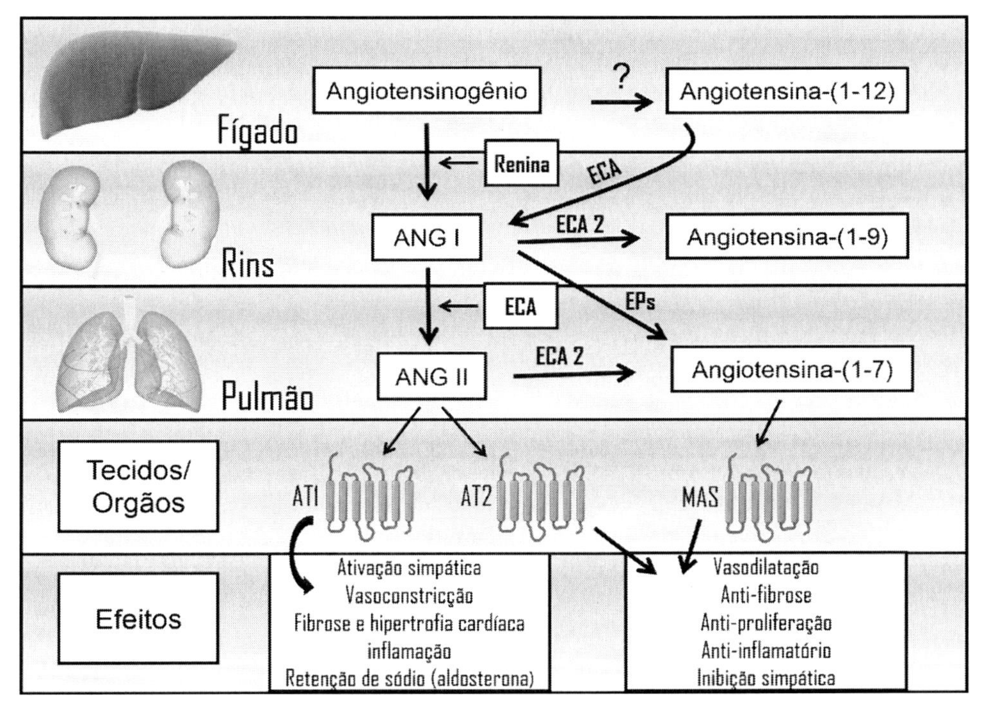

Figura 2 Novas vias do sistema renina-angiotensina e os peptideos biologicamente ativos formados a partir da enzima conversora de angiotensina 2 (ECA2). ANGI: angiotensina I; ANGII: angiotensina II; ECA: enzima conversora de angiotensina.

ECA e endopeptidases (EPs). As açoes biológicas da ANG-(1-7) são mediadas pela ativação do receptor Mas promovendo da vasodilatação, efeito anti-arritmogênico, melhora na função contrátil pós-isquemia.inibe a hipertrofia cardiaca, a atividade simpática e proliferação cellular.

Deve-se enfatizar que a maioria dos estudos sobre o sistema renina-angiotensina e as novas descobertas foram feita em modelos animais, e que em seres humanos mais estudos precisam ser realizados (7). Por outro lado, a existência de múltiplas enzimas e proteases dificulta as análises em seres humanos, além da variabilidaded genética. Estudos mostram que em crianças, a atividade da ECA aumenta em meninos e reduz em meninas após a puberdade. De maneira similar, em adultos saudáveis, a atividade da ECA é maior em homens quando comparado às mulheres na pré-menopausa (8,9). Por outro lado, foi demonstrado que a atividade da ECA é similar entre homens e mulheres após a menopausa, mostrando que a deficiência de estrógenos promove alterações no sistema renina-angiotensina, elevando sua atividade em mulheres nessa fase da vida (10). Terapias de reposição hormonal têm mostrado resultados controversos com relação à atividade da ECA, alguns estudos mostram que a reposição hormonal reduz a atividade da ECA (11), outros mostram aumento (12) ou nenhuma alteração (13). Esses estudos mostram a complexidade do sistema renina-angiotensina em humanos e mais especificamente em mulheres, pois diversos fatores podem estar associados como hormônios, medicamentos anti-hipertensivos, obesidade, perfil lipídico alterado e atividade da ECA.

Sistema Endotelial

Os vasos possuem em geral, três camadas denominadas camada adventicia, constituída de fibras elásticas e colágenos; camada média, constituída por tecido muscular liso e a camada íntima, contituída pelas células endoteliais. As células endoteliais desempenham papel fundamental no controle da pressão arterial, regulando a vasomotricidade. Além disso, as células endoteliais participam da resposta inflamatória, regulando a permeabilidade vascular e a expressão de moléculas de adesão; modulam a angiogênese através de fatores do crescimento e proliferação celular; participam do metabolismo de substâncias endógenas como a angiotensina I e sua conversão para angiotensina II, bem como modulam a atividade plaquetária (14).

As células endoteliais produzem diversos fatores e substâncias que controlam o tonus vascular, entre elas, os fatores relaxantes como a prostaciclina, o fator relaxante derivado do endotélio (EDHF), o sulfeto de hidrogênio (H_2S) e o óxido nítrico (NO); os fatores contráteis como a endotelina-1 e o tromboxano A2.

O NO foi descoberto em 1980 por Furchgott, e posteriormente sua potente ação vasodilatadora foi confirmada em 1987 por Murad e Ignarro. A biossíntese do NO compreende uma das funções mais importantes do metabolismo da L-arginina no organismo. O NO é formado a partir do nitrogênio terminal da guanidina presente na L-arginina, sob a ação catalítica da enzima sintase do óxido nítrico endotelial (eNOS), gerando concentrações equimolares de L-citrulina e NO. Uma vez liberado, o NO difunde-se rapidamente da célula geradora (células endoteliais) para a célula alvo (musculatura lisa do vaso sanguíneo), onde interage com o grupamento heme da guanilato ciclase solúvel (GCs) estimulando sua atividade catalítica, levando à formação de GMPc, que por sua vez, diminui os níveis intracelular de cálcio Ca^{2+}, reduzindo o tônus vascular, gerando a vasodilatação. Os mecanismos pelos quais a via NO/GMPc induz a vasodilatação incluem inibição da geração do inositol-1,4,5-trifosfato (IP_3), aumento do seqüestro de Ca^{2+} citosólico, desfosforilação da cadeia leve de miosina, inibição do influxo de Ca^{2+}, ativação de proteína quinase, estimulação da Ca^{2+} ATPase de membrana e abertura de canais de K^+ (Palmer et al., 1988; Murad 1994).

Dentre os fatores relacionados à gênese da hipertensão arterial, a deficiência na produção dos fatores vasodilatadores dependente do endotélio, principalmente o NO, vem sendo bastante estudados tanto em seres humanos quanto em modelos experimentais (15,16). Quando ocorre disfunção endotelial, que se caracteriza por deficiência na produção de NO e/ou sua menor biodisponibilidade, o relaxamento da musculatura lisa vascular fica comprometido, acarretando em maior resistência vascular periférica que por sua vez resulta em elevação dos níveis pressóricos. Diversos fatores podem contribuir para a menor produção de NO e/ou sua menor biodisponibilidade entre eles: a redução na expressão e/ou atividade da enzima eNOS, deficiência de substratos ou de co-fatores para a atividade da eNOS, alteração da sinalização celular (GMPc), maior degradação do NO por espécies reativas ao oxigênio ou redução da atividade das enzimas antioxidantes como a superóxido dismutase, catalase e glutationa peroxidase.

FATORES AMBIENTAIS ASSOCIADOS A GÊNESE DA HIPERTENSÃO ARTERIAL

Inatividade Física

A inatividade física é considerada pela Organização Mundial de Saúde o quarto mais importante fator de risco para a mortalidade em todo o mundo, sendo precidido apenas pela hipertensão arterial, tabagismo e hiperglicemia (Figura 3). O individuo fisicamente inativo é definido como aquele que pratica menos que 150 minutos de atividade física/exercício físico por semana na intensidade moderada ou 75 minutos por semana de atividade vigorosa. Indivíduos fisicamente inativos apresentam risco 30% maior de desenvolver hipertensão arterial do que aqueles fisicamente ativos. Além disso, pessoas fisicamente ativas na infância, adolescencia e idade adulta tem menores chances de apresentar hipertensão arterial ou alguma doença cardiometabólica quando comparados aqueles que foram fisicamente ativos em apenas uma fase da vida (17).

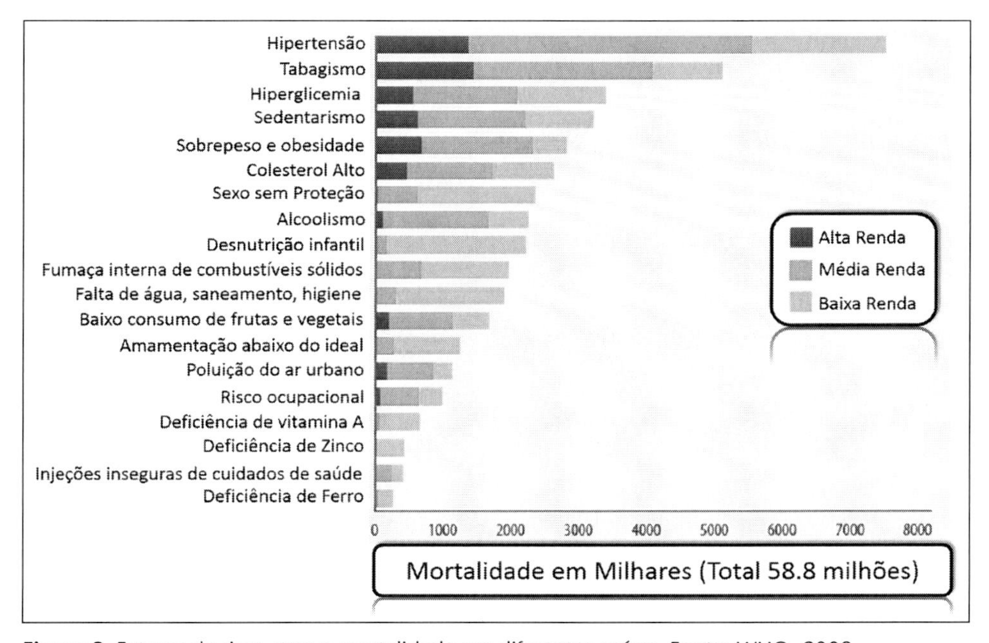

Figura 3 Fatores de risco para a mortalidade em diferentes países. Fonte: WHO, 2008.

Ingestão de Sal

O excesso de consumo de sódio contribui para a ocorrência de hipertensão arterial. A relação entre aumento da pressão arterial e avanço da idade é maior em populações com alta ingestão de sal. Assim, menor consumo de sal na dieta, a pressão arterial não se eleva com a idade e a prevalência de hipertensão é menor.

Obesidade e Circunferência de Cintura

O excesso de massa corporal é um fator predisponente para a hipertensão arterial, podendo ser responsável por 20% a 30% dos casos de hipertensão arterial. Cerca de 75% dos homens e 65% das mulheres apresentam hipertensão arterial diretamente relacionado ao sobrepeso e à obesidade. Apesar do ganho de peso estar fortemente associado com o aumento da pressão arterial, nem todos os indivíduos obesos tornam-se hipertensos. Estudos observacionais mostraram que ganho de peso e aumento da circunferência da cintura são índices prognósticos importantes de hipertensão arterial, sendo a obesidade central um importante fator de risco cardiovascular aumentado. Estudos tem mostrado sistematicamente que a obesidade central (aumento da circunferencia de cintura) está mais fortemente associada com os níveis de pressão arterial do que a adiposidade total.

No estudo multicêntrico TOMHS, os pacientes que tiveram perda de peso de cerca de 4,7 kg, tiveram redução em torno de 10 mmHg nos valores de pressão arterial. Os mecanismos envolvidos na gênese da hipertensão arterial em obesos envolvem múltiplas vias de sinalização e sistemas, entre elas: liberação de adipocinas pelos adipócitos que levariam a maior ativação simpática, como a leptina; maior produção de TNF-α pelos adipócitos que promoveriam um estado inflamatório subclínico crônico levando a alterações metabólicas e vasculares importantes. Além disso, os adipócitos produzem angiotensinogenio, que é a molecula precursora do sistema renina-angiotensina, acarretando a ativação crônica desse importante sistema na elevação da pressão arterial em obesos.

ABORDAGEM FARMACÓLOGICA DA HIPERTENSÃO ARTERIAL

Dentro das diversas abordagens farmacológicas existem pelo menos cinco classes de drogas para o controle da hipertensão arterial, entre elas: a) diuréticos; b) antagonistas de canais de cálcio; c) bloqueadores adrenérgicos: beta adrenérgicos e alfa adrenérgicos; d) vasodilatadores diretos e e) bloqueadores do sistema renina-angiotensina, que podem ser subdivididos em inibidores da enzima conversora de angiotensina (IECA) e bloqueadores de receptores de angiotensina II (ARAII). Os diferentes medicamentos antihipertensivos promovem efeitos hipotensores em torno de 9,1 mmHg para a pressão arterial sistólica e 5,5 mmHg para a diastólica, em doses consideradas padrão. Por outro lado, quando se emprega a metade da dose, observou-se que a eficácia do medicamento reduz em apenas 20%, com redução de 7,1 e 4,4 mmHg para a pressão arterial sistólica e diastólica, respectivamente. Assim, o uso da associação de dois agentes antihipertensivos com doses menores permitiu melhores resultados, com maior controle da hipertensão arterial e menores efeitos adversos. Por outro lado, a uso da monoterapia permite ao clínico detectar precocemente qual principio ativo gerou a intolerância e substituí-lo prontamente, enquanto que no uso de combinações essa informação não é clara. Dentro de um consenso, a monoterapia pode ser empregada no tratamento inicial da hipertensão arterial leve a moderada, cujos pacientes não responderam à terapêutica não medicamentosa. A base de escolha do antinhipertensivo reside em duas premissas: controle da pressão arterial e redução da morbidade e mortalidade cardiovascular dos hipertensos.

Diuréticos Tiazídicos

O mecanismo de ação dos diuréticos está relacionado, numa primeira fase, à depleção de volume e, a seguir, à redução da resistência vascular periférica decorrente de mecanismos relacionados a liberação de agentes dilatadores. São eficazes como monoterapia no tratamento da hipertensão arterial, tendo sido comprovada sua eficácia na redução da morbidade e da mortalidade cardiovasculares. Como anti-hipertensivos, dá-se preferência aos diuréticos tiazídicos e similares. Entre os efeitos indesejáveis dos diuréticos, ressaltam-se fundamentalmente a hipopotassemia, por vezes acompanhada de hipomagnesemia (que pode induzir arritmias ventriculares), e a hiperuricemia. É ainda relevante o fato de os diuréticos poderem provocar intolerância à glucose, sendo assim contra-indicados para pacientes com diabetes tipo 1 ou 2. Podem também promover aumento dos níveis séricos de triglicerídeos, em geral dependente da dose, bem como podem provocar disfunção sexual.

Antagonistas de Canais de Cálcio

A ação anti-hipertensiva dos antagonistas dos canais de cálcio decorre da redução da resistência vascular periférica por diminuição da concentração de cálcio nas células musculares lisas vasculares. Esse grupo de anti-hipertensivos é dividido em 4 subgrupos, com características químicas e farmacológicas diferentes: fenilalquilaminas (verapamil), benzotiazepinas (diltiazem), diidropiridinas (nifedipina, isradipina, nitrendipina, felodipina, amlodipina, nisoldipina, lacidipina) e antagonistas do canal T (mibefradil). São medicamentos eficazes como monoterapia, e a nitrendipina mostrou-se também eficiente na redução da morbidade e da mortalidade cardiovasculares em idosos com hipertensão sistólica isolada. No tratamento da hipertensão arterial, deve-se dar preferência ao uso dos antagonistas dos canais de cálcio de longa duração de ação.

Os efeitos adversos desse grupo incluem: cefaléia, tontura, rubor facial (mais freqüentes com diidropiridínicos de curta duração de ação) e edema periférico. Mais raramente, podem induzir hipertrofia gengival. Verapamil e diltiazem podem provocar depressão miocárdica e bloqueio atrioventricular. Bradicardia excessiva também tem sido relatada com essas duas drogas e com o mibefradil especialmente quando utilizados em associação com betabloqueadores. Obstipação intestinal é um efeito indesejável observado principalmente com verapamil.

Drogas Adrenérgicas

Betabloqueadores. O mecanismo anti-hipertensivo dessas drogas é complexo, envolve diminuição do débito cardíaco (ação inicial), redução da secreção de renina, readaptação dos barorreceptores e diminuição das catecolaminas nas sinapses nervosas. Esses medicamentos são eficazes como monoterapia, tendo sido comprovada sua eficácia na redução da morbidade e da mortalidade cardiovasculares. Constituem a primeira opção na hipertensão arterial associada à doença coronariana ou arritmias cardíacas. Entre as reações indesejáveis dos betabloqueadores destacam-se: broncoespasmo, bradicardia excessiva (inferior a 50 bat/min), distúrbios da condução atrioventricular, depressão miocárdica, vasoconstrição periférica, insônia, pesadelos, depressão psíquica, astenia e disfunção sexual. Podem também acarretar intolerância à glicose, hipertrigliceridemia e redução do HDL-colesterol. A suspensão brusca desses bloqueadores pode provocar hiperatividade simpática, com hipertensão rebote e/ou manifestações de isquemia miocárdica. Os betabloqueadores são formalmente contra-indicados em pacientes com asma, doença pulmonar obstrutiva crônica e bloqueio atrioventricular de 2º e 3º graus.

Alfa bloqueadores. Apresentam baixa eficácia como monoterapia, devendo ser utilizados em associação com outros anti-hipertensivos. Podem induzir o aparecimento de tolerância farmacológica, que obriga o uso de doses crescentes. Os efeitos indesejáveis mais comuns são: hipotensão postural (mais evidente com a primeira dose), palpitação e, eventualmente, astenia.

Vasodilatadores Diretos

Os medicamentos desse grupo, como a hidralazina e o minoxidil, atuam diretamente sobre a musculatura da parede vascular, promovendo relaxamento muscular com conseqüente vasodilatação e redução da resistência vascular periférica. Em conseqüência da vasodilatação arterial direta, promovem retenção hídrica e taquicardia reflexa, o que contra-indica seu uso como monoterapia, devendo ser utilizados associados a diuréticos e/ou betabloqueadores.

Drogas qua Atuam no Sistema Renina-Angiotensina

Inibidores da enzima conversora da angiotensina. O mecanismo de ação dessas substâncias é o de inibir a atividade da enzima conversora de angiotensina (ECA), bloqueando, assim, a transformação da angiotensina I em II no sangue e nos tecidos. São eficazes como monoterapia no tratamento da hipertensão arterial. Também reduzem a morbidade e a mortalidade de pacientes hipertensos com insuficiência cardíaca, e de pacientes com infarto agudo do miocárdio, especialmente daqueles com baixa fração de ejeção. Quando administrados a longo prazo, os inibidores da ECA retardam o declínio da função renal em pacientes com nefropatia diabética e de outras etiologias.

Entre os efeitos indesejáveis, destacam-se tosse seca, alteração do paladar e reações de hipersensibilidade (erupção cutânea, edema angioneurótico). Seu uso em pacientes com função renal reduzida pode se acompanhar de aumento dos níveis séricos de creatinina. Entretanto, a longo prazo o efeito nefroprotetor dessas drogas é predominante. Em associação com diurético, a ação anti-hipertensiva dos inibidores da ECA é potencializada, podendo ocorrer hipotensão postural.

Antagonistas do receptor da angiotensina II. Essas drogas antagonizam a ação da angiotensina II por meio do bloqueio específico de seus receptores AT-1. São eficazes como monoterapia no tratamento do paciente hipertenso. Em um estudo (ELITE), mostraram-se eficazes na redução da morbidade e da mortalidade de pacientes idosos com insuficiência cardíaca. Apresentam bom perfil de tolerabilidade e os efeitos colaterais relatados são tontura e, raramente, reação de hipersensibilidade cutânea.

ABORDAGEM NÃO FARMACOLÓGICA DA HIPERTENSÃO ARTERIAL PELO EXERCÍCIO FÍSICO

Diversos trabalhos têm mostrado sistematicamente a importância da atividade física ou exercício físico como fator de prevenção, tratamento e controle da hipertensão arterial (18). Os efeitos benéficos do exercício físico, principalmente o aeróbio, é caracterizado por redução dos valores de repouso da pressão arterial, tanto cronicamente, decorrente do treinamento físico, quanto agudamente, pois há uma redução da pressão arterial abaixo dos níveis iniciais de repouso, decorrente de uma sessão de exercício físico. A magnitude dessa redução da pressão arterial logo após uma sessão de exercício físico é dependente de vários fatores, como intensidade e duração do exercício, grau de comprometimento causado pela patologia em pacientes com doenças cardiovasculares, e dos níveis iniciais de pressão arterial antes da realização do exercício físico. Mecanismos neurais e humorais que controlam o débito cardíaco e a resistência vascular periférica estão diretamente relacionados aos efeitos benéficos agudos/crônicos do exercício físico sobre a pressão arterial. Em especial, a regulação autonômica e hemodinâmica do débito cardíaco e fatores relaxantes derivados do endotélio que controlam a resistência periférica total, e atuam no controle da pressão arterial são os principais mecanismos.

Com relação à regulação autonômica, tem sido extensivamente estudado os efeitos benéficos do exercício físico sobre o sistema nervoso autônomo, com redução da atividade simpática e melhora na atividade parassimpática, restaurando o balanço entre os dois segmentos do sistema nervoso autônomo (19,20).

A redução da pressão arterial após o exercício físico pode também estar associada à melhora da função endotelial através da maior produção e/ou biodisponibilidade do NO, decorrentes de elevação do *shear stress* e ativação de proteínas sensíveis ao fluxo sanguíneo, presentes nas células endoteliais (15). O aumento na força de cisalhamento (*shear stress*) estimula mecanossensores presentes nas células endoteliais que podem ser as proteínas G, os canais iônicos, as junções intercelulares, as integrinas ou os lipídeos de membrana que captam as alterações de tensão sobre a parede celular e convertem os estímulos mecânicos em estímulos químicos para a ativação da eNOS e assim promover a conversão da L-arginina em NO e L--citrulina. A capacidade das células endoteliais de perceber e responder às mudanças no fluxo sanguíneo é fator essencial na regulação do tono vascular, e envolve a ativação de fatores de crescimento celular, promovendo o remodelamento da parede arterial e a manutenção da integridade do endotélio (21,22). Além disso, trabalhos tem mostrado que o exercício físico promove maior biodisponibilidade do NO por aumentar a atividade de enzimas antioxidants, e assim permitir os efeitos vasodilatadores do NO sobre a musculatura lisa vascular e impedir os efeitos deletérios das espécies reativas de oxigênio (EROs) produzidas em maior quantidades em estados patológicos como na hipertensão arterial, diabetes *mellitus* e obesidade (23). As enzimas antioxidantes compõem a principal linha de defesa aos componentes oxidantes produzidos pelo organismo. Dentre as enzimas antioxidantes presentes no tecido vascular, temos a catalase (CAT), a glutationa peroxidade (GSH-Px) e mais três tipos de superóxido dismutase (SOD), sendo a SOD-1 dependente de Cu/Zn, presente no núcleo e no citosol, a SOD-2 dependente de Mn, presente na mitocôndria e a SOD-3 dependente de Cu/Zn, presente na matriz extracelular. O papel da enzima SOD é promover a dismutação do O_2^-, formando assim peróxido de hidrogênio (H_2O_2), que é menos deléterio ao organismo. As enzimas CAT e a GSH-Px promovem a eliminação de H_2O_2, promovendo assim a formação de água, mantendo os níveis de EROs reduzidos no organismo. Assim, a maior atividade das enzimas antioxidantes em resposta ao exercício físico é fator determinante para a integridade celular, pois a SOD, CAT e GSHPx evitam o acúmulo das moléculas altamente reativas de oxigênio, evitando o dano cellular bem como promovem maior biodisponibilidade de NO para as células musculares lisas.

Outro efeito benéfico do exercício físico sobre as doenças cardiovasculares é reduzir a atividade das enzimas oxidantes. As espécies reativas de oxigênio são formadas por atividade enzimática intra e extracelular, sendo a xantina oxidase, o citocromo P450, a via da cicloxigenase, a síntase endotelial do oxido nítrico (eNOS) desacoplada e a NADPH oxidase, as principais enzimas envolvidas neste processo. A NADPH oxidase é a principal enzima formadora de ânion superóxido (O_2^-) que possui grande citotoxidade e está envolvida na gênese de processos patológicos como hipertensão arterial, diabetes *mellitus* e aterosclerose. A reação do O_2^- com o NO produzido pela célula endotelial reduz a sua biodisponibilidade, levando a formação de uma molécula altamente instável, o peroxinitrito (OONO-), capaz de oxidar proteínas, lipídios e ácidos nucléicos, provocando danos celulares por meio da ativação do fator nuclear kappa B (NF-kB), fatores de crescimento, e de citocinas, que por sua vez desencadeiam alterações estruturais e funcionais, como o remodelamento vascular, aumento da deposição de proteínas da matriz extracelular, aumento do processo inflamatório e da permeabilidade endotelial nos tecidos envolvidos (Paravicini; Touyz, 2008). Os efeitos benéficos do exercício físico residem na redução da atividade de subunidades da enzima NADPH oxidase, que são essenciais para a conversão do O_2 em O_2^-, como a Nox2 e p47phox e assim promover maior biodisponibilidade de NO para as células adjacentes (24).

RECOMENDAÇOES PARA A PREVENÇÃO E/OU TRATAMENTO DA HIPERTENSÃO ARTERIAL

Dentro dessa abordagem não farmacológica, o Colégio Americano de Medicina do Esporte recomenda que os individuos normotensos ou hipertensos devam realizar exercícios físicos/atividade física todos os dias da semana, durante 30 minutos em intensidade moderada (55-69% da frequencia cardiaca máxima), de preferencia exercícios aeróbios de caminhada, ciclismo, natação, associados com exercícios de resistência (musculação), duas vezes por semana com peso leve (30% de 1 RM).

CONSIDERAÇÕES FINAIS

Apesar dos avanços tecnológicos e melhora significativa na atenção à saúde da população, a prevalência de hipertensão arterial ainda é alta variando de 24 a 46% dependendo da renda per capita de cada país bem como da atenção dada à saúde da população. A etiopatogenia da hipertensão arterial ainda não é clara tendo como fatores causais a genética e os diferentes sistema que controlam a pressão arterial entre eles destacam-se o sistema nervoso autonomo simpático e o sistema renina-angiotensina-aldosterona. Os medicamentos existentes atuam em diferentes vias de sinalização que controlam a pressão arterial, mas o grande insucesso no controle da hipertensão arterial reside na adesão ao tratamento pelo paciente, bem como na existência de pacientes com hipertensão refrária, onde mesmo com o uso de três diferentes classes de drogas não existe o controle da hipertensão arterial. Aliado ao tratamento medicamentoso, a prática da atividade fisica/exercício físico é fundamental tantos nos aspectos preventivos com terapêuticos no controle da pressão arterial. Assim, a equipe de saúde deve envolver o professional de educação física para que haja redução na prevalência da hipertensão arterial pela redução da inatividade física, bem como melhor controle dos pacientes e adesão ao tratamento.

EXERCÍCIOS DE AUTOAVALIAÇÃO

Questão 1 - Qual o papel do sistema nervoso autonomo no controle da pressão arterial?

Questão 2 - Como o sistema renina-angiotensina aldosterone promove a homeostasia no controle da pressão arterial?

Questão 3 - Quais são as recomendações para prevenir e/ou tratar a hipertensão arterial através da prática do exercício físico?

Questão 4 - De que forma a pratica de atividade física e/ou exercício físico pode prevenir o aparecimento da hipertensão arterial?

Questão 5 - Quais as complicações mais comuns decorrentes da pressão arterial elevada de maneira persistente?

REFERÊNCIAS BIBLIOGRÁFICAS

1. Ehret GB, Caulfield MJ. Genes for blood pressure: an opportunity to understand hypertension. Eur Heart J. 2013 Apr 1;34(13):951–61.
2. WHO | A global brief on hypertension [Internet]. WHO. World Health Organization; 2013 [cited 2018 Jul 14]. Available from: http://www.who.int/cardiovascular_diseases/publications/global_brief_hypertension/en/
3. Mancia G, Grassi G. The Autonomic Nervous System and Hypertension. Circ Res. 2014 May 23;114(11):1804–14.
4. Rush JWE, Aultman CD. Vascular biology of angiotensin and the impact of physical activity. Appl Physiol Nutr Metab. 2008 Feb;33(1):162–71.
5. Kobori H, Nangaku M, Navar LG, Nishiyama A. The Intrarenal Renin-Angiotensin System: From Physiology to the Pathobiology of Hypertension and Kidney Disease. Pharmacol Rev. 2007 Sep 1;59(3): 251–87.
6. Raizada MK, Ferreira AJ. ACE2: A New Target for Cardiovascular Disease Therapeutics. J Cardiovasc Pharmacol. 2007 Aug;50(2):112–9.
7. Santos RAS, Ferreira AJ, Verano-Braga T, Bader M. Angiotensin-converting enzyme 2, angiotensin-(1-7) and Mas: new players of the renin-angiotensin system. J Endocrinol. 2013 Jan 18;216(2):R1–17.

8. Miller JA, Anacta LA, Cattran DC. Impact of gender on the renal response to angiotensin II. Kidney Int. 1999 Jan;55(1):278–85.
9. Zapater P, Novalbos J, Gallego-Sandín S, Hernández FT, Abad-Santos F. Gender differences in angiotensin-converting enzyme (ACE) activity and inhibition by enalaprilat in healthy volunteers. J Cardiovasc Pharmacol. 2004 May;43(5):737–44.
10. Danser AH, Derkx FH, Schalekamp MA, Hense HW, Riegger GA, Schunkert H. Determinants of interindividual variation of renin and prorenin concentrations: evidence for a sexual dimorphism of (pro)renin levels in humans. J Hypertens. 1998 Jun;16(6):853–62.
11. Proudler AJ, Ahmed AI, Crook D, Fogelman I, Rymer JM, Stevenson JC. Hormone replacement therapy and serum angiotensin-converting-enzyme activity in postmenopausal women. Lancet (London, England). 1995 Jul 8;346(8967):89–90.
12. Ichikawa J, Sumino H, Ichikawa S, Ozaki M. Different Effects of Transdermal and Oral Hormone Replacement Therapy on the Renin-Angiotensin System, Plasma Bradykinin Level, and Blood Pressure of Normotensive Postmenopausal Women. Am J Hypertens. 2006 Jul;19(7):744–9.
13. Schunkert H, Danser AH, Hense HW, Derkx FH, Kürzinger S, Riegger GA. Effects of estrogen replacement therapy on the renin-angiotensin system in postmenopausal women. Circulation. 1997 Jan 7; 95(1):39–45.
14. Zanesco A, Antunes E. Células endoteliais. In: Carvalho HF, Collares-Buzato CB, editors. Células. São Paulo: Manole; 2005.
15. Zanesco A, Antunes E. Effects of exercise training on the cardiovascular system: pharmacological approaches. Pharmacol Ther. 2007 Jun;114(3):307–17.
16. Forstermann U, Sessa WC. Nitric oxide synthases: regulation and function. Eur Heart J. 2012 Apr 1; 33(7):829–37.
17. Fernandes RA, Zanesco A. Early physical activity promotes lower prevalence of chronic diseases in adulthood. Hypertens Res. 2010 Sep 24;33(9):926–31.
18. Fagard RH. Physical activity, physical fitness and the incidence of hypertension. J Hypertens. 2005 Feb;23(2):265–7.
19. Negrão CE, Rondon MUPB. Exercício físico, hipertensão e controle barorreflexo da pressão arterial. Rev bras Hipertens. 2001;8(1):89–95.
20. Souza SBC, Flues K, Paulini J, Mostarda C, Rodrigues B, Souza LE, et al. Role of Exercise Training in Cardiovascular Autonomic Dysfunction and Mortality in Diabetic Ovariectomized Rats. Hypertension. 2007 Oct 1;50(4):786–91.
21. Higashi Y, Yoshizumi M. Exercise and endothelial function: Role of endothelium-derived nitric oxide and oxidative stress in healthy subjects and hypertensive patients. Pharmacol Ther. 2004 Apr;102(1):87–96.
22. Kojda G, Hambrecht R. Molecular mechanisms of vascular adaptations to exercise. Physical activity as an effective antioxidant therapy? Cardiovasc Res. 2005 Aug 1;67(2):187–97.
23. Sponton CH, Esposti R, Rodovalho CM, Ferreira MJ, Jarrete AP, Anaruma CP, et al. The presence of the NOS3 gene polymorphism for intron 4 mitigates the beneficial effects of exercise training on ambulatory blood pressure monitoring in adults. Am J Physiol Circ Physiol. 2014 Jun 15;306(12):H1679–91.
24. Delbin MA, Trask AJ. The diabetic vasculature: Physiological mechanisms of dysfunction and influence of aerobic exercise training in animal models. Life Sci. 2014 Apr 25;102(1):1–9.

15

DISLIPIDEMIA

Marisa Passarelli

OBJETIVOS DO CAPÍTULO

- Compreensão da metabolização de lípides e lipoproteínas nos compartimentos plasmático e celular;
- Compreensão da associação de risco entre lípides e frações de lipoproteínas com a doença cardiovascular
- Identificação das ações do exercício físico sobre o metabolismo lipídico e seu papel na prevenção da doença macrovascular aterosclerótica

INTRODUÇÃO

METABOLISMO DE LÍPIDES E LIPOPROTEÍNAS

As LP são agregados macromoleculares que promovem o transporte de lípides na circulação sanguínea e linfática. São formadas por um núcleo hidrofóbico que contém triglicérides (TG), colesterol na forma esterificada (colesterol éster ou esterificado; CE) e vitaminas lipossolúveis, e por uma superfície hidrofílica contendo colesterol livre (CL) ou não esterificado, fosfolípides (FL) e apolipoproteínas (apo). As apo conferem estabilidade estrutural e solubilidade às LP, além de direcionarem processos metabólicos, por serem reconhecidas por receptores celulares e atuarem como cofatores para enzimas e proteínas que metabolizam as LP no compartimento plasmático, linfático e tecidual (Figura 1) (1).

As LP são classificadas em quilomícrons (QM), VLDL (LP de densidade muito baixa), IDL (LP de densidade intermediária), LDL (LP de densidade baixa) e HDL (LP de densidade alta), de acordo coma distribuição percentual de seus componentes lipídicos e proteicos (**Tabela 1**). Seu perfil de distribuição seletiva no plasma prediz risco ou proteção cardiovascular. Neste aspecto, a otimização de estratégias terapêuticas e de intervenção no estilo de vida é busca constante para a redução de eventos macrovasculares ateroscleróticos.

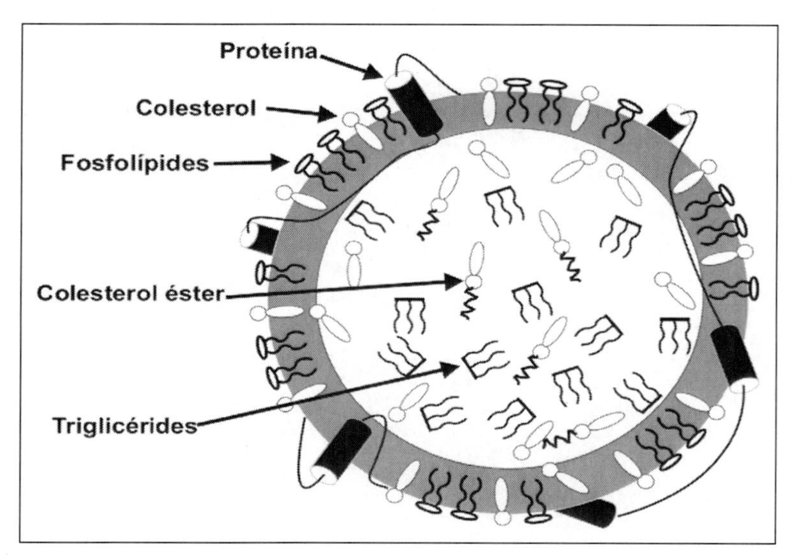

Figura 1 Figura ilustrativa de uma lipoproteína.

Tabela 1 Composição das lipoproteínas.

	Lípides (%)					APOs (%)
	CE	CL	TG	FL	Total	
QM	1-3	0,5-1	86-94	3-8	98-99	1-2
VLDL	12-14	6-8	55-65	12-18	89-94	5-10
LDL	35-40	5-10	8-12	20-25	75-80	20-24
HDL	14-18	3-5	3-6	20-30	50-55	45-50

Após a hidrólise dos lípides de origem alimentar (cerca de 98% na forma de TG) no trato gastrointestinal, principalmente pela ação da lipase pancreática sobre a micela, ocorre a liberação de monoacilglicerol, ácidos graxos livres (AGL) e CL. Esses são absorvidos na borda em escova dos enterócitos por difusão passiva ou mediada por transportadores e receptores de AGL. O CL é captado por meio da proteína 1 símile a Niemann-Pick (*Niemann-Pick like 1 protein; NPCL1*), sendo rapidamente convertido a CE pela ação da acil colesterol aciltransferase 2 (ACAT2), o que impede sua ressecreção ao lúmen intestinal.

Triglicérides e CE são, então, incorporados à molécula nascente de apo B-48 no retículo endoplasmático. Além disso, os QM são formados por após dos grupos C, E e A, as quais também podem ser adquiridas na circulação por meio de troca com outras LP. Os QM são partículas grandes com aproximadamente 1 μm de diâmetro e densidade inferior a 1,006 g/mL. Uma vez formados, são lançados na circulação linfática e atingem a circulação sanguínea através do ducto torácico. Pela ação da enzima lipoproteína lipase, os TG dos QM são hidrolisados em glicerol e AGL. A insulina é o principal estimulador fisiológico da LPL, aumentando a transcrição de seu gene e de apo CII que atua como cofator à sua atividade no plasma. A insulina ainda diminui o conteúdo de apo CIII, a qual exerce ação inibitória sobre a LPL. Com a remoção de TG de seu núcleo, os QM diminuem de tamanho sendo, então, designados QM remanescentes. Estes são removidos rapidamente pelos receptores hepáticos do tipo B-E (ou receptor de LDL) e receptores LRP (*LDL receptor related protein-1*) o que limita a meia-vida dos QM na circulação (Figura 2).

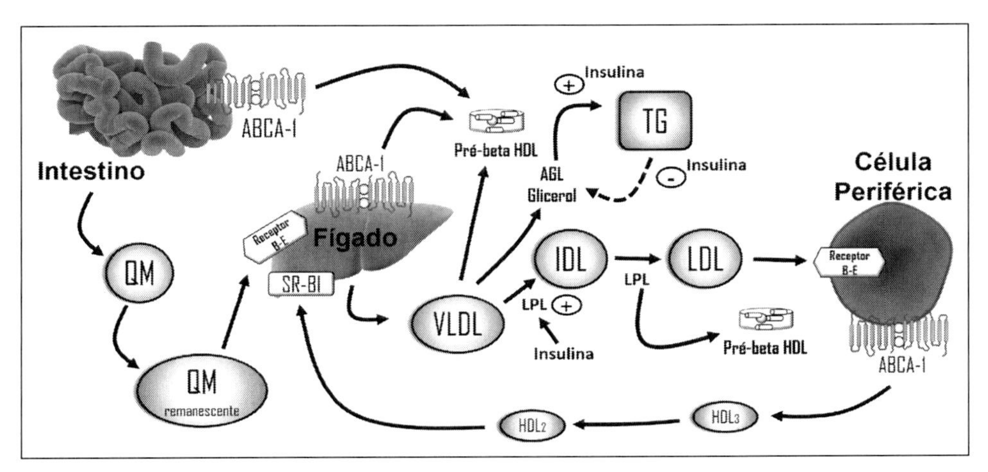

Figura 2 Figura ilustrativa da incorporação de lipídeos, da formação de QMs do papel da insulina nesse metabolismo.

O fígado produz as lipoproteínas de densidade muito baixa (VLDL; *very low density lipoprotein)*, partículas grandes, ricas em TG, porém menores do que os QM, também isoladas na densidade inferior a 1,006 g/mL. A formação das VLDL depende da produção da apo B100 a qual, à medida que é traduzida no retículo endoplasmático, recebe por meio da proteína de transferência microsomal, moléculas de TG que se associam a seus domínios hidrofóbicos. À semelhança da apo B-48 dos QM, apenas uma molécula de apo B100 forma as VLDL e permanece ancorada à partícula durante seu trânsito na circulação. Sendo assim, a determinação de apoB é indicativa do número de LP aterogênicas (principalmente LDL, considerando-se a coleta de sangue no estado de jejum). Após hidrólise pela LPL, as VLDL transformam-se em LP de densidade intermediária (IDL; *intermediate density lipoprotein*) isoladas na faixa de d = 1,006 – 1,019 g/mL. As IDL, por sua vez, originam as LP de densidade baixa (LDL; *low density lipoprotein*), isoladas na faixa de d = 1,019-1,063 g/mL. As LDL são as principais transportadoras de colesterol na circulação, provendo este esterol aos tecidos, para biossíntese de membranas, síntese de hormônios esteroídicos, vitamina D e ácidos biliares.

Simultaneamente à ação da LPL, ocorre a transferência de CE das HDL para as VLDL e IDL, por intermédio da proteína de transferência de CE (*cholesteryl ester tansfer protein;* CETP) o que enriquece as LDL em colesterol

A captação celular de LDL é mediada pelo receptor B-E ou receptor de LDL, localizado em invaginações da membrana plasmática revestidas por clatrina. Forma-se um endossomo o qual se funde ao compartimento lisossomal, com a ação de esterases ácidas que hidrolisam o CE. No entanto, embora a LDL seja importante provedora de colesterol às células, a maior do colesterol do organismo advém de sua síntese a partir de acetato. A etapa-chave deste processo é mediada pela beta hidroximetilglutaril coenzima A (HMG CoA redutase) que converte hidroximetilglutaril CoA em mevalonato.

O controle da concentração intracelular de colesterol é bastante estreito o que evita seus efeitos citotóxicos. Quando enriquecidas em colesterol, as células reduzem a expressão da HMG CoA redutase e aumentam a atividade da acil colesterol aciltransferase (ACAT) que esterifica o colesterol no meio intracelular. Além disso, ocorre diminuição da expressão do receptor de LDL, reduzindo a captação de LDL da circulação. O inverso ocorre mediante depleção do conteúdo celular de esteróis, com aumento da HMGCoA redutase, dos receptores de LDL e redução da ACAT citosólica. Esta fina regulação ocorre graças à modulação do fator de transcrição, proteína ligadora ao elemento responsivo a esterol tipo 2 (*sterol responsive element binding protein 2;* SREBP 2).

O envolvimento das LDL na gênese da aterosclerose, por outro lado, relaciona-se à sua modificação química por oxidação, glicação, carbamilação, entre outras, o que promove sua captação pelos receptores *scavenger* de macrófagos. A concentração elevada de LDL colesterol na circulação favorece maior suprimento de LDL à íntima arterial, onde estas LP podem ser oxidadas. Interessante notar que a expressão dos receptores *scavenger* não é regulada pelo conteúdo intracelular de colesterol, o que favorece a formação de células espumosas, primeira etapa no desenvolvimento da placa aterosclerótica.

As lipoproteínas de densidade alta (HDL; *high density lipoprotein*), são as partículas de menor tamanho e maior densidade (d = 1,063 – 1,21 g/mL), mais ricas em proteínas, portanto, com conteúdo lipídico reduzido, formado principalmente por fosfolípides (FL) (2).

As HDL são LP com origens múltiplas, geradas durante o metabolismo das VLDL e QM pela lipoproteína lipase e pela produção hepática e intestinal de apo A-I e pré-beta HDL (HDL nascentes). No processo de hidrólise de TG pela LPL, ocorre projeção de componentes de superfície das LP, como colesterol livre, fosfolípides e apoproteínas (apo C e apo A), decorrente da diminuição no volume destas partículas. Estas projeções destacam-se rapidamente das partículas grandes, dando origem às pré-beta HDL (Figura 2).

A remoção de colesterol celular caracteriza a primeira etapa do transporte reverso de colesterol (TRC) (Figura 3). Por meio deste sistema, o excesso de colesterol das células, incluindo-se os macrófagos da parede arterial, é removido e direcionado ao fígado, onde pode ser convertido em ácidos biliares e excretado nas fezes. Em macrófagos, o TRC representa mecanismo ímpar de ajuste na concentração intracelular de colesterol, prevenindo a aterosclerose. Alterações em etapas do TRC, em sua grande maioria, condicionam aumento de risco cardiovascular.

Apolipoproteínas A-I livres e pré-beta HDL interagem com o receptor de membrana ABCA-1(*ATP-dependent binding cassette* A1), o qual tem sua transcrição gênica estimulada por colesterol e seus derivados oxigenados, óxidos de colesterol, os quais ativam o fator de trancrição LXR (liver X receptor). Por meio da hidrólise de duas moléculas de ATP, ligadas à

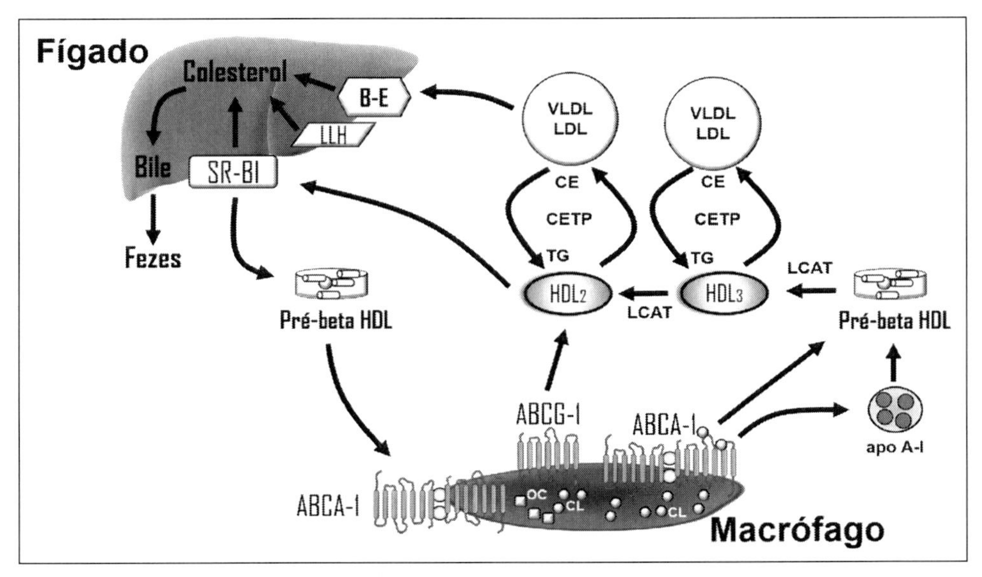

Figura 3 Desenho esquemático do transporte reverso de colesterol mediado por macrófagos.

estrutura do ABCA-1, gera-se energia necessária para a translocação de colesterol livre do folheto interno para o externo da membrana plasmática e daí, para as partículas aceptoras.

Graças à ação da lecitina colesterol aciltransferase (LCAT), o colesterol é esterificado passando a ocupar o núcleo hidrofóbico da LP, a qual aumenta de tamanho passando a ser designada HDL_3 e, posteriormente, HDL_2. Ao mesmo tempo, as HDL recebem TG advindos de QM, VLDL e LDL, por meio da ação da proteína de transferência de colesterol esterificado (CETP). Em troca, a CETP transfere colesterol das HDL para LP que contêm apo B, as quais podem ser removidas pelo fígado. As HDL_2 também removem colesterol e óxidos de colesterol dos macrófagos, graças à interação com o receptor ABCG-1 (*ATP-dependent binding cassette* G1).

Além do processo ativo, o colesterol pode ser removido de microdomínios da membrana plasmática por difusão, graças à interação dos componentes lipídicos da HDL com a superfície celular. Este é um processo lento, o qual pode ser facilitado pelo receptor SR-BI. Em células periféricas e em macrófagos, inclusive na íntima arterial, este receptor estimula a saída de CL a favor de gradiente de concentração para as partículas de HDL.

O CE da HDL pode também ser diretamente removido pelo fígado ou órgãos esteroidogênicos pelo receptor SR-BI. Neste caso, o receptor SR-BI cria um canal hidrofóbico que remove seletivamente o CE das HDL em detrimento de seu componente proteico. Quanto maior a expressão do receptor SR-BI, maior a excreção de colesterol hepático para a bile. A ação do SR-BI é precedida pela ação da lipase hepática (LLH) a qual hidrolisa TG e fosfolípides da HDL. Desta forma, após a remoção do CE, ocorre a regeneração de pré-beta HDL (ou partícula discoidal semelhante) que retorna ao interstício reiniciando o ciclo de retirada de colesterol celular.

Grande parte do papel antiaterogênico das HDL relaciona-se à sua atuação no transporte reverso de colesterol, embora outras ações protetoras sejam descritas e devam ser muito importantes. Dentre elas, destaca-se a redução da oxidação das LDL no interstício celular, graças à atividade de enzimas associadas à estrutura da HDL, como a paraoxonase e a PAF-acetil hidrolase. Além disso, são demonstradas atividades anti-inflamatória, antiagregante, vasodilatadora e na melhora na secreção e sensibilidade insulínica (1).

DISLIPIDEMIAS

As dislipidemias caracterizam-se por alterações quantitativas nos lípides plasmáticos, identificadas por elevação da colesterolemia, trigliceridemia ou redução do HDL-colesterol conjunta ou isoladamente. Todas refletem-se por alteração no perfil de composição das lipoproteínas e podem ser influenciadas por modificação físico-química destas partículas. As dislipidemias são classificadas como primárias (origem genética) ou secundárias e aumentam o risco cardiovascular (3).

A hipercolesterolemia familial é decorrente da mutação no gene do receptor B-E (receptor de LDL) que ocasiona defeito em sua síntese, defeito no transporte pelo retículo endoplasmático e Golgi, menor ligação à partícula de LDL, dificuldade de internalização do complexo LDL com receptor ou redução da dissociação da partícula de LDL do receptor. Como consequência da menor captação de LDL circulante, na forma homozigótica (incidência 1:1.000.000), a elevação da colesterolemia é de 5 a 7 vezes acima do limite da normalidade (200 mg/dL) e de 2 a 3 vezes na forma heterozigótica (incidência 1:500).

Defeitos mais raros que condicionam alteração isolada da colesterolemia incluem: 1) defeito familial de apo B-100 (incidência é de 1:1000), que acarreta redução de 50% na remoção de LDL plasmática; 2) hipercolesterolemia autossômica recessiva (muito rara), decorrente de mutações na proteína adaptora do receptor B-BE, denominada ARH (*autossomal recessive hypercholesterolemia*). Neste caso, por condicionar menor remoção de LDL pelo receptor B-E, a elevação do colesterol é semelhante, porém um pouco menor, a da hipercolesterolemia familial; 3) mutações na PCSK9 (proproteína subtisilin/kexin 9 convertase) com ganho de função condicionam maior degradação do receptor B-E, com aumento do LDL-colesterol. Por outro lado, mutações de PCSK9 com perda de função levam à redução do LDL-colesterol (hipobetalipoproteinemia) e, consequentemente, do risco cardiovascular. 4) a hiperlipidemia familiar combinada (HFC) é a forma mais comum das hiperlipidemias genéticas (incidência 1- 2% da população adulta), com aumento da produção de apoB e, portanto, de VLDL e LDL. Sua caracterização genética é heterogênea e não completamente elucidada, embora pareça envolver alterações no *cluster* gênico apoAI/CIII/AIV/AV.

Hipertrigliceridemia familial (incidência 1:300) e hiperquilomicronema familial (incidência 1:1.000.000) contribuem para elevação dos TG plasmáticos em, repectivamente, 200 – 500 mg/dL e 1000 mg/dL. Na hiperquilomicronemia, mutações no gene da lipoproteína lipase ou do gene de seu cofator, a apo A-II, ocasionam prejuízo na lipólise de TG dos QM e VLDL.

Hipoalfalipoproteinemia ou redução de HDL vincula-se, na maioria dos casos ao aumento da trigliceridemia, principalmente decorrente de dislipidemia secundária. No entanto, casos raros de origem genética podem decorrer de mutações no gene da apo A-I, LCAT, CETP, lipoproteína lipase ou ABCA-1. Em todos os casos, a redução do HDL-colesterol confere aumento do risco cardiovascular.

Dislipidemias secundárias vinculam-se a presença de diabetes mellitus, obesidade, hipotireoidismo, hipopituitarismo, doença renal crônica, síndrome de Cushing, consumo excessivo de álcool, gestação, tratamento com glicocorticoides, inibidores de protease, entre outros. Nestas condições observa-se alteração quantitativa e/ou qualitativa das lipoproteínas, neste último, caso com alteração em sua meia-vida plasmática.

EXERCÍCIO FÍSICO E METABOLISMO LIPÍDICO – PAPEL NA PREVENÇÃO DA DOENÇA CARDIOVASCULAR

A prática regular de exercício físico associa-se com a redução do risco de desenvolvimento de doença cardiovascular (4). Além do benefício global favorecido pelo exercício físico regular – representada por melhora no controle da pressão arterial, na sensibilidade à insulina, atividade fibrinolítica e função hemostática – as modificações no perfil de lípides e lipoproteínas plasmáticas, tanto do ponto de vista quantitativo como qualitativo, contribuem para o estabelecimento de um perfil antiaterogênico (5–7).

Correlação inversa entre o grau de atividade física e a progressão de lesão aterosclerótica na carótida, associada ao aumento no HDL colesterol, redução do índice de massa corporal e da frequência cardíaca de repouso foi observada em praticantes de atividade física vigorosa e contínua.

A investigação "*Diabetes Prevention Program*" (8) acompanhou por 2,8 anos indivíduos americanos de várias etnias, intolerantes à glicose. Verificou 58% de redução na incidência de diabetes *mellitus* tipo 2 nos que aderiram a mudanças no hábito alimentar (diminuição do consumo de gordura saturada e aumento de fibras) e aumento da atividade física (150 min/semana) em relação ao grupo controle sedentário e ao grupo sedentário tratado com Metformina (850 mg, duas vezes ao dia). Neste último grupo, a incidência de DM foi 31% menor quando comparado aos sedentários não medicados. Maiores reduções na circunferência da cintura, na trigliceridemia, glicemia de jejum e pressão arterial também foram observadas no grupo que sofreu intervenção no estilo de vida (9). Resultados semelhantes foram observados em estudos menores na população finlandesa e chinesa (10,11). Além disso, redução na incidência de diabetes *mellitus* tipo 2, ao longo de 14 anos, foi observada de acordo com a intensidade do exercício e, principalmente, em indivíduos com índice de massa corporal igual ou maior do que 26 Kg/m^2 ou com hipertensão arterial (12).

Em grande parte, os benefícios do exercício físico sobre o metabolismo lipídico devem-se à melhora na sensibilidade periférica à insulina. O exercício físico constitui importante estímulo à captação periférica de glicose, por mecanismos dependentes e independentes da insulina, aliados ao melhor suprimento sanguíneo ao músculo.

Resultados relativos ao estímulo direto aos efetores da via de sinalização do receptor de insulina são controversos e variam de acordo com o modelo experimental e a vigência simultânea de obesidade ou diabetes *mellitus*. A melhor utilização periférica de glicose, induzida pelo exercício físico resulta na indução da expressão e translocação de transportadores de glicose (Glut4), graças ao estímulo de diversas proteínas quinases, em especial a proteína quinase dependente de AMP cíclico (AMPK), que é sensível à depleção de ATP na fibra muscular, e a quinases ativadas por cálcio. Além disso, óxido nítrico, bradicinina e o substrato da proteína quinase B, ou AKT, e AS160 são postulados como possíveis mediadores da sinalização ao Glut4.

A melhora no sinal insulínico favorece a atividade da lipoproteína lipase que hidrolisa TG dos QM, VLDL e IDL. A insulina é o principal estimulador fisiológico da expressão e atividade da lipoproteína-lipase, por mecanismos diretos e indiretos. O exercício físico aumenta a produção muscular de lipoproteína lipase, efeito que pode durar de 24 h a 48 h após a realização da sessão de exercício (13), contribuindo acentuadamente para o metabolismo das lipoproteínas ricas em TG e de modo a reduzir a concentração destas na circulação.

Após exercício aeróbio os estoques de TG nas fibras musculares tendem a diminuir. O aumento da lipoproteína lipase, bem como da atividade da SREBP-1c – a qual favorece a síntese de TG por estimular a expressão de genes que codificam para enzimas envolvidas na produção de ácidos graxos – contribui para o restabelecimento do conteúdo de gordura no músculo (14).

Consequente à ação dos metabolitos de ácidos graxos sobre a via de sinalização do receptor tirosina quinase da insulina, a resistência à insulina relaciona-se fortemente com o conteúdo inter e intramiocelular de TG. Paradoxalmente, aumentam a sensibilidade a insulina e o conteúdo muscular de TG em atletas que realizam corrida de resistência aeróbica. Quando comparados com indivíduos magros, obesos e DM2 – todos sedentários – observou-se nos atletas maior utilização de TG por incremento da capacidade oxidativa mitocondrial.

A despeito da maior síntese muscular de TG, via ativação de SREBP-1c, o incremento no número de mitocôndrias, cristas mitocondriais e enzimas oxidativas facilitam o fluxo de ácidos graxos, melhorando em última instância o sinal insulínico. Além disso, o exercício físico parece favorecer a formação de TG com composição diferencial de ácidos graxos, os quais são mais susceptíveis à beta-oxidação (15).

O exercício físico reduz a trigliceridemia à custa da melhor metabolização dos QM, VLDL e seus remanescentes. Quanto à LDL, em geral não se observa variação sistemática em sua concentração plasmática (LDL-colesterol ou apo B) após exercício físico agudo ou treinamento, embora haja preponderância na geração de partículas maiores e menos densas, as quais são menos aterogênicas (16). Este fato está, diretamente, relacionado com a melhor lipólise das VLDL. Nesse aspecto, vale considerar que a trigliceridemia associa-se diretamente com a formação de LDL pequenas e densas, graças à atividade da CETP e lipase hepática. LDL pequenas e densas penetram mais facilmente na íntima arterial, onde são oxidadas e captadas por macrófagos (17) (Figura 4).

A melhor capacidade de metabolização das lipoproteínas ricas em TG condiciona aumento da geração de novas partículas de HDL (pré-beta HDL), formadas durante a lipólise de QM e VLDL pela lipoproteína lipase. Em relação a sedentários, indivíduos que se exercitavam cronicamente tinham um perfil lipídico menos aterogênico sendo ainda a concentração de HDL colesterol mais elevada e a de TG menor (18). No entanto, aparte mudanças na trigliceridemia, o aumento na concentração da HDL parece estar relacionado ao volume e a intensidade do exercício físico predominantemente aeróbio (19,20) (Figura 4).

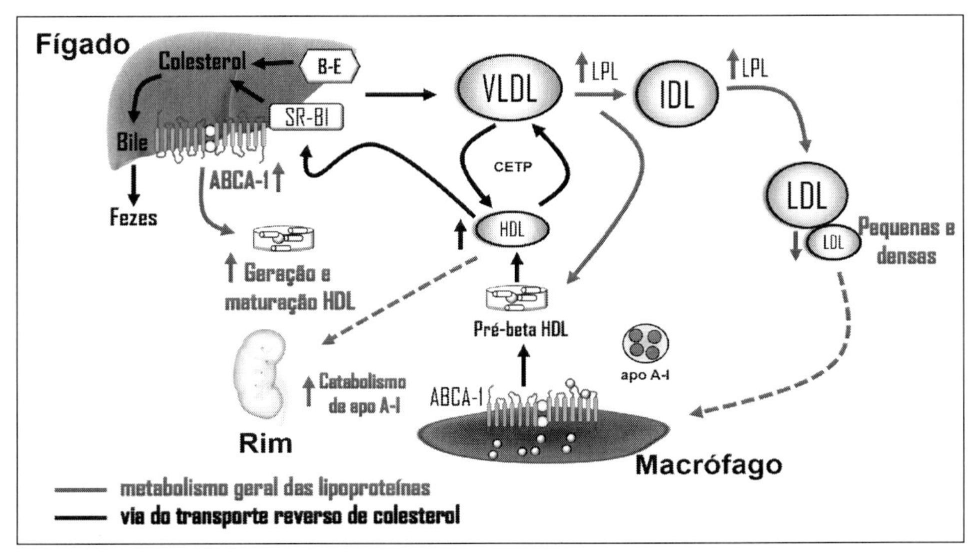

Figura 4 Desenho esquemático do metabolismo de gorduras mediado pelo exercício físico.

A elevação do HDL-colesterol, induzida pelo treinamento físico aeróbio em indivíduos com sobrepeso, moderadamente dislipidêmicos, mesmo na ausência de perda de peso, dependeu muito mais do volume de exercício do que de sua intensidade. Neste mesmo trabalho, a elevação do HDL-colesterol foi independente do consumo máximo de oxigênio atingido (Wong et al, 2004). Já a melhora na distribuição de subpopulações de LDL ocorreu tanto em função da intensidade, como da quantidade do exercício aeróbio.

Aqueles submetidos a condicionamento físico intenso, independentemente do índice de massa corporal, apresentaram redução da circunferência de cintura e adiposidade visceral e subcutânea. Sob este aspecto, e desvinculado da distribuição visceral ou subcutânea de gordura, o exercício físico correlaciona-se inversamente com as concentrações séricas de TG e, positivamente, com as de HDL.

Embora o exercício seja prescrito como coadjuvante na terapêutica que visa o aumento do HDL-colesterol, tal evento não é comum a todas as investigações, e parece depender, entre outros fatores, da melhora na sensibilidade à insulina, da redução dos TG e peso corporal, além do sexo, idade, valores basais de HDL e polimorfismos genéticos da CETP, apolipoproteína E e A-I e de mudanças no hábito alimentar. Além disso, tal discrepância resulta de diferentes populações analisadas que não são comparáveis entre si, além de programas de treinamento físico com intensidade e frequência variáveis.

Em maratonistas, o incremento no HDL colesterol pode chegar a 20 mg/dL o que não é observado em sedentários submetidos a programa de treinamento físico. Neste contexto, muitos trabalhos demonstram pouco ou nenhum aumento nas concentrações de HDL pelo exercício físico. A heterogeneidade na resposta do HDL-colesterol ao treinamento físico foi demonstrada em investigação que envolveu a execução de exercício físico aeróbico durante 20 semanas em cicloergômetro. Os participantes tinham perfil lipídico normal, exceto pela concentração de HDL-colesterol que era abaixo da média. Após o período de treinamento, houve um modesto aumento na concentração dessa lipoproteína, porém foi verificada grande variabilidade da resposta ao treinamento. Encontrou-se uma correlação inversa entre o aumento da HDL-colesterol e a concentração inicial desta lipoproteína e as mudanças na concentração de TG induzidas pelo exercício (21).

Após sessão de exercício em bicicleta ergométrica, aumenta a produção muscular de pré-beta HDL, evidenciada pela diferença no gradiente arteriovenoso destas partículas (22). Elevação da concentração plasmática de pré-HDL também foi observada no plasma de jogadores de futebol quando comparados a sedentários (23).

Os mecanismos que envolvem a produção de partículas nascentes de HDL pelo músculo não foram ainda caracterizados. No entanto, a elevação dessas partículas parece correlacionar-se com o aumento no efluxo de colesterol celular, mediado pelo soro ou plasma de indivíduos treinados após sessão aguda de exercício.

Embora a pré-beta HDL seja ótima aceptora de colesterol no interstício vascular sua meia-vida no plasma é reduzida, devido a sua rápida interconversão a partículas maiores de HDL, por meio da ação da LCAT e, subsequente, da CETP. Por esta razão, há associação entre concentração plasmática de pequenas partículas de HDL e a manifestação de doença aterosclerótica. Preponderância de pré-beta e a-3HDL (pequenas partículas) foi demonstrada no plasma de portadores de doença arterial coronariana. Em prevenção primária e secundária as concentrações de a-HDL correlacionaram-se, independentemente do HDL-colesterol, com maior proteção contra eventos coronarianos. Em oposição, a concentração plasmática de pré-beta associou-se, positivamente, com a manifestação de eventos coronarianos.

O treinamento físico aeróbio por 4 meses, reduziu a concentração plasmática de pré-beta 1- HDL em diabéticos tipo 2, a qual era maior do que aquela observada em controles pareados por sexo, idade e IMC no início do estudo. O exercício favoreceu a interconversão de partículas nascentes de HDL em HDL maiores, refletida pelo enriquecimento das HDL_2 em TG. A formação de partículas maiores de HDL é indício do fluxo de colesterol ao longo do transporte reverso (24).

A expressão de receptores hepáticos envolvidos no transporte reverso de colesterol foi avaliada em camundongos sedentários, ou que se exercitaram. Observou-se que os treinados tiveram aumento na expressão hepática do receptor de LDL (receptor B-E) e do receptor SR-BI após duas semanas de exercício aeróbio. Isto condicionou maior mobilização de lipoproteínas que contêm apo B, bem como maior fluxo ao longo do transporte reverso, respectivamente (25).

Na maioria dos estudos, torna-se difícil estabelecer o papel do exercício físico isoladamente. Isso se deve ao fato de que concomitantemente à adesão ao programa de treinamento físico, observa-se alteração no consumo calórico, composição da dieta e distribuição de gordura corporal. Tais modificações refletem-se na perda de peso corporal, a qual pode, diretamente, afetar a trigliceridemia e daí a concentração de HDL no plasma e seu metabolismo ao longo do transporte reverso de colesterol.

Em comparação de jogadores de futebol com sedentários, demonstrou-se que a capacidade do soro em promover efluxo de colesterol celular foi muito maior nos primeiros (23). De maneira semelhante o exercício crônico aumentou o efluxo de colesterol para o plasma de atletas, mas não diferiu quando foi corrigido pela massa plasmática de apoA-I, que foi aumentada pelo treinamento. Entretanto, a habilidade específica das HDL e de suas subfrações em remover colesterol celular não foi afetada em saudáveis e em portadores de diabetes mellitus tipo 2, após 4 meses de treinamento físico aeróbio (24).

Estudo realizado com camundongos "knockout" para o receptor de LDL demonstrou que o treinamento físico é capaz de reduzir área de lesão aterosclerótica pré-existente (26). Após a fase de indução de aterosclerose por dieta rica em gordura e colesterol, os camundongos foram divididos em grupo sedentário e em treinado, ambos com dieta padrão. Observou-se que, apesar de apresentarem a mesma diminuição da colesterolemia após suspensão da dieta hipercolesterolêmica, camundongos praticantes de exercício físico (corrida em esteira por 12 semanas) apresentaram redução maior da área de lesão aterosclerótica, em relação aos que não se exercitaram. De modo análogo, neste mesmo modelo animal, observou-se que o exercício físico reduziu o crescimento da neoíntima e promoveu estabilização da lesão vascular, pós-injúria (27). Em função disto, a melhora da aterosclerose pelo exercício pode ter sido consequência de proteção antioxidante, conforme demonstrado por outros, e não propriamente por aumento na eficiência do transporte reverso de colesterol. Apesar da crítica, essa foi a primeira evidência de que o exercício físico reduz lesão aterosclerótica pré- estabelecida.

A injeção de macrófagos enriquecidos em LDL-colesterol e colesterol radioativo (^{3}H-colesterol) no peritônio de camundongos fornece, ao longo do tempo, um perfil de distribuição específica de colesterol radiomarcado em diferentes órgãos e compartimentos, particularmente, fígado e plasma, além de determinar a excreção fecal de colesterol. Em camundongos selvagens submetidos a treinamento físico aeróbio por 6 semanas (corrida em esteira) observou-se, em relação aos animais sedentários, maior fluxo de colesterol radioativo para o plasma e fígado, evidenciando papel do exercício físico sobre o transporte reverso de colesterol "*in vivo*", neste caso condicionado pelo aumento expressivo no conteúdo hepático do receptor SR-BI que medeia a captação de colesterol esterificado das HDL. Em camundongos transgênicos para CETP humana observou-se maior recuperação de colesterol radioativo no plasma, fígado e fezes, em magnitude maior do que a observada nos animais selvagens. Neste caso, a captação hepática de colesterol foi favorecida pelo aumento em 60% na expressão do receptor B-E que capta LDL e VLDL enriquecidas em CE pela atividade da CETP (28) (Figura 4).

A elevação do consumo de oxigênio, durante exercício físico aeróbio intenso, está associada a aumento do estresse oxidativo plasmático e tecidual, pela geração de espécies reativas de oxigênio. Tal evento é refletido sobre a concentração de peróxidos lipídicos no plasma, eletronegatividade das partículas de LDL, e aumento da suscetibilidade de tais partículas à oxidação *in vitro*, com redução no "lag-time" (tempo de retardo) de formação de dienos conjugados. Este "lag-time" é uma medida do tempo que leva uma solução contendo LDL para iniciar a produção de radicais oxidados após incubação com íons cobre; quanto mais curto for esse tempo, mais oxidável é a LDL.

Após exercício físico intenso também é documentado aumento das defesas antioxidantes plasmáticas e celulares como a óxido nítrico sintase, ácido ascórbico, ácido úrico, bilirrubina, alfa-tocoferol, retinol, superóxido dismutase, catalase e glutationa. Além disso, a oxidação de lipoproteínas parece ser amenizada pela redução na trigliceridemia e por redistribuição das subclasses de LDL a favor de partículas maiores e menos densas. O aumento das concentrações de HDL atua, concomitantemente, minimizando o dano oxidativo das LDL na parede arterial.

Tais dados levam ao paradoxo dos efeitos do exercício físico intenso e de sua duração sobre a prevenção da doença vascular aterosclerótica. Não existem resultados conclusivos sobre a indução de estresse oxidativo por atividade física intensa, seu reflexo sobre a composição de lipoproteínas, e metabolismo plasmático e arterial destas. A grande variação frente a diferentes investigações parece ser o grau de condicionamento físico inicial dos indivíduos analisados e o tempo de treinamento no qual as medidas são realizadas.

O aumento da suscetibilidade das LDL à oxidação parece não ser apenas um evento agudo e transiente visto que, em maratonistas, persiste após 4 dias da corrida e é favorecido pelo aumento da eletronegatividade das partículas de LDL, em decorrência de maior concentração de AGL.

Portadores de diabetes *mellitus* que foram submetidos à intervenção dietética e exercício apresentaram redução no estresse oxidativo. Observou-se ainda que em portadores de diabetes *mellitus* tipo 2, o treinamento físico aeróbio aumentou a capacidade antioxidante das HDL_3, refletida por sua habilidade em retardar o tempo para o início da oxidação de LDL *in vitro* por sulfato de cobre, bem como pela diminuição da razão máxima de formação de dienos conjugados nessas LDL. Além disso, o treinamento corrigiu a função antioxidante das HDL_2 dos diabéticos, a qual era menor do que a do grupo controle não-diabético. Em concordância, houve menor peroxidação lipídica no plasma, refletida por menos concentração de substâncias reativas ao ácido tiobarbitútico, embora a oxidação da LDL não tenha sido afetada (29).

A análise do proteoma da HDL revelou associação de diversas proteínas à sua estrutura, as quais participam não apenas do metabolismo lipídico, mas da modulação da resposta inflamatória, ativação do sistema complemento e regulação de proteólise. Juntamente com componentes que modulam o transporte reverso de colesterol e que minimizam a oxidação de LDL, esses elementos podem ser modulados pelo exercício físico, potencializando a ação antiaterogênica das HDL. A interrelação entre os diferentes componentes das HDL, enzimas e proteínas que determinam o metabolismo desta, deve resultar em amplo repertório de atividades que podem ser moduladas pelo exercício. Este tópico necessita de mais investigações empregando-se modelos experimentais específicos. Importante ainda salientar que os efeitos benéficos do exercício físico podem sobrepujar alterações quantitativas dos lípides plasmáticos mas que, entretanto, contribuem sobremaneira para redução do risco cardiovascular.

CONSIDERAÇÕES FINAIS

- As concentrações plasmáticas de colesterol total, principalmente nas LDL (LDL-colesterol) associam-se positivamente com o risco cardiovascular.
- As LDL podem sofrer modificação por oxidação, glicação, carbamilação, entre outras. Isto favorece sua captação por macrófagos na íntima arterial.
- O colesterol nas HDL (HDL-colesterol) associa-se inversamente com o risco cardiovascular.

- As HDL exercem diversas funções antiaterogênicas, dentre elas: transporte reverso de colesterol, atividades anti-inflamatória, antioxidante, vasodilatora, melhora da sensibilidade insulínica e secreção de insulina pelo pâncreas, entre outras.
- O transporte reverso de colesterol é o sistema pelo qual o excesso de colesterol é removido dos tecidos periféricos, incluindo-se a íntima arterial, pelas apolipoproteínas A-I ou subfrações de HDL, sendo encaminhado ao fígado ou órgãos esteroidogênicos, para eliminação na bile e fezes ou síntese hormonal.
- O exercício físico previne e regride a aterosclerose por favorecer o um perfil antiaterogênico de lipoproteínas.
- As ações benéficas do exercício físico regular sobre o metabolismo lipídico refletem-se na redução da trigliceridemia, graças ao estímulo à síntese e atividade da lipoproteína lipase, redução da concentração de LDL pequenas e densas e elevação do HDL-colesterol.
- A elevação do HDL-colesterol decorre da maior geração de partículas nascentes de HDL, inerente à metabolização de quilomícrons e VLDL pela lipoproteína lipase. Além disso, o exercício físico favorece a expressão do receptor ABCA-1 que contribui para gerar HDL e sua metabolização ao longo do transporte reverso de colesterol.
- O treinamento físico melhora o fluxo de colesterol ao longo do transporte reverso de colesterol, com maior excreção fecal de colesterol. Ele modula favoravelmente a expressão de receptores de lipoproteínas no fígado, como receptores B-E e SR-BI.
- Outras ações antiaterogênicas promovidas pelo exercício, vinculam-se à melhoria da atividade antioxidante das HDL, maior maturação destas lipoproteínas no plasma e maior expressão de enzimas antioxidantes na parede arterial.

EXERCÍCIOS DE AUTOAVALIAÇÃO

Questão 1 – Como as LDL e as HDL associam-se com o risco cardiovascular?

Questão 2 – Quais as ações do exercício físico sobre o metabolismo de lipoproteínas?

Questão 3 – Conceitue transporte reverso de colesterol e sua implicação na proteção contra aterosclerose

Questão 4 – Como o exercício físico favorece a elevação do HDL-colesterol?

Questão 5 – Quais as principais ações antiaterogênicas das HDL?

REFERÊNCIAS BIBLIOGRÁFICAS

1. Quintão E, Nakandakare E, Passarelli M. Lípides: do metabolismo à aterosclerose. 1 ed. São Paulo: Sarvier; 2011.
2. Rader DJ, Hovingh GK. HDL and cardiovascular disease. Lancet. 2014 Aug 16;384(9943):618–25.
3. Nelson RH. Hyperlipidemia as a risk factor for cardiovascular disease. Prim Care. NIH Public Access; 2013 Mar;40(1):195–211.
4. Babu AS, Veluswamy SK, Brubaker PH, Hamm LF. Prevention and Control of Atherosclerosis. J Am Coll Cardiol. 2014 Oct 21;64(16):1760–1.

5. Daniels SR. Prevention of Atherosclerotic Cardiovascular Disease. J Am Coll Cardiol. 2014 Jul 1;63(25): 2786–8.
6. Robinson JG, Gidding SS. Curing Atherosclerosis Should Be the Next Major Cardiovascular Prevention Goal. J Am Coll Cardiol. 2014 Jul 1;63(25):2779–85.
7. Palmefors H, DuttaRoy S, Rundqvist B, Börjesson M. The effect of physical activity or exercise on key biomarkers in atherosclerosis – A systematic review. Atherosclerosis. Elsevier; 2014 Jul 1;235(1):150–61.
8. Diabetes Prevention Program Research Group. Reduction in the incidence of type 2 diabetes with lifestyle intervention or metformin. N Engl J Med. NIH Public Access; 2002 Feb 7;346(6):393–403.
9. Ratner R, Goldberg R, Haffner S, Marcovina S, Orchard T, Fowler S, et al. Impact of intensive lifestyle and metformin therapy on cardiovascular disease risk factors in the diabetes prevention program. Diabetes Care. 2005 Apr;28(4):888–94.
10. Lindström J, Louheranta A, Mannelin M, Rastas M, Salminen V, Eriksson J, et al. The Finnish Diabetes Prevention Study (DPS): Lifestyle intervention and 3-year results on diet and physical activity. Diabetes Care. 2003 Dec;26(12):3230–6.
11. Li G, Hu Y, Yang W, Jiang Y, Wang J, Xiao J, et al. Effects of insulin resistance and insulin secretion on the efficacy of interventions to retard development of type 2 diabetes mellitus: the DA Qing IGT and Diabetes Study. Diabetes Res Clin Pract. 2002 Dec;58(3):193–200.
12. Helmrich SP, Ragland DR, Leung RW, Paffenbarger RS. Physical Activity and Reduced Occurrence of Non-Insulin-Dependent Diabetes Mellitus. N Engl J Med. 1991 Jul 18;325(3):147–52.
13. Zhang JQ, Smith B, Langdon MM, Messimer HL, Sun GY, Cox RH, et al. Changes in LPLa and reverse cholesterol transport variables during 24-h postexercise period. Am J Physiol Metab. 2002 Aug;283(2): E267–74.
14. Ikeda S, Miyazaki H, Nakatani T, Kai Y, Kamei Y, Miura S, et al. Up-regulation of SREBP-1c and lipogenic genes in skeletal muscles after exercise training. Biochem Biophys Res Commun. 2002 Aug 16;296(2): 395–400.
15. Dubé JJ, Amati F, Stefanovic-Racic M, Toledo FGS, Sauers SE, Goodpaster BH. Exercise-induced alterations in intramyocellular lipids and insulin resistance: the athlete's paradox revisited. Am J Physiol Metab. 2008 May;294(5):E882–8.
16. Halle M, Berg A, Garwers U, Baumstark MW, Knisel W, Grathwohl D, et al. Influence of 4 weeks' intervention by exercise and diet on low-density lipoprotein subfractions in obese men with type 2 diabetes. Metabolism. 1999 May;48(5):641–4.
17. Franklin BA, Durstine JL, Roberts CK, Barnard RJ. Impact of diet and exercise on lipid management in the modern era. Best Pract Res Clin Endocrinol Metab. Baillière Tindall; 2014 Jun 1;28(3):405–21.
18. Superko HR. Exercise and lipoprotein metabolism. J Cardiovasc Risk. 1995 Aug;2(4):310–5.
19. Kraus WE, Houmard JA, Duscha BD, Knetzger KJ, Wharton MB, McCartney JS, et al. Effects of the Amount and Intensity of Exercise on Plasma Lipoproteins. N Engl J Med. 2002 Nov 7;347(19):1483–92.
20. Blazek A, Rutsky J, Osei K, Maiseyeu A, Rajagopalan S. Exercise-mediated changes in high-density lipoprotein: Impact on form and function. Am Heart J. 2013 Sep;166(3):392–400.
21. Leon AS, Gaskill SE, Rice T, Bergeron J, Gagnon J, Rao DC, et al. Variability in the Response of HDL Cholesterol to Exercise Training in the HERITAGE Family Study. Int J Sports Med. 2002 Jan;23(1):1–9.
22. Sviridov D, Kingwell B, Hoang A, Dart A, Nestel P. Single session exercise stimulates formation of preβ_1-HDL in leg muscle. J Lipid Res. 2003 Mar;44(3):522–6.
23. Brites F, Verona J, De Geitere C, Fruchart J-C, Castro G, Wikinski R. Enhanced cholesterol efflux promotion in well-trained soccer players. Metabolism. 2004 Oct;53(10):1262–7.
24. Ribeiro ICD, Iborra RT, Neves MQTS, Lottenberg SA, Charf AM, Nunes VS, et al. HDL Atheroprotection by Aerobic Exercise Training in Type 2 Diabetes Mellitus. Med Sci Sport Exerc. 2008 May;40(5):779–86.
25. Wei C, Penumetcha M, Santanam N, Liu Y-G, Garelnabi M, Parthasarathy S. Exercise might favor reverse cholesterol transport and lipoprotein clearance: Potential mechanism for its anti-atherosclerotic effects. Biochim Biophys Acta – Gen Subj. 2005 May 25;1723(1–3):124–7.

26. Ramachandran S, Penumetcha M, Merchant NK, Santanam N, Rong R, Parthasarathy S. Exercise reduces preexisting atherosclerotic lesions in LDL receptor knock out mice. Atherosclerosis. 2005 Jan;178(1):33–8.
27. Pynn M, Schäfer K, Konstantinides S, Halle M. Exercise training reduces neointimal growth and stabilizes vascular lesions developing after injury in apolipoprotein e-deficient mice. Circulation. 2004 Jan;109(3):386–92.
28. Rocco DDFM, Okuda LS, Pinto RS, Ferreira FD, Kubo SK, Nakandakare ER, et al. Aerobic Exercise Improves Reverse Cholesterol Transport in Cholesteryl Ester Transfer Protein Transgenic Mice. Lipids. 2011 Jul 9;46(7):617–25.
29. Iborra RT, Ribeiro ICD, Neves MQTS, Charf AM, Lottenberg SA, Negrão CE, et al. Aerobic exercise training improves the role of high-density lipoprotein antioxidant and reduces plasma lipid peroxidation in type 2 diabetes mellitus. Scand J Med Sci Sports. 2008 Feb 3;18(6):742–50.

16

DOENÇA OSTEOARTICULAR

Angélica Rossi Sartori-Cintra
Priscila Aikawa
Dennys Esper Cintra

OBJETIVOS DO CAPÍTULO

Compreender a etiologia da doença osteoarticular e sua relação com a obesidade, inflamação de baixo grau, sinalização dos hormônios insulina e leptina e principalmente sob o ponto de vista das desordens moleculares que induzem ou intensificam a doença.

INTRODUÇÃO

De acordo com órgãos nacionais (1) e internacionais (2) de saúde, a obesidade é uma epidemia fora de controle, tendo excedido até mesmo as predições da Organização Mundial de Saúde (3), atingindo mais de um bilhão de adultos no mundo. A obesidade é o fator de risco mais associado ao desenvolvimento de doenças como a resistência à insulina e o diabetes *mellitus* tipo 2 (DM2) hipertensão, dislipidemias e alguns tipos de câncer. Secundariamente, a obesidade está fortemente associada a uma série de distúrbios como asma, esteatohepatite não alcoólica, síndrome do ovário policístico, Alzheimer, Parkinson, e doenças ósteo-metabólicas como a osteoporose e a osteoartrite (osteoartrose) (4). A Osteoartrite (OA) é a doença reumática ósteo-metabólica, mais prevalente, sendo a principal causa de incapacidade física e diminuição da qualidade de vida da população acima de 65 anos, sendo caracterizada pela degradação da cartilagem articular (5).

Historicamente, as relações estabelecidas entre a obesidade e o desenvolvimento da OA restringiam-se às alterações biomecânicas da articulação, provocadas pelo aumento do peso corporal, levando à gênese de um processo inflamatório na cartilagem, que culminava, por sua vez, no desenvolvimento e progressão da doença (6). Essas alterações ocorrem preferencialmente em articulações que suportam o peso corporal como joelho, quadris e coluna lombar (7). No entanto, juntamente com o aumento da prevalência da obesidade na população mundial, houve aumento também dos casos de OA em articulações que não são responsáveis por suporte de peso como as articulações das mãos e têmporo-mandibulares (8). Dessa maneira iniciou-se a suposição de que a influência da obesidade no desenvolvimento da OA pudesse estar além da sobrecarga na articulação pelo aumento do Índice de Massa Corporal (IMC) (9). Nesse intuito, diversos estudos foram conduzidos a fim de desvendar os possíveis mecanismos envolvidos na relação entre obesidade e OA, como será demonstrado a seguir.

DESENVOLVIMENTO TEXTUAL

FISIOPATOLOGIA DA OBESIDADE E DA OSTEOARTRITE

Atualmente compreende-se que o tecido adiposo branco não é apenas um local destinado a estoque energético em forma de gordura, como categorizado por décadas, mas também um tecido com capacidade secretória que vai além da liberação de ácidos graxos para a circulação. Por exemplo, desde 1993, evidências já apontavam para a capacidade desse tecido em produzir e liberar TNF-α (fator de necrose tumoral alfa). Em níveis basais, o TNF-α tem funções fisiológicas importantes, mas quando sua concentração circulante encontra-se elevada, adquire caráter pró-inflamatório. Além disso, foi demonstrado também que esta importante proteína da família das citocinas é produzida e liberada proporcionalmente ao tamanho da massa adiposa (10).

Posteriormente foram descobertas outras proteínas secretadas pelo tecido adiposo como IL-6 (interleucina-6) (11), leptina (12), MCP-1 (proteína de quimioatração para monócitos) (13) entre outras. Essas proteínas também apresentam caráter inflamatório dependendo de sua concentração na circulação. Sendo assim, houve consenso de que o aumento da adiposidade seria o fator desencadeante da resposta inflamatória, a qual acometia e prejudicava a homeostase de outros tecidos. Em 1993 surgiu a primeira evidência ligando uma molécula com potencial inflamatório (TNF-α) à resistência à insulina (10). Ao final da década de 1990, quando compreendeu-se de forma mais clara que os mecanismos moleculares neurais de controle da fome eram mediados por hormônios como insulina e leptina, iniciaram-se intensas investigações sobre o papel de moléculas inflamatórias como potenciais interferentes no controle da fome (14).

Desta forma, até meados da década de 2000 acreditou-se que o estado inflamatório gerado pelo excesso de tecido adiposo seria o fenômeno responsável pela indução do processo degenerativo nos demais tecidos, incluindo o hipotálamo, onde apenas após a aquisição dessa adiposidade excessiva iniciariam-se os prejuízos em sinalizações sistêmicas diversas. Apenas em 2005 começou a ser demonstrado que o processo inflamatório poderia ser iniciado no hipotálamo e, portanto, a ingestão excessiva seria o fenômeno que justificaria o excesso de peso, e não o contrário, como vinha sendo exposto (15). Tal proposição vem sendo paulatinamente comprovada, e em 2012, Thaler et. al (16), demonstraram que o consumo de uma dieta rica em gorduras seria capaz de induzir o processo inflamatório hipotalâmico em menos de 24 horas. Aqui se faz importante ressaltar que o hipotálamo exibe fundamental controle também sobre a termogênese. Portanto, impedimentos na transdução de sinais hormonais (insulina e leptina) no hipotálamo podem repercutir na taxa de gasto energético, sendo este portanto um mecanismo de controle do gasto energético (14).

Posteriormente compreendeu-se que a gordura exerce papel direto no processo de indução inflamatória, acometendo inicialmente o hipotálamo. Com isso, a hiperfagia é estabelecida e, com a adipogênese, o tecido adiposo hipertrofiado intensifica ainda mais a secreção de proteínas inflamatórias, perpetuando o círculo vicioso de acúmulo de gordura. Essa condição se propaga pelo organismo, prejudicando a homeostasia de diversos sistemas. Atualmente a presença contínua da inflamação é considerada a principal razão para a ampla diversidade de doenças que se associam à obesidade ou ao consumo excessivo de gorduras (17).

Essa inflamação tem um caráter sistêmico, contudo, neste contexto, não há a manifestação de sinais clínicos como dor, calor, rubor e tumor. Isso deve-se à característica peculiar deste tipo de inflamação que, apesar de possuir um caráter crônico, apresenta-se com a concentração de proteínas inflamatórias circulantes em baixo grau. Entretanto, mesmo que em baixas concentrações, as moléculas inflamatórias espalhadas pelo organismo são capazes de darem início e propagarem o processo degenerativo tecidual sistêmico. O processo inflamatório induz danos em tecidos específicos, onde muitos dos desfechos negativos se dão devido às interferências nas vias de transdução de sinais hormonais, como a insulina e leptina (18).

Diferentemente, na OA as características clássicas da inflamação estão presentes. Os sinais de dor, calor, rubor e tumor estão presentes de forma intensa, sendo a principal causa de queixa e de busca por tratamento médico. Contudo, quando o indivíduo apresenta os sintomas clássicos da OA infere-se que o processo degenerativo da cartilagem já está avançado. A cartilagem em estado de degeneração é um processo irreversível, no entanto, a terapia medicamentosa, principalmente antiinflamatórios e analgésicos aliviam os sinais e sintomas das reincidências inflamatórias. O tratamento fisioterapêutico e a adoção de um estilo de vida saudável, devidamente orientado por profissionais, podem retardar a evolução da doença e melhorar sobremaneira a qualidade de vida (19).

O processo inflamatório induzido pela obesidade predispõe ao surgimento da OA, por se tratar de uma condição crônica. Sendo assim, com o avanço da obesidade e, portanto, excesso de massa corporal adiposa, o "pano de fundo" se instala favorecendo o inicio e a progressão da doença osteoartrítica.

Com o hipotálamo resistente à insulina e leptina, o indivíduo aumenta a ingestão de alimentos, ganha mais peso e produz ainda mais leptina. Curiosamente, em estado de hiperleptinemia, este hormônio também assume características de cunho inflamatório. As proteínas intracelulares na base do receptor da leptina são as mesmas que conduzem os sinais inflamatórios disparados pelo receptor de IL-6, ocorrendo, desta maneira, uma transativação entre as vias (20).

Desta forma, diversos tecidos podem sofrer repercussões da inflamação induzida por leptina, assim como o tecido osteoarticular (21–23). Para que seja possível compreender a interferência das proteínas inflamatórias nas sinalizações mediadas por insulina e leptina nos diversos tecidos, a seguir será abordado as vias de transdução desses hormônios.

A TRANSDUÇÃO DOS SINAIS DA INSULINA E LEPTINA.

Tanto no sistema nervoso central (SNC) quanto em tecidos periféricos a sinalização da insulina ocorre quando o hormônio se liga em seu receptor (IR), que se auto-fosforila e se ativa. O IR ativo fosforila em tirosina e ativa seus dois substratos, IRS-1 e IRS-2. Então, a proteína fosfatidil--inositol-3 quinase (PI3-q) é conectada aos substratos, propagando o sinal até a Akt, principal proteína da via da insulina, que recebe e propaga diversos outros estímulos. Tecidos como músculo, adiposo, tecido ósseo (24,25) e a cartilagem (26) necessitam da ativação da Akt para a captação de glicose, porém outros como o SNC (27), fígado (28) e retina (29) captam glicose de forma independente desta ativação. Logo, tais tecidos são sensíveis ao estado hiperglicêmico, mas dependem da sinalização correta da insulina para que a Akt seja ativada e execute suas funções como síntese protéica, anti-apoptótica, glicogênese, entre outras (30) (Figura 1).

Já a leptina atua em contextos semelhantes à insulina, controlando a fome no SNC ou mediando respostas inflamatórias em tecidos periféricos, quando em grandes concentrações (31). A leptina se liga em seu receptor (ObR) e transduz seu sinal até a proteína subsequente

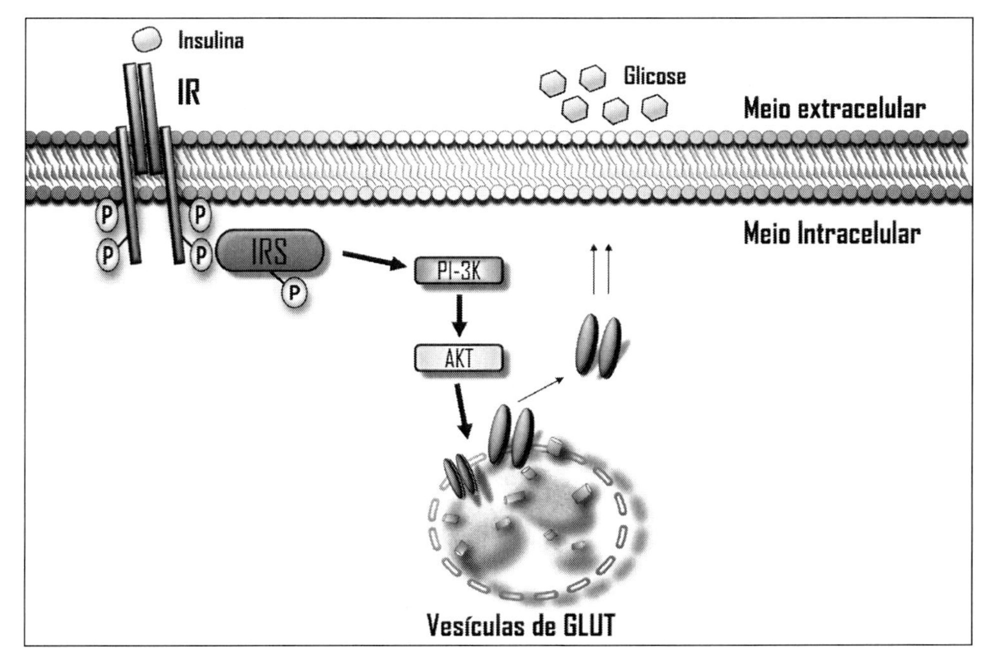

Figura 1 Via de Sinalização da Insulina. O hormônio quando se liga ao seu receptor (IR) ativa sua atividade tirosina quinase intrínseca e se autofosforila. Os substratos do receptor de insulina IRS1 e IRS2 são sensibilizados pela fosforilação do receptor, atraídos e também fosforilados em tirosina. Posteriormente, a proteína fosfatidil-inositol-3-quinase (PI3-q) é ativada e, após disparar uma sequência de sinais para proteínas de membrana, culmina por ativar a proteína Akt. A Akt exerce múltiplas ativadades em diversos tecidos, mas ativa o transportador de glicose GLUT-4 em tecidos como a musculatura esquelética e adiposo branco, inciando a captação de glicose.

Jak-2 (Janus quinase-2), fosforilando-a. A Jak-2 fosforila e ativa o receptor ObR. Com o receptor ObR ativado, a proteína STAT-3 também se ativa e migra até o núcleo para transcrever neuropeptídios anorexigênicos como o POMC (proopiomelanocortina) e ativar o gasto energético (32,33). Como linha final de controle desta sinalização, para que o sinal da leptina seja fisiologicamente interrompido, a STAT-3 também transcreve a proteína SOCS-3 (proteína supressora da sinalização de citocinas-3), que bloqueia a fosforilação do receptor ObR, cessando o sinal. Portanto, quando estimulado excessivamente, a via da leptina produz SOCS-3 de forma também exacerbada, interferindo agora no funcionamento de outras vias, como a da insulina. Além de SOCS-3, moléculas inflamatórias também podem interferir em pontos específicos nas vias de sinalização da insulina e leptina, como será demonstrado a seguir.

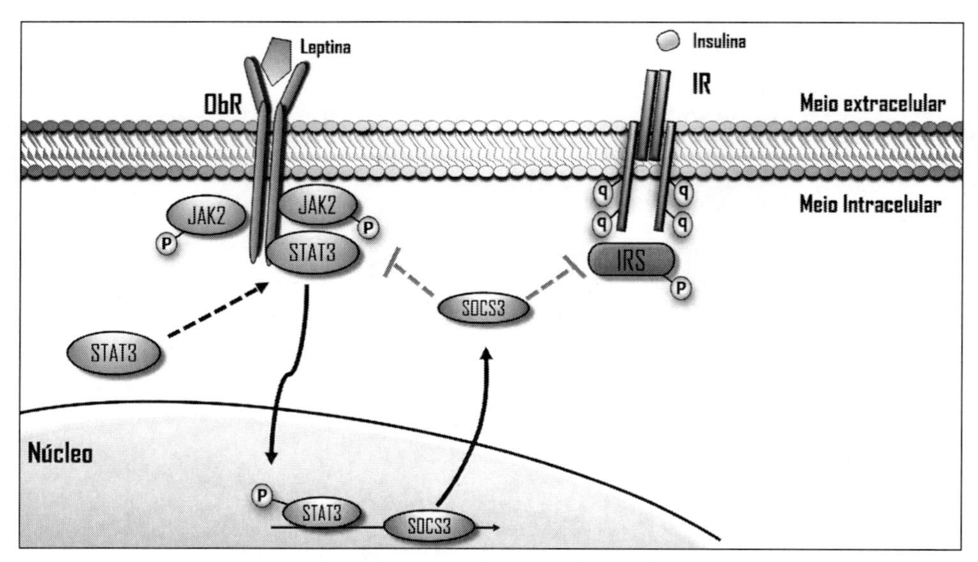

Figura 2 Via de Sinalização da Leptina. O hormônio se liga ao seu receptor ObRb e sensibiliza a proteína Jak-2, que se fosforila. Uma vez a Jak-2 fosforilada, se liga ao receptor fosforilando-o. Apenas após essa sequência de ativações o receptor ObRb está apto a ativar a proteína STAT-3 que, quando fosforilada, migra ao núcleo e transcreve diversos genes. Como ponto de controle desta via (*feedback* negativo), um dos produtos gênicos induzidos se tornará a proteína SOCS-3 (proteína de supressão da sinalização de citocinas-3). A SOCS-3 desfosforila o receptor ObRb e cessa o sinal emitido pela leptina. Concomitantemente, interfere na via de sinalização da insulina ao impedir que o substrato-1 do receptor de insulina seja ativado (IRS-1), bloqueando a cascata de sinalização da insulina.

A RESISTÊNCIA MOLECULAR À AÇÃO DA INSULINA E LEPTINA

O Processo Inflamatório de Baixo Grau *per se*: Receptores do tipo Toll (TLR), principalmente o TLR-4, estão presentes em monócitos e macrófagos, reconhecem o LPS presente na parede celular da bactéria Gram negativa e iniciam sua cascata de sinalização intracelular. Em mamíferos o complexo formador do TLR é composto pelo receptor Toll e suas proteínas acopladoras, MD2 e CD14 (34). O LPS é um lipopolissacarídeo, formado por oligossacarídeos e uma base lipídica. Os ácidos graxos componentes dessa fração lipídica são dois principais, os ácidos graxos láurico (C12:0) e mirístico (C14:0) (35). Quando reconhecidos pela proteína CD14, são apresentados ao complexo TRL-4/MD2, o qual é ativado. Da mesma forma com que os receptores TLR-4 reconhecem estruturas lipídicas presentes em agentes invasores, ácidos graxos oriundos do consumo dietético, principalmente saturados, podem também ser reconhecidos. Como consequência, o sistema imunológico é ativado, mesmo sem a presença de um microrganismo invasor (34,36), uma vez que esses tipos de ácidos graxos são amplamente difundidos, ainda que em pequenas concentrações, em alimentos como carnes, chocolate, leite e derivados, mas encontram o óleo de coco como sendo sua mais importante fonte.

Um intrincado mecanismo é iniciado a partir daí, dando origem a uma série de proteínas inflamatórias que, pós-traduzidas, podem realizar atividades autócrinas, parácrinas e endócrinas. Ácidos graxos saturados ligam-se aos receptores TLR-4 e os ativam, transduzindo o sinal dentro da célula. O estímulo desses receptores é capaz de induzir o recrutamento de moléculas intracelulares a fim de formarem um complexo. A associação do receptor Toll com a proteína de resposta primária à diferenciação mielóide 88 (MyDD88) ativa a proteína quinase-4 associada ao receptor de interleucina-1 (IRAK-4), que se associa a outra quinase semelhante, a IRAK-1. Portanto, IRAK-4 induz a fosforilação da IRAK-1(37). Em paralelo, a proteína TRAF-6 (fator 6 associado ao receptor do fator de necrose tumoral) também é recrutada ao complexo, se associa à IRAK-1 e a ativa.

Os sinais oriundos dessa integração induzem a ubiquitinação e fosforilação da proteína TAK-1 (fator de crescimento transformador-β ativado por quinase), ativando-a(38). A alteração na atividade da TAK-1 é capaz de ativar proteínas pertencentes a diferentes vias como as do NF-kB (fator nuclear kappa B) e as das MAP-quinases (proteína quinase ativada por mitógeno). No que tange a inflamação, a TAK-1 ativada consegue fosforilar e ativar o IkK (quinase inibidora do fator kappa), à qual, do contrário, fosforila e inibe a proteína subsequente, o IkB, que mantinha sob seu domínio as proteínas P50 e P65, formadoras do fator nuclear kappa B (NF-kB). Liberados no citoplasma o NF-kB, atua como fator de transcrição, ao migrar até o núcleo, ligando-se em regiões específicas do DNA para transcrever genes controladores de moléculas pró-inflamatórias como as citocinas TNF-α, interleucinas IL-1β e IL-6, MCP-1, óxido nítrico sintase induzível (iNOS) entre outras, e antiinflamatória como a interleucina IL-10, a qual atua reduzindo a intensidade do sinal inflamatório (39).

A potência do processo inflamatório pode ser ainda maior quando outras quinases são ativadas pela TAK-1, de forma paralela à sinalização do NF-kB, como as proteínas decorrentes da via da JNK (c-Jun N-terminal quinase) e da proteína 38 (P38). Tais proteínas apresentam-se ativadas quando fosforiladas, às quais são capazes de, de forma semelhante ao NF-kB, migrarem até o núcleo e atuarem como fatores de transcrição, transcrevendo genes relacionados ao crescimento, diferenciação ou inflamação, dependendo do estímulo inicial. A JNK ainda é capaz de controlar os fenômenos de estresse de retículo e apoptose, ao aumentar a permeabilidade da membrana mitocondrial (40) (Figura 3).

Diante tal contexto, os substratos 1 e 2 do receptor de insulina (IRS-1/2) fosforilados em tirosina pelo receptor de insulina, perdem a atividade transdutora do sinal mediado pela in-

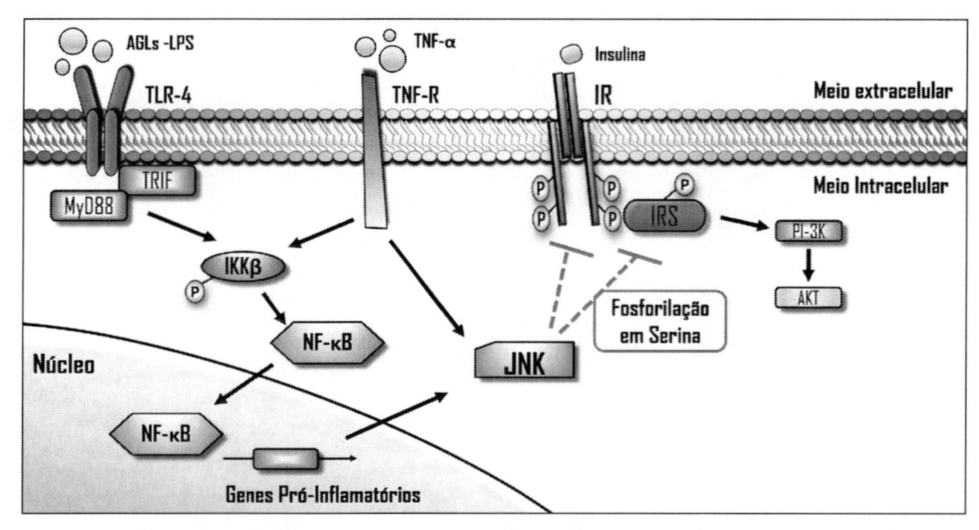

Figura 3 Via de Sinalização Inflamatória. A via da insulina apresenta sua sinalização tradicional ativada (IR, IRS-1, PI3-q e Akt) até que sinais oriundos de vias inflamatórias interferem em sua transdução. O receptor TLR4 (Toll-like receptor) reconhece ácidos graxos oriundos da dieta ou de componentes do lipopolissacarídeo (LPS) bacteriano. Ao ser ativado recruta a proteína de diferenciação mielóide 88 (Myd88) que, após uma série de regulações na base do receptor, ativa a proteína TAK-1 (Fator de Crescimento Transformador- Ativado por Quinase) que acaba sendo ponto comum para a transdução de sinal tanto dos receptores Toll quanto do TNF-α. Posteriormente fosforila e ativa o inibidor da quinase kappa (IkK) que, como o nome diz, desativa a quinase kappa B (IkBa). Com o IkBa destruído, a fração P50 e P65 (NF-kB) migra ao núcleo e transcreve os genes de proteínas inflamatórias. O fator de necrose tumoral alfa (TNF-α) pode sair da célula e ativar seu receptor na própria ou em células adjacentes, inciando sua cascata específica. O domínio de morte (DD) do receptor ativa a proteína TRAF-2 (Fator 2 Associado ao Receptor do Fator de Necrose Tumoral) que, consecutivamente ativa a proteína TAK-1, que dá sequência semelhante à via anteriormente descrita (TLR4). Além disso, a via do TNF-α é capaz de ativar a proteína JNK (c-Jun N-terminal Kinase), que também interfere negativamente na via da insulina.

sulina quando fosforilados em serina/treonina pela JNK ou pelas citocinas, o que estabelece, por sua vez, o estado de resistência à insulina (18,30,40,41). Já a via da leptina, como dito anteriormente, parece ser contra-regulada pela proteína SOCS-3, à qual é transcrita pela própria ação da leptina, como mecanismo de *feedback* negativo. Contudo, quando em excesso, a leptina se liga em receptores homólogos, da família das citocinas, transcrevendo SOCS-3, a qual reduz a fosforilação da Jak-2 (33,42).

RESISTÊNCIA À INSULINA E À LEPTINA.

No cenário da obesidade, um indivíduo não precisa necessariamente ser portador de excesso de peso para ser considerado inflamado. É certo que o tecido adiposo hipertrofiado aumenta a secreção de citocinas e leptina, justificando o nome de "adipocitocinas" (43). Desta forma, um indivíduo fenotipicamente magro pode portar o processo inflamatório de baixo grau, provavelmente devido ao consumo de ácidos graxos saturados na dieta (44). Muito se discute a respeito dessa condição, onde um estado de magreza aparente possa sugestionar erroneamente aparência de higidez.

O estado inflamatório de baixo grau tem caráter insidioso e acaba sendo o pano de fundo de desenvolvimento da maioria das doenças, associadas ou não à obesidade. Sendo as proteínas inflamatórias oriundas do processo obesogênico ou induzidas pelo consumo de gordura saturada na dieta, são capazes de desempenhar ações inibitórias das vias de sinalização da insulina e leptina nos diversos tecidos já citados.

Por exemplo, a proteína IL-6 foi recentemente demonstrada como tendo seu papel "transitoriamente inflamatório" (45), pois dependendo do contexto ela pode atuar como molécula essencial para a recuperação de tecidos que sofreram danos. Contudo, tradicionalmente é tida como proteína importante participante da inflamação quando se liga em seu receptor (IL-6R). Esse receptor possui em sua base as proteínas acessórias Jak-2 e STAT-3 que, como discutido anteriormente, também são responsáveis por transduzir o sinal da leptina ao interior celular. Se o sinal que parte do receptor de IL-6 culmina com desfecho predominantemente inflamatório, através da STAT-3, ativando JNK e NF-kB, não seria diferente com a leptina. Esse fenômeno ocorre devido à homologia entre os receptores de leptina e interleucinas, conhecidos como receptores da "superfamília" de citocinas. Isso evidencia a amplitude de sinais semelhantes que podem partir desses receptores (46,47).

Dependendo da concentração circulante de leptina, sua atividade fucional pode ser alterada, desviando-se de sua função fisiológica por ativar vias inflamatórias. Não apenas hipotálamo, fígado e músculo sofrem com um tônus inflamatório exacerbado, mas o tecido cartilaginoso também (21,22).

Normalmente as proteínas STAT-1 e 3 induzem transcrição da SOCS-3, que funciona como um sensor do receptor de leptina, inativando-o após certo período de atividade (48), como num mecanismo de *feedback* negativo. Mas a SOCS-3 pode interferir fisicamente junto à proteína IRS1 na via da insulina, impedindo que esse substrato seja fosforilado pelo receptor de insulina (IR), consecutivamente travando a sinalização mediada pela insulina. O fato importante e, por vezes alarmante, é que a produção excessiva e contínua de SOCS-3 pode manter o sinal de insulina prejudicado de forma intermitente (49).

Entretanto compreende-se que a a SOCS-3 produzida de forma exagerada nada mais é do que uma resposta à também exagerada liberação e atuação de leptina. Seguindo esse mesmo padrão de proporcionalidade, as proteínas STAT também sem mantém hiperativadas. Da mesma forma que IL-6 induz sua sinalização inflamatória através de STAT-3 ativando JNK e Nf-kB, a leptina se comporta de forma semelhante. Desta forma, um indivíduo obeso e, portanto, hiperleptinêmico, inicia dano a tecidos como a cartilagem, de forma independente ao trauma do impacto sobre a cartilagem, assim como determinadas literaturas apontavam (6) (Figura 4).

Outra proteína inflamatória importante é o TNFα, que através de seu receptor (TNFR1) ativa substratos intracelulares que participam do controle da transcrição de genes de reposta inflamatória. Um dos principais substratos intermediários da via de sinalização do TNFα é a

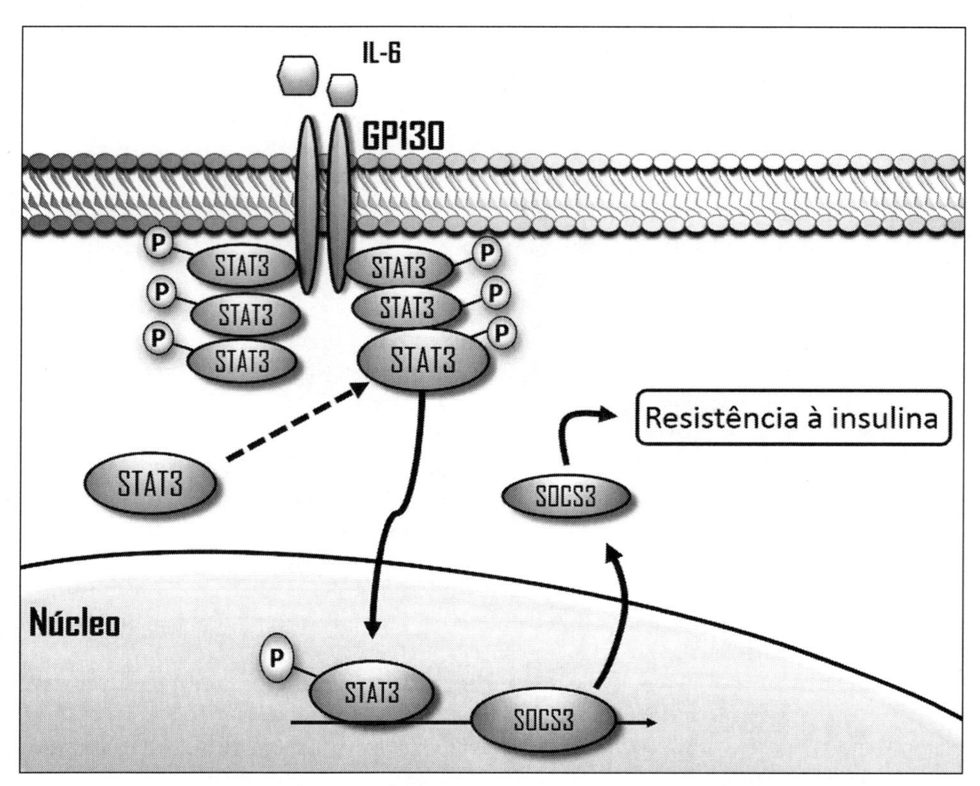

Figura 4 Via de Sinalização do Receptor de Interleucina 6. A interleucina 6 (IL-6) se liga em seu receptor IL-6R, que encontra-se acoplado à proteína GP130 (Glicoproteína 130). A transdução do sinal através de GP130 ativa diversos pontos catalíticos que atraem a STAT-3. O produto da ativação da STAT-3 é a transcrição acentuada de SOCS-3 (Proteína Supressora da Sinalziação de Citocinas-3), que é capaz de induzir o sinal inflamatório através da ativação de JNK (c-Jun N-terminal Kinase) e também interferir pontualmente na transdução de sinais oriundos da via da insulina.

JNK, que através do fator de transcrição dimérico ativador de proteína-1 (AP-1) induz transcrição de genes inflamatórios(50). Além disso, transcreve também enzimas com capacidade de degradação dos constituintes da matriz extracelular da cartilagem (metaloproteinases), especialmente do colágeno tipo II (51). Num contexto inflamatório mais diversificado, TNFα, IL-6 e IL-1β agem através de suas vias independentes que, no entanto, convergem para pontos em comum, culminando mais uma vez com a ativação do NF-kB, perpetuando o ciclo inflamatório.

Numa segunda etapa da doença osteoarticular, a resistência aos hormônios insulina e leptina é propagada aos sistemas periféricos, perpetuando o estado hiperglicêmico. Essa condição predispõe ao desenvolvimento do DM2 e também contribui para o aumento da massa adiposa e manutenção do estado inflamatório alterando as vias de sinalizações celulares de órgãos como fígado, musculatura esquelética, pulmões, endotélio e cartilagens articulares (52–54). Pela capacidade inflamatória adquirida pela leptina quando produzida em altas quantidades, diversos estudos relatam esse como sendo o fator inicial da gênese de outros distúrbios inflamatórios periféricos, como por exemplo, a osteoartrite (55).

Nesse caso, a gênese da OA estaria no processo inflamatório iniciado na cartilagem articular, como consequência dos componentes inflamatórios circulantes em indivíduos obesos, principalmente IL-1β e TNFα (9,56–61). Dumond *et al* (2003) demonstraram que o nível de leptina na cartilagem e líquido sinovial de indivíduos com osteoartrite é maior quando comparado à indivíduos saudáveis (62). Na cartilagem, a leptina associada às citocinas inflamatórias clássicas da OA, como IL-1β e TNFα, tem função catabólica, aumentando a expressão de enzimas proteolíticas como as metaloproteinases (MMPs 1 e 13) e as agrecanases (ADAMTS 4 e 5) (63). Em pacientes com osteoartrite, a expressão da SOCS3 está aumentada na cartilagem articular, mas correlaciona-se positivamente com a expressão de outros genes como a MMP-13 e a ADAMTS-5, além disso encontra-se inversamente relacionada à expressão do colágeno tipo II. Portanto a SOCS3 regula genes envolvidos na degradação da cartilagem enquanto diminui a expressão de colágeno tipo II (64).

RELAÇÃO ENTRE OBESIDADE E OSTEOARTRITE

Para tentar compreender os mecanismos envolvidos nessa relação entre obesidade e a patogênese da osteoartrite, diversos estudos experimentais são propostos, utilizando animais com fenótipo de obesidade e DM2, induzidos por dieta rica em gordura, predominantemente saturada. O desenvolvimento e a progressão da doença foram avaliados segundo critérios histológicos e moleculares. Os principais estudos e seus resultados estão na Tabela 1.

Apesar das discrepâncias entre as composições das dietas (percentagem da fração de gordura saturada - 40 e 50%); idade em que os animais foram submetidos a essa dieta (4 e 16 semanas); e também da maneira como foram obtidas as alterações osteoartríticas (espontânea ou cirurgicamente induzidas), as conclusões são similares. Há relação entre obesidade e o estado inflamatório sistêmico que, por sua vez, proporciona aos condrócitos articulares, aumento na expressão das MMPs e agrecanases, com consequente redução na expressão de colágeno e proteoglicanos. Dessa maneira ocorre desequilíbrio homeostático da cartilagem favorecendo o início da inflamação osteoartrítica. Sendo assim, a composição da dieta, rica em gordura, independente do aumento de peso e consequente sobrecarga mecânica nas articulações, predispõe ao surgimento da AO (9,58,59).

Também foi comum nesses estudos, o aumento das concentrações da leptina sérica com dieta rica em gordura saturada. O aumento da adiposidade corporal por si só não pode ser considerado fator de risco para o desenvolvimento da OA, uma vez que animais deficientes na produção desse hormônio, mesmo sob dieta hiperlipídica e aumento de peso, não desenvolveram a doença. Isso caracteriza a importância da leptina no processo inflamatório da OA, além das conhecidas citocinas inflamatórias (58).

Para comprovar a ação inflamatória da leptina na OA, num estudo com condrócitos nasais bovinos, a leptina teve sua função associada à IL-1β e TNFα, e aumentou a expressão das

Tabela 1 Estudos que Relacionam o Uso de Dietas Ricas em Gorduras como Indutores da Inflamação na Cartilagem.

Estudo	Animais	Dieta/Inicio	OA	Sacrifício/ Tempo dieta (semanas)	Hstologia	Fatores moleculares	Fatores biomecânicos	Conclusão
Griffin TM *et al*, 2010 (9)	C57BL/6J	HF: 45%/CT: 10%/9 semanas	Espontânea	54/45	↓ Proteoglicano emHF	↑ Leptina Sérica. IL-1{b e TNF{a não alteraram	↓ Força muscular antes da disfunção articular	Inicio da OA pela perda de Proteoglicanos
Louer CR *et al*, 2012 (60)	C57BL/6J	HF: 60%/CT: 13%/4 semanas	16 semanas/ Fratura no platô tibial esquerdo	24/20	Maior degeneração osteoartrítica, inflamação sinovial e mudanças ósseas adaptativas em HF. Dieta HF provocou sinovite, independente da presença de fratura	↑ IL-12, IL-6 e KC (análogo IL-8)	–	Confirmou a relação entre obesidade e as mudanças sistêmicas inflamatórias com OA
Brunner AM *et al*, 2012 (57)	Coelhos	HF: 47,8%/ CT: 14%/43 semanas	41 semanas/ Cirurgia para stress em varo	69/28 e 79/38	Aterações osteoartriticas em HF independente da cirurgia	↑ Agrecanases (ACAMTS-4) em HF e cirurgia. ↓ Glicosaminoglicanos (GAG) emHF, independente da cirurgia	–	Deta HF independente do aumento de peso e stress mecânico predispõe à OA
Griffin TM *et al*, 2012 (59)	C57BL/6J	HF: 60%/CT: 13,5%/12 semanas	Espontânea/ *Animais foram submetidos à exercícios entre 20 e 24 semanas de vida	24/28 e 12/16	O exercício atenuou a severidade da OA dos animais em HF	↑ Leptina, adiponectina e IL-1 Ra em HF, mas não houve alterações como exercício. ↑ Adipocitocinas em animais sedentários independente da dieta. Nos animais exercitados as associações entre as adipocitocinas e a intolerância à glicose foram desconexas	–	Em dieta HF o exercício exerceu ação protetiva contra a OA, desde que iniciado antes do inicio das lesões

(*Continua*)

Tabela 1 Estudos que Relacionam o Uso de Dietas Ricas em Gorduras como Indutores da Inflamação na Cartilagem. (*Continuação*).

Estudo	Animais	Dieta/Inicio	OA	Sacrifício/ Tempo dieta (semanas)	Hstologia	Fatores moleculares	Fatores biomecânicos	Conclusão
Gierman LM et al, 2012 (61)	C57BL/6J transgênicos para Proteína C Reativa Humana	HF: 23%/CT: 9%/16 semanas	Espontânea	54/38	Maior severidade da OA em animais em HF	↑ Leptina e resistina e Proteína C reativa nos animais em HF	–	Os fatores inflamatórios induzidos pelo ganho de massa gorda são mais importantes que a sobrecarga mecânica na OA
Mooney RA et al, 2011 (56)	C57BL/6J	HF: 60%/CT: 10%/5 semanas	8 e 12 semanas/ Cirurgia para retirada de segmento do menisco medial	12,16,20 e 24/7,11,15 e 20	Início da OA mais pronunciada e grau de severidade da doença maior nos animais em HF	Não relatado	Espessura da cartilagem do platô tibial diminuiu progressivamente, chegando 40 a 50% mais fina nos animais em HF	Rogressão acelerada da OA relaciona-se com o fenótipo diabético e não como ganho de peso

MMPs. Além das demais observações já realizadas neste capítulo sobre o papel da SOCS-3 como elo importante entre a sinalização da leptina e de citocinas, essa molécula ainda é capaz de impedir que os sinais antiinflamatórios disparados pela IL-10 sejam executados. Baseados em tais descrições, acredita-se que o tecido adiposo branco hipertrofiado induza as MMPs por meio, principalmente, da leptina, sendo esta a molécula chave na relação entre obesidade e o desencademento da AO (63).

PERSPECTIVAS DE TRATAMENTOS: EXERCÍCIOS E DIETA

A OA ainda não apresenta perspectivas de cura, e os modernos estudos utilizando células-tronco para reposição do tecido cartilaginoso encontram-se distantes de serem plausíveis por enquanto (65). O tratamento tem se baseado no controle da dor, disfunção e controle da velocidade do processo de destruição da cartilagem, feito principalmente pela administração de medicamentos e a prática de exercícios. No entanto, a prescrição de exercícios aos pacientes com OA é controversa. Estudos demonstram que a prática de exercícios pode prejudicar o processo de degradação da cartilagem por aumento da sobrecarga mecânica (66), mas, por outro lado, evidências mostram que não existem correlações entre exercícios e OA (67). De qualquer forma, todos esses estudos verificaram as alterações provocadas pela sobrecarga articular.

Nessa revisão foi explicitado o mecanismo da gênese da OA diretamente relacionado ao nível de leptina circulante na obesidade. O excesso de peso pode ser controlado e até revertido com a melhoria de hábitos alimentares e com a inclusão da prática de atividade física na rotina diária. Mesmo sob dieta rica em gordura, o exercício promove ação protetora contra a OA, desde que iniciado antes do início das lesões (59). A sensibilidade hipotalâmica à leptina também apresentou melhora com a prática de exercícios. Isso porque o músculo esquelético libera IL-6 durante atividade física e em nível central, a IL-6 regula o gasto energético, o apetite e composição corporal, diminuindo a inflamação e aumentando a sensibilidade à leptina (45).

Essas evidências sugerem que o controle dos parâmetros inflamatórios da obesidade poderia prevenir o surgimento da OA ou mesmo diminuir sua agressividade. Além dos exercícios, a adoção de hábitos alimentares saudáveis não deve ser encarada como clichê. A modificação da composição da dieta, no que tange o perfil de ácidos graxos saturados, deve ser alterada, principalmente por ser um dos principais mecanismos envolvidos na indução do processo inflamatório, tanto no sistema nervoso central quanto nos sistemas e tecidos periféricos.

Ácidos graxos insaturados, principalmente os ômega-3 e ômega-9 demonstraram, em animais, efeitos antiinflamatórios ao reverterem a inflamação hipotalâmica, induzida por dieta hiperlipídica, e a adiposidade corporal (27). Além dessa, outra evidência aponta para benefícios dos ácidos graxos insaturados em tecidos como fígado, músculo e adiposo, atenuando a intolerância à glicose e restabelecendo a sensibilidade periférica à insulina (25). Evidências do potencial antiinflamatório desses ácidos graxos insaturados também foram relacionados com a OA.

Em cultura de condrócitos tratados com ômega-3, houve menor expressão das agrecanases e citocinas (68). Recentemente um trabalho demonstrou que subprodutos do metabolismo do ácido graxo ômega-3, substâncias conhecidas como resolvinas, foram capazes de bloquear a progressão da inflamação em condrócitos humanos. A resolvina D1 (RsD1) auxiliou na desativação do NF-kB e também na via ativada por JNK (69).

Em geral, ainda é precoce assumir a existência de um nutriente específico, capaz de colaborar significativamente para interromper a progrssão da doença. Não há nenhuma comprovação científica ou evidências clínicas sustentáveis sobre o papel de substâncias como cartilagem de tubarão ou colágeno hidrolisado, aumentando a biosíntese de colágeno (70). Desta forma, tais produtos permanecem sob o campo da especulação induzida e reforçada pela mídia. Ainda assim, deve-se atentar para os possíveis danos à saúde que essas substâncias podem exercer, como é o caso da cartilagem de tubarão, capaz de intensificar o dano nas cartilagens por induzir o processo inflamatório, como contrário do que é proposto (71).

CONSIDERAÇÕES FINAIS

A obesidade é um fator de risco para a OA e o aumento da massa adiposa é diretamente proporcional ao consumo exagerado de nutrientes, especialmente os ácidos graxos saturados, responsáveis pela condição de inflamação de baixo grau e resistência central à insulina e leptina. Em níveis elevados a leptina assume características inflamatórias e pode desencadear a inflamação na cartilagem articular, alterando a homeostase desse tecido. Tratamentos farmacológicos modernos como os inibidores de TNF-α (Infliximab) e do receptor de IL-1β (Anakinra) ainda encontram-se em fase experimental, com evidências clínicas proeminentes, contudo, com custos ainda impraticáveis. Desta forma, a prática de atividade física e modificações na composição da dieta, com substituição de alimentos ricos em gordura saturada pelos que contém ácidos graxos insaturados como ômega-3 (semente de chia, linhaça, noz, óleo de canola, sardinha) e ômega-9 (azeite de oliva, castanhas em geral), podem atenuar a velocidade de progressão ou prevenir o surgimento da osteoartrite. Portanto, dos fatores modificáveis relacionados às doenças articulares, alteração da alimentação e prática de atividade física dedicada são as únicas alternativas capazes de alterarem de forma contundente o possível desfecho da doença.

EXERCÍCIOS DE AUTOAVALIAÇÃO

Questão 1 – Qual o papel dos hormônios insulina e leptina na regulação do peso corporal e do consumo alimentar?

Questão 2 – Qual o papel da sinalização da insulina e leptina na cartilagem?

Questão 3 – Qual o impacto da hiperleptinemia para a doença osteoartrítica?

Questão 4 – Quais moléculas inflamatórias apresentam íntima relação entre obesidade e osteoartrite?

Questão 5 – O peso corporal excessivo pode contribuir com a osteoartrite, mas qual a explicação para o surgimento da doença em membros que não são afetados pelo peso/impacto, como as mãos e cotovelos?

REFERÊNCIAS BIBLIOGRÁFICAS

1. Gigante DP, Moura EC de, Sardinha LMV. Prevalência de excesso de peso e obesidade e fatores associados, Brasil, 2006. Rev Saude Publica. Faculdade de Saúde Pública da Universidade de São Paulo; 2009 Nov;43:83–9.
2. King D. The future challenge of obesity. Lancet. Elsevier Ltd; 2011;378(9793):743–4.
3. Chevalier N, Fénichel P. [Endocrine disruptors: A missing link in the pandemy of type 2 diabetes and obesity?]. Press médicale (Paris, Fr 1983). 2016 Jan;45(1):88–97.
4. WHO | Obesity and overweight. World Health Organization;
5. Sridhar MS, Jarrett CD, Xerogeanes JW, Labib SA. Obesity and symptomatic osteoarthritis of the knee. J Bone Joint Surg Br. 2012 Apr;94(4):433–40.
6. Hartz AJ, Fischer ME, Bril G, Kelber S, Rupley D, Oken B, et al. The association of obesity with joint pain and osteoarthritis in the HANES data. J Chronic Dis. 1986;39(4):311–9.
7. Wendling D, Prati C, Toussirot É, Dumoulin G. Change of bone mineral density and treatment of ankylosing spondylitis. Comment to the article of Kang KY et al. "The change of bone mineral density according to treatment agents in patients with ankylosing spondylitis" Joint Bone Spine 2011;78:188-93. Joint Bone Spine. 2012 Mar;79(2):207; author reply 208.
8. Kalichman L, Kobyliansky E. Hand osteoarthritis in Chuvashian population: prevalence and determinants. Rheumatol Int. 2009 Nov;30(1):85–92.
9. Griffin TM, Fermor B, Huebner JL, Kraus VB, Rodriguiz RM, Wetsel WC, et al. Diet-induced obesity differentially regulates behavioral, biomechanical, and molecular risk factors for osteoarthritis in mice. Arthritis Res Ther. 2010 Jan;12(4):R130.
10. Hotamisligil G, Shargill N, Spiegelman B. Adipose Expression of Tumor Necrosis Factor α : Direct Role in Obesity-Linked Insulin Resistance. Science (80-). 1993;259(5091):87–91.
11. Fried SK, Bunkin DA, Greenberg AS. Omental and subcutaneous adipose tissues of obese subjects release interleukin-6: depot difference and regulation by glucocorticoid. J Clin Endocrinol Metab. 1998 Mar; 83(3):847–50.
12. Zhang Y, Proenca R, Maffei M, Barone M, Leopold L, Friedman JM. Positional cloning of the mouse obese gene and its human homologue. Nature. 1994 Dec;372(6505):425–32.
13. Gerhardt CC, Romero IA, Cancello R, Camoin L, Strosberg AD. Chemokines control fat accumulation and leptin secretion by cultured human adipocytes. Mol Cell Endocrinol. 2001 Apr;175(1–2):81–92.
14. Schwartz MW, Woods SC, Porte D, Seeley RJ, Baskin DG. Central nervous system control of food intake. Nature. 2000 Apr 6;404(6778):661–71.
15. De Souza CT, Araujo EP, Bordin S, Ashimine R, Zollner RL, Boschero AC, et al. Consumption of a fat-rich diet activates a proinflammatory response and induces insulin resistance in the hypothalamus. Endocrinology. 2005 Oct;146(10):4192–9.
16. Thaler JP, Yi C-X, Schur EA, Guyenet SJ, Hwang BH, Dietrich MO, et al. Obesity is associated with hypothalamic injury in rodents and humans. J Clin Invest. 2012 Jan 3;122(1):153–62.
17. Cooke AA, Connaughton RM, Lyons CL, McMorrow AM, Roche HM. Fatty acids and chronic low grade inflammation associated with obesity and the metabolic syndrome. Eur J Pharmacol. 2016 Apr;
18. Gregor MF, Hotamisligil GS. Inflammatory mechanisms in obesity. Annu Rev Immunol. 2011;29(1): 415–45.
19. Coimbra I, Pastor E, Greve J, Puccinelli M, Fuller R, Cavalcanti F, et al. Osteoartrite (artrose): tratamento. Rev Bras Reumatol. Sociedade Brasileira de Reumatologia; 2004 Dec;44(6):450–3.
20. Alshaker H, Wang Q, Frampton AE, Krell J, Waxman J, Winkler M, et al. Sphingosine kinase 1 contributes to leptin-induced STAT3 phosphorylation through IL-6/gp130 transactivation in oestrogen receptor-negative breast cancer. Breast Cancer Res Treat. 2015 Jan;149(1):59–67.
21. Duclos M. Osteoarthritis, obesity and type 2 diabetes: The weight of waist circumference. Ann Phys Rehabil Med. 2016 May;

22. Huang ZM, Du SH, Huang LG, Li JH, Xiao L, Tong P. Leptin promotes apoptosis and inhibits autophagy of chondrocytes through upregulating lysyl oxidase-like 3 during osteoarthritis pathogenesis. Osteoarthritis Cartilage. 2016 Mar;
23. Zhang ZM, Shen C, Li H, Fan Q, Ding J, Jin FC, et al. Leptin induces the apoptosis of chondrocytes in an in vitro model of osteoarthritis via the JAK2-STAT3 signaling pathway. Mol Med Rep. 2016 Apr;13(4):3684–90.
24. Hahn TJ, Westbrook SL, Sullivan TL, Goodman WG, Halstead LR. Glucose transport in osteoblast-enriched bone explants: characterization and insulin regulation. J Bone Miner Res. 1988 Jun;3(3): 359–65.
25. Oliveira V, Marinho R, Vitorino D, Santos G, Moraes J, Dragano N, et al. Diets containing alpha-linolenic (omega 3) or oleic (omega 9) fatty acids rescues obese mice from insulin resistance. Endocrinology. 2015;(August):en.2014-1880.
26. Mobasheri A, Vannucci SJ, Bondy CA, Carter SD, Innes JF, Arteaga MF, et al. Glucose transport and metabolism in chondrocytes: A key to understanding chondrogenesis, skeletal development and cartilage degradation in osteoarthritis. Histol Histopathol. 2002;17(4):1239–67.
27. Cintra DE, Ropelle ER, Moraes JC, Pauli JR, Morari J, de Souza CT, et al. Unsaturated fatty acids revert diet-induced hypothalamic inflammation in obesity. PLoS One. 2012;7(1).
28. Cintra DE, Pauli JR, Araújo EP, Moraes JC, de Souza CT, Milanski M, et al. Interleukin-10 is a protective factor against diet-induced insulin resistance in liver. J Hepatol. 2008;48(4):628–37.
29. Natalini PM, Mateos M V, Ilincheta de Boschero MG, Giusto NM. Insulin-related signaling pathways elicited by light in photoreceptor nuclei from bovine retina. Exp Eye Res. 2015 Nov;145:36–47.
30. Hotamisligil GS. Inflammation and metabolic disorders. Nature. 2006 Dec 14;444(7121):860–7.
31. Hotamisligil GS, Erbay E. Nutrient sensing and inflammation in metabolic diseases. Nat Rev Immunol. 2008;8(12):923–34.
32. Cintra DE, Ropelle ER, Pauli JR. Regulación central de la ingestión alimentaria y el gasto energético: Acciones moleculares de la insulina, la leptina y el ejercicio físico. Rev Neurol. 2007;45(11):672–82.
33. Naylor C, Petri WA. Leptin Regulation of Immune Responses. Trends Mol Med. 2016 Jan;22(2):88–98.
34. Shi H, Kokoeva M V, Inouye K, Tzameli I, Yin H, Flier JS. TLR4 links innate immunity and fatty acid - induced insulin resistance. J Clin Invest. 2006;116(11):3015–25.
35. Caroff M, Karibian D. Structure of bacterial lipopolysaccharides. Carbohydr Res. 2003 Nov;338(23): 2431–47.
36. Lee JY, Sohn KH, Rhee SH, Hwang D. Saturated fatty acids, but not unsaturated fatty acids, induce the expression of cyclooxygenase-2 mediated through Toll-like receptor 4. J Biol Chem. 2001 May; 276(20):16683–9.
37. Akira S, Takeda K. Toll-like receptor signalling. Nat Rev Immunol. 2004;4(7):499–511.
38. Bradley JR, Pober JS. Tumor necrosis factor receptor-associated factors (TRAFs). Oncogene. 2001 Oct; 20(44):6482–91.
39. Senftleben U, Cao Y, Xiao G, Greten FR, Krähn G, Bonizzi G, et al. Activation by IKKalpha of a second, evolutionary conserved, NF-kappa B signaling pathway. Science. 2001 Aug;293(5534):1495–9.
40. Verma G, Datta M. IL-1β induces ER stress in a JNK dependent manner that determines cell death in human pancreatic epithelial MIA PaCa-2 cells. Apoptosis. 2010 Apr;15(7):864–76.
41. Saltiel AR, Kahn CR. Glucose and Lipid Metabolism. 2001;414(December):799–806.
42. Velloso LA. [The hypothalamic control of feeding and thermogenesis: implications on the development of obesity]. Arq Bras Endocrinol Metabol. 2006 Apr;50(2):165–76.
43. Cao H. Adipocytokines in obesity and metabolic disease. J Endocrinol. 2014 Feb;220(2):T47-59.
44. Hussey SE, Lum H, Alvarez A, Cipriani Y, Garduño-Garcia J, Anaya L, et al. A sustained increase in plasma NEFA upregulates the Toll-like receptor network in human muscle. Diabetologia. 2014 Mar;57(3): 582–91.
45. Ropelle ER, da Silva ASR, Cintra DE, de Moura LP, Teixeira AM, Pauli JR. Physical Exercise: A Versatile Anti-Inflammatory Tool Involved in the Control of Hypothalamic Satiety Signaling. Exerc Immunol Rev. 2021;27:7-23.

46. Calabrese LH, Rose-John S. IL-6 biology: implications for clinical targeting in rheumatic disease. Nat Rev Rheumatol. 2014 Dec;10(12):720–7.
47. Febbraio MA. gp130 receptor ligands as potential therapeutic targets for obesity. J Clin Invest. 2007 Apr;117(4):841–9.
48. Bjørbaek C, Kahn BB. Leptin signaling in the central nervous system and the periphery. Recent Prog Horm Res. 2004 Jan;59:305–31.
49. Ueki K, Kondo T, Kahn CR. Suppressor of cytokine signaling 1 (SOCS-1) and SOCS-3 cause insulin resistance through inhibition of tyrosine phosphorylation of insulin receptor substrate proteins by discrete mechanisms. Mol Cell Biol. 2004 Jun;24(12):5434–46.
50. Liu J, Yan J, Jiang S, Wen J, Chen L, Zhao Y, et al. Site-specific ubiquitination is required for relieving the transcription factor Miz1-mediated suppression on TNF-α-induced JNK activation and inflammation. Proc Natl Acad Sci U S A. 2012 Jan;109(1):191–6.
51. Dempsey PW, Doyle SE, He JQ, Cheng G. The signaling adaptors and pathways activated by TNF superfamily. Cytokine Growth Factor Rev. Jan;14(3–4):193–209.
52. Eymard F, Parsons C, Edwards MH, Petit-Dop F, Reginster J-Y, Bruyère O, et al. Diabetes is a risk factor for knee osteoarthritis progression. Osteoarthritis Cartilage. 2015 Jun;23(6):851–9.
53. Sagun G, Gedik C, Ekiz E, Karagoz E, Takir M, Oguz A. The relation between insulin resistance and lung function: a cross sectional study. BMC Pulm Med. 2015;15:139.
54. Sjöholm Å, Nyström T. Endothelial inflammation in insulin resistance. Lancet. 2005;365(9459):610–2.
55. Vuolteenaho K, Koskinen A, Moilanen T, Moilanen E. Leptin levels are increased and its negative regulators, SOCS-3 and sOb-R are decreased in obese patients with osteoarthritis: a link between obesity and osteoarthritis. Ann Rheum Dis. 2012 Nov;71(11):1912–3.
56. Mooney RA, Sampson ER, Lerea J, Rosier RN, Zuscik MJ. High-fat diet accelerates progression of osteoarthritis after meniscal/ligamentous injury. Arthritis Res Ther. 2011;13(6):R198.
57. Brunner AM, Henn CM, Drewniak EI, Lesieur-Brooks A, Machan J, Crisco JJ, et al. High dietary fat and the development of osteoarthritis in a rabbit model. Osteoarthritis Cartilage. 2012 Jun;20(6): 584–92.
58. Griffin TM, Huebner JL, Kraus VB, Guilak F. Extreme obesity due to impaired leptin signaling in mice does not cause knee osteoarthritis. Arthritis Rheum. 2009 Oct;60(10):2935–44.
59. Griffin TM, Huebner JL, Kraus VB, Yan Z, Guilak F. Induction of osteoarthritis and metabolic inflammation by a very high-fat diet in mice: effects of short-term exercise. Arthritis Rheum. 2012 Feb; 64(2):443–53.
60. Louer CR, Furman BD, Huebner JL, Kraus VB, Olson SA, Guilak F. Diet-induced obesity significantly increases the severity of posttraumatic arthritis in mice. Arthritis Rheum. 2012 Oct;64(10):3220–30.
61. Gierman LM, van der Ham F, Koudijs A, Wielinga PY, Kleemann R, Kooistra T, et al. Metabolic stress-induced inflammation plays a major role in the development of osteoarthritis in mice. Arthritis Rheum. 2012 Apr;64(4):1172–81.
62. Dumond H, Presle N, Terlain B, Mainard D, Loeuille D, Netter P, et al. Evidence for a key role of leptin in osteoarthritis. Arthritis Rheum. 2003 Nov;48(11):3118–29.
63. Hui W, Litherland GJ, Elias MS, Kitson GI, Cawston TE, Rowan AD, et al. Leptin produced by joint white adipose tissue induces cartilage degradation via upregulation and activation of matrix metalloproteinases. Ann Rheum Dis. 2012 Mar;71(3):455–62.
64. van de Loo FAJ, Veenbergen S, van den Brand B, Bennink MB, Blaney-Davidson E, Arntz OJ, et al. Enhanced suppressor of cytokine signaling 3 in arthritic cartilage dysregulates human chondrocyte function. Arthritis Rheum. 2012 Oct;64(10):3313–23.
65. Mara CS de, Sartori AR, Duarte AS, Andrade ALL, Pedro MAC, Coimbra IB. Periosteum as a source of mesenchymal stem cells: the effects of TGF-β3 on chondrogenesis. Clin (São Paulo, Brazil). 2011; 66(3):487–92.
66. Wang Y, Simpson JA, Wluka AE, Teichtahl AJ, English DR, Giles GG, et al. Is physical activity a risk factor for primary knee or hip replacement due to osteoarthritis? A prospective cohort study. J Rheumatol. 2011 Feb;38(2):350–7.

67. Mork PJ, Holtermann A, Nilsen TIL. Effect of body mass index and physical exercise on risk of knee and hip osteoarthritis: longitudinal data from the Norwegian HUNT Study. J Epidemiol Community Health. 2012 Aug;66(8):678–83.
68. Curtis CL, Hughes CE, Flannery CR, Little CB, Harwood JL, Caterson B. n-3 fatty acids specifically modulate catabolic factors involved in articular cartilage degradation. J Biol Chem. 2000 Jan;275(2):721–4.
69. Benabdoune H, Rondon E-P, Shi Q, Fernandes J, Ranger P, Fahmi H, et al. The role of resolvin D1 in the regulation of inflammatory and catabolic mediators in osteoarthritis. Inflamm Res. 2016 Apr;
70. Schadow S, Siebert H-C, Lochnit G, Kordelle J, Rickert M, Steinmeyer J. Collagen metabolism of human osteoarthritic articular cartilage as modulated by bovine collagen hydrolysates. PLoS One. 2013;8(1):e53955.
71. Merly L, Smith SL. Pro-inflammatory properties of shark cartilage supplement. Immunopharmacol Immunotoxicol. 2015 Apr;37(2):140–7.

17

DOENÇA DE ALZHEIMER

José Alexandre Curiacos de Almeida Leme
Gabriel Keine Kuga
Rafael Calais Gaspar
Ricardo Jose Gomes

OBJETIVOS DO CAPÍTULO

O objetivo deste capítulo é explanar sobre os aspectos moleculares das relações entre a Doença de Alzheimer (DA), Diabetes *Mellitus* (DM) e o exercício físico. A princípio são apresentados aspectos do envelhecimento, das demências e posteriormente da Doença de Alzheimer. Em seguida é tecida a relação entre Diabetes e a Doença de Alzheimer para que se possa posteriormente discutir o papel do exercício físico como agente profilático e terapêutico desta doença que é cada vez mais prevalente na população.

INTRODUÇÃO

O aumento da expectativa de vida causado por diversos fatores como melhoria na higiene, desenvolvimento de saneamento básico, acesso ao alimento, descoberta de medicamentos e tratamentos contribuiu para o envelhecimento populacional. Todavia, com o envelhecimento populacional aumentou a prevalência de determinadas doenças crônicas dentre as quais estão as demências.

Nas demências existem prejuízos na atividade cognitiva comprometendo as atividades de vida diária do doente. Dentre as demências conhecidas, a mais comum é a Doença de Alzheimer, com prevalência crescente na população nos últimos anos. Desde sua descoberta por um psiquiatra alemão em 1907, pesquisadores trabalharam incessantemente e a utilização de técnicas modernas ampliou a compreensão da patogênese e da fisiopatologia desta doença. Estudos moleculares viabilizaram a identificação de alterações chave no desenvolvimento da Doença de Alzheimer e indicaram uma relação com o Diabetes *Mellitus*, mostrando que a insulina tem um papel importante na fisiopatologia de ambas as doenças.

Outro aspecto relevante é que com o avanço do conhecimento, foi observado que a atividade física tem papel importante na prevenção e tratamento de várias doenças crônicas. Noutra perspectiva o sedentarismo é um fator ambiental que pode acelerar o desenvolvimento da Doença de Alzheimer em pessoas geneticamente suscetíveis. A compreensão dos efeitos moleculares do exercício em pessoas com a Doença de Alzheimer é foco de estudos na comunidade científica buscando aprimorar sua ação profilática e terapêutica.

ENVELHECIMENTO

PROCESSO NATURAL

O envelhecimento é um processo fisiológico, psicológico e social relacionado não apenas com fatores genéticos, mas também à fatores ambientais. No aspecto fisiológico, dentre as diversas alterações como sarcopenia, osteopenia, alterações endócrino-metabólicas, o envelhecimento pode promover prejuízos na função cognitiva e memória, uma vez que há redução das células nervosas já a partir dos 30 anos de idade. Em conseqüência disso há menor eficiência das transmissões nervosas, prejudicando principalmente a coordenação, equilíbrio, o tempo de reação e a memória. O processo de envelhecimento também é acompanhado de redução de neurotransmissores, o que pode gerar menor capacidade de atenção e aprendizado (1,2).

Diversas teorias discutem atualmente de que forma o nosso organismo envelhece (na verdade são mais de 300 teorias catalogadas). Uma das mais discutidas diz respeito a um progressivo encurtamento de telômeros, uma vez que nossas células passam por sucessivas mitoses, associado à lesões cumulativas causadas por radicais livres e processos oxidativos. O envelhecimento fisiológico é linear e não obrigatoriamente igual em todos os sistemas do corpo humano; cada um inicia seu envelhecimento em um dado momento e reduz a sua função em seu próprio ritmo.

Envelhecimento Cerebral e Demências

O envelhecimento cerebral, por sua vez, também apresenta um ritmo especial, que pode ser influenciado por diversos fatores, tais como a herança genética, fatores ambientais, ocupacionais, sociais e culturais aos quais o indivíduo esteve exposto ao longo da vida. O envelhecimento promove alterações neuroanatomicas e neurofisiológicas como redução da massa encefálica, surgimento de placas senis, degeneração neurofibrilar, morte neuronal, redução da arborização dendrítica e prejuízos sinápticos, tendo como processos importantes os danos em DNA, acúmulo de radicais livres, desregulação de cálcio, disfunção mitocondrial, alterações metabólicas, redução nas concentrações de fatores de crescimento e processos inflamatórios (3).

Estas alterações morfofisiológicas podem gerar prejuízos em domínios das funções cognitivas que são acentuadas no progresso de envelhecimento. Esses prejuízos podem ser exemplificados na dificuldade em compreender frases longas, discursos repetitivos, maior dificuldade em tarefas de raciocínio e memorização, lentificação no pensamento e no desvio de atenção, redução na capacidade perceptivo motora entre outras.

Todas essas alterações promovidas pelo envelhecimento cerebral ocorrem no envelhecimento saudável, também chamado de envelhecimento bem sucedido ou ausente de doenças mentais. Porém, nem sempre se torna fácil determinar o padrão de normalidade para o idoso. Há que se ressaltar que várias condições atribuídas ao envelhecimento são, na verdade, doenças crônicas ou demências que não condizem com o processo natural de envelhecimento. Um declínio ameno em alguns aspectos da capacidade cognitiva pode ocorrer no processo de envelhecimento saudável, mas a instalação do quadro de comprometimento congitivo leve (CCL) pode ser útil na detecção precoce de demência. No CCL, o declínio cognitivo e de memória é maior que no envelhecimento saudável, podendo ser uma fase ideal para ação profilática e terapêutica para prevenção e tratamento da demência (4).

As demências, tidas como transtornos neurológicos caracterizados por deterioração das funções cognitivas e, em determinados casos mudanças emocionais e comportamentais, são um conjunto de quadros patológico cuja prevalência aumenta gradativamente com o avanço da idade, podendo chegar à cerca de 67%, aos 81 anos de idade (5–8). Isto porque o envelhecimento molecular afeta genes relacionados a doenças neurológicas em direções pró-doença, sugerindo que o envelhecimento pode promover o desenvolvimento de doenças (9).

DOENÇA DE ALZHEIMER

História

Alois Alzheimer nasceu em Markbeit, em 1864 e estudou nas Universidades de Berlin, Tubingen e Wurzburg. Sua contribuição foi vasta nas áreas da Psiquiatria e Histopatologia. Todavia, é pela descoberta da doença que leva seu nome que é lembrado. Em 4 de novembro de 1906, Alzheimer apresentou seus resultados na 37ª Conferencia de Psiquiatras do Sudoeste da Alemanha numa palestra denominada "uma peculiar doença do córtex cerebral" (Uber eine eigenartige Erkrankung der Hirnrinde) (10).

Neste trabalho, Alzheimer apresentou os achados clínicos e histopatológicos *post-mortem* de uma paciente chamada August Deter falecida aos 55 anos, admitida no hospital que Alzheimer trabalhava em novembro de 1901. Esta senhora sofria de uma doença no córtex cerebral que causou prejuízos na memória e desorientação seguidas de depressão e alucinações, falecida em abril de 1906. No córtex, estudos histológicos identificaram a presença de placas senis e emaranhados neurofibrilares através de imagens histologicas pelas colorações de Nissl e Bielschwosky (11). Um ano após a Conferencia o trabalho foi publicado de forma resumida e sem figuras (12). Em 1911, Alzheimer publicou um trabalho mais completo com as imagens (13) e em 1995 seu trabalho foi traduzido para o inglês e publicado (14).

A denominação da doença ocorreu em 1910 quando o chefe de Alzheimer, Dr. Kraepelin, inseriu a descrição de Auguste Deter na oitava edição de seu livro de Psiquiatria, denominando a condição de 'Mal de Alzheimer' pela primeira vez (15). Em dezembro de 1915, Alzheimer faleceu deixando aberto o caminho que tem sido incansavelmente percorrido por numerosos outros pesquisadores.

Epidemiologia

As perspectivas futuras apontam para um envelhecimento populacional, já observado em países desenvolvidos e, mais recentemente, nos países em desenvolvimento, particularmente China, India, Brasil e Russia com projeções para 1,25 bilhões de pessoas acima de 60 anos (16). Com isso, é previsto aumento no número de pessoas com demências e na prevalência populacional desta doença.

Atualmente, acredita-se que 35,6 milhões de pessoas no mundo tenha algum tipo de demência, das quais cerca de 1 milhão são brasileiros (17). Nos Estados Unidos o número de pessoas com demência é cerca de 5,4 milhões sendo foco de preocupação para os órgãos de saúde pública (18). As projeções são para que estes números dobrem a cada 20 anos com expectativas de 65,7 milhões em 2030 e 115,4 milhões em 2050 no mundo (17).

Dentre as principais demências, destacam-se a fronto temporal, de corpos de Lewy, a demência vascular (DVa) e a Doença de Alzheimer, esta última, sendo considerada a mais prevalente em idosos. Acredita-se que cerca de 70% dos casos de demência sejam relacionados à Doença de Alzheimer.

Atualmente a DA atinge cerca de 1,4% dos indivíduos entre 65 e 69 anos, 20,8% dos indivíduos entre 85 e 89 anos, podendo alcançar cerca de 38,6% em indivíduos entre 90 e 95 anos (19).

Existe um espectro grande de fatores de risco potencialmente modificáveis para a doença de Alzheimer como fatores de risco cardiovascular, diabetes, obesidade, fatores psicossociais, cigarro, sedentarismo e baixo nível de atividade mental (17).

Patogênese e Fisiopatologia

Do ponto de vista clínico, a DA é uma doença caracterizada, principalmente pelo declínio progressivo da memória do indivíduo. Já do ponto de vista neurobiológico a DA está fortemente associada ao acúmulo de placas da proteína beta amilóide e de emaranhados neurofibrilares no cérebro dos pacientes. A degeneração neuronal, com a perda da função sináptica, deve-se ao acúmulo de placas senis (compostas por proteína beta amilóide) no interstício interneuronal e por novelos neurofibrilares no citoplasma celular. O acúmulo destas placas e emaranhados neurofibrilares resulta num déficit das vias neurotransmissoras, e determina a morte neuronal (20).

As placas senis são as primeiras mudanças anatomopatológicas observáveis na doença de Alzheimer. As placas senis são produzidas por uma deposição no cérebro humano de fibrilas de proteína beta amilóide (Aß) e de fragmentos derivados da proteína precursora de amilóide (APP). A proteína beta amilóide possui tamanho variável (de 39 à 43 aminoácidos) e é um produto natural do metabolismo da APP. Essa glicoproteína parcialmente localizada no interior e exterior da membrana plasmática tem características estruturais semelhantes às proteínas de membrana. A APP se expressa em numerosas células e tecidos, incluindo os neurônios, as células musculares lisas da parede vascular e as plaquetas. Ainda é desconhecida a função da APP na célula, mas uma hipótese é de que ela intervenha como um receptor de proteínas G de membrana, enviando sinais químicos ao interior da célula. A APP é clivada por enzimas (α, β e γ secretases) de tal forma que o desequilíbrio da ação dessas secretases pode gerar fragmentos potencialmente tóxicos. As mutações nos genes de APP tendem a inibir a clivagem por α-secretase e, conseqüentemente, permitem a clivagem preferencial por β-secretase. Como exemplo, mutações nos genes da presenilina-1 e presenilina-2 (PSEN1 e PSEN2) podem aumentar a clivagem por γ-secretase. Os peptídeos beta amilóides clivados pela β-secretase facilitam a produção de oxiradicais, podendo prejudicar os neurônios e células da glia, por agirem na peroxidação lipídica da membrana celular, desregulando a homeostase do cálcio.

Os emaranhados neurofibrilares (ENF) são gerados a partir da proteína *Tau*; uma proteína que é associada aos microtúbulos e, quando sofre hiperfosforilação, gera perda de função neuronal em conseqüência do acúmulo desses emaranhados neurofibrilares no interior celular. O acúmulo dos ENF possui relação com o declínio cognitivo durante a progressão da Doença de Alzheimer. Acredita-se que uma enzima denominada glicogênio sintase quinase-3β (GSK-3β) possa mediar a morte neuronal por apoptose, levando a neurodegeneração em pacientes com DA. A GSK-3 β parece alterar a fosforilação da proteína *Tau*, favorecendo a neurodegeneração e a formação de placas senis (Figura 1) (21–23).

As bases histológicas e fisiopatológicas da DA se fundamentam também na depleção de acetilcolina (Ach), pela redução da colina-acetiltransferase e dos receptores nicotínicos de Ach. Essa redução ocorre na fenda sináptica dos neurônios corticais, especialmente dos lobos temporal, parietal, do hipocampo e do núcleo basal de Meynert. Outros neurotransmissores estão envolvidos tanto na gênese quanto na apresentação clínica da doença, dentre eles se destacam a serotonina, a noradrelina e a dopamina. Estes prejuízos cerebrais comprometem os processos cognitivos, como memória, atenção, linguagem, e também propiciam o surgimento de mudanças comportamentais, afetando também a funcionalidade motora, bem como a execução das atividades de vida diária destes pacientes (24,25).

Sintomas e Tratamento

A DA caracteriza-se por um comprometimento da capacidade cognitiva, especialmente da memória recente e desorientação espacial, as quais costumam ser as primeiras queixas apresentadas pelo paciente. Além disso, outras áreas cerebrais começam a ser atingidas, como as áreas corticais associativas. Neste quadro de demência, com exceção dos estágios finais, os córtices primários estão relativamente preservados, o que faz com que haja alterações cognitivas e comportamentais com preservação do funcionamento motor e sensorial. A manifestação da doença costuma ser insidiosa, começando com alterações leves do comportamento, da memória e da função visuo-espacial. Com o tempo, estes prejuízos vão aumentando, trazendo dificuldades para inúmeras tarefas do dia a dia. Há também prejuízo importante da função executiva, que engloba a capacidade de planejamento, a tomada de decisões e a execução de tarefas. As alterações do comportamento chegam a acontecer em mais de um terço dos casos de DA. Dentre as alterações podemos encontrar a depressão, disforia, irritabilidade, apatia e alterações do sono. Embora a evolução da doença varie entre os indivíduos, infelizmente a progressão costuma levar o paciente ao óbito (26).

O diagnóstico da DA é feito, principalmente, pela observação do quadro clínico. Alguns exames complementares (ressonância magnética e exames de sangue) podem ser realizados, mas eles têm o papel de excluir outras causas que poderiam justificar os sintomas. A avaliação neuropsicológica envolve o uso de testes psicológicos para a verificação do funcionamento cognitivo em várias esferas. Os resultados dos testes, associados à história clínica e à observação do comportamento do paciente ajudam no diagnóstico adequado (27).

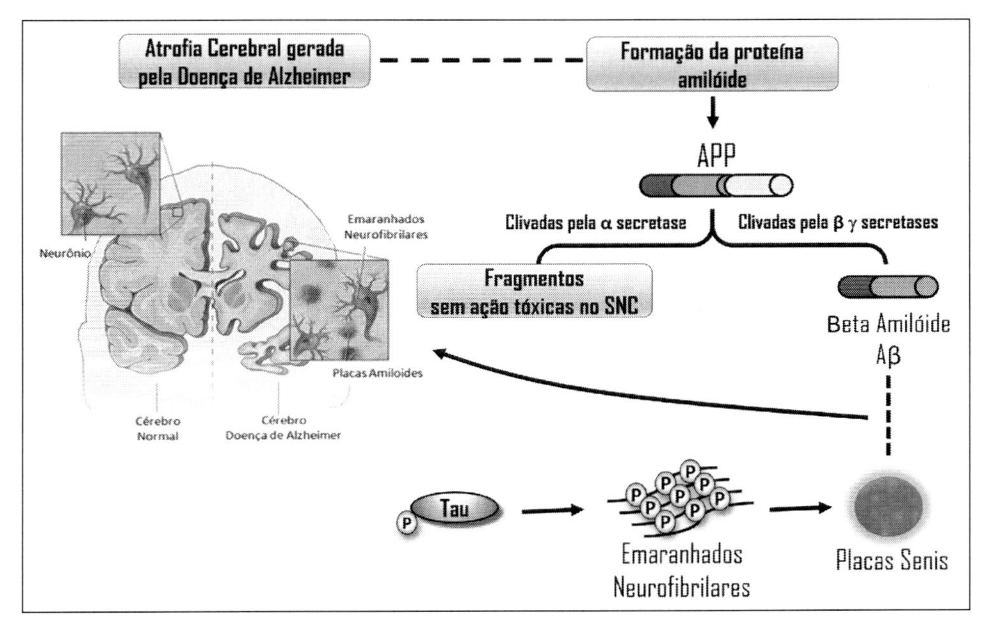

Figura 1 Figura representando o desenvolvimento da doença de Alzheimer (DA) e seus mecanismos moleculares.

DIABETES E DOENÇA DE ALZHEIMER

Comprovações Epidemiológicas

Estudos demonstram que o DM aumenta o risco para DA. Tais doenças compartilham várias características comuns, incluindo o prejuízo no metabolismo da glicose, aumento do estresse oxidativo, resistência à insulina e acúmulo anormal de proteínas amilóides no cérebro (28). O DM2 pode aumentar o risco da DA por meio de vários mecanismos, que incluem resistência à insulina e ao fator de crescimento semelhante à insulina (IGF-1, um peptídeo anabólico) em áreas nobres do cérebro (como o hipocampo, por exemplo). Outros mecanismos que podem aumentar o risco para DA são a glicotoxicidade, lesão vascular cerebral/hipóxia, inflamação crônica periférica, inflamação do cérebro associada aos produtos finais da glicação avançada (AGE), entre outros fatores (29). Apesar de saber-se que as complicações vasculares resultantes do diabetes podem participar do processo de neurodegeneração, acredita-se que exista relação direta também com alterações na via de sinalização da insulina e do IGF-1 no cérebro.

Nos últimos anos, pesquisas têm demonstrado que a insulina pode desempenhar relevante ação sobre o sistema nervoso central (30). Estudos com técnicas de biologia molecular indicam que a insulina está presente em diferentes regiões do sistema nervoso e atua por meio de receptores específicos como um agente neuromodulador (31). A insulina regula neurotransmissores que são fundamentais para o processo de cognição, tais como acetilcolina, norepinefrina e dopamina (32). Alterações na secreção ou diminuição das concentrações cerebrais de insulina e de seus receptores foram relacionadas com diabetes e com sérias desordens cognitivas em humanos e em animais (33). Como a fisiopatologia da DA e do DM são similares, alguns autores têm proposto que a doença de Alzheimer (AD) seria um "novo tipo de diabetes" ou um "tipo de diabetes cerebral". Outros pesquisadores utilizaram o termo "diabetes tipo 3" referindo-se à DA, sugerindo uma forma de diabetes que envolveria o cérebro e teria características moleculares e bioquímicas semelhantes. Contudo, deve-se destacar que tais terminologias não foram ainda incorporadas pela literatura científica até o presente momento (34,35).

A DA está relacionada ao acúmulo de proteínas beta-amilóides, redução das concentrações de insulina e dos IGFs (IGF-1 e IGF-2) no hipocampo, uma importante área da memória, enquanto as regiões cerebrais que normalmente não são atingidas pela DA podem apresentar concentrações adequadas desses peptídeos (36). Desde o estudo pioneiro de Miles e Root (1922), várias pesquisas têm evidenciado declínio precoce da capacidade cognitiva nos pacientes com DM2 (37). Tem sido observado que indivíduos com diabetes têm o risco aumentado para desenvolver Doença de Alzheimer e Demência Vascular. Estes estudos têm sugerido que a memória e as funções executivas são as funções mais afetadas no cérebro (38). A formação de placas amilóides e emaranhados neurofibrilares marcam a neuropatologia comum da DA e do DM (39). Zhang et al. (2010) demonstraram que o diabetes induzido por estreptozotocina produziu alterações na atividade da GSK-3β e hiperfosforiliação da proteína Tau em animais (o que favorece a formação de placas senis) (40). Contudo, deve-se ressaltar que os mecanismos exatos de disfunção dos neurotransmissores, dos neuromoduladores, bem como as alterações neuroquímicas do Diabetes que aumentam o risco para Doença de Alzheimer não foram ainda totalmente elucidados e necessitam de mais estudos (41).

Sabe-se que a injeção sistêmica de estreptozotocina (STZ) em animais promove lesões de células beta pancreáticas e induz ao diabetes *mellitus* tipo 1. De forma semalhante, a administração intraventricular de STZ promove alterações deletérias nos neurônios trazendo alterações comportamentais, morfológicas e moleculares nos animais. Neste processo são formadas placas senis e emaranhados neurofibrilares e, conseqüentemente, ocorrem alterações comportamentais como déficits de aprendizagem e memória. Este é um modelo bem aceito pela literatura para estudar experimentalmente a DA em animais (42–44).

3.4. EXERCÍCIO E DOENÇA DE ALZHEIMER

Pesquisas realizadas com pessoas idosas que apresentam boas condições de saúde indicam que a longevidade é associada principalmente à fatores ambientais. Os fatores mais citados são: A manutenção de um estado mental ativo, de uma rede social, de hábitos alimentares saudáveis e a prática de atividades físicas regulares (45). Sabe-se que a realização de exercícios moderados contribui para o controle de diversas doenças, tais como diabetes, hipertensão, entre outras. Tem sido demonstrado também que o exercício físico regular pode prevenir distúrbios cognitivos associados à senilidade, bem como o desenvolvimento da doença de Alzheimer (46,47). Diversas pesquisas têm registrado a ação benéfica do exercício físico, como um tratamento não farmacológico para a doença, resultando em efeitos positivos na cognição, redução nos distúrbios de comportamento e melhora na função motora de pacientes com DA (48). Em um estudo desenvolvido por Hernández et al. (2010) observou-se que pacientes que participaram de um programa de atividades físicas (AF) sistematizadas obtiveram benefícios no equilíbrio, diminuição do risco de quedas e manutenção das funções cognitivas, quando comparados com pacientes que não participaram de tal programa, evidenciando que a prática de AF sistematizada e regular pode representar uma alternativa não farmacológica para redução do declínio cognitivo e motor decorrentes da doença (49).

Estudos indicam que o exercício aeróbio de moderada intensidade durante um ano foi efetivo para aumentar a densidade e o tamanho do hipocampo em humanos, uma área importante da memória. O exercício resistido também tem demonstrado importantes efeitos sobre a memória e cognição de pessoas jovens e idosas, uma vez que estimula importantes neuromoduladores, tais como IGF-1 e BDNF, reduzindo o risco de demências (47,50,51).

Em estudos experimentais, tem sido demonstrado que o treinamento físico (aeróbio e resistido) pode melhorar a memória espacial de ratos saudáveis. Além disso, o exercício estimula a expressão do receptor de insulina, de IGF-1 e do fator neurtrófico derivado do cérebro (BDNF) em regiões do hipocampo, o que pode ser favorável para prevenir o acúmulo de proteínas beta amilóides e a formação de placas senis (31,33,52). O estímulo da via da insulina pelo exercício pode prevenir a apoptose e a hiperfosforilação da proteína Tau no cérebro, o que reduz o acúmulo de (ENF). É importante ressaltar que a resistência cerebral à insulina e o DM2 bloqueiam a enzima que degrada insulina (IDE), mas que também é capaz de degradar a proteína beta amilóide (Aβ). Desta forma, como o exercício pode estimular a via da insulina poderia indiretamente estimular essa importante enzima (IDE) que degrada a proteína beta amiloide (53). Sabe-se que BDNF e IGF-1 estimulam a neuroplasticidade e melhoram a eficiência das transmissões sinápticas, o que colabora com a manutenção da cognição e memória.

O treinamento físico é capaz de recuperar os níveis séricos e hipocampais de IGF-1 em animais diabéticos, o que poderia explicar o incremento da memória desses animais, fato observado em diversos estudos (54,55). You et al. (2009) demonstraram que o treinamento físico melhorou a memória espacial de animais diabéticos (56). No entanto, os mecanismos exatos pelos quais o treinamento físico previne ou retarda o desenvolvimento de distúrbios cognitivos não foram ainda totalmente estabelecidos. Em modelos experimentais para DA tem sido observado também uma recuperação da memória acompanhada pelo incremento da via da insulina e do IGF-1 após o treinamento físico (57,58). Desta forma, parece haver uma ligação comum entre DM 2 e DA, e que o exercício físico regular pode melhorar a memória e reduzir a desenvolvimento de distúrbios cognitivos (Figura 2), não apenas por modular a via da insulina, do IGF-1 e de outros fatores neurotróficos, mas também por atuar por meio de outros mecanismos que estimulam a função cerebral, os quais ainda necessitam de mais estudos. Desta forma, pode-se ressaltar a importância de um estilo de vida ativo durante o processo de envelhecimento não apenas para redução dos riscos para doenças cardiovasculares e metabólicas, mas também para manutenção da memória e cognição.

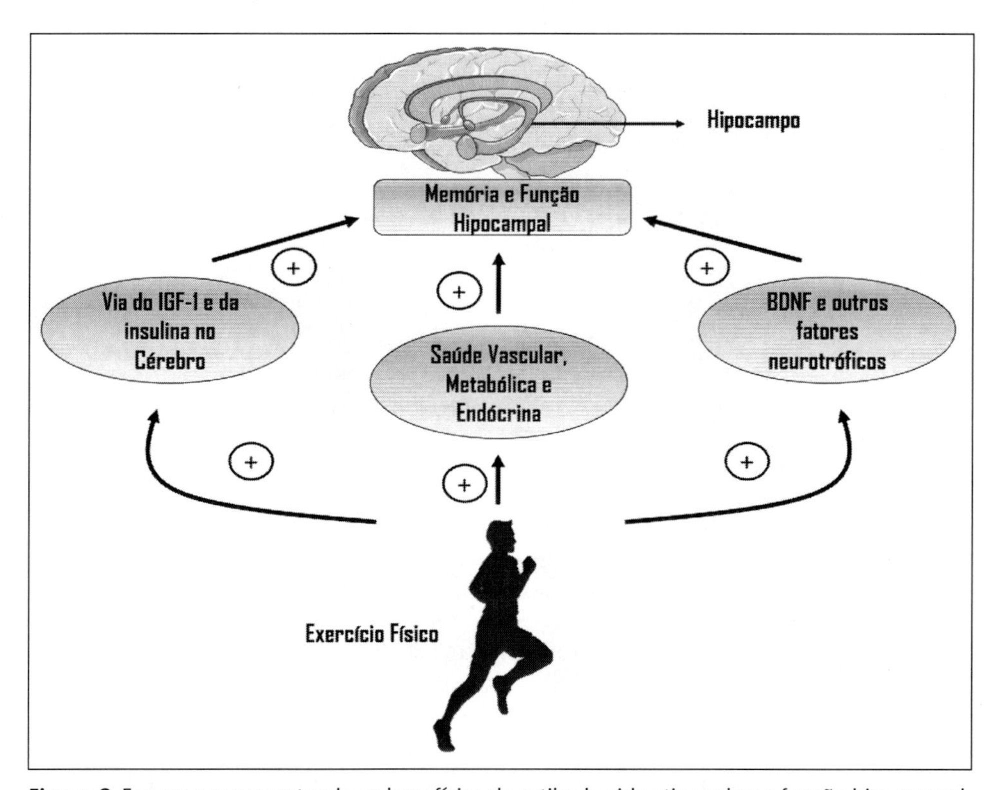

Figura 2 Esquema representando os benefícios do estilo de vida ativo sobre a função hipocampal.

CONSIDERAÇÕES FINAIS

A doença de Alzheimer é uma das principais demências que atingem os seres humanos e sua origem está relacionada não apenas ao envelhecimento, mas também à complexos mecanismo deletérios da função cerebral. Alguns desses mecanismos são associados ao Diabetes *Mellitus*, sobretudo no que se refere à prejuízos na via de sinalização da insulina, IGF-1 e de outros fatores neurotróficos em áreas nobres do cérebro. O exercício físico por outro lado, é eficaz para prevenção e tratamento do Diabetes *Mellitus*, além de modular importantes etapas da via de sinalização da insulina no cérebro e de estimular fatores neurotróficos, o que resulta em efeitos positivos na memória e cognição, tanto em indivíduos saudáveis, como naqueles que possuem algum grau de demência.

EXERCÍCIOS DE AUTOAVALIAÇÃO

Questão 1 – Defina envelhecimento cerebral e demências.

Questão 2 – Apresente a fisiopatologia da Doença de Alzheimer

Questão 3 – Quais são os principais sintomas da Doença de Alzheimer?

Questão 4 – Explique a relação entre Diabetes e Doença de Alzheimer.

Questão 5 – Como o exercício físico contribui no tratamento da Doença de Alzheimer?

REFERÊNCIAS BIBLIOGRÁFICAS

1. Spirduso WW, Francis KL, Macrae PG. Physical Dimensions of Aging. 2 ed. Champaign: Human Kinetics; 1995.
2. Netto P. "O Estudo da velhice no século XX: histórico, definição do campo e termos básicos." In: Tratado de geriatria e gerontologia. Freitas, E. Rio de Janeiro: Guanabara Koogan; 2002.
3. Yankner BA, Lu T, Loerch P. The Aging Brain. Annu Rev Pathol Mech Dis. 2008 Feb;3(1):41–66.
4. Levey A, Lah J, Goldstein F, Steenland K, Bliwise D. Mild cognitive impairment: An opportunity to identify patients at high risk for progression to Alzheimer's disease. Clin Ther. 2006 Jul;28(7):991–1001.
5. Rosselli M, Jurado M. Evaluación Neuropsicológica de la demencia. Rev Neuropsicol Neuropsiquiatría y Neurociencias. 2012;12(1):99–132.
6. Helgason T, Magnússon H. Chapter 8: The first 80 years of life A psychiatric epidemiological study. Acta Psychiatr Scand. Wiley/Blackwell (10.1111); 1989 Mar;79(S348):85–94.
7. Sidiropoulos M. Molecular mechanisms of aging: telomerase and cellular aging. Univ Toronto Med J. 2005;83(1):17–8.
8. Blackburn EH. Telomere states and cell fates. Nature. 2000 Nov 2;408(6808):53–6.
9. Glorioso C, Sibille E. Between destiny and disease: Genetics and molecular pathways of human central nervous system aging. Prog Neurobiol. 2011 Feb;93(2):165–81.
10. Small DH, Cappai R. Alois Alzheimer and Alzheimer's disease: a centennial perspective. J Neurochem. 2006 Nov;99(3):708–10.
11. Zilka N, Novak M. The tangled story of Alois Alzheimer. Bratisl Lek Listy. 2006;107(9–10):343–5.
12. Alzheimer A. Über eine eigenartige Erkrankung der Hirnrinde. Allg Z Psychiatr Psych Med. 1907;64: 46–148.
13. Alzheimer A. Über eigenartige Krankheitsfalle des späteren Alters. Z die Gesamte Neurol Psychiatr. 1911;4:456–385.
14. Alzheimer A, Stelzmann R, Schnitzlein H, Murtagh F. An English translation of Alzheimer's 1907 paper, 'Uber eine eigenartige Erkankung (sic) der Hirnrinde.' Clin Anat. 1995;8:429–431.
15. Kraepelin E. Psychiatrie: Ein Lehrbuch für Studierende und Arzte, Klinische Psychiatrie [Psychiatry: a study book for students and doctors, clinical psychiatry]. Leipzig: Barth; 1915.
16. Only E. World Population Prospects The 2002 Revision Highlights. 2003;
17. Prince M, Bryce R, Albanese E, Wimo A, Ribeiro W, Ferri CP. The global prevalence of dementia: A systematic review and metaanalysis. Alzheimer's Dement. 2013 Jan;9(1):63–75.e2.
18. Plassman BL, Langa KM, Fisher GG, Heeringa SG, Weir DR, Ofstedal MB, et al. Prevalence of dementia in the United States: the aging, demographics, and memory study. Neuroepidemiology. Karger Publishers; 2007;29(1–2):125–32.
19. Freitas E. Tratado de geriatria e gerontologia. Rio de Janeiro: Guanabara Koogan; 2006.
20. Haroutunian V, Purohit DP, Perl DP, Marin D, Khan K, Lantz M, et al. Neurofibrillary tangles in nondemented elderly subjects and mild Alzheimer disease. Arch Neurol. 1999 Jun;56(6):713–8.

21. Xu G, Gonzales V, Borchelt DR. Rapid detection of protein aggregates in the brains of Alzheimer patients and transgenic mouse models of amyloidosis. Alzheimer Dis Assoc Disord. 16(3):191–5.
22. Haass C, Selkoe DJ. Soluble protein oligomers in neurodegeneration: lessons from the Alzheimer's amyloid β-peptide. Nat Rev Mol Cell Biol. 2007 Feb 1;8(2):101–12.
23. King MR, Anderson NJ, Guernsey LS, Jolivalt CG. Glycogen synthase kinase-3 inhibition prevents learning deficits in diabetic mice. J Neurosci Res. 2013 Apr;91(4):506–14.
24. Chessell IP. Acetylcholine Receptor Targets on Cortical Pyramidal Neurones as Targets for Alzheimer's Therapy. Neurodegeneration. Academic Press; 1996 Dec 1;5(4):453–9.
25. Xia W, Zhang J, Perez R, Koo EH, Selkoe DJ. Interaction between amyloid precursor protein and presenilins in mammalian cells: implications for the pathogenesis of Alzheimer disease. Proc Natl Acad Sci U S A. National Academy of Sciences; 1997 Jul 22;94(15):8208–13.
26. Barnes LL, Wilson RS, Bienias JL, Schneider JA, Evans DA, Bennett DA. Sex Differences in the Clinical Manifestations of Alzheimer Disease Pathology. Arch Gen Psychiatry. 2005 Jun 1;62(6):685.
27. Ritchie K, Artero S, Touchon J. Classification criteria for mild cognitive impairment: a population-based validation study. Neurology. 2001 Jan 9;56(1):37–42.
28. Zhao W-Q, Townsend M. Insulin resistance and amyloidogenesis as common molecular foundation for type 2 diabetes and Alzheimer's disease. Biochim Biophys Acta – Mol Basis Dis. 2009 May;1792(5): 482–96.
29. Hayden MR, Banks WA, Shah GN, Gu Z, Sowers JR. Cardiorenal Metabolic Syndrome and Diabetic Cognopathy. Cardiorenal Med. 2013 Dec;3(4):265–82.
30. Brüning JC, Gautam D, Burks DJ, Gillette J, Schubert M, Orban PC, et al. Role of brain insulin receptor in control of body weight and reproduction. Science. 2000 Sep 22;289(5487):2122–5.
31. Park CR. Cognitive effects of insulin in the central nervous system. Neurosci Biobehav Rev. 2001 Jun; 25(4):311–23.
32. Craft S, Stennis Watson G. Insulin and neurodegenerative disease: shared and specific mechanisms. Lancet Neurol. 2004 Mar;3(3):169–78.
33. Zhao W-Q, Alkon DL. Role of insulin and insulin receptor in learning and memory. Mol Cell Endocrinol [Internet]. 2001 [cited 2018 Jul 19];177:125–34. Available from: www.elsevier.com/locate/mce
34. de la Monte SM, Wands JR. Review of insulin and insulin-like growth factor expression, signaling, and malfunction in the central nervous system: relevance to Alzheimer's disease. J Alzheimers Dis. 2005 Feb;7(1):45–61.
35. Freude S, Schilbach K, Schubert M. The role of IGF-1 receptor and insulin receptor signaling for the pathogenesis of Alzheimer's disease: from model organisms to human disease. Curr Alzheimer Res. 2009 Jun;6(3):213–23.
36. Biessels GJ, Staekenborg S, Brunner E, Brayne C, Scheltens P. Risk of dementia in diabetes mellitus: a systematic review. Lancet Neurol. 2006 Jan;5(1):64–74.
37. Miles WR, Root HF. Psychologic tests applied to diabetic patients. Arch Intern Med. American Medical Association; 1922 Dec 1;30(6):767.
38. Cole AR, Astell A, Green C, Sutherland C. Molecular connexions between dementia and diabetes. Neurosci Biobehav Rev. 2007;31(7):1046–63.
39. de la Monte SM, Wands JR. Alzheimer's disease is type 3 diabetes-evidence reviewed. J Diabetes Sci Technol. 2008 Nov;2(6):1101–13.
40. Zhang T, Pan B-S, Sun G-C, Sun X, Sun F-Y. Diabetes synergistically exacerbates poststroke dementia and tau abnormality in brain. Neurochem Int. 2010 Jul;56(8):955–61.
41. Yeung SE, Fischer AL, Dixon RA. Exploring effects of type 2 diabetes on cognitive functioning in older adults. Neuropsychology. NIH Public Access; 2009 Jan;23(1):1–9.
42. Torrão AS, Café-Mendes CC, Real CC, Hernandes MS, Ferreira AFB, Santos TO, et al. Different Approaches, One Target: Understanding Cellular Mechanisms of Parkinson's and Alzheimer's Diseases. Rev Bras Psiquiatr. Associação Brasileira de Psiquiatria (ABP); 2012 Oct;34:194–218.
43. Lester-Coll N, Rivera EJ, Soscia SJ, Doiron K, Wands JR, de la Monte SM. Intracerebral streptozotocin model of type 3 diabetes: relevance to sporadic Alzheimer's disease. J Alzheimers Dis. 2006 Mar;9(1):13–33.

44. Duelli R, Schröck H, Kuschinsky W, Hoyer S. Intracerebroventricular injection of streptozotocin induces discrete local changes in cerebral glucose utilization in rats. Int J Dev Neurosci. 1994 Dec;12(8):737–43.
45. Kokkinos P, Myers J, Kokkinos JP, Pittaras A, Narayan P, Manolis A, et al. Exercise Capacity and Mortality in Black and White Men. Circulation. 2008 Feb 5;117(5):614–22.
46. Kiraly MA, Kiraly SJ. The Effect of Exercise on Hippocampal Integrity: Review of Recent Research. Int J Psychiatry Med. 2005 Mar 23;35(1):75–89.
47. Larson EB, Wang L, Bowen JD, McCormick WC, Teri L, Crane P, et al. Exercise is associated with reduced risk for incident dementia among persons 65 years of age and older. Ann Intern Med. 2006 Jan 17; 144(2):73–81.
48. Tappen RM, Roach KE, Applegate EB, Stowell P. Effect of a combined walking and conversation intervention on functional mobility of nursing home residents with Alzheimer disease. Alzheimer Dis Assoc Disord. 14(4):196–201.
49. Hernandez SSS, Coelho FGM, Gobbi S, Stella F. Efeitos de um programa de atividade física nas funções cognitivas, equilíbrio e risco de quedas em idosos com demência de Alzheimer. Rev Bras Fisioter. Brazilian Journal of Physical Therapy; 2010 Feb;14(1):68–74.
50. Erickson KI, Prakash RS, Voss MW, Chaddock L, Hu L, Morris KS, et al. Aerobic fitness is associated with hippocampal volume in elderly humans. Hippocampus. 2009 Oct;19(10):1030–9.
51. Gates NJ, Sachdev PS, Fiatarone Singh MA, Valenzuela M. Cognitive and memory training in adults at risk of dementia: A Systematic Review. BMC Geriatr. 2011 Dec 25;11(1):55.
52. Cassilhas RC, Lee KS, Fernandes J, Oliveira MGM, Tufik S, Meeusen R, et al. Spatial memory is improved by aerobic and resistance exercise through divergent molecular mechanisms. Neuroscience. 2012 Jan 27;202:309–17.
53. Farris W, Mansourian S, Chang Y, Lindsley L, Eckman EA, Frosch MP, et al. Insulin-degrading enzyme regulates the levels of insulin, amyloid -protein, and the -amyloid precursor protein intracellular domain in vivo. Proc Natl Acad Sci. 2003 Apr 1;100(7):4162–7.
54. Zanconato S, Moromisato DY, Moromisato MY, Woods J, Brasel JA, Leroith D, et al. Effect of training and growth hormone suppression on insulin-like growth factor I mRNA in young rats. J Appl Physiol. 1994 May;76(5):2204–9.
55. Diegues JC, Pauli JR, Luciano E, de Almeida Leme JAC, de Moura LP, Dalia RA, et al. Spatial memory in sedentary and trained diabetic rats: molecular mechanisms. Hippocampus. 2014 Jun;24(6):703–11.
56. You JSH, Kim C-J, Kim MY, Byun YG, Ha SY, Han BS, et al. Long-term treadmill exercise-induced neuroplasticity and associated memory recovery of streptozotocin-induced diabetic rats: an experimenter blind, randomized controlled study. NeuroRehabilitation. 2009;24(3):291–7.
57. Redila VA, Christie BR. Exercise-induced changes in dendritic structure and complexity in the adult hippocampal dentate gyrus. Neuroscience. 2006;137(4):1299–307.
58. Kim B-K, Shin M-S, Kim C-J, Baek S-B, Ko Y-C, Kim Y-P. Treadmill exercise improves short-term memory by enhancing neurogenesis in amyloid beta-induced Alzheimer disease rats. J Exerc Rehabil. 2014 Feb 28;10(1):2–8.

Parte 4

BIOLOGIA MOLECULAR DO EXERCÍCIO FÍSICO E TREINAMENTO FÍSICO

18

EXERCÍCIO RESISTIDO

Marco Carlos Uchida
Aline Villa Nova Bacurau
Lucas Guimarães Ferreira

OBJETIVOS DO CAPÍTULO

- Apresentação breve da micro estrutura do músculo esquelético;
- Importância da mecanotransdução e sua sinalização para o trofismo muscular;
- Dano celular muscular, papel da célula satélite na reparação e hipertrofia muscular;
- Papel e sinalização hormonal para hipertrofia muscular;
- Estímulo metabólico uma breve apresentação sobre um possível papel no aumento da massa muscular.

INTRODUÇÃO

A musculatura nos dias de hoje não é mais sinônimo simplesmente de mais ou menos força, mas também de um *status* social. Onde em algumas culturas ou países aquele que é mais musculoso é reconhecido como o mais bonito e bem sucedido, em outros pode ser simplesmente relacionado com um trabalhador braçal e talvez menos valorizado socialmente. Mas, muito mais que *status*, a manutenção da massa muscular se faz importatíssima, uma vez que ela significa aproximadamente de 40 a 50% do nosso peso total (1), pois a partir dos 40 anos temos uma perda 8% de massa muscular a cada década até os 70 anos, e após esta idade a perda é de 15% por década, o que leva a uma diminuição da força e potência muscular, comprometendo principalmente a execução das atividades da vida diária (AVD; e.g. tomar banho, vestir-se, andar e comer) e as atividades instrumentais da vida diária (AIVD; i.e. administrar o ambiente em que vive; e.g. preparar refeições, fazer tarefas domésticas, lavar roupas).

O músculo esquelético é formado por fibras musculares (FM) ou células musculares (CM), são sinônimas, tem diâmetro aproximado de 50μm (2) e no seu interior existem as miofibrilas (diâmetro de 1 a 2 μm) que acompanham o comprimento total da fibra (2), e cada miofibrila terá em seu interior os miofilamentos proteicos que formam os sarcômeros. Estes se contraem por meio do deslizamento dos filamentos finos (actina) sobre os grossos (miosina), tracionando as linhas-Z no sentido do centro. Portanto, ao deparar com um indivíduo musculoso é comum assumir que ele seja também muito forte, hipertrofia por elementos contráteis, estamos falando de maior número de miofilamentos, miofibrilas (3) e sarcômeros dispostos em paralelo (i.e. um sobre o outro, mas imagine de forma tridimensional, ou seja, um aumento radial). Isso significa que ao treinar com o estímulo, nutrição e descanso adequados há uma maior síntese proteica que degradação (anabolismo vence o catabolismo), levando ao aumento muscular, lembrando que o *turnover*, ou meia-vida, das proteínas contráteis é de 7 a 15 dias (3). Podemos afirmar que uma das melhores formas de manter o anabolismo superando o catabolismo proteico, resultando em aumento da massa muscular, e das capacidades de força e potência é através da atividade física, especificamente do treinamento de força.

MICROESTRUTURA

Para entendermos um pouco melhor como se dá o procecesso de remodelação muscular através da prática do treinamento de força, primeiro abordaremos uma breve passagem sobre a descrição de algumas estruturas do músculo esquelético que devem ser aprofundadas em um bom livro de Fisiologia Humana e/ou do Exercício.

As células musculares (CM) ou fibras musculares (FM) são poligonais (i.e. com diversos lados), mas se assemelham a uma estrutura cilíndrica, com um diâmetro variando entre 10μm a 100 μm, inferior ao diâmetro de um fio de cabelo (4), que é um dos fatores associados a força muscular, dessa forma hipertrofia está relacionada ao aumento dessa capacidade, e a atrofia a diminuição. O comprimento da fibra muscular também varia muito, dependendo também da arquitetura muscular, mas pode chegar 10 cm (2).

Envolvendo e estruturando a fibra muscular há a lâmina basal (LB), uma das suas principais funções é o envolvimento com a reparação e recuperação, quando a fibra muscular se encontra lesionada, porém com a LB preservada. É provável que LB expresse uma diversidade de proteínas que criam uma “impressão digital molecular” importante para recuperação, que permanece mesmo se a FM for danificada (4). Uma bainha do tipo rede de colágeno, denominado endomísio, envolve a FB, existem estudos que sugerem que as fibras musculares estão intimamente associadas com a matriz de tecido conjuntivo, e que as FM per se não estão dispostas simplesmente de um ponto a outro, parece que existem algumas fibras musculares que começam e terminam no interior do próprio ventre do músculo. Portanto, a matriz de tecido conjuntivo pode ter um papel fundamental na transmissão de tensão de uma FM a um tendão e não meramente um papel de suporte (4).

As células musculares, não possuem apenas um núcleo, mas centenas de núcleos por milímetro, localizado ao longo do comprimento da célula. O planejamento da síntese protéica e o seu produto celular é distribuído por toda a célula, controlada pelos núcleos. Como resultado de tantos núcleos, provavelmente exista alguma forma internuclear de comunicação que garanta que as propriedades celulares sejam compatíveis ao longo da célula, porém com certo grau de autonomia individual (4). Um conceito atual é que cada núcleo seja responsável por um volume particular no citoplasma, conhecido como dominio nuclear. A síntese proteica coordenada pelo núcleo é realizada no citoplasma pelos ribossomos e extremamente importante para a célula, portanto a regulação da síntese de proteínas é primordial para a sobrevivência dela, que pode ser o desafio do aumento do seu uso, como exercício físico, eletroestimulação; ou o desuso, como as imobilizações, desnervação, microgravidade, lesão medular. Levando uma maior ou menor síntese de determinadas proteínas, portanto ao *up* ou *down regulation* na sintese protéica, respectivamente (4).

Sabendo da importância da síntese proteica na manutenção da massa muscular, o próximo passo é compreender como o treinamento de força potencializa tal ativação. No próximo tópico será discutido como o estímulo mecânico leva ao crescimento muscular.

MECANOTRANSDUÇÃO: DA TENSÃO CONTRÁTIL A HIPERTROFIA MUSCULAR

Nos últimos 15 anos, vêm aumentando progressivamente a compreensão sobre os mecanismos envolvidos nas adaptações musculoesqueléticas frente ao estímulo mecânico promovido pelo treinamento de força (5). Esse conhecimento tem permitido elucidar como o estímulo mecânico *per se* amplifica as taxas de síntese proteica, uma vez que tal incremento é um evento crítico na regulação da hipertrofia muscular (6). Dessa forma, para que o processo hipertrófico ocorra, a conversão do sinal mecânico em resposta biológica é fundamental. Esse mecanismo é chamado de "mecanotransdução" (Figura 1).

Pela habilidade do músculo esquelético em responder ao estímulo mecânico, foi cunhado por Golspink & Booth (1992) como um "mecanócito" (7). Isso sugere que embora a regulação da massa muscular seja um fenômeno complexo, dependente de uma rede integrada de diferentes sistemas biológicos e vias de sinalização intracelular, mediadores sensitivos ao exercício são passíveis de promover parte dos mecanismos que medeiam o remodelamento celular e as respostas adaptativas na maquinaria contrátil. No entanto, é preciso primeiro compreender como esses diferentes sinais são transmitidos e "entendidos" pela a fibra muscular.

Força *vs.* Deformação

A percepção do sinal mecânico propagado para o músculo esquelético pode ser sentida por meio da "força" e da "deformação celular". Embora não seja comum pensar nesses dois eventos de forma dissociada uma vez que a deformação da fibra está relacionada a geração de força, no entanto, no nível molecular de cada evento pode produzir sinalizações distintas na FM. Tal diferenciação se faz notada, pois mesmo quando sujeita a forças externas díspares, a fibra muscular pode apresentar uma mesma deformidade.

Como exemplo, o nível de produção de força de uma fibra depende do cálcio (Ca^{+2}) intracelular, cuja a concentração citoplasmática pode aumentar em até 100 vezes. Esse aumento está associado a diferentes regulações no tecido muscular, uma vez que esse íon é reconhecido como um importante segundo mensageiro neste tecido. Por outro lado, durante a deformação muscular, a rede de filamentos intermediários, moléculas de adesão e proteínas acessórias que ancoram a matriz extracelular à matriz contrátil, são alongados em detrimento ao encurtamento dos sarcômeros, sendo esses importantes mecanosensores na propagação do sinal biológico. Dessa forma, esses dois mecanismos caracterizam sinais distintos que podem regular o crescimento muscular (8).

Além da modulação no transiente de Ca^{+2} e na deformação dos elementos da matriz extracelular, a geração de tensão ativa também pode alterar o *status* metabólico da fibra muscular, por meio do dispêndio energético. Juntos, todos esses eventos regulados pelo estímulo mecânico do treinamento de força, parecem exercer importante mediação para o aumento da massa muscular.

Estímulos Mecânicos

A fibra muscular além de detectar estímulos mecânicos, também pode diferenciar entre os distintos tipos de ação mecânica. Por exemplo, quando um músculo é submetido cronicamente a sessões de alongamento, observa-se um crescimento longitudinal (comprimento) da fibra muscular, pela adição de sarcômeros em série. Já, quando submetido a uma sobrecarga mecânica imposta pelo treinamento de força, esse crescimento é radial (área de secção transversa), pela adição de sarcômeros em paralelo.

Embora essa resposta adaptativa seja bem estabelecida, a complexidade em identificar dentro de um mesmo ambiente diferentes tipos de sinais mecânicos que possam provocar eventos moleculares diversos, dificulta o conhecimento de tais mecanismos. Para melhor elucidar essa regulação, foram conduzidos experimentos "*in vitro*" agrupados em duas classes de estiramento, uniaxial ou multiaxial. Esses resultados demonstraram que a capacidade da célula muscular em tal reconhecimento sensorial estava atrelada a uma reposta molecular distinta, ou seja, diferentes sinais produziram diferentes respostas biológicas (9).

De fato, Martineau & Gardiner (2001) demonstraram que uma sinalização alvo da mecanotransdução, a proteína MAPK (*Mitogen-activated protein kinases*), apresentava resposta específica frente a diferentes estímulos mecânicos (10). Essa via de sinalização esta envolvida na regulação transcricional de genes relacionados ao crescimento muscular, e segundo os autores, essa ativação é mecano-dependente. Em adição, após diferentes protocolos de contração "in situ", a expressão da forma ativa da MAPK no músculo plantar de animais seguia a hierarquia: contração excêntrica > contração isométrica > contração concêntrica > alongamento passivo.

Estes estudos reforçam a compreensão entre os estímulos mecânicos e sinais biológicos, mas, como esses estímulos geram crescimento muscular? Como são reconhecidos pela fibra muscular?

Mecanorreceptores

Para que o estímulo mecânico seja convertido em eventos bioquímicos são necessários mecanismos de acoplamento iniciados por mecanorreceptores. A bicamada lipídica e o complexo matriz extracelular-integrina-citoesqueleto, constituem os principais mecanismos (11).

Em condições fisiológicas a bicamada lipídica do sarcolema da fibra muscular apresenta grande fluidez, embora seja muito resistente a mudanças. A presença do citoesqueleto acoplado ao sarcolema permite uma maior área de superfície da membrana celular, devido aos microvilos e as cavéolas (11). Esse "reservatório" auxilia a ampliação da membrana celular em conjunto a estrutura altamente expansível do citoesqueleto, o que permite o dinamismo da fibra muscular associada a capacidade de suportar grandes tensões.

Durante a deformação celular, o alongamento da bicamada lipídica pode gerar sua ruptura. No processo de reparação, vesículas intracelulares fundem-se com a membrana danificada, liberando componentes vesiculares para o espaço extracelular (11). Essa fusão entre as vesículas internas com a membrana celular também é estimulada pelo aumento da tensão contrátil. Juntos, os estímulos mecânicos e/ou dano, induzem a transcrição do fator de crescimento similar à insulina (IGF-I), que quando originado da tensão contrátil no músculo esquelético, recebe a terminologia de *mechano growth factor* (MGF) (12).

O IGF-I é um importante regulador na homeostase muscular por meio dos processos de sobrevivência, proliferação, diferenciação e crescimento celular. Depois de ligado ao receptor, o IGF-I promove a transfosforilação do mesmo, resultando na fosforilação do substrato do receptor de insulina (IRS-1). Este ativa a translocação da PI3K (*phosphatidylinositol-3 kinase*) para a membrana, e como resultado a ativação da cascata de sinalização Akt/mTOR, e consequentemente o aumento nas taxas de síntese proteica.

Em contrapartida, sítios sensoriais ao longo do eixo da matriz extracelular-citoesqueleto e da membrana plasmática têm sido propostos como importantes pontos de conversão de sinais mecânicos em segundos mensageiros intracelulares. Evidências suportam a participação de duas proteínas com domínio quinase associadas ao citoesqueleto que são acionadas no início da mecanotransdução, a proteína titina e a proteína de adesão focal (FAK) associada a integrina.

Durante o repouso, a titina controla o comprimento dos sarcômeros, e por isso tem sido considerada como uma mola molecular. Por meio de sua alteração conformacional pode detectar a carga mecânica imposta nos sarcômeros, e também pode servir como um ponto nodal entre a integração das forças longitudinais com o trabalho de tensão contrátil. No entanto, muito ainda precisa ser elucidado sobre a contribuição dessa sinalização durante a mecanotransdução (13).

Regulação da Proteína de Adesão Focal (FAK)

A associação da sinalização da FAK/integrinas com o remodelamento muscular, vêm sendo bem relatada. As integrinas são proteínas associadas a membrana celular que transmitem sinais da matriz extracelular para o citosol, e vice-versa. Dentre as diferentes subunidades, a integrina Alfa7beta1 é a mais abundante no músculo esquelético. Animais que superexpressam a subunidade Alfa7 aumentam os níveis de força e previnem as lesões induzidas durante exercícios excêntricos (5).

A FAK é a principal proteína associada na sinalização das integrinas, conhecida como mecanosensor. A sua atividade é aumentada minutos após a deformação das integrinas pelo estímulo mecânico, o que induz a ativação da cascata de sinalização via FAK (13). Li e colaboradores (2013), demonstraram que a redução na ativação da FAK após 34 dias de repouso absoluto era revertida pelo treinamento de força (14).

Na região miotendínea, responsável pela transmissão da força entre os tecidos muscular e tendíneo, a FAK é altamente expressa, indicando seu papel nesta regulação. Além disso, a FAK compõem complexos proteicos localizados no sarcolema, que recebe o nome de costâmero. Essas estruturas funcionam como pontos de ligação entre o citoesqueleto no interior da fibra muscular (sobre os discos Z) e a matriz extracelular. Portanto, os costâmeros são estruturas fundamentais na transmissão da força miofascial (13).

Parte da expressão espacial da FAK ao longo do sarcolema depende do padrão de inervação da fibra muscular. Além disso, evidências sugerem que o aumento na atividade da FAK esta associado a maior densidade de costâmeros, uma vez que parte do crescimento muscular também envolve o remodelamento deste tecido. Portanto, o maior recrutamento das fibras musculares, regulado pela sobrecarga mecânica, induz a ativação da FAK, que por diferentes mecanismos moleculares aumenta a síntese de proteínas, o que contribui para a manutenção do próprio tecido (13).

Mecanotransdução e Envelhecimento

Da mesma forma que a sobrecarga mecânica e a atividade contrátil desempenha um papel crítico na regulação da massa muscular, a menor imposição de tal sobrecarga pode implicar num remodelamento negativo, com diminuição na massa e força muscular, condição comumente observada no envelhecimento.

Embora durante o envelhecimento o tecido muscular conserva a habilidade em hipertrofiar frente a uma sobrecarga, sua capacidade em detectar e subsequentemente responder aos estímulos mecânicos está atenuada, o que sugere uma menor capacidade na responsividade à mecanotransdução (15). Parte desta incapacidade está relacionada a alteração no complexo de glicoproteína associado à distrofina. O complexo de proteínas laminina, α-distroglicana e β-distroglicana, presente na matriz extracelular se acopla ao citoesqueleto (actina) por meio da proteína distrofina, formando uma ponte entre a matriz extracelular e o citoesqueleto (15). Portanto, a alteração nessa ponte de transmissão pode resultar em menor estímulo mecânico no tecido muscular. Neste contexto, a imposição crônica da sobrecarga no músculo esquelético pelo treinamento de força pode desempenhar uma importante estratégia para contra-regular as alterações no processo de mecanotransdução durante o envelhecimento. Por sua vez, o conhecimento sobre os mecanismo que regulam a mecanotransdução, por ser eminente, ainda precisa ser melhor elucidado.

Em resumo, com base no corpo de conhecimento formado até o presente momento, o mecanismo de mecanotransdução parece integrar diferentes componentes que atuam como receptores/sensores de tensão ou deformação celular, que por diferentes vias de sinalização, deflagra sinais biológicos associados ao aumento da síntese de proteínas e crescimento muscular. Portanto, a mecanotransdução explica e reforça a importância da imposição de sobrecarga pelo treinamento de força, para a manutenção da homeostasia e da função muscular.

DANO MUSCULAR INDUZIDO PELO EXERCÍCIO E REGULAÇÃO DA REGENERAÇÃO: IMPLICAÇÃO NA HIPERTROFIA MUSCULAR

O início na prática da atividade física ou a realização de novos treinos (exercício físico) que não estamos acostumados geralmente está associada a uma dor e desconforto no grupo muscular que foi estimulado, esse denomina-se dor muscular de início tardio (DMIT), que tem seu pico nas primeiras 48 horas após a sessão de treino, porém após cinco dias geralmente não há mais a sensação dolorosa. A sua etiologia, ou seja, origem, ainda não é totalmente conhecida, porém as possíveis causas são o dano celular muscular (em inglês *muscle damage*) e a consequente inflamação. O dano ou lesão muscular que é caracterizado pela alteração da ultraestrutura da célula muscular (linha-Z miofibrilar e sarcômeros perdem suas estruturas regulares), rompimento do sarcolema, com extravasamento do seu conteúdo intracelular para o meio extracelular, podendo atingir a circulação sanguínea. Pode ser verificado através da maior atividade enzimática de creatina quinase (CK) e lactato desidrogenase (LDH), ou ainda outros marcadores mais precisos como a maior concentração de mioglobina (i.e. hemoglobina do músculo) ou de troponina no sangue. Outros marcadores importantes para a caracterização do quadro de dano muscular é a diminuição significativa da força e flexibilidade, além do aumento da dor e edema nos músculos treinados.

A lesão ou dano na fibra muscular pode ser em função do volume e/ou da intensidade do treino, além disso, a maioria das pesquisas se focam sobre a contração muscular excêntrica (i.e. aquela onde a resistência externa vence a força do músculo), porém, vale destacar que muitas dessas pesquisas utilizam equipamento isocinético, que geram força (torque) supramáxima, portanto impossível do sujeito controlar voluntariamente o movimento nesses modelos de intervenção. A lesão pode ser em função do próprio rompimento incial da membrana, devido a alta solicitação mecânica, e/ou o rompimento do retículo sarcoplasmático (i.e. local de armazenamento de Ca^{+2}) e túbulos transversos, todos esses elevam a quantidade intracelular de cálcio (Ca^{+2}), consequentemente estimulando a proteólise na fibra muscular, em função da maior atividade das Calpaínas (i.e. proteases sensíveis ao Ca^{+2}) (1). As Calpaínas tem um papel proteolítico principalmente sobre as proteínas denomidas desminas (i.e. são filamentos protéicos intermediários que ancoram as linhas-z nos costâmeros do sarcolema, e mantem o alinhamento entre as linhas-z em paralelo [transversalmente], estrutura miofibrilar), porém as Calpaínas não alteram as proteínas de actina e miosina (4,16), apenas esclarecendo que os experimentos foram feitos pricipalmente com animais (e.g. coelhos ou ratos). Conforme mencionado no tópico anterior, a interação mecânica entre a desmina e o sarcômero ocorre sobre a linha-Z onde filamentos longitudinais e transversais se interconectam (16), com isso a força gerada pela interação entre actina e miosina (durante as contrações musculares) pode transmitir também força para fora do sarcômero, não apenas longitudinalmente (ao longo da miofibrila) até a junção tendínea, mas uma tensão de forma radial até a superfície da fibra, gerando forças de cisalhamento entre a superfície da fibra muscular e o endomísio (tecido conjuntivo, matriz extracelular) (16). Portanto, essas ações mecânicas desiguais sobre a membrana poderiam gerar o rompimento da membrana, levando o dano celular muscular. Outro ponto interessante é o processo inflamatório e a DMIT que pode ter origem no próprio epimísio do músculo exercitado, pode surgir em poucos dias após uma sessão de treino, ocorrendo conjuntamente ou não com a lesão miofibrilar (17).

A regeneração é um processo complexo e coordenado, o qual diversos fatores são ativados sequencialmente para manter e preservar a estrutura e função muscular (1). A inflamação é claramente um componente importante na modulação muscular e se destaca no processo de regeneração (1), a presença de fibras necróticas ativam uma resposta inflamatória que é caracterizada pela invasão sequencial de células do sistema imunológico, onde os neutrófilos são os primeiros a se infiltrarem na área da lesão, seguido pelos macrófagos. Eles têm o papel de remover os "restos" (*debris*), realizando a fagocitose, mas também iniciando a ativação das células satélites para a reparação e regeneração (1).

Descoberta em 1961 pelo professor da Rockefeller University, Alexander Mauro, as células satélites (i.e. um tipo de células tronco que tem papel miogênico), se assemelham com um mionúcleo (i.e. núcleo da célula muscular), e representam de 1 a 10% do total de núcleos na periferia da fibra muscular. Elas contribuem para aumentar o número de mionúcleos durante o crescimento pós-natal (incorporados dentro da fibra muscular) e a hipertrofia muscular pela proliferação (i.e. aumento no número de células satélites, uma parte será destinada a diferenciação e reparação da célula, e a outra terá como destino a quiescência [i.e "repouso" ou "dormentes"], assim servindo para o próximo estímulo) e fusão as fibras musculares (18).

Elas estão localizadas entre o sarcolema e a lâmina basal ao longo da fibra muscular, e permanecem quiescentes, neste estado essas exibem limitada capacidade de expressão gênica e síntese proteica, mas podem se tornar ativas em resposta ao estresse de uma sobrecarga ou trauma (19) (Figura 1). Aproximadamente 24 horas após o dano, a maior parte das células satélites quiescentes são ativadas e iniciam uma regulação positiva (*up regulation*) de fatores regulatórios miogênicos (MRFs) de maneira orquestrada (1).

Nessa sequência há a ativação das células satélites, que estavam quiescentes e agora expressam MRFs (e.g. MyoD e Myf5), o qual define a célula como um precursor miogênico celular (MPC). O MPC continua a proliferar em resposta a fatores de crescimento e citocinas liberadas a partir das fibras musculares e células inflamatórias dentro da área lesada (1). Pax7 positivo/MyoD positivo, nas células em proliferação, há então uma regulação negativa (*downregulation*) de Pax7 que induz ao processo de diferenciação celular, com regulação positiva para Mrf4 e miogenina. Finalmente, após diferenciados, se tornam mioblastos e se fundem as fibras danificadas, regenerando a fibra muscular, onde a partir dessa fusão ocorre a incorporação de novos mionúcleos nessa fibra muscular, o que também é importante para os processos de síntese protéica. Interessante salientar que segundo Bruusgaard e colaboradores (2010), mesmo com a interrupção radical, por três meses, do estímulo de contração muscular (modelo de denervação muscular em ratos), as fibras musculares que haviam hipertrofiado e aumentado a quantidade de mionúcleos em função do estímulo físico, se mantiveram estáveis em relação ao número de mionúcleos (20). Essa poderia ser uma forma para auxliar na resistência a atrofia muscular, ou em um retorno mais eficiente para o aumento da massa muscular, denominado de "memória muscular" (*muscle memory*) (20), cuidado com este termo, pois não tem relação com a questão neural.

Vale ressaltar que a ativação da célula satélite, proliferação, diferenciação e fusão são influenciadas por vários fatores como: hormônios, fator de crescimento de hepatócitos (HGF), IGF-I e IGF-II, fator de crescimento de fibroblastos (FGF), fator transformador de crescimento-beta (TGF-beta), interleucina-6 (IL-6) entre outros (1).

É possível então concluir que para se obter hipertrofia muscular é necessário passar pelo dano muscular e uma resposta das células satélites, não é mesmo? Na verdade, **não**. Como veremos mais a frente não há a necessidade de dano ou lesão muscular para que se tenha uma resposta hipertrófica. Segundo Flann e colaboradores (2011), através de um protocolo de exercício exclusivamente de ação muscular excêntrica (com um exercício semelhante ao *leg press*), demonstrou que após oito semanas de treino equalizado entre os grupos, aquele que não apresentou aumento na expressão de marcadores de lesão muscular (i.e. pois teve um treino de adaptação leve previamente) resultou no mesmo grau de hipertrofia muscular e aumento da força, comparado ao grupo que claramente sentiu mais DMIT, e maior expressão dos marcadores de lesão muscular (21). Ou seja, o termo "*No Pain, No Gain*", deve ser repensado.

Como na mecanotransdução, outros fatores integram o processo de hipertrofia muscular sem a necessidade de dano muscular. A seguir discutiremos sobre os aspectos hormonais e metabólicos ao treinamento de força.

RESPOSTAS HORMONAIS AO TREINAMENTO DE FORÇA

É bem comprovado que uma sessão de exercício de força promove aumento significativo nas concentrações de hormônios anabólicos – testosterona, hormônio do crescimento (GH) e o fator de crescimento semelhante à insulina (IGF-1) – o que tem sido relacionado com as respostas celulares envolvidas no aumento da síntese proteica e hipertrofia muscular esquelética em resposta ao treinamento de força (22). As variáveis de treinamento relacionam-se com as respostas e adaptações hormonais ao exercício de força e incluem: seleção e ordem dos exercícios, tipo de ação muscular, intensidade, volume, velocidade de execução do movimento, intervalo entre as séries, frequência e grupos musculares treinados (23). O aumento da concentração sanguínea dos hormônios após uma sessão de treinamento aumenta a probabilidade de ligação com seus receptores, ativando respostas celulares específicas (Figura 1). No caso dos hormônios anabólicos, tais respostas incluem o estímulo à síntese proteica, através de mecanismos de ação distintos. Entretanto, a importância da resposta hormonal na hipertrofia induzida pelo treinamento de força tem sido questionada, à luz de investigações recentes (24,25).

Testosterona

A testosterona é um hormônio esteroide, produzido principalmente nas células de Leyding nos testículos. Outros tecidos, como o córtex adrenal da glândula supra renal, também produzem menores quantidades do hormônio e, além disso, há conversão periférica a partir da androstenediona. O hormônio exerce influência no comportamento sexual e emocional, além de seu papel metabólico. No que diz respeito ao metabolismo proteico muscular, a testosterona estimula a síntese e inibe a degradação proteica (26).

A administração de testosterona em doses supra-fisiológicas por 10 semanas resultou em aumento significantivo da força e área de secção transversa do músculo quadríceps, tanto em indivíduos treinados como destreinados (27). Além do estímulo sobre a síntese e inibição da degradação proteica muscular, a testosterona exerce ação na proliferação das células satélites (28). Levantadores de peso que fazem uso de esteroides anabólicos por longo prazo apresentam acentuada hipertrofia muscular, com aumento da área de secção transversa das fibras musculares e maior número de mionúcleos, quando comparado aos atletas que não fazem uso da droga (29). O treinamento de força promove aumento agudo na concentração total de testosterona em homens e mulheres. No que diz respeito ao efeito do treinamento sobre os níveis de repouso do hormônio, os resultados não são conclusivos (22).

GH (*Growth Hormone* ou Hormônio do Crescimento)

O GH é um hormônio produzido pela hipófise anterior (adenohipófise), e as principais ações do GH dizem respeito à promoção do crescimento linear e regulação do metabolismo. A produção de IGF-1 em resposta ao GH é o principal mecanismo de ação sobre o crescimento (26). Tecidos-alvo incluem ossos, músculo e fígado, sendo o último o principal responsável pela manutenção das concentrações sistêmicas de IGF-1 (26). Apesar de aparentemente menos importante para o crescimento muscular, o GH parece exercer também ação direta sobre a síntese proteica muscular.

Diferentes modalidades de exercício, não só o treinamento de força, podem resultar em elevação das concentrações plasmáticas de GH. As variáveis do treinamento de força apresentam relação com a resposta da secreção de GH: quantidade de massa muscular recrutada, intensidade e carga utilizadas, volume e tempo de intervalo entre as séries (22). Foi demonstrado que a concentração sérica de GH alcança seu pico até 15 minutos após o exercício, retornando os valores de repouso após cerca de 60 a 90 minutos (24).

Estudos demonstram que intensidades mais altas de treinamento resultam em maior liberação de GH quando comparado a intensidades menores. Por exemplo, Vanhelder et al (1984) compararam duas intensidades de treinamento, 28% de 7RM e 85% de 7RM, e verificaram que somente na intensidade mais elevada houve aumento significativo do hormônio (30). Além disso, o volume de treinamento também parece exercer um impacto significativo, pois a utilização de maior número de séries resulta em maior liberação do GH (31).

IGF-1 (*Insulin-Like Growth Factor 1* ou Fator de Crescimento Semelhante a Insulina 1)

O IGF-1 é produzido em tecidos diversos, como fígado, músculo esquelético e ossos. Como mencionado anteriormente, este fator de crescimento é capaz de estimular a proliferação e diferenciação das células satélites, além de ativar proteínas que regulam a síntese proteica muscular, como proteínas da via da mTOR. A utilização de rapamicina, um inibidor desta proteína, impediu a hipertrofia em modelos animais (32). Camundongos transgênicos que superexpressam IGF-1 apresentam acentuada hipertrofia muscular, aumento da força e atenuação da atrofia relacionada com a idade (33).

Foi demonstrado que 12 semanas de treinamento de força a 80% de 1RM (Uma Repetição Máxima) promove aumento da expressão de IGF-1 no músculo esquelético em 500% (34). Além disso, de forma aguda, um protocolo consistindo de 10 séries de 10 repetições a 70% de 1RM no exercício extensão de pernas promoveu aumento na expressão gênica do IGF-1 no músculo quadríceps em 24% após 3 horas, persistindo 24 horas após a sessão. Além disso, as concentrações circulantes de IGF-1 são aumentados por até 48 horas após uma sessão de treinamento de força (35). Tendo em vista o efeito do exercício no aumento da síntese e secreção de IGF-1, e seu papel na ativação da síntese proteica, especulou-se que tal aumento transiente poderia ser importante para a hipertrofia muscular induzida pelo treinamento de força.

Hornberger et al. (2004) demostraram que camundongos *knockout* (i.e. com determinado gene inativado) para a Akt ainda apresentam ativação da mTOR em resposta ao estiramento, sugerindo que proteínas *upstream* (i.e. na parte superior da via) à mTOR não parecem ser necessárias para resposta a estímulos mecânicos (36). Outro estudo, com camundongos expressando uma forma inativa do receptor de IGF-1 (IGF-1R), a sobrecarga mecânica da musculatura das patas resultou em ativação da via da mTOR, bem como na hipertrofia muscular, na mesma magnitude que nos camundongos selvagens (*wild-type*) (37). Estes resultados sugerem que IGF-1R funcional não é necessário na resposta ao aumento de sobrecarga mecânica e que a ativação da mTOR ocorre de forma independente ao hormônio IGF-1. Assim, se fazem necessárias novas pesquisas para esclarecer o papel do IGF-1 muscular sobre o processo de síntese proteica em resposta ao aumento de tensão na musculatura esquelética e da confirmação destes achados em humanos.

Papel da Resposta Hormonal nas Adaptações ao Treinamento de Força

A repercussão hormonal foi relacionada ao desenvolvimento da força muscular em resposta ao treinamento (22). Sua importância para a hipertrofia muscular induzida pelo treinamento de força é, entretanto, alvo de intenso debate e questionamento. Os hormônios anabólicos anteriormente citados são importantes para o anabolismo proteico durante a infância e puberdade, ou quando doses supra-fisiológicas dos mesmos são administradas cronicamente, mas o aumento transiente pós-exercício dos hormônios anabólicos parecem exercer pouca influência na síntese proteica muscular pós-exercício e na hipertrofia muscular em resposta ao treinamento (25).

O estudo de West e colaboradores (2009) buscou investigar a influência do perfil hormonal sobre a resposta hipertrófica da musculatura esquelética (24). Para tanto, os voluntários realizaram 4 séries de 10 repetições do exercício flexão de cotovelo a 95% de 10RM em duas ocasiões distintas. Em uma condição, realizaram somente o exercício de braço, enquanto em outra o mesmo protocolo de exercício foi precedido por 5 séries de 10 repetições a 90% 10RM do exercício *Leg Press*. O exercício resultou em aumento significativo nas concentrações de testosterona e GH somente quando o exercício de membros inferiores foi realizado. A síntese proteica muscular, como esperado, mostrou-se elevada após o exercício, mas não houve diferença entre as condições, independente da resposta hormonal.

Em estudo posterior, West e Phillips (2012) submeteram 56 indivíduos a um programa de treinamento de força, 5 dias por semana, envolvendo exercícios de membros inferiores e superiores por 12 semanas (25). Além disso, os autores mensuraram a resposta aguda na concentração dos hormônios testosterona, GH e IGF-1 a uma sessão de treinamento. Tal resposta variou significativamente entre os indivíduos e nenhuma correlação significativa foi encontrada entre a resposta hormonal e o ganho de massa corporal magra induzida pelo treinamento. É digno de nota que o ganho de força muscular também não apresentou correlação alguma com a resposta hormonal aguda.

Além da alteração nas concentrações hormonais, é possível que o treinamento resulte em modificação na expressão dos receptores hormonais. Por exemplo, Bamman et al. (2001) verificou que o treinamento de força resultou em aumento da expressão de receptores androgênicos em 63 e 102% após contrações concêntricas e excêntricas, respectivamente (35). Apesar da falta de correlação da resposta hormonal e do ganho de massa muscular em resposta ao treinamento de força, estudos são necessários para compreender a relação entre o treinamento e a expressão de receptores de hormônios anabólicos.

Em suma, apesar da importância dos hormônios anabólicos ser bem estabelecida para a homeostase da musculatura esquelética e para o crescimento em determinadas fases da vida, o aumento transiente que ocorre agudamente após as sessões de treinamento não parecem ser determinantes paras as adaptações ao treinamento de força.

Respostas Metabólicas ao Treinamento de Força

Crewter et al. (2006a) salientam que o estímulo metabólico agudo tem relação com o acúmulo de metabólitos na célula muscular e na circulação sanguínea, o que pode exercer ação sobre a secreção de hormônios anabólicos e aumentar a ativação muscular a uma determinada intensidade de exercício (22). Além disso, poderia também produzir algum dano muscular, especialmente pela alteração dos níveis de prótons H^+ e de ATP. Entretanto, a importância da resposta hormonal aguda e do dano muscular para as adaptações ao treinamento de força é questionável, conforme discutido anteriormente.

O exercício de força envolvendo número moderado a alto de repetições com tempo curto de intervalo entre as séries, resulta em aumento substancial na produção de metabólitos como lactato e fosfato inorgânico, o que pode alterar a osmolaridade do sarcoplasma e promover a entrada de fluídos para o interior da célula (38). Exemplos de protocolos para este fim, seria a realização de 2 a 3 séries de 20 repetições, com 60 segundos de intervalo entre as séries; ou 5 a 10 séries de 8 a 12 repetições com 30 segundos de intervalo (39), não foi apresentado pelos autores, mas sem dúvida as repetições são próximas do máximo, ou seja, mesmo em um treino 20 repetições, isso não significa fazer dentro de uma sensação leve, o praticante deverá chegar próximo da falha concêntrica (fadiga).

O aumento do volume hídrico celular é um regulador de diversos processos fisiológicos (40). Em algumas células, como hepatócitos, foi demonstrado que o inchaço celular é capaz de ativar proteínas da via da mTOR, como a p70s6k (40). Além disso, especula-se que o aumento do volume celular leva ao estiramento da membrana da musculatura esquelética, ativando o sistema de mecanotransdução e promovendo a síntese de fatores de crescimento que atuam de maneira autócrina/parácrina e estimulam a síntese proteica (39). Células musculares expressam um transportador de água, denominado aquaporina-4, que é mais expresso nas fibras de contração rápida. Por sua vez estas fibras musculares apresentam maior magnitude de hipertrofia em resposta ao treinamento de força. Com isso, levantou-se a hipótese de que o maior potencial hipertrófico das fibras musculares tipo II se deva, ao menos em parte, pela maior capacidade de aumentar seu volume após uma sessão de exercício de força (39).

Baseando-se nesta hipótese, alguns treinadores têm direcionado a prescrição do treinamento objetivando a maximização da acumulação de fluidos no interior das células musculares, de forma a potencializar a síntese proteica. Para tanto, utilizam protocolos, que envolvem alto número de repetições e curto intervalo entre as séries. Dados científicos mais concretos são, entretanto, extremante necessários para que a importância do inchaço muscular na resposta hipertrófica ao treinamento de força seja determinada e compreendida.

CONCLUSÃO

O músculo esquelético tem alto grau de plasticidade, ou seja, extremamente adaptável, se houver estímulo mecânico e/ou metabólico pode se ter respostas positivas sobre o trofismo muscular, a hipertrofia, porém caso haja a falta desse, como no destreinamento físico (e hipocinesia), imobilização ou a exposição a microgravidade também há alteração, porém com a diminuição do trofismo muscular. O treinamento de força sem dúvida tem um papel importante na hipertrofia muscular, pois este através do estímulo apropriado sobre o citoesqueleto da célula muscular (seja pela própria contração ou pelo estímulo de turgescência da célula); processos de dano e reparação, conjuntamente com um ambiente mais anabólico geram adaptações positivas sobre o trofismo muscular.

EXERCÍCIOS DE AUTOAVALIAÇÃO

Questão 1 – Qual a relação da hipertrofia muscular com o aumento da força? Justifique.

Questão 2 – Baseado nas referências científicas o que se pode afirmar sobre o ditado popular "*No pain, no gain*" (sem dor, sem ganho) em relação ao aumento da massa muscular?

Questão 3 – Aponte quais são os possíveis mecanismos que "esclarecem" a relação entre o estímulo de tensão/deformação muscular e a síntese de proteínas.

Questão 4 – Com base na Figura 1, explique porque o treinamento de força é um importante regulador positivo do crescimento muscular em indivíduos jovens e idosos.

Questão 5 – O aumento transiente nas concentrações circulantes dos hormônios anabólicos (testosterona, GH e IGF-1) em resposta a uma sessão de treinamento de força são importantes para as adaptações fisiológicas? Justifique sua resposta.

REFERÊNCIAS BIBLIOGRÁFICAS

1. Kurosaka M, Machida S. Exercise and skeletal muscle regeneration. J Phys Fit Sport Med. The Japanese Society of Physical Fitness and Sports Medicine; 2012 Sep 25;1(3):537–40.

2. Billeter B, Hoppeler H. Bases muscualres da força. In: Komi P, editor. Força e potência no esporte. Artmed; 2007.
3. Goldspink G, Harridge S. Aspectos celulares e moleculares da adaptação no músculo esquelético. In: Komi P, editor. Força e potência no esporte. 2 ed. Artmed; 2007.
4. Lieber R. Skeletal muscle structure, function, and plasticity. Baltimore: Lippincott Williams & Wilkins; 2010.
5. Carson JA, Wei L. Integrin signaling's potential for mediating gene expression in hypertrophying skeletal muscle. J Appl Physiol. 2000 Jan;88(1):337–43.
6. Burd NA, Holwerda AM, Selby KC, West DWD, Staples AW, Cain NE, et al. Resistance exercise volume affects myofibrillar protein synthesis and anabolic signalling molecule phosphorylation in young men. J Physiol. 2010 Aug 15;588(16):3119–30.
7. Goldspink G, Booth F. General remarks: Mechanical signals and gene expression in muscle. Am J Physiol Integr Comp Physiol. 1992 Mar;262(3):R327–8.
8. Tidball JG. Mechanical signal transduction in skeletal muscle growth and adaptation. J Appl Physiol. 2005 May;98(5):1900–8.
9. Hornberger TA, Armstrong DD, Koh TJ, Burkholder TJ, Esser KA. Intracellular signaling specificity in response to uniaxial vs. multiaxial stretch: implications for mechanotransduction. Am J Physiol Physiol. 2005 Jan;288(1):C185–94.
10. Martineau LC, Gardiner PF. Insight into skeletal muscle mechanotransduction: MAPK activation is quantitatively related to tension. J Appl Physiol. 2001 Aug;91(2):693–702.
11. Hornberger TA, Esser KA. Mechanotransduction and the regulation of protein synthesis in skeletal muscle. Proc Nutr Soc. 2004 May 5;63(02):331–5.
12. Goldspink G, Williams P, Simpson H. Gene expression in response to muscle stretch. Clin Orthop Relat Res. 2002 Oct;(403 Suppl):S146-52.
13. Durieux AC, Desplanches D, Freyssenet D, Flück M. Mechanotransduction in striated muscle via focal adhesion kinase: Figure 1. Biochem Soc Trans. 2007 Nov 1;35(5):1312–3.
14. Li R, Narici M V., Erskine RM, Seynnes OR, Rittweger J, Pišot R, et al. Costamere remodeling with muscle loading and unloading in healthy young men. J Anat. 2013 Sep;223(5):n/a-n/a.
15. Wu M, Fannin J, Rice KM, Wang B, Blough ER. Effect of aging on cellular mechanotransduction. Ageing Res Rev. 2011 Jan;10(1):1–15.
16. Lieber RL, Thornell LE, Friden J. Muscle cytoskeletal disruption occurs within the first 15 min of cyclic eccentric contraction. J Appl Physiol. 1996 Jan;80(1):278–84.
17. Crameri RM, Aagaard P, Qvortrup K, Langberg H, Olesen J, Kjaer M. Myofibre damage in human skeletal muscle: effects of electrical stimulation *versus* voluntary contraction. J Physiol. 2007 Aug 15;583(1):365–80.
18. Ciciliot S, Schiaffino S. Regeneration of mammalian skeletal muscle. Basic mechanisms and clinical implications. Curr Pharm Des. 2010;16(8):906–14.
19. Le Grand F, Rudnicki MA. Skeletal muscle satellite cells and adult myogenesis. Curr Opin Cell Biol. 2007 Dec;19(6):628–33.
20. Bruusgaard JC, Johansen IB, Egner IM, Rana ZA, Gundersen K. Myonuclei acquired by overload exercise precede hypertrophy and are not lost on detraining. Proc Natl Acad Sci. 2010 Aug 24;107(34):15111–6.
21. Flann KL, LaStayo PC, McClain DA, Hazel M, Lindstedt SL. Muscle damage and muscle remodeling: no pain, no gain? J Exp Biol. 2011 Feb 15;214(4):674–9.
22. Crewther B, Keogh J, Cronin J, Cook C. Possible stimuli for strength and power adaptation: acute hormonal responses. Sports Med. 2006;36(3):215–38.
23. Kraemer WJ, Ratamess NA. Hormonal responses and adaptations to resistance exercise and training. Sports Med. 2005;35(4):339–61.
24. West DWD, Kujbida GW, Moore DR, Atherton P, Burd NA, Padzik JP, et al. Resistance exercise-induced increases in putative anabolic hormones do not enhance muscle protein synthesis or intracellular signalling in young men. J Physiol. 2009 Nov 1;587(21):5239–47.

25. West DWD, Phillips SM. Associations of exercise-induced hormone profiles and gains in strength and hypertrophy in a large cohort after weight training. Eur J Appl Physiol. 2012 Jul 22;112(7):2693–702.
26. Larsen P, Kronenberg H, Melmed S, Polonsky K. Williams textbook of endocrinology. 10 ed. Philadelphia: Saunders; 2002.
27. Bhasin S, Storer TW, Berman N, Callegari C, Clevenger B, Phillips J, et al. The Effects of Supraphysiologic Doses of Testosterone on Muscle Size and Strength in Normal Men. N Engl J Med. 1996 Jul 4; 335(1):1–7.
28. Sinha-Hikim I, Roth SM, Lee MI, Bhasin S. Testosterone-induced muscle hypertrophy is associated with an increase in satellite cell number in healthy, young men. Am J Physiol Metab. 2003 Jul;285(1):E197–205.
29. Kadi F, Eriksson A, Holmner S, Thornell LE. Effects of anabolic steroids on the muscle cells of strength-trained athletes. Med Sci Sports Exerc. 1999 Nov;31(11):1528–34.
30. Vanhelder WP, Radomski MW, Goode RC. Growth hormone responses during intermittent weight lifting exercise in men. Eur J Appl Physiol Occup Physiol. 1984;53(1):31–4.
31. Gotshalk LA, Loebel CC, Nindl BC, Putukian M, Sebastianelli WJ, Newton RU, et al. Hormonal responses of multiset versus single-set heavy-resistance exercise protocols. Can J Appl Physiol. 1997 Jun;22(3):244–55.
32. Bodine SC, Stitt TN, Gonzalez M, Kline WO, Stover GL, Bauerlein R, et al. Akt/mTOR pathway is a crucial regulator of skeletal muscle hypertrophy and can prevent muscle atrophy in vivo. Nat Cell Biol. 2001 Nov 1;3(11):1014–9.
33. Barton-Davis ER, Shoturma DI, Musaro A, Rosenthal N, Sweeney HL. Viral mediated expression of insulin-like growth factor I blocks the aging-related loss of skeletal muscle function. Proc Natl Acad Sci U S A. 1998 Dec 22;95(26):15603–7.
34. Singh MA, Ding W, Manfredi TJ, Solares GS, O'Neill EF, Clements KM, et al. Insulin-like growth factor I in skeletal muscle after weight-lifting exercise in frail elders. Am J Physiol. 1999 Jul;277(1 Pt 1):E135-43.
35. Bamman MM, Shipp JR, Jiang J, Gower BA, Hunter GR, Goodman A, et al. Mechanical load increases muscle IGF-I and androgen receptor mRNA concentrations in humans. Am J Physiol Metab. 2001 Mar; 280(3):E383–90.
36. Hornberger TA, Stuppard R, Conley KE, Fedele MJ, Fiorotto ML, Chin ER, et al. Mechanical stimuli regulate rapamycin-sensitive signalling by a phosphoinositide 3-kinase-, protein kinase B- and growth factor-independent mechanism. Biochem J. 2004 Jun 15;380(Pt 3):795–804.
37. Spangenburg EE, Le Roith D, Ward CW, Bodine SC. A functional insulin-like growth factor receptor is not necessary for load-induced skeletal muscle hypertrophy. J Physiol. 2008 Jan 1;586(1):283–91.
38. Crewther B, Cronin J, Keogh J. Possible stimuli for strength and power adaptation : acute metabolic responses. Sports Med. 2006;36(1):65–78.
39. Schoenfeld B, Contreras B. The Muscle Pump: Potential Mechanisms and Applications for Enhancing Hypertrophic Adaptations. Strength Cond J. 2014;36(3):21–25.
40. Schliess F, Richter L, vom Dahl S, Haussinger D. Cell hydration and mTOR-dependent signalling. Acta Physiol. 2006 May;187(1–2):223–9.

19

TREINAMENTO CONCORRENTE

José Diego Botezelli
Gabriel Keine Kuga
Rafael Calais Gaspar

OBJETIVOS DO CAPÍTULO

- Introduzir o conceito de Treinamento Concorrente;
- Descrever as adaptações do Treinamento Concorrente;
- O Efeito de Interferência e os "pilares" que o suportam;
- Conclusões

INTRODUÇÃO

As adaptações fisiológicas ao exercício físico são dependentes do tipo de estímulo empregado. Estímulos de grande recrutamento de força e poucas repetições geram aprimoramentos principalmente na capacidade de produção de força, hipertrofia do músculo esquelético com pouco ou nenhum ganho na capacidade de captação de oxigênio. Por outro lado, o exercício físico de grande duração e menor intensidade gera ganhos expressivos na captação de oxigênio e reduzido ganho de força muscular (1). Essa dualidade nas vertentes de treinamento ou "retas opostas de ganhos" levou Robert Hickson em 1980 a pesquisar um modelo de treinamento consistido de resistidos e de *endurance* na mesma sessão de exercício, o que mais tarde seria conhecido como treinamento concorrente. A partir desta primeira investigação, tanto Hickson quanto diversos outros pesquisadores direcionaram seus esforços na investigação destes exercícios concorrentes (EC). Neste tipo de exercício, ambos os tipos de treinamento são aplicados na mesma sessão, convergindo assim as duas adaptações para um ponto de ganho equilibrado de força, potência e *endurance* (Figura 1).

De acordo com as diretrizes do condicionamento físico, seriam necessárias de duas a três sessões semanais de exercício físico de *endurance* e resistido (no acumulado em cinco ou seis

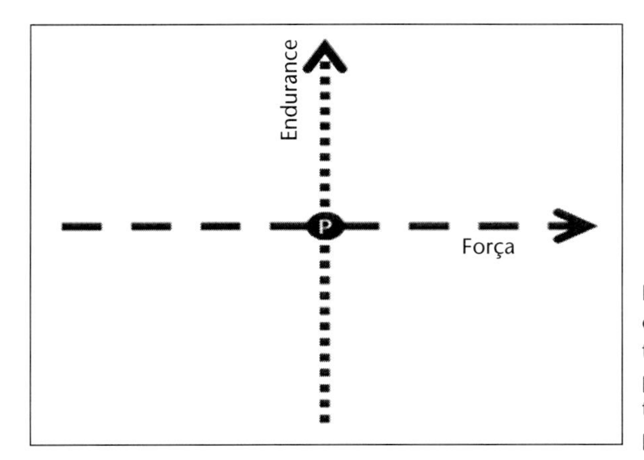

Figura 1 Assim como nas retas concorrentes da geometria Euclidiana, o treino concorrente visa um ponto específico (P) onde duas diferentes vertentes de treinamento se unem para produzir ganhos simultâneos.

sessões semanais) para um aprimoramento ideal das capacidades físicas proporcionadas por estas duas vertentes (2,3). Dudley e Fleck (1987) mostraram que sete semanas de exercício físico de *endurance* e resistido realizados em dias alternados geravam respostas na produção de torque quanto no incremento do VO2 pico iguais a sessões diárias de treinamento em *endurance* ou treinamento resistido (4). Neste contexto, o treinamento concorrente (TC) tentou se firmar como uma alternativa reduzindo o número de sessões de atividade física com ganhos substanciais.

3. ADAPTAÇÕES DO TREINAMENTO CONCORRENTE

Especialmente nas décadas de 70 e pesquisadores esforçaram-se para obter resultados do TC igualitários ao treinamento de *endurance* ou resistido (5–8). Contudo, as adaptações geradas pelo treinamento concorrente se mostraram reduzidas se comparadas ao treinamento isolado resistido ou de *endurance*. Este fenômeno é chamado pelos pesquisadores de "Efeito de Interferência" (9–11). Como veremos adiante, a Biologia Molecular do Exercício vem desvendando os mecanismos envolvidos no "Efeito de Interferência" através da análise de proteínas envolvidas na hipertrofia muscular, diferenciação de fibras e enzimas envolvidas no fornecimento de energia rápida e oxidativa. Enquanto existem fortes evidencias de que o TC pode gerar respostas similares ao TE ou TR, outros estudos apontam para a direção oposta (10) (Figura 2).

Uma meta analise publicada por Wilson e colaboradores (2012) sobre o "Efeito de Interferência" avaliou 21 estudos com 422 efeitos analisados (12). Este estudo concluiu que na maior parte dos estudos avaliados, os ganhos proporcionados pelo TC dependiam do tipo de exercício físico, intensidade e duração das sessões de treinamento. Esta extensa analise apontou que o TC (Resistido + Ciclo ergômetro) gerava incrementos semelhantes ao TR na capacidade de gerar força e hipertrofia dos sujeitos analisados. Por outro lado, outro protocolo de TC

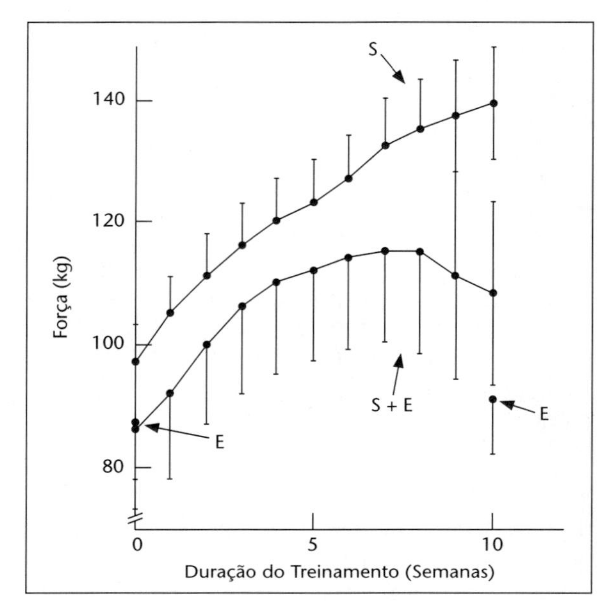

Figura 2 Adaptado de Hickson et al., 1988. Comparação do treinamento concorrente (S + E) com os treinamentos de força (S) e *endurance* (E). Podemos observar que o treinamento concorrente gerou respostas reduzidas de força se comparado ao treinamento somente de força.

(Resistido + Corrida) apresentava ganhos reduzidos na força quando comparados a sujeitos que executavam o TR. Ainda, este estudo apontou que ambas as modalidades de TC (Resistido + Corrida e Resistido + Ciclo ergômetro) geraram respostas significativamente menores que o TR na capacidade de gerar potência muscular.

EFEITO DE INTERFERÊNCIA.

Como apresentado anteriormente, o Treinamento Concorrente pode não gerar respostas isoladas tão pronunciáveis quanto o Treinamento Resistido ou Treinamento de *Endurance*. Nos últimos anos, diversos grupos vêm desvendando este enorme quebra-cabeças chamado Efeito de Interferência. Até agora três pilares suportam a teoria do efeito de interferência.

Primeiro Pilar: A Especificidade de Treinamento

Nas décadas recentes, pesquisadores inundaram nosso conhecimento acerca da especificidade do exercício físico (13,14). Adaptações em exercícios unilaterais geram respostas diferentes. Como exemplo prático, o treinamento unilateral em ciclo ergômetro e *leg-press* induz respostas diferentes na musculatura esquelética, e estes ganhos são específicos do membro executor, não sendo transferido para o membro oposto. Durante uma sessão de treinamento concorrente, podemos explorar esta especificidade ao máximo. A divisão de exercícios resistidos e de *endurance* para membros superiores e inferiores pode levar o organismo a um máximo de estresse em cada região do corpo. Esta alternância de estímulos pode desencadear adaptações distintas no final de cada sessão de exercício, diminuindo o efeito de interferência, e como veremos adiante, inibindo o antagonismo da AKT/mTOR (15) e AMPK/PGC-1α (16) nas adaptações proporcionadas pelo exercício físico.

Segundo Pilar: Tipagem de Fibras Musculares

O musculoesquelético apresenta quatro tipos de fibras musculares (Tabela 1). Quando executamos uma atividade de *endurance* as fibras do tipo I (Lentas e Oxidativas) são favoravelmente recrutadas. Estas fibras tem grande capacidade de produção de energia através da respiração celular e são muito resistentes à fadiga. As fibras do tipo IIA (Rápidas e Glicolíticas) tem uma média capacidade de gerar força e uma boa resistência à fadiga. As Fibras do tipo IIB (Rápidas e Anaeróbias) tem uma enorme capacidade de gerar forca e rápidas contrações com uma baixíssima resistência à fadiga. Por último, mais recentemente descrita, encontram-se as fibras do músculo esquelético do tipo IIX, estas possuem grande capacidade de produção de força e baixa resistência à fadiga, situando-se em um intermédio entre as fibras do tipo IIA e IIB.

Tabela 1 Diferentes tipos de fibra muscular e suas particularidades.

	Tipo de Fibra do Músculo Esquelético			
	Tipo I	Tipo II A	Tipo II X	Tipo II B
Tempo de contração	Lento	Moderado	Rápido	Super rápido
Resistência à fadiga	Alto	Médio-Alto	Moderado	Baixo
Atividade	Aeróbia	Anaeróbio de longa duração	Anaeróbio de curta duração	Anaeróbio de curta duração
Máxima duração de recrutamento	Horas	< 30 minutos	< 5 minutos	< 30 segundos
Produção de potência	Baixa	Moderada	Alta	Máxima
Densidade mitocondrial	Muito alta	Alta	Moderada	Baixa
Densidade capilar	Muito alta	Alta	Baixa	Baixa
Capacidade oxidativa	Alta	Alta	Moderada	Baixa
Exemplo de modalidade	Corredores 5.000-40.000m	Corredores 1.200-5.000m	Corredores 400-1.200m	Corredores 100-400m

Os diferentes estímulos do TC podem recrutar todos os tipos de fibra muscular, porém, a duração e/ou intensidade do estímulo pode não gerar um estresse fisiológico necessário para um aprimoramento através do mecanismo de supercompensação. Um grupo de pesquisadores canadense mostrou que corredores que regularmente praticavam exercícios aeróbios, apresentavam um alto percentual de fibras do tipo I (70,9% do total do musculo esquelético) se comparados a indivíduos sedentários (37,7% do total). Eles descobriram ainda, que o treinamento de *endurance* levava a transformação de fibras do tipo II (anaeróbias) em fibras do tipo I (oxidativas). Este aumento na quantidade de fibras do tipo levava a uma redução nas fibras do tipo II e consequente capacidade de geração de força e potência comprometida nestes atletas (17). O contrário também é válido, atletas de modalidades que primam por desenvolvimento de potência, torque e velocidade possuem maiores percentuais de fibras do tipo II. Estas alterações na morfologia das células demandam anos de estímulos repetitivos e exaustivos. Tratando-se de atletas, a aplicação do treinamento concorrente deve ser muito bem realizados para não acarretar em alterações indesejáveis para a modalidade (18–20).

Terceiro Pilar: A Fisiologia Celular

Duas cascatas de sinalização antagônicas são as principais responsáveis pelas adaptações musculares ao exercício físico. A hipertrofia muscular é modulada pela cascata AKT/mTOR/p70S6k1 (*Protein Kinase B, mammalian target of rampamycin* e p70S6 quinase) e a capacidade de *endurance* pela cascata AMPK/PGC-1α (*5-AMP protein activated kinase/Peroxisome proliferator--activatedreceptor-gamma coactivator*) (Figura 3). Vale ainda lembrar que nessa miscelânea de sinalização, temos a presença de diversas proteínas como a CaMK (*calcineurin, Ca^{2+}/calmodulin dependent protein kinase*), MAPK (*p38 mitogen-activated protein kinase*), PKD (*protein kinase D*), MEF-2 (*myocyte enhancer fator-2*), HDACs (*histone deacetylases*) e PPARγ (*peroxisome proliferator-activated receptor-γ*). Destacaremos abaixo somente as duas primeiras, por englobar a maior parte dos estudos e exercerem efeitos antagônicos contribuindo para um entendimento sutil das nuances do treinamento concorrente. A via de sinalização AKT/mTOR/p70S6K1 é ativada pela contração muscular ou por hormônios anabólicos. Esta via dispara a síntese proteica, inibe a autofagia e apoptose através da transcrição de genes envolvidos na hipertrofia e bloqueio das vias de autofagia e apoptose. Diversos experimentos se esforçam em desvendar a resposta da via AKT/mTOR/p70S6K1 em diferentes protocolos de exercício físico (21). O recrutamento máximo do músculo esquelético gera uma resposta de grande magnitude na hipertrofia muscular. Hora, uma vez que o músculo precisa gerar força e potência em um curto período de tempo, o miócito deve se adaptar a este estímulo. Por outro lado, temos a via AMPK/PGC-1α. Esta via é sensível aos níveis de 5-AMP citosólico e é ativada quando a célula está em déficit energético. A razão ATP/AMP é um indicador de estado energético celular, uma diminuição nesta razão dispara a fosforilação da AMPK. A AMPK por sua vez inibe as vias de dispêndio energético (síntese de proteínas) e dispara a ativação da PGC-1α que transcreve fatores de biogênese mitocondrial e síntese de enzimas oxidativas. Estímulos sucessivos dessa via blindam a célula contra o esgotamento energético através da síntese mitocondrial e angiogênese (22).

Com o incremento de complexas técnicas laboratoriais, a biologia molecular nos deu uma luz dos fenômenos do microuniverso do miócito. Conseguimos desvendar as proteínas envolvidas na adaptação ao treinamento físico e a partir disto direcionar esforços para um melhor aproveitamento das sessões de exercício e aprimoramento das diretrizes que regem a atividade física no mundo todo. As respostas fisiológicas destas duas cascatas de sinalização (AKT e AMPK) tendem a ser opostas e desencadeiam este "Efeito de interferência" (23) que ocasiona menores ganhos nas capacidades de *endurance* e força se comparados ao treinamento de *endurance* ou treinamento resistido isoladamente.

Com isso em mente, pesquisadores utilizaram protocolos de exercício já descritos na literatura a para analisar as vias de sinalização AKT/mTOR/p70 e AMPK/PGC-1a e as diferentes

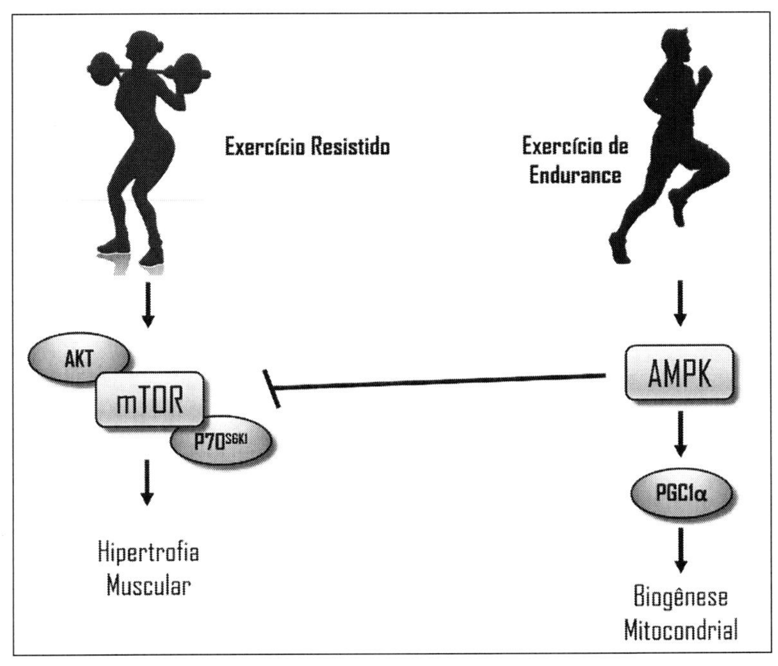

Figura 3 Adaptações antagônicas da via de sinalização da AKT/mTOR/p70S6K1 e AMPK/PGC-1α.

respostas morfológicas e fisiológicas (densidade mitocondrial, densidade capilar, atividade das enzimas aeróbias, hipertrofia celular) que ocorrem em resposta ao treinamento concorrente e compará-las com os modelos clássicos de treinamento (*endurance* e resistido) (24–26). De Souza e colaboradores (2013) analisaram trinta e sete homens divididos em quatro grupos: treino intervalado (TI), treino resistido (TR), treino concorrente (TC) e grupo controle (não exercitado) (25). O treinamento resistido teve como objetivo a hipertrofia muscular com exercícios de alta carga e poucas repetições. O treinamento intervalado consistiu de sujeitos executando corridas de alta intensidade (80% a 100% da velocidade do VO2 máximo). E o grupo concorrente executou ambos os protocolos no mesmo dia com intervalo de 30 minutos entre cada sessão de exercício. Ao final do experimento, os autores encontraram um aumento da hipertrofia muscular nos grupos TR e TC quando comparados aos grupos controle e TI, eles ainda hipotetizaram que a hipertrofia gerada por um incremento na sinalização da mTOR sobrepujou o efeito inibitório da AMPK sobrea hipertrofia muscular.

Em 2014. Ogasawara e colaboradores decidiram investigar se a ordem dos estímulos desencadearia o efeito de interferência no treinamento concorrente (26). Em seu estudo, animais da linhagem Sprague-Dawley foram submetidos uma avaliação temporal (0 e 120 minutos após sessões de esforço físico) da fosforilação da $AMPK^{Thr172}/RAPTOR^{Ser792}$ e da $AKT^{Thr308/Ser473}/mTOR^{Ser2448}/p70S6k^{Thr389}$ após a execução de diferentes sessões de exercício.

Como demonstrado na Figura 4, os autores revelaram que as respostas moleculares rápidas (três horas após uma sessão de exercício concorrente) são influenciadas pela ordem dos estímulos aplicados. Além disso, a execução de uma série de exercícios de endurance após o exercício resistido pode reduzir a síntese proteica mediada pelo complexo mTOR1. A influência de um tipo de exercício sobre o outro parece ser mais comum de acontecer quando envolve treinamento de grande magnitude (volume e intensidade). Assim atletas de modalidade aeróbias de alto nível poderiam sofrer interferências nas adaptações aeróbias quando o treinamento de força realizado na mesma sessão de treino também é de grande magnitude (aeróbio + força). Da mesma maneira, atletas de alto nível de força poderiam ter alguma interferência nos mecanismos de hipertrofia com o treino aeróbio de grande magnitude sendo realizado após a sessão de exercício resistido (força + aeróbio). Por outro lado, estas interferências parecem não ser tão significativas quando a magnitude do estímulo que finaliza a sessão de treino é baixa. Assim, atletas de força que realizam sessão de treino de musculação de grande magnitude e depois realizam exercícios aeróbios de baixa magnitude não sofreriam interferências significativas desse último estímulo, não havendo regulação negativa dos mecanismos atrelados a hipertrofia. O contrário também seria verdadeiro, ou seja, treino aeróbio de grande magnitude seguido de treino de força de baixa magnitude não atrapalharia as adaptações aeróbias. Assim, prevaleceria o estímulo de maior magnitude. Novos estudos poderão elucidar ainda mais o impacto da realização do treinamento concorrente e conseguirão auxiliar treinadores e preparadores físicos a criarem as melhores estratégias a seus atletas dentro das diferentes modalidades de treinamento e esportes. Quando se trata de exercício para grupos especiais (obeso, diabético e hipertenso) devido a magnitude mais baixas do treinamento estas interferências são menos comuns de acontecer.

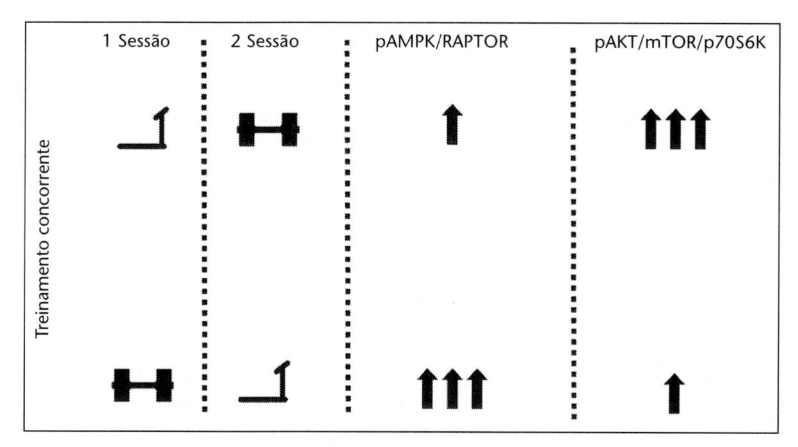

Figura 4 Respostas da via de sinalização da AKT/mTOR/p70S6K1 e AMPK/RAPTOR. A esteira simboliza a aplicação de exercício de endurance, já o halter a de exercício resistido. No estudo de Ogasawara e colaboradores a última sessão de exercício domina as respostas moleculares rápidas (até três horas após a sessão de exercício).

CONSIDERAÇÕES FINAIS

Ainda existem grandes lacunas no entendimento do treinamento concorrente. Diversos profissionais da área e treinadores utilizam protocolos distintos para a aplicação do treinamento aeróbio e resistido em uma mesma sessão de exercício. A prática de circuitos ou treino por estações (intercalando-se exercício resistido e de *endurance*) deve ser investigada a fundo, já que pelo exposto até agora, o efeito de interferência seria forte o bastante para bloquear as minuciosas respostas fisiológicas e moleculares de ambos os estímulos. Com base no exposto anteriormente, podemos concluir que o treinamento concorrente, quando estruturado de maneira correta, pode ser uma ferramenta de grande valia para prescrição da atividade física.

QUESTÕES DE AUTOAVALIAÇÃO

Questão 1 – Descreva as capacidades físicas envolvidas na prescrição do treinamento concorrente e cite exemplos de modalidades que poderiam ser mais beneficiadas com a aplicação deste tipo de treinamento.

Questão 2 – Cite e explique os pilares do Efeito de Interferências.

Questão 3 – Quais vias de sinalização celular se antagonizam durante o treinamento concorrente. Cite alternativas para evitar o efeito de interferência a nível molecular.

Questão 4 – Caracterize os diferentes tipos de fibra muscular.

Questão 5 – Quais são os estímulos para ativação da via AKT/mTOR/p70S6K1?

REFERÊNCIAS BIBLIOGRÁFICAS

1. Holloszy JO, Booth FW. Biochemical Adaptations to Endurance Exercise in Muscle. Annu Rev Physiol. 1976 Mar;38(1):273–91.
2. Dudley GA, Djamil R. Incompatibility of endurance- and strength-training modes of exercise. J Appl Physiol. 1985 Nov;59(5):1446–51.
3. HASKELL WL, LEE I-M, PATE RR, POWELL KE, BLAIR SN, FRANKLIN BA, et al. Physical Activity and Public Health. Med Sci Sport Exerc. 2007 Aug;39(8):1423–34.
4. Dudley GA, Fleck SJ. Strength and endurance training. Are they mutually exclusive? Sports Med. 4(2):79–85.
5. Allen TE, Byrd RJ, Smith DP. Hemodynamic consequences of circuit weight training. Res Q. 1976 Oct; 47(3):229–306.
6. Gettman LR, Ayres JJ, Pollock ML, Jackson A. The effect of circuit weight training on strength, cardiorespiratory function, and body composition of adult men. Med Sci Sports. 1978;10(3):171–6.
7. Wilmore JH, Davis JA, Norton AC. An automated system for assessing metabolic and respiratory function during exercise. J Appl Physiol. 1976 Apr;40(4):619–24.
8. Hickson RC, Bomze HA, Holloszy JO. Linear increase in aerobic power induced by a strenuous program of endurance exercise. J Appl Physiol. 1977 Mar;42(3):372–6.
9. Dolezal BA, Potteiger JA. Concurrent resistance and endurance training influence basal metabolic rate in nondieting individuals. J Appl Physiol. 1998 Aug;85(2):695–700.
10. Hickson RC. Interference of strength development by simultaneously training for strength and endurance. Eur J Appl Physiol Occup Physiol. 1980;45(2–3):255–63.

11. Bell GJ, Syrotuik D, Martin TP, Burnham R, Quinney HA. Effect of concurrent strength and endurance training on skeletal muscle properties and hormone concentrations in humans. Eur J Appl Physiol. 2000 Feb 11;81(5):418–27.
12. Wilson JM, Marin PJ, Rhea MR, Wilson SMC, Loenneke JP, Anderson JC. Concurrent Training. J Strength Cond Res. 2012 Aug;26(8):2293–307.
13. Wilson GJ, Murphy AJ, Walshe A. The specificity of strength training: the effect of posture. Eur J Appl Physiol Occup Physiol. 1996;73(3-4):346–52.
14. Sale D, MacDougall D. Specificity in strength training: a review for the coach and athlete. Can J Appl Sport Sci. 1981 Jun;6(2):87–92.
15. Kubica N, Bolster DR, Farrell PA, Kimball SR, Jefferson LS. Resistance Exercise Increases Muscle Protein Synthesis and Translation of Eukaryotic Initiation Factor 2Bε mRNA in a Mammalian Target of Rapamycin-dependent Manner. J Biol Chem. 2005 Mar 4;280(9):7570–80.
16. Norrbom J, Sundberg CJ, Ameln H, Kraus WE, Jansson E, Gustafsson T. PGC-1α mRNA expression is influenced by metabolic perturbation in exercising human skeletal muscle. J Appl Physiol. 2004 Jan; 96(1):189–94.
17. Thayer R, Collins J, Noble EG, Taylor AW. A decade of aerobic endurance training: histological evidence for fibre type transformation. J Sports Med Phys Fitness. 2000 Dec;40(4):284–9.
18. Dawson B, Fitzsimons M, Green S, Goodman C, Carey M, Cole K. Changes in performance, muscle metabolites, enzymes and fibre types after short sprint training. Eur J Appl Physiol. 1998 Jun 1;78(2): 163–9.
19. Jacobs I, Esbjörnsson M, Sylvén C, Holm I, Jansson E. Sprint training effects on muscle myoglobin, enzymes, fiber types, and blood lactate. Med Sci Sports Exerc. 1987 Aug;19(4):368–74.
20. Jansson E, Esbjörnsson M, Holm I, Jacobs I. Increase in the proportion of fast-twitch muscle fibres by sprint training in males. Acta Physiol Scand. 1990 Nov;140(3):359–63.
21. Léger B, Cartoni R, Praz M, Lamon S, Dériaz O, Crettenand A, et al. Akt signalling through GSK-3β, mTOR and Foxo1 is involved in human skeletal muscle hypertrophy and atrophy. J Physiol. 2006 Nov 1;576(3):923–33.
22. Pogozelski AR, Geng T, Li P, Yin X, Lira VA, Zhang M, et al. p38gamma mitogen-activated protein kinase is a key regulator in skeletal muscle metabolic adaptation in mice. PLoS One. Public Library of Science; 2009 Nov 20;4(11):e7934.
23. Docherty D, Sporer B. A proposed model for examining the interference phenomenon between concurrent aerobic and strength training. Sports Med. 2000 Dec;30(6):385–94.
24. Abe N, Borson SH, Gambello MJ, Wang F, Cavalli V. Mammalian Target of Rapamycin (mTOR) Activation Increases Axonal Growth Capacity of Injured Peripheral Nerves. J Biol Chem. 2010 Sep 3;285(36):28034–43.
25. Souza EO d., Tricoli V, Bueno Junior C, Pereira MG, Brum PC, Oliveira EM, et al. The acute effects of strength, endurance and concurrent exercises on the Akt/mTOR/p70S6K1 and AMPK signaling pathway responses in rat skeletal muscle. Brazilian J Med Biol Res. Brazilian Journal of Medical and Biological Research; 2013 Apr;46(4):343–7.
26. Ogasawara R, Sato K, Matsutani K, Nakazato K, Fujita S. The order of concurrent endurance and resistance exercise modifies mTOR signaling and protein synthesis in rat skeletal muscle. Am J Physiol Metab. 2014 May 15;306(10):E1155–62.

20

SUPERTREINAMENTO

Alison Luiz da Rocha
Ana Paula Pinto
Adelino Sanchez Ramos da Silva

OBJETIVOS DO CAPÍTULO

- Definir *overreaching* (OR), *overtraining* (OT), *overreaching* funcional (FOR), *overreaching* não funcional (NFOR) e síndrome do *overtraining* (OTS);
- Apresentar as hipóteses relacionadas à etiologia dessas disfunções;
- Listar os principais sintomas relacionados a essas disfunções;
- Apresentar os parâmetros de desempenho, psicológicos, bioquímicos, hormonais e imunológicos utilizados para o diagnóstico dessas disfunções;
- Apresentar os principais resultados acerca das respostas moleculares obtidas em modelo de NFOR desenvolvido em roedores.

INTRODUÇÃO

Os principais objetivos de um programa de treinamento são a maximização e a manutenção do desempenho físico ao longo de uma temporada competitiva (1). Para que isso ocorra, sessões de treino de alta intensidade são comumente utilizadas durante fases específicas da periodização. No entanto, esse processo de intensificação de treinamento pode acarretar em diminuição temporária de desempenho e aparecimento da fadiga aguda (Halson and Jeukendrup 2004). Assim, períodos adequados de recuperação são essenciais para que os atletas se beneficiem da supercompensação e melhorem seu desempenho. Contudo, se a diminuição temporária do desempenho físico e o aparecimento da fadiga aguda forem ignorados e os atletas mantiverem as cargas de treinamento, os mesmos podem apresentar um desequilíbrio entre a demanda do exercício e o período destinado à sua recuperação, o que pode ocasionar no aparecimento do OR e/ou OT (2).

Com base no exposto acima, no presente capítulo de livro, inicialmente serão apresentadas as definições sobre OR, OT, FOR, NFOR e OTS. Posteriormente, discorreremos sobre as teorias relacionadas a essas disfunções, apresentaremos os principais sintomas e parâmetros utilizados para os seus diagnósticos e evidenciaremos as limitações dos seus estudos com seres humanos. Para finalizar, serão apresentados os principais resultados acerca das respostas moleculares obtidas em modelo de NFOR desenvolvido em roedores.

DEFINIÇÕES DE OR, OT, FOR, NFOR E OTS

De acordo com Kreider et al. (3), o OR é definido como um acúmulo de estresse proveniente do treinamento e/ou de situações extratreinamento que resulta na diminuição do desempenho esportivo durante um curto período de tempo, que pode ou não estar associada a sintomas psicológicos e fisiológicos. A recuperação de um atleta em OR ocorre após a diminuição ou interrupção total das cargas de treino durante aproximadamente duas semanas. No caso de continuidade do programa de treinamento, o mesmo poderá desenvolver o OT, cuja definição é semelhante à do OR. No caso do OT, o atleta poderá apresentar diminuição do desempenho esportivo durante um longo período de tempo, podendo ou não apresentar sintomas psicológicos e fisiológicos. A recuperação de um atleta em OT ocorre após a diminuição ou interrupção total das cargas de treino durante semanas ou meses (3).

Cientificamente, termos como *chronic fatigue*, *overfatigue*, *overstraining*, *overstress*, *overwork*, *staleness*, e *unexplained underperformance syndrome* são utilizados como sinônimos de OR e OT (3). Embora existam muitos estudos sobre OR e OT, as maiores dificuldades com relação a esses temas são: 1) a inexistência de terminologias comuns e consistentes sobre essas disfunções; 2) a inexistência de um marcador padrão ouro que seja capaz de diagnosticar essas disfunções antes que os atletas apresentem queda de desempenho. Recentemente, na tentativa de superar essas limitações, renomados pesquisadores associados ao *American College of Sports Medicine* (ACSM) e ao *European College of Sport Science* (ECSS) publicaram um trabalho de revisão de literatura cujo objetivo foi fornecer um consenso mútuo dessas duas respeitadas organizações internacionais sobre definições, diagnósticos, tratamentos e prevenções sobre o OR e OT (4).

Com relação às definições, Meuusen et al. (4) basearam-se nos estudos prévios de Halson e Jeukendrup (2), e Urhausen e Kindermann (5) que consideram o OT como um verbo, ou seja, um processo de intensificação de treinamento com possíveis consequências como OR de curto prazo (OR funcional; FOR), OR extremo (OR não funcional; NFOR), ou síndrome do OT (OTS). De acordo com os autores (4), a utilização da palavra síndrome tem como finalidade enfatizar a etiologia multifatorial e o conhecimento de que o exercício físico não é necessariamente o único fator desencadeador da OTS. No FOR, o atleta é submetido a um período intensificado de treinamento que pode resultar em diminuição temporária de desempenho físico. Após um período adequado de recuperação, o atleta apresenta supercompensação, elevando os níveis de desempenho em comparação com a linha de base (4).

Quando a estratégia de intensificação de treinamento é mantida, o atleta pode evoluir para o NFOR que está associado com a estagnação ou queda de desempenho físico, que pode ser revertida após semanas ou meses de recuperação, e está associada com distúrbios psicológicos (diminuição do vigor e aumento da fadiga) e hormonais (4). Nesse momento, uma série de fatores de confusão de diagnóstico pode estar presente como: nutrição inadequada (diminuição da ingestão calórica total ou da ingestão de carboidratos), presença de infecções (principalmente aquelas do trato aéreo superior), fatores de estresse psicológico (trabalho e família), além de distúrbios do sono. Por outro lado, na OTS, o atleta frequentemente apresenta os mesmos sinais e sintomas observados no NFOR. Portanto, o diagnóstico da OTS exige a presença de um estado prolongado de má adaptação não apenas do desempenho do atleta, mas também de mecanismos regulatórios dos sistemas biológicos, neuroquímicos e hormonais (4). Nos próximos itens desse capítulo, utilizaremos as definições (OR, OT, FOR, NFOR e OTS) conforme os autores as abordaram em seus trabalhos originais.

ETIOLOGIA

Baseados na premissa de que o efeito do estresse mecânico e/ou químico pode induzir o surgimento e o desenvolvimento do OT, Petibois et. al (6) revisaram algumas hipóteses metabólicas capazes de elucidar a etiologia dessa disfunção. Dentre essas hipóteses, destacam-se as seguintes: 1) hipótese da estrutura muscular esquelética; 2) hipótese dos carboidratos; 3) hipótese dos aminoácidos de cadeia ramificada; 4) hipótese da glutamina.

Hipótese da Estrutura Muscular Esquelética

A hipótese da estrutura muscular esquelética considera o papel dos radicais livres (RL) no desenvolvimento do OT. Sabe-se que os RL são moléculas ou fragmentos de moléculas altamente reativos que possuem um ou mais elétrons desemparelhados nas suas camadas de valência. Os RL podem atuar como receptores (reação de oxidação) ou doadores (reação de redução) de elétrons. São denominadas espécies reativas de oxigênio (ROS) aqueles radicais livres que surgem em função das suas ações nos sistemas biológicos.

Os efeitos biológicos das ROS podem ser divididos em positivos e negativos. E bem documentado que as ROS apresentam papel importante na resposta do sistema imunológico orgânico através do combate a antígenos durante o processo de fagocitose. Além disso, as ROS também estão envolvidas na ativação enzimática, no processo de desintoxicação de drogas, na facilitação da reposição glicogênica e na contração muscular. Com relação aos efeitos negativos, as ROS podem alterar o tamanho e a forma dos compostos com os quais interagem. Consequentemente, as ROS podem induzir apoptose em células saudáveis, além de provocar inflamação e/ou alterações celulares que estão diretamente relacionadas com patologias degenerativas como catarata, câncer, mal de Alzheimer e doença de Parkinson.

Nosso organismo possui um sistema de defesa antioxidante que tem como principal objetivo combater os efeitos deletérios dos RL. O desequilíbrio entre a produção de RL e a atividade do sistema de defesa antioxidante é denominado de estresse oxidativo. As substâncias antioxidantes podem ser classificadas em enzimáticas (superóxido-dismutase: principal defesa contra os radicais superóxidos e a primeira linha de defesa contra o estresse oxidativo; catalase: converte H_2O_2 em água e oxigênio; glutationa-peroxidase: também converte H_2O_2 em água, mas é mais eficiente que a catalase) e não enzimáticas que normalmente são obtidas através da alimentação (tocoferol – vitamina E, β-caroteno – precursor de vitamina A, selênio, zinco, cobre, glutationa reduzida e ácido ascórbico).

Cerca de 2 a 5% do oxigênio total consumido origina as ROS como o radical superóxido, peróxido de hidrogênio e radicais hidroxilas. Durante o exercício existe um aumento do consumo de oxigênio e consequentemente um aumento na produção de ROS. No exercício físico, as ROS parecem induzir o processo de fadiga muscular principalmente através das alterações provocadas nas mitocôndrias das células musculares que promovem uma deficiência na formação de adenosina trifosfato (ATP). Dessa maneira, ocorre uma maior utilização das vias anaeróbias de produção de energia o que aumenta a probabilidade da instalação do processo de fadiga, já que essas vias induzem o aumento tanto dos níveis de fosfato inorgânico (Pi) quanto da acidose que estão relacionados com a fadiga muscular. Além disso, as proteínas musculares e a bomba de cálcio, componentes básicos da contração muscular, podem sofrer alteração com o aumento da produção das ROS (6).

Hipótese dos Carboidratos

Na hipótese dos carboidratos, considera-se que durante a realização de exercícios físicos aeróbios de longa duração, os atletas apresentam um estado transitório de hipoglicemia que pode ser explicado tanto pela depleção dos estoques de glicogênio muscular e hepático quanto pela deficiência do fluxo metabólico glicolítico na geração de energia. Após várias sessões de treinamento de longa duração, essa depleção dos estoques de glicogênio pode se tornar um problema crônico, principalmente se houver uma deficiência na ingestão desse nutriente. Além disso, alguns estudos têm verificado que atletas em OT frequentemente apresentam hipoglicemia e produzem quantidades inferiores de lactato sanguíneo provocada pela prática de exercícios físicos (6).

Hipótese dos Aminoácidos de Cadeia Ramificada

Na hipótese dos aminoácidos de cadeia ramificada, considera-se que durante o exercício aeróbio de longa duração pode ocorrer diminuição da concentração dos aminoácidos de cadeia ramificada (AACR; leucina, isoleucina e valina) devido à sua oxidação no músculo esquelético para a síntese de ATP. Simultaneamente, ocorre aumento da concentração de aminoácidos aromáticos (AAA; tirosina, fenilanina e triptofano). O triptofano (Trp) é o precursor da serotonina no cérebro e 70-90% deste aminoácido circula ligado a albumina, enquanto 10-30% circula de maneira livre (Trp_L). Assim como os AACR, os ácidos graxos livres (AGLs) também são oxidados pelo músculo esquelético para produzir ATP quando ocorre redução de glicogênio muscular e hepático. Devido ao fato de não serem solúveis em água, os AGLs também utilizam a albumina para circular no sangue. Dessa maneira, os AGLs e o Trp competem pela albumina, e quanto maior a lipólise induzida pelos hormônios de ação rápida e lenta durante o exercício, maior será a quantidade de Trp_L.

O transporte dos AACR e dos AAA pela barreira hematoencefálica ocorre pelo mesmo mecanismo e é controlado por competição, além disso, a afinidade do transportador pelo aminoácido é determinada pelas concentrações dos demais aminoácidos. Como há baixa concentração de AACR devido sua oxidação no músculo esquelético durante o exercício físico e alta concentração de AAA, principalmente de Trp_L, esse aminoácido atinge o sistema nervoso central (SNC) para formar a serotonina. Sabe-se que a formação de serotonina pelo triptofano no SNC está associada com a fadiga central e esse fenômeno já foi observado em atletas em OT (6).

Hipótese da Glutamina

Com relação à hipótese da glutamina, sabe-se que esse aminoácido está presente em grandes quantidades no organismo e possui papel importante para manutenção da homeostase do sistema imunológico. Assim, a diminuição da concentração sanguínea de glutamina pode ser parcialmente responsável pela deficiência da função imunológica após o exercício. Os músculos esqueléticos são os principais sintetizadores desse aminoácido, sendo que os pulmões, fígado, cérebro e tecido adiposo também podem produzi-lo. Após o exercício, ocorre diminuição da concentração de glutamina que pode durar algumas horas até atingir novamente o valor basal. Com a diminuição da concentração desse aminoácido no sangue, a atividade do sistema imunológico pode ser prejudicada, o que pode explicar a incidência de infecções do trato respiratório superior (ITRs) em atletas de resistência (6).

Além das hipóteses mencionadas anteriormente, outras teorias que envolvem o sistema nervoso simpático e parassimpático e o eixo hipotálamo-hipófise-adrenal também foram consideradas para explicar a origem do OT. Smith (Smith 2000) considera que o trauma tecidual crônico provocado pelo desequilíbrio entre o treinamento e a recuperação do atleta seja o responsável pelo OT. O autor sugere que o treinamento sem recuperação induz ao surgimento de traumas no músculo esquelético, tecido conjuntivo e tecido ósseo. Esses traumas provocariam a liberação de citocinas pró-inflamatórias (IL-1beta, a IL-6 e o TNF-alfa) que: a) afetariam o SNC, induzindo alterações de humor; b) o sistema nervoso simpático e o eixo hipotalâmico hipofisiário gonodal, induzindo alterações hormonais; c) o fígado, estimulando a manutenção da glicemia e a produção das proteínas de fase aguda.

SINTOMAS

Muitos sintomas são descritos em atletas em OT, na realidade, Fry et al. (7) listaram mais de 90 que foram divididos em bioquímicos, fisiológicos, hematológicos e psicológicos, conforme o tipo e manifestação. Esse número elevado dificulta o diagnóstico dessa disfunção por atletas e/ou treinadores, já que não existe consenso com relação à quantidade mínima de sintomas necessários para que o OT seja considerado. Armstrong e VanHeest (1) descreveram outros três fatores que influenciam negativamente o reconhecimento do OT. Inicialmente, é importante que se considere a variabilidade individual nas equipes esportivas, visto que a maiorias dos atletas em OT apresenta sintomas dessa síndrome enquanto outros podem não apresentar. Em segundo lugar, Lehmann et al. (8) afirmaram existir diferenças entre os sintomas de OR e OT.

Em terceiro lugar, Israel (9) afirmou que o treinamento em que há excesso de volume provoca sintomas de OT diferentes do que o treinamento caracterizado pelo excesso de intensidade. Na realidade, segundo Israel (9), o OT pode ser classificado em duas categorias de acordo com as características dos sintomas: a simpática e a parassimpática. O OT simpático parece ser mais frequente nos atletas ou equipes que utilizam predominantemente o metabolismo anaeróbio para suprir suas demandas energéticas. Por outro lado, o OT parassimpático ocorre nos atletas que utilizam predominantemente o metabolismo aeróbio. É importante destacar que as características fisiológicas e bioquímicas desses tipos de OT ainda não foram totalmente esclarecidas (10).

De qualquer maneira, devido à importância sobre o conhecimento dos sintomas associados ao OT, Armstrong e VanHeest (1) selecionaram trabalhos de revisão publicados entre 1988 e 2000, e destacaram os seguintes sintomas: diminuição do rendimento atlético, fadiga generalizada e diminuição do vigor, insônia, alteração do apetite, irritabilidade, impaciência, ansiedade, diminuição da massa corporal, desmotivação, desconcentração, e depressão.

PARÂMETROS UTILIZADOS PARA DIAGNOSTICAR ESSAS DISFUNÇÕES

Embora existam estudos realizados para detecção do OT, ainda não foi possível estabelecer um marcador universal capaz de identificar o desenvolvimento dessa síndrome antes dos atletas apresentem diminuição de desempenho. Portanto, o único marcador capaz de identificar o desequilíbrio entre a demanda do exercício e o período destinado à recuperação do atleta, independente da definição adotada, é a diminuição do desempenho (2). De qualquer maneira, a tentativa de identificação do OT tem sido realizada em três tipos de estudos distintos: 1) os parâmetros são avaliados antes e após um período denominado de OT, ou seja, em que ocorre incremento do volume e/ou da intensidade do treinamento; 2) os parâmetros são avaliados antes e após um período em que ocorre aumento do volume e/ou da intensidade de treinamento e então, utiliza-se a diminuição do rendimento e a alteração de humor para classificar os atletas em OR ou OT. Nesse tipo de metodologia, é possível comparar as respostas dos marcadores entre os atletas classificados em OR ou OT com aqueles que se adaptaram positivamente ao treinamento; 3) os parâmetros são avaliados ao longo da temporada competitiva em que não existe manipulação das cargas de treinamento. Verifica-se, através da diminuição do rendimento e da alteração de humor, se os atletas desenvolveram o OR ou OT.

Parâmetros de Desempenho

Está bem documentado na literatura que a diminuição e/ou manutenção de desempenho é o único marcador capaz de identificar a presença dessas disfunções. Contudo, não existe consenso em relação ao percentual de queda do desempenho para o diagnóstico do OR ou OT, já que a literatura apresenta uma variação muito extensa de 0,7-25% (1). De qualquer maneira, é importante salientar que as avaliações que mensuram o tempo até a exaustão para uma intensidade pré-definida são mais sensíveis ao OR e OT em comparação com as avaliações incrementais até a exaustão (11). Embora outros marcadores como consumo máximo de oxigênio, frequência cardíaca e concentração sanguínea de lactato também apresentem variações nos atletas em OR ou OT, os resultados acerca dessas variáveis são inconclusivos (12). Para finalizar, Meeusen et al. (13) apontam os seguintes cuidados com as avaliações de desempenho: 1) avaliações de linha de base são fundamentais para posteriores interpretações; 2) a intensidade das avaliações devem ser mantidas para garantir as comparações; 3) os testes selecionados devem apresentar reprodutibilidade; 4) atenção para variações climáticas que inviabilizem as comparações entre duas avaliações; 5) respeitar a validade ecológica.

Parâmetros Psicológicos

De acordo com Koutedakis e Sharp (14), o OT é caracterizado pela presença de distúrbios psicológicos e estados afetivos negativos. É demonstrado que atletas em OR apresentavam altos índices de estados negativos de humor (7). O questionário POMS (*Profile of Mood State*) é a ferramenta mais utilizada no meio esportivo para avaliação dos estados de humor (15). Normalmente, os atletas em OR ou OT apresentam aumento das variáveis negativas e diminuição da variável positiva do questionário (11). Lehmman et al. (16) constataram diminuição da variável positiva do questionário POMS em futebolistas profissionais submetidos a 12 semanas de treinamento intenso. No entanto, a falta de valores de referência para identificar o OR ou OT em apenas uma avaliação, e a possibilidade do avaliado manipular o preenchimento do questionário POMS podem ser consideradas como limitações da aplicação prática dessa ferramenta de avaliação psicológica (17).

Além disso, Halson e Jeukendrup (2) consideram que a validade do questionário POMS para identificar o OR e OT depende da combinação com avaliações de rendimento. Para finalizar, Meeusen et al. (4) apontam os seguintes cuidados com as avaliações psicológicas: 1) os estados de humor podem ser influenciados por outros agentes estressores (família, trabalho, poluição, trânsito, patologias); 2) ainda não está claro se as informações psicológicas devem ser comparadas individualmente (critério intra-indivíduo), coletivamente (critério inter-indivíduo) ou utilizando ambas as abordagens; 3) as avaliações psicológicas podem ser manipuladas com o objetivo de "sempre estar bem" (receio de afastamento) ou de "sempre estar mal" (diminuição de carga de treino).

Parâmetros Bioquímicos

Uma série de parâmetros bioquímicos como creatina quinase, creatinina, razão glutamina/glutamato e ureia tem sido estudadas como possíveis marcadores de OT, no entanto, os resultados acerca dessas variáveis são inconclusivos (12). Contudo, embora esses e outros parâmetros sanguíneos como enzimas hepáticas, ferritina, glicose, hematócrito, hemoglobina, potássio, proteína C-reativa, sódio e taxa de sedimentação de eritrócitos não sejam capazes de identificar o OR ou OT, os mesmos são úteis para a indicação do estado geral de saúde do atleta.

Parâmetros Hormonais

Baseado nas possíveis alterações hormonais em resposta ao desequilíbrio entre as sessões de treinamento e o período destinado à recuperação do atleta, muitos estudos foram conduzidos com o intuito de verificar se o cortisol, testosterona, razão testosterona/cortisol e catecolaminas podem ser utilizados como marcadores de OR e OT. Conforme observado para os outros parâmetros, a relação entre OR e OT com distúrbios hormonais também não é conclusiva (12). Além disso, Meeusen et al. (4) apontam os seguintes cuidados com as avaliações hormonais: 1) não é indicado a avaliação das concentrações hormonais em repouso, sugere-se desenhos experimentais semelhantes ao do trabalho de Meeusen et al. (18); 2) os coeficientes de variação intra e inter indivíduos dificultam a interpretação dos dados; 3) o estado nutricional prévio deve ser controlado, pois afeta a secreção de hormônios como cortisol e hormônio do crescimento; 4) o ciclo menstrual deve ser controlado quando atletas do sexo feminino são avaliadas; 5) os protocolos aeróbios e resistidos promovem respostas diferentes; 6) as variações diurnas e sazonais devem ser consideradas nas respostas hormonais.

Parâmetros Imunológicos

De acordo com Smith (19), o aumento da incidência de doenças, principalmente das ITRs, no OT e em resposta ao excesso de exercício não ocorrem exclusivamente devido à imunossupressão, mas também devido a alteração do foco do sistema imunológico que provoca *up-regulation* da imunidade humoral e supressão da imunidade mediada por células. De qualquer maneira, Meeusen et al. (4) enfatizam que não existem dados consistentes na literatura quanto ao comportamento das variáveis imunológicas nos estados de FOR, NFOR e OTS.

Outros Parâmetros

Os parâmetros de desempenho, psicológicos, hormonais, bioquímicos e hematológicos mencionados anteriormente são os mais comuns nos estudos de OR e OT. No entanto, é importante que os profissionais da área esportiva saibam que outros marcadores como ácido úrico, amônia, citocinas, hormônio adrenocorticotrófico, hormônio do crescimento, imunoglobulina IgA, percepção subjetiva de esforço, razão de troca respiratória, e variabilidade da frequência cardíaca também tem sido utilizados com o objetivo de identificar o OR e OT. Além desses marcadores, o controle diário ou semanal da massa corporal total, da qualidade do sono, do percentual de gordura e da ingestão alimentar durante períodos de treinamento também pode auxiliar para que o OR e OT sejam evitados (20). É importante salientar que o diálogo entre o treinador e o atleta é imprescindível com o intuito de que o monitoramento das cargas de treinamento seja mais preciso.

RESPOSTAS MOLECULARES OBTIDAS EM MODELO DE NFOR DESENVOLVIDO EM ROEDORES

De acordo com as informações já citadas, os avanços nas áreas de FOR, NFOR e OTS são prejudicados devido à inconsistência das terminologias empregadas nos estudos que abordam esses temas e à variabilidade dos desenhos experimentais. Na realidade, os critérios para a classificação dessas disfunções podem ser diferentes entre os estudos, limitando a comparação dos resultados e tornando inviável a padronização das respostas fisiológicas e psicológicas para essa população (4). Além disso, eticamente, não é indicada a seleção de participantes para submissão a treinamento extenuante com o objetivo de diminuição de desempenho e verificação do comportamento de diferentes parâmetros psicológicos, hormonais, bioquímicos e imunológicos. Quando esses participantes são atletas profissionais, a limitação é maior ainda, visto que a diminuição de desempenho pode colocar em risco todo o planejamento de resultados nas competições anuais.

Nesse contexto, a Sociedade Americana de Fisiologia incentiva a utilização de modelos animais quando não é apropriado estudar os efeitos do exercício físico nos seres humanos (21). Além disso, a utilização de roedores nas investigações sobre FOR, NFOR e OTS é extremamente importante, pois elimina a possibilidade do acúmulo de estresse proveniente de situações não relacionadas ao treinamento (por exemplo, conflitos familiares, dieta inadequada, e fadiga devido a viagens), que é outro fator limitante nos estudos com seres humanos. Outra particularidade fundamental das investigações com roedores é a facilidade da realização de análises teciduais, o que permite a investigação de mecanismos moleculares responsáveis pela diminuição do desempenho como resultado do desequilíbrio entre a demanda do exercício e o período destinado à recuperação. É possível que a compreensão dos mecanismos moleculares relacionados ao FOR, NFOR e OTS possibilite a aplicação de estratégias nutricionais e terapêuticas que permitam a prevenção e/ou o tratamento dessas disfunções em seres humanos.

Baseado nos resultados de que uma única sessão de 150min de corrida em esteira rolante em declive de 14% diminuiu o desempenho de camundongos C57BL/6 (22), em 2012, desenvolvemos um novo protocolo de OT baseado em sessões crônicas de exercício excêntrico (EE) que induziu o NFOR em 100% dos camundongos avaliados (23). A principal inovação do nosso protocolo de OT foi à inserção de sessões crônicas de corrida em esteira rolante em declive de 14%. Embora o gasto energético na corrida em aclive seja superior ao realizado em mesma intensidade, mas em declive (24), os danos das fibras musculares, dor, inflamação e fadiga são superiores na corrida em declive (25).

A diminuição de desempenho associada ao EE está relacionada com altas concentrações da interleucina 1 beta (IL-1beta) no músculo esquelético (22) e em diferentes regiões do cérebro (24), como cerebelo e córtex. Além disso, Davis et al. (22) também constataram altas concentrações de interleucina 6 (IL-6) e do fator de necrose tumoral alfa (TNF-alfa) no músculo esquelético de camundongos submetidos a corrida em declive. Assim, uma resposta inflamatória imune parece estar envolvida no desenvolvimento da dor, regeneração das lesões do músculo esquelético, e na diminuição do desempenho após o EE (26–28). Interessantemente, as citocinas relacionadas com a diminuição do desempenho em resposta ao EE agudo (ou seja, IL-1beta, IL-6, e TNF-alfa) também possuem papel importante em duas das hipóteses que explicam a origem do NFOR/OTS (29,30).

Na realidade, além do estudo de Smith (29) previamente citado, Robson (30) propôs que o fenômeno conhecido como sensibilização dependente do tempo (SDT) explicaria o desenvolvimento do NFOR/OTS nos atletas através da hipótese da IL-6. Resumidamente, a exposição do atleta a um agente estressor fisiológico e/ou psicológico provocaria alterações fisiológicas, causando intolerância à produção de IL-6, e/ou excesso de produção de IL-6 e da forma solúvel do receptor de IL-6 (sIL-6R). A exposição primária ao estressor causaria a sensibilização inicial do atleta. Em exposições futuras, ocorreria uma produção maior do complexo IL-6 (IL-6 e sIL-6R). Após a sensibilização inicial do atleta, sessões de treinamento futuras resultariam em maior fadiga do indivíduo, conforme registrado em atletas em NFOR/OTS (31). Assim, um atleta sensibilizado pelo agente estressor apresentaria o comportamento descrito acima, enquanto um atleta não sensibilizado pelo agente estressor se adaptaria normalmente as sessões de treinamento, apresentando melhora de desempenho.

Até o presente momento, era possível afirmar que: a) a diminuição de desempenho após uma única sessão de EE está diretamente relacionada com altas concentrações de citocinas em amostras de músculo esquelético de camundongos (22,24); b) sessões crônicas de EE estão diretamente relacionadas com a diminuição de desempenho de camundongos (23); c) existem duas hipóteses que explicam a origem do NFOR/OTS a partir das citocinas pró-inflamatórias IL-1beta, IL-6, e TNF-alfa (29,30). No entanto, sabe-se que a segunda (32,33) ou sucessivas (34) sessões de EE não agravam o dano muscular induzido por uma única sessão de EE. De acordo com Costa et al. (35), esse fenômeno ocorre, pois o músculo esquelético é capaz de diminuir a concentração de fatores inibitórios do crescimento muscular e reparo tecidual como, por exemplo, a miostatina.

Dessa maneira, objetivamos verificar se a diminuição do desempenho induzido pelo EE estava associada com altas concentrações de citocinas em camundongos Swiss (36). O conteúdo proteico de miostatina nos músculos esqueléticos dos camundongos também foi mensurado. Nós hipotetizamos que a diminuição de desempenho induzida pelo EE estaria associada com altas concentrações de citocinas e com a inibição da miostatina. Além disso, sabendo que a ingestão de glicose durante o exercício agudo é capaz de atenuar as altas concentrações plasmáticas de IL-6 (37,38) e considerando que a hipótese anterior estivesse correta, nós também verificamos o efeito da suplementação crônica com glicose sobre os parâmetros analisados.

Finalmente, com base no conhecimento de que a IL-6 influencia a utilização de glicogênio durante o exercício físico (39), o conteúdo do transportador de glicose tipo 4 (GLUT-4) e as concentrações de glicogênio musculares e hepática também foram mensuradas. Em resumo, os resultados obtidos no nosso segundo trabalho permitiram a elaboração das seguintes conclusões: a) o NFOR induzido pelo EE está associado com um estado de inflamação crônica de baixo grau em fígado (altas concentrações proteicas de IL-6, IL15 e TNF-alfa), músculos esqueléticos (altas concentrações proteicas de IL-6 e TNF-alfa) e soro (altas concentrações de IL-6) de camundongos Swiss; b) a suplementação crônica com glicose atenuou esse estado inflamatório no fígado e soro, mas não nas diferentes amostras de músculos esqueléticos; c) o NFOR induzido pelo EE está associado com o aumento do conteúdo proteico de miostatina nas diferentes amostras de músculos esqueléticos dos camundongos Swiss. Conforme sugerido por Smith (29), concluímos que um estado inflamatório pode contribuir para a diminuição de desempenho durante o NFOR.

Posteriormente, sabendo que existe relação direta entre a inflamação crônica de baixo grau e a resistência à insulina em músculo esquelético (40), nós direcionamos nossos esforços na avaliação dessa relação em camundongos em NFOR. Sabe-se que o GLUT-4 é o maior transportador de glicose expresso no músculo esquelético e a sua translocação do meio intracelular até a membrana plasmática e túbulos T constitui-se no principal mecanismo através do qual a insulina e o exercício físico efetuam o transporte de glicose para o músculo esquelético (41). A translocação das vesículas contendo GLUT-4 para a superfície da musculatura esquelética pode ocorrer através da ligação do hormônio insulina a um receptor específico de membrana, uma proteína heterotetramérica com atividade quinase intrínseca, composta por duas subunidades alfa e duas subunidades beta, denominado receptor de insulina (IR) (42).

A ativação do IR resulta em fosforilação em tirosina de diversos substratos, incluindo substratos do receptor de insulina 1 e 2 (IRS-1 e IRS-2) (43). A fosforilação das proteínas IRSs produz sítios de ligação para uma proteína citosólica denominada fosfatidilinositol 3-quinase (PI3q), promovendo sua ativação (44). A ativação da PI3q aumenta a fosforilação em serina da proteína quinase B (Akt), permitindo o transporte de glicose no músculo esquelético através da translocação do GLUT-4 para o sarcolema (45). Por outro lado, Kim et al. (46) verificaram que camundongos tratados com IL-6 apresentaram redução da captação de glicose estimulada pela insulina devido ao comprometimento da atividade do IRS-1 e da PI3q.

Outros autores observaram que a IL-6 provoca um efeito inibitório na transcrição gênica do IRS-1 e GLUT-4 (47,48). Já a expressão de TNF-alfa está associada com a diminuição da fosforilação do IRS-1 (49) em tirosina e com o aumento da fosforilação do IRS-1 em serina 307 (50). Após fosforilado em serina, o IRS-1 não pode ser fosforilado em tirosina, o que impede a ativação da PI3q, bloqueando a transdução do sinal de insulina, e prejudicando a captação de glicose e a formação de glicogênio muscular. De acordo com Gao et al. (51), a ativação do complexo IKK (IκB *kinase complex*) pelo TNF-alfa, principalmente da proteína IKK-beta, também está relacionada com a fosforilação do IRS-1 e IRS-2 em resíduos de serina 307, bloqueando a transdução do sinal de insulina.

O TNF-alfa também é capaz de ativar a proteína de resposta inflamatória JNK *(c-jun N--terminal kinase)* (52). Depois de ativada, a JNK induz a fosforilação do IRS-1 em resíduos de serina 307 (53), bloqueando a transdução do sinal de insulina. Resultados consistentes demonstraram a existência de uma relação inversa entre o conteúdo proteico de miostatina e a fosforilação da Akt em amostras de músculo esquelético (54–56). Assim, o principal objetivo do nosso terceiro trabalho foi investigar os efeitos do NFOR induzido pelo EE nos conteúdos proteicos e na fosforilação do IRS-1, IRbeta, e da Akt em diferentes músculos esqueléticos de camundongos Swiss (Anexo 3).

Como outras proteínas como a IKK, um complexo enzimático relacionado com a resposta celular inflamatória, a SAPK/JNK (*the stress activated protein kinases/Jun amino-terminal kinases*), membro da família das proteínas quinases ativadas por mitógeno (MAPK), e o supressor de sinalização de citocina 3 (SOCS3), membro da família dos supressores de sinalização de citocina (SOCS), também estão relacionadas com o prejuízo da via de sinalização da insulina na musculatura esquelética (57–61), nós também verificamos se o NFOR induzido pelo EE foi capaz de modular o conteúdo proteico e a fosforilação dessas proteínas. Nesse último estudo, constatamos que o protocolo de OT baseado em EE prejudicou a transdução do sinal da via de sinalização da insulina com concomitante aumento dos níveis proteicos de IKK, SAPK/JNK e SOCS3 nos músculos esqueléticos de camundongos Swiss (36). Com relação à hipótese da estrutura muscular esquelética, preconiza-se que o aumento do estresse muscular induz ao aumento do estresse oxidativo. Dessa maneira, também verificamos que no estado de NFOR, além do estresse oxidativo também ocorre dano no DNA em sangue periférico e em células musculares esqueléticas (62).

CONSIDERAÇÕES FINAIS

Em resumo, demonstramos que a associação entre sessões crônicas de EE e períodos limitados de recuperação está diretamente relacionada com a diminuição de desempenho físico, inflamação crônica de baixo grau, prejuízo da via de sinalização da insulina, estresse oxidativo e dano no DNA (23,36,62,63). Contudo, é importante salientar que pesquisadores na área de imunologia do exercício têm utilizado uma série de protocolos experimentais com o objetivo de estudar a relação entre EE, dano muscular e aumento das concentrações sistêmicas e intramusculares de citocinas (64).

Dessa maneira, os nossos resultados estão de acordo com a literatura específica acerca dos efeitos do EE sobre a inflamação e a via de sinalização da insulina (23,36,62,63). No entanto, sabe-se que o conteúdo proteico de citocinas no músculo esquelético de camundongos é significativamente superior após uma única sessão de exercício físico realizado em declive em comparação com a mesma sessão realizada em aclive (22). Levando em consideração as particularidades do EE, até o presente momento, não é possível afirmar que o NFOR induzido sem a predominância desse tipo de contração muscular esteja associado com as disfunções mencionadas acima. Dessa maneira, futuros estudos da nossa linha de pesquisa serão desenvolvidos com o objetivo de comparar o protocolo de OT baseado em EE com outros dois protocolos, realizados sem inclinação e em aclive, em diferentes vias moleculares e amostras teciduais de camundongos.

EXERCÍCIO DE AUTOAVALIAÇÃO

Questão 1 – Quais são as principais diferenças entre os estados de OR, OT, FOR, NFOR e OTS.

Questão 2 – Descreva as teorias existentes para explicar o OT e destaque suas principais limitações.

Questão 3 – Qual o único parâmetro que permite a classificação em FOR, NFOR e OTS?

Questão 4 – Quais os principais sintomas descritos na literatura que estão associados ao OT?

Questão 5 – Descreva os principais achados recentes sobre o estudo do NFOR em modelos experimentais.

REFERÊNCIAS

1. Armstrong LE, VanHeest JL. The unknown mechanism of the overtraining syndrome: clues from depression and psychoneuroimmunology. Sports Med. 2002;32(3):185–209.
2. Halson SL, Jeukendrup AE. Does overtraining exist? An analysis of overreaching and overtraining research. Sports Med. 2004;34(14):967–81.
3. Kreider R. Overtraining in sport: terms, definitions, and prevalence. In: B. K. P., editor. Exercise Immunology. Champaign: Human Kinetics; 1998. p. 75–88.
4. Meeusen R, Duclos M, Foster C, Fry A, Gleeson M, Nieman D, et al. Prevention, Diagnosis, and Treatment of the Overtraining Syndrome. Med Sci Sport Exerc. 2013 Jan;45(1):186–205.
5. Urhausen A, Kindermann W. Diagnosis of overtraining: what tools do we have? Sports Med. 2002;32(2): 95–102.
6. Petibois C, Cazorla G, Poortmans J-R, Déléris G. Biochemical aspects of overtraining in endurance sports: a review. Sports Med. 2002;32(13):867–78.
7. Fry RW, Morton AR, Garcia-Webb P, Crawford GP, Keast D. Biological responses to overload training in endurance sports. Eur J Appl Physiol Occup Physiol. 1992;64(4):335–44.
8. Lehmann M, Foster C, Keul J. Overtraining in endurance athletes: a brief review. Med Sci Sports Exerc. 1993 Jul;25(7):854-62.
9. Israel SZ. Problematik des übertraings aus internisistischer und leistungs physiologischer sicht. Med Sport (Berl). 1976;16(1):12.
10. Raglin J, Barzdukas A. Overtraining in athletes: The challenge of prevention. A consensus statement. Acsms Heal Fit J. 1999;3(2):27–31.
11. Urhausen A, Gabriel H, Weiler B, Kindermann W. Ergometric and Psychological Findings During Overtraining: A Long-Term Follow-Up Study in Endurance Athletes. Int J Sports Med. 1998 Feb 9;19(02): 114–20.
12. Silva A, Santhiago V, Gobatto C. Compreendendo o overtraining no desporto: da definição ao tratamento. Rev Port Ciências do Desporto. 2006;6:10.
13. Meeusen R, Duclos M, Gleeson M, Rietjens G, Steinacker J, Urhausen A. Prevention, diagnosis and treatment of the Overtraining Syndrome. Eur J Sport Sci. Taylor & Francis Group; 2006 Mar;6(1):1–14.
14. Koutedakis Y, Sharp NC. Seasonal variations of injury and overtraining in elite athletes. Clin J Sport Med. 1998 Jan;8(1):18–21.
15. Halson SL, Bridge MW, Meeusen R, Busschaert B, Gleeson M, Jones DA, et al. Time course of performance changes and fatigue markers during intensified training in trained cyclists. J Appl Physiol. 2002 Sep; 93(3):947–56.
16. Lehmann M, Wieland H, Gastmann U. Influence of an unaccustomed increase in training volume vs intensity on performance, hematological and blood-chemical parameters in distance runners. J Sports Med Phys Fitness. 1997 Jun;37(2):110–6.
17. Billat L V. Use of blood lactate measurements for prediction of exercise performance and for control of training. Recommendations for long-distance running. Sports Med. 1996 Sep;22(3):157–75.
18. Meeusen R, Piacentini MF, Busschaert B, Buyse L, De Schutter G, Stray-Gundersen J. Hormonal responses in athletes: the use of a two bout exercise protocol to detect subtle differences in (over)training status. Eur J Appl Physiol. 2004 Mar 2;91(2–3):140–6.
19. Lakier Smith L. Overtraining, Excessive Exercise, and Altered Immunity. Sport Med. Springer International Publishing; 2003;33(5):347–64.
20. Lac G, Maso F. Biological markers for the follow-up of athletes throughout the training season. Pathol Biol. 2004 Jan;52(1):43–9.
21. American Physiological Society. Resource Book for the Design of Animal Exercise Protocols. 2006.
22. Davis JM, Murphy EA, Carmichael MD, Zielinski MR, Groschwitz CM, Brown AS, et al. Curcumin effects on inflammation and performance recovery following eccentric exercise-induced muscle damage. Am J Physiol Integr Comp Physiol. 2007 Jun;292(6):R2168–73.

23. Pereira BC, Filho L AL, Alves GF, Pauli JR, Ropelle ER, Souza CT, et al. A new overtraining protocol for mice based on downhill running sessions. Clin Exp Pharmacol Physiol. 2012 Sep;39(9):793–8.
24. Carmichael MD, Davis JM, Murphy EA, Brown AS, Carson JA, Mayer E, et al. Recovery of running performance following muscle-damaging exercise: Relationship to brain IL-1β. Brain Behav Immun. 2005 Sep;19(5):445–52.
25. Tomiya A, Aizawa T, Nagatomi R, Sensui H, Kokubun S. Myofibers Express IL-6 after Eccentric Exercise. Am J Sports Med. 2004 Mar 30;32(2):503–8.
26. Smith LL. Acute inflammation: the underlying mechanism in delayed onset muscle soreness? Med Sci Sports Exerc. 1991 May;23(5):542–51.
27. MacIntyre DL, Sorichter S, Mair J, McKenzie DC, Berg A. Markers of inflammation and myofibrillar proteins following eccentric exercise in humans. Eur J Appl Physiol. 2001 Mar 12;84(3):180–6.
28. Phillips T, Childs AC, Dreon DM, Phinney S, Leeuwenburgh C. A Dietary Supplement Attenuates IL-6 and CRP after Eccentric Exercise in Untrained Males. Med Sci Sport Exerc. 2003 Dec;35(12): 2032–7.
29. Smith LL. Cytokine hypothesis of overtraining: a physiological adaptation to excessive stress? Med Sci Sports Exerc. 2000 Feb;32(2):317–31.
30. Robson P. Elucidating the unexplained underperformance syndrome in endurance athletes : the interleukin-6 hypothesis. Sports Med. 2003;33(10):771–81.
31. Fry RW, Grove JR, Morton AR, Zeroni PM, Gaudieri S, Keast D. Psychological and immunological correlates of acute overtraining. Br J Sports Med. BMJ Publishing Group; 1994 Dec;28(4):241–6.
32. Nosaka K, Newton M. Repeated eccentric exercise bouts do not exacerbate muscle damage and repair. J strength Cond Res. 2002 Feb;16(1):117–22.
33. Chen TC. Effects of a second bout of maximal eccentric exercise on muscle damage and electromyographic activity. Eur J Appl Physiol. 2003 Apr;89(2):115–21.
34. Chen TC, Hsieh SS. Effects of a 7-day eccentric training period on muscle damage and inflammation. Med Sci Sports Exerc. 2001 Oct;33(10):1732–8.
35. Costa A, Dalloul H, Hegyesi H, Apor P, Csende Z, Racz L, et al. Impact of repeated bouts of eccentric exercise on myogenic gene expression. Eur J Appl Physiol. 2007 Sep 18;101(4):427–36.
36. Pereira BC, Pauli JR, De Souza CT, Ropelle ER, Cintra DE, Freitas EC, et al. Eccentric Exercise Leads to Performance Decrease and Insulin Signaling Impairment. Med Sci Sport Exerc. 2014 Apr;46(4):686–94.
37. Li T-L, Gleeson M. The effect of single and repeated bouts of prolonged cycling on leukocyte redistribution, neutrophil degranulation, IL-6, and plasma stress hormone responses. Int J Sport Nutr Exerc Metab. 2004 Oct;14(5):501–16.
38. Nieman DC, Davis JM, Henson DA, Gross SJ, Dumke CL, Utter AC, et al. Muscle cytokine mRNA changes after 2.5 h of cycling: influence of carbohydrate. Med Sci Sports Exerc. 2005 Aug;37(8):1283–90.
39. Adser H, Wojtaszewski JFP, Jakobsen AH, Kiilerich K, Hidalgo J, Pilegaard H. Interleukin-6 modifies mRNA expression in mouse skeletal muscle. Acta Physiol. 2011 Jun;202(2):165–73.
40. Wei Y, Chen K, Whaley-Connell AT, Stump CS, Ibdah JA, Sowers JR. Skeletal muscle insulin resistance: role of inflammatory cytokines and reactive oxygen species. Am J Physiol Integr Comp Physiol. 2008 Mar;294(3):R673–80.
41. Goodyear, PhD LJ, Kahn, MD BB. EXERCISE, GLUCOSE TRANSPORT, AND INSULIN SENSITIVITY. Annu Rev Med. 1998 Feb;49(1):235–61.
42. Patti ME, Kahn CR. The insulin receptor--a critical link in glucose homeostasis and insulin action. J Basic Clin Physiol Pharmacol. 1998;9(2–4):89–109.
43. Pessin JE, Saltiel AR. Signaling pathways in insulin action: molecular targets of insulin resistance. J Clin Invest. 2000 Jul 15;106(2):165–9.
44. Backer JM, Myers MG, Shoelson SE, Chin DJ, Sun XJ, Miralpeix M, et al. Phosphatidylinositol 3'-kinase is activated by association with IRS-1 during insulin stimulation. EMBO J. 1992 Sep;11(9):3469–79.
45. Czech MP, Corvera S. Signaling mechanisms that regulate glucose transport. J Biol Chem. 1999 Jan 22; 274(4):1865–8.

46. Kim H-J, Higashimori T, Park S-Y, Choi H, Dong J, Kim Y-J, et al. Differential effects of interleukin-6 and -10 on skeletal muscle and liver insulin action in vivo. Diabetes. 2004 Apr;53(4):1060–7.
47. Rotter V, Nagaev I, Smith U. Interleukin-6 (IL-6) Induces Insulin Resistance in 3T3-L1 Adipocytes and Is, Like IL-8 and Tumor Necrosis Factor-α, Overexpressed in Human Fat Cells from Insulin-resistant Subjects. J Biol Chem. 2003 Nov 14;278(46):45777–84.
48. Cai D, Yuan M, Frantz DF, Melendez PA, Hansen L, Lee J, et al. Local and systemic insulin resistance resulting from hepatic activation of IKK-β and NF-κB. Nat Med. 2005 Feb;11(2):183–90.
49. del Aguila LF, Claffey KP, Kirwan JP. TNF-alpha impairs insulin signaling and insulin stimulation of glucose uptake in C2C12 muscle cells. Am J Physiol. 1999 May;276(5 Pt 1):E849-55.
50. Bouzakri K, Zierath JR. MAP4K4 Gene Silencing in Human Skeletal Muscle Prevents Tumor Necrosis Factor-α-induced Insulin Resistance. J Biol Chem. 2007 Mar 16;282(11):7783–9.
51. Gao Z, Hwang D, Bataille F, Lefevre M, York D, Quon MJ, et al. Serine Phosphorylation of Insulin Receptor Substrate 1 by Inhibitor κB Kinase Complex. J Biol Chem. 2002 Dec 13;277(50):48115–21.
52. Hirosumi J, Tuncman G, Chang L, Görgün CZ, Uysal KT, Maeda K, et al. A central role for JNK in obesity and insulin resistance. Nature. 2002 Nov 21;420(6913):333–6.
53. Aguirre V, Uchida T, Yenush L, Davis R, White MF. The c-Jun NH(2)-terminal kinase promotes insulin resistance during association with insulin receptor substrate-1 and phosphorylation of Ser(307). J Biol Chem. 2000 Mar 24;275(12):9047–54.
54. Zhao B, Wall RJ, Yang J. Transgenic expression of myostatin propeptide prevents diet-induced obesity and insulin resistance. Biochem Biophys Res Commun. 2005 Nov 11;337(1):248–55.
55. Morissette MR, Cook SA, Buranasombati C, Rosenberg MA, Rosenzweig A. Myostatin inhibits IGF-I-induced myotube hypertrophy through Akt. Am J Physiol Physiol. 2009 Nov;297(5):1124–32.
56. HITTEL DS, AXELSON M, SARNA N, SHEARER J, HUFFMAN KM, KRAUS WE. Myostatin Decreases with Aerobic Exercise and Associates with Insulin Resistance. Med Sci Sport Exerc. 2010 Nov;42(11):2023–9.
57. Vichaiwong K, Henriksen EJ, Toskulkao C, Prasannarong M, Bupha-Intr T, Saengsirisuwan V. Attenuation of oxidant-induced muscle insulin resistance and p38 MAPK by exercise training. Free Radic Biol Med. 2009 Sep 1;47(5):593–9.
58. Da Silva ASR, Pauli JR, Ropelle ER, Oliveira AG, Cintra DE, De Souza CT, et al. Exercise Intensity, Inflammatory Signaling, and Insulin Resistance in Obese Rats. Med Sci Sport Exerc. 2010 Dec;42(12):2180–8.
59. Prasannarong M, Vichaiwong K, Saengsirisuwan V. Calorie restriction prevents the development of insulin resistance and impaired insulin signaling in skeletal muscle of ovariectomized rats. Biochim Biophys Acta – Mol Basis Dis. 2012 Jun;1822(6):1051–61.
60. Jorgensen SB, O'Neill HM, Sylow L, Honeyman J, Hewitt KA, Palanivel R, et al. Deletion of Skeletal Muscle SOCS3 Prevents Insulin Resistance in Obesity. Diabetes. 2013 Jan;62(1):56–64.
61. Ropelle ER, Pauli JR, Prada PO, de Souza CT, Picardi PK, Faria MC, Cintra DE, Fernandes MF, Flores MB, Velloso LA, Saad MJ, Carvalheira JB. Reversal of diet-induced insulin resistance with a single bout of exercise in the rat: the role of PTP1B and IRS-1 serine phosphorylation. J Physiol. 2006 Dec 15;577(Pt 3):997-1007.
62. Pereira B, Pauli J, Antunes LM, de Freitas E, de Almeida M, de Paula Venâncio V, et al. Overtraining is associated with DNA damage in blood and skeletal muscle cells of Swiss mice. BMC Physiol. 2013 Oct 8; 13(1):11.
63. Pereira B, Pauli J, de Souza C, Ropelle E, Cintra D, Rocha E, et al. Nonfunctional Overreaching Leads to Inflammation and Myostatin Upregulation in Swiss Mice. Int J Sports Med. 2013 Jul 18;35(02):139–46.
64. Paulsen G, Mikkelsen UR, Raastad T, Peake JM. Leucocytes, cytokines and satellite cells: what role do they play in muscle damage and regeneration following eccentric exercise? Exerc Immunol Rev. 2012; 18:42–97.

21

DESTREINAMENTO FÍSICO

José Rodrigo Pauli
Vitor Rosetto Muñoz
Rafael Calais Gaspar
Luciana Santos Souza Pauli

OBJETIVOS DO CAPÍTULO

- Compreender o que é destreinamento físico;
- Conhecer as adaptações fisiológicas relacionadas ao destreinamento;
- Conhecer as adaptações moleculares relacionadas ao destreinamento;
- Conhecer o impacto do destreinamento no desempenho físico;
- Conhecer o impacto do destreinamento na saúde.

INTRODUÇÃO

O destreinamento físico é caracterizado pela parcial ou completa perda de adaptações induzidas pelo treinamento, em virtude da insuficiência de estímulos. Esse processo pode ocorrer tanto após o exercício físico aeróbio quanto após o exercício resistido. Para este último tipo de exercício o número de publicações é mais escasso. As características do destreinamento podem ser distintas dependendo do tempo de duração de cessação do treinamento ou até mesmo pelo conteúdo insuficiente de treinamento. Além disso, o destreinamento pode ter repercussão diferente no organismo dependendo do estado de condicionamento físico, tempo de treinamento e fase do ciclo vital (criança, jovem, adulto, meia idade e idoso) que se encontra o indivíduo. Em crianças e adolescentes o processo de maturação acaba influenciado sobremaneira os resultados, sendo difícil definir se as adaptações estão relacionadas aos destreinamento ou são decorrentes do próprio desenvolvimento orgânico do indivíduo.

Os episódios de destreinamento são caracterizados pelo declínio no consumo máximo de oxigênio (VO2máx). A eficiência ventilatória também é acometida e declinada. Estas mudanças são pronunciadas especialmente em atletas altamente treinados, com histórico prolongado de treinamento. No entanto, os valores ficam acima dos seus pares controles. Para aqueles que adquiriram recentemente um valor aumentado de VO2máx os ganhos obtidos em geral são totalmente perdidos. Estas mudanças são provocadas pela redução do volume cardíaco e de sangue e consequentemente no volume de ejeção e débito cardíaco. O aumento na frequência cardíaca também se correlaciona com esta queda. Quanto ao metabolismo, períodos curtos de inatividade estão associados ao predomínio do uso de carboidratos em resposta ao esforço físico, evidenciados pela alta taxa de troca respiratória, redução na atividade da enzima lipase e declínio no conteúdo do transportador de glicose do tipo 4 (Glut-4), nível de glicogênio e valores aumentados de lactato.

Acompanhando tais mudanças se observa alterações a nível muscular, com redução na densidade capilar e enzimas oxidativas. Por outro lado, mudanças no desempenho de força são menos intensas num curto período de destreinamento. O sistema endócrino também sofre adaptações, sendo evidente declínio na sensibilidade à insulina e nos níveis de testosterona e hormônio do crescimento com a cessação do exercício físico. Portanto, declínio funcional e no desempenho são esperados com o período de destreinamento, que será maior de acordo com a duração do período de interrupção do treinamento.

Deve ainda se destacar, que o destreinamento não tem implicações apenas para o desempenho do atleta. Estudos têm demonstrado que o destreinamento físico está associado a mudanças na composição corporal, com acréscimo de gordura, resistência à insulina e problemas cardiovasculares. Nesse contexto, seria o organismo treinado na condição de cessação do exercício mais suscetível a desenvolver doenças como obesidade, diabetes e hipertensão? Existem fenômenos moleculares envolvidos nestas adaptações negativas ao organismo no ex-atleta ou indivíduo fisicamente ativo que diferem do indivíduo não treinado? Estas e outras questões serão abordadas neste capítulo, não com o intuito de esgotar o assunto, mas com a finalidade de apresentar importantes questões atreladas ao destreinamento, sendo esta uma área de real relevância a área de ciências do esporte e da saúde. Uma ampla revisão dos aspectos fisiológicos regulados durante o destreinamento físico pode ser encontrado em duas publicações de Iñigo Mujika e Sabino Padilla no ano de 2000 no periódico *Sports Med.* (1,2).

DESTEINAMENTO E FUNÇÃO CARDIORRESPIRATÓRIA

A redução no VO2máx de atletas ao destreinamento é variável, com valores de declínio que atingem até 20% durante períodos longos de destreinamento (mais de quatro semanas) (3–7). Esta mudança acontece progressivamente e de modo proporcional ao estado de treinamento do atleta. Após oito semanas de destreinamento de modo geral os níveis de VO2máx retornaram ao valores similares a pessoas sedentárias. Esta redução no VO2máx tem relação com mudanças no volume sanguíneo, que diminui após alguns poucos dias de interrupção do treinamento físico. A frequência cardíaca aumenta durante o período de destreinamento (3).

A cessação do treino induz alteração no volume de ejeção, que sofre declínio após algumas semanas de interrupção do exercício (3,4). Consequentemente estas mudanças são acompanhadas por redução no débito cardíaco e massa do ventrículo esquerdo do coração.

A função ventilatória é prejudicada em indivíduos altamente treinados, especialmente após longos períodos de interrupção do treinamento. Embora o declínio também seja variado, encontra-se na literatura queda no volume ventilatório na faixa de 10 a 15%. Devido a estas alterações os desempenhos em atividades físicas aeróbias declinam após um período de destreinamento. Avaliações realizadas tanto em nadadores quanto em futebolistas e atletas de endurance demonstraram redução de desempenho após período de destreinamento (7,8).

DESTREINAMENTO E FUNÇÃO METABÓLICA

A análise da razão da troca respiratória aponta que há aumento com o destreinamento físico nesta variável, indicando elevação no consumo de carboidrato (dependência deste tipo de substrato como combustível), o que está atrelado ao declínio na função mitocondrial e das enzimas oxidativas. Assim, adaptações relacionadas a secreção e responsividade ao hormônio adrenalina e consequentemente na taxa de lipólise, eficiência enzimática, número de mitocôndrias podem explicar o declínio na capacidade de utilização de gordura e aumento da utilização dos carboidratos após período de interrupção do exercício físico (9). As adaptações favoráveis que aumentam a capacidade de oxidação de lipídios são perdidas após 6 a 12 semanas de destreinamento (1,2). Os níveis de lactato aumentado em resposta ao esforço submáximo corroboram estas adaptações. Não obstante o limiar de lactato é observado em valores menores de consumo máximo de oxigênio na condição de destreinamento. O glicogênio muscular também sofre decréscimo atingindo valores basais de indivíduos não treinados após semanas de interrupção do treinamento. As reservas de glicogênio atingem queda de 20% após 4 semanas de paralização do treinamento físico (1,2). Tais adaptações repercutiram em menor desempenho em atividade de curta duração e intensidade elevadas após período de destreinamento. Parte dessas alterações estão também vinculadas a diminuição no conteúdo de GLUT4 e da atividade de proteínas cruciais da via de sinalização da insulina como Akt e da glicogênio sintase quinase 3 (GSK3) no músculo esquelético em inatividade. Além disso, menor expressão de sirtuínas (SIRT1) e do Co-Ativador da Transcrição Gênica PGC1α estão relacionados a redução no número de mitocôndrias e do potencial oxidativo no músculo esquelético. Essa queda na função metabólica pode ser ainda maior em condição de presença de doenças como a obesidade e o diabetes e em fases mais avançadas da vida.

DESTREINAMENTO E FUNÇÃO MUSCULAR

Estudos mostram que o potencial enzimático declina com o destreinamento, em espacial das enzimas citrato sintase, hidroxi-CoA desidrogenase, malato desidrogenase e succinato desidrogenase (10,11). As participações destas enzimas são de fundamental importância na geração de ATP mitocondrial. Assim, tais mudanças têm implicações importantes na função muscular e capacidade oxidativa, com repercussões no desempenho físico.

Um aumento no tipo de fibra muscular oxidativa em relação as fibras de contração rápida são notadas em períodos prolongados de destreinamento físico. Esta mudança é notória principalmente em atletas de musculação de alto nível. Estas alterações acabam por influenciar o volume de massa muscular e a força de atletas de fisiculturismo. A área transversal da fibra muscular pode ser reduzida com o destreinamento, porém são observados na grande maioria das vezes manutenção desta em fibras do tipo I em períodos curtos de destreinamento (até 6 semanas) e redução significativa nas fibras do tipo II (12).

A redução é mais pronunciada na capacidade de força e potência nas primeiras semanas do destreinamento, posteriormente observa-se declínios mais gradativos com a manutenção do destreinamento. Valores superiores nos picos de torque isocinético excêntrico e concêntrico no exercício de extensão de joelhos encontrados no período de pré-treinamento de 10 semanas são evidenciados após 14 semanas de destreinamento. Em geral, a potência muscular apresenta declínio mais rápido do que a força máxima em resposta a interrupção do treinamento. Além disso, observa-se que o declínio é mais rápido e acentuado em pessoas de mais idade (13). Isso indica que em pessoas idosas há uma maior necessidade de acúmulo de sessões de treino, ou seja, se possível treinar todos os dias e com menores períodos de interrupção do treinamento.

Em idosos o destreinamento está associado a declínio na aptidão funcional, com declínio em especial na força muscular. Isso mostra que idosos necessitam se manter fisicamente ativos para a manutenção da função muscular e capacidade para realização das atividades da vida diária (14). Idosas que permaneceram no programa de atividade física de baixa a moderada intensidade num período de 12 anos apresentaram melhor desempenho em testes motores, como coordenação, resistência de força, caminhar e de agilidade (14). Isso demonstra que o exercício físico regular é capaz e preservar a função muscular.

DESTREINAMENTO, ADIPOSIDADE E RESISTÊNCIA À INSULINA

A atividade física nas suas diferentes formas e momentos tem sido considerada uma das pedras angulares tanto da prevenção quanto do tratamento de inúmeras doenças crônicas degenerativas não transmissíveis. Hoje, sabe-se que a atividade física aumenta a sensibilidade à insulina independentemente da redução da massa corporal total e o principal efeito do exercício parece ser o aumento da expressão de elementos intracelulares da via de sinalização da insulina em particular dos transportadores de glicose na musculatura esquelética (15,16). Peres e colaboradores demonstraram que proteínas da via de sinalização da insulina, por exemplo, o receptor de insulina está mais fosforilado em tirosina após o exercício físico no tecido adiposo (17).

Por outro lado, a cessação do treinamento físico (destreinamento) resulta em rápido acréscimo da massa adiposa e resistência à insulina tanto em humanos (18,19), quanto em animais (20–22). Tal consideração pode ser reforçada por outros estudos que demonstraram que a sensibilidade à insulina decresce em alguns dias quando indivíduos fisicamente ativos se tornam sedentários (23,24).

Além disso, com o destreinamento físico ocorre um declínio no dispêndio energético favorecendo a aquisição de maior adiposidade. Observa-se que a diminuição do dispêndio energético com a interrupção dos exercícios habituais não é acompanhada por uma correspondente diminuição na ingestão alimentar. A influência do destreinamento no balanço energético foi investigada por alguns pesquisadores, que notaram que a redução na atividade física não induz uma redução na ingestão calórica e resulta, portanto num balanço energético positivo e desse modo favorece ao acréscimo da massa corporal (25–27). Na situação de destreinamento e de uma má alimentação, considera-se que a disponibilidade do tecido adiposo em armazenar energia frente à abundância de alimento pode acarretar no desenvolvimento da obesidade e consequentemente das anormalidades metabólicas associadas a esta doença como: resistência à insulina, hipertensão, dislipidemias, entre outras, de uma maneira mais acentuada e rápida do que em indivíduos não praticantes de atividade física (sedentários). Tais considerações embora plausíveis precisam de maior investigação e esclarecimentos na literatura, especialmente no que tange experimentos com seres humanos e a nível molecular.

Em decorrência de estudos recentes (últimos 30 anos), e com a descoberta da propriedade do tecido adiposo branco (TAB) de secretar substancias com relevantes efeitos biológicos, grande importância foi atribuída ao seu papel endócrino (28). O seu envolvimento em processos como obesidade, diabetes *mellitus* tipo 2, hipertensão arterial, aterosclerose, dislipidemias, processos inflamatórios agudos e crônicos, entre outros, indicam que este tecido tem participação importante na regulação do metabolismo e por isso pode estar envolvido nas alterações endócrinas e metabólicas encontradas no destreinamento.

Sabe-se, que as citocinas pró-inflamatórias produzidas e secretadas pelos adipócitos induzem resistência à insulina e alterações na secreção deste hormônio. Dentre as citocinas secretadas pelos adipócitos o fator de necrose tumoral alfa (TNF-α) correlaciona negativamente com o metabolismo da glicose (29). Além disso, o TNF-α está envolvido na ativação de proteínas de via inflamatórias, como a ativação da JNK (*c-jun-N-terminal kinase*) (30). A JNK também diminui o sinal da insulina por mecanismos que interferem na fosforilação do receptor de insulina e dos seus substratos (IRS-1 e IRS-2), regulando negativamente a propagação do sinal intracelular desse hormônio (16). Além da JNK, uma outra via inflamatória ativada pelo TNF-α tem recebido muita atenção nos últimos anos devido ao seu potencial para estabelecer conexões entre resposta inflamatória e resistência à insulina: a via da IKK/IkB/NFkB (16).

A avaliação de mulheres obesas de 18 a 30 anos com síndrome de Down, que caracteristicamente apresentam estado inflamatório de baixo grau, revelou que um programa de 10 semanas de exercício aeróbio de corrida em esteira, na intensidade de 55%-65% da frequência cardíaca pico, durante 30-40 minutos, por 3 vezes/semana, leva a diminuição das concentrações de IL-6 e proteína C Reativa (PCR). No entanto, os níveis plasmáticos de IL-6 e PCR foram significativamente aumentados após 3 meses de interrupção do programa de treinamento. Após 6 meses de destreinamento, os resultados do processo inflamatório foram acompanhados por aumento de ambos adiposidade corporal e valores de circunferência do quadril (31). O tempo de restauração da inflamação parece curto para esse grupo de pessoas, indicando a necessidade da manutenção de um estilo de vida fisicamente ativo.

Na mesma direção, estudo que buscou comparar o efeito do treinamento resistido não linear e o treinamento aeróbio intervalado e os efeitos do destreinamento sobre variáveis inflamatórias em homens de meia idade obesos observou que ambos os programas foram igualmente efetivos em reduzir moléculas pró-inflamatórias os níveis de insulina circulante, mas estas variáveis retornaram aos seus valores pré-treinamento após o destreinamento. O treinamento teve a duração de 12 semanas, com 3 sessões semanais, seguidos de um período de 4 semanas de destreinamento. O treinamento linear adotado neste estudo consistiu de exercícios resistidos com duração de 45-65 minutos, a intensidade foi variada ao longo do programa (40% até 95% de 1RM). O exercício aeróbio foi de corrida em esteira de 4 séries de 4 minutos, na intensidade de 80-90% da frequência cardíaca máxima, com intervalos de 3 minutos de recuperação. Foram avaliadas variáveis como interleucina-6, fator de necrose tumoral alfa e proteína C reativa (32)

Corroborando estes estudos, variáveis relacionadas a síndrome metabólica foram investigadas após período de 4 meses de treinamento aeróbio e um e dois meses de destreinamento em humanos. Pacientes com síndrome metabólica apresentaram aumento progressivo nos níveis de lipoprotreína de alta densidade (HDL-colesterol) e redução na circunferência do quadril e da pressão arterial com o treinamento físico. A sensibilidade à insulina avaliada pelo método HOMA, a aptidão cardiorrespiratória e a oxidação de gordura também aumentaram progressivamente com o programa de exercício aeróbio. A análise do músculo vasto lateral revelou aumento do fluxo de oxigênio após o treinamento, que foi atrelado ao processo de biogênese mitocondrial. Entretanto, após período de 1 mês de destreinamento os pacientes tiveram os níveis de HDL-colesterol e valores de consumo pico de oxigênio retornado aos valores encontrados após 1 e 2 meses de treinamento físico aeróbio, enquanto os valores de HOMA retornou aos valores pré-treinamento (33).

Efeitos do destreinamento parcial ou total sobre variáveis relacionadas a adiposidade e tolerância a glicose foram realizados em atletas de elite da modalidade caiaque. Enquanto o grupo de atleta totalmente destreinado interrompeu por completo o treinamento, o grupo parcialmente destreinado manteve em 50% o volume total de treino. As medidas de circunferência do quadril para ambos os grupos destreinados aumentaram significativamente com a cessação total ou parcial do treinamento. Tais resultados foram acompanhados por aumento na área sob a curva de insulina e leptina de jejum com o destreinamento. Sendo que as mudanças foram mais pronunciadas no grupo que interrompeu totalmente o treinamento (34). Na mesma direção, estudo com jovens dançarinas universitárias demonstrou que o destreinamento físico está associado com aumento da adiposidade corporal e redução da sensibilidade à insulina (35). Indicativos que a interrupção do treinamento em atletas são acompanhados muitas vezes de aumento rápido na massa adiposa e alteração no metabolismo de carboidratos.

Análise da pressão arterial também tem sido foco de pesquisa nessa área. Estudo que avaliou pessoas obesas sedentárias submetidas ao treinamento aeróbio, resistido ou combinado (aeróbio e resistido) por período de 6 meses, seguido de 2 semanas de destreinamento indicou que os valores pressóricos diminuem durante o período de treinamento, porém retornam aos níveis pré participação com a interrupção do programa de exercício (36). Portanto, variáveis importantes da síndrome metabólica como pressão arterial, resistência à insulina e adiposidade corporal estão implicadas com o processo de destreinamento e que merecem maior atenção, já que são parâmetros importantes associados ao aumento do risco cardiovascular.

O efeito do destreinamento sobre o aumento da adiposidade corporal tem sido comprovado em experimentos com animais. Em estudo elegante pesquisadores compararam ratas treinadas (exercício de corrida em esteira) ou ratas sedentárias por período de 8 semanas, seguido de período de destreinamento concomitante ou não a uma dieta rica em gordura. Ao final do estudo verificaram que as ratas previamente treinadas que foram inativas por 4 semanas tiveram maior adiposidade corporal em resposta a uma dieta rica em gordura do que as ratas sedentárias (37). Reforçando tais achados, ratos submetidos a treinamento de corrida em esteira por 6 semanas e destreinados em seguida tiveram os benefícios obtidos perdidos dentro de 2 semanas de cessação do exercício, evidenciado pelo aumento rápido na ingestão alimentar, aumento de massa corporal e lipogênese (21). Embora as evidências do processo de aumento de massa adiposa e alteração na sensibilidade à insulina não estejam muito bem elucidados, dados obtidos tanto de estudos com humanos quanto com animais sugerem que alterações fisiológicas, bioquímicas e moleculares acontecem em organismos destreinados favorecendo tais distúrbios.

Adicionalmente, nos últimos anos inúmeras pesquisas buscaram investigar a participação de proteínas desacopladoras mitocôndriais (UCPs), principalmente as isoformas presentes na musculatura esquelética (UCP-2 e UCP-3), no desenvolvimento de obesidade e resistência à insulina (38–40). Observa-se, alteração na funcionalidade destas proteínas em mitocôndriais de animais obesos e diabéticos (39,41). No entanto, pouco se sabe do comportamento delas com o destreinamento. Como as UCPs desempenham papel importante no controle do dispêndio energético e sobre o metabolismo de ácidos graxos, estas proteínas podem estar envolvidas no aumento da massa adiposa na situação de destreinamento.

A expressão de UCP-3 também pode estar aumentada em resposta a ingestão de dieta rica em gordura. O consumo deste tipo de alimento durante quatro semanas resulta em elevada concentração plasmática de ácidos graxos, levando a mudança no metabolismo lipídico e estimulando o aumento na expressão gênica de UCP-3. Contudo, em períodos mais prolongados com tal dieta, a concentração plasmática de ácidos graxos não mais se altera e a expressão gênica da UCP-3 permanece estabilizada (42). Desse modo, num primeiro momento o aumento da expressão proteica de UCP-3 visa a manutenção da homeostase intracelular e da mitocôndria, mas em período maior do que 4 semanas esta adaptação se torna insuficiente e ocorre redução na expressão desta proteína no músculo esquelético.

O exercício físico também exerce influência sobre a expressão e atividade da UCP's no músculo esquelético. Boss e colaboradores evidenciaram que ratos treinados apresentam uma diminuição de 60% e 76% na expressão gênica de UCP-3 nos músculos sóleo e tibial anterior, respectivamente (43). Os autores sugerem que tal adaptação ocorre devido a maior demanda energética imposta pela contração muscular, e isso, obriga os músculos a se adaptarem para tornar mais eficiente a ressíntese de ATP. Tal mudança parece permanecer após o exercício físico. Um grupo de pesquisadores procurou investigar a expressão do RNAm da UCP-2 e da UCP-3 no período de recuperação após oito semanas de treinamento com ratos e encontraram diminuição da expressão dessas proteínas em ambos os músculos sóleo e tibial anterior (44).

Tal adaptação favorece o armazenamento de substratos energéticos no período de recuperação e proporciona melhor capacidade de trabalho em exercícios subseqüentes. Este efeito do treinamento na expressão de RNAm da UCP-2 e UCP-3 foi mais significativo no músculo tibial anterior (fibras de contração rápida, tipo IIa e IIb) em comparação ao músculo sóleo (fibras de contração lenta, tipo I), o que leva a sugerir que os músculos que dependem mais de glicose do que a oxidação de ácidos graxos para seu fornecimento de ATP ganham maior eficiência energética com o treinamento. Analogamente, a estes resultados, Schrauwen e Hesselink encontraram uma concentração 46% menor da UCP-3 em indivíduos submetidos a treinamento de endurance em comparação a indivíduos sedentários (45). Desse modo, condições de destreinamento com a manutenção dos níveis reduzidos de UCP-3 obtidos com o treinamento, associados a oferta de uma dieta rica em gordura pode resultar em acúmulo de triacilglicerol intramuscular e alterações no gasto energético e sensibilidade à insulina. Já que o acúmulo de gordura e especialmente metabólitos como o diacilglicerol e a ceramida estão envolvidas na ativação de serinas quinases como a JNK e o IKK e indução de resistência à insulina. Vale ressaltar que com o destreinamento também ocorre um declínio na atividade enzimática mitocondrial e consequentemente na capacidade de oxidação de gordura, e que tudo isso pode induzir mais precocemente distúrbios no metabolismo dos carboidratos.

Portanto, a compreensão dos mecanismos moleculares envolvidos com o rápido acréscimo da massa adiposa e resistência à insulina com o destreinamento se tornam importantes, uma vez que o assunto tem sido pouco investigado, e novas descobertas poderão auxiliar na prevenção do desenvolvimento da obesidade e do diabetes do tipo 2.

CONSIDERAÇÕES FINAIS

A cessação do treinamento físico (destreinamento) resulta em rápido decréscimo em algumas variáveis do desempenho físico, sendo estas de maior ou menor magnitude de acordo com o tempo de cessação do esforço realizado, tempo de prática e nível de condicionamento físico do indivíduo, idade, entre outras. Dentre as variáveis que sofrem declínio rápido pode-se destacar o consumo máximo de oxigênio e a potência muscular. Além disso, o destreinamento físico está associado a alterações na composição corporal e desenvolvimento de doenças como obesidade e diabetes, especialmente quando associado a dieta de má qualidade. Tem sido observado, acréscimo da massa adiposa e resistência à insulina tanto em humanos quanto em animais. No entanto, os mecanismos moleculares envolvidos nesse processo permanecem ainda não totalmente conhecidos. Diferentes proteínas intracelulares podem estar envolvidas no processo de aumento da massa corporal total e diminuição na ação da insulina, evidenciado especialmente em modelos animais. As alterações na adiposidade estão associadas com indução de inflamação de baixo grau e consequentemente com resistência à insulina. Por fim, tem sido estabelecido que a disfunção mitocondrial e o acúmulo de triglicerídeos intramuscular ou de seus metabólitos devido ao aumento da distribuição ou menor oxidação mitocondrial dos ácidos graxos, podem contribuir com o desenvolvimento da obesidade e resistência à insulina na condição de destreinamento físico. Nesse contexto, a UCP-3 tem papel primordial na regulação do dispêndio energético e acúmulo de metabólitos no músculo e por isso a expressão e atividade da UCP-3 tem sido alvo de investigação dos estudos nessa área. A luz desses achados entende-se que o destreinamento é caracterizado por uma série de alterações fisiológicas e moleculares com declínio no desempenho físico e com implicações a saúde quando atrelado ao aumento de massa adiposa, inflamação de baixo grau e resistência à insulina.

EXERCÍCIOS DE AUTOAVALIAÇÃO

Questão 1 - Quais variáveis declinam mais rapidamente durante o processo de destreinamento?

Questão 2 - Quais alterações morfofisiológicas contribuem para a redução do desempenho da capacidade aeróbia no destreinamento físico?

Questão 3 - Quais alterações morfofisiológicas contribuem para a redução do desempenho da capacidade de força no destreinamento físico?

Questão 4 - Quais alterações moleculares podem estar envolvidas com o acréscimo de tecido adiposo no período de destreinamento?

Questão 5 - Quais alterações moleculares podem estar envolvidas com o desenvolvimento de resistência à insulina no período de destreinamento físico?

REFERÊNCIAS BIGLIOGRÁFICAS

1. Mujika I, Padilla S. Detraining: loss of training-induced physiological and performance adaptations. Part II: Long term insufficient training stimulus. Sports Med. 2000 Sep;30(3):145–54.
2. Mujika I, Padilla S. Detraining: loss of training-induced physiological and performance adaptations. Part I: short term insufficient training stimulus. Sports Med. 2000 Aug;30(2):79–87.
3. Coyle EF, Martin WH, Sinacore DR, Joyner MJ, Hagberg JM, Holloszy JO. Time course of loss of adaptations after stopping prolonged intense endurance training. J Appl Physiol. 1984 Dec;57(6):1857–64.
4. Martin WH, Coyle EF, Bloomfield SA, Ehsani AA. Effects of physical deconditioning after intense endurance training on left ventricular dimensions and stroke volume. J Am Coll Cardiol. 1986 May;7(5):982–9.
5. Pavlik G, Bachl N, Wollein W. Effect of training and detraining on the resting echocardiographic parameters in runners and cyclists. J Sport Cardiol. 1986;3:35–45.
6. Allen G. Physiological and metabolic changes with six weeks detraining. Aust J Sci Med Sport. 1989; 21(1):4–9.
7. Miyamura M, Ishida K. Adaptive changes in hypercapnic ventilatory response during training and detraining. Eur J Appl Physiol Occup Physiol. 1990;60(5):353–9.
8. Drinkwater B, Horvath S. Detraining effects on young women. Med Sci Sport. 1972;4(2):91–5.
9. Coyle EF, Martin WH, Bloomfield SA, Lowry OH, Holloszy JO. Effects of detraining on responses to submaximal exercise. J Appl Physiol. 1985 Sep;59(3):853–9.
10. Chi MM, Hintz CS, Coyle EF, Martin WH, Ivy JL, Nemeth PM, et al. Effects of detraining on enzymes of energy metabolism in individual human muscle fibers. Am J Physiol Physiol. 1983 Mar;244(3):C276–87.
11. Evangelista FDS, Brum PC. Effects of physical detraining on athlete performance: a review about skeletal muscle and cardiovascular changes. Rev Paul Educ Física. 1999 Dec 20;13(2):239.
12. Staron RS, Leonardi MJ, Karapondo DL, Malicky ES, Falkel JE, Hagerman FC, et al. Strength and skeletal muscle adaptations in heavy-resistance-trained women after detraining and retraining. J Appl Physiol. 1991 Feb;70(2):631–40.
13. Blazevich AJ, Cannavan D, Coleman DR, Horne S. Influence of concentric and eccentric resistance training on architectural adaptation in human quadriceps muscles. J Appl Physiol. 2007 Nov;103(5): 1565–75.
14. Pauli J, Souza L, Zago A, Gobbi S. Influência de 12 anos de prática de atividade física regular em programa supervisionado para idosos. Rev Bras Cineantropom Desempenho Hum. 2009;11(3):255–60.

15. Ropelle ER, Pauli JR, Carvalheira JBC. Efeitos moleculares do exercício físico sobre as vias de sinalização insulínica. Motriz [Internet]. 2005 [cited 2018 Jul 25];11(1):49–55. Available from: http://www.rc.unesp.br/ib/efisica/motriz/11n1/11n1_ropelle.pdf
16. Pauli JR, Cintra DE, de Souza CT, Ropelle ER. Novos mecanismos pelos quais o exercício físico melhora a resistência à insulina no músculo esquelético. Arq Bras Endocrinol e Metab. 2009;53(4):399–408.
17. Peres SB, de Moraes SMF, Costa CEM, Brito LC, Takada J, Andreotti S, et al. Endurance exercise training increases insulin responsiveness in isolated adipocytes through IRS/PI3-kinase/Akt pathway. J Appl Physiol. 2005 Mar;98(3):1037–43.
18. Marti B, Howald H. Long-term effects of physical training on aerobic capacity: controlled study of former elite athletes. J Appl Physiol. 1990 Oct;69(4):1451–9.
19. Kujala UM, Kaprio J, Taimela S, Sarna S. Prevalence of diabetes, hypertension, and ischemic heart disease in former elite athletes. Metabolism. 1994 Oct;43(10):1255–60.
20. Craig BW, Thompson K, Holloszy JO. Effects of stopping training on size and response to insulin of fat cells in female rats. J Appl Physiol. 1983 Feb;54(2):571–5.
21. Applegate EA, Upton DE, Stern JS. Exercise and Detraining: Effect on Food Intake, Adiposity and Lipogenesis in Osborne-Mendel Rats Made Obese by a High Fat Diet. J Nutr. 1984 Feb 1;114(2):447–59.
22. Lambert E V., Wooding G, Lambert MI, Koeslag JH, Noakes TD. Enhanced adipose tissue lipoprotein lipase activity in detrained rats: independent of changes in food intake. J Appl Physiol. 1994 Dec;77(6):2564–71.
23. Houmard JA, Tyndall GL, Midyette JB, Hickey MS, Dolan PL, Gavigan KE, et al. Effect of reduced training and training cessation on insulin action and muscle GLUT-4. J Appl Physiol. 1996 Sep;81(3):1162–8.
24. Arciero PJ, Smith DL, Calles-Escandon J. Effects of short-term inactivity on glucose tolerance, energy expenditure, and blood flow in trained subjects. J Appl Physiol. 1998 Apr;84(4):1365–73.
25. Christophe J, Mayer J. Effect of Exercise on Glucose Uptake in Rats and Men. J Appl Physiol. 1958;13(2).
26. Schulz LO, Schoeller DA. A compilation of total daily energy expenditures and body weights in healthy adults. Am J Clin Nutr. 1994 Nov 1;60(5):676–81.
27. Murgatroyd PR, Goldberg GR, Leahy FE, Gilsenan MB, Prentice AM. Effects of inactivity and diet composition on human energy balance. Int J Obes Relat Metab Disord. 1999 Dec;23(12):1269–75.
28. Velloso LA, Folli F, Saad MJ. TLR4 at the Crossroads of Nutrients, Gut Microbiota, and Metabolic Inflammation. Endocr Rev. 2015 Jun;36(3):245–71.
29. Hotamisligil GS, Shargill NS, Spiegelman BM, Shargill S, Spiegelman BM. Adipose expression of tumor necrosis factor-alpha: direct role in obesity-linked insulin resistance. Science. 1993;259(5091):87–91.
30. Hirosumi J, Tuncman G, Chang L, Görgün CZ, Uysal KT, Maeda K, et al. A central role for JNK in obesity and insulin resistance. Nature. 2002 Nov 21;420(6913):333–6.
31. Rosety-Rodriguez M, Diaz AJ, Rosety I, Rosety MA, Camacho A, Fornieles G, et al. Exercise reduced inflammation: but for how long after training? J Intellect Disabil Res. Wiley/Blackwell (10.1111); 2014 Sep;58(9):874–9.
32. Nikseresht M, Sadeghifard N, Agha-Alinejad H, Ebrahim K. Inflammatory Markers and Adipocytokine Responses to Exercise Training and Detraining in Men Who Are Obese. J Strength Cond Res. 2014 Dec;28(12):3399–410.
33. Mora-Rodriguez R, Ortega JF, Hamouti N, Fernandez-Elias VE, Cañete Garcia-Prieto J, Guadalupe-Grau A, et al. Time-course effects of aerobic interval training and detraining in patients with metabolic syndrome. Nutr Metab Cardiovasc Dis. 2014 Jul;24(7):792–8.
34. Liu T-C, Liu Y-Y, Lee S-D, Huang C-Y, Chien K-Y, Cheng I-S, et al. Effects of short-term detraining on measures of obesity and glucose tolerance in elite athletes. J Sports Sci. 2008 Jul;26(9):919–25.
35. Chen S-Y, Chen S-M, Chang W-H, Lai C-H, Chen M-C, Chou C-H, et al. Effect of 2-month detraining on body composition and insulin sensitivity in young female dancers. Int J Obes. 2006 Jan 13;30(1):40–4.
36. Moker EA, Bateman LA, Kraus WE, Pescatello LS. The Relationship between the Blood Pressure Responses to Exercise following Training and Detraining Periods. Wright JM, editor. PLoS One. 2014 Sep 10;9(9):e105755.

37. Yasari S, Dufresne E, Prud'homme D, Lavoie J-M. Effect of the detraining status on high-fat diet induced fat accumulation in the adipose tissue and liver in female rats. Physiol Behav. 2007 Jun 8;91(2–3): 281–9.
38. Millet L, Vidal H, Andreelli F, Larrouy D, Riou JP, Ricquier D, et al. Increased uncoupling protein-2 and -3 mRNA expression during fasting in obese and lean humans. J Clin Invest. American Society for Clinical Investigation; 1997 Dec 1;100(11):2665–70.
39. Samec S, Seydoux J, Dulloo AG. Post-starvation gene expression of skeletal muscle uncoupling protein 2 and uncoupling protein 3 in response to dietary fat levels and fatty acid composition: a link with insulin resistance. Diabetes. 1999 Feb;48(2):436–41.
40. Hesselink MKC, Mensink M, Schrauwen P. Human Uncoupling Protein-3 and Obesity: An Update. Obes Res. 2003 Dec;11(12):1429–43.
41. Oberkofler H, Liu YM, Esterbauer H, Hell E, Krempler F, Patsch W. Uncoupling protein-2 gene: reduced mRNA expression in intraperitoneal adipose tissue of obese humans. Diabetologia. 1998 Jul 27;41(8):940–6.
42. Schrauwen P, Hesselink MKC, Vaartjes I, Kornips E, Saris WHM, Giacobino J-P, et al. Effect of acute exercise on uncoupling protein 3 is a fat metabolism-mediated effect. Am J Physiol Metab. 2002 Jan;282(1):E11–7.
43. Boss O, Hagen T, Lowell BB. Uncoupling proteins 2 and 3: potential regulators of mitochondrial energy metabolism. Diabetes. 2000 Feb;49(2):143–56.
44. Boss O, Samec S, Desplanches D, Mayet MH, Seydoux J, Muzzin P, et al. Effect of endurance training on mRNA expression of uncoupling proteins 1, 2, and 3 in the rat. FASEB J. 1998 Mar;12(3):335–9.
45. Schrauwen P, Russell AP, Moonen-Kornips E, Boon N, Hesselink MKC. Effect of 2 weeks of endurance training on uncoupling protein 3 content in untrained human subjects. Acta Physiol Scand. 2005 Mar;183(3):273–80.

Parte 5

BIOLOGIA MOLECULAR DO EXERCÍCIO EM CONDIÇÕES ESPECIAIS

22

ENVELHECIMENTO

Carla Manuele Crispim Nascimento
Marcia Regina Cominetti

OBJETIVOS DO CAPÍTULO

- Demonstrar o envelhecimento como um tema atual que influencia sobremaneira diferentes aspectos da saúde de pessoas no mundo todo;
- Estabelecer os conceitos chave acerca das teorias do envelhecimento;
- Analisar o papel do exercício físico na modulação do envelhecimento celular;
- Estabelecer uma conexão entre os fatores intrínsecos e extrínsecos que afetam o envelhecimento celular;
- Entender os principais eventos moleculares relacionados ao exercício e envelhecimento;
- Demonstrar a influência do estilo de vida e as possíveis alterações que podem reduzir o impacto negativo do envelhecimento em níveis celular e molecular.

INTRODUÇÃO

Ao longo do século passado, mudanças verdadeiramente notáveis estão sendo observadas na saúde das pessoas idosas em todo o mundo. Tais mudanças impactam fortemente a sociedade como um todo. O crescimento da população idosa é resultado principalmente de um aumento no tamanho da população em geral, mas também é fortemente influenciado por grandes quedas nas principais causas de mortalidade. Estas transformações demográficas reverberam na sociedade, aumentando as necessidades sociais e de assistência médica, as quais devem crescer acentuadamente nos próximos anos.

O envelhecimento da população está ocorrendo em todo o mundo. Em 1900, apenas 4,1% dos 76 milhões de pessoas nos Estados Unidos tinham 65 anos ou mais e apenas 3,2% estavam na faixa etária 85 anos ou mais. Em 1950, mais de 8% da população total tinha 65 anos de idade ou mais, e em 2000 esse percentual aumentou para 12,6%. No Brasil, em 1980 o número de pessoas com 65 anos ou mais correspondia a 4,01%, em 2000 esse número subiu para 5,85% e em 2010 para 7,38%, demonstrando um ritmo semelhante de aumento quando comparado ao resto da população mundial. Esta mudança na proporção da população idosa depende de alterações nas taxas de sobrevivência e de natalidade. Na Europa, o aumento das taxas de sobrevivência em idades mais avançadas e taxas baixas de natalidade resultaram em países com as populações mais antigas do mundo. Estima-se que Itália e Alemanha tenham as populações mais antigas da Europa e a segunda e terceira mais antiga do mundo em cerca de 20% cada um. A Europa vai continuar a ter as populações mais antigas do mundo no século XXI, com quase um em cada quatro europeus com 65 anos ou mais de idade em 2030.

O envelhecimento é comumente definido como o acúmulo de diversas alterações deletérias que ocorrem em células e tecidos com o avanço da idade, as quais são responsáveis pelo aumento do risco de doenças e morte. O envelhecimento, em termos evolutivos, não foi um evento esperado para a espécie humana, uma vez que até pouco tempo, a expectativa de vida não passava de 40 anos. A expectativa de vida é definida como o número total médio de anos que um ser humano espera viver. Diferentemente, o tempo de vida é o número máximo de anos que um ser humano vive. Enquanto a expectativa de vida humana permaneceu inalterada nos últimos 100 mil anos (aproximadamente 125 anos), a longevidade aumentou sensivelmente (aproximadamente 27 anos, durante o último século), especialmente nos países ocidentais. Este aumento na expectativa de vida pode ser explicado em parte devido às transições demográfica e epidemiológica ocorridas no século passado e que continuam neste século, as quais trouxeram consigo mudanças na estrutura populacional mundial e permitiram o envelhecimento humano. Na natureza, entretanto, é muito raro encontrar espécies que envelhecem, pois morrem cedo vítimas de predadores, doenças, fome ou outras condições adversas com as quais se defrontam. Com a melhoria das condições sanitárias, dos tratamentos médicos, surgimento das vacinas, novas tecnologias, entre outros fatores, o ser humano passou a viver mais, apresentando uma expectativa de vida maior.

Apesar dos avanços das tecnologias relacionadas à saúde e que proporcionam o aumento da longevidade, ocorrem ao longo do ciclo vital inúmeras alterações que frequentemente resultam na perturbação da homeostase e equilíbrio das funções morfofisiológicas. Muitas destas mudanças no *steady-state* delineiam mecanismos que produzem grande parte dos efeitos deletérios observados durante o envelhecimento. Muitas destas mudanças são geneticamente controladas para acontecer, variando entre as diferentes espécies. A literatura gerontológica considera que estamos programados por um 'relógio biomolecular', que é controlado pelo tempo cronológico ou pela medida acumulada de divisões celulares que o organismo já realizou. Isto porque o envelhecimento é um período, uma fase, do processo desenvolvimentista de um indivíduo, marcado pela redução do potencial reprodutivo após um período fértil da idade adulta, e que conduz à senescência.

Embora o envelhecimento seja praticamente um padrão entre os organismos eucarióticos, os mecanismos moleculares subjacentes a este processo continuam sendo amplamente investigados. O envelhecimento ocorre pelo menos em parte, como uma consequência dos ajustes necessários para a manutenção da homeostase diante dos danos que acontecem ao longo do ciclo vital, associada à informação genotípica. Este capítulo irá expor os principais mecanismos moleculares e celulares relacionados ao envelhecimento humano.

TÓPICOS DO CAPÍTULO

PROCESSO DE ENVELHECIMENTO

Por que envelhecemos? Quando começa de fato o processo de envelhecimento para o ser humano? Existem mais de 300 teorias que tentam explicar o envelhecimento humano (1). Até 2025, segundo a Organização Mundial de Saúde (2), o Brasil será o sexto país do mundo em número de idosos. Tais dados foram reforçados pelo estudo de Camarano *et al.* (3). O processo de envelhecimento, *per se*, está associado a declínios graduais da funcionalidade e alterações nas funções cognitivas (4). Inúmeras doenças crônicas, quando não adequadamente controladas, frequentemente afetam a funcionalidade de idosos, comprometendo significativamente o desempenho das atividades da vida diária, podendo gerar um processo incapacitante (5). Portanto, o conhecimento acerca de processos incapacitantes pode auxiliar no manejo de estratégias de políticas de atenção à saúde do idoso, direcionadas para prevenir e/ou minimizar o impacto de fatores relacionados às consequências funcionais decorrentes de processos patológicos crônicos. Nos países em desenvolvimento, como o Brasil, o fenômeno do envelhecimento ocorre de maneira acelerada, o que gera uma urgente necessidade de reorganização da atenção à saúde do idoso para atender às novas demandas a partir da melhora na eficiência dos serviços existentes.

A maneira como o processo de envelhecimento apresenta-se é variável entre os indivíduos de uma mesma espécie. Esta constatação deu origem ao desenvolvimento de inúmeras definições de envelhecimento biológico que, apesar de divergirem em inúmeros pontos teóricos subjacentes, comungam a noção de que se trata de uma perda progressiva da funcionalidade acompanhando a idade cronológica, resultando em uma maior vulnerabilidade a doenças, tornando por fim o indivíduo mais suscetível à morte. Entretanto, a velocidade com que estas alterações irão se apresentar em cada indivíduo, dependem da interação entre o genoma e os fatores estocásticos. Fatores estocásticos no envelhecimento se referem aqueles que não seguem um padrão programado, sequencial ou coordenado, mas sim, eventos aleatórios, os quais surgem acidentalmente e levam aos efeitos deletérios do envelhecimento. Assim, organismos com uma melhor capacidade de adaptação ou com uma exposição menos exacerbada aos fatores extrínsecos prejudiciais podem manifestar menores déficits celulares, retardando o processo de envelhecimento celular e sistêmico. Para obter uma compreensão do processo de envelhecimento, portanto, é necessário analisar os mecanismos biomoleculares e ambientais que provocam o desequilíbrio, os quais resultam na redução da funcionalidade ao longo do ciclo vital, comprometendo, muitas vezes, a longevidade. Com isso, houve um aumento expressivo no número de investigações que buscam compreender e delinear o processo de envelhecimento. Este avanço científico na pesquisa gerontogeriátrica parece ser um dos fatores preponderantes para o aumento significativo da longevidade observado neste último século.

O envelhecimento populacional é um processo biológico dinâmico no qual ocorrem modificações morfológicas, funcionais, bioquímicas e psicológicas que determinam a progressiva perda de capacidade de adaptação do indivíduo ao meio ambiente, resultando em uma maior vulnerabilidade (6).

Inúmeros estudos relacionados à atividade física e exercícios, bem como a restrição calórica, estão sendo realizados e sugeridos como estratégias para combater ou retardar os efeitos deletérios do envelhecimento. Pesquisas epidemiológicas vêm demonstrando que o sedentarismo é um comportamento que, em longo prazo, intensifica os processos de incapacidade e dependência, além de aumentar o risco de incidência de doenças crônicas que associadas ao envelhecimento contribuem para a perda de autonomia na realização das Atividades da Vida Diária (AVD) e com isso gerar uma acentuada diminuição na qualidade de vida desta população (7). Estudos do Colégio Americano de Medicina Esportiva (8) na área da atividade física e envelhecimento concluíram que a participação em um programa de exercício regular é uma modalidade de intervenção efetiva para reduzir e/ou prevenir alguns dos declínios associados ao envelhecimento. Além disso, um treinamento que contemple múltiplos componentes da capacidade funcional é efetivo para manter e melhorar a aptidão física e funcional geral. Além disso, os mecanismos biomoleculares desencadeados a partir da prática regular de exercícios físicos, mesmo quando começados tardiamente, apresentam um importante papel na prevenção e tratamento de diversas doenças crônico-degenerativas, contribuindo para o aumento da longevidade.

A seguir, serão descritos alguns mecanismos relacionados ao envelhecimento, enfatizando algumas teorias que tentam explicar tal processo, tanto em nível celular, quanto molecular. Apesar de sabermos existirem mais de 300 teorias de envelhecimento, não é o propósito deste capítulo, juntá-las, mas sim descrever as principais e melhor estudadas, jamais ignorando o papel importante que cada uma delas apresenta para o entendimento do envelhecimento de maneira geral. Assim, temos em mente que nenhuma teoria do envelhecimento, isolada, explica por si só o processo de envelhecimento, mas cada uma delas contribui para seu entendimento global.

MECANISMOS MOLECULARES E CELULARES RELACIONADOS AO ENVELHECIMENTO

O processo de envelhecimento é caracterizado por alterações de forma e função no organismo, ao longo do tempo, que ocorrem de maneira contínua e progressiva, podendo resultar na redução da resistência dos indivíduos aos fatores estressores do ambiente em que estão inseridos. Como consequência deste processo, há uma redução das funções sistêmicas do organismo, perturbando a homeostase, podendo resultar em fragilidade e consequentemente, a morte. Entretanto, é preciso que consideremos os mecanismos que garantem a individualidade deste processo, de modo que, o fato de envelhecer não representa essencialmente a ocorrência da morte do indivíduo. O ciclo vital apresenta interações individuais, biológicas e ambientais que são determinantes para contextualizar as alterações fisiológicas que podem resultar nas perdas funcionais decorrentes do envelhecimento. Estes mecanismos asseguram que pessoas com diferentes idades cronológicas, apresentem diferenças fisiológicas significativas. Assim, Finch (9) sugeriu o uso do termo senescência para definir o conjunto de alterações morfofuncionais relacionadas com a idade que frequentemente resultam em perdas funcionais que apresentam um impacto significativo nas taxas de mortalidade. Portanto, a senescência distancia-se do termo envelhecimento, por não limitar-se ao conceito cronológico, mas analisar os mecanismos de interação entre diferenças biológicas e ambientais, as quais resultam no que comumente generalizamos como envelhecimento.

PROCESSO DE SENESCÊNCIA E ENCURTAMENTO DOS TELÔMEROS

Algumas evidências sugerem a existência de um tempo de vida finito nas células de organismos eucariontes, o que se demonstrou estar associado aos telômeros. Estas estruturas compreendem sequências repetidas de nucleotídeos que protegem as extremidades dos cromossomos da sua degeneração e da fusão com outros cromossomos, prevenindo a instabilidade genômica. A telomerase é a enzima responsável por adicionar repetições sucessivas de bases de DNA nos telômeros e, desse modo, restaurar a capacidade de multiplicação celular, retardando o envelhecimento dos tecidos. Durante o desenvolvimento, a função da telomerase declina e os telômeros se encurtam, e, após centenas de divisões celulares, as pontas dos cromossomos tornam-se danificas podendo os genes situados próximos aos telômeros serem deletados. A senescência celular – que se caracteriza pela perda da capacidade das células normais se dividirem – pode ser uma manifestação de perda da telomerase, fazendo com que em cada duplicação celular a célula perca entre 50 e 201 pares de bases (pb) de DNA telomérico (10). O encurtamento dos telômeros ocorre porque a maioria das células somáticas normais não sintetiza telomerase (11). A telomerase, entretanto, está ativa em células germinativas (óvulos e espermatozoides) e também em células tumorais. Deste modo, algumas pesquisas recentes sobre senescência celular estão focadas em entender e encontrar uma forma de ativar a telomerase como terapia antienvelhecimento, mas apenas o suficiente para não levar à formação de neoplasias Neste sentido, uma molécula chamada TAT2, ativadora de telômeros, está sendo estudada e demonstrou ativar transientemente linfócitos T já não proliferativos, em uma tentativa de aumentar a função imune e combater efeitos nocivos do envelhecimento. Ainda, alguns produtos naturais também demonstraram serem ativadores de telomerase, como por exemplo, o resveratrol, derivado da uva e a genisteína, derivada da soja. Por outro lado, a cotinina, um componente presente em cigarros, também demonstrou ativar a telomerase, mas de forma exacerbada, causando proliferação celular em excesso (12). Estes resultados ajudam a explicar o que já percebemos pelo conhecimento popular, mostrando que a dieta e os hábitos de vida estão intimamente relacionados com o envelhecimento.

Como a atividade física e exercício físico regular possuem um papel bem estabelecido com relação aos resultados benéficos para a saúde (ou seja, o aumento da expressão de genes antioxidantes, inflamação reduzida, etc.), vários grupos têm investigado o papel da atividade física e exercício na biologia dos telômeros humano.

Apesar da escassez de estudos neste campo, e de a maioria das evidências produzidas apresentarem um delineamento transversal, é possível observar uma associação positiva entre a atividade física e comprimento dos *telômeros*, em que os indivíduos ativos têm telômeros mais longos em células do sistema imunológico, em comparação com indivíduos sedentários (13,14). Cherkas *et al.* (15) reportaram uma associação positiva entre o aumento da atividade física e um comprimento maior nos telômeros, que pode representar uma diferença na idade biológica entre os sujeitos ativos e inativos de até 10 anos. Também foi demonstrada uma associação positiva entre indivíduos com um melhor $VO_{2máx}$ e um maior comprimento dos telômeros (16,17). Além disso, num estudo envolvendo ultramaratonistas, telômeros mais longos foram observados nos corredores em comparação com indivíduos de idade comparável sedentários, com a diferença de, aproximadamente, igual a 16 anos de idade biológica reduzida (18).

Uma possível explicação pra essa via vem sendo elucidada recentemente, após a descoberta do hormônio Irisina. A Irisina é um hormônio recentemente descrito produzido e secretado agudamente após a prática de atividades que estimulem a contração do musculoesquelético (19). Este hormônio foi relatado como tendo um importante papel na ativação de vias que geram um aumento do gasto energético via termogênese (20). Algumas pesquisas identificaram uma associação entre um aumento nas concentrações periféricas de Irisina e a prática regular de exercícios físicos, bem como o papel deste hormônio na modulação do comprimento dos telômeros (21–23). Os mecanismos associados a estes efeitos ainda são pouco claros, mas alguns estudos sugerem que a ativação das vias de sinalização da Irisina esteja associada com a regulação da proliferação celular, incluindo p38MAPK (24). A p38MAPK é uma proteína quinase ativada por estresse. Geradores de estresse oxidativo, como estímulos pró-inflamatórios e toxinas, ativam uma cascada que desregula as vias de sinalização de fatores de transcrição que regulam a resposta ao estresse, tornando-se mais vulneráveis à ação das ERO. A p38MAPK que tem sido previamente mostrada para regular a expressão da telomerase humana reversa transcriptase (25). A exposição acumulada à inflamação é marcada por estresse oxidativo aumentado. O stress oxidativo, e mais especificamente também tem sido associado ao acelerado encurtamento dos *telômeros* (26). O exercício já demonstrou ser uma importante via para reduzir o estresse oxidativo, bem como a inflamação crônica de baixo-grau, entretanto estes mecanismos serão melhores discutidos mais adiante.

Em relação à ação do exercício modulando o comprimento dos telômeros, via Irisina, é possível que seus efeitos sejam semelhantes ao da restrição calórica, aumentando o gasto calórico principalmente via tecido adiposo. O papel das citocinas inflamatórias, cujos níveis podem estar alterados durante o envelhecimento pode estar envolvido. Apesar de serem escassos ainda os estudos neste campo, algumas evidências vêm demonstrando que os níveis plasmáticos de Irisina podem ser preditores do comprimento de telômeros em indivíduos saudáveis. Entretanto nenhuma investigação foi capaz de descrever precisamente os mecanismos pelos quais a ação da Irisina exerce um efeito sobre o processo de envelhecimento.

RADICAIS LIVRES E DANO NO DNA MITOCONDRIAL

Além do encurtamento telomérico, outra teoria que tenta explicar o envelhecimento é a teoria dos radicais livres e dano ao DNA mitocondrial. Embora o envelhecimento possa resultar em vários danos a múltiplos constituintes celulares, a manutenção imperfeita do DNA nuclear representa provavelmente um fator importante para o envelhecimento. Danos no DNA nuclear podem induzir a mutações e/ou outras consequências celulares deletérias que tomam proporções sistêmicas, perturbando a homeostasia. Tanto os danos no DNA nuclear, que codifica a grande maioria de proteínas e de RNA celular, quanto no DNA mitocondrial vêm sendo propostos como os principais contribuidores para o envelhecimento (27).

O DNA nuclear é um alvo atraente para as alterações relacionadas ao envelhecimento, uma vez que ele permanece ativo durante toda a vida útil da célula, ao contrário de outros constituintes celulares, que são constantemente substituídos. Além disso, o genoma nuclear está presente em apenas 2-4 cópias por célula, tornando-se potencialmente muito vulnerável aos danos; diferentemente, o genoma mitocondrial está presente em milhares de cópias por célula. Foram observados em organismos mutantes com fenótipos que lembram o envelhecimento precoce alguns danos para o reparo do DNA nuclear (28).

Harman em 1956 (29) foi o primeiro a propor a teoria do envelhecimento associada aos radicais livres e, na década de 1970, estendeu sua teoria, considerando a produção mitocondrial de espécies reativas de oxigênio (ERO) (30), que posteriormente forneceu subsídios à teoria dano no DNA mitocondrial. As funções das mitocôndrias incluem tanto a fosforilação oxidativa para produzir ATP celular, quanto um papel importante na homeostase de íons, em várias vias metabólicas, na apoptose, e na produção e consumo de ERO. As alterações no DNA mitocondrial podem ser resultantes de alterações intrínsecas (ex.: erros de replicação, alterações químicas espontâneas no DNA, quebras de cadeias-duplas programadas e agentes nocivos do DNA que estão normalmente presentes nas células) ou fatores de agressão ambientais (ex.: radiação ionizante, radiação ultravioleta e toxicidade por meio de drogas). Além da produção de energia, o papel das mitocôndrias na morte celular programada faz com que quaisquer alterações disfuncionais relacionadas às vias mitocondriais contribuam para o desenvolvimento de patologias relacionadas ao envelhecimento e ao stress oxidativo.

Radicais livres são espécies químicas altamente reativas, devido à presença de elétrons não pareados em sua camada orbital mais externa. Estas espécies são muito instáveis, podendo reagir com moléculas orgânicas ou inorgânicas, incluindo proteínas, lipídios, carboidratos e ácidos nucleicos. Durante a respiração celular, moléculas de oxigênio tendem a serem reduzidas à água. Entretanto, enzimas oxidativas, principalmente do retículo endoplasmático, podem estimular a produção de ERO por meio de moléculas de superóxido (O_2^-) peróxido de hidrogênio (H_2O_2) e íons de hidroxila (OH). Por isso, a taxa metabólica, que determina a 'velocidade de funcionamento' orgânica, frequentemente está associada ao envelhecimento, sugerindo que uma possível via, relacionada à alta ingestão alimentar e, consequentemente a uma maior produção de energia pela via aeróbia, possam estar envolvidas na aceleração do envelhecimento. É justamente por esta associação, que se estima a maior representatividade dos danos no DNA mitocondrial, decorrentes das ERO. Isto provavelmente esteja relacionado à um mecanismo de retroalimentação envolvendo o funcionamento metabólico que intensifica continuamente o dano no DNA mitocondrial (Figura 1).

Terapias baseadas em agentes antioxidantes e na restrição calórica vêm se mostrando uma alternativa importante e bem aceita para aumentar a longevidade e reduzir o impacto do envelhecimento. A produção de agentes antioxidantes, nos quais se destacam principalmente as enzimas catalase, superoxido dismutase (SOD) e glutationa peroxidase (GPx), parece estar associada à redução dos danos oxidativos decorrentes da produção de radicais livres, atenuando o impacto do envelhecimento celular. Entretanto, a relação entre o *turnover* mitocondrial, respiração celular, restrição calórica e envelhecimento ainda está longe de ser completamente esclarecida.

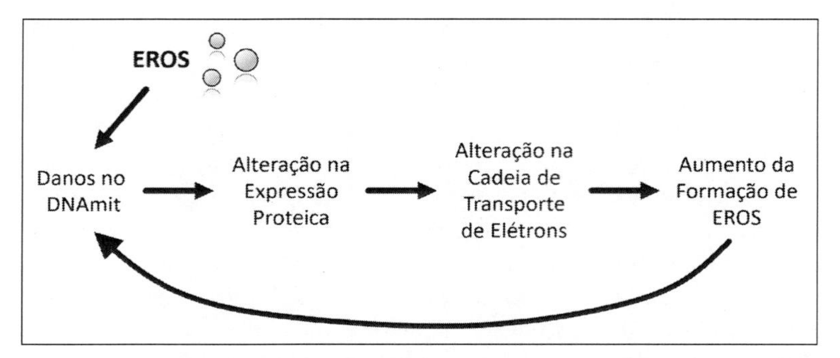

Figura 1 Esquematização da ação das Espécies Reativas de Oxigênio (EROS) sobre o DNA mitocondrial.

Durante a realização de um exercício físico, para suprir a demanda energética que a atividade muscular requer, a produção de ATP pela mitocôndria pode superar em 35 vezes a demanda de repouso. Durante esse processo ocorre um grande aumento no consumo de oxigênio, e consequentemente, uma maior produção de ERO através do metabolismo intermediário. Neste caso, os exercícios extenuantes foram relacionados com um maior grau de estresse oxidativo e de danos sistêmicos. A prevenção da ocorrência de lesão oxidativa nos tecidos durante o metabolismo aeróbio vai depender de um preciso equilíbrio entre a geração de ERO e a eficácia dos mecanismos antioxidantes.

Na década de 80, Davies *et al.* (31) propuseram que a formação de radicais livres induzida por exercício pudesse ser o estímulo inicial para a biogênese mitocondrial em uma situação de treinamento crônico. Posteriormente o papel do exercício físico regular modulando a ação das enzimas antioxidantes glutationa redutase, glutationa peroxidase, superoxido dismutase (SOD) e catalase via lipoperoxidação passou a ser elucidado.

Uma das mais importantes adaptações orgânicas ao exercício está relacionada à melhor tolerabilidade sistêmica ao estresse oxidativo, em decorrência do melhor funcionamento observado nos sistemas antioxidantes de indivíduos treinados (32). As adaptações antioxidantes intracelulares foram observadas para o exercício realizado em intensidade moderada, que resulta na melhora do funcionamento do sistema cardiovascular ($VO_{2máx}$). Este tipo de exercício tem sido descrito como causador de um desbalanço redox temporário, isto se deve principalmente ao aumento da taxa de VO_2 pela cadeia de transporte de elétrons mitocondrial. Com o treinamento contínuo, o sistema torna-se mais eficiente, na qual para exercitar-se em uma mesma intensidade, a demanda de esforços torna-se menor. Esta adaptação vem acompanhada de uma melhor eficiência prolongada antioxidante em nível celular, que se torna um fator de proteção para o indivíduo.

Por outro lado, o exercício muito intenso tem demonstrado provocar uma maior produção de ERO, por outras vias além das mitocôndrias. Essa maior produção de ERO pode superar a capacidade de defesa antioxidante e resultar em estresse oxidativo. Indivíduos com baixo nível de atividade física tornam-se mais vulneráveis aos efeitos intrínsecos e extrínsecos dos danos acumulados decorrentes da ação de radicais livres, especialmente pela limitação da ação de seu sistema antioxidante.

APOPTOSE CELULAR

O mecanismo relacionado à morte programa da célula vem sendo objeto de grande interesse, especialmente dentro das investigações relacionadas ao processo de envelhecimento. A morte celular, definida como perda irreversível da estrutura e funções vitais da célula, ocorre por dois processos morfologicamente distintos: necrose e apoptose. O conceito de apoptose contrasta com o de 'necrose celular', uma vez que 'necrose' é o termo utilizado para descrever eventos terminais que resultam na morte celular que ocorre por múltiplas causas extrínsecas. Como processo ativo, a apoptose é um processo previsto pelos sistemas e requer reservas de ATP (pelo menos nas fases iniciais) fornecidas pelo metabolismo celular, ao passo que a necrose se instala quando há carência de substratos que subsidiam a produção energética, ou seja, em depleção total do ATP, impedindo as funções morfofuncionais desempenhadas pela célula. Neste sentido, a apoptose não estimula a maquinaria inflamatória da célula, ao passo que a necrose, sim.

Durante a apoptose, ocorre a sinalização da produção de proteases endógenas que promovem uma autofagia, metaforicamente conhecido como "suicídio celular". Estas proteases provocam alterações na estrutura celular, principalmente no citoesqueleto. Neste caso, o volume citoplasmático sofre uma redução, o que estimula a reorganização das lipoproteínas da membrana plasmática. As alterações que a membrana plasmática sofre neste processo, sinalizam para que as células fagocíticas englobem os fragmentos celulares, completando o processo de degradação. Durante a apoptose também ocorrem alterações em nível nuclear. A ativação das endonucleases promove a degradação do DNA cromossômico, condensando a cromatina e fragmentando o núcleo, formando um nucleossoma. Este processo ocorre quando o organismo identifica a necessidade de eliminar alguma célula.

Uma grande variedade de agentes pode induzir os mecanismos associados à apoptose, entretanto há uma grande possibilidade de que outros fatores endógenos ou de danos intrínsecos já previamente relatados neste capítulo, possam resultar neste processo. Neste caso, a apoptose pode ser vista como um mecanismo benéfico, que visa prevenir que células danificadas possam provocar prejuízos a outras células.

Perante evidências de que há modificações na função mitocondrial durante o envelhecimento, os pesquisadores estudam a possível relação entre essas modificações e o processo de morte celular. Para a manutenção da integridade celular é necessário que os componentes pró-apoptóticos, presentes no interior da mitocôndria, não sejam liberados para o citosol. Inúmeros estímulos parecem estar envolvidos nas alterações da permeabilidade da membrana mitocondrial, que resultam na liberação destes fatores apoptóticos. A ativação da cascata proteolítica (especialmente relacionada às caspases), bem como a produção de ERO, alterações imunoscenecentes, aumento do cálcio intra-mitocondrial e a toxicidade induzida por algumas drogas podem ser fatores de disparo para a liberação de componentes que induzem a um aumento na taxa de apoptose.

Algumas doenças com alta prevalência e relacionadas ao envelhecimento, como as doenças neurodegenerativas (ex.: Doença de Parkinson e Doença de Alzheimer) são caracterizadas pela perda seletiva de neurônios em regiões específicas do sistema nervoso central (SNC), provavelmente decorrente de outros processos histopatológicos, mas a perda neuronal parece não ser tão extensa no envelhecimento saudável. Também é comum observarmos a presença de alterações relacionadas ao sistema imunológico com o avançar da idade, conhecidas como imunoscenecência. Estudos indicam que, com o avanço da idade, a desregulação na apoptose dos linfócitos T pode estar relacionada com o aumento das doenças autoimunes e da suscetibilidade às infecções principalmente em idosos (33). Existem evidências de que a desregulação da morte celular programada possa contribuir para o envelhecimento (34); porém, a elucidação dos mecanismos para se identificar prováveis relações entre a morte celular e os mecanismos moleculares do envelhecimento ainda permanecem pouco claros.

TEORIAS SISTÊMICAS E EFEITOS DO EXERCÍCIO SOBRE A LONGEVIDADE

A etiologia do envelhecimento não pode ser delineada por uma única via e, portanto, foi definida como um parâmetro multifatorial. As teorias sistêmicas consideram que o envelhecimento é um processo resultante das interações entre o programa genético do indivíduo e o ambiente em que ele está inserido, portanto, envolvem eventos programados e sistematizados. Apesar de muitas vezes considerarmos o papel da biológica molecular neste processo, o caráter puramente determinista não pode ser aplicado a um processo plural como o envelhecimento e a longevidade.

Algumas teorias levam em conta a relação entre metabolismo e alterações neuroendócrinas e sobrevida. Isto porque em alguns organismos a taxa de funcionamento metabólico, modulada por fatores como dieta e temperatura, foi associada à longevidade. Além disso, o envelhecimento está associado a uma redução no funcionamento metabólico.

Os efeitos do exercício físico sobre a longevidade, com impactos sobre a qualidade de vida são amplamente conhecidos. A prática regular de exercícios induz a mecanismos que retardam e/ou previnem o desenvolvimento de inúmeras doenças crônicas e degenerativas. Uma das possíveis explicações para estes mecanismos está associada à liberação de agentes antioxidantes e diminuição da produção de ERO com consequente diminuição do dano oxidativo ao DNA. Ao iniciar um exercício, há uma perturbação na condição de homeostase que induz à necessidade de adaptações metabólicas, principalmente relacionadas aos efeitos de termogênese. Estas alterações resultam em alterações na expressão gênica de genes relacionados à manutenção da homeostase, bem como na produção de fatores de proteção relacionados às funções neuroendócrinas e imunológicas.

Devido ao papel do eixo hipotalâmico-pituitária-adrenal na regulação das atividades fisiológicas do cérebro, as alterações promovidas na expressão gênica nessas regiões do cérebro moduladas pelo exercício tornam-se objeto de grande interesse. Alguns estudos já demonstraram previamente que fatores intrínsecos, como os déficits gerados pelo envelhecimento e fatores extrínsecos, como a prática de exercícios físicos, podem alterar qualitativamente as sequências gênicas envolvidas na função neuroendócrina por meio da modulação à exposição de determinados hormônios (35).

O IGF-1 (Fator de Crescimento Semelhante à Insulina) é um hormônio anabólico sintetizado principalmente no fígado e em tecidos periféricos (36), sob o controle do hormônio de crescimento (GH). O IGF-1 parece modular a secreção de GH por um mecanismo de *feedback* negativo (36). O balanço nas concentrações destes dois hormônios é determinante para a sinalização normal de crescimento em crianças e para a manutenção de processos anabólicos em adultos. Com o processo de envelhecimento ocorre a diminuição da produção de GH e de secreção de IGF-1. Este fenômeno muitas vezes é conhecido como "somatopausa" (37).

O exercício físico demonstrou ter um efeito agudo na liberação de GH. A magnitude desta resposta parece ser modulada pela intensidade do esforço produzido, uma vez que níveis aumentados de lactato, produzido em decorrência do exercício, foram associados a uma maior produção de GH. Treinamentos com cargas elevadas, recrutamento de grandes grupos musculares e com maiores volumes produzem aumentos substanciais nos níveis de GH. Hoffman e cols. (38) reportaram aumentos mais significativos em indivíduos que realizaram um protocolo de exercícios resistidos de 15 repetições em uma intensidade de 60% de 1 repetição máxima (RM) em comparação com indivíduos que realizaram o mesmo exercício com séries de 4 repetições a 90% de 1RM. Entretanto, alguns achados demonstraram que existem algumas limitações para a liberação de GH em resposta ao exercício em indivíduos idosos, o que possivelmente está diretamente relacionado com a perda acentuada de massa muscular que acompanha o processo de envelhecimento, a sarcopenia. Assim, para assegurar uma maior resposta lactacidêmica acompanhada de uma otimização na liberação de GH, idosos devem exercitar-se em limiares de esforço mais elevados. Uma possível explicação para a modulação da secreção de GH por meio do esforço no musculoesquelético pode estar relacionada ao mecanismo de inervação da glândula pituitária anterior. Esta glândula parece ser inervada por fibras com sinapses em células corticotróficas e somatotróficas (39). No caso do IGF, sua biodisponibilidade encontra-se associada a algumas proteínas transportadoras reguladas por múltiplos fatores, como por exemplo, os níveis de cortisol, insulina e citocinas, bem como a secreção de GH. Todas estas vias apresentam modulação por meio do exercício. Por conta destes efeitos desempenhados pelo eixo GH/IGF, acredita-se que o mesmo possua uma importante função no metabolismo energético durante o exercício.

Uma das respostas crônicas ao exercício físico está relacionada a um amento na expressão do gene que codifica o IGF-1. Uma das principais vias relacionadas à esta resposta está diretamente relacionada ao metabolismo energético. Com a ativação da PI3K por meio de um ligante em seu receptor específico, tal como o IGF-1, uma cascata de reações de fosforilação cria um sítio de ligação na membrana plasmática para a proteína serina/treonina quinase Akt (40). A Akt em seu estado ativado sinaliza para reguladores importantes envolvidos na tradução e na síntese proteica, por meio de uma cascata de fosforilação envolvendo a via da proteína quinase-alvo da rapamicina dos mamíferos, a mTOR. A ativação das vias de sinalização da mTOR tem importante papel em regular o crescimento muscular e a hipertrofia músculo-esquelética (41).

Alterações na atividade biológica no eixo GH/IGF-1 merecem especial atenção, uma vez que este eixo está envolvido na integração do sistema endócrino, imunológico, e vias nutricionais. IGF-1 é um hormônio anabólico que desempenha um papel ativo na manutenção da massa muscular e força, na prevenção de apoptose e na proteção contra o estresse oxidativo

(42). Tanto a secreção, quanto as ações biológicas do IGF-1 são moduladas pelas principais citocinas pró-inflamatórias (43). Durante o envelhecimento algumas alterações no sistema imunológico promovem um fenômeno reconhecido como *inflammaging*. O termo '*inflammaging*' é utilizado para descrever respostas orgânicas decorrentes de um desequilíbrio no sistema imunológico que resulta em uma superativação de estímulos inflamatórios mediados por elevados níveis de citocinas pró-inflamatórias. Assim, um dos mecanismos que pode sinalizar a redução nas concentrações periféricas de IGF em indivíduos idosos está relacionado com a estimulação de citocinas pró-inflamatórias, interleucina 1 (IL-1), interleucina 6 (IL-6) e do fator de necrose tumoral (TNF-α), inibindo elementos do eixo GH/IGF-1.

Ensaios *in vitro* indicaram que aumentos na produção de IL-6 e TNF-α podem ser considerados um dos mecanismos envolvidos na inibição da transcrição de IGF-1, causando uma redução na secreção deste hormônio (44). Isto sugere um efeito negativo da atividade inflamatória sobre o funcionamento endócrino-metabólico. Em um estudo populacional prospectivo, Barbieri *et al.* (45) identificaram a resposta inflamatória como um potencial determinante biológico e clínico na redução do desempenho físico e funcional de indivíduos idosos por meio da redução da força de preensão manual. Em uma coorte de 718 mulheres idosas (46), foi identificada uma associação que indicava que baixos níveis de IGF-1 e altos níveis de IL-6 estavam relacionados a um maior risco de incapacidade funcional em comparação com indivíduos que apresentavam altas concentrações de IGF-1 e baixos níveis de IL-6. O '*Framingham Heart Study*', avaliou idosos residentes na comunidade e identificou uma associação entre o aumento da taxa de mortalidade dos participantes com maiores níveis de TNF-α e IL-6, e os baixos níveis de IGF-1 (47).

A inflamação crônica sistêmica já foi previamente relacionada a fatores de risco metabólicos (48), doenças cardiovasculares (49), obesidade (50) e resistência à insulina (51). Os mecanismos patogênicos comuns às doenças crônicas ligadas ao metabolismo lipídico e glicêmico e sua associação com o risco de processos neurodegenerativos, tais como o estresse oxidativo e superativação das cascatas inflamatórias, sugerem uma relação causal entre estes fatores. Neste caso, a identificação de fatores de risco modificáveis que assegurem a funcionalidade de indivíduos idosos frente ao envelhecimento, é uma importante ferramenta para minimizar os potenciais efeitos deletérios, com impacto positivo na qualidade de vida.

Por outro lado, os mecanismos que envolvem a inibição da produção de citocinas pró-inflamatórias e a consequente redução dos danos degenerativos causados pela superativação das células da glia, por meio do exercício, ainda permanecem inconclusivos (52,53). Uma possível explicação para esta via está relacionada aos efeitos sistêmicos da contração muscular. A contração muscular promove a liberação de quantidades significativas de citocinas e quimiocinas (54). Estas substâncias promovem a superativação do sistema imunológico. Uma das citocinas liberadas durante esse processo é a IL-6. Estudos *in vitro* prévios demonstraram que a IL-6 exerce efeitos inibitórios na produção tanto de TNF-α, quanto de outros fatores pró-inflamatórios (55). A citocina IL-6 inibe a produção de TNF-α em monócitos humanos, indicando que a IL-6 circulante pode estar envolvida na regulação da inflamação crônica sistêmica de baixo grau. A inflamação crônica de baixo grau ocorre frequentemente em indivíduos idosos por meio da superativação do sistema imunológico inato e o subsequente estabelecimento de um estado inflamatório crônico com um aumento da expressão de citocinas pró-inflamatórias (56). Ainda, a IL-6 estimula a liberação de receptores solúveis de TNF-α e parece ser indutora primária de diversas proteínas com propriedades anti-inflamatórias (57). Além disso, níveis elevados de adrenalina e cortisol também foram associados a uma inibição da produção de TNF-α (58). Porém, o mecanismo exato ainda não foi esclarecido. Isso sugere que outra possível via de neutralização de citocinas pró-inflamatórias pode estar envolvida nas respostas ao exercício físico por ter efeitos imunomoduladores (59). Idosos que realizam regularmente um programa de exercícios físicos em intensidade moderada podem beneficiar-se com reduções significativas nas concentrações periféricas de citocinas pró-inflamatórias (60), provavelmente, porque a IL-6 é uma citocina com ação tanto pré, quanto pró-inflamatória (61). Neste caso, os níveis plasmáticos de IL-6 aumentam de maneira exponencial durante a prática de exercícios físicos e imediatamente após cessar a atividade, os níveis tendem a ser reduzidos aos níveis basais (57). Assim, altas concentrações de IL-6 em repouso são associadas à situação de sepsis e, portanto, ao papel pró-inflamatório desta citocina. Portanto, altas concentrações de IL-6 em repouso, podem representar um desencadeador de neurotoxicidade, semelhante ao processo inflamatório de um processo neurodegenerativo.

O eixo hipotalâmico-pituitário-adrenal (HPA) é um sistema responsivo ao estresse de regulação neuroendócrina. Sua função pode estar diretamente relacionada com respostas de cognição e bem-estar, memória, comportamento, apetite, inflamação e respostas imunológicas, metabolismo da glicose e sensibilidade à insulina, acúmulo de tecido adiposo, anabolismo/catabolismo do músculo esquelético, pressão arterial e equilíbrio hídrico e eletrolítico (62). A glândula pituitária secreta o hormônio adrenocorticotrópico (ACTH), e as células da zona fasciculada da glândula adrenal (supra-renal) secretam cortisol em resposta a eventos estressores (62).

O cortisol é um hormônio glicocorticóide que desempenha um papel chave na resposta ao estresse e também é imunossupressor (63). As células neurais localizadas no eixo HPA contêm vários receptores para citocinas, particularmente de IL-6 e TNF-α (64). Os efeitos predominantes destas citocinas estão relacionados à estimulação do eixo HPA e comprometimento do funcionamento do eixo gonadal, e de secreção de GH (65). A exposição a IL-6 ou TNF-α estimula a mudanças significativas no eixo HPA, modulando a liberação dos hormônios controlados por esta região do SNC em humanos (66).

Eventos estressores foram significativamente associados a um aumento das concentrações de cortisol. Neste caso, o exercício físico pode oferecer uma perturbação na homeostase, considerada como um estresse moderado, que promove um discreto, mas importante, aumento nas concentrações deste glicocorticoide. Desta forma, o efeito imunossupressor do cortisol pode atenuar a cascata de inflamação crônica de baixo grau. Por outro lado, outra classe de proteínas conhecidas por fatores neurotróficos vem se destacando como tendo um papel protetor no processo de envelhecimento. Estes marcadores também podem ser identificados como agentes terapêuticos no processo pré-clínico do diagnóstico de doenças degenerativas e são comumente associados à ação protetora contra danos dos processos histolopatológicos que permeiam o envelhecimento. O principal peptídeo neuroprotetor envolvido neste processo é o Fator Neurotrófico Derivado do Cérebro (BDNF). No SNC, a sinalização de ativação das vias de BDNF tem um papel importante auxiliando o processo crescimento e aumento de sobrevida neuronal (67), bem como atenuando os efeitos das citocinas inflamatórias na região axonal e mesencefálica (68). Além disso, em indivíduos cognitivamente saudáveis pode ser observada uma relação direta entre níveis séricos aumentados de secreção de BDNF e desempenho em testes cognitivos (69,70) indicando que a presença deste tipo de peptídeo pode induzir a uma maior neuroproteção gerando a preservação das funções cognitivas e prevenindo o aparecimento de doenças neurodegenerativas como a doença de Alzheimer.

Apesar do aumento na quantidade de investigações científicas para entender os mecanismos que permeiam o processo de envelhecimento com relação ao papel dos marcadores biológicos, as evidências permanecem controversas. O processo degenerativo decorrente do envelhecimento facilita o desequilíbrio de múltiplos sistemas, frequentemente desencadeando processos degenerativos que favorecem o aparecimento das doenças crônicas (Figura 2). Por outro lado, adaptações no estilo de vida podem favorecer a liberação de fatores protetores que auxiliam na manutenção da integridade, atenuação dos processos de stress oxidativo e degeneração e até na reparação de tecidos por danos sofridos em meio a este processo.

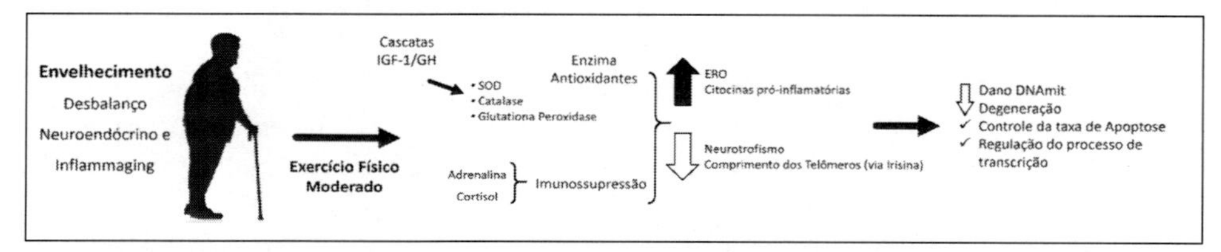

Figura 2 Papel benéfico do exercício físico no envelhecimento através do metabolismo de estresse oxidativo.

O envelhecimento é um processo inexorável que frequentemente resulta em modificações morfofuncionais que têm reflexos diretos na qualidade de vida dos indivíduos. Durante esse processo, sofremos a ação de fatores intrínsecos e extrínsecos que podem prejudicar as estruturas biomoleculares. Esses danos podem ser acumulados, intensificando a ação degenerativa e, frequentemente resultando em processos patológicos. A ação de ERO, bem como a inflamação crônica de baixo-grau, frequentemente alterada em indivíduos idosos foi relacionada a doenças crônico-degenerativas e alterações biomoleculares observadas ao longo do ciclo vital, especialmente com relação ao dano no DNA mitocondrial.

Por outro lado, mesmo frente às alterações fisiológicas do envelhecimento, é possível reduzir os efeitos degenerativos com modificações no estilo de vida. O exercício físico em intensidade moderada é uma alternativa não farmacológica segura e de baixo custo, associada à redução dos danos oxidativos e inflamatórios. A sinalização de vias neuroendócrinas modula a ação de ERO e inibe mecanismos pró-inflamatórios. Esses mecanismos estão diretamente relacionados à ação de hormônios, como o cortisol e as cascatas de IGF-1/GH, que possuem um papel na liberação de fatores antioxidantes, como a catalase, SOD e GPx. Inúmeros estudos vêm demonstrando que idosos que praticam atividade física regular e sistematizada, possuem menores níveis de marcadores moleculares de dano oxidativo e inflamatório, o que indica o possível papel do exercício físico contra processos degenerativos deflagrados durante o curso do envelhecimento. Tais mecanismos ainda não foram completamente elucidados, mas evidências indicam a participação de vias neuroendócrinas e imunológicas na indução destes processos. Além do papel protetor e promotor de saúde, os efeitos do exercício também podem auxiliar no tratamento de condições crônicas, atenuando os danos degenerativos e retardando as consequências deletérias do envelhecimento.

CONSIDERAÇÕES FINAIS

O processo de envelhecimento é marcado por modificações biomoleculares que fazem com que o indivíduo torne-se mais vulnerável aos processos patológicos e, especialmente crônico-degenerativos. O aumento da exposição à ERO por meio do estresse oxidativo, bem como o estabelecimento de um quadro de inflamação crônica de baixo-grau frequentemente é observado como marcadores de inúmeras doenças. A prática regular de exercícios físicos promove benefícios nas diversas esferas da vivência humana ao longo do ciclo vital. O exercício regular e em intensidade moderada vem demonstrando um efeito protetor contra agravos crônico-degenerativos, mesmo frente a condições patológicas deflagradas, atenuando a progressão destes sinais. Vias antioxidantes e de imunossupressão vêm demonstrando ter um papel determinante neste processo, sendo moduladas por meio do controle neuroendócrino. Mais estudos são necessários para elucidar o papel destes mecanismos, mas a relação benéfica das adaptações fisiológicas ao exercício para minimizar os efeitos de fatores extrínsecos sobre o envelhecimento e processos degenerativos já está bem estabelecida.

QUESTÕES DE AUTOAVALIAÇÃO:

Questão 1 – Qual a definição breve de envelhecimento?

Questão 2 – Cite exemplos de como o envelhecimento pode influenciar os diferentes aspectos da saúde de pessoas no mundo todo?

Questão 3 – Qual o principal conceito da senescência celular via encurtamento telomérico?

Questão 4 – Qual o principal conceito da teoria do envelhecimento baseada nos danos oxidativos e espécies reativas de oxigênio?

Questão 5 – Cite e explique os mecanismos pelos quais o exercício físico pode contribuir para a longevidade.

REFERÊNCIAS BIBLIOGRÁFICAS

1. Cefalu CA. Theories and Mechanisms of Aging. Clin Geriatr Med. 2011 Nov;27(4):491–506.
2. World Health Organization. Envelhecimento Ativo: Uma Política. 2005;
3. Camarano AA. Envelhecimento da População Brasileira: Uma Contribuição Demográfica* [Internet]. Rio de Janeiro: Instituto de Pesquisa Econômica Aplicada; 2002 [cited 2018 Jul 19]. Available from: http://www.ipea.gov.br

4. Brayne C, Gill C, Paykel ES, Huppert F, O'Connor DW. Cognitive decline in an elderly population – a two wave study of change. Psychol Med. Cambridge University Press; 1995 Jul 9;25(04):673.
5. Dantas CM de HL, Bello FA, Barreto KL, Lima LS. Capacidade funcional de idosos com doenças crônicas residentes em Instituições de Longa Permanência. Rev Bras Enferm. Associação Brasileira de Enfermagem; 2013 Dec;66(6):914–20.
6. Northridge ME. The strengths of an aging society. Am J Public Health. American Public Health Association; 2012 Aug;102(8):1432.
7. Christensen U, Stovring N, Schultz-Larsen K, Schroll M, Avlund K. Functional ability at age 75: is there an impact of physical inactivity from middle age to early old age? Scand J Med Sci Sport. 2006 Aug;16(4): 245–51.
8. Chodzko-Zajko WJ, Proctor DN, Fiatarone Singh MA, Minson CT, Nigg CR, Salem GJ, et al. Exercise and Physical Activity for Older Adults. Med Sci Sport Exerc. 2009 Jul;41(7):1510–30.
9. Finch C. Longevity, Senescence, and the Genome [Internet]. The University of Chicago Press:; 1994. Available from: http://press.uchicago.edu/ucp/books/book/chicago/L/bo3684707.html
10. Mu J, Wei LX. Telomere and telomerase in oncology. Cell Res. 2002 Mar 1;12(1):1–7.
11. Kurenova E V, Mason JM. Telomere functions. A review. Biochemistry (Mosc). 1997 Nov;62(11): 1242–53.
12. Sprouse AA, Steding CE, Herbert B-S. Pharmaceutical regulation of telomerase and its clinical potential. J Cell Mol Med. 2012 Jan;16(1):1–7.
13. Puterman E, Lin J, Blackburn E, O'Donovan A, Adler N, Epel E. The Power of Exercise: Buffering the Effect of Chronic Stress on Telomere Length. Vina J, editor. PLoS One. 2010 May 26;5(5):e10837.
14. Du M, Prescott J, Kraft P, Han J, Giovannucci E, Hankinson SE, et al. Physical Activity, Sedentary Behavior, and Leukocyte Telomere Length in Women. Am J Epidemiol. 2012 Mar 1;175(5):414–22.
15. Cherkas LF, Hunkin JL, Kato BS, Richards JB, Gardner JP, Surdulescu GL, et al. The Association Between Physical Activity in Leisure Time and Leukocyte Telomere Length. Arch Intern Med. 2008 Jan 28; 168(2):154.
16. LaRocca TJ, Seals DR, Pierce GL. Leukocyte telomere length is preserved with aging in endurance exercise-trained adults and related to maximal aerobic capacity. Mech Ageing Dev. 2010 Feb;131(2):165–7.
17. Kim J-H, Ko J-H, Lee D, Lim I, Bang H. Habitual physical exercise has beneficial effects on telomere length in postmenopausal women. Menopause J North Am Menopause Soc. 2012 Oct;19(10):1109–15.
18. Denham J, Nelson CP, O'Brien BJ, Nankervis SA, Denniff M, Harvey JT, et al. Longer Leukocyte Telomeres Are Associated with Ultra-Endurance Exercise Independent of Cardiovascular Risk Factors. Saretzki G, editor. PLoS One. 2013 Jul 31;8(7):e69377.
19. Boström P, Wu J, Jedrychowski MP, Korde A, Ye L, Lo JC, et al. A PGC1-α-dependent myokine that drives brown-fat-like development of white fat and thermogenesis. Nature. 2012 Jan 11;481(7382):463–8.
20. Castillo-Quan JI. From white to brown fat through the PGC-1 -dependent myokine irisin: implications for diabetes and obesity. Dis Model Mech. 2012 May 1;5(3):293–5.
21. Ludlow AT, Zimmerman JB, Witkowski S, Hearn JW, Hatfield BD, Roth SM. Relationship between Physical Activity Level, Telomere Length, and Telomerase Activity. Med Sci Sport Exerc. 2008 Oct;40(10):1764–71.
22. Kim S, Parks CG, DeRoo LA, Chen H, Taylor JA, Cawthon RM, et al. Obesity and Weight Gain in Adulthood and Telomere Length. Cancer Epidemiol Biomarkers Prev. 2009 Mar 1;18(3):816–20.
23. Werner C, Furster T, Widmann T, Poss J, Roggia C, Hanhoun M, et al. Physical Exercise Prevents Cellular Senescence in Circulating Leukocytes and in the Vessel Wall. Circulation. 2009 Dec 15;120(24): 2438–47.
24. Zhang Y, Li R, Meng Y, Li S, Donelan W, Zhao Y, et al. Irisin Stimulates Browning of White Adipocytes Through Mitogen-Activated Protein Kinase p38 MAP Kinase and ERK MAP Kinase Signaling. Diabetes. 2014 Feb 1;63(2):514–25.
25. Matsuo T, Shimose S, Kubo T, Fujimori J, Yasunaga Y, Sugita T, et al. Correlation between p38 mitogen-activated protein kinase and human telomerase reverse transcriptase in sarcomas. J Exp Clin Cancer Res. 2012 Jan 16;31(1):5.

26. Kawanishi S, Oikawa S.. Mechanism of Telomere Shortening by Oxidative Stress. Ann N Y Acad Sci. 2004 Jun;1019(1):278–84.
27. Karanjawala ZE, Lieber MR. DNA damage and aging. Mech Ageing Dev. 2004 Jun;125(6):405–16.
28. Balaban RS, Nemoto S, Finkel T. Mitochondria, Oxidants, and Aging. Cell. 2005 Feb 25;120(4):483–95.
29. HARMAN D. Aging: a theory based on free radical and radiation chemistry. J Gerontol. 1956 Jul;11(3): 298–300.
30. Harman D. The biologic clock: the mitochondria? J Am Geriatr Soc. 1972 Apr;20(4):145–7.
31. Davies KJ, Quintanilha AT, Brooks GA, Packer L. Free radicals and tissue damage produced by exercise. Biochem Biophys Res Commun. 1982 Aug 31;107(4):1198–205.
32. Galán AI, Palacios E, Ruiz F, Díez A, Arji M, Almar M, et al. Exercise, oxidative stress and risk of cardiovascular disease in the elderly. Protective role of antioxidant functional foods. Biofactors. 2006;27(1–4): 167–83.
33. Pollack M, Leeuwenburgh C. Apoptosis and Aging: Role of the Mitochondria. Journals Gerontol Ser A Biol Sci Med Sci. Oxford University Press; 2001 Nov 1;56(11):B475–82.
34. Warner HR, Hodes RJ, Pocinki K. What does cell death have to do with aging? J Am Geriatr Soc. 1997 Sep;45(9):1140–6.
35. Sato K, Iemitsu M. Exercise and sex steroid hormones in skeletal muscle. J Steroid Biochem Mol Biol. 2015 Jan;145:200–5.
36. Sherlock M, Toogood AA. Aging and the growth hormone/insulin like growth factor-I axis. Pituitary. 2007 May 24;10(2):189–203.
37. Sattler FR. Growth hormone in the aging male. Best Pract Res Clin Endocrinol Metab. 2013 Aug;27(4):541–55.
38. Hoffman JR, Im J, Rundell KW, Kang J, Nioka S, Speiring BA, et al. Effect of Muscle Oxygenation during Resistance Exercise on Anabolic Hormone Response. Med Sci Sport Exerc. 2003 Nov; 35(11):1929–34.
39. Ju G. Evidence for direct neural regulation of the mammalian anterior pituitary. Clin Exp Pharmacol Physiol. 1999 Oct;26(10):757–9.
40. Glass DJ. Molecular mechanisms modulating muscle mass. Trends Mol Med. 2003 Aug;9(8):344–50.
41. Bodine SC. mTOR Signaling and the Molecular Adaptation to Resistance Exercise. Med Sci Sport Exerc. 2006 Nov;38(11):1950–7.
42. Arvat E, Broglio F, Ghigo E. Insulin-Like growth factor I: implications in aging. Drugs Aging. 2000 Jan; 16(1):29–40.
43. Rosen CJ. Serum insulin-like growth factors and insulin-like growth factor-binding proteins: clinical implications. Clin Chem. 1999 Aug;45(8 Pt 2):1384–90.
44. Lazarus DD, Moldawer LL, Lowry SF. Insulin-like growth factor-1 activity is inhibited by interleukin-1 alpha, tumor necrosis factor-alpha, and interleukin-6. Lymphokine Cytokine Res. 1993 Aug;12(4): 219–23.
45. Barbieri M, Ferrucci L, Corsi AM, Macchi C, Lauretani F, Bonafè M, et al. Is chronic inflammation a determinant of blood pressure in the elderly? Am J Hypertens. 2003 Jul;16(7):537–43.
46. Cappola AR, Xue Q-L, Ferrucci L, Guralnik JM, Volpato S, Fried LP. Insulin-Like Growth Factor I and Interleukin-6 Contribute Synergistically to Disability and Mortality in Older Women. J Clin Endocrinol Metab. 2003 May;88(5):2019–25.
47. Roubenoff R, Parise H, Payette HA, Abad LW, D'Agostino R, Jacques PF, et al. Cytokines, insulin-like growth factor 1, sarcopenia, and mortality in very old community-dwelling men and women: the Framingham Heart Study. Am J Med. 2003 Oct 15;115(6):429–35.
48. Ahluwalia N, Andreeva VA, Kesse-Guyot E, Hercberg S. Dietary patterns, inflammation and the metabolic syndrome. Diabetes Metab. 2013 Apr;39(2):99–110.
49. Sandoo A, Kitas GD, Carroll D, Veldhuijzen van Zanten JJ. The role of inflammation and cardiovascular disease risk on microvascular and macrovascular endothelial function in patients with rheumatoid arthritis: a cross-sectional and longitudinal study. Arthritis Res Ther. 2012 May 17;14(3):R117.

50. Ellis A, Crowe K, Lawrence J. Obesity-Related Inflammation: Implications for Older Adults. J Nutr Gerontol Geriatr. 2013 Oct;32(4):263–90.
51. Bending D, Zaccone P, Cooke A. Inflammation and type one diabetes. Int Immunol. 2012 Jun 1;24(6): 339–46.
52. Foster PP, Rosenblatt KP, Kuljiš RO. Exercise-Induced Cognitive Plasticity, Implications for Mild Cognitive Impairment and Alzheimer's Disease. Front Neurol. 2011;2:28.
53. Kohman RA. Aging Microglia: Relevance to Cognition and Neural Plasticity. In: Methods in molecular biology (Clifton, NJ). 2012. p. 193–218.
54. Febbraio MA, Pedersen BK. Contraction-induced myokine production and release: is skeletal muscle an endocrine organ? Exerc Sport Sci Rev. 2005 Jul;33(3):114–9.
55. Pedersen BK, Febbraio M. Muscle-derived interleukin-6—A possible link between skeletal muscle, adipose tissue, liver, and brain. Brain Behav Immun. 2005 Sep;19(5):371–6.
56. Navarrete-Reyes AP, Montaña-Alvarez M. [Inflammaging. Aging inflammatory origin]. Rev Invest Clin. 61(4):327–36.
57. Pedersen BK, Steensberg A, Fischer C, Keller C, Keller P, Plomgaard P, et al. Searching for the exercise factor: is IL-6 a candidate? J Muscle Res Cell Motil. 2003;24(2–3):113–9.
58. Handschin C, Spiegelman BM. The role of exercise and PGC1α in inflammation and chronic disease. Nature. 2008 Jul 24;454(7203):463–9.
59. Barrientos RM, Frank MG, Crysdale NY, Chapman TR, Ahrendsen JT, Day HEW, et al. Little exercise, big effects: reversing aging and infection-induced memory deficits, and underlying processes. J Neurosci. NIH Public Access; 2011 Aug 10;31(32):11578–86.
60. Nascimento CMC, Pereira JR, de Andrade LP, Garuffi M, Talib LL, Forlenza OV, et al. Physical exercise in MCI elderly promotes reduction of pro-inflammatory cytokines and improvements on cognition and BDNF peripheral levels. Curr Alzheimer Res. 2014;11(8):799–805.
61. Tilg H, Dinarello CA, Mier JW. IL-6 and APPs: anti-inflammatory and immunosuppressive mediators. Immunol Today. 1997 Sep;18(9):428–32.
62. Gallagher JP, Orozco-Cabal LF, Liu J, Shinnick-Gallagher P. Synaptic physiology of central CRH system. Eur J Pharmacol. 2008 Apr 7;583(2–3):215–25.
63. Phillips AC, Carroll D, Gale CR, Lord JM, Arlt W, Batty GD. Cortisol, DHEA sulphate, their ratio, and all-cause and cause-specific mortality in the Vietnam Experience Study. Eur J Endocrinol. 2010 Aug 1; 163(2):285–92.
64. Turnbull AV, Rivier CL. Regulation of the Hypothalamic-Pituitary-Adrenal Axis by Cytokines: Actions and Mechanisms of Action. Physiol Rev. 1999 Jan;79(1):1–71.
65. Bumiller A, Götz F, Rohde W, Dörner G. Effects of Repeated Injections of Interleukin 1β or Lipopolysaccharide on the HPA Axis in the Newborn Rat. Cytokine. 1999 Mar;11(3):225–30.
66. Straub RH, Miller LE, Schölmerich J, Zietz B. Cytokines and hormones as possible links between endocrinosenescence and immunosenescence. J Neuroimmunol. 2000 Sep 1;109(1):10–5.
67. Berchtold NC, Castello N, Cotman CW. Exercise and time-dependent benefits to learning and memory. Neuroscience. 2010 May 19;167(3):588–97.
68. Wu S-Y, Wang T-F, Yu L, Jen CJ, Chuang J-I, Wu F-S, et al. Running exercise protects the substantia nigra dopaminergic neurons against inflammation-induced degeneration via the activation of BDNF signaling pathway. Brain Behav Immun. 2011 Jan;25(1):135–46.
69. Gunstad J, Benitez A, Smith J, Glickman E, Spitznagel MB, Alexander T, et al. Serum Brain-Derived Neurotrophic Factor Is Associated With Cognitive Function in Healthy Older Adults. J Geriatr Psychiatry Neurol. 2008 Sep 23;21(3):166–70.
70. Komulainen P, Pedersen M, Hänninen T, Bruunsgaard H, Lakka TA, Kivipelto M, et al. BDNF is a novel marker of cognitive function in ageing women: The DR's EXTRA Study. Neurobiol Learn Mem. 2008 Nov;90(4):596–603.

23

GLICOCORTICÓIDES

José Rodrigo Pauli
Rafael Calais Gaspar
Luciana Santos Souza Pauli

OBJETIVOS DO CAPÍTULO

- Entender a relação entre risco cardiometabólico e o excesso de glicocorticóides.
- Aprender as principais alterações centrais e periféricas que ocorrem no paciente com uso de glicocorticóides, bem como as bases moleculares de tais alterações.
- Conhecer os efeitos do exercício físico nas alterações centrais e periféricas do paciente em uso de glicocorticóides, bem como as bases moleculares de tais efeitos.

INTRODUÇÃO

O uso de glicocorticóides (GCs) ocorre com grande frequência na população em todo mundo, prescrito em diversas condições clínicas (1). Em algumas condições sua indicação é absoluta e permanente como em pacientes com insuficiência adrenal, quando utilizam doses de reposição para restabelecer a homeostase do organismo. Não obstante, são usados nas doenças pulmonares obstrutivas crônicas (bronquite e enfisema), em crise de asma, artrite reumatóide, osteoartrose, crises alérgicas, dores musculo-esqueléticas, entre outras. Além disso, como agente antiinflamatório, são administrados doses suprafisiológicas, induzindo efeitos adversos como, por exemplo, atrofia muscular, dinapenia, osteopenia e osteoporose, desequilíbrio funcional do eixo hipotálamo-hipófise-adrenais, alterações no metabolismo intermediário (2, 3).

Ao longos dos anos foi observado que o de GCs tem sido também associado com o desenvolvimento da síndrome metabólica (atualmente denominado de risco cardiometabólico). Tal analogia surgiu a partir da identificação de que tanto na síndrome de Cushing quanto no risco cardiometabólico muitos distúrbios e sintomas são compartilhados. Na síndrome de Cushing, o aumento na secreção de GCs devido a um adenoma hipofisiário conduz a obesidade central, hipertensão, hiperlipidemia e intolerância à glicose, um grupo de anormalidades também presentes no risco cardiometabólico (4, (5). As anormalidades provocadas pelos glicocorticóides têm sido investigadas também em nível molecular, no qual foi observada alteração na via de sinalização da insulina em tecidos periféricos e resistência à insulina.

Para atenuar os efeitos adversos dos GC em humanos utiliza-se como estratégia períodos de intervalos na utilização da droga, suplementação com cálcio, vitamina D3, aplicação de hormônio do crescimento e estrogênio. Em animais tem sido usado oligonucleotídeo antisense para o receptor de glicocorticóide (GR) com efeitos positivos (6). Adicionalmente a este arsenal terapêutico destaca-se o exercício físico como tentativa de minimizar os prejuízos e prevenir possíveis efeitos catabólicos resultantes da administração de glicocorticóides. Na literatura têm sido amplamente demonstrado que o exercício tem ações positivas nas alterações cardiometabólicas, incluindo resistência à insulina, diabetes, dislipidemia, hipertensão, obesidade, esteatose hepática não alcoólica. Em adição, as evidências moleculares apontam que o exercício físico tem papel fundamental na homeostase da glicose, com efeito, em vias moleculares de captação desta hexose tanto dependente quanto independente de insulina, agindo na melhora da sensibilidade à insulina. Este e outros aspectos serão abordados neste capítulo com intuito de prover aos leitores da área de saúde conhecimento sobre o assunto exercício físico e glicocorticóides, incluindo uma visão molecular.

A RELAÇÃO ENTRE GLICOCORTICOIDE E RISCO CARDIOMETABÓLICO: "GLICOCORTICOTOXICIDADE"

O conceito de síndrome metabólica é bastante antigo, sendo conhecido há mais de 80 anos. No entanto, nas últimas décadas, o aumento do número de pessoas com síndrome metabólica, distribuídas pelo planeta, tem ocupado espaço de destaque no cenário científico, e sua relação com o risco muito aumentado de eventos cardiovascular, como previamente comentado, gerou a nova denominação risco cardiometabólico. Este aumento está associado com a epidemia global de obesidade e diabetes, e com elevado risco de doenças cardiovasculares associadas à síndrome metabólica.

Apesar das diferentes definições e critérios para classificação do risco cardiometabólico, entre os distúrbios metabólicos comumente presentes estão a intolerância à glicose, resistência à insulina, obesidade central, dislipidemia e hipertensão, todos bem documentados fatores de risco para doenças coronarianas (7). Evidências clínicas têm demonstrado associação entre o metabolismo anormal de GC e o risco cardiometabólico. Os níveis de cortisol plasmáticos aumentados, no processo de senescência, estão relacionados com uma ou mais características do risco cardiometabólico (8). Verificou-se que, tanto a razão da secreção, como as liberações periféricas de cortisol em idosos foram positivamente correlacionadas com a aumento da pressão arterial, hiperglicemia e insulinemia de jejum. Outros estudos também reportaram correlação entre o aumento da atividade dos GCs e a redução da sensibilidade periférica à insulina, níveis elevados de glicose plasmática e hipertensão (9, 10). A essa estreita relação entre distúrbios metabólicos e glicocorticóides com repercussão metabólica negativa ao organismo foi empregado neste capítulo o termo "glicocorticotoxicidade".

O padrão de deposição de gordura central do risco cardiometabólico assemelha-se muito ao que ocorre na síndrome de Cushing, ou em indivíduos que receberam glicocorticóide sintéticos por longo prazo e em altas doses. Dentre as alterações clássicas da síndrome de Cushing destaca-se a corcova de búfala, redução da massa muscular e óssea e o aumento da gordura localizada na região abdominal (Figura 1). Nessa condição de uso de GCs em doses elevadas e longos períodos o *turnover* proteíco é negativo, com acentuado processo de sarcopenia. Portanto, não há dúvidas de que há um importante mecanismo envolvido no controle da ação dos glicocorticóides, mediada principalmente pela regulação pré-receptor exercida pela 11-beta-hidroxiesteróide-desidrogenase (11βHSD). Nesse sentido foi demonstrado que animais com mutações e deficientes da 11-β-HSD1 apresentam perfil metabólico favorável, com aumento do catabolismo lipídico, redução do nível intracelular de glicocorticóides, aumento da sensibilidade à insulina, HDL-colesterol e apo-AI, sugerindo um fenótipo protetor em relação ao processo aterosclerótico (11). Estes achados clínicos sugerem que a ação dos glicocorticóides tem papel importante na patofisiologia do risco cardiometabólico.

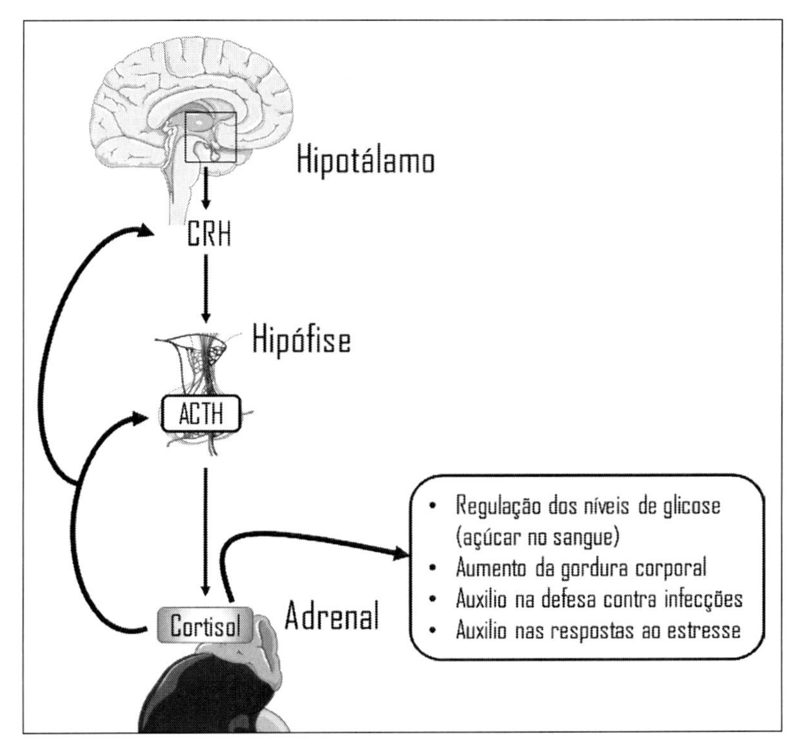

Figura 1 Figura demonstrando a regulação hormonal a partir do tecido hipotalâmico e seus efeitos metabólicos.

GLICOCORTICÓIDES: SECREÇÃO E MECANISMO DE AÇÃO

Secretado pela zona fasciculada das adrenais o hormônio cortisol ou hidrocortisona é o principal glicocorticoide do ser humano. Sua secreção acontece mediante a secreção do hormônio liberador de corticotrofina (CRH) pela hipófise e liberação de hormônio adrenocorticotrófico pelo hipotálamo (ACTH). Através de estímulos neuroendócrinos envolvendo estas três estruturas que formam o eixo hipotálamo-hipófise-adrenais ocorre a liberação e ação dos glicocorticoides. Por alças de *feedback* negativo e estímulos de estresse ocorre sua síntese e liberação no organismo (Figura 2). Pela posição bípede a glândula que recebe o estímulo de ACTH e secreta cortisol em humanos leva o nome de supra-adrenal, já em roedores o qual assume posição quadrúpede (portanto, não se localiza acima da adrenal) a glândula recebe apenas o nome de adrenal. E esta glandula em roedores secreta corticosterona (o equivalente ao cortisol em humanos).

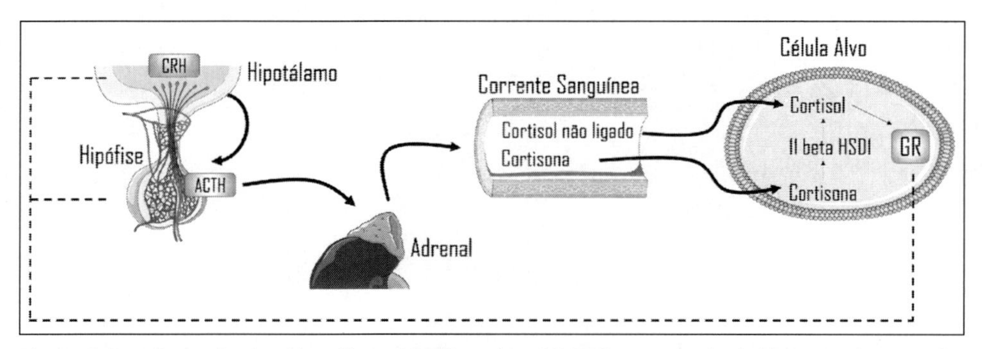

Figura 2 Regulação do eixo hipotálamo-hipófise-adrenal (HHA) no controle da liberação de cortisol. (GR), receptor de glicocorticóide

Para compreensão ainda dos efeitos locais dos glicocorticoides é necessário incluir a participação das isoenzimas que ativam e inativam este hormônio. A isoenzima 11βHSD1 ativa os glicocorticóides (cortisona para cortisol), enquanto 11βHSD2 inativa o hormônio (Figura 3). Estas duas isoformas enzimáticas são produtos de diferentes genes e têm distinta distribuição nos tecidos. A expressão da 11β-HSD1 ocorre primariamente no fígado, adipócitos, rim e cérebro, enquanto a 11β-HSD2 é expressa principalmente nos rins e glândulas salivares (12). Assim, a atividade destas enzimas desempenha papel importante nas ações fisiológicas dos GCs. A cortisona apresenta-se no plasma de forma livre, no entanto, aproximadamente 6% do cortisol são carreados pela albumina e 90% se combinam reversivelmente a uma alfa-globulina, sintetizada no fígado denominada transcortina ou CBG (*corticosteroid-binding globulin*), funcionando como reserva (13).

A CBG está presente em diversos tecidos e pode regular a ação dos GCs de maneira tecido específico. Por exemplo, níveis significativamente baixos de CBG no tecido adiposo de ratos Zucker contribuem para a resistência à insulina (14). Cabe ressaltar que este roedor tem alta

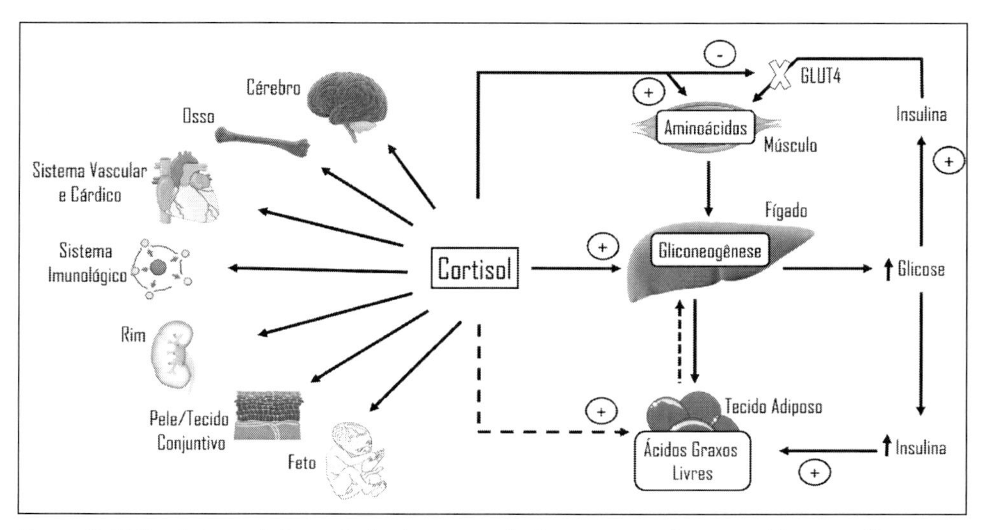

Figura 3 Efeito do hormônio cortisol sobre o metabolismo e sua ação em tecidos específicos.

similaridade com a síndrome metabólica humana, sendo um modelo animal de diabetes do tipo 2 (DM2) adipogênico induzido por mutação (rato Zucker – Zucker diabetic fatty – ZD) que tem sido amplamente utilizado com resultados satisfatórios. Essa mutação (fa/fa) os impedem de sintetizar os receptores de leptina tornando-os obesos em poucas semanas (cerca de 3 a 5 semanas de vida) e com 40% de seu corpo constituído por lipídeos após 14 semanas.

A presença do receptor de glicocorticóide (GR) também tem grande influência na ação dessa classe de hormônio. Localizado no núcleo celular medeia eventos fisiológicos diretamente, ativando ou inibindo genes alvos envolvidos na inflamação, gliconeogênese e diferenciação dos adipócitos. Levando em considerações todas estas questões, entende-se que a ação dos GCs no organismo e tecidos alvos depende da sua concentração circulante, do conteúdo de GR nuclear e da ação das enzimas ativadoras e inibidoras de GC as 11-β-HSDs.

GLICOCORTICÓIDES E METABOLISMO

Conhecidamente os glicocorticóides tem ação antagônica ao da insulina e com efeitos robustos sobre o metabolismo intermediário (carboidrato, gordura e proteína), e nos tecidos hepático, muscular e adiposo (Figura 4). Numa situação de estresse, o glicocorticóide endógeno contribui na mobilização de substratos energéticos, com a finalidade de recuperar os tecidos lesionados e promover a homeostase orgânica. Ao contrário das suas ações reguladoras e metabólicas, o glicorticóide em níveis elevados seja ele endócrino como acontece na síndrome de Cushing ou pela administração exógena de seus análogos sintéticos, induzem resistência à insulina e inúmeras desordens metabólicas ao organismo (15, 16).

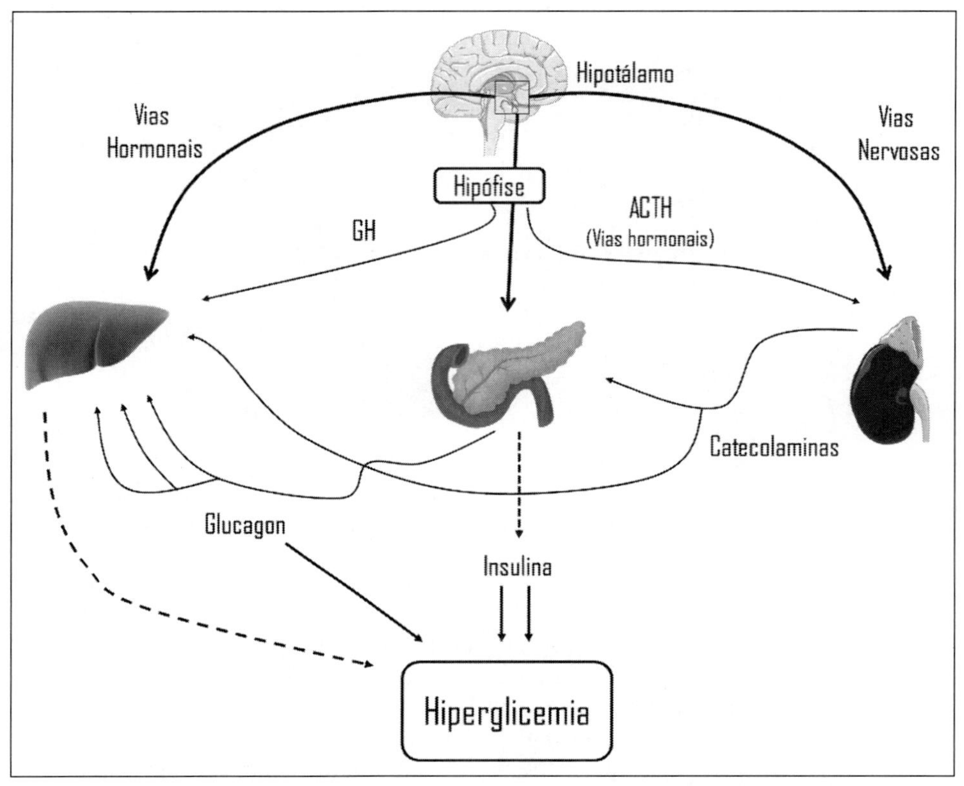

Figura 4 Efeito dos glicocorticoides no metabolismo intermediário (carboidrato, gordura e proteína) com ações em tecidos específicos.

Os efeitos dos glicocorticoides quando em excesso são inúmeros e afetam importantes tecidos envolvidos no metabolismo de carboidratos, proteínas e gorduras. Na musculatura esquelética ocorre intenso processo de catabolismo e proteólise, com aumento na indução da miostatina, um conhecido fator regulador negativo da massa muscular (17, 18). Tal fato tem implicação sobre a taxa metabólica basal, capacidade contrátil do músculo e capacidade para realização de exercícios físicos. Ao contrário o exercício com pesos (musculação) pode auxiliar e amenizar esse processo de atrofia muscular, especialmente quando acompanhado pela orientação nutricional. Ao contrário, o excesso de exercício pode exacerbar a proteólise e as dinfunções motoras.

Do ponto de vista molecular a atividade aumentada do GC suprime a ação da insulina e a transdução do sinal desse hormônio interferindo negativamente na capatação de glicose mediada pelo GLUT4 (19). Verifica-se que na condição de aumento de GC ocorre ainda a inibição da atividade da Lipoproteína Lipase (LPL) e, consequentemente, captação reduzida de triglicérides da circulação. Pacientes com DM tipo 2 apresentam aumento na expressão de RNAm de GR no músculo esquelético. A contrário após tratamento da doença verifica-se melhorias na sensibilidade à insulina que é acomphada por reduções nos níveis de GR nuclear no músculo esquelético (20). Estes resultados sugerem que a atividade anormal dos GR no músculo esquelético pode ter um significativo efeito na resistência à insulina observada no diabetes do tipo 2.

Ainda a nível molecular, dados científicos mostram reduzida expressão na fosforilação do receptor de insulina (IR) e do substrato do receptor de insulina 1 (IRS-1) no músculo de ratos tratados com dexametasona (21). Estes dados sugerem mudanças nos passos iniciais da via de transdução do sinal da insulina que tem importante papel na resistência à insulina observada nos animais. Haja vista, que a sinalização da insulina é de fundamental importância para a captação de glicose na condição de repouso no tecido muscular.

Os efeitos dos GC no fígado está associado com aumento na produção hepática de glicose (22). Os GCs aumentam a liberação de glicerol dos adipócitos e de aminoácidos (alanina) provenientes da inibição na síntese protéica do músculo esquelético (proteólise), sendo estes substratos utilizados pelo fígado na geração de nova glicose. Especificamente, os GCs induzem a gliconeogênese hepática pela ativação dos receptores de glicocorticóides (GR) que no núcleo do hepatócito dessa via, estimula a expressão da fosfoenolpiruvato carboxiquinase (PEPCK) e glicose-6-fosfatase (G6Pase), enzimas chaves da cascata de gliconeogênese (23). Do ponto de vista molecular, foi demonstrado em vários estudos que a administração de glicocorticóide prejudica a sinalização da insulina e com isso direciona para a ativação da gliconeogênese. Nesse ponto, cabe lembrar que a insulina através da transdução do seu sinal ativa a proteína quinase B/Akt que é capaz de fosforilar o fator de transcrição Box 1 (Foxo1) provocando sua extrusão do núcleo do hepatócito suprimindo a transcrição das enzimas gliconeogênicas (PEPCK e G6Pase). Ao contrário, na ausência da insulina o efeito inibitório sobre a gliconeogênese não ocorrerá.

Nos adipócitos os GCs estimulam a lipólise com aumento da liberação de ácidos graxos no plasma, possivelmente por ação permissiva com outros hormônios, como as catecolaminas e o glucagon (24). Além disso, ativam a lipase hormônio sensível (LHS), uma enzima chave na lipólise, inibida pela insulina. Em doses elevadas esse hormônio causa o aumento dos depósitos de gordura, principalmente na região abdominal. Esse feito é advindo da atividade enzimática aumentada da 11-β-HSD1 no tecido adiposo visceral (26) em roedores. Alterações na sinalização da insulina também são observados em resposta ao tratamento com glicocorticóide (21).

Os GCs podem ainda influência a secreção pancreática de insulina. São observados efeitos negativos na secreção de insulina em roedores e em humanos após a refeição (27, 28). Efeitos hipertensivos são notados e característicos daqueles que fazem uso de GCS. Por ter ação agonista aos receptores mineralocorticoides (MR), em níveis elevados os GCs ativam esses receptores e aumentam a retenção de sal e liquido elevando a pressão arterial. Além disso, a atividade aumentada da enzima ativadora 11-β-HSD1 e inibidora 11-β-HSD2 nos rins conduz à ativação do MR e hipertensão. O excesso de GCS também está associado com a diminuição na sinstese de óxido nítrico (NO) e da enzima óxido nítrico sintase endotelial (eNOS) e redução na vasodilatação do endotélio. Esse efeito contrinui para o estado hipertensivo nos pacientes com uso frequente de GCs. Não obstante, é reconhecido que o excesso de gordura também está associado com aumento na síntese de angiotensinogenio pela célula adiposa e isso aumenta a liberação de aldosterona o que também influência no aumento da pressão arterial. Além do mais, a resistência a insulina pode interferir na ativação da enzima óxido nítrico sintase endotelial (eNOS) e a síntese de óxido nítrico (NO) no endotélio. Sendo o NO um importante fator relaxante do endotélio, o hipercortisolismo associado a resistência à insulina também colabora para o aumento de pressão arterial.

Pelos efeitos sistêmicos e relevantes em diferentes tecidos considera-se que o excesso de glicocorticóides contribui consideravelmente para a etiologia do risco cardiometabólico. A figura 5 traz de maneira ilustrativa os principais distúrbios presentes tanto no risco cardiometabólico quanto na síndrome de Cushing. A partir do advento da biologia molecular e da genética informações adicionais têm sido disponibilizadas, permitndo maior compreensão da relação entre GCs e os efeitos em diferentes tecidos e sua relação com as características do risco cardiometabólico.

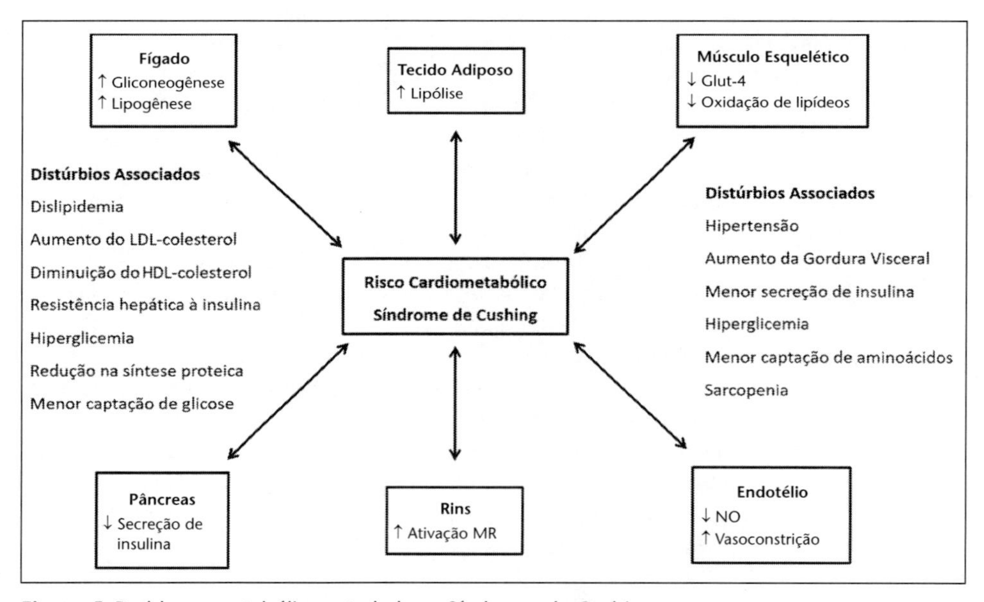

Figura 5 Problema metabólicos atrelados a Síndrome de Cushing.

GLICOCORTICÓIDES E ADIPOCINAS

Reconhecidamente o tecido adiposo é um importante órgão endócrino, capaz de secretar inúmeras adipocinas. Estes peptídeos bioativos exercem múltiplos efeitos e tem papel chave no metabolismo de glicose e lipídios, sensibilidade à insulina, pressão arterial, entre outros.

Dentre as adipocinas secretadas pelo tecido adiposo a leptina e a adiponectina exercem ações que favorecem a ação da insulina pelo efeito positivo sobre a oxidação de gordura, com efeitos anti-diabetes e anti-inflamatório. Na obesidade e diabetes do tipo 2, é observado redução nos níveis circulantes e na ação em tecidos periféricos da adiponectina. O excesso de adiposidade ou o excesso de glicocorticóides desregula a produção de adipocinas. Foi observado significativo aumento na adiponectina e uma diminuição nos níveis de leptina após adrenalectomia e concomitante normalização da concentração de cortisol em pacientes com síndrome de Cushing (30). Isso demonstra que os glicocorticóides tem influência na secreção de adipocinas e, portanto, na inflamação de baixo grau. Por outro lado, estudos nas últimas décadas tem verificado que o exercício físico é capaz de atenuar o processo inflamatório relacionado a obesidade e com isso proteger o organismo. Tais benefícios foram apresentados nos capítulos que tratam do assunto diabetes do tipo 2 e obesidade deste livro.

GLICOCORTICÓIDE, PRIVAÇÃO DO SONO E ESTRESSE

Condições diversas de estresse incluindo socioeconômicas, estresse no trabalho, violência cultural e social, ansiedade e depressão, pode estimular a resposta do eixo neuroendócrino. A conexão do hipotálamo com áreas como neocórtex, hipocampo, sistema límbico, entre outras do cérebro, demonstra como aspectos psicológicos podem influenciar a atividade do eixo hipotálamo-hipófise-adrenal (HHA). Uma área denominada de psicossomática explica em parte como a questão psicológica interfere nos efeitos farmacológicos, nutricionais e do exercício físico em indivíduos em condições de estresse ou perigo psíquico. Frente a um perigo psíquico o corpo lança mão tanto do sistema nervoso como hormonal induzindo o aumento da glicemia. Pois nestas condições o corpo reage como se estivesse em hipoglicemia, e hormônios como GH, ACTH, cortisol, catecolaminas promovem o aumento da lipólise e da gliconeogênese, elevando a glicemia.

O eixo HHA em conjunto com o sistema nervoso simpático medeia estes efeitos do estresse nos diferentes órgãos e sistemas e induz resistência à insulina via produção excessiva de cortisol e outros hormônios de efeito antagônico ao da insulina (GH, cortisol, adrenalina). Não é difícil encontrar na literatura estudos que identificaram altos níveis de cortisol em situações de estresse no trabalho ou quando o indivíduo fica desempregado (30-32). Não obstante, outros estudos reportaram que condição de vida com estresse crônico resulta em sustentada hiperatividade do eixo HHA conduzindo o desenvolvimento da gordura abdominal característico do risco cardiometabólico (32-34). Não muito diferente, condições experimentais de estresse também estão associadas com o desenvolvimento de massa excessiva de gordura. Por exemplo, roedores que tiveram o corpo imobilizado em comparação a outros que viveram livremente desenvolveram maior grau de obesidade e distúrbios metabólicos associados (35).

Outro aspecto que tem ganhado destaque no meio científico e que influência consideravelmente o metabolismo é o sono. Há evidências científicas suficientes que apontam que distúrbios do sono estão atrelados ao aumento do risco cardiometabólico. Particularmente, tem sido evidenciado aumento dos níveis de cortisol em indivíduos com privação do sono (36). Além disso, existe forte correlação entre distúrbios do sono com a obesidade (37). Nesse sentido, o mecanismo proposto envolve a regulação do eixo neuroendócrino da fome, especialmente relacionado a redução dos níveis de leptina ou redução da sua ação (um hormônio do tecido adiposo branco de efeito anorexigênico) e aumento dos níveis de grelina ou da sua ação (hormônio gastrointestinal de efeito orexigênico) no hipotálamo. Este fato talvez explique a razão de avaliar o sono em pessoas em tratamento da obesidade, especialmente aqueles que costumam permanecer durante horas no computador ou em outras tarefas durante a noite privando-se do sono nesse período.

A partir desse conhecimento adquirido referente aos glicocorticóides e distúrbios metabólicos será abordado a seguir neste capítulo o papel do exercício físico na homeostase do organismo nesta condição.

EXERCÍCIO FÍSICO COMO ESTRATÉGIA PARA A PROMOÇÃO DA SAÚDE

O exercício físico é uma ferramenta capaz de promover bem estar e saúde aos seus praticantes, induzindo melhora na aptidão funcional e contribuindo favoravelmente, com o sistema circulatório, respiratório, imunológico, ósseo, entre outros, reduzindo os fatores deletérios relacionados ao sedentarismo (38). Os possíveis benefícios da realização de uma atividade física bem orientada, realizada de maneira sistematizada, são muitos e estudos recentes enfatizam a importância de programas de exercícios em longo prazo na prevenção e tratamento das anormalidades metabólicas comuns do risco cardiometabólico e de suas complicações (39). No entanto, sempre deve-se considerar a prática de exercício físico na condição de uso de cortisol ou hipercortisolismo atrelado a doenças com a liberação de um médico.

EXERCÍCIO FÍSICO E HOMEOSTASE DA GLICOSE

A captação de glicose pelo músculo é regulada pela insulina e fatores de crescimento semelhantes à insulina (IGFs) através da ativação de uma série de proteínas intracelulares na condição de repouso. Estes, porém, não se constituem nos únicos mecanismos, sendo a captação de glicose também estimulada por biomoléculas citoplasmáticas com ação independente de insulina, estimuladas pelo exercício físico. Estímulos como contração muscular, hipóxia, óxido nítrico, bradicinina, entre outros aumentam a captação de glicose no miócito (42). O exercício físico estimula a translocação do transportador de glicose tipo 4 (Glut-4) para a membrana plasmática, através da ativação da proteína quinase ativada por AMP (AMPK) uma enzima ativada por decréscimo de energia (43) e a da proteína cálcio calmodulina dependente de kinase (CaMKK), uma molécula sensível ao cálcio, que é ativada, e consequentemente aumenta a translocação de Glut-4, portanto, ambas potencialmente aumentam a captação de glicose. Assim com efeitos diretos sobre a via de captação de glicose estimulada por insulina e IGF-1 (44, 45) e sobre biomoléculas como AMPK e CAMKK o exercício tem efeito positivo sobre a homeostase glicêmica. Além dos efeitos moleculares do exercício, o aumento do fluxo sanguíneo pode acarretar maior disponibilidade de insulina para os tecidos periféricos, contribuindo para a melhora metabólica observada durante o treinamento físico.

Somado a estas evidências, experimentos prévios realizados em laboratório demonstraram que ratos administrados com baixas doses de dexametasona por 10 semanas apresentaram resistência à insulina. No entanto, os animais que receberam a droga e realizaram exercício físico de natação de intensidade moderada, 1 hora por dia/5 dias na semana no mesmo período apresentaram taxa de remoção de glicose durante o teste de tolerância à insulina semelhante ao grupo de animais controles (46). Portanto, o exercício regular pode favorecer organismos que apresentam intolerância à glicose e resistência à insulina, reduzindo distúrbios metabólicos atrelados ao prejuízo na ação da insulina.

O exercício aeróbio foi capaz de prevenir a resistência à insulina em tecidos periféricos de roedores tratados com dexametasona. O treinamento físico foi capaz de prevenir a redução da expressão das proteínas chaves da via de sinalização da insulina IRS-1 e Akt no músculo esquelético, sendo este uma boa estratégia contra os efeitos hiperglicemiante dos glicocorticóides (47). Outro efeito avaliado em resposta ao exercício aeróbio foi os níveis de glicogênio e do fator de crescimento vascular endotelial (VEGF) em animais tratados com dexametasona. Os resultados mostraram diminuição na sensibilidade à insulina e do glicogênio nos músculos tibial anterior e digitório longo (EDL) nos animais que receberam dexametasona por dez dias, o mesmo não aconteceu nos animais treinados em esteira ergométrica a 60% da capacidade máxima de corrida durante oito semanas. Ademais, foi observado diminuição nos níveis de VEGF nos animais tratados com dexametasona e não houve modificação nos animais treinados (48).

O exercício resistido também tem se mostrado relevante quanto aos efeitos dos glicocorticóides. Na análise de proteínas envolvidas na atrofia muscular, foi visto que o exercício de salto em piscina com sobrecarga equivalente a 70% da massa corporal do roedor foi capaz de atenuar a redução observada sobre a expressão da proteína mTOR e modulou positivamente a homeostase glicêmica em resposta ao tratamento com dexametasona (49). Tal fato sugere que um programa de treinamento físico que combine exercícios aeróbios e resistidos pode ser uma boa estratégia para manutenção ou prevenção da atrofia muscular em condição de uso de glicocorticóides. Cautela deve ser tomada com relação aqueles em uso de glicocrticóide e que apresentam hipertensão.

Apesar desses benefícios comprovados, a realização do exercício por um período curto de tempo está associada a baixa sensibilidade à insulina, enquanto a permanência por períodos longos de inatividade física está associada a um aumento da resistência à insulina (50, 51). O efeito do exercício físico sobre a sensibilidade à insulina tem sido demonstrado entre 12 e 48 horas após a sessão de exercício, porém esse efeito parece retornar aos níveis pré-atividade em três e cinco dias após o último período de realização de exercício físico, o que reforça a necessidade de adotar-se um estilo de vida fisicamente ativo. Além disso, muitas vezes é necessário associar dietas e uso de medicamentos para que seja possível controlar as anormalidades metabólicas derivadas do uso de glicocorticóides ou outras doenças.

EXERCÍCIO FÍSICO, OBESIDADE E DISLIPIDEMIA

A atividade física regular te efeito protetor sobre a aterosclerose e fatores de rsico coronarianos. Dentre os efeito, observa-se que a redução da adiposidade diminui os riscos de eventos cardiovasculares (52, 53). Ratos Wistar administrados com dexametasona apresentaram aumento no peso do tecido adiposo epididimal. Entretanto, os ratos que realizaram exercícios regulares de natação em intensidade moderada tiveram um menor acúmulo de gordura nessa região quando comparados com o grupo controle e com o grupo que recebeu dexametasona e permaneceu sedentário (46). Reforçando esses achados, estudos demonstraram que realização de um programa de atividades física regular promove melhoras no perfil metabólico de indivíduos diabéticos tipo 2, além de aumento da capacidade de utilização de ácidos graxos livres pelo músculo esquelético (54, 55).

O exercício físico sistemático contribui também para alcançar um perfil lipídico dentro de valores desejáveis. Embora haja uma grande variabilidade de respostas para os parâmetros lipídicos, fato este atrelado a diferenças no tipo de exercício, duração e intensidade de esforço, população estudada, uso de estratégias conjuntas como dieta e fármacos, as evidências são conduntentes em mostrar a efetividade do exercício reduzindo os níveis de colesterol total e LDL colesterol e aumento do HDL colesterol (56, 57). Portanto, o treinamento físico pode ser uma excelente intervenção não farmacológica para o tratamento da obesidade e dos seus distúrbios metabólicos.

EXERCÍCIO FÍSICO E HIPERTENSÃO

Pesquisas demonstram que o exercício é capaz de reduzir os níveis pressóricos de humanos e animais hipertensos (58, 59). O índice de redução é variável mais significativa sendo maior a redução em indivíduos hipertensos (em média 10/8 mmHg) com a prática regular de exercícios físicos (58). Semelhantes resultados foram observados por Arroll e Beaglehole (59) que encontraram reduções de 6-7mmHg na pressão sistólica e diastólica em indivíduos normotensos e hipertensos com o treinamento físico.

Estímulos como a pressão de arraste que o fluxo de sangue aumentado provoca sobre as paredes dos vasos sanguíneos (efeito *shear stress* ou de cisalhamento) pelo exercício, contribui para a geração basal de óxido nítrico no sistema arterial. Assim, em consequência do exercício, a elevação da produção de óxido nítrico aumenta a vasodilatação dependente do endotélio e inibe os múltiplos processos envolvidos com a aterogênese, bem como o processo inflamatório associado. Dessa forma, o exercício físico pode ser importante para a geração de NO, que é inibida pelo uso de dexametasona. Adicionalmente, a melhora na sensibilidade á insulina e a redução da adiposidade corporal e do processo aterosclerótico em resposta ao exercício físico agem positivamente no sistema vascular e cardíaco, com efeito hipotensor. Atenção deve ser dada ao fato dos glicocorticóides estarem associados a um aumento de pressão arterial, portanto, o exercício deve ser supervisionado e os cuidados quanto a prescrição de exercícios com potencial efeito em elevar a pressão arterial e/ou induzir manobra de valsava devem ser evitados.

EXERCÍCIO FÍSICO E SUPRESSÃO DO EIXO HIPOTÁLAMO-HIPÓFISE-ADRENAL

O tratamento exógeno com glicocorticóides é capaz de além das desordens metabólicas previamente descritas também exercer efeitos sobre estruturas envolvidas no mecanismo de resposta ao estresse, como o eixo hipotálamo-hipófise-adrenais (HHA). Tal eixo é ativado pelo estresse e inibido pelo uso de glicocorticoide. Diversos estímulos de estresse influenciam a liberação de ACTH, modificando sua ritmicidade de secreção normal. Estresse físico, emocional, químico como dor, hipóxia, hipoglicemia aguda, exposição ao frio, cirurgia, depressão, estimulam a secreção de ACTH e cortisol. Ao contrário, o uso de altas doses de glicocorticoide sintético pode suprimir a secreção de ACTH e a retirada abrupta pode encontrar o organismo deficiente em cortisol endógeno (65). Nesse sentido, o exercício físico pode ter efeitos positivos atenuando esse prejuízo sobre o funcionamento do eixo HHA em situação de uso crônico da droga (66). Embora o mecanismo exato desta adaptação positiva do exercício sobre o eixo HHA não seja totalmente compreendido, tem sido mostrado aumento nos níveis de CRH e arginina vasopressina (AVP) dois dos maiores secretagogos de ACTH em resposta ao exercício agudo (67).

Pesquisadores avaliaram os níveis de cortisol com e sem uso de dexametasona (68) em indivúdos durante uma expedição ao Himalaia e escalada do Everest. Após 15 dias de caminhada na altitude verificou-se que nem todos tiveram redução do cortisol circulante. Ademais, na altitude as concentrações do cortisol foram significativamente mais altas, sugerindo que a hipóxia e o exercício tiveram papéis relevantes na função do eixo HHA e secreção de cortisol. Outro dado que reforça essa premissa de que o exercício físico pode ser relevante ao sistema de resposta ao estresse, foi observado por Deuster e colaboradores, em que identificaram que homens e mulheres moderadamente treinados em resposta ao exercício a 90% do consumo máximo de oxigênio, não tiveram completa supressão do ACTH, quando o exercício foi precedido pela administração de 4mg de dexametasona.

Mais surpreendentemente foi observado em resposta ao exercício realizado na intensidade equivalente a 100% do consumo máximo de oxigênio, que indivíduos nesta condição foram protegidos dá supressão do ACTH e do cortisol (66). Estes achados indicam que o exercício físico intenso pode preponderar sobre o *feedback* negativo do glicocorticoide. Em laboratório também foi observado atrofia da glândula adrenal em resposta ao tratamento com dexametasona por 10 semanas em roedores e este aspecto foi amenizado com um programa de exercício físico de intensidade moderada (69). Portanto, pode-se sugerir que o treinamento físico pode atenuar os efeitos supressivos do uso de glicocorticoide sobre o eixo HHA. Investigações adicionais em humanos poderão melhor elucidar esta questão.

CONSIDERAÇÕES FINAIS

Os glicocorticóides são amplamente utilizados na prática clínica em diversas doenças como as reumáticas, pulmonares e inflamatórias, com efeitos adversos a saúde, especialmente sobre o metabolismo intermediário. Dentre as alterações comumente observadas destaca-se a resistência à insulina. Estudos que usaram ferramentas da biologia molecular mostraram que a sinalização da insulina está prejudicada nessa condição. As alterações presentes com o uso crônico e de altas doses dos glicocorticóides se assemelham aos observados na Síndrome de Cushing e no risco cardiometabólico. Por outro lado, o exercício físico realizado regularmente é capaz de promover significativas melhoras metabólicas sobre estes fatores relacionados ao risco cardiometabólico. O exercício tem se mostrado capaz de acionar proteínas intracelulares envolvidas na captação de glicose e oxidação de gordura. Além disso, o exercício físico potencializa a atividade enzimática e aumenta o número de mitocôndrias (biogênese mitocondrial) que podem favorecer o organismo frente ao uso de glicocorticóides. Desse modo, deve ser pensando como estratégia para amenizar os efeitos dos glicocorticóides dentro da equipe de profissionais de saúde.

EXERCÍCIOS DE AUTOAVALIAÇÃO

Questão 1 – O que é risco cardiometabólico e qual a relação com a síndrome de Cushing?

Questão 2 – Quais os efeitos do excesso de glicocorticóides sobre os tecidos periféricos (músculo esquelético, fígado e tecido adiposo)?.

Questão 3 – Quais são os possíveis mecanismos moleculares envolvidos na melhora da saúde metabólica em resposta ao treinamento físico no risco cardiometabólico ou tratamento com glicocorticóides?

Questão 4 – Descreva alguns mecanismos moleculares atrelados a melhora metabólica promovidos pelo exercício físico contra o efeito dos glicocorticóides.

Questão 5 – De que maneira os glicocorticóides podem ter efeito tecido específico.

REFERÊNCIAS BIBLIOGRÁFICAS

1. Rosen J, Miner JN. (2005). The search for safer glucocorticoid receptor ligands. Endocrine Reviews 26 (3):452-464.
2. Hochberg Z, Pacak K, Chrousos GP. (2003). Endocrine withdrawal syndromes. Endocrine Reviews 24 (4): 523-538.
3. Pauli JR, Almeida Leme JAC, Crespilho DM, Mello MAR, Rogatto GP, Luciano E. (2005). Influência do treinamento físico sobre parâmetros do eixo hipotálamo-pituitária-adrenal de ratos administrados com dexametasona. Rev Port Cien Desp 2: 143-152.
4. Arnaldi G, Angeli A, Atkinson AB, Bertagna X, Cavagnini F, Chrousos GP, Fava GA, Findling JW, Gaillard RC, Grossman AB, Kola B, Lacroix A, Mancini T, Mantero F, Newell-Price J, Nieman LK, Sonino N, Vance ML, Giustina A, Boscaro M. (2003). Diagnosis and complications of Cushing's syndrome: a consensus statement. J Clin Endocrinol Metab 88 (12): 5593-5602.
5. Covar RA, Leung DY, McCormick D, Steelman J, Zeitler P, Spahn JD. (2000). Risk factors associated with glucocorticoid-induced adverse effects in children with severe asthma. J Allergy Clin Immunol (106 (4): 651-659.
6. Watts LM, Manchem VP, Leedom TA, Rivard AL, McKay RA, Bao D, Neroladakis T, Monia BP, Bodenmiller DM, Cao JX-C, Zhang HY, Cox AL, Jacobs SJ, Michael MD, Sloop KW, Bhanot S. (2005). Reduction of hepatic and adipose tissue glucocorticoid receptor expression with antisense oligonucleotides improves hyperglycemia and hyperlipidemia in diabetic rodents without causing systemic glucocorticoid antagonism. Diabetes 54: 1846-1853.
7. Eckel RH, Grundy SM, Zimmet PZ. (2005). The metabolic Syndrome. Lancet 365: 1415-1428.
8. Andrew R, Gale CR, Walker BR, Seckl JR, Martyn CN. (2002). Glucocorticoid metabolism and the metabolic syndrome: associations in an elderly cohort. Exp Clin Endocrinol Diabetes 110 (6): 284-290.
9. Rosmond R, Dallman MF, Bjorntorp P. (1998). Stress-related cortisol secretion in men: relationships with abdominal obesity and endocrine metabolic and hemodynamic abnormalities. J Clin Endocrinol Metab 83 (6): 1853-1859.

10. Walker BR, Phillips DI, Noon JP, Panarelli M, Andrew R, Edwards HV, Holton DW, Secld JR, Webb DJ, Watt GC. (1998). Increased glucocorticoid activity in men with cardiovascular risk factors. Hypertension 31 (4): 891-895.
11. Morton NM, Holmes MC, Fievet C. (2001). Improved lipid and lipoprotein profile, hepatic insulin sensitivity, and glucose tolerance in 11beta-hydroxysteroid dehydrogenase type 1 null mice. J Biol Chem 276: 41293-300.
12. Walker EA, Stewart PM. (2003). 11β-hydroxisteroid dehydrogenase: unexpected connections. Trends Endocrinol Metab 14 (7): 334-339.
13. Weiser JN, Do YS, Feldman D. (1979). Synthesis and secretion of corticosteroid-binding globulin by rat liver. A source of heterogeneity of hepatic corticosteroid-binders. J Clin Invest 63 (3): 461-467.
14. Grasa MM, Cabot C, Balada F, Virgili J, Sanchis D, Monserrat C, Fernandez-Lopez JA, Remesar X, Alemany M. (1998). Corticosterone binding to tissues of adrenolectomized lean and obese Zucker rats. Horm Metab Res 30 (12): 699-704.
15. Reynolds RM, Walker BR. (2003). Human insulin resistance: the role of glucocorticoids. Diabetes Obes Metab 5: 5-12.
16. Freedman MR, Horwitz BA, Stem JS. (1986). Effect of adrenolectomy and glucocorticoid replacement on development of obesity. Am J Physiol 250: R595-R607.
17. Darmaun D, Mathews DE, Bier DM. (1988). Physiological hypercortisolemia increases proteolysis, glutamine, and alanine production. Am J Physiol 255: 366-373.
18. Ma K, Mallidis C, Bhasin S, Mahabadi V, Artaza J, Gonzáles-Cadavid N. (2003). Glucocorticoid-induced skeletal muscle atrophy in associated with upregulation of myostatin gene expression. Am J Physiol Endocrinol Metab 285: 363-371.
19. Weinstein SP, Paquin T, Pritsker A, Haber RS. (1995). Glucocorticoid-induced insulin resistance: dexametasone inhibits the activation of glucose transport in rat skeletal muscle by both insulin- and non insulin-related stimuli. Diabetes 44: 441-445.
20. Vestgaard H, Bratholm P, Christensen NJ. (2001). Increments in insulin sensitivity during intensive treatment are closely correlated with decrements in glucocorticoid recptor mRNA in skeletal muscle from patients with type II diabetes. Clin Sci 101: 533-540.
21. Saad MJA, Folli F, Kahn JA, Kahn R. (1993). Modulation of insulin receptor, insulin receptor substrate 1, and phosphatidylinositol 3-kinase in liver and muscle of dexamethasone-treated rats. J Clin Invest 92: 2065-2072.
22. Schneiter P, Tappy L. (1998). Kinetics of dexamethasone induced alterations of glucose metabolism in health humans. Am J Physiol 275: E806-E813.
23. Friedman JE, Yun JS, Patel YM, Mcgrane MM, Hanson RW. (1993). Glucocorticoid regulate the induction of phosphoenolpyruvate carboxykinase (GTP) gene transcription during dibetes. J Biol. Chem 268 (17): 12952-12957.
24. Allan EH, Titheradge MA. (1984). Effect of treatment of rats with dexamethasone in vivo on gluconeogenesis and metabolite compartmentation in susequently isolated hepatocytes. Biochem J 219: 117-123.
25. Wake DJ, Rask E, Livingstone DE, Sodeberg S, Olsson T, Walker BR. (2003). Local and systemic impact of transcriptional up-regulation of 11β-hydroxysteroid dehydrogenase type 1 in adipose tissue in human obesity. J Clin Endocrinol Metab 88 (8): 3983-3988.
26. Kershaw EE, Morton NM, Dhillon H, Ramage L, Seekl JR, Flier JS. (2005). Adipocyte-specific glucocorticoid inactivation protects against diet-induced obesity. Diabetes 54:1023-1031.
27. Lambillote C, Gilon P, Henquin JC. (1997). Direct glucocorticoid inhibition of insulin secretion. An in vitro studyof dexamethasone effects in mouse islets. J Clin Invest 99 (3): 414-423.
28. Hollingdal M, Juhl CB, Dall R, Sturis J, Veldhuis JD, Schmitz O, Porksen N. (2002). Glucocorticoid induced insulin resistance impairs basal but not glucose entrained high-frequency insulin pulsatility in humans. Diabetologia 45 (1): 49-55.
29. Fletcher AJW, McGarrigle HHG, Edwards CMB, Fowden AL, Giussani DA. (2002). Effects of low dose dexamethasone treatment on basal cardiovascular and endocrine function in fetal sheep during late gestation. J Physiol 542 (2): 649-660.

30. Ashizawa N, Takagi M, Seto S, Suzuki S, Yano K. (2007) Serum adiponectin and leptin in a patient with Cushing's syndrome before and after adrenalectomy. Intern Med 46:383–385.
31. EllerNH,Netterstrøm B, HansenAM (2006). Psychosocial factors at home and at work and levels of salivary cortisol. Biol Psychol 73:280–287.
32. Maier R, Egger A, Barth A, Winker R, Osterode W, Kundi M, Wolf C, Ruediger H (2006) Effects of short- and long-term unemployment on physical work capacity and on serum cortisol. Int Arch Occup Environ Health 79: 193–198.
33. Epel ES, McEwen B, Seeman T, Matthews K, Castellazzo G, Brownell KD, Bell J, Ickovics JR. (2000) Stress and body shape: stress-induced cortisol secretion is consistently greater among women with central fat. Psychosom Med 62:623–632.
34. Severino C, Brizzi P, Solinas A, Secchi G, Maioli M, Tonolo G. (2002). Low-dose dexamethasone in the rat: a model to study insulin resistance. Am J Physiol 283: E367-373.
35. Chauoloff F, Laude D, Merino D, Serrurier B, Elghozi L. (1989). Peripheral and central consequences of immobilization stress in genetically obese Zucker rats. Am J Regul Integr Comp Physiol 256: R435-442.
36. Spiegel K, Leproult R, Van Cauter E. (1999). Impact of sleep debt on metabolic and endocrine function. Lancet 354:1435–1439.
37. Ayas NT, White DP, Manson JE, Stampfer MJ, Speizer FE, Malhotra A, Hu FB. (2003). A prospective study of sleep duration and coronary heart disease in women. Arch Intern Med 163:205–209.
38. Boulé NG, Kenny GP, Haddad E, Wells GA, Sigal RJ. (2003). Metaanalysis of the effect of structured exercise training on cardiorespiratory fitness in type 2 diabetes mellitus. Diabetologia 46: 1071-1081.
39. Ciolac EM, Guimarães GV. (2004). Exercício físico e síndrome metabólica. Rev Bras Med Esporte 10 (4): 319-324.
40. Hargreaves M, Cameron-Smith D. (2002). Exercise, diet, and skeletal muscle gene expression. Med Sci Sports Exerc 34 (9): 1505-1508.
41. Pinheiro CHJ, Sousa Filho WM, Oliveira Neto J, Marinho MJF, Neto RM, Smith MMRL, Da Silva CB. (2009). Exercise Prevents Cardiometabolic Alterations Induced by Chronic Use of Glucocorticoids. Arq Bras Cardiol 93(3): 372-380.
42. Zierath JR, Krook A, Walberg-Henriksson H. (2000). Insulin action and insulin resistance in humans skeletal muscle. Diabetologia 43: 821-835.
43. Kurth-Kraczek EJ, Hirshman MF, Goodyear LJ, Winder WW. (1999). 5' AMP-activated protein kinase activation causes GLUT4 translocation in skeletam muscle. Diabetes 48: 1667-1671.
44. Luciano E, Carneiro EM, Carvalho CRO, Carvalheira JBC, Perez SB, Reis MAB, Saad MJA, Boschero AC, Velloso LA. (2002). Endurance training improves responsivenes to insulin and modulates insulin signal transduction through the phosphatidylinositol 3-Kinase/Akt-1 pathway. Eur J Endocrinol 12 (2): 202-209.
45. Gomes RJ, Caetano FC, Mello MAR, Luciano E. (2005). Effect of Chronic Exercise on Growth Factors in Diabetic Rats. Journal of Exercise Physiology 8 (2): 16-23.
46. Pauli JR, Gomes RJ, Luciano E. (2006). Hipothalamy-pituitary axis: effects of physical training in rats administered with dexamethasone. Rev Neurol, 42(6): 325-331.
47. Dionísio TJ, Louzada JC, Viscelli BA, Dionísio EJ, Martuscelli AM, Barel M, Perez OA, Bosqueiro JR, Brozoski DT, Santos CF, Amaral SL. (2014). Aerobic training prevents dexamethasone-induced peripheral insulin resistance. Horm Metab Res. 46(7):484-9.
48. Barel M, Perez OA, Giozzet VA, Rafacho A, Bosqueiro JR, do Amaral SL. (2010). Exercise training prevents hyperinsulinemia, muscular glycogen loss and muscle atrophy induced by dexamethasone treatment. Eur J Appl Physiol. 108(5):999-1007.
49. Nicastro H, Zanchi NE, da Luz CR, de Moraes WM, Ramona P, de Siqueira Filho MA, Chaves DF, Medeiros A, Brum PC, Dardevet D, Lancha AH Jr. (2012). Effects of leucine supplementation and resistance exercise on dexamethasone-induced muscle atrophy and insulin resistance in rats. Nutrition. 28(4):465-71.
50. Kump DS, Booth FW. (2005). Alterations in insulin receptor signalling in the rat epitrochlearis muscle upon cessation of voluntary exercise. J Physiol 562 (3): 829-838.

51. Booth FW, Chakravarthy MV, Spangenburg EE. (2002). Exercise and gene expression: physiological regulation of the human genome through activity. J Physiol 543 (2):399-411.
52. Stubbs CO, Lee JA. (2004). The obesity epidemic: both energy intake and physical activity contribute. MJA 181 (9): 489-491.
53. Hardman AE. (1996). Exercise in the prevention of atherosclerotic, metabolic and hypertensive diseases: a review. J Sports Sci 14: 201-218.
54. Francischi RP, Pereira LO, Lancha Júnior AH. (2001). Exercício, comportamento alimentar e obesidade: revisão dos efeitos sobre a composição corporal e parâmetros metabólicos. Rev Paul Educ Fís 15 (2):117-140.
55. Mensink M, Blaak EE, Vidal H, Brun TWA, Glatz JFC, Saris WHM. (2003). Lifestyle changes and lipid metabolism gene expression and protein content in skeletal muscle of subjects with impaired glucose tolerance. Diabetologia 46: 1082-1089.
56. Seip RL, Semenkovich CF. (1998). Skeletal muscle lipoprotein lipase; molecular regulation and physiological effects in relation to exercise. Exerc Sport Sci Rev 26: 191-218.
57. French AS, Story M, Jeffery RW. (2001). Environmental influences on eating and physical activity. Annu Rev Public Health 22: 309-335.
58. Arroll B, Beaglehole R. (1992). Does physical activity lower blood pressure? A critical review of the clinical trials. Journal of Clinical Epidemiology 45: 439-447.
59. Shen W, Zhang X, Wolin MS, Sessa W, Hintze TH. (1995). Nitric oxide production and NO synthase gene expression contribute to vascular regulation during exercise. Med Sci Sports Exerc 8: 1125-1134.
60. Bouchard C, Shephard RJ, Stephens T. (eds). (1994). Physical activity, fitness and health: Internacional proceeedings and consensus statement. Champaign: Human Kinetics.
61. Arroll B, Beaglehole R. (1992). Does physical activity lower blood pressure? A critical review of the clinicaltrials. Journal of Clinical Epidemiology 45: 439-447.
62. Tanaka T, Yamamoto J, Iwasaki S, Asaba H, Hamura H, Ikeda Y. (2003). Activation of peroxisome proliferator-activated receptor delta induces fatty acid beta-oxidation in skeletal muscle and attenuates metabolic syndrome. Proc Natl Acd Sci 100: 15924-15929.
63. Henever AL, He W, Barak Y, Le J, Bandyopadhyay G, Olson P. (2003). Muscle-specific Pparg deletion causes insulin resistance. Nat Med 9: 1491-1497.
64. Wang YX, Zhang CL, Yu RT, Cho HK, Nelson MC, Bayuga-Ocampo CR. (2004). Regulation of muscle fiber type and running endurance by PPARdelta. Plos Biol 2:e294.
65. Hochberg Z, Pacak K, Chorousos GP. (2003). Endocrine withdrawal syndromes. Endocrine Reviews (24 (4): 523-538.
66. Deuster PA, Petrides JS, Singh A, Lucci EB, Chrousos GP, Gold PW. (1998). High intensity exercise promotes escape of adrenocorticotropin and cortisol from supression by dexametasone: sexually dimorphic responses. Journal of Clinical Endocrinology and Metabolism 83: 3332-3338.
67. Petrides JS, Mueller GP, Kalogeros KT, Chrousos GP, Gold PW, Deuster PA. (1994). Exercise-induced activation of the hypothamanic-pituitary-adrenal axis: marked difference in the sensitivity to glucocorticoid supression. ournal of Clinical Endocrinology and Metabolism 79:377383.
68. Martignoni E, Appenzeller O, Nappi RE, Sances G, Costa A, Nappi G. (1997). The effects of physical exercise at high altitude on adrenocortical function in humans. Functional Neurology 12 (6): 339-344.
69. Pauli JR, Leme JAC, Crespilho D, Mello MAR, Rogatto GP, Luciano E. (2005). Influência do treinamento físico sobre parâmetros do eixo hipotálamo-pituitária-adrenal de ratos administrados com dexametasona 2: 143-152.

24

PRIVAÇÃO DO SONO

Andrea Maculano Esteves
Miriam Kannebley Frank

OBJETIVOS DO CAPÍTULO

O presente capítulo visa evidenciar os aspectos relacionados ao sono e seus distúrbios; a regulação genética e molecular; o controle genético dos distúrbios do sono; os biomarcadores do sono e dos distúrbios do sono e a biologia molecular do exercício físico na privação do sono.

INTRODUÇÃO

O sono é um estado comportamental cíclico, que ocorre aproximadamente a cada 24 horas, com características específicas no eletroencefalograma (EEG) e reagente a sua privação. Esse fenótipo complexo que envolve o sono pode ser controlado ou influenciado por muitos fatores, visto que um sono saudável apresenta um padrão multidimensional de variáveis adaptadas a demandas individuais, sociais e ambientais, promovendo o bem-estar físico e mental do indivíduo. A boa saúde do sono é caracterizada pela satisfação subjetiva, a duração e momento adequado, a alta eficiência e sustentação das horas de vigília.

Sabe-se há muito tempo que os fatores genéticos afetam a quantidade e a qualidade do sono. Várias mutações que afetam o sono foram identificadas através das espécies, apontando um processo evolutivo na regulação e conservação do sono. A identificação de mutações que alteram a necessidade para dormir, ou fazem os indivíduos resistentes aos efeitos negativos da privação de sono, podem ser cruciais para a promoção da compreensão das funções do sono.

Ao mesmo tempo, também tem sido reconhecido que a privação do sono afeta a expressão gênica. Este dado nos fornece valiosas pistas sobre a função e regulação das bases moleculares do sono, demonstrando caminhos para tratamentos mais eficientes para os distúrbios do sono (1).

Além disso, o exercício físico apresenta propriedades neuroprotetoras, modulando diferentes funções cerebrais. O exercício induz vários efeitos positivos no sistema nervoso central de seres humanos e animais, tais como a melhoria do padrão de sono (2); da aprendizagem, memória e plasticidade (3); o aumento da ativação neuronal (4) e neurogênese (3). Também são observadas alterações de neurotransmissores e seus receptores (5) e da expressão de genes (6), que são responsáveis pela alteração do número, da estrutura e função de neurônios (3).

Neste contexto, as intervenções e estratégias eficazes de como melhorar o padrão de sono são importantes para promover a saúde visando o controle terapêutico de doenças infecciosas, inflamatórias e neuropsiquiátricas crônicas.

O SONO E SEUS DISTÚRBIOS

A maioria dos processos fisiológicos do nosso corpo oscila de uma forma diária. Estes incluem a atividade cerebral (ciclos de sono e vigília), metabolismo e homeostase energética, frequência cardíaca, pressão arterial, temperatura corporal, atividade renal e hormonal, bem como a secreção de citocinas. Os ritmos diários no comportamento e fisiologia não são apenas respostas agudas ao calendário de pistas fornecidas pelo ambiente, mas são movidos por um sistema de temporização circadiana endógena. Um marca-passo central no núcleo supraquiasmático (SCN), localizado no hipotálamo ventral, coordena todos os ritmos evidentes em nosso corpo através de saídas neuronais e humoral. O sono desempenha um papel importante na promoção da saúde, estabelecendo relações recíprocas entre a função de sono-vigília e sistemas moleculares e celulares (7).

Três critérios comportamentais definem o sono: inatividade, reversibilidade rápida, e redução da capacidade de resposta a estímulos externos (8). Categoricamente a arquitetura do sono é dividida em duas grandes fases, o sono dos movimentos oculares não rápidos (non rapid eye movement – NREM) e sono dos movimentos rápidos dos olhos (rapid eye movement – REM). O estágio NREM é subdividido em estágios 1, 2 e 3, visto que o estágio 3 também é denominado de Sono de Ondas Lentas (slow wave sleep – SWS). Durante o sono NREM os músculos relaxam parcialmente e, somente durante o sono REM é que perdem completamente o tônus (9). O tempo, a profundidade e duração do sono são controlados pela interação da hora do dia (controle circadiano) com a duração de vigília prévia (controle homeostático). A homeostase do sono significa que um período prolongado de vigília é seguido por um período prolongado de sono. Quando o homeostato aumenta acima de certo limiar, o sono é desencadeado; quando diminui abaixo de um limiar diferente, ocorre a vigília. O processo circadiano representa a modulação oscilatória diária desses limiares (10).

No entanto, os distúrbios e a privação do sono podem acarretar em problemas de saúde com graves consequências sociais. Evidências ao longo dos últimos 10 anos de pesquisa sugerem uma forte ligação entre alterações no padrão de sono e vários distúrbios cognitivos e metabólicos. As estimativas atuais sugerem que mais de um terço de todos os adultos dormem menos que 7 horas por dia (11). Esta estatística preocupante deverá manter-se inalterada, ou pode tornar-se ainda pior em um futuro próximo devido a vários fatores agravantes que dificultam o sono satisfatório.

A Classificação Internacional dos Distúrbios do Sono (International Classification of Sleep Disorders – ICSD-2) (12), versão 2, publicada em 2005 inclui 85 distúrbios do sono categorizados em 8 grupos principais:

- Insônias
- Distúrbios respiratórios do sono
- Hipersônias de origem central não associadas a distúrbios do ritmo circadiano, a distúrbios respiratórios ou a outras causas que perturbem o sono
- Distúrbios do ritmo circadiano
- Parassônias
- Manifestações motoras noturnas
- Sintomas noturnos isolados, aparentemente variantes normais e situações não resolvidas
- Outros distúrbios de sono

Perturbações do sono interferem nas funções normais do sono NREM e REM, resultando em alterações na reatividade emocional e deficiências cognitivas de atenção, memória e tomada de decisão, além de risco de doenças infecciosas, bem como na progressão de várias outras, como cardiovasculares e câncer.

No entanto, permanece uma incógnita se as mudanças nos padrões de sono/vigília são causa ou consequência dos processos neurodegenerativos. Além disso, o fato da privação de sono ter efeitos generalizados sobre muitos sistemas fisiológicos dificulta a busca de um caminho molecular bem definido que liga a perda de sono com a neurodegeneração.

A REGULAÇÃO GENÉTICA E MOLECULAR DO SONO

A interação entre a susceptibilidade genética e os fatores ambientais é considerada importante para a regulação do sono. Estudos moleculares vêm identificando centenas de transcrições cerebrais que mudam de nível de expressão entre o sono e a vigília. Assim, genes específicos podem afetar profundamente sono e, inversamente, o sono pode influenciar na expressão de genes do cérebro.

Algumas mutações gênicas afetam significativamente o sono. Em geral, estes genes podem ser amplamente subdivididos em quatro grandes categorias funcionais: canais iônicos, regulação circadiana, neurotransmissão, e outras vias de sinalização/hormônios (13).

Como em muitos campos, a busca por influências genéticas no sono humano iniciou com estudos em gêmeos (14). As semelhanças no padrão de sono entre gêmeos monozigóticos (MZ) são observadas particularmente em termos de latência do sono, duração dos ciclos de sono e sono REM (15).

Vale ressaltar que a composição espectral do EEG humano mostra herdabilidade (h^2) marcante também durante a vigília, com estimativas variando de 70 a 90% para a maioria das bandas de frequência (16). Na verdade, o EEG está entre os traços mais hereditários nos seres humanos, embora alguns genes específicos terem sido identificados a pouco tempo. Assim, o desafio para o futuro será não só em identificar quais genes específicos podem influenciar o EEG humano, mas também determinar até que ponto os seus efeitos são únicos para dormir ou acordar. É provável que pelo menos algumas das diferenças interindividuais no EEG humano estejam relacionadas com fatores genéticos que são independentes de estado comportamental (17). Os polimorfismos genéticos têm sido mostrados por alterar proporções de estágios do sono e atividade do EEG em diferentes frequências durante a vigília, o sono REM e NREM (18).

O fator neurotrófico derivado do cérebro (BDNF) é uma molécula chave envolvida no crescimento, desenvolvimento, e a modulação do sistema nervoso (19). Estudos sugerem que o BDNF pode participar na regulação homeostática do sono, visto que a sua expressão tem sido consistentemente encontrada na regulação do cérebro de animais acordados e privados de sono (13,20). Gatt et al. (2008) relataram que a presença de homozigose Met do gene BDNF prediz um aumento relativo da atividade teta e delta e uma redução da atividade alfa nas condições de olhos abertos e olhos fechados (21). Bachmann et al. (2012) encontraram reduções da variação delta/teta e um aumento de alfa e sigma na atividade do EEG durante o sono NREM em portadores do alelo Met submetidos a 40 horas de vigília prolongada (22). No sono REM, as atividades alfa, teta e sigma foram menores em portadores do genótipo Val/Met, sugerindo que este polimorfismo afeta as oscilações cerebrais funcionais e podem contribuir para a regulação da homeostase do sono.

CONTROLE GENÉTICO DOS DISTÚRBIOS DO SONO

Em vários casos, a base genética dos distúrbios do sono humanos foi esclarecida, e os genes candidatos foram identificados e testados em modelos animais. Como exemplo podemos citar o sistema hipocretina/orexina e seu papel na narcolepsia, e o Período (PER), cujas mutações gênicas resultam na regulação circadiana anormal.

Abaixo serão citados alguns distúrbios do sono que apresentam características reguladas geneticamente.

Insônia Familiar Fatal: A insônia familiar fatal (IFF) é uma doença rara, autossômica dominante. A IFF está ligada a uma mutação no códon 178 do gene da proteína prion (PRNP), juntamente com a presença do códon para metionina na posição 129, um lócus de um polimorfismo para metionina-valina. Homozigotos para metionina no códon 129, expressando também no alelo não mutado, tem um curso mais curto doença (muitas vezes inferior a 1 ano), com a patologia restrita ao tálamo. Heterozigotos para o códon 129, expressando valina no alelo não mutado, tem um curso mais longo da doença (muitas vezes mais de 1 ano), ataxia e disartria no início da doença, e as lesões generalizadas no córtex cerebral. A média de idade do início da doença é por volta dos 50 anos, enquanto o período de duração varia de 8 a 72 meses. As características clínicas precoces da IFF combinam entre distúrbios sutis do ciclo sono-vigília, alterações do sono, como a perda dos fusos do sono e alterações neuropsiquiátricas. É patologicamente caracterizada por uma preferencial degeneração talâmica (23).

Narcolepsia: Narcolepsia humana é um distúrbio do sono que afeta 1:2000 indivíduos. A doença é caracterizada por sonolência diurna excessiva, cataplexia e outras manifestações anormais de sono REM, tais como a paralisia do sono e alucinações hipnagógicas. Recentemente, descobriu-se que a fisiopatologia da (idiopática) narcolepsia-cataplexia está associada à deficiência de hipocretina no cérebro e no líquido cefalorraquidiano (LCR), bem como a positividade do antígeno leucocitário humano (HLA) DR2/DQ6 (DQB1 * 0602). A idade de início é tipicamente 10-30 anos, atingindo um máximo aos 15 anos, e raramente apresentam <10 anos, > 40 anos de idade (24).

Síndrome das Pernas Inquietas: A síndrome das pernas inquietas (SPI) é um excelente exemplo de um distúrbio do sono com um forte componente genético. A SPI pode apresentar características familiares, chamadas também de primárias (autossômica dominante em até 1/3 dos casos) e secundárias, visto estas incluem deficiência de ferro, gravidez, alteração do sistema dopaminérgico, entre outras (25). A SPI é caracterizada por uma sensação desagradável e uma necessidade de movimentar os membros inferiores, ocorrendo preferencialmente ao relaxar e/ou durante a noite. O diagnóstico é com base na descrição clínica dos sintomas pelo paciente e a presença dos quatro critérios diagnósticos que compõem as características clínicas principais da doença (26). Ondo et al. (2000) investigaram 12 gêmeos MZ e foi demonstrado que 83% destes apresentavam SPI, apoiando a importância da contribuição genética para este distúrbio do sono (27). Estudos de associação do genoma Independentes (Genome-Wide Association Studies – GWAS), em diversas populações de origem europeia, sugerem o envolvimento de seis genes diferentes que são amplamente expressos no sistema nervoso central e outros órgãos: BTBD9, MEIS1, PTPRD, MAP2K5, SKOR1 e TOX3 (28), as variantes alélicas implicando esses seis genes são responsáveis por quase 80% do risco atribuível à população para a SPI.

Apnéia Obstrutiva do Sono: A apnéia obstrutiva do sono (AOS) é um distúrbio do sono comum caracterizado pela interrupção repetida (apnéia) ou redução (hipopnéia) do fluxo de ar durante o sono, roncos, dessaturação de oxigênio e sonolência. Embora o exato mecanismo patogenético da AOS ainda não esteja totalmente esclarecido, há amplas evidências de que a AOS seja um distúrbio multifatorial complexo que envolve fatores genéticos, anormalidades das vias aéreas superiores, desregulação do centro respiratório, e outros fatores (29). A anormalidade anatômica mais comum encontrada em pacientes com OSA é o retrognatismo mandibular, que é provavelmente determinado geneticamente. No entanto, o loci genético distinto para esta característica ainda não foi identificada. Muitos estudos de associação com genes candidatos têm sido feitos usando diferentes populações de pacientes com AOS. Entre as mais promissoras associações genéticas estão os genes com diferentes alelos para apolipoproteína E4 (ApoE4), fator de necrose tumoral (TNF-α), e enzima de conversão de angiotensina (ECA) (30).

BIOMARCADORES DO SONO E DISTÚRBIOS DO SONO

Alguns estudos já vêm sendo desenvolvidos na tentativa de encontrar um biomarcador ideal para o sono, que demonstraria as mudanças rápidas na transição sono/vigília e a permanência em um constante nível durante toda a duração do sono ou episódio; e para os distúrbios do sono, permitir a detecção precoce e intervenção para este problema de saúde. Atualmente, nenhum biomarcador conhecido é preciso o suficiente para ser um substituto pela avaliação do EEG de sono/vigília, visto que esta abordagem produz uma grande quantidade de dados precisos sobre o padrão de sono. Assim, a identificação de um biomarcador metabólico que reflita com precisão o estado de sono/vigília, bem como um distúrbio do sono, transmitiria um benefício significativo na condução de estudos sobre o sono em grande escala nas populações.

Em estudo realizado por Naylor e colaboradores (2012) foi demonstrado que a concentração de lactato extracelular seria um biomarcador de sono/vigília confiável podendo ser usado de forma independente do sinal EEG (31). Os resultados foram obtidos a partir e uma amostragem contínua *in vivo* em conjunto com biossensores de atividade do EEG. Aumentos rápidos e sustentados na concentração de lactato cortical (aproximadamente 15 mm/min) foram imediatamente observados ao acordar e durante o sono REM. A concentração de lactato elevada também foi mantida durante um período de 6 horas de contínua vigília. Um declínio persistente e sustentado na concentração de lactato foi medido durante o sono NREM. O glutamato exibiu padrões similares, mas com um aumento e declínio muito lentos (aproximadamente 0,03μM/min). As mudanças de concentração da glicose não demonstraram uma clara correlação tanto com o sono ou com a vigília. Já é bem descrito na literatura o aumento do lactato extracelular no período da vigília (32), no entanto, Naylor et al. (2012) demonstrou essa alteração relacionada a arquitetura das mudanças dos períodos do sono/vigília (31).

Em estudos relacionando biomarcadores à apneia do sono, Matthews et al. (2010) demonstram uma associação a marcadores pró-trombóticos, incluindo o fator de von Willebrand (vWF) e ativação do plasminogênio inibidor-1 (PAI-1) (33). Elevações significativas nos níveis séricos TNF-α, interleucina 1β (IL-1β), interleucina 6 (IL-6) e Proteína C Reativa são demonstradas em pacientes com apnéia obstrutiva do sono (34).

BIOLOGIA MOLECULAR DO EXERCÍCIO FÍSICO NA PRIVAÇÃO DO SONO

A importância do sono já está consolidada em vários aspectos fisiológicos (35). Estudos populacionais têm demonstrado que o tempo disponível para o sono diminuiu consideravelmente durante as últimas décadas, seja por causa de distúrbios do sono ou outros fatores, gerando um débito de sono crônico e reduzindo a qualidade de vida. Este débito de sono está associado a um grau variável de comprometimento central e periférico, alterações essas que podem levar ao risco de doenças crônicas (ex: doenças cardiovasculares, síndrome metabólica, câncer) (36), mas que podem ser prevenidas ou aliviadas com a prática do exercício físico.

ALTERAÇÕES MÚSCULO-ESQUELÉTICAS

Uma das alterações fisiológicas mais comuns observadas após a privação de sono é o padrão de secreção hormonal. Vários estudos demonstram que a privação de sono leva à redução da testosterona no sangue (Dattilo et al., 2012), da insulina (37), do fator de crescimento semelhante à insulina tipo 1 (IGF-I) e do hormônio de crescimento (GH) (38), que resulta em um estado catabólico, e um consequente aumento do cortisol (39).

A saúde muscular é fortemente influenciada pela secreção hormonal. A testosterona, GH e IGF-1 são conhecidos por aumentar a atividade de síntese proteica através da Fosfatidilinositol 3-Quinase/via proteína quinase B (PI3K/Akt), que ativa a proteína alvo da rapamicina em mamíferos (mTOR) (40). Por outro lado, o cortisol aumenta a ubiquitinação e degradação da via proteossomal (degradação proteica) (41). Assim, típicos padrões de secreções hormonais induzidas pelo débito de sono podem diminuir a síntese e aumentar a degradação de proteínas. Estas alterações podem modificar a composição corporal e potencialmente prejudicar a saúde esquelética muscular (42).

O exercício físico, especialmente o de resistência, parece ser uma interessante estratégia não farmacológica contra os efeitos deletérios do débito de sono na musculatura. Os possíveis mecanismos de como o treinamento de resistência modula a massa muscular parece estar relacionada com o IGF-I, o qual ativa a PI3K/Akt/mTOR e induz a síntese de proteínas, resultando no crescimento do músculo. Além disso, a contração e alongamento de fibras musculares são capazes de ativar a via Akt/mTOR, independentemente de alterações hormonais e respostas imunológicas/inflamatórias (43).

Os sinais periféricos e intracelulares (mecânicos e estímulos hormonais) convergem para essas adaptações, e o mTOR funciona como o regulador mestre de efetores envolvidos na síntese de proteína (40). Por outro lado, especula-se que a privação de sono e atrofia muscular seguem a mesma via do treinamento resistido, mas no sentido oposto. Isto é, o padrão hormonal induzido pelo débito de sono é um potencial supressor da atividade do mTOR, e exercícios de resistência oferecem uma potencial intervenção não-farmacológica para o volume e manutenção do músculo esquelético (44).

ALTERAÇÕES COGNITIVAS

Estudos já demonstraram que o sono adequado também é essencial para nosso desenvolvimento cognitivo, promovendo conexões entre redes neuronais e consolidação da memória (45). O hipocampo, que possui conexões funcionais generalizadas para o córtex e capacidade de modular a atividade de diferentes regiões do cérebro, é especialmente sensível ao sono (46). Estudos vêm mostrando que o sono pode aumentar a memória hipocampal dependente (47), e que a atividade do hipocampo aumenta durante o sono após uma tarefa de aprendizagem (48). E, da mesma forma, a supressão do sono pode afetar negativamente a formação da memória em roedores (49) e humanos (50). Em particular, a privação de sono parece prejudicar a capacidade para reter informação nova e perturba a consolidação da memória em uma grande extensão (46). Acretida-se que estas alterações se dão por meio dos efeitos da privação de sono na expressão do potencial de longa duração (LTP- considerado o principal mecanismo de formação da memória) hipocampal e em moléculas chave da sua cascata de sinalização (49).

Estas cascatas de sinalização medeiam alterações estruturais e funcionais. Ao longo desta linha, a expressão basal da proteína quinase dependente de cálcio/calmodulina (CaMKII – responsável pela LTP em neurônios) e do BDNF é marcadamente diminuída após 8 e 24h de privação do sono, enquanto que os níveis de calcineurina, uma proteína fosfatase que desfosforila a CaMKII e suprime a LTP, permanece inalterada (51).

Mesmo que pesquisas tenham elucidado parte da fisiologia subjacente ao sono e seu papel na função cognitiva, o impacto que a intervenção ambiental, como a atividade física, traz para o prejuízo cognitivo induzido pela privação de sono permanece indefinido. Evidências vêm mostrando que o exercício físico aeróbico em especial, exerce efeitos benéficos sobre a função neuronal em animais, bem como em seres humanos (52,53). Um estudo demonstrou que 4 semanas de exercício físico em esteira rolante, em ratos, impediu a diminuição, induzida pela privação de sono, na memória e aprendizado espacial de curto prazo e manteve a expressão da LTP e a sua cascata de sinalização associada no hipocampo (49).

De modo geral, o exercício aeróbico regular, vem mostrando levar a (1) um melhor desempenho em tarefas de memória espacial (54), (2) aumento dos níveis de neurotrofinas endógenas (por exemplo, BDNF) (55), que, por sua vez, pode aumentar a plasticidade do hipocampo e sua cascata de sinalização, levando a um aumento da disponibilidade de CaMKII e diminuição dos níveis de atividade da calcineurina (56), agindo diretamente nas alterações causadas pela privação de sono.

ALTERAÇÕES NA INGESTÃO ALIMENTAR

Estudos demonstram que a restrição parcial do sono (curto prazo) diminui a tolerância à glicose, eleva as concentrações de cortisol, diminui a leptina e aumenta a grelina (57–60). Nesse contexto, a restrição de sono não permite a recuperação do controle hormonal do apetite; aumentando o tempo disponível para a alimentação e tornando a manutenção de um estilo de vida saudável mais difícil com o aumento do risco de obesidade. Além disso, o aumento da fadiga e cansaço associados à redução de sono podem levar ao aumento do sedentarismo.

A liberação da leptina, hormônio responsável pelo controle do apetite, é altamente organizada e possui ritmo circadiano distinto, com os valores mínimos durante o dia e um aumento no período noturno, chegando ao pico durante o início e meados do sono (61,62). Acredita-se que esse aumento noturno serve para suprimir o apetite durante o período de sono, o qual permanecemos em jejum (62). Porém, pesquisas vêm mostrando que a homeostase do ciclo sono-vigilia influencia a liberação e ritmo circadiano da leptina, visto que após privação de 88 horas de sono pode ser verificada uma redução na amplitude da leptina, levando a uma diminuição dos mecanismos de saciedade (58).

Ao mesmo tempo a liberação da grelina, hormônio que estimula a ingestão alimentar e apetite e promove o ganho de peso corporal, parece também não depender apenas da alimentação. Tem sido observado que os níveis de grelina aumentam durante uma noite normal de sono, mas voltam a diminuir horas antes de acordarmos e após o café da manhã (63). Porém esta curva em sino parece não ocorrer durante a privação de sono, conforme evidenciado em estudo, onde após 24 horas de privação de sono os níveis de grelina aumentaram progressivamente e não diminuíram até o café da manhã, levando ao aumento do apetite durante o período de privação de sono (59).

Juntamente com estas alterações na regulação de hormônios orexígenos e anorexígenos, a privação de sono parece também influenciar em nosso comportamento alimentar. Indivíduos que dormem menos têm preferências por alimentos mais calóricos e palatáveis, como por exemplo, doces e lanches (57). Além disso, há estudos mostrando alterações na taxa metabólica basal, onde a privação do sono levou a um aumento de 32% do gasto energético, em comparação a uma noite normal de sono (64)

O suposto papel do sono dos mamíferos em manter as reservas de energia levou a hipótese de que as alterações da privação de sono na ingestão alimentar acompanham o aumento da atividade e demandas metabólicas durante essa vigília prolongada (60). Tais alterações, a longo prazo, podem acarretar em danos à saúde, como resistência à insulina, distúrbios alimentares, obesidade, entre outros (57).

CONSIDERAÇÕES GERAIS

A compreensão da regulação do sono e sua função a partir de estudos voltados para genética e biologia molecular se tornam um desafio e, apesar do grande avanço do tema nas últimas décadas, muitas lacunas ainda precisam ser preenchidas, como por exemplo, a identificação de mutações que alteram a necessidade de sono ou que nos deixe resistentes aos efeitos negativos da privação deste podem se revelar cruciais para promover uma melhor compreensão das funções do sono e de seus distúrbios.

EXERCÍCIOS DE AUTOAVALIAÇÃO

Após a leitura do presente capítulo, é importante entender:

Questão 1 – Quais as principais funções específicas do sono?

Questão 2 – Como os distúrbios do sono podem afetar na qualidade de vida?

Questão 3 – Qual a importância da regulação genética no padrão de sono?

Questão 4 – Qual a importância dos biomarcadores do sono e dos distúrbios do sono?

Questão 5 – Como o exercício físico pode influenciar na privação de sono e quais suas implicações na biologia molecular?

REFERÊNCIAS BIBLIOGRÁFICAS

1. Massart R, Freyburger M, Suderman M, Paquet J, El Helou J, Belanger-Nelson E, et al. The genome-wide landscape of DNA methylation and hydroxymethylation in response to sleep deprivation impacts on synaptic plasticity genes. Transl Psychiatry. 2014 Jan 21;4(1):e347–e347.
2. Youngstedt SD. Effects of Exercise on Sleep. Clin Sports Med. 2005 Apr;24(2):355–65.
3. van Praag H, Christie BR, Sejnowski TJ, Gage FH. Running enhances neurogenesis, learning, and long-term potentiation in mice. Proc Natl Acad Sci U S A. National Academy of Sciences; 1999 Nov 9;96(23): 13427–31.
4. Holschneider DP, Yang J, Guo Y, Maarek J-MI. Reorganization of functional brain maps after exercise training: Importance of cerebellar–thalamic–cortical pathway. Brain Res. 2007 Dec 12;1184:96–107.

5. Real CC, Ferreira AFB, Hernandes MS, Britto LRG, Pires RS. Exercise-induced plasticity of AMPA-type glutamate receptor subunits in the rat brain. Brain Res. 2010 Dec 2;1363:63–71.
6. Ferreira AFB, Real CC, Rodrigues AC, Alves AS, Britto LRG. Moderate exercise changes synaptic and cytoskeletal proteins in motor regions of the rat brain. Brain Res. 2010 Nov 18;1361:31–42.
7. Buysse DJ. Sleep Health: Can We Define It? Does It Matter? Sleep. 2014 Jan 1;37(1):9–17.
8. Allada R, Siegel JM. Unearthing the Phylogenetic Roots of Sleep. Curr Biol. 2008 Aug 5;18(15):R670–9.
9. Brown RE, Basheer R, McKenna JT, Strecker RE, McCarley RW. Control of Sleep and Wakefulness. Physiol Rev. 2012 Jul;92(3):1087–187.
10. Borbély AA. A two process model of sleep regulation. Hum Neurobiol. 1982;1(3):195–204.
11. Perry GS, Patil SP, Presley-Cantrell LR. Raising Awareness of Sleep as a Healthy Behavior. Prev Chronic Dis. 2013 Aug 8;10:130081.
12. American Academy of Sleep Medicine. The International Classification of Sleep Disorders. In: Diagnostic and Coding Manual. 2 ed. Westchester; 2005.
13. Cirelli C. The genetic and molecular regulation of sleep: from fruit flies to humans. Nat Rev Neurosci. 2009 Aug 1;10(8):549–60.
14. Linkowski P. EEG sleep patterns in twins. J Sleep Res. 1999 Jun;8 Suppl 1:11–3.
15. Webb WB, Campbell SS. Relationships in sleep characteristics of identical and fraternal twins. Arch Gen Psychiatry. 1983 Oct;40(10):1093–5.
16. van Beijsterveldt CEM, van Baal GCM. Twin and family studies of the human electroencephalogram: a review and a meta-analysis. Biol Psychol. 2002 Oct;61(1–2):111–38.
17. Chorlian DB, Tang Y, Rangaswamy M, O'Connor S, Rohrbaugh J, Taylor R, et al. Heritability of EEG coherence in a large sib-pair population. Biol Psychol. 2007 Jul;75(3):260–6.
18. Mazzotti DR, Guindalini C, de Souza AAL, Sato JR, Santos-Silva R, Bittencourt LRA, et al. Adenosine deaminase polymorphism affects sleep EEG spectral power in a large epidemiological sample. PLoS One. Public Library of Science; 2012;7(8):e44154.
19. Greenberg ME, Xu B, Lu B, Hempstead BL. New Insights in the Biology of BDNF Synthesis and Release: Implications in CNS Function. J Neurosci. 2009 Oct 14;29(41):12764–7.
20. Guindalini C, Andersen ML, Alvarenga T, Lee K, Tufik S. To what extent is sleep rebound effective in reversing the effects of paradoxical sleep deprivation on gene expression in the brain? Behav Brain Res. 2009 Jul 19;201(1):53–8.
21. Gatt JM, Kuan SA, Dobson-Stone C, Paul RH, Joffe RT, Kemp AH, et al. Association between BDNF Val66Met polymorphism and trait depression is mediated via resting EEG alpha band activity. Biol Psychol. 2008 Oct;79(2):275–84.
22. Bachmann V, Klaus F, Bodenmann S, Schäfer N, Brugger P, Huber S, et al. Functional ADA Polymorphism Increases Sleep Depth and Reduces Vigilant Attention in Humans. Cereb Cortex. 2012 Apr;22(4): 962–70.
23. Rupprecht S, Grimm A, Schultze T, Zinke J, Karvouniari P, Axer H, et al. Does the Clinical Phenotype of Fatal Familial Insomnia Depend on PRNP codon 129 Methionine-Valine Polymorphism? J Clin Sleep Med. 2013 Dec 15;9(12):1343–5.
24. Leschziner G. Narcolepsy: a clinical review. Pract Neurol. 2014 Oct;14(5):323–31.
25. Winkelmann J, Wetter TC, Collado-Seidel V, Gasser T, Dichgans M, Yassouridis A, et al. Clinical characteristics and frequency of the hereditary restless legs syndrome in a population of 300 patients. Sleep. 2000 Aug 1;23(5):597–602.
26. Allen RP, Picchietti D, Hening WA, Trenkwalder C, Walters AS, Montplaisi J, et al. Restless legs syndrome: diagnostic criteria, special considerations, and epidemiology. A report from the restless legs syndrome diagnosis and epidemiology workshop at the National Institutes of Health. Sleep Med. 2003 Mar;4(2):101–19.
27. Ondo WG, Vuong KD, Wang Q. Restless legs syndrome in monozygotic twins: clinical correlates. Neurology. 2000 Nov 14;55(9):1404–6.
28. Freeman AA, Rye DB. The molecular basis of restless legs syndrome. Curr Opin Neurobiol. 2013 Oct; 23(5):895–900.

29. Pahkala R, Seppä J, Ikonen A, Smirnov G, Tuomilehto H. The impact of pharyngeal fat tissue on the pathogenesis of obstructive sleep apnea. Sleep Breath. 2014 May 23;18(2):275–82.
30. Kadotani H, Kadotani T, Young T, Peppard PE, Finn L, Colrain IM, et al. Association between apolipoprotein E epsilon4 and sleep-disordered breathing in adults. JAMA. 2001 Jun 13;285(22):2888–90.
31. Naylor E, Aillon D V., Barrett BS, Wilson GS, Johnson DA, Johnson DA, et al. Lactate as a Biomarker for Sleep. Sleep. 2012 Sep 1;35(9):1209–22.
32. Shimizu H, Tabushi K, Hishikawa Y, Kakimoto Y, Kaneko Z. Concentration of lactic acid in rat brain during natural sleep. Nature. 1966 Nov 26;212(5065):936–7.
33. Matthews KA, Zheng H, Kravitz HM, Sowers M, Bromberger JT, Buysse DJ, et al. Are inflammatory and coagulation biomarkers related to sleep characteristics in mid-life women?: Study of Women's Health across the Nation sleep study. Sleep. 2010 Dec;33(12):1649–55.
34. Bravo M de la P, Serpero LD, Barceló A, Barbé F, Agustí A, Gozal D. Inflammatory proteins in patients with obstructive sleep apnea with and without daytime sleepiness. Sleep Breath. 2007 Aug 17;11(3): 177–85.
35. Tufik S, Andersen ML, Bittencourt LRA, Mello MT de. Paradoxical sleep deprivation: neurochemical, hormonal and behavioral alterations. Evidence from 30 years of research. An Acad Bras Cienc. 2009 Sep;81(3):521–38.
36. Santos-Silva R, Castro LS, Taddei JA, Tufik S, Bittencourt LRA. Sleep Disorders and Demand for Medical Services: Evidence from a Population-Based Longitudinal Study. Maurits NM, editor. PLoS One. 2012 Feb 1;7(2):e30085.
37. Martins C, Kulseng B, King NA, Holst JJ, Blundell JE. The Effects of Exercise-Induced Weight Loss on Appetite-Related Peptides and Motivation to Eat. J Clin Endocrinol Metab. 2010 Apr;95(4):1609–16.
38. Everson CA, Crowley WR. Reductions in circulating anabolic hormones induced by sustained sleep deprivation in rats. Am J Physiol Metab. 2004 Jun;286(6):E1060–70.
39. Dattilo M, Antunes HKM, Medeiros A, Mônico-neto M, Souza H de S, Lee KS, et al. Paradoxical sleep deprivation induces muscle atrophy. Muscle Nerve. 2012 Mar;45(3):431–3.
40. Bodine SC, Stitt TN, Gonzalez M, Kline WO, Stover GL, Bauerlein R, et al. Akt/mTOR pathway is a crucial regulator of skeletal muscle hypertrophy and can prevent muscle atrophy in vivo. Nat Cell Biol. 2001 Nov 1;3(11):1014–9.
41. Bodine SC, Latres E, Baumhueter S, Lai VK, Nunez L, Clarke BA, et al. Identification of Ubiquitin Ligases Required for Skeletal Muscle Atrophy. Science (80-). 2001 Nov 23;294(5547):1704–8.
42. Nedeltcheva A V., Kilkus JM, Imperial J, Schoeller DA, Penev PD. Insufficient Sleep Undermines Dietary Efforts to Reduce Adiposity. Ann Intern Med. 2010 Oct 5;153(7):435.
43. Spiering BA, Kraemer WJ, Anderson JM, Armstrong LE, Nindl BC, Volek JS, et al. Resistance exercise biology: manipulation of resistance exercise programme variables determines the responses of cellular and molecular signalling pathways. Sports Med. 2008;38(7):527–40.
44. Mônico-Neto M, Antunes HKM, Dattilo M, Medeiros A, Souza HS, Lee KS, et al. Resistance exercise: A non-pharmacological strategy to minimize or reverse sleep deprivation-induced muscle atrophy. Med Hypotheses. 2013 Jun;80(6):701–5.
45. Diekelmann S, Born J. The memory function of sleep. Nat Rev Neurosci. 2010 Feb 4;11(2):114–26.
46. Yoo S-S, Hu PT, Gujar N, Jolesz FA, Walker MP. A deficit in the ability to form new human memories without sleep. Nat Neurosci. 2007 Mar 11;10(3):385–92.
47. Cai DJ, Shuman T, Gorman MR, Sage JR, Anagnostaras SG. Sleep selectively enhances hippocampus-dependent memory in mice. Behav Neurosci. 2009 Aug;123(4):713–9.
48. Gais S, Albouy G, Boly M, Dang-Vu TT, Darsaud A, Desseilles M, et al. Sleep transforms the cerebral trace of declarative memories. Proc Natl Acad Sci. 2007 Nov 20;104(47):18778–83.
49. Zagaar M, Alhaider I, Dao A, Levine A, Alkarawi A, Alzubaidy M, et al. The beneficial effects of regular exercise on cognition in REM sleep deprivation: Behavioral, electrophysiological and molecular evidence. Neurobiol Dis. 2012 Mar;45(3):1153–62.
50. Boonstra TW, Stins JF, Daffertshofer A, Beek PJ. Effects of sleep deprivation on neural functioning: an integrative review. Cell Mol Life Sci. 2007 Apr 8;64(7–8):934–46.

51. Alhaider IA, Aleisa AM, Tran TT, Alzoubi KH, Alkadhi KA. Chronic caffeine treatment prevents sleep deprivation-induced impairment of cognitive function and synaptic plasticity. Sleep. 2010 Apr;33(4): 437–44.
52. Kang E-B, Koo J-H, Jang Y-C, Yang C-H, Lee Y, Cosio-Lima LM, et al. Neuroprotective Effects of Endurance Exercise Against High-Fat Diet-Induced Hippocampal Neuroinflammation. J Neuroendocrinol. 2016;28(5).
53. Kumar A, Rani A, Tchigranova O, Lee W-H, Foster TC. Influence of late-life exposure to environmental enrichment or exercise on hippocampal function and CA1 senescent physiology. Neurobiol Aging. 2012 Apr;33(4):828.e1-828.e17.
54. Grace L, Hescham S, Kellaway LA, Bugarith K, Russell VA. Effect of exercise on learning and memory in a rat model of developmental stress. Metab Brain Dis. 2009 Dec 10;24(4):643–57.
55. Kim S-E, Ko I-G, Kim B-K, Shin M-S, Cho S, Kim C-J, et al. Treadmill exercise prevents aging-induced failure of memory through an increase in neurogenesis and suppression of apoptosis in rat hippocampus. Exp Gerontol. 2010 May;45(5):357–65.
56. Griffin ÉW, Bechara RG, Birch AM, Kelly ÁM. Exercise enhances hippocampal-dependent learning in the rat: Evidence for a BDNF-related mechanism. Hippocampus. 2009 Oct;19(10):973–80.
57. Nedeltcheva A V., Kessler L, Imperial J, Penev PD. Exposure to Recurrent Sleep Restriction in the Setting of High Caloric Intake and Physical Inactivity Results in Increased Insulin Resistance and Reduced Glucose Tolerance. J Clin Endocrinol Metab. 2009 Sep;94(9):3242–50.
58. Mullington JM, Chan JL, Van Dongen HPA, Szuba MP, Samaras J, Price NJ, et al. Sleep loss reduces diurnal rhythm amplitude of leptin in healthy men. J Neuroendocrinol. 2003 Sep;15(9):851–4.
59. Dzaja A, Dalal MA, Himmerich H, Uhr M, Pollmächer T, Schuld A. Sleep enhances nocturnal plasma ghrelin levels in healthy subjects. Am J Physiol Metab. 2004 Jun;286(6):E963–7.
60. Steiger A. Sleep and endocrinology. J Intern Med. 2003 Jul;254(1):13–22.
61. Sinha MK, Ohannesian JP, Heiman ML, Kriauciunas A, Stephens TW, Magosin S, et al. Nocturnal rise of leptin in lean, obese, and non-insulin-dependent diabetes mellitus subjects. J Clin Invest. American Society for Clinical Investigation; 1996 Mar 1;97(5):1344–7.
62. Saad MF, Riad-Gabriel MG, Khan A, Sharma A, Michael R, Jinagouda SD, et al. Diurnal and Ultradian Rhythmicity of Plasma Leptin: Effects of Gender and Adiposity [1]. J Clin Endocrinol Metab. 1998 Feb; 83(2):453–9.
63. Nakazato M, Murakami N, Date Y, Kojima M, Matsuo H, Kangawa K, et al. A role for ghrelin in the central regulation of feeding. Nature. 2001 Jan 11;409(6817):194–8.
64. Jung CM, Melanson EL, Frydendall EJ, Perreault L, Eckel RH, Wright KP. Energy expenditure during sleep, sleep deprivation and sleep following sleep deprivation in adult humans. J Physiol. 2011 Jan 1;589(1):235–44.

25

CALOR

Fabiano Trigueiro Amorim
Flávio de Castro Magalhães

OBJETIVOS DO CAPÍTULO

- Descrever as respostas termorregulatórias agudas e crônicas ao exercício físico realizado no calor.
- Descrever o papel das proteínas de choque térmico 72 kDa intra- e extracelular.
- Discutir as respostas moleculares agudas ao exercício realizado no calor
- Discutir as respostas moleculares crônicas da aclimatação ao exercício no calor

INTRODUÇÃO

O exercício físico realizado no calor constitui um estresse que envolve diversos tecidos do organismo. A taxa de produção de calor metabólico associada à dificuldade de transferência de calor para o ambiente aumenta a temperatura interna do organismo. Este aumento na temperatura interna pode resultar em diminuição do desempenho físico, doenças relacionadas ao calor e, em casos extremos, até a morte. O nosso organismo conta com um repertório de ajustes e respostas para dissipar calor e reduzir o estresse provocado pelo aumento da temperatura. De forma aguda, as alterações comportamentais, como buscar refúgios pra escapar de altas temperaturas ou formas de se resfriar (retirada da vestimenta, hidratação, etc) e respostas autonômicas como sudorese e vasodilatação cutânea para aumento da perda de calor, tentam garantir a manutenção da temperatura interna em valores seguros. A exposição repetida ao exercício em condição climática com alta temperatura induz a um estado denominado aclimatação. Indivíduos aclimatados toleram o exercício prolongado no calor sem aumentos elevados na temperatura interna comparados com não aclimatados. O processo de aclimatação ao exercício no calor aumenta a sudorese, a vasodilatação periférica e o volume plasmático. Em nível celular, as células dos organismos respondem ao estresse térmico agudo e crônico sintetizando (e algumas secretando) uma família de proteínas denominadas proteínas de choque térmico (*Heat Shock Proteins*, HSPs). As Hsps são um grupo de proteínas altamente conservadas filogeneticamente, conhecidas por participarem na síntese, dobramento e translocação de proteínas nascentes, além de auxiliar na estabilização tridimensional de proteínas em processo de desnaturação e auxiliar na reparação celular após eventos estressantes. A Hsp mais termossensível e altamente induzível pertence à família da HSP70 e é comumente conhecida como Hsp72 devido ao seu peso molecular de 72 quilo Daltons (kDa). Neste capítulo será apresentado como o organismo se adapta aguda e cronicamente ao exercício no calor do ponto de vista molecular, por meio da síntese e secreção da Hsp72 e trataremos do papel da Hsp72, intra e extracelular, em resposta ao exercício no calor.

EXERCÍCIO FÍSICO NO CALOR

RESPOSTAS TERMORREGULATÓRIAS AGUDAS AO EXERCÍCIO NO CALOR

Durante o exercício físico, o músculo esquelético é capaz de transformar a energia química em trabalho mecânico. A eficiência mecânica do músculo esquelético – a relação entre o trabalho mecânico externo realizado e o custo energético total da atividade – é cerca de 20 a 30%. Com isso, cerca de 70-80% de toda a energia transformada durante a atividade física é convertida em calor. A transformação de energia durante uma atividade física pode chegar a até 20 vezes o metabolismo de repouso, dependendo da intensidade da atividade realizada. Caso não houvesse meios para dissipação do calor produzido em uma atividade física dessas, nossa temperatura interna aumentaria 1°C a cada 5 minutos.

Quando o exercício é realizado no calor e a temperatura do ambiente é mais alta do que a temperatura da pele, o corpo também ganha calor do ambiente aumentando a quantidade térmica que necessita ser dissipada. Para prevenir o aumento exagerado da temperatura interna, várias respostas são desencadeadas. Essas respostas envolvem alterações no comportamento e respostas autonômicas, como descritas a seguir: comportamentais – retirar a vestimenta, se mover para a sombra, diminuir a exposição da área de superfície corporal e repousar; autonômicas:envolvem a dilatação dos vasos sanguíneos da pele, para que mais sangue chegue à periferia do corpo, permitindo maior troca com o ambiente, e produção e secreção de suor pelas glândulas sudoríparas écrinas, um tipo de glândula presente em toda a superfície corporal humana e que é especializada na função termorregulatória.

O aumento de apenas alguns graus na temperatura interna do corpo leva à redução do desempenho físico, à hipertermia, à falha do sistema nervoso central, ao desmaio, ao coma, e eventual morte por desnaturação irreversível de proteínas afetando o funcionamento de órgãos vitais. Portanto, o exercício realizado no calor apresenta um desafio adicional ao organismo do ponto de vista da termorregulação. Nessa situação, tanto a produção metabólica de calor pelo músculo esquelético, como a exposição a um ambiente no qual a perda de calor é prejudicada, levam ao acúmulo de calor, manifestando-se como um aumento da temperatura corporal.

RESPOSTAS TERMORREGULATÓRIAS CRÔNICAS AO EXERCÍCIO NO CALOR

Por meio de exposições frequentes de aumentos na temperatura interna, a tolerância ao calor pode aumentar devido a um processo denominado aclimatação ao calor. A aclimatação ao calor pode ser obtida por exposição contínua (por vários dias) ou intermitente (exposições diárias) a uma situação que eleve as temperaturas interna e da pele e aumente a taxa de sudorese. Portanto, a adaptação ao calor pode ser induzida por exposições passivas a ambientes quentes, por meio de exercício em ambiente temperado ou por exercício no calor; entretanto, é consenso na literatura que exposições repetidas ao exercício no calor acarretam adaptação mais completa. Por esse motivo, a maioria dos estudos usam protocolos que envolvem exposições repetidas ao exercício no calor para induzir esse processo de adaptação, e, portanto, neste capítulo vamos nos referir a esse processo como aclimatação ao exercício no calor. As adaptações fisiológicas com a aclimatação ao exercício no calor envolvem redução das temperaturas interna e da pele, redução da frequência cardíaca, aumento na taxa de sudorese e menor acúmulo de calor corporal durante o exercício (1–3). Outras adaptações também são observadas como aumento do volume plasmático e redução na concentração de sódio no suor. Em conjunto, essas adaptações aumentam a tolerância ao exercício no calor.

Os seres humanos que realizam atividade física no calor, por exemplo, os atletas, conseguem realizar exercício físico em temperaturas internas elevadas (>41°C). Esta capacidade não é relacionada somente com as respostas sistêmicas fisiológicas para aumento na dissipação de calor, em decorrência da adaptação ao exercício no calor, mas parece resultar também de adaptações celulares que permitem manter a função de órgãos e células em temperaturas internas elevadas, assemelhando-se à termotolerância, tratada abaixo.

O PAPEL DAS PROTEÍNAS DE CHOQUE TÉRMICO

Hsp72 Intracelular

Ao nível celular, modificações temporárias na expressão de genes para lidar com o estresse, como a observada durante a realização de exercício no calor, são atribuídas às HSPs. As HSPs são um grupo de proteínas altamente conservadas filogeneticamente, presentes tanto em organismos procariotas quanto em eucariotas. Estas proteínas são classificadas por peso molecular (variando de 27 a de 110 kDa) e agrupadas em famílias. Elas estão presentes em diferentes compartimentos celulares e desempenham papel fundamental em condições fisiológicas e no estresse sistêmico, envolvendo ambos, as células individuais e todo o organismo. Em resposta ao estresse celular, como hipertermia, a transcrição dos genes de HSPs é ativada e ocorre aumento na quantidade intracelular de HSPs. Embora a função exata de cada membro da família das HSPs ainda esteja em discussão, vários estudos demonstraram que as HSPs estão envolvidas em diversas vias de regulação intracelular, e têm papel como chaperonas (companheiras) moleculares para outras proteínas celulares (4). Essa função de chaperona envolve a estabilização de proteínas nascentes, translocação de proteínas não-dobradas entre os compartimentos celulares e auxílio no dobramento de proteínas, sem no entanto, fazer parte da estrutura final da molécula.

A família das HSPs de 70-kDa (HSP70) inclui proteínas com massas moleculares de 72, 73, 75, e 78-kDa. As HSPs com 72-kDa (Hsp72) são as mais induzidas em reposta ao estresse celular (Figura 1). Em condições basais, o fator de transcrição de choque térmico (*Heat Shock Factor*, HSF) é mantido no estado monomérico, ligado a Hsp72 no citoplasma. Em condições de estresse, tais como na exposição ao calor, proteínas que perderam a conformação ou se desnaturaram acumulam-se no citoplasma, induzindo a dissociação do complexo HSF-Hsp72. Em seguida, a Hsp72 dissociada liga-se às proteínas em processo de desnaturação e facilita o redobramento restaurando o estado célula anterior ao estresse, mantendo a estrutura do citoesqueleto e garantindo a função e a sobrevivência celular. O HSF dissociado do complexo se desloca para o núcleo, se trimeriza (forma uma molécula composta por três moléculas de HSF) e se liga ao Elemento de Choque Térmico (*Heat Shock Element*, HSE), localizado na região promotora de genes de choque térmico, induzindo a transcrição de RNA mensageiros que codificam as proteínas de choque térmico. A tradução dos RNA mensageiros de Hsp72 aumenta o conteúdo intracelular de Hsp72. Este aumento pode induzir um estado de tolerância ao estresse subsequente – a termotolerância (5).

A aquisição da termotolerância envolve inicialmente a exposição de uma célula ou organismo a um choque de calor subletal (usualmente 40 a 41°C de temperatura interna ou do meio celular por 30 a 60 minutos), o qual faz com que a exposição subsequente a um calor inicialmente letal (usualmente >42°) permita a sobrevivência da célula ou organismo. Este estado de termotolerância é caracterizado por aumento marcante na síntese de Hsp72, e o grau

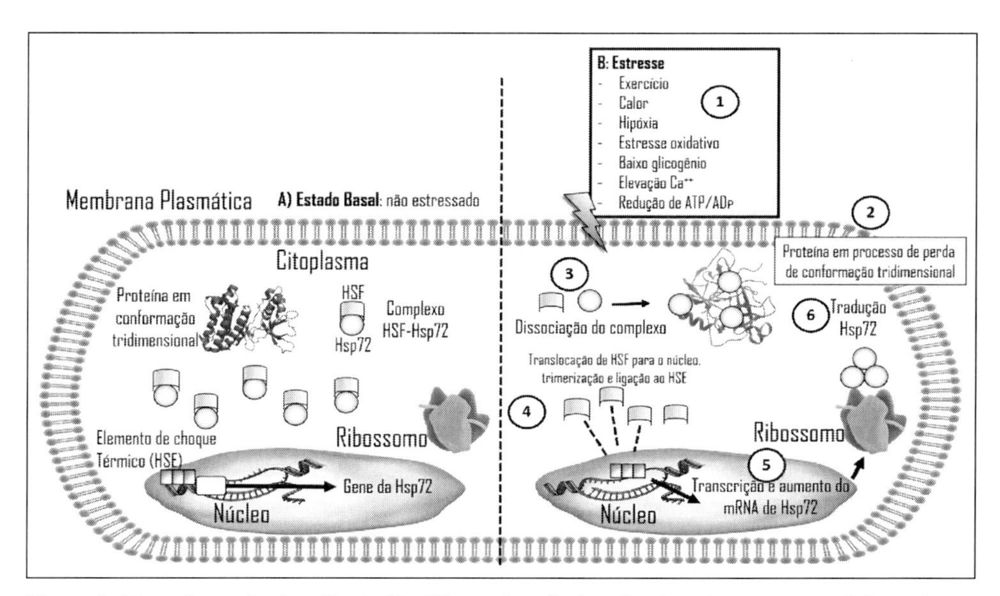

Figura 1 Mecanismo de atuação da Hsp72 em situação basal e de estresse e seus efeitos sobre o metabolismo. 1. Efeitos indutores do estresse celular. 2. Processo de desnaturação de proteínas. 3. Dissociação do complexo proteico. 4. Translocação de HSF para o núcleo celular. 5. Transcrição do RNA mensageiro de Hsp72. 6. Tradução da Hsp72.

de tolerância térmica correlaciona-se com o conteúdo intracelular de Hsp72 (5). Curiosamente, a indução de Hsp72 está associada ao aumento da tolerância a outros fatores de estresse que incluem hipóxia, acidose, lesão por isquemia/reperfusão, e de espécies reativas de oxigênio, fenômeno conhecido como tolerância cruzada (4).

Em situações de calor extremo ocorre inibição da expressão de genes, alterando a cinética de transcrição e tradução celular. Além disso, proteínas são parcialmente desnaturadas, expondo locais hidrofóbicos, que interagem para formar agregados insolúveis. Sugere-se que uma das funções da Hsp72 em células termotolerantes é se ligar a proteínas desnaturadas ou danificadas prevenindo ou reduzindo sua agregação. Além disso, também sugere-se que a Hsp72 seja capaz de solubilizar agregados proteicos formados sob situações de estresse (5). Outra função importante atribuída a Hsp72 em células estressadas pelo calor é a montagem e desmontagem de proteínas, tais como o desdobramentos de proteínas, ou a liberação da interação proteína-proteína. Isso permitiria o retorno mais rápido para o padrão normal de transcrição e tradução em comparação às células não expostas ao processo de termotolerância, aumentando a sobrevivência celular.

Embora a Hsp72 seja conhecida como uma chaperona de proteínas, diversos estudos têm demonstrado o seu papel de inibir vias de sinalização que induzem a apoptose celular e processos inflamatórios. Nesse contexto, a Hsp72 inibe estímulos apoptóticos dependentes e independentes da caspase. A Hsp72 é capaz de bloquear quinases do estresse, incluindo a proteína quinase c-Jun N-terminal (JNK), a formação e ativação do fator de ativação de apoptose 1 (Apaf-1) e a subsequente ativação da caspase-9. Adicionalmente, a indução da Hsp72 pode alterar proteínas e genes envolvidos em respostas inflamatórias. O fator de transcrição nuclear kappa B (NF-kB) está envolvido em respostas inflamatórias, alterando a expressão de citocinas, quimiocinas, moléculas de adesão celular, fatores de crescimento, e imunorreceptores. O NF-kB inativo é normalmente encontrado no citoplasma ligado ao seu inibidor de proteína, I-kappa B IkB). O NF-kB é ativado a partir de sinalizações na membrana da célula, incluindo o estresse oxidativo, isquemia e exposição a endotoxinas. Estes estresses desencadeiam à ativação da IkB-quinase, que fosforila a IkB, permitindo que o NF-kB transloque-se para o núcleo e ligue-se aos seus genes-alvo. Os genes-alvo incluem aqueles que ativam as citocinas inflamatórias, incluindo o fator de necrose tumoral alfa (TNF-α), interleucina 1 (IL-1), quimiocinas, e óxido nítrico sintase indutível. Tem sido especulado que a Hsp72 pode interagir com a proteína inibidora do NF-kB, IkB, e prevenir a sua dissociação do complexo I kB-NFkB, reduzindo dessa forma a resposta inflamatória

Hsp72 Extracelular

Além destas funções intracelulares, a Hsp72 pode ser detectada na circulação de indivíduos saudáveis (6) e sua concentração extracelular aumenta em resposta a diversos estímulos estressores, incluindo o exercício. Embora a origem da Hsp72 extracelular não seja completamente conhecida, sabe-se que o fígado, o cérebro e os leucócitos, mas não o músculo esquelético, são capazes de liberar Hsp72 para a circulação. Sabe-se ainda que a Hsp72 é secretada por células saudáveis e necróticas (7).

Vários estímulos estressantes são capazes de aumentar a produção e liberação de Hsp72 (Figura 2). Lancaster e Febbraio (2005), por exemplo, relataram que a liberação de Hsp72 por monócitos de seres humanos é dependente da magnitude do estresse pelo calor (8). Os monócitos incubados a 43°C durante 1 hora apresentaram maior liberação de Hsp72 (~400%) em relação às células expostas a 40°C (~75%) em relação à situação controle (37°C). Os autores também identificaram que os exossomos, pequenas vesículas de 40 – 100 nm secretadas pela maioria dos tipos celulares, contribuem para a liberação de Hsp72 em estados basais ou no choque pelo calor.

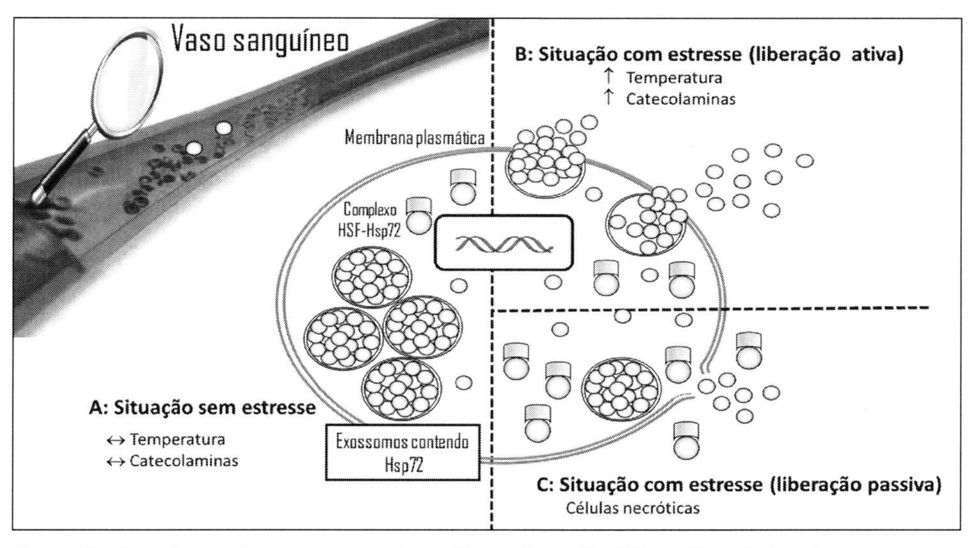

Figura 2 Mecanismos de armazenamento ou liberação de Hsp72 em situação basal ou de estresse celular.

Evidências demonstram que a Hsp72 extracelular pode agir como um sinal de perigo para o organismo, induzindo a produção de citocinas em células do sistema imune. Asea et al., (2000) mostraram que a Hsp72 se liga com alta afinidade à membrana plasmática de monócitos e induz aumento da expressão de citocinas pró-inflamatórias como o TNF-α, IL-1β e IL-6. A Hsp72 circulante também se liga a receptores do tipo Toll 4 em células apresentadoras de antígenos e desencadeam a ativação do sistema imunológico estimulando a produção e liberação de citocinas e quimiocinas (9). Abboud et al (2008) mostraram que monócitos incubados com o sobrenadante de células expostas ao choque térmico (43°C por 1 hora), (meio com alta concentração de Hsp72) responderam ao estímulo endotóxico posterior (incubação com lipopolisacarídeo – LPS) de forma atenuada, observado por menor ativação de NF-kB e produção de TNF-α (10). Portanto, embora ainda não se saiba completamente o significado da Hsp72 circulante, ela parece estar envolvida com funções imunológicas.

RESPOSTAS MOLECULARES AGUDAS AO EXERCÍCIO REALIZADO NO CALOR

Hsp Intracelular

Um dos primeiros estudos que mostrou que uma sessão de exercício físico é capaz de aumentar a síntese de Hsp72 foi realizado por Locke et al (1990) (11). Naquele estudo foi demonstrado que animais que se exercitaram até a exaustão, atingindo temperaturas internas de aproximadamente 41°C, tiveram aumento no conteúdo de Hsp72 no baço, leucócitos circulantes e no músculo sóleo. No entanto, é conhecido que o exercício modula várias condições que ativam a síntese de Hsp72 como aumento da temperatura, isquemia, degradação proteica, hipóxia, acidose, diminuição na disponibilidade de glicogênio, formação de radicais livres e aumento na concentração intramuscular de Ca^{2+} (7). Portanto, o aumento de Hsp72 em função do exercício em diversos tecidos do organismo não é de se surpreender.

Tentando entender os mecanismos que levam ao aumento na síntese de Hsp72 com o exercício, Milne e Noble (2002) demonstraram que o aumento de Hsp72 induzido pelo exercício no coração, e em células do vasto lateral de ratos é dependente da intensidade do exercício, embora o aumento da temperatura interna também tenha sido dependente da intensidade do exercício, o que dificulta a interpretação dos resultados (12). Skidmore et al. (1995) também abordaram essa questão e reportaram a importância da interação do exercício com o aumento da temperatura para a indução de Hsp72 (13). Naquele estudo, animais foram exercitados na mesma intensidade, porém em ambientes com diferentes temperaturas, de tal forma que um grupo atingia 38°C de temperatura interna ao final do exercício (grupo exercitado no frio), enquanto o outro atingia cerca de 41°C (grupo exercitado no calor). Os autores ainda estudaram dois grupos sem exercício (repouso) que tinham a temperatura interna elevada a valores similares aos grupos exercitados, de tal forma a separar os efeitos do exercício dos efeitos da temperatura interna e analisar a interação entre exercício e temperatura. Embora tanto o exercício quanto o calor, quando analisados isoladamente, foram capazes de aumentar a concentração de Hsp72 em todos os tecidos analisados (gastrocnêmio, sóleo, extensor longo dos dedos e ventrículo esquerdo), foi observado maior aumento na concentração de Hsp72 quando os estresses foram combinados (exercício + calor).

Embora mais escassos, estudos com humanos também demonstram que o exercício é capaz de ativar a síntese de Hsp72. Ryan et al. (1991) mostraram que o aumento da temperatura interna é importante para a indução de Hsp72 pelo exercício (14). A sessão de exercício que induziu aumento da temperatura interna acima de 40°C levou ao aumento na síntese de Hsp72 em leucócitos, enquanto a sessão com temperatura interna menor do que 40°C não resultou na indução de Hsp72. Fehrenbach et al. (2001) observaram que o exercício físico realizado por atletas de resistência a 28°C de temperatura ambiente induziu maior aumento na expressão de Hsp72 em monócitos, nas 48 horas seguintes ao exercício, em comparação com o exercício de mesma intensidade realizado a 18°C (15). Como esperado, o exercício realizado no calor aumentou mais a temperatura interna, concentração sanguínea de lactato e frequência cardíaca, indicando maior estresse. Já Febbraio et al. (2000) analisaram a expressão de mRNA da Hsp72 no vasto lateral de sujeitos exercitados até a exaustão (16). Naquele estudo, a temperatura muscular aumentou cerca de 4°C ao final do exercício em comparação ao repouso, e a concentração de glicogênio muscular estava reduzida para menos de 10% do valor inicial. Os autores demonstraram que a expressão de mRNA da Hsp72 no vasto lateral aumenta progressivamente durante o exercício. Nosso grupo observou que a indução de Hsp72 em leucócitos é dependente do aumento da temperatura interna (3). Observamos que para ocorrer aumento no conteúdo de Hsp72, é necessário aumento de aproximadamente 2°C na temperatura interna ou que a temperatura interna atinja cerca de 39°C. Essa hipótese é reforçada quando se analisa estudos que não observaram aumento agudo da Hsp72 intracelular induzido pelo exercício (17,18), nos quais a temperatura interna não chegou a 39°C.

Portanto, embora o aumento da temperatura interna pareça ser um importante estímulo para o aumento do conteúdo intracelular de Hsp72, não é possível, a partir dos estudos da literatura disponível, isolar os demais fatores que se alteram durante o exercício e que também são indutores de Hsp72. No entanto, podemos concluir que o exercício no calor induz um estresse adicional para a síntese de Hsp72.

Hsp Extracelular

Tem sido repetidamente demonstrado que o exercício é capaz de aumentar a concentração de Hsp72 extracelular (7). O estímulo (ou estímulos) exato para que ocorra aumento de Hsp72 extracelular durante o exercício ainda não é completamente conhecido. Johnson e Fleshner (2006) (19) propuseram que a estimulação α-adrenérgica é responsável pela liberação de Hsp72 para a circulação e Whitham et al. (2006) (20) reforçaram esta hipótese observando que a suplementação de cafeína aumentou a Hsp72 circulante induzida pelo exercício, resposta associada à maior concentração plasmática de catecolaminas. Além disso, já foi demonstrado que a elevação da temperatura corporal durante o exercício é importante para o aumento da Hsp72 extracelular induzido pelo exercício (21). Recentemente, Gibson et al., (2014) estudaram de que forma protocolos de exercício que causem diferentes níveis de estresse fisiológico (medido pela temperatura retal, taxa de aumento na temperatura retal, frequência cardíaca e percepção subjetiva de esforço) afetam o aumento na Hsp72 circulante (22). Os autores mostraram que a concentração de Hsp72 extracelular aumenta uma vez atingidos valores mínimos de temperatura corporal e atividade simpática. Ruell et al. (2006) reportaram maior concentração de Hsp72 extracelular em corredores que apresentaram maior temperatura interna e sintomas mais severos de doenças provocadas pelo calor quando comparados aos corredores com sintomas mais leves após 14 km de corrida (23).

Um outro aspecto importante no estresse térmico induzido pelo calor, parece ser a taxa de acúmulo de calor do organismo. Nesse sentido, nós conduzimos um estudo com o objetivo de comparar o efeito de duas taxas distintas de acúmulo de calor na concentração de Hsp72 extracelular durante exercício no calor (50% do consumo máximo de oxigênio a 42°C e 30% de umidade relativa) em que os sujeitos atingiram a mesma temperatura interna final (24). Um grupo realizou o exercício com utilização de um sistema de resfriamento com água fria circulante no tronco que atenuou o aumento da taxa de acúmulo de calor, enquanto o outro grupo serviu como controle. Nós observamos que a concentração de Hsp72 extracelular não foi diferente entre as taxas de acúmulo de calor. Estes resultados indicam que em seres humanos o aumento da Hsp72 extracelular durante o exercício é uma função da temperatura interna e não da taxa de armazenamento de calor corporal.

Não se sabe exatamente o papel do aumento da Hsp72 extracelular em resposta ao exercício, mas esse aumento pode explicar parcialmente a reação inflamatória (produção de citocinas e recrutamento de células inflamatórias) que ocorre após o exercício realizado no calor. Ortega et al. (2009) investigaram o papel fisiológico que a Hsp72 extracelular teria quando induzida pelo exercício (25). Mulheres sedentárias exercitaram a 70% do VO_2max por 1 hora e a concentração circulante de Hsp72 foi aumentada pós-exercício. Quando se incubou neutrófilos com concentrações fisiológicas de Hsp72 (induzidas pelo exercício), observou-se aumento na quiomiotaxia, além disso, os efeitos quimioatrativos e quimiocinéticos da Hsp72 foram maiores nas concentrações pós-exercício em comparação com a pré-exercício. O efeito quimiotáxico da Hsp72 sobre neutrófilos parece ocorrer via receptor do tipo toll-2 e envolve vias intracelulares relacionadas fosfatidilinositol-3-cinase (PI3k), cinase regulada por sinal extracelular (ERK) e NF-kB. Esses resultados mostram um papel da Hsp72 extracelular após o exercício na estimulação da quimiotaxia de neutrófilos.

ADAPTAÇÕES MOLECULARES CRÔNICAS AO EXERCÍCIO REALIZADO NO CALOR

Hsp72 Intracelular

Como observado acima, a Hsp72 intracelular desempenha um papel crítico na capacidade de células, tecidos e organismos em se tornarem tolerantes ao estresse pelo calor. O processo de aclimatação ao exercício no calor, é reconhecido por reduzir o risco de complicações pelo calor em humanos. Apesar da aclimatação ao exercício no calor reduzir o estresse térmico e evitar complicações pelo calor e ser amplamente recomendada para atletas e indivíduos envolvidos com atividade ocupacional no calor, como mineradores, trabalhadores rurais (em especial cortadores de cana de açúcar) e da construção civil, soldados e bombeiros, poucos estudos investigaram as alterações celulares em resposta a aclimatação ao exercício no calor em humanos (1,3,17,18,26).

Alguns estudos não observaram aumento na Hsp72 intracelular após um período de aclimatação ao exercício no calor. Marshall et al. (2007), por exemplo, mostraram não haver alteração no conteúdo intracelular de Hsp72 em células mononucleares do sangue periférico (PBMCs) após 2 dias de sessões de exercício no calor, período que pode ter sido muito curto para serem observadas alterações. Watkins et al. (2007) também não observaram alteração no conteúdo intramuscular (vasto lateral) de Hsp72 após 7 dias de exercício no calor, entretanto, as sessões de 30 min diárias podem ter sido curtas para induzir alterações ao nível celular (27).

Estudos com protocolos mais longos e mais intensos de aclimatação ao calor (>7 dias) reportaram aumentos na concentração de Hsp72 em leucócitos totais e em PBMCsde humanos (17,26). Em trabalhos realizados previamente, observou-se que a aclimatação ao exercício no calor provoca aumentos na concentração de Hsp72 em leucócitos e PBMCs (1,3,17). McClung et al. (2007) também observaram aumentos nas concentrações de Hsp72 em PBMCs após 10 dias de aclimatação ao exercício no calor (26). Os autores também analisaram os efeitos da indução *ex vivo* de Hsp72 em células de indivíduos aclimatados ao calor com a exposição a um banho de 43ºC. Os autores observaram que a concentração de Hsp72 em PBMCs aumentou mais no 1º dia em comparação ao 10º dia de aclimatação ao calor. Mais recentemente, nós também observamos que um período de adaptação ao exercício no calor de 11 dias levou ao aumento no conteúdo intracelular de Hsp72 em leucócitos totais e inibiu o aumento de Hsp72 induzido por uma sessão aguda de exercício (3). Assim, a adaptação ao exercício no calor pode induzir mudanças na Hsp72 intracelular de forma semelhante à descrita em células *in vitro*. Nesse contexto, foi consuzido um estudo para testar a hipótese que a aclimatação ao calor induz um estado celular semelhante à termotolerância observadas em experimentos *in vitro* ou com animais (1). Nesse estudo, 9 sujeitos foram aclimatados ao calor (42°C e 30% de umidade relativa do ar) durante 10 dias (100 minutos de exercício a 50% do VO_2máx). Antes e após o período de aclimatação ao exercício no calor, as PBMCs foram expostas ao choque térmico (42,5°C por 2 horas) ou controle (37°C). Foi observado que o choque térmico induziu mais Hsp72 intracelular no dia 1 comparado ao dia 10 de aclimatação. Além disso, ao final do protocolo de aclimatação ao exercício no calor, os valores de Hsp72 induzidos pelo choque térmico, comparados aos da sessão aguda de exercício no calor, foram maiores. Estes estudos demonstraram que a aclimatação ao calor aumenta o conteúdo de Hsp72 intracelular, mas a quantidade induzida não é suficiente para induzir um estado de termotolerância plena comumente observado em estudos com células isoladas ou animais.

O que não se sabia até recentemente era se o aumento de Hsp72 observado com a aclimatação ao exercício no calor tinha alguma relação com as respostas adaptativas sistêmicas em resposta à aclimatação ao exercício no calor. Kuennen et al. (2011) tentaram responder tal questão por meio da inibição da síntese de Hsp72 durante a aclimatação ao exercício no calor utilizando-se uma substância conhecida como quercetina (28). Enquanto nos indivíduos que receberam tratamento placebo foram observadas todas as respostas clássicas de aclimatação ao exercício no calor, nos indivíduos tratados com quercetina a permeabilidade da barreira gastrointestinal permaneceu elevada e o conteúdo de Hsp72 em PBMCs não se elevou. Além disso, citocinas circulantes como a IL-6 e a IL-10 não se alteraram e a temperatura interna não foi reduzida. Esses resultados sugerem haver relação entre a resposta celular de aumento de Hsp72, a resposta de choque térmico, e as adaptações sistêmicas a aclimatação ao exercício no calor. Os resultados desse estudo, juntamente com os citados anteriormente, mostram que a adaptação ao exercício no calor e a termotolerância compartilham um mecanismo em comum: o aumento no conteúdo de Hsp72.

Hsp72 Extracelular

Poucos estudos investigaram o efeito da aclimatação ao exercício no calor sobre a liberação e concentração de Hsp72 circulante, e os resultados parecem conflitantes. Alguns estudos demonstraram que a concentração basal de Hsp72 extracelular na fase inicial de aclimatação ao exercício no calor reduz após 2 (29) ou 5 dias (30), mas não se altera com protocolos mais longos de 10 dias (17) ou 11 dias (3), embora, em um estudo de caso já foi observado aumento na concentração basal de Hsp72 circulante após 15 dias de aclimatação ao exercício no calor (31).

A resposta da Hsp72 circulante induzida pelo exercício após um período de aclimatação ao exercício no calor também apresenta resultados controversos. Yamada et al. (2007) não observaram aumento na concentração circulante de Hsp72 induzido pelo exercício nem antes nem após um período de aclimatação ao exercício no calor (17), enquanto resultados de nosso estudo mostraram que antes do período de aclimatação ao exercício no calor houve aumento da Hsp72 circulante induzido pelo exercício e que essa resposta foi completamente abolida após a adaptação (3). Sandstrom et al. (2008), em um estudo de caso, observaram uma relação inversa entre os valores pré-exercício e o percentual de aumento induzido pelo exercício sobre a concentração circulante de Hsp72 ao longo do período de aclimatação ao exercício no calor, de tal forma que o percentual de aumento no final do período de adaptação foi quase totalmente inibido (31).

Em conjunto, esses resultados sugerem que após o período de adaptação, o organismo pode ter percebido o exercício como menos estressante e, portanto, não haveria a necessidade de liberar um "sinal de perigo" (como aumentar a concentração de Hsp72 extracelular) para ativar o sistema imune. Menores valores de temperatura corporal e de atividade simpática – dois estímulos que sabidamente estimulam a produção e liberação de Hsp72 para a circulação (19,22) – após o período de adaptação ao exercício no calor, podem ajudar a explicar a ausência de aumento da Hsp72 circulante.

CONSIDERAÇÕES FINAIS

Em resposta ao exercício realizado no calor, nosso organismo conta com uma série de respostas autonômicas e comportamentais para lidar com o aumento da temperatura interna e prevenir as complicações causadas pelo calor. Atualmente, já é consenso na literatura que respostas em nível molecular, principalmente a síntese e secreção de Hsp72, também participam na manutenção da homeostase do organismo em situações de estresse, como o exercício realizado no calor. A Hsp72 intracelular exerce papel como estabilizadora de proteínas em processo de desnaturação e auxilia no restabelecimento do estado celular prévio ao estresse. Já a Hsp72 extracelular parece ser um "sinal de perigo" para o organismo e participa na ativação do sistema imune. Em resposta ao exercício realizado no calor de forma crônica (aclimatação ao exercício no calor), além das adaptações sistêmicas clássicas para perda de calor, também parece ser consenso na literatura que o conteúdo intracelular de Hsp72 é aumentando em células do sistema imune, embora a resposta em outros tecidos, como no tecido muscular esquelético, seja menos investigada. Embora os resultados sejam mais controversos, a literatura parece indicar que o aumento na concentração extracelular de Hsp72 induzido pelo exercício seja atenuado após o período de aclimatação ao exercício no calor, indicando que o organismo percebe o estresse de forma menos intensa.

EXERCÍCIOS DE AUTO AVALIAÇÃO

Questão 1 – Diferencie as respostas termorregulatórias agudas e crônicas durante o exercício realizado no calor.

Questão 2 – Descreva e diferencie os papéis da Hsp72 intra e extracelular.

Questão 3 – O que é termotolerância? E qual é a sua relação com a Hsp72?

Questão 4 – Descreva as respostas moleculares da Hsp72 intra e extracelular em resposta ao exercício agudo realizado no calor.

Questão 5 – Descreva as respostas moleculares da Hsp72 intra e extracelular em resposta ao exercício crônico realizado no calor.

REFERÊNCIAS BIBLIOGRÁFICAS

1. Amorim F, Yamada P, Robergs R, Schneider S, Moseley P. Effects of whole-body heat acclimation on cell injury and cytokine responses in peripheral blood mononuclear cells. Eur J Appl Physiol. 2011 Aug 30;111(8):1609–18.
2. Magalhães F de C, Machado-Moreira CA, Vimieiro-Gomes AC, Silami-Garcia E, Lima NRV, Rodrigues LOC. Possible biphasic sweating response during short-term heat acclimation protocol for tropical natives. J Physiol Anthropol. 2006 May;25(3):215–9.
3. Magalhães F de C, Amorim FT, Passos RLF, Fonseca MA, Oliveira KPM, Lima MRM, et al. Heat and exercise acclimation increases intracellular levels of Hsp72 and inhibits exercise-induced increase in intracellular and plasma Hsp72 in humans. Cell Stress Chaperones. 2010 Nov 23;15(6):885–95.
4. Kregel KC. Heat shock proteins: modifying factors in physiological stress responses and acquired thermotolerance. J Appl Physiol. 2002 May;92(5):2177–86.
5. Mizzen LA, Welch WJ. Characterization of the thermotolerant cell. I. Effects on protein synthesis activity and the regulation of heat-shock protein 70 expression. J Cell Biol. 1988 Apr;106(4):1105–16.
6. Pockley AG, Shepherd J, Corton JM. Detection of heat shock protein 70 (Hsp70) and anti-Hsp70 antibodies in the serum of normal individuals. Immunol Invest. 1998 Dec;27(6):367–77.
7. Yamada P, Amorim F, Moseley P, Schneider S. Heat shock protein 72 response to exercise in humans. Sports Med. 2008;38(9):715–33.
8. Lancaster GI, Febbraio MA. Exosome-dependent Trafficking of HSP70. J Biol Chem. 2005 Jun 17; 280(24):23349–55.
9. Asea A, Kraeft S-K, Kurt-Jones EA, Stevenson MA, Chen LB, Finberg RW, et al. HSP70 stimulates cytokine production through a CD14-dependant pathway, demonstrating its dual role as a chaperone and cytokine. Nat Med. 2000 Apr 1;6(4):435–42.
10. Abboud PA, Lahni PM, Page K, Giuliano JS, Harmon K, Dunsmore KE, et al. The role of endogenously produced extracellular HSP72 in mononuclear cell reprogramming. Shock. 2008 Sep;30(3):285–92.
11. Locke M, Noble EG, Atkinson BG. Exercising mammals synthesize stress proteins. Am J Physiol Physiol. 1990 Apr;258(4):C723–9.
12. Milne KJ, Noble EG. Exercise-induced elevation of HSP70 is intensity dependent. J Appl Physiol. 2002 Aug;93(2):561–8.
13. Skidmore R, Gutierrez JA, Guerriero V, Kregel KC. HSP70 induction during exercise and heat stress in rats: role of internal temperature. Am J Physiol Integr Comp Physiol. 1995 Jan;268(1):R92–7.
14. Ryan AJ, Gisolfi C V., Moseley PL. Synthesis of 70K stress protein by human leukocytes: effect of exercise in the heat. J Appl Physiol. 1991 Jan;70(1):466–71.
15. Fehrenbach E, Niess AM, Veith R, Dickhuth HH, Northoff H. Changes of HSP72-expression in leukocytes are associated with adaptation to exercise under conditions of high environmental temperature. J Leukoc Biol. 2001 May;69(5):747–54.
16. Febbraio MA, Koukoulas I. HSP72 gene expression progressively increases in human skeletal muscle during prolonged, exhaustive exercise. J Appl Physiol. 2000 Sep;89(3):1055–60.
17. Yamada PM, Amorim FT, Moseley P, Robergs R, Schneider SM. Effect of heat acclimation on heat shock protein 72 and interleukin-10 in humans. J Appl Physiol. 2007 Oct;103(4):1196–204.

18. Marshall HC, Campbell SA, Roberts CW, Nimmo MA. Human physiological and heat shock protein 72 adaptations during the initial phase of humid-heat acclimation. J Therm Biol. Pergamon; 2007 Aug 1;32(6):341–8.
19. Johnson JD, Fleshner M. Releasing signals, secretory pathways, and immune function of endogenous extracellular heat shock protein 72. J Leukoc Biol. 2006 Mar;79(3):425–34.
20. Whitham M, Walker GJ, Bishop NC. Effect of caffeine supplementation on the extracellular heat shock protein 72 response to exercise. J Appl Physiol. 2006 Oct;101(4):1222–7.
21. Ogura Y, Naito H, Akin S, Ichinoseki-Sekine N, Kurosaka M, Kakigi R, et al. Elevation of body temperature is an essential factor for exercise-increased extracellular heat shock protein 72 level in rat plasma. Am J Physiol Integr Comp Physiol. 2008 May;294(5):R1600–7.
22. Gibson OR, Dennis A, Parfitt T, Taylor L, Watt PW, Maxwell NS. Extracellular Hsp72 concentration relates to a minimum endogenous criteria during acute exercise-heat exposure. Cell Stress Chaperones. 2014 May 2;19(3):389–400.
23. Ruell PA, Thompson MW, Hoffman KM, Brotherhood JR, Richards DAB. Plasma Hsp72 is higher in runners with more serious symptoms of exertional heat illness. Eur J Appl Physiol. 2006 Aug 24; 97(6):732–6.
24. Amorim FT, Yamada PM, Robergs RA, Schneider SM, Moseley PL. The effect of the rate of heat storage on serum heat shock protein 72 in humans. Eur J Appl Physiol. 2008 Dec 14;104(6):965–72.
25. Ortega E, Hinchado MD, Martín-Cordero L, Asea A. The effect of stress-inducible extracellular Hsp72 on human neutrophil chemotaxis: A role during acute intense exercise. Stress. 2009 Jan 7;12(3):240–9.
26. McClung JP, Hasday JD, He J, Montain SJ, Cheuvront SN, Sawka MN, et al. Exercise-heat acclimation in humans alters baseline levels and ex vivo heat inducibility of HSP72 and HSP90 in peripheral blood mononuclear cells. Am J Physiol Integr Comp Physiol. 2008 Jan;294(1):R185–91.
27. Watkins A, Cheek D, Harvey A, Blair K, Mitchell J. Heat Acclimation and HSP-72 Expression in Exercising Humans. Int J Sports Med. 2008 Apr;29(4):269–76.
28. Kuennen M, Gillum T, Dokladny K, Bedrick E, Schneider S, Moseley P. Thermotolerance and heat acclimation may share a common mechanism in humans. Am J Physiol Integr Comp Physiol. 2011 Aug; 301(2):R524–33.
29. Marshall HC, Ferguson RA, Nimmo MA. Human resting extracellular heat shock protein 72 concentration decreases during the initial adaptation to exercise in a hot, humid environment. Cell Stress Chaperones. 2006;11(2):129–34.
30. Kresfelder TL, Claassen N, Cronjé MJ. Hsp70 Induction and hsp70 Gene polymorphisms as Indicators of acclimatization under hyperthermic conditions. J Therm Biol. Pergamon; 2006 Jul 1;31(5):406–15.
31. Sandström ME, Siegler JC, Lovell RJ, Madden LA, McNaughton L. The effect of 15 consecutive days of heat–exercise acclimation on heat shock protein 70. Cell Stress Chaperones. 2008 Jun 19;13(2):169–75.

26

EXERCISE IS MEDICINE

Eduardo Rochette Ropelle
Adelino Sanchez Ramos da Silva
Dennys Esper Cintra
José Rodrigo Pauli

OBJETIVOS DO ESTUDO

- Entender o termo "Exercise is medicine".
- O exercício como uma poli pílula de efeitos sistêmicos.
- Miocinas e exercinas e seus efeitos no organismo
- Conhecer os impactos positivos dos exercícios físicos sobre a saúde.

CONCEITOS CHAVE

O exercício físico é considerado uma pedra angular quando se trata de saúde, com efeitos benéficos em órgãos e sistemas. A adoção de um estilo de vida saudável, incluindo a atividade física tem uma significância enorme para a vida do homem, sendo capaz de aumentar a resiliência geral, o tempo de vida de maneira ativa, com autonomia e independência. No entanto, os mecanismos moleculares que fundamentam esses benefícios atrelados ao exercício ainda precisam ser amplamente explorados. Um marco importante nessa área do conhecimento ocorreu no ano 2000, com a descoberta da interleucina-6 (IL-6) proveniente do músculo em atividade contrátil e sua capacidade de agir de maneira sistêmica. A partir da premissa de que substâncias produzidas pelo músculo em resposta ao exercício são capazes de ter funções chaves na regulação de processos metabólicos e funcionais em outros órgãos e tecidos, o número de moléculas de sinalização descobertas e associadas ao exercício aumentou substancialmente. Além disso, existe maior interesse em conhecer os efeitos do exercício físico agudo e/ou crônico, além dos diferentes tipos de exercícios, e suas nuances sobre esse processo de sinalização e comunicação entre órgãos e tecidos. Esse capítulo aborda essas questões e pretende apresentar ao leitor por que o exercício pode ser considerado um medicamento com efeitos notórios para a saúde e preventivos a inúmeras doenças.

INTRODUÇÃO

A prática regular de exercício físico e um estilo de vida fisicamente ativo tem impacto colossal na saúde física e mental. Tal fato é reconhecido há muito tempo. Hipócrates, considerado o Pai da medicina científica, foi pioneiro em indicar a prática de exercícios físicos para seus pacientes. Em suas obras datadas de 460-370 a.C, esse ilustríssimo médico grego já fazia alusão sobre a relevância do movimento humano, enfatizando que uma alimentação equilibrada aliada a rotina de fazer exercícios são pilares fundamentais na promoção da saúde e prevenção de doenças. Embora Hipócrates já tivesse esse entendimento bastante avançado para a época, ele não imaginava tamanha evolução que a área das ciências do exercício alcançaria, e como o conhecimento em genética, biologia molecular e ômicas ajudariam a desnudar esse universo atrelado ao exercício físico e seus efeitos a saúde. Assim, mediante os avanços na ciência e nos estudos envolvendo o exercício físico, surgiu o termo "Exercise is medicine" ou Exercise is a Poly Pill" (1, 2). Essa afirmação é decorrente das evidências de que manter-se ativo reduz o risco de inúmeras doenças e tem efeito singular na melhora da qualidade de vida e na longevidade dos praticantes.

Além disso, o exercício físico tem se mostrado capaz de agir sobre mecanismos intracelulares com repercussão clínica muitas vezes similar ou até superior aos observados com uso de medicamentos. Os efeitos do exercício em dirimir o impacto das enfermidades ocorre até mesmo naqueles indivíduos com histórico familiar e, portanto, mais suscetíveis a algum tipo de doença, reduzindo riscos e complicações. Isso se estende aqueles já acometidos por alguma doença ou em recuperação pós-cirurgia, que em geral, tem um melhor prognóstico e recuperação mais célere do que aqueles inativos. Além disso, outro aspecto de grande relevância é que o exercício físico, ao agir como um remédio ou como uma intervenção de efeito de poli pílulas (diferentes fármacos) na prevenção de doenças, tem uma grande vantagem em relação aos medicamentos farmacológicos, pois oferecem menor risco e há menos chances de efeitos colaterais e apresentam baixo custo.

Isso significa que devo suspender o uso de remédios e começar a praticar exercício físico? Não, longe disso! Cada organismo tem sua singularidade, suas características genéticas, determinada predisposição para desenvolver alguns tipos de doenças e um estilo de vida próprio. O que se pretende evidenciar nesse capítulo é que o exercício compartilha de vias e mecanismos moleculares idênticos a alguns fármacos e, muitas vezes, com efeitos mais amplos e até mesmo mais significativos a saúde. No entanto, essa resposta é sempre individualizada, precisa ser acompanhada por uma equipe de saúde, e que pode em muitos casos ser suficiente para prevenção e até mesmo tratamento de algumas doenças. Sem esquecer que o principal intuito de uma vida fisicamente ativa é promover saúde e afastar o indivíduo da necessidade do uso de remédios. Em alguns casos, pode ser necessário fazer uso da droga mesmo com a prática de exercícios. Como também, em outros casos, o uso do remédio requer prescrição específica para a realização do exercício físico ou ajustes na dose. A interação entre o fármaco e exercício físico pode ser de efeito agonista ou complementar, mas pode ser também antagonista e, nesse contexto, serão necessárias precauções na orientação da prática de exercícios. Ademais, ter hábitos alimentares saudáveis e incluir atividades que aliviem o estresse são necessários.

EVIDÊNCIAS DO POTENCIAL EFEITO DO EXERCÍCIO SOBRE A SAÚDE

Existem evidências irrefutáveis mostrando os inúmeros efeitos favoráveis do exercício tanto na prevenção quanto no tratamento de várias doenças. Estudos anteriores foram capazes de demonstrar que níveis mais elevados de atividade física em homens e mulheres estão relacionados a risco relativo diminuído de morte (em aproximadamente 20-35%) (3,4). Tal tentativa de interpretação e analogia pode ser reforçada por investigações que apontam que o incremento modesto no gasto diário proveniente da prática de atividade física (~1000 kcal por semana) ou um aumento na aptidão física de 1 MET (metabolismo equivalente) está associado à diminuição da mortalidade em cerca de 20% (5). De maneira oposta, indivíduos do sexo feminino de meia idade, fisicamente inativos, tem um aumento de 52% na mortalidade por todas as causas (6). Aliás, este é um aspecto de muita relevância, tirar o indivíduo do sedentarismo, fazendo com que a atividade muscular aconteça em períodos de tempo extras aquele programado ao exercício supervisionado (por 30 min, 1 hora, ou mais), tem grande impacto para a manutenção da saúde.

Estes efeitos positivos do exercício a saúde podem ser expandidos aquelas pessoas portadoras de alguma doença. Isto foi demonstrado em ensaio observacional e randomizado no qual a prática regular de atividade física contribuiu para o tratamento de diversas doenças crônicas (7, 8). De maneira muito privilegiada, inúmeras evidências científicas atestam sobre a importância e o potencial terapêutico do exercício físico com ações preventivas em doenças pulmonares e cardiovasculares (doença arterial coronariana crônica, doença pulmonar obstrutiva crônica, hipertensão), distúrbios metabólicos (diabetes melito tipo 2, dislipidemia, obesidade, resistência à insulina), enfermidades do sistema músculo-esquelético (artrite reumatóide, fibromialgia, osteoporose), além de doenças oncológicas e distúrbios mentais, como a depressão (7, 9).

Embora o exercício físico seja reconhecido como uma ferramenta não farmacológica de relevância a saúde, é necessário que sua prescrição considere questões como individualidade biológica, princípios do treinamento (volume, frequência, intensidade), modalidade de exercício (aeróbio, resistido, etc.), limitações físicas, nível de condicionamento físico inicial e idade, evitando dessa maneira desfechos desfavoráveis e ineficácia. Outro ponto relevante é a escolha do exercício, que deve ser prazeroso para aumentar a probabilidade de prática ao longo da vida pelo indivíduo. Os efeitos do exercício físico ocorrem em diversos órgãos e tecidos, portanto, é multiorgânico e sistêmico, e isso tem sido amplamente visto na literatura. Sabidamente, o exercício físico tem notório efeito no músculo esquelético, tecido diretamente envolvido e acionado durante a prática de atividades físicas, no entanto, a relevância do exercício foi expandida nas últimas décadas com as evidências das suas ações em tecidos como o fígado, adiposo branco e marrom, cérebro, intestino, entre outros. Relacionado a esse conhecimento surge a pergunta *Exercise: not just a medicine for muscle?* De fato, o exercício é capaz de ter ações em diferentes tecidos do organismo, sendo visto adaptações no fígado, cérebro, rins, pulmão, artéria, coração, osso, entre outros. Além disso, importantes redes de comunicação entre o músculo esquelético e outros órgãos, denominado de "cross-talk", ou seja, intercomunicação com desfechos favoráveis ao metabolismo e a saúde, tem sido descrito. Isso significa que algum fator produzido em resposta ao exercício, por exemplo, no músculo esquelético, atinge a circulação e tem efeito em outro órgão (10-12).

Assim, mediante os achados de importantes substâncias que são produzidas pelos órgãos em resposta a prática de exercício físico, surgiu o termo "Exerkinas", as quais tem sido relacionada aos efeitos e adaptações favoráveis do exercício físico seja na promoção da saúde ou na prevenção e tratamento de doenças (11, 13-14). Essas substâncias recebem a denominação de *hepatokines* quando provenientes do fígado, *baptokines* quando provenientes do tecido adiposo marrom, *miokines* quando derivadas do músculo esquelético, *adipokines* procedidas do tecido adiposo branco, cardiokines quanto vindas do coração e *neurokines* quando advindas de neurônios, com potentes e singulares efeitos regulatórios, anti-inflamatórios, antioxidantes, entre outras e de ações autócrinas, parácrinas e endócrinas. Até mesmo as organelas celulares secretam substâncias em resposta ao exercício, como aquelas liberadas pela mitocôndria e denominadas de *mitokines*. Dessa maneira, é revelado que os efeitos do exercício se assemelham ou até mesmo superam os observados com inúmeras pílulas para regulação da homeostase glicêmica, controle pressórico, melhora do perfil lipídico, etc. Obviamente que os efeitos do exercício dependem da regularidade, dosagem e prática supervisionada. Não obstante, a avaliação clínica é fundamental para que o indivíduo esteja apto a realizar o exercício físico.

ADAPTAÇÕES FISIOLÓGICAS E BIOMOLECULARES PROVENIENTES DO EXERCÍCIO FÍSICO

O exercício físico promove inúmeras adaptações no organismo, com destaque aquelas promovidas nos sistemas metabólico, cardiorrespiratório e musculoesquelético (7, 9, 15). O treinamento aeróbio tem sido reconhecido como uma ferramenta não medicamentosa de grande importância para a promoção da saúde. Tal fato está atrelado ao número extenso de publicações e evidências dessa modalidade de exercício e seus benefícios ao organismo. No entanto, nas últimas décadas, cresceu o número de estudos envolvendo a prática de exercícios resistidos, o que também propiciou destaque para essa modalidade como de fundamental importância para a saúde. Dessa maneira, as recomendações atuais são de que seja prescrito tanto o exercício aeróbio quanto o exercício resistido.

Cada modelo de exercício físico traz algum tipo de vantagem ou especificidade de adaptação. Assim, por exemplo, o exercício aeróbio tem potencial para estimular adaptações como biogênese mitocondrial, aumentar a ação enzimática e o funcionamento de fibras oxidativas, elevando a capacidade de oxidação de ácidos graxos, por conseguinte, contribuindo para a prevenção de doenças como obesidade, diabetes melito tipo 2, dislipidemias e distúrbios cardiovasculares (16, 17, 7). Por outro lado, o exercício resistido tem significativo efeito em processos como o de síntese proteica, hipertrofia e aumento de força muscular (18). Esses efeitos também se estendem ao metabolismo ósseo, contribuindo para um aumento ou preservação da densidade mineral óssea. Destaca-se que o exercício resistido tem pronunciado efeito sobre a aptidão funcional e papel relevante na manutenção da massa muscular. Especialmente em idades mais avançadas, o exercício resistido se torna fundamental para que o indivíduo consiga fazer as atividades da vida diária e de trabalho, com menor risco de quedas e fraturas.

Quando combinados, o exercício aeróbio e resistido possui um efeito complementar com substancial efeito protetor contra as doenças crônicas degenerativas. Aliado a esses efeitos específicos no músculo esquelético, os estudos são claros em demonstrar adaptações como redução da adiposidade corporal, aumento na sensibilidade à insulina e redução nos níveis glicêmicos, melhora do perfil de lipoproteínas [redução de triacilgliceróis, aumento de lipoproteína de alta densidade (HDL-c) e diminuição dos níveis de lipoproteína de baixa densidade (LDL-c], menor acúmulo de lipídeos no fígado (redução da esteatose hepática não alcoólica gordurosa), efeito hipotensor nos indivíduos hipertensos, melhora no débito cardíaco e na função endotelial, etc. (7, 18). Esses benefícios se estendem a nível central com adaptações em processos como regulação da fome, memória e aprendizado, bem estar físico e psicológico (19). Especialmente, tem ganhado destaque as ações positivas do exercício físico na doença de Alzheimer, Parkinson e sintomas de depressão.

Os mecanismos relacionados a estas adaptações têm sido extensamente estudados. Com o advento da biologia molecular, grandes avanços ocorreram na área das ciências do exercício. Assim, por exemplo, hoje é conhecido que o exercício físico promove um aumento na expressão gênica e no conteúdo proteico de elementos chaves relacionadas a via de transdução do sinal da insulina favorecendo processos como a captação de glicose no músculo esquelético. Em resposta ao exercício físico (aeróbio ou resistido), verifica-se aumento nos níveis do transportador de glicose tipo 4 (Glut4), que possui fundamental importância para a captação de glicose no músculo esquelético e é essencial na regulação da homeostase glicêmica. O exercício também tem efeito sobre o tecido hepático, com ação supressiva sobre a gliconeogênese exacerbada do indivíduo diabético. Nota-se que o exercício físico diminui o conteúdo proteico das principais enzimas envolvidas no processo de gliconeogênese do fígado, como a fosfoenolpiruvato carboxiquinase (PEPCK) e glicose-6-fosfatase (G6P), favorecendo o controle do diabetes (20-22-25).

Nesse contexto, uma meta-análise recente relatou que o exercício físico crônico está associado a um declínio geral de 0,67% nos níveis de hemoglobina glicosilada (HbA1c) (26). Essa resposta alcançada através do exercício compara-se relativamente bem com as reduções vistas pelo uso de fármacos antidiabéticos orais comumente usados como metformina e inibidores da dipeptidil peptidase (27). Uma outra meta-análise indicou que a combinação de dieta e exercício pode ser mais efetiva do que intervenções medicamentosas na prevenção do diabetes (28).

Estudo de notório reconhecimento científico foi capaz de apontar a significância da mudança do estilo de vida, incluindo bons hábitos alimentares e a prática de exercícios regulares para a prevenção do diabetes. O grupo de pesquisa Diabetes Prevention Program constatou que a taxa acumulada dessa enfermidade foi menor nos indivíduos que foram submetidos a uma intervenção de estilo de vida e tratamento com metformina do que no grupo placebo, durante todo o período de acompanhamento do estudo que teve duração de 4 anos. (29). Ao todo, foram acompanhadas 3.234 pessoas não diabéticas. A taxa de incidência foi de 11,0, 7,8 e 4,8 casos por 100 pessoas/ano nos grupos placebo, metformina e intervenção no estilo de vida, respectivamente. Isso implica que a incidência de diabetes foi 58% menor no grupo de intervenção no estilo de vida e 31% menor no grupo metformina em comparação com o grupo placebo. É importante notar que a incidência de diabetes foi 39% menor no grupo de intervenção no estilo de vida do que no grupo metformina. Esse estudo foi publicado no periódico *The New England Journal of Medicine* e fortaleceu as evidências de que o estilo de vida saudável, incluindo a prática de exercício físico regular e moderado, é uma estratégia crucial para combater o diabetes.

O exercício tem potencial de aumentar a lipólise do tecido adiposo no obeso, sendo importante junto com um plano dietético na perda de peso. No sistema cardiovascular, o exercício eleva os níveis de óxido nítrico (NO), um importante componente vasodilatador do endotélio, contribuindo para o efeito hipotensor naqueles portadores de hipertensão, e com efeitos em diminuir proteínas envolvidas na síntese de triacilgliceróis, impactando positivamente na prevenção da doença arteriosclerótica e tratamento do fígado gorduroso (30-31).

Novamente, uma meta-análise (32) mostrou uma diminuição significativa nos triglicerídeos após intervenções com exercício físico, no entanto, não foi visto alteração significativa no colesterol total, lipoproteína de alta densidade (HDL) ou baixa densidade (LDL). Considerando os valores iniciais, as variações foram de 0,4%, 2,1%, 1,5% e 5,7% para o colesterol total, o colesterol HDL, o colesterol LDL e os triglicerídeos, respectivamente. Buscando verificar e comparar o efeito do exercício com os principais medicamentos prescritos para reduzir o colesterol (sinvastatina e atorvastatina) (33), a meta-análise reunindo 26 ensaios randomizados, sendo 21 estudos com uso de estatina em um período de 1 ano, encontrou diferença média ponderada de 1,07 mM (29%) para LDL colesterol (34), e outro estudo de meta-análise utilizando-se de ensaios que fizeram uso de atorvastatina verificou reduções de 36-53% para o colesterol LDL (2).

Já os benefícios a nível central são inúmeros e envolvem a expressão aumentada de fatores neurotróficos em diferentes áreas do cérebro. O exercício físico eleva os níveis do fator neurotrófico derivado do cérebro (BDNF) que estão relacionados com a melhora nas respostas cognitivas e de memória (35). De maneira mais detalhada e aprofundada, tais adaptações e respostas relacionadas a biologia molecular do exercício podem ser revisadas pelo leitor em capítulos anteriores dessa obra. Dado o caráter invasivo para a análise direta de tecidos como o hipocampo, cerebelo e outras áreas do sistema nervoso central, grande parte das evidências ainda é proveniente de investigações com modelos utilizando roedores, portanto, pré-clínicos.

EXERCÍCIO FÍSICO E SAÚDE: O PAPEL DAS EXERCINAS OU "EXERKINES"

Em primeiro lugar é importante documentar que a inatividade física é um dos principais fatores causadores de doenças crônicas. O impacto da inatividade fisiológica do músculo esquelético é imenso, havendo maior precocidade no aparecimento da doença crônica e impacto negativo na qualidade de vida. Ao contrário, o exercício físico moderado e regular é considerado uma ferramenta de ação significativa na prevenção primária de inúmeras doenças, incluindo obesidade, diabetes, hipertensão, entre outras. Se por um lado é evidente a compreensão da importância do exercício para a saúde, os mecanismos atrelados aos seus benefícios precisam ser mais explorados. A IL-6 assume papel de destaque e foi a primeira miocina a ser encontrada aumentada em resposta ao exercício, com inúmeros efeitos sistêmicos ao organismo. Tem sido demonstrado que o aumento de IL-6 pode atuar como um agente de sinalização e, por exemplo, exercer efeito anti-inflamatório no organismo. Outra molécula advinda do músculo em resposta ao exercício é a Irisina, que ao ser liberada pelo músculo, promove adaptações relevantes em diferentes órgãos e tecidos. A seguir são apresentadas algumas dessas exercinas.

Nos últimos anos, pesquisas direcionadas a estudar os mecanismos responsáveis pelos efeitos positivos do exercício a saúde verificaram que moléculas bioativas induzidas pelo exercício físico, denominadas de exercinas, tem papel crítico na regulação metabólica e prevenção de doenças. Algumas exercinas que são secretadas através do exercício por diferentes tecidos como músculo esquelético, tecido adiposo, osso e fígado, incluindo MOTS-c, BDNF, 12,13-diHOME, irisina, osteocalcina, GDF15 e FGF21, aumentam a capacidade aeróbia e a sensibilidade à insulina, diminuem a glicemia, aumentam o gasto energético e favorecem a redução da massa adiposa corporal.

O MOTS-c (mitochondrial open reading frame of the 12S rRNA type-c) é um peptídeo derivado da mitocôndria que, em situações de estresse, migra para o núcleo celular, onde atua na regulação de diversos genes em resposta à disfunção metabólica, destacando-se suas ações antioxidantes. No entanto, evidências apontam que o envelhecimento está correlacionado com a redução dos níveis de MOTS-c. Dessa maneira, esse peptídeo tem sido amplamente estudado como um alvo terapêutico promissor (36).

O BDNF é uma proteína neurotrófica que é encontrada em altas concentrações no hipocampo e no córtex cerebral. É considerada uma molécula chave para a manutenção da plasticidade sináptica e sobrevivência das células neuronais. Atualmente compreende-se que o BDNF exerce outras funções relevantes incluindo efeitos sobre vasculatura promovendo angiogênese através da regulação das espécies reativas de oxigênio (ROS). Dessa maneira, o BDNF tem relação com o desenvolvimento de doenças cardiovasculares e tem sido alvo de investigações (37, 38).

No que se refere ao tecido adiposo, o ácido 12,13-dihidroxi-9Z-octadecenóico (12,13-diHOME), uma oxilipina, tem sido objeto de destaque na literatura científica devido aos seus efeitos positivos na melhoria da saúde metabólica. Derivada do tecido adiposo marrom (TAM), o aumento dos níveis séricos de 12,13-diHOME foi evidenciado em resposta aos exercícios físicos e exposição ao frio. Níveis elevados de 12,13-diHOME estão relacionados ao aumento da oxidação de ácidos graxos no músculo esquelético e estimulam o escurecimento do tecido adiposo branco (TAB). Portanto, estratégias que possam aumentar os níveis de 12,13-diHOME podem ser promissoras no combate à obesidade e a outras doenças metabólicas, tanto na prevenção quanto no tratamento. Tem sido demonstrado que o exercício físico pode aumentar os níveis circulantes de 12,13-diHOME e isso pode estar relacionado aos benefícios encontrados com a prática regular de exercícios físicos (39-40).

No ano de 2012, pesquisadores descobriram uma nova proteína produzida pelo músculo esquelético que ao atingir a corrente sanguínea era capaz de promover mudanças nas características do tecido adiposo branco, tornando-o mais escurecido e termogênico (41). A este peptídeo deu-se o nome de "Irisin" ou irisina, em homenagem à deusa grega Iris (Deusa mensageira e das cores). Especificamente, a irisina é um fragmento clivado e secretado do domínio 5 contendo fibronectina tipo III (FNDC5) [2]. Hoje, sabe-se que a irisina é amplamente distribuída no organismo e produzida em vários tecidos.

As evidências iniciais apontaram que o exercício pode induzir a secreção de irisina, estimular o escurecimento do tecido adiposo branco e a expressão da proteína desacoplada 1 (UCP1), aumentar o consumo geral de energia e melhorar a resistência à insulina relacionada à obesidade (41). Atualmente, entende-se que a irisina tem efeitos biológicos diversos, como a regulação do comportamento depressivo (42), a proliferação de osteoblastos (43) e a massa óssea cortical (44). Estudos sugerem que a irisina pode desempenhar um papel protetor no sistema nervoso e regular alguns fatores de risco para a doença de Alzheimer (45), incluindo neurogênese, estresse oxidativo e resistência à insulina. A irisina mediante esses achados tornou-se uma alternativa para tratamento da obesidade e tem disso alvo de intensa investigação.

Nas últimas décadas tem sido identificado que fatores provenientes dos ossos exercem funções endócrinas. A osteocalcina é uma proteína secretada pelos osteoblastos, células responsáveis pela formação óssea, e está envolvida principalmente no controle do metabolismo energético e metabolismo ósseo (46). Por exemplo, tem sido demonstrado que a osteocalcina está envolvida na regulação do metabolismo da glicose, massa adiposa e angiogênese (47-49). Além disso, a osteocalcina induz a produção e secreção de insulina pelas células beta pancreáticas e promove a adaptação ao exercício estimulando o uso de glicose e ácidos graxos pelo músculo esquelético, contribuindo para o controle da glicemia e melhoria da capacidade física (50-52). Outro papel exercido pela osteocalcina envolve o controle da cognição e parece ser necessária para desenvolver a resposta aguda ao estresse (53).

O fator de crescimento e diferenciação 15 (GDF15) é um membro da superfamília do fator de crescimento transformador β (TGF-β). Nos últimos anos tem sido demonstrado que o GDF15 está associado a vários distúrbios presentes na síndrome metabólica, como obesidade e doenças cardiovasculares. O GDF15 é considerado um regulador metabólico, embora seus mecanismos precisos de ação ainda não tenham sido totalmente determinados. Estudos pré-clínicos utilizando análogos de GDF15 têm mostrado resultados promissores na indução de perda de peso em modelos animais através da redução na ingestão de alimentos. O GDF15 parece atuar em diferentes áreas do cérebro, incluindo o hipotálamo, para reduzir o apetite e promover a saciedade. Além disso, também tem sido demonstrado que o GDF15 pode aumentar o gasto energético, contribuindo ainda mais para a perda de peso. Dessa maneira, o GDF15 se tornou um alvo de grande interesse na comunidade científica com potencial de mitigar os efeitos da obesidade (54).

Os Fatores de Crescimento de Fibroblastos (FGFs) são um grupo de proteínas sinalizadoras que desempenham papel crucial na regulação de diversos processos fisiológicos, como reprodução, desenvolvimento, reparação e metabolismo (55, 56). Entre eles, o FGF21 tem se destacado como um importante regulador da homeostase energética, com evidências em estudos tanto pré-clínicos quanto clínicos (57). Administração de doses fisiológicas de FGF21 tem sido associada à redução de peso e conteúdo de gordura corporal, aumento da sensibilidade à insulina, redução da hiperglicemia e dislipidemia. Além disso, tem sido demonstrado que essa exercina tem impacto positivo e preventivo sobre o desenvolvimento da esteatose hepática gordurosa não alcoólica (58). Consequentemente, devido ao fato de o FGF21 ser um hormônio metabolicamente ativo, produzido principalmente no fígado, abordagens terapêuticas baseadas nesse hormônio têm recebido grande interesse da comunidade científica e médica.

Mediante ao exposto, é possível evidenciar que as exercinas tem efeitos diversos no organismo e muitos dos mecanismos de ação ainda precisam ser desvendados. As novas descobertas nessa área do conhecimento serão bastante relevantes para a prescrição cada vez mais personalizada do exercício, com intuito de obter os benefícios da sua prática regular da maneira mais efetiva e segura possível.

CONSIDERAÇÕES FINAIS

Mediante os efeitos magníficos sobre a saúde, o exercício físico deve ser considerado um remédio. Da mesma maneira que qualquer medicamento, a dosagem é muito importante. Do contrário, podem haver efeitos indesejados e desfavoráveis ao praticante. As adaptações orgânicas são inúmeras e, portanto, os efeitos do exercício se aplicam à população em geral. Mais especificamente, nota-se que o exercício físico regular tem papel bastante relevante na prevenção de muitas doenças e na promoção da longevidade saudável e fisicamente ativa. Além disso, o exercício físico se destaca no tratamento de doenças quando já estabelecidas. De maneira geral, o exercício ajuda a dirimir os impactos de doenças comuns como a obesidade, diabetes, hipertensão, depressão, entre outras. Esses efeitos positivos estão atrelados a moléculas de sinalização denominadas de exercinas, que funcionam como poli pílulas capazes de promover saúde e prevenir doenças quando o exercício é realizado com regularidade e na dose adequada a cada pessoa. Isso permite considerar que é exercício é um remédio de potencial efeito benéfico a saúde e a prevenção de doenças.

CONCEITOS CHAVE

1. Exercício físico tem efeitos sistêmicos e cruciais a saúde que em muitas situações são equivalentes ou superiores às encontradas com medicamentos, aí surge o termo "Exercise is medicine".
2. Em relação a questão "Exercise: not just a medicine for muscle?", o mesmo retrata de maneira importante que o efeito do exercício não se dá unicamente no músculo esquelético, tecido diretamente envolvido com a atividade motora. Mas sim, os efeitos são sistêmicos, havendo inclusive uma intercomunicação entre o músculo esquelético com outros tecidos e vice-versa.
3. Substância secretadas por tecidos e órgãos em resposta ao exercício são denominados de exercinas ou "exerkines". Essas biomoléculas podem ter efeito autócrino, parácrino e endócrino.

4. Embora o exercício seja uma ferramenta não farmacológica com substancial efeito sobre a saúde, a dose de exercício deve ser sempre personalizada para que os efeitos sejam benéficos e seguros.

EXERCÍCIOS DE AUTO-AVALIAÇÃO

1. O que você entende sobre o termo *Exercise is medicine*?
2. O que são miocinas?
3. O que são exercinas?
4. Cite alguns benefícios a saúde oriundos da prática de exercício físico?
5. Cite algumas exercinas e seus efeitos no organismo?

REFERÊNCIAS BIBLIOGRÁFICAS

1. Fiuza-Luces C, Garatachea N, Berger NA, Lucia A. Exercise is the real polypill. Physiology (Bethesda). 2013 Sep;28(5):330-58.
2. Langan SP, Grosicki GJ. Exercise Is Medicine...and the Dose Matters. Front Physiol. 2021 May 12;12:660818.
3. Blair SN, Kohl HW 3rd, Paffenbarger RS Jr, Clark DG, Cooper KH, Gibbons LW. Physical fitness and all-cause mortality. A prospective study of healthy men and women. JAMA. 1989 Nov 3;262(17):2395-401.
4. Macera CA, Hootman JM, Sniezek JE. Major public health benefits of physical activity. Arthritis Rheum. 2003 Feb 15;49(1):122-8.
5. Myers J, Kaykha A, George S, Abella J, Zaheer N, Lear S, Yamazaki T, Froelicher V. Fitness versus physical activity patterns in predicting mortality in men. Am J Med. 2004 Dec 15;117(12):912-8.
6. Hu FB, Willett WC, Li T, Stampfer MJ, Colditz GA, Manson JE. Adiposity as compared with physical activity in predicting mortality among women. N Engl J Med. 2004 Dec 23;351(26):2694-703.
7. Warburton DE, Nicol CW, Bredin SS. Health benefits of physical activity: the evidence. CMAJ. 2006 Mar 14;174(6):801-9.
8. Stensel DJ. How can physical activity facilitate a sustainable future? Reducing obesity and chronic disease. Proc Nutr Soc. 2023 Feb 28:1-12.
9. Pedersen BK, Saltin B. Exercise as medicine – evidence for prescribing exercise as therapy in 26 different chronic diseases. Scand J Med Sci Sports. 2015 Dec;25 Suppl 3:1-72.
10. Yin Y, Guo Q, Zhou X, Duan Y, Yang Y, Gong S, Han M, Liu Y, Yang Z, Chen Q, Li F. Role of brain-gut-muscle axis in human health and energy homeostasis. Front Nutr. 2022 Oct 6;9:947033.
11. Magliulo L, Bondi D, Pini N, Marramiero L, Di Filippo ES. The wonder exerkines-novel insights: a critical state-of-the-art review. Mol Cell Biochem. 2022 Jan;477(1):105-113.
12. Chen W, Wang L, You W, Shan T. Myokines mediate the cross talk between skeletal muscle and other organs. J Cell Physiol. 2021 Apr;236(4):2393-2412.
13. Trettel CDS, Pelozin BRA, Barros MP, Bachi ALL, Braga PGS, Momesso CM, Furtado GE, Valente PA, Oliveira EM, Hogervorst E, Fernandes T. Irisin: An anti-inflammatory exerkine in aging and redox-mediated comorbidities. Front Endocrinol (Lausanne). 2023 Feb 10;14:1106529.
14. Heo J, Noble EE, Call JA. The role of exerkines on brain mitochondria: a mini-review. J Appl Physiol (1985). 2023 Jan 1;134(1):28-35.
15. Lee DC, Artero EG, Sui X, Blair SN. Mortality trends in the general population: the importance of cardiorespiratory fitness. J Psychopharmacol. 2010 Nov;24(4 Suppl):27-35.

16. Holloszy JO, Coyle EF. Adaptations of skeletal muscle to endurance exercise and their metabolic consequences. J Appl Physiol Respir Environ Exerc Physiol. 1984 Apr;56(4):831-8.
17. Mootha VK, Lindgren CM, Eriksson KF, Subramanian A, Sihag S, Lehar J, Puigserver P, Carlsson E, Ridderstråle M, Laurila E, Houstis N, Daly MJ, Patterson N, Mesirov JP, Golub TR, Tamayo P, Spiegelman B, Lander ES, Hirschhorn JN, Altshuler D, Groop LC. PGC-1alpha-responsive genes involved in oxidative phosphorylation are coordinately downregulated in human diabetes. Nat Genet. 2003 Jul;34(3):267-73.
18. Codella R, Ialacqua M, Terruzzi I, Luzi L. May the force be with you: why resistance training is essential for subjects with type 2 diabetes mellitus without complications. Endocrine. 2018 Oct;62(1):14-25.
19. Dunn AL, Trivedi MH, O'Neal HA. Physical activity dose-response effects on outcomes of depression and anxiety. Med Sci Sports Exerc. 2001 Jun;33(6 Suppl):S587-97.
20. Lee-Ødegård S, Olsen T, Norheim F, Drevon CA, Birkeland KI. Potential Mechanisms for How Long-Term Physical Activity May Reduce Insulin Resistance. Metabolites. 2022 Feb 25;12(3):208.
21. Hulett NA, Scalzo RL, Reusch JEB. Glucose Uptake by Skeletal Muscle within the Contexts of Type 2 Diabetes and Exercise: An Integrated Approach. Nutrients. 2022 Feb 3;14(3):647.
22. Mul JD, Stanford KI, Hirshman MF, Goodyear LJ. Exercise and Regulation of Carbohydrate Metabolism. Prog Mol Biol Transl Sci. 2015;135:17-37.
23. Rebello CJ, Zhang D, Kirwan JP, Lowe AC, Emerson CJ, Kracht CL, Steib LC, Greenway FL, Johnson WD, Brown JC. Effect of exercise training on insulin-stimulated glucose disposal: a systematic review and meta-analysis of randomized controlled trials. Int J Obes (Lond). 2023 Feb 24.
24. Warner SO, Yao MV, Cason RL, Winnick JJ. Exercise-Induced Improvements to Whole Body Glucose Metabolism in Type 2 Diabetes: The Essential Role of the Liver. Front Endocrinol (Lausanne). 2020 Aug 28;11:567.
25. Pereira RM, Botezelli JD, da Cruz Rodrigues KC, Mekary RA, Cintra DE, Pauli JR, da Silva ASR, Ropelle ER, de Moura LP. Fructose Consumption in the Development of Obesity and the Effects of Different Protocols of Physical Exercise on the Hepatic Metabolism. Nutrients. 2017 Apr 20;9(4):405.
26. Umpierre D, Ribeiro PA, Kramer CK, Leitão CB, Zucatti AT, Azevedo MJ, Gross JL, Ribeiro JP, Schaan BD. Physical activity advice only or structured exercise training and association with HbA1c levels in type 2 diabetes: a systematic review and meta-analysis. JAMA. 2011 May 4;305(17):1790-9.
27. Park H, Park C, Kim Y, Rascati KL. Efficacy and safety of dipeptidyl peptidase-4 inhibitors in type 2 diabetes: meta-analysis. Ann Pharmacother. 2012 Nov;46(11):1453-69.
28. Hopper I, Billah B, Skiba M, Krum H. Prevention of diabetes and reduction in major cardiovascular events in studies of subjects with prediabetes: meta-analysis of randomised controlled clinical trials. Eur J Cardiovasc Prev Rehabil. 2011 Dec;18(6):813-23.
29. Knowler WC, Barrett-Connor E, Fowler SE, Hamman RF, Lachin JM, Walker EA, Nathan DM; Diabetes Prevention Program Research Group. Reduction in the incidence of type 2 diabetes with lifestyle intervention or metformin. N Engl J Med. 2002 Feb 7;346(6):393-403.
30. Liu S, Liu Y, Liu Z, Hu Y, Jiang M. A review of the signaling pathways of aerobic and anaerobic exercise on atherosclerosis. J Cell Physiol. 2023 Mar 8.
31. Zhang X, Gao F. Exercise improves vascular health: Role of mitochondria. Free Radic Biol Med. 2021 Dec;177:347-359.
31. Duncker DJ, Bache RJ. Regulation of coronary blood flow during exercise. Physiol Rev. 2008 Jul;88(3):1009-86.
32. Kelley GA, Kelley KS, Roberts S, Haskell W. Comparison of aerobic exercise, diet or both on lipids and lipoproteins in adults: a meta-analysis of randomized controlled trials. Clin Nutr 31: 156–167, 2012.
33. Edwards JE, Moore RA. Statins in hypercholesterolaemia: a dose-specific meta-analysis of lipid changes in randomised, double blind trials. BMC Fam Pract. 2003 Dec 1;4:18.
34. Cholesterol Treatment Trialists' (CTT) Collaboration; Baigent C, Blackwell L, Emberson J, Holland LE, Reith C, Bhala N, Peto R, Barnes EH, Keech A, Simes J, Collins R. Efficacy and safety of more intensive lowering of LDL cholesterol: a meta-analysis of data from 170,000 participants in 26 randomised trials. Lancet. 2010 Nov 13;376(9753):1670-81.

35. Neeper SA, Gómez-Pinilla F, Choi J, Cotman C. Exercise and brain neurotrophins. Nature. 1995 Jan 12;373(6510):109.
36. Mohtashami Z, Singh MK, Salimiaghdam N, Ozgul M, Kenney MC. MOTS-c, the Most Recent Mitochondrial Derived Peptide in Human Aging and Age-Related Diseases. Int J Mol Sci. 2022 Oct 9;23(19):11991.
37. Di-Bonaventura S, Fernández-Carnero J, Matesanz-García L, Arribas-Romano A, Polli A, Ferrer-Peña R. Effect of Different Physical Therapy Interventions on Brain-Derived Neurotrophic Factor Levels in Chronic Musculoskeletal Pain Patients: A Systematic Review. Life (Basel). 2023 Jan 5;13(1):163.
38. Gomez-Pinilla F, Mercado NM. How to boost the effects of exercise to favor traumatic brain injury outcome. Sports Med Health Sci. 2022 Jun 15;4(3):147-151.
39. Lynes MD, Leiria LO, Lundh M, Bartelt A, Shamsi F, Huang TL, Takahashi H, Hirshman MF, Schlein C, Lee A, Baer LA, May FJ, Gao F, Narain NR, Chen EY, Kiebish MA, Cypess AM, Blüher M, Goodyear LJ, Hotamisligil GS, Stanford KI, Tseng YH. The cold-induced lipokine 12,13-diHOME promotes fatty acid transport into brown adipose tissue. Nat Med. 2017 May;23(5):631-637.
40. Stanford KI, Lynes MD, Takahashi H, Baer LA, Arts PJ, May FJ, Lehnig AC, Middelbeek RJW, Richard JJ, So K, Chen EY, Gao F, Narain NR, Distefano G, Shettigar VK, Hirshman MF, Ziolo MT, Kiebish MA, Tseng YH, Coen PM, Goodyear LJ. 12,13-diHOME: An Exercise-Induced Lipokine that Increases Skeletal Muscle Fatty Acid Uptake. Cell Metab. 2018 Jun 5;27(6):1357.
41. Boström P, Wu J, Jedrychowski MP, Korde A, Ye L, Lo JC, Rasbach KA, Boström EA, Choi JH, Long JZ, Kajimura S, Zingaretti MC, Vind BF, Tu H, Cinti S, Højlund K, Gygi SP, Spiegelman BM. A PGC1-α-dependent myokine that drives brown-fat-like development of white fat and thermogenesis. Nature. 2012 Jan 11;481(7382):463-8.
42. Wang S, Pan J. Irisin ameliorates depressive-like behaviors in rats by regulating energy metabolism. Biochem Biophys Res Commun. 2016 May 20;474(1):22-28.
43. Chen Z, Zhang Y, Zhao F, Yin C, Yang C, Wang X, Wu Z, Liang S, Li D, Lin X, Tian Y, Hu L, Li Y, Qian A. Recombinant Irisin Prevents the Reduction of Osteoblast Differentiation Induced by Stimulated Microgravity through Increasing β-Catenin Expression. Int J Mol Sci. 2020 Feb 13;21(4):1259.
44. Colaianni G, Cuscito C, Mongelli T, Pignataro P, Buccoliero C, Liu P, Lu P, Sartini L, Di Comite M, Mori G, Di Benedetto A, Brunetti G, Yuen T, Sun L, Reseland JE, Colucci S, New MI, Zaidi M, Cinti S, Grano M. The myokine irisin increases cortical bone mass. Proc Natl Acad Sci U S A. 2015 Sep 29;112(39):12157-62.
45. Erickson KI, Weinstein AM, Lopez OL. Physical activity, brain plasticity, and Alzheimer's disease. Arch Med Res. 2012 Nov;43(8):615-21. doi: 10.1016/j.arcmed.2012.09.008.
46. Dirckx N, Moorer MC, Clemens TL, Riddle RC. The role of osteoblasts in energy homeostasis. Nat Rev Endocrinol. 2019 Nov;15(11):651-665.
47. Karsenty G, Ferron M. The contribution of bone to whole-organism physiology. Nature (2012) 481:314–20.
48. Neve A, Corrado A, Cantatore FP. Osteocalcin: Skeletal and extra-skeletal effects. J Cell Physiol (2013) 228:1149–53.
49. Oury F, Ferron M, Huizhen W, Confavreux C, Xu L, Lacombe J, Srinivas P, Chamouni A, Lugani F, Lejeune H, Kumar TR, Plotton I, Karsenty G. Osteocalcin regulates murine and human fertility through a pancreas-bone-testis axis. J Clin Invest. 2015 May;125(5):2180.
50. Wei J, Hanna T, Suda N, Karsenty G, Ducy P. Osteocalcin promotes b-cell proliferation during development and adulthood through Gprc6a. Diabetes (2014) 63:1021–31.
51. Pi M, Kapoor K, Ye R, Nishimoto SK, Smith JC, Baudry J, et al. Evidence for osteocalcin binding and activation of GPRC6A in b-cells. Endocrinology (2016) 157:1866–80.
52. Mera P, Laue K, Wei J, Berger JM, Karsenty G. Osteocalcin is necessary and sufficient to maintain muscle mass in older mice. Mol Metab (2016) 5:1042-7.
53. Meyer Berger JM, Singh P, Khrimian L, Morgan DA, Chowdhury S, Arteaga-Solis E, et al. Mediation of the acute stress response by the skeleton. Cell Metab (2019) 30:890–902.e8.

54. Asrih M, Wei S, Nguyen TT, Yi HS, Ryu D, Gariani K. Overview of growth differentiation factor 15 in metabolic syndrome. J Cell Mol Med. 2023 Mar 29.
55. Zhao Z, Zhang J, Yin L, Yang J, Zheng Y, Zhang M, Ni B, Wang H. Upregulated GDF-15 expression facilitates pancreatic ductal adenocarcinoma progression through orphan receptor GFRAL. Aging (Albany NY). 2020 Nov 17;12(22):22564-22581.
56. Chow CFW, Guo X, Asthana P, Zhang S, Wong SKK, Fallah S, Che S, Gurung S, Wang Z, Lee KB, Ge X, Yuan S, Xu H, Ip JPK, Jiang Z, Zhai L, Wu J, Zhang Y, Mahato AK, Saarma M, Lin CY, Kwan HY, Huang T, Lyu A, Zhou Z, Bian ZX, Wong HLX. Body weight regulation via MT1-MMP-mediated cleavage of GFRAL. Nat Metab. 2022 Feb;4(2):203-212.
57. Adela R, Banerjee SK. GDF-15 as a Target and Biomarker for Diabetes and Cardiovascular Diseases: A Translational Prospective. J Diabetes Res. 2015;2015:490842.
58. Wang D, Day EA, Townsend LK, Djordjevic D, Jørgensen SB, Steinberg GR. GDF15: emerging biology and therapeutic applications for obesity and cardiometabolic disease. Nat Rev Endocrinol. 2021 Oct;17(10):592-607.

27

AS MITOCÔNDRIAS E O EXERCÍCIO FÍSICO: NOVAS PERSPECTIVAS

Adelino S. Silva
J. Rodrigo Pauli
Eduardo R. Ropelle

OBJETIVOS DO ESTUDO

- Entender a teoria endossimbiótica envolvendo as mitocôndrias.
- Conhecer aspectos básicos da dinâmica mitocondrial e os efeitos do exercício físico sobre esse processo.
- Discutir aspectos básicos sobre o controle de qualidade das proteínas mitocondriais e os efeitos do exercício físico nesse contexto.
- Conhecer a capacidade das mitocôndrias em secretar alguns peptídeos em resposta ao exercício físico.

CONCEITOS CHAVE

Uma das mais importantes adaptações promovidas pelo exercício físico na musculatura esquelética é, sem dúvida, o aumento da capacidade oxidativa das fibras musculares, em particular, mas não exclusivamente, nas fibras do tipo I ou oxidativas. O aumento da capacidade oxidativa da musculatura está diretamente relacionado ao aumento da atividade enzimática, incluindo as enzimas citoplasmáticas responsáveis pela glicólise e principalmente pelo aumento da atividade das enzimas do Ciclo de Krebs e da beta-oxidação, localizadas no interior das mitocôndrias. Curiosamente, a atividade enzimática pode atingir sua máxima capacidade em poucas semanas, contudo, a capacidade oxidativa das fibras musculares continuam sendo aprimoradas em resposta ao treinamento físico. Mas como isso é possível? Parte dessa pergunta pode ser respondida pelas alterações morfofuncionais ocorridas nas mitocôndrias em resposta ao exercício físico. Essa fascinante organela possui uma complexa e eficiente maquinaria especializada em produzir energia na forma de ATP a partir de diferentes substratos energéticos, com destaque para as gorduras.

Aqui nesse capítulo, nós não abordaremos as diversas reações bioquímicas ocorridas no interior das mitocôndrias para a formação de energia. Nosso objetivo é explorar os mais recentes achados que relacionam a prática de exercício físico às alterações morfofuncionais das mitocôndrias musculares, além de discutir a possível capacidade das mitocôndrias produzirem e secretarem moléculas, as chamadas mitocínas (do inglês *mitokines*), que parecem promover diversos desfechos metabólicos no organismo humano, abrindo uma nova perspectiva para o entendimento da importância das mitocôndrias no contexto do exercício físico.

INTRODUÇÃO

CONHECENDO AS MITOCÔNDRIAS: A TEORIA ENDOSSIMBIÓTICA

Na biologia, o processo de endossimbiose é entendido como ocorre uma relação ecológica, na qual um organismo é capaz de viver no interior de outro. Através deste conceito, a bióloga americana Lynn Margulis formulou em 1981 a "teoria endossimbiótica", a qual considera que tanto as mitocôndrias como os cloroplastos, oriundas de células procarióticas, em algum momento da evolução, foram englobadas por células eucarióticas, estabelecendo uma relação simbiótica na qual ambos os organismos se beneficiaram com a associação. O resultado final desse processo foi que as células eucarióticas passaram a fazer fotossíntese na presença dos cloroplastos ou passaram a produzir energia na forma de ATP na presença das mitocôndrias. Essa relação endossimbiótica pode ter sido decisiva para o desenvolvimento dos reinos animal e vegetal e para o desenvolvimento da vida como ela hoje se apresenta (1).

De forma interessante, as mitocôndrias mantiveram vestígios do seu DNA original e de formato circular, que é uma das características da maioria dos DNAs bacterianos. Múltiplas cópias do DNA mitocondrial (DNAmt) são encontradas na matriz mitocondrial, contudo, cada cópia do DNAmt é capaz de codificar apenas 13 proteínas, sendo que aproximadamente 1500 proteínas que compõem as mitocôndrias são codificadas pelo DNA nuclear (DNAn). Após o processo de tradução, essas proteínas são finalmente importadas para o interior das mitocôndrias, onde de fato exercerão suas funções. Nesse caso torna-se clara a relação simbiótica, na qual as mitocôndrias necessitam do material genético da célula hospedeira e a célula eucariótica necessita de forma decisiva do ATP fornecido pelas mitocôndrias para a manutenção da sua existência.

Os processos relacionados a produção de energia pelas mitocôndrias são amplamente estudados e conhecidos. Nas últimas décadas, estudos passaram a demonstrar que além do fornecimento de substratos e das reações bioquímicas ocorridas no interior das mitocôndrias para produção de energia, outros fatores são fundamentais para o ápice da capacidade oxidativa de uma fibra muscular, dentre eles destacam-se a biogênese, dinâmica mitocondrial (fusão e fissão), autofagia mitocondrial (mitofagia) e mecanismos de controle de qualidade mitocondrial. Além das modificações na densidade, na morfologia e na qualidade das mitocôndrias, recentemente, investigações passaram a demonstrar que essas organelas também são capazes de secretar pequenos peptídeos que podem modificar o metabolismo de células adjacentes e até mesmo em tecidos distantes da sua origem, dando um novo entendimento da importância das mitocôndrias no controle do metabolismo. A seguir, discutiremos os achados mais recentes dos efeitos do exercício físico sobre os aspectos morfofuncionais das mitocôndrias.

A DINÂMICA MITOCONDRIAL EM RESPOSTA AO EXERCÍCIO FÍSICO

Diferente do que se pensava há cerca de duas décadas atrás, as mitocôndrias são estruturas altamente dinâmicas, podendo sofrer alterações na sua conformação e no seu tamanho de forma bastante rápida. Essa alteração de conformação pode refletir diretamente a condição da organela. Em linhas gerais, mitocôndrias maiores, mais alongadas e com suas cristas preservadas geralmente possuem maior capacidade oxidativa e de produção de energia. Por outro lado, mitocôndrias menores, mais arredondadas e com comprometimento de suas cristas geralmente são organelas disfuncionais. Aqui é importante ressaltar que essas características não são regras e sim perfis frequentemente observados em diversos estudos. A conformação das mitocôndrias é controlada por um processo conhecido como dinâmica mitocondrial. A dinâmica mitocondrial é resultante dos processos de fissão (separação) ou fusão (união) das organelas.

A fissão mitocondrial é importante para que a organela possa eliminar fragmentos disfuncionais, podendo assim manter um bom funcionamento. Proteínas como DRP1 (*dynamin-related protein 1*), FIS1 (*fission protein 1*) e MFF (*mitochondrial fission factor*) são responsáveis pelo processo de fissão. Já a fusão mitocondrial é caracterizada pela junção de duas mitocôndrias, dando origem a uma nova organela, maior e geralmente mais alongada (Figura 1). Os principais reguladores da fusão mitocondrial são a mitofusina 1 (Mfn1), mitofusina 2 (Mfn2) e proteína relacionada a atrofia óptica 1 (Opa1). Contudo, em diversos tipos de doenças crônicas como obesidade, diabetes, alterações neurodegenerativas e também em estágios avançados de envelhecimento, geralmente, os mecanismos de fissão e fusão mitocondrial são anormais, acarretando o acúmulo de mitocôndrias disfuncionais e comprometendo significativamente a função celular e tecidual. Por outro lado, o exercício físico tem se mostrado eficiente em estimular ou reestabelecer a dinâmica mitocondrial em células musculares por exemplo. Vejamos a seguir os principais dados da literatura relacionando os efeitos do exercício físico sobre a fissão e a fusão das mitocôndrias

Diferentes intensidades de exercícios demonstraram efeitos positivos consistentes em estimular a dinâmica mitocondrial na musculatura esquelética de seres humanos e roedores. Para se ter uma ideia da importância da fissão mitocondrial no contexto do exercício, camundongos com deficiência do conteúdo de DRP1 no músculo esquelético apresentaram prejuízo na capacidade de fissão mitocondrial, menor *performance* aeróbia e adaptações anormais das fibras musculares em resposta ao treinamento físico (2). Em seres humanos, foi observada maior expressão gênica de FIS1 no músculo esquelético de jovens fisicamente ativos quando comparado aos seus pares sedentários. Interessantemente, idosos ativos também apresentaram maior expressão gênica de FIS1 no músculo quando comparado a idosos sedentários, suge-

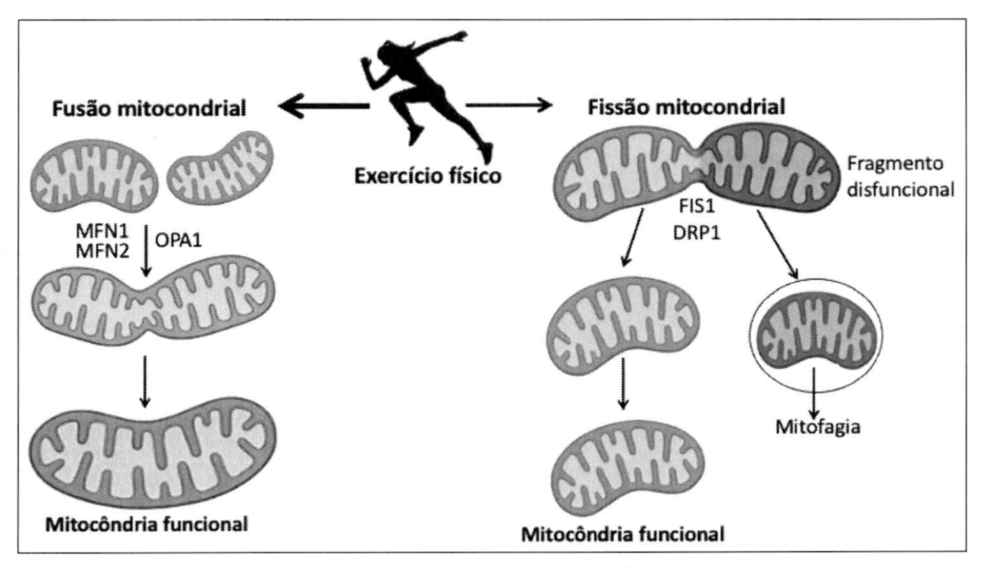

Figura 1 Processos de fusão e fissão mitocondrial. A fusão mitocondrial ocorre a partir de duas organelas menores. Por meio das proteínas mitocondriais MFN1, MFN2 e OPA1, ocorre a fusão, gerando uma mitocôndria maior, geralmente mais alongada e com ótima capacidade oxidativa. A fissão mitocondrial ocorre pela ação das proteínas FIS1 e DRP1 que separam o fragmento mitocondrial funcional do fragmento disfuncional, que por sua vez é degradado por meio de um processo denominado mitofagia. O treinamento aeróbio estimula ambos os processos da dinâmica mitocondrial, com destaque para a fusão.

rindo que a prática regular de exercícios pode estimular a fissão mitocondrial em humanos, independentemente da idade (3). De maneira complementar, o aumento da fusão mitocondrial também foi encontrado no músculo esquelético de idosos que foram submetidos a 4 meses de treinamento aeróbio moderado realizado 3 vezes por semana. Análise de amostras do músculo vasto lateral demonstraram que o treinamento aeróbio aumentou o conteúdo de Mfn2 no músculo de idosos (4).

Um estudo envolvendo atletas de natação comparou os efeitos do treinamento intervalado de alta intensidade (10 tiros de 50m com 4 minutos de intervalo) com um protocolo de alto volume e alta intensidade (10 tiros de 200m com 40 segundos de intervalo). Os autores observaram que embora alguns marcadores de fusão mitocondrial (Mfn1 e Mfn2) tenham sido aumentados no tríceps braquial em resposta aos dois protocolos de exercício, foi identificado que o protocolo de alto volume e alta intensidade promoveu alterações morfológicas mitocondriais mais duradouras, adicionalmente, apenas neste protocolo foi observado aumento do conteúdo de OPA1 na musculatura esquelética (5).

Dados recentes demonstram que o treinamento resistido também impacta positivamente os marcadores de fusão e fissão mitocondrial. Um estudo demonstrou que séries com baixa carga (30% de 1RM) e elevado número de repetições (até a falha) estimulou a dinâmica mitocondrial no músculo esquelético de jovens saudáveis. Foi observado aumento do conteúdo do marcador de fusão mitocondrial OPA1 e dos marcadores de fissão mitocondrial DRP1 e FIS1 no músculo vasto lateral. No mesmo estudo, também foi observado aumento de FIS1 em um protocolo de treinamento com carga elevada (80% de 1RM) e baixo número de repetições (até a falha). Apesar de ambos os protocolos terem estimulado a dinâmica mitocondrial, os autores concluíram que o protocolo de baixa carga (30% de 1RM) e elevado número de repetições foi mais eficiente em estimular a dinâmica mitocondrial no músculo de jovens (6). Esses achados talvez possam ser explicados pelo maior tempo de contração e pelo tipo de metabolismo utilizado durante a execução em exercícios de resistência muscular, quando comparado aos treinos de força ou hipertrofia.

Embora ainda haja necessidade de um maior conjunto de estudos acerca dos efeitos do exercício físico sobre a dinâmica mitocondrial, é possível observar que até o presente momento, diversos autores reportaram que tanto a fusão como a fissão mitocondrial parecem ser positivamente estimuladas nas fibras musculares em resposta ao exercício físico. Dados frequentemente encontrados na literatura sugerem que o volume dos exercícios parece ser uma variável determinante para a estimulação da dinâmica mitocondrial.

O EXERCÍCIO FÍSICO NO CONTROLE DE QUALIDADE DAS MITOCÔNDRIAS

As mitocôndrias são organelas com elevada capacidade de se adaptar aos diversos tipos de estresses. Um exemplo bastante conhecido é a resposta antioxidante. O acúmulo de espécies reativas de oxigênio é extremamente deletério ao organismo humano. Com a finalidade de neutralizar reações intracelulares desfavoráveis, enzimas localizadas no interior das mitocôndrias como a Superóxido Dismutase (SOD) e a Glutationa Peroxidase (GPx) são as enzimas antioxidantes mais estudas. A SOD é responsável pela remoção do superóxido, e a GPx pela redução de qualquer hidroperóxido orgânico, além do peróxido de hidrogênio. Sabidamente, o exercício físico é um potente estimulador da maquinaria antioxidante no interior das mitocôndrias, contudo, o estresse oxidativo não é o único tipo de insulto sofrido pelas mitocôndrias.

Há pouco mais de uma década, estudos identificaram que as alterações na proteostase mitocondrial poderiam modificar drasticamente a função dessa organela. A quebra da proteostase mitocondrial pode ser entendida como o acúmulo de proteínas malformadas e/ou disfuncionais dentro das organelas, gerando um ambiente proteotóxico, que por vezes resulta em morte celular (apoptose). No entanto, as mitocôndrias possuem sofisticados mecanismos de controle da qualidade das proteínas mitocondriais. Um desses mecanismos é a UPRmt (do inglês *Mitochondrial Unfolded Protein Response*) que em uma tradução livre seria uma "resposta às proteínas mitocondriais malformadas".

A UPRmt possui como principal característica a manutenção da proteostase mitocondrial. Mediante a estresses de ordem aguda ou crônica, as proteínas mitocondriais podem sofrer alterações reversíveis ou irreversíveis. Quando essas alterações se acumulam no interior das mitocôndrias, o DNA nuclear é estimulado pela própria mitocôndria a aumentar a produção de chaperonas como HSP60 e HSP70 e proteases como ClpP e Lonp1, que são direcionadas ao interior das mitocôndrias, onde irão redobrar as proteínas malformadas (no caso das chaperonas) ou degradar as proteínas disfuncionais (no caso das proteases). Esse complexo mecanismo de controle de qualidade estabelecido entre as mitocôndrias e o DNA genômico é mais um claro exemplo da bem-sucedida relação endossimbiótica anteriormente apresentada (Figura 2). Mas qual a importância da UPRmt para o exercício físico?

A UPRmt deve ser entendida como um processo importante tanto para a manutenção como para a adaptação das mitocôndrias ao estresse. Estudos pré-clínicos demonstraram que a ativação da UPRmt na musculatura esquelética atenuou diversas anormalidades na musculatura esquelética de camundongos idosos, aumentando principalmente a capacidade oxidativa das fibras musculares. Como resultado, foi observado aumento da capacidade aeróbia, determinado por um teste em esteira ergométrica realizado até a exaustão. Também foi observado aumento da força muscular, além do aumento da qualidade de vida e da longevidade (7). Pacientes com diabetes do tipo 2 tratados com um análogo do ácido nicotínico apresentaram melhoras consistentes da função mitocondrial, sendo que o aprimoramento da capacidade oxidativa foi, ao menos em parte, associada à UPRmt (8).

Os efeitos do exercício sobre o controle de qualidade das proteínas mitocondriais ainda não são completamente entendidos, no entanto, estudos envolvendo modelo experimental de envelhecimento demonstraram que o treinamento aeróbio moderado em esteira durante 4 semanas estimulou a UPRmt no músculo esquelético. Esses dados foram acompanhados pela melhora da *performance* aeróbia, além de diversos marcadores mitocondriais como a Sirt1, e

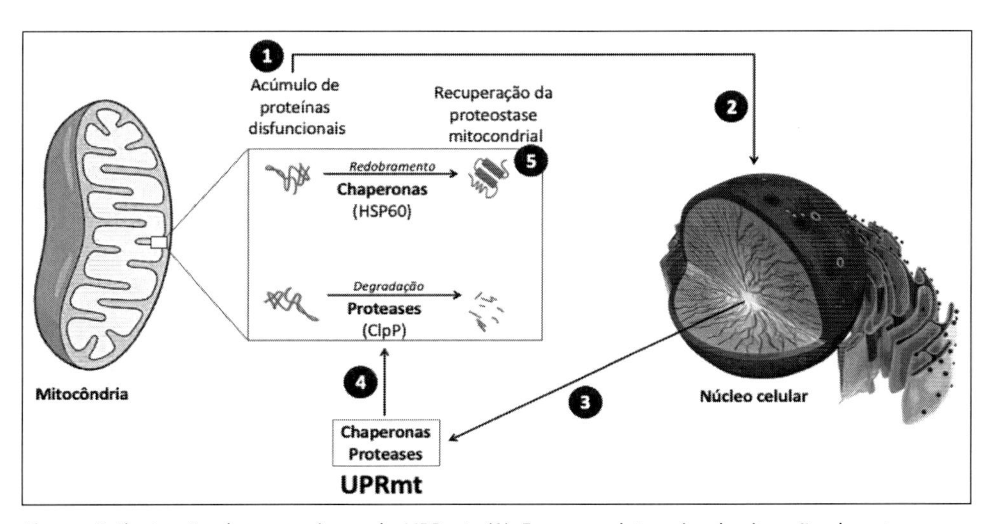

Figura 2 Ilustração do mecanismo de UPRmt. (1) Em uma determinada situação de estresse, as mitocôndrias apresentam a quebra da sua proteostase e passam acumular no seu interior proteínas defeituosas. (2) Um complexo mecanismo de sinalização envolvendo proteínas mitocondriais citoplasmáticas sinaliza o núcleo da célula que as mitocôndrias estão em condição proteotóxica. (3) O DNA nuclear inicia o mecanismo da UPRmt, que consiste na produção de chaperonas e proteases. (4) As chaperonas e proteases são direcionadas para as mitocôndrias onde irão redobrar ou degradar, respectivamente as proteínas malformadas ou disfuncionais. (5) A proteostase mitocondrial é reestabelecida mantendo o bom funcionamento da organela.

genes relacionados ao DNA mitocondrial. Resultados similares foram encontrados em camundongos idosos que realizaram treinamento intervalado de alta intensidade (HIIT). Outros estudos utilizando camundongos saudáveis demonstraram que uma única sessão de exercício físico aeróbio também foi capaz de estimular a UPRmt na musculatura esquelética.

Os dados em relação aos efeitos do exercício físico sobre o controle de qualidade das proteínas mitocondriais ainda são tímidos. Um estudo comparou os efeitos do treinamento aeróbio e do treinamento resistido sobre a expressão de HSP70 (um marcador da UPRmt). Os autores concluíram que apenas o treinamento aeróbio aumentou os níveis de HSP70 no músculo vasto lateral (9). Resultados semelhantes foram observados em atletas. Indivíduos altamente treinados foram submetidos a 2 horas de exercício em cicloergômetro com intensidade próxima a 70% do VO2 pico. As amostras do músculo vasto lateral demonstraram aumento da expressão gênica de HSP60 imediatamente após a realização do exercício (10).

Tomados em conjunto, um novo corpo de evidências científicas suporta que o exercício físico, principalmente o de característica aeróbia, estimula a maquinaria de controle de qualidade das proteínas mitocondriais, em especial os marcadores da UPRmt. Esse efeito parece ser tão importante quanto os mecanismos antioxidantes estimulados pelo treinamento físico. Contudo, novos estudos ainda são necessários para identificação dos tipos de treinos, volumes e intensidades mais eficazes para a estimulação desse sistema na musculatura esquelética.

PEPTÍDEOS DERIVADOS DAS MITOCÔNDRIAS

Apesar do DNA mitocondrial ser responsável por codificar apenas 13 proteínas, pesquisas recentes identificaram que as mitocôndrias são capazes de sintetizar e secretar pequenos peptídeos que possuem alta capacidade de modificar o metabolismo. Dentre esses peptídeos derivados das mitocôndrias, destacam-se a humanina, o MOTS-c (do inglês, *mitochondrial open-reading frame of the 12S rRNA-c*) e os SHLPs (do inglês, *small-humanin-like peptides*). Essas pequenas moléculas, que passaram a ser chamadas de mitocínas (do inglês, *mitokines*), podem ganhar o sistema circulatório e exercer inúmeras funções metabólicas. No contexto do exercício físico, a humanina e o MOTS-c vem ganhando destaque nos últimos anos, principalmente o MOTS-c.

O MOTS-c é um pequeno peptídeo sintetizado a partir do DNA mitocondrial, sendo formado por apenas 16 aminoácidos. Descoberto em 2015, a produção de MOTS-c pelas mitocôndrias foi responsável por melhorar o quadro de resistência à insulina e proteger contra o ganho de peso induzido por dieta rica em gordura em modelo experimental de obesidade em camundongos (11). O MOTS-c foi encontrado em múltiplos tecidos, incluindo músculo esquelético, fígado, rins, intestino, coração, dentre outros. Além disso, o MOTS-c foi identificado no plasma de camundongos e em humanos, sugerindo que esse peptídeo possa agir de maneira semelhante aos hormônios. De maneira interessante, o tratamento com MOTS-c melhorou o metabolismo muscular, principalmente no que diz respeito ao metabolismo da glicose e na oxidação de ácidos graxos. Acredita-se que um polimorfismo específico chamado m.1382A>, que é encontrado em abundância na população do nordeste asiático, possa ser uma explicação do elevado número de indivíduos centenários, especialmente na população japonesa, sugerindo que o MOTS-c também esteja envolvido nos processos biológicos relacionados à longevidade (12).

Em relação ao exercício físico, a literatura apesar de ainda tímida, demonstra dados interessantes relacionados ao MOTS-c. Um estudo translacional observou que o tratamento exógeno com MOTS-c aumentou a *performance* aeróbia em camundongos jovens, de meia idade e em idosos. O tratamento de MOTS-c foi capaz de aumentar a longevidade em camundongos idosos. De maneira interessante, o exercício físico aumentou os níveis plasmáticos de MOTS-c em camundongos e em seres humanos. No caso dos humanos, foi observado aumento dos níveis plasmáticos de MOTS-c durante e imediatamente após um protocolo de exercício agudo intervalado de alta intensidade realizado em cicloergômetro. Os níveis de MOTS-c no sangue retornaram aos valores basais (pré-exercício) 4 horas após a realização do exercício. Também foi identificado aumento do conteúdo intramuscular de MOTS-c imediatamente após o protocolo de exercício (13).

Outro estudo demonstrou que mulheres, pós-tratamento de câncer de mama, que realizaram um protocolo de exercício físico combinado por 04 meses, seguindo as recomendações do colégio americano de medicina esportiva (ACSM), ou seja 150 minutos de exercício físico aeróbio moderado por semana e entre 2 e 3 séries de treinamento resistido por semana, apresentaram elevados níveis séricos de MOTS-c (14). Por outro lado, a capacidade aeróbia foi inversamente correlacionada com os níveis séricos de MOTS-c em pacientes com a doença pulmonar obstrutiva crônica (DPOC), ou seja, pacientes com baixos níveis de MOTS-c apresentaram pior desempenho aeróbio em um teste de 6 minutos (15).

É importante destacar que, embora haja um aparente e justificável entusiasmo com os estudos envolvendo a importância do MOTS-c no contexto do exercício, mais experimentos são necessários para confirmação de seus possíveis efeitos sobre o metabolismo e sobre o desempenho físico. Ainda que em alguns países já seja possível encontrar produtos contendo o peptídeo sintético para usos em seres humanos, até o presente momento, não existe qualquer estudo de longo prazo para determinação de possíveis efeitos colaterais.

CONSIDERAÇÕES FINAIS

Nesse capítulo foram abordados temas atualizados sobre as respostas mitocondriais frente ao exercício físico. Foram combinados estudos envolvendo modelos experimentais de camundongos e seres humanos. Os estudos clássicos da literatura demonstraram de forma clara os efeitos do exercício físico sobre a melhora da função das mitocôndrias, aumento da biogênese dessa organela e ainda aprimoramento da sua capacidade antioxidante. No entanto, nas últimas duas décadas, novas descobertas nessa temática ocorreram, e aqui foram discutidas apenas algumas delas, com destaque para a estimulação de marcadores da dinâmica mitocondrial, de controladores da qualidade da proteostase mitocondrial e, ainda, a intrigante capacidade desta organela produzir e secretar pequenos peptídeos com potentes efeitos metabólicos. Esses novos achados abrem um novo horizonte no entendimento do metabolismo mitocondrial em resposta ao exercício físico, contudo, grandes lacunas foram abertas e necessitam de novos estudos para serem preenchidas.

CONCEITOS CHAVE

1. A teoria endossibiótica é atualmente a mais aceita para explicar como as mitocôndrias foram integradas às células eucarióticas.
2. O exercício físico é capaz de estimular marcadores da fissão e, principalmente, da fusão mitocondrial na musculatura esquelética. Isso pode contribuir de maneira direta para a formação de mitocôndrias maiores, mais alongadas e mais funcionais.
3. O exercício físico demonstrou-se eficiente no aumento de proteínas que controlam a proteostase mitocondrial. A maior parte dos estudos em camundongos e seres humanos encontrou elevação do conteúdo de HSP60 (um componente da UPRmt) no músculo esquelético, em reposta ao exercício físico agudo e crônico (treinamento).
4. O peptídeo denominado MOTS-c é produzido especificamente pelas mitocôndrias. Em modelos experimentais, esse peptídeo foi relacionado com a melhora do metabolismo da glicose e estimulação da oxidação de ácidos graxos no músculo esquelético. Além disso, a administração exógena de MOTS-c melhorou a *performance* aeróbia em camundongos jovens, adultos e idosos. O treinamento de alta intensidade é capaz de elevar os níveis plasmáticos de MOTS-c em humanos.

EXERCÍCIOS DE AUTO-AVALIAÇÃO

1. O que você entende pela teoria endossimbiótica?
2. Qual a importância da dinâmica mitocondrial e quais os efeitos do exercício sobre esse processo?
3. O que você entende sobre a UPRmt?
4. Descreva seus conhecimentos sobre o peptídeo denominado MOTS-c e porque sua produção pode ser importante no contexto do exercício físico?
5. Como essas alterações morfofuncionais das mitocôndrias induzidas pelo exercício físico poderiam ser relacionadas aos efeitos preventivos e terapêuticos de doenças crônicas como obesidade e diabetes?
6. Como essas alterações morfofuncionais das mitocôndrias induzidas pelo exercício físico poderiam ser relacionadas ao desempenho esportivo?

REFERÊNCIAS BIBLIOGRÁFICAS

1. Gray, M. W. (2012) Mitochondrial evolution. Cold Spring Harb Perspect Biol. 10.1101/CSHPERSPECT.A011403.
2. Moore, T. M., Zhou, Z., Cohn, W., Norheim, F., Lin, A. J., Kalajian, N., Strumwasser, A. R., Cory, K., Whitney, K., Ho, T., Ho, T., Lee, J. L., Rucker, D. H., Shirihai, O., van der Bliek, A. M., Whitelegge, J. P., Seldin, M. M., Lusis, A. J., Lee, S., Drevon, C. A., Mahata, S. K., Turcotte, L. P., and Hevener, A. L. (2019) The impact of exercise on mitochondrial dynamics and the role of Drp1 in exercise performance and training adaptations in skeletal muscle. Mol Metab. 21, 51–67.

3. Balan, E., Schwalm, C., Naslain, D., Nielens, H., Francaux, M., and Deldicque, L. (2019) Regular Endurance Exercise Promotes Fission, Mitophagy, and Oxidative Phosphorylation in Human Skeletal Muscle Independently of Age. Front Physiol. 10.3389/FPHYS.2019.01088.
4. Arribat, Y., Broskey, N. T., Greggio, C., Boutant, M., Conde Alonso, S., Kulkarni, S. S., Lagarrigue, S., Carnero, E. A., Besson, C., Cantó, C., and Amati, F. (2019) Distinct patterns of skeletal muscle mitochondria fusion, fission and mitophagy upon duration of exercise training. Acta Physiol (Oxf). 10.1111/APHA.13179.
5. Huertas, J. R., Ruiz-Ojeda, F. J., Plaza-Díaz, J., Nordsborg, N. B., Martín-Albo, J., Rueda-Robles, A., and Casuso, R. A. (2019) Human muscular mitochondrial fusion in athletes during exercise. FASEB J. 33, 12087–12098.
6. Lim, C., Kim, H. J., Morton, R. W., Harris, R., Phillips, S. M., Jeong, T. S., and Kim, C. K. (2019) Resistance Exercise-induced Changes in Muscle Phenotype Are Load Dependent. Med Sci Sports Exerc. 51, 2578–2585.
7. Zhang, H., Ryu, D., Wu, Y., Gariani, K., Wang, X., Luan, P., D'Amico, D., Ropelle, E. R. E. R., Lutolf, M. P. M. P. P., Aebersold, R., Schoonjans, K., Menzies, K. J. K. J. J., Auwerx, J., DAmico, D., Ropelle, E. R. E. R., Lutolf, M. P. M. P. P., Aebersold, R., Schoonjans, K., Menzies, K. J. K. J. J., Auwerx, J., D'Amico, D., Ropelle, E. R. E. R., Lutolf, M. P. M. P. P., Aebersold, R., Schoonjans, K., Menzies, K. J. K. J. J., and Auwerx, J. (2016) NAD+ repletion improves mitochondrial and stem cell function and enhances life span in mice. Science (1979). 352, 1436–1443.
8. van de Weijer, T., Phielix, E., Bilet, L., Williams, E. G., Ropelle, E. R., Bierwagen, A., Livingstone, R., Nowotny, P., Sparks, L. M., Paglialunga, S., Szendroedi, J., Havekes, B., Moullan, N., Pirinen, E., Hwang, J.-H., Schrauwen-Hinderling, V. B., Hesselink, M. K. C., Auwerx, J., Roden, M., and Schrauwen, P. (2015) Evidence for a direct effect of the NAD+ precursor acipimox on muscle mitochondrial function in humans. Diabetes. 64, 1193–201.
9. Folkesson, M., Mackey, A. L., Langberg, H., Oskarsson, E., Piehl-Aulin, K., Henriksson, J., and Kadi, F. (2013) The expression of heat shock protein in human skeletal muscle: effects of muscle fibre phenotype and training background. Acta Physiol (Oxf). 209, 26–33.
10. Schwalm, C., Deldicque, L., and Francaux, M. (2017) Lack of Activation of Mitophagy during Endurance Exercise in Human. Med Sci Sports Exerc. 49, 1552–1561.
11. Lee, C., Zeng, J., Drew, B. G., Sallam, T., Martin-Montalvo, A., Wan, J., Kim, S. J., Mehta, H., Hevener, A. L., De Cabo, R., and Cohen, P. (2015) The mitochondrial-derived peptide MOTS-c promotes metabolic homeostasis and reduces obesity and insulin resistance. Cell Metab. 21, 443–454.
12. Fuku, N., Pareja-Galeano, H., Zempo, H., Alis, R., Arai, Y., Lucia, A., and Hirose, N. (2015) The mitochondrial-derived peptide MOTS-c: a player in exceptional longevity? Aging Cell. 14, 921–923.
13. Reynolds, J. C., Lai, R. W., Woodhead, J. S. T., Joly, J. H., Mitchell, C. J., Cameron-Smith, D., Lu, R., Cohen, P., Graham, N. A., Benayoun, B. A., Merry, T. L., and Lee, C. (2021) MOTS-c is an exercise-induced mitochondrial-encoded regulator of age-dependent physical decline and muscle homeostasis. Nat Commun. 10.1038/S41467-020-20790-0.
14. Dieli-Conwright, C. M., Sami, N., Norris, M. K., Wan, J., Kumagai, H., Kim, S. J., and Cohen, P. (2021) Effect of aerobic and resistance exercise on the mitochondrial peptide MOTS-c in Hispanic and Non-Hispanic White breast cancer survivors. Sci Rep. 10.1038/S41598-021-96419-Z.
15. Amado, C. A., Martín-Audera, P., Agüero, J., Lavín, B. A., Guerra, A. R., Boucle, D., Ferrer-Pargada, D., Berja, A., Martín, F., Casanova, C., and García-Unzueta, M. (2023) Circulating levels of mitochondrial oxidative stress-related peptides MOTS-c and Romo1 in stable COPD: A cross-sectional study. Front Med (Lausanne). 10.3389/FMED.2023.1100211.

28

PERSPECTIVAS FUTURAS

José Rodrigo Pauli
Eduardo Rochete Ropelle

Atualmente são conhecidos inúmeros benefícios do exercício físico sobre a saúde e ao desempenho físico. Muito dessa compreensão deve-se ao advento e avanço das ciências moleculares, genéticas e ômicas. Tais tecnologias têm sido utilizadas para investigar os efeitos do exercício físico sobre o complexo funcionamento celular e as respostas adaptativas de diferentes órgãos e tecidos. Com isso, foi possível observar que o exercício físico tem ações não somente no músculo esquelético, tecido diretamente envolvido com o esforço físico, mas atua também em tecidos como fígado, adiposo, sistema nervoso central, entre outros.

De maneira importante, tem se conseguido avaliar as respostas agudas e crônicas e os efeitos adaptativos de diferentes tipos de exercício, como por exemplo, aeróbio, resistido ou a realização de ambos de maneira combinada (treino combinado) sobre o organismo. É possível elencar fatores de transcrição de genes relacionados a regulação da hipertrofia muscular, biogênese mitocondrial, metabolismo intermediário, adipogênese, miogênese, angiogênese, neurogênese, etc. atrelados ao exercício. Assim tem se conseguido ampliar o conhecimento sobre o papel do exercício sobre mecanismos moleculares de proteção a diversas doenças, como obesidade, diabetes, hipertensão, Alzheimer, insuficiência cardíaca, osteoporose, entre outras. Além disso, o entendimento dos efeitos do exercício em diversos sistemas tem auxiliado na melhor compreensão de fenômenos associados ao esporte e ao alto rendimento como maior tolerância ao lactato, aumento na síntese de glicogênio, melhora da capacidade aeróbia, como também definir melhor quais aspectos estão associados com a queda no desempenho na condição de overtraining (supertreinamento), etc.

O conjunto de técnicas dentro da biologia molecular, as ciências ômicas (metabolômica, proteômica, lipidômica, fisiogenômica, etc.), as redes de bioinformática, a epigenética, os microRNAs, tem permitido avanços jamais vistos na área de Educação Física e Ciências do Esporte. Esta é uma área de interesse de muitos profissionais e pesquisadores e tem sido introduzida nos currículos das mais diversas universidades e nos cursos que tem como objetivo o estudo do exercício físico. Embora ainda existam inúmeros mistérios e mecanismos a serem desvendados, essas ferramentas de biologia molecular permitirão uma prescrição de exercício cada vez mais individualizada, com menor risco à saúde e mais otimizadas, seja ela para finalidades terapêuticas, ou para o desempenho. Será possível definir com mais clareza, qual o volume, intensidade e frequência de exercício são mais eficientes para combater determinadas doenças ou aperfeiçoar o desempenho esportivo. Ademais, poderá ser melhor compreendido as interações entre medicamentos, nutrientes, manipulações terapêuticas e o exercício físico, permitindo uma ação integrada entre a profissões, sendo as intervenções profissionais em cada área do saber mais concisas e adequadas a cada condição e organismo.

Para ilustrar a importância da evolução científica e tecnológica no âmbito esportivo neste último século. Em 6 de julho de 1912 nas olimpíadas de Estocolmo, o corredor americano Donald Lippincott correu a prova de 100 metros rasos em 10.8 segundo, estabelecendo o primeiro recorde mundial da modalidade. Quase 100 anos depois, em 16 de agosto de 2009 em Berlin, o Jamaicano Usain Bolt correu a mesma prova em 9.58 segundos, reduzindo em mais de 1.2 segundo do tempo do primeiro recorde, uma eternidade para os padrões da categoria. Certamente essa melhora de performance possui relação direta com diversos fatores como a evolução dos materiais esportivos (roupas, tênis, sapatilhas, tipos de pisos), novas metodologias de treinamento, novas estratégias nutricionais e mais recentemente o rastreamento genético e as avaliações fisiológicas e moleculares.

No contexto da saúde, estudos da década dos anos 1970 e 1980 apontavam que a realização de exercícios de baixa intensidade e longa duração seriam os mais indicados para pacientes com diabetes, por exemplo. Atualmente, estudos demonstram que exercícios realizados com intensidades mais altas e menor volume de treinamento, mostram melhores resultados para o controle glicêmico. Por fim, o conhecimento sobre bases moleculares e genéticas relacionadas ao exercício físico tem sido e será cada vez mais importante aos profissionais que trabalham com o exercício físico, seja ele voltado para a saúde ou para o desempenho físico. Não obstante, permitirá também entender melhor os fenômenos atrelados ao processo de destreinamento, possibilitando ações e estratégias mais promissoras a saúde do ex-atleta.

Portanto, o conhecimento adquirido demonstrou que o impacto do exercício físico no organismo é muito mais profundo do que se imaginava. De acordo com inúmeros trabalhos já publicados, quando o corpo é posto em movimento, processos químicos ocorrem no interior das células e desencadeiam reações, em nível molecular, que resultam em inúmeras respostas biológicas, e sendo adequadas, essas adaptações são benéficas ao organismo. Nas próximas décadas a perspectiva é de um crescente avanço na área de estudo em biologia molecular do exercício, com isso novas descobertas e novos entendimentos sobre os impactos do esforço físico sobre o organismo são aguardados. Sempre na expectativa de propiciar as pessoas uma vida mais prolongada e mais fisicamente ativa.

SIGLAS

ACAT	Acil colesterol aciltransferase
ACC	Acetil-Coa carboxilase
Ach	Acetilcolina
ACL	ATP-citrato-liase
ACS	Acetil-coa-sintetase
ACSM	American College of Sports Medicine
ACTH	Hormônio adrenocorticotrófico
ADP	Adenosina difosfato
AGE	Produtos finais de glicação avançada
AGL	Ácidos graxos livres
AgRP	Gene agouti-related peptide
AICAR	Ribonucleotídeo 5-aminoimidazole-4-carboxamide, fármaco agonista de Ampk
Akt	Proteína quinase B
AMP	Adenosina monofosfato
AMPK	Proteína quinase ativada por AMP.
Ang I	Angiotensina I
Ang II	Angiotensina II
AO	Apnéia obstrutiva
AOS	Apnéia obstrutiva do sono
AP-1	Ativador proteico 1
ApoA	Apolipoproteína A
ApoB	Apolipoproteína B
ApoE	Apolipoproteína E
APP	Proteína precursora de amilóide
APPL1	Proteína adaptatora contendo um dominio de homologia pleckstrin (PH), Dominio de ligação a fosfotirosina (PTP), domínio rico em leucina ou Adaptor protein, phosphotyrosine interacting with PH domain and leucine Zipper 1
ARC	Núcleo arqueado do hipotálamo
AS160	Substrato da Akt de 160 kda
Aß	Proteína beta amilóide
ATF-6	Activating transcription fator 6
ATGL	Lipase de triacilglicerol do tecido adiposo
ATP	Adenosina trifosfato
AVD	Atividades da vida diária
AVP	Arginina vasopressina
BDNF	Fator neurotrófico derivado do cérebro
CaMKK	Cálcio-calmodulina quinase

CART	Cocaine and amphetamine-regulated transcript
CAT	Catalase
CBG	Corticosteroid-binding globulin
CETP	Colesterol esterificado
CK	Creatina quinase
CM	Células musculares
CO2	Gás carbônico
COX	Citocromo c oxidase
CP	Creatina fosfato
CPT1	Carnita palmitoiltransferase 1
CRH	Hormônio liberador de corticotrofina
CS	Citrato sintase
DA	Doença de Alzheimer
DAG	Diacilglicerol
DC	Débito cardíaco
DCNT	Doenças crônicas não transmissíveis
DM1	Diabetes Mellitus do tipo 1
DM2	Diabetes Mellitus do tipo 2
DMIT	Dor muscular de início tardio
DNA	Ácido desoxirribonucléico
ECA	Enzima Conversora de Angiotensina
ECSS	European College of Sport Science
EDHF	Fator relaxante derivado do endotélio
EDL	Músculo extensor longo dos dedos
EEG	Eletroencefalograma
eIF2	Eukaryotic Initiation Factor 2
ENF	Emaranhados neurofibrilares
eNOS	Óxido nítrico sintase endotelial
EPOC	Excesso de consumo de oxigênio pós-exercício
ERK	Proteína quinase regulada pela sinalização extracelular
EROS	Espécies reativas de oxigênio
ERR	Receptor de estrogênio
FAK	Proteína de adesão focal
FAS	Ácido graxo sintase
FAT/CD36	Proteína transportadora de ácidos graxos
FGF21	Fator de crescimento de fibroblasto 21
FL	Fosfolípides
FM	Fibras musculares
FOR	Overreaching funcional
Foxo1	Fator de transcrição da família forkhead BOX 1
FT	Fator de trancrição
GCs	Guanilato ciclase solúvel
GCs	Glicocorticóides
GDP	Guanosina difosfato
GEF	Fator estimulador de GLUT-4
GH	Hormônio de crescimento

GLP-1	Glucagon-like peptide 1
GP130	Glicoproteína 130
GPAT	Glicerol-3 aciltransferase fosfato
GSH-Px	Glutationa peroxidade
GSK-3	Glicogênio sintase quinase 3
GSNO	Nitrosoglutationa
GTP	Guanosina difosfato
H2O2	Peróxido de hidrogênio
H_2S	Sulfeto de hidrogênio
HAS	Hipertensão arterial sistêmica
HDAC	Histone leacetylases
HFC	Hiperlipidemia familiar combinada
HGF	Fator de crescimento de hepatócitos
HMG CoA redutase	Beta hidroximetilglutaril coenzima A
HPA	Hipotalâmico-pituitário-adrenal
HSL	Lipase hormônio sensível
HSPs	Proteínas de choque térmico ou Heat Shock Proteins
IAA	Anticorpos anti-insulina
IC	Insuficiência cardíaca
ICA	Anti-ilhotas de Langerhans citoplasmático
IDE	Enzima que degrada insulina
IECA	Inibidores da enzima conversora de angiotensina
IFF	Insônia familiar fatal
IFIH1	Interferon induced with helicase C domain 1
IFN-γ	Interferon gama
IGF-1R	Receptor de IGF-1
IkBα	Proteína inibitória kappa B alpha
IkK	Inibidor da quinase kappa
IMC	Índice de Massa Corporal
iNOS	Óxido nítrico sintase induzível
IP2	Fosfatidilinositol 4,5-bifosfato
IP3	Inositol 1,4,5-trifosfato
IRAK-4	Receptor de interleucina-1
IRE-1	Inositol-requiring enzyme-1
ITPR3	Inositol 1,4,5-triphosphate receptor 3
Jak-2	Janus quinase-2
JHDM2A	Histona desmetilase
JNK	C-Jun quinase N-terminal
LAMP2	Proteína 2 de Membrana Associada ao Lisossoma
LCAT (Lecitina colesterol)	Lecitina-colesterol ciltransferase
LCR	Líquido Cefalorraquidiano
LDL	Lipoproteína de baixa densidade ou low Density Lipoprotein
LKB1	Liver Kinase B1
l-NAME	N(ω)-nitro-L-arginine methyl ester
LPL	Lipase Lipoproteica
LPS	Lipopolissacarídeo

LRP	Low density lipoprotein receptor-related protein 1
LTP	Potencial de longa duração
MAPKs	Proteína quinase ativada por mitógenos ou Mitogen-Activated Protein Kinases
MAPs	Proteínas associadas aos Microtúbulo
MCD	Malonil-Coa desidrogenase
MCK	Muscle Creatine Kinase
MCP1	Monocyte chemoattractant protein-1
MCP2	Monocyte chemoattractant protein-2
MEF-2	Myocyte Enhancer Factor-2
met-tRNAi	Methionyl transfer RNA
MGF	Mechano growth factor
MGL1	Macrophage galactose lectin 1
MGPAT	Methylgunine-dna methyltransferace
MHC	Myosin heavy chain
microRNAs (miRNAs)	Rna com comprimento entre 21 e 25 nucleotídeos com função de silenciar um rna mensageiro
MIRKO	Muscle-specific insulin receptor knockout
MKP3	Mitogen-activated protein kinase phosphatase 3
MMP13	Matrix metallopeptidase 13
MnSOD	Manganese-dependent superoxide dismutase
MODY	Maturity onset diabetes of the young
MPC	Myogenic precursor cell
MPS	Muscle protein synthesis
MR	Receptores mineralocorticoides
Mrc-1	Macrophage mannose receptor 1
MRFs	Fatores regulatórios miogênicos
mRNA	Rna mensageiro
mTOR	Mammalian target of rapamycin
mTORc1	Mammalian target of rapamycin complex 1
MURF1	Muscle ringer finger1
Myd88	Myeloid differentiation primary response 88
Myo1c	Myosin 1c
NAD	Nicotinamida adenina dinucleotídeo
NADH	Nicotinamida adenina dinucleotídeo (forma reduzida)
ncRNA	Rna não codificantes
NE	Noradrenalina
NEFA	Ácido graxo não esterificado
NFAT	Fator nuclear de célula-t ativada
NFOR	Overreaching não funcional
NFκB	Fator nuclear kappa b
NK	Células natural killer
NLRP3	Nlr family pyrin domain containing 3
NO	Óxido nítrico
NOS	Óxido nítrico sintases
NPY	Neuropeptídeo Y
NREM	Movimentos oculares não rápidos
NRF-1	Fator de respiração nuclear 1
O2	Oxigênio

Ob	Gene da leptina
ob/ob	Camundongo deficiente em leptina
ObR	Receptor de leptina
OMS	Organização Mundial da Saúde
OR	Overreaching
OT	Overtraining
OTS	Síndrome do overtraining
P38MAPK	P38 mitogen-activated protein kinases
P70S6K	Proteína ribossomal S6 quinase
PA	Pressão arterial
PAD	Pressão arterial diastólica
PAI-I	Inibidor de ativação do plasminogênio
PAS	Pressão arterial sistólica
Pax7	Paired box 7
pb	Pares de bases
PBMCs	Células mononucleares do sangue periférico
PCB	Piruvato carboxilase
PCr	Fosfocreatina
PCR	Proteína C reativa
PDK-1	Proteína quinase 1 dependente de fosfoinositídios
PDK4	Piruvato desidrogenase quinase isoforma 4
PEPCK	Fosfoenolpiruvato carboxiquinase
PERK	PKR-like endoplasmatic-reticulum kinase
PGC1-α-	Co-ativador ativado por proliferador do peroxissoma 1 alfa
Pi	Fosfato inorgânico
PI3K ou PI3q	Fosfatidilinositol-3-quinase
PKA	Proteína quinase A
PKC	Proteína quinase C
PLN	Fosfolambam
POMC	Pró-opiomelanocortina
PPAR-a	Receptor A do proliferador ativado por peroxissoma
Pro	Aminoácido prolina
Proteína G	Proteína G
PSEN1	Presenilina-1
PSEN2	Presenilina-2
PTP1B	Proteína tirosina fosfatase 1 B
PTPN22	Proteína tirosina fosfatase, nonreceptor tipo 22
QR	Quociente respiratório
RCM	Risco cardiometabólico
RE	Retículo endoplasmático
REM	Movimentos rápidos dos olhos
RNA	Ácido Ribonucleico.
RNAm	RNA mensageiro
RNS	Espécies reativas de nitrogênio
ROS	Espécies reativas de oxigênio
RsD1	Resolvina D1
RXR	Receptor do ácido 9-cisretinóico
RYR	Canais para rianodina

S6K	Proteína ribossomal S6
SAM	S-adenosil-metionina
SAPK/JNK	The stress activated protein kinases/Jun amino-terminal kinase
SCD1	Esteroil-Coa dessaturase 1
SCR1	Coativador de receptor nuclear 1.
Ser	Aminoácido serina
SERCA2a	Cálcio/atpase do retículo sarcoplasmático
S–H	Radical tiol
SHR	Modelo de rato espontaneamente hipertenso
SIRT1	Deacetilase membro 1 da família das Sirtuínas
SIRT3	Deacetilase membro 3 da família das Sirtuínas
SM	Síndrome metabólica
SNC	Sistema nervoso central
S–NO	Nitrosotiol
SNPs	Polimorfismos de nucleotídeo único
SNS	Sistema nervoso simpático
SOCS3	Proteína supressora da sinalização de citocinas-3
SOD	Superóxido dismutase
SPI	Síndrome das pernas inquietas
SREBP	Elemento de regulação responsivo ao esterol
STAT3	Signal transducers activators of transcription
STZ	Estreptozotocina
SWS	Sono de Ondas Lentas
T	Timina
TAB	Tecido adiposo branco
TAG	Triacilglicerol
TAK-1	Fator de crescimento transformador-β ativado por quinase
TAM	Tecido adiposo marrom
TAS	Tecido adiposo Subcutâneo
TAU	Proteínas que estabilizam os microtúbulos.
TAV	Tecido adiposo visceral
TC	Treinamento concorrente
TG	Triacilglicerol
TGIM	Triacilglicerol intramuscular
TLR-4	Toll Like receptor 4 (receptor do tipo Toll que reconhece lipopolissacarídeo)
TNF-α	Fator de Necrose Tumoral alfa
TNFr	Receptor do fator de necrose tumoral
TRAF2	Fator associado ao receptor de TNF
TRAF6	Fator do receptor associado ao TNF 6
TRB3	Homólogo de mamífero de drosófila 3
TREGS	T regulation cells
TRP	Triptofano
Túbulos-t	Túbulo transverso
TUG	Tether containing UBX domain for GLUT4
U	Uracila
UCP	Proteína desacopladora mitocondrial ou Uncoupling protein mitochondrial
VLDL	Lipoproteína de densidade muito baixa ou very low density lipoprotein
VO2 máx	Consumo máximo de oxigênio